常见锁具类型及其专利的检索与审查实践

编著 陈 亮 朱玉璟 薛 浩
孙文杰 夏铭梓 黄静雯
陈远飞

华中科技大学出版社
中国·武汉

内容简介

本书系统梳理了常见的锁具类型，包括弹子锁、叶片锁、电子锁、密码锁、挂锁、手铐、脚铐、车辆锁，以及特殊结构的锁具、特殊用途的锁具等；基于可公开查询的锁具领域发明专利申请案例，详细阐述了如何高效开展锁具领域专利信息检索的策略和技巧，还对发明专利实质审查过程中锁具领域涉及的如创造性等法条的法律适用情形进行了介绍。

本书可作为锁具领域的研发人员、生产者、使用者以及该领域专利审查员、专利代理人及专利法工作者的参考用书。

图书在版编目(CIP)数据

常见锁具类型及其专利的检索与审查实践/陈亮等编著．—武汉：华中科技大学出版社，2023.11
ISBN 978-7-5680-9859-5

Ⅰ．①常…　Ⅱ．①陈…　Ⅲ．①锁具-专利-信息检索-研究　②锁具-专利-审查-研究　Ⅳ．①TS914.211

中国国家版本馆 CIP 数据核字(2023)第 228111 号

常见锁具类型及其专利的检索与审查实践
Changjian Suoju Leixing jiqi Zhuanli de Jiansuo yu Shencha Shijian

陈　亮　朱玉璟　薛　浩　孙文杰　夏铭梓　黄静雯　陈远飞　编著

策划编辑：范　莹
责任编辑：刘艳花　李　昊
封面设计：原色设计
责任校对：李　弋
责任监印：周治超
出版发行：华中科技大学出版社（中国·武汉）　电话：(027)81321913
武汉市东湖新技术开发区华工科技园　邮编：430223
录　　排：武汉市洪山区佳年华文印部
印　　刷：武汉科源印刷设计有限公司
开　　本：710mm×1000mm　1/16
印　　张：24.25
字　　数：510 千字
版　　次：2023 年 11 月第 1 版第 1 次印刷
定　　价：88.00 元

前　言

专利是国家授予发明创造申请人在一定时间内对发明创造拥有的专有权利。发明人公开技术或设计，国家对其公开的技术或设计给予保护，即“以公开换保护”。专利制度作为知识产权制度的重要组成部分，其三百多年的历史充分有力地证明了：专利制度对创新具有重要的激励和保障作用。我国知识产权事业通过 40 年来不断发展，走出了一条中国特色的知识产权发展之路，知识产权保护工作取得了历史性成就。进入新发展阶段后，推动高质量发展是保持经济持续健康发展的必然要求，知识产权作为国家发展战略性资源和国际竞争力核心要素的作用更加凸显。《知识产权强国建设纲要(2021—2035 年)》中提出，知识产权工作从追求数量向提高质量转变全面提速，“每万人口高价值发明专利拥有量”指标，被写入《“十四五”国家知识产权保护和运用规划》。根据世界知识产权组织的统计，专利文献中包含了世界上 95%的研发成果。如果能够有效地利用专利情报，不仅可以缩短 60%的研发时间，还可以节省 40%的研发经费。创新主体在科研创新活动中，既要善于从海量的专利信息获取有效的专利情报，使研发工作事半功倍，也要善于利用高质量的专利申请和合理的专利布局，使创新成果得到充分保护。

锁具产业是传统产业的重要组成部分，随着物联网技术的飞速发展，人们对品质和功能的消费需求日益上涨。近年来，我国智能锁行业进入黄金发展期，向智能化、物联化、集成化方向快速推进，智能锁具市场占比稳步增长。随着我国《知识产权强国建设纲要(2021—2035 年)》的发布，知识产权的创造、保护、运用不断强化，创新主体越来越重视专利对企业发展的助推作用，锁具相关专利申请的数量和质量都在逐年稳步提升。因此，锁具领域相关知识产权从业者迫切需要了解锁具领域前沿专利技术以及如何对不同锁具专利进行检索和审查，但目前市场上并没有系统介绍相关锁具类型及检索和审查实践的书籍。本书系统梳理了常见的锁具类型，包括弹子锁、叶片锁、电子锁、密码锁、挂锁、手铐、脚镣、车辆锁，以及特殊结构的锁具、特殊用途的锁具。基于已经在国家知识产权局专利检索及分析平台(https://pss-system.cponline.cnipa.gov.cn)上可公开查询的锁具领域发明专利申请案例，详细阐述了在专利信息检索中如何高效开展锁具领域专利信息检索的策略和技巧：包括利用分类号的检索，追踪检索，涉及技术效果、应用场景、功能等特殊的检索技巧，算符检索、全文检索等；同时还针对目前市面上的常见商业数据库系统对锁具的专利检索方法进行了介绍。此外，本书还结合锁具领域的具体案例对发明专利实质审查过程中涉及的如创造性、公开不充分、支持、清楚、缺必特、修改超范围等法条的法律适用情形进行了介绍。本书可作为锁具领域的研发人员、生产者、使用者以及该领域专利审查员、专利代理人及专利相关工作者的参考用书。

参加本书撰写的有陈亮（第2章第2.1节，第7章，第10章，第12章第12.2节）、朱玉璟（第4章，第9章）、薛浩（第12章第12.1节、12.3节、12.4节）、孙文杰（第5章第5.1节、5.2节，第11章）、夏铭梓（第2章第2.2节，第3章，第8章）、黄静雯（第1章，第5章第5.3节，第6章）、陈远飞（第13章）。希望本书能为需要参与锁具领域专利信息的检索和专利申请与审查等相关工作的研发人员、生产者、使用者以及该领域专利审查员、专利代理人及专利相关工作者提供参考，为有效利用锁具领域的专利信息资源，促进技术创新和经济高质量发展起到积极作用。

本书中所采用的锁具领域发明专利技术方案及附图引自专利检索及分析平台（https://pss-system.cponline.cnipa.gov.cn），有关案例的发明专利审查信息及复审和无效审查决定信息部分引自中国及多国专利审查信息查询网站（http://cpquery.cnipa.gov.cn/）。

由于编者水平有限，本书难免存在错误和不足之处，恳请广大读者批评指正。

编　者

2023年7月

目　录

第一部分　常见的锁具类型

第二部分 锁具检索技巧

第一部分

常见的锁具类型

第1章　圆筒弹子锁

生活中最常见的锁具就是家用机械门锁，而家用机械门锁，通常是插入正确钥匙后，通过转动钥匙从而带动锁芯连接的板式制动栓转动，并通过传动机构带动锁舌的伸进伸出，进而实现门与门框之间的锁定和解锁。如图1-1所示，锁本体1从前面插入锁芯2，正确钥匙插入锁芯2后带动锁芯2转动，从而带动后端的制动栓3转动，制动栓3的转动通过锁舌4上的齿条5驱动锁舌4地缩回和伸出。

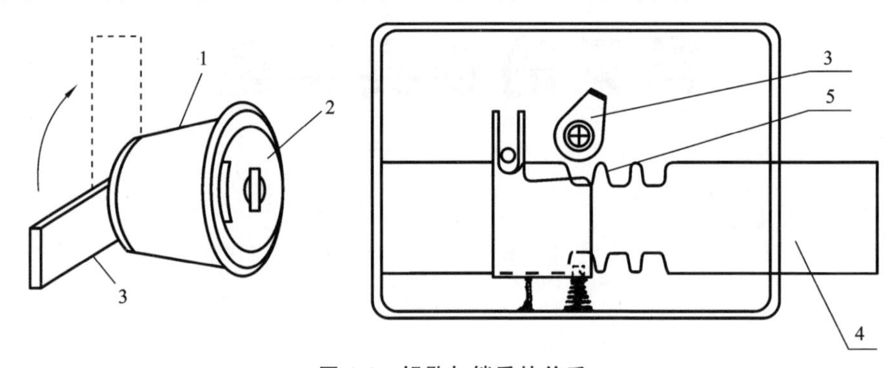

图1-1　钥匙与锁舌的关系

要实现锁具本身的防盗作用，其锁具必然需要具有识别钥匙正确与否的功能。在机械锁具领域里，锁芯的作用就是识别钥匙，其中最常用的锁芯就是圆筒弹子锁，通常采用制动件将锁芯内部的开锁部件卡止来实现无钥匙或是错误钥匙时无法移动开锁部件的功能，从而保证锁具的闭锁状态；当插入正确钥匙时，该锁根据钥匙的形状等特点将锁芯内部的制动件进行准确定位，使得开锁部件可被移动从而进行开锁。该类锁具的核心特点就是，在塞入正确钥匙后其制动件的位置才被定位。通过推进钥匙使制动件定位的锁，根据其常规形状结构，称之为圆筒弹子锁。

针对锁的具体结构设置方面，可根据与钥匙接触的制动件的结构形状分为弹子锁和叶片锁。其中，弹子锁中制动件的形状通常为圆柱销的形状，类似子弹形状，因此通常称之为弹子锁；叶片锁中制动件的形状为板式薄片状，类似一片片叶子，因此通常称之为叶片锁。下面以专利文献为例来解释不同类型圆筒弹子锁的工作原理。

1.1　弹　子　锁

如图1-2所示的方案，弹子锁包括锁芯2、锁套1及弹子。将钥匙12插进锁芯2

的孔中，贴着锁套1的锁芯孔与弹子相对的孔壁一侧向内插入，当钥匙前端头的外侧斜面与锁芯孔的钥匙的孔壁上的水平横推销5的端头和钥匙外端的外侧斜面在锁套孔口壁的共同作用下使钥匙作横向的向弹子一侧移动，此时钥匙内侧面上的与弹子相对的槽面将锁芯体上的障碍弹子4和常规弹子3向锁套孔中的弹子孔内移动。弹簧9被压缩直至锁套孔中的弹子10从锁芯体的孔中退出，而锁芯体中的弹子未进入锁套的弹子孔内，此时锁芯与锁套打开，锁芯体在压簧7的作用下从锁套孔中沿轴向退出一定距离而被限位销11限制不能完全退出来，锁舌6从锁扣8的凹槽中脱离，锁扣便可以从锁套孔中拔出来，锁即被打开。锁被打开后，当需要重新关闭锁时，用手将退出锁套孔外的锁芯向锁套孔内压使锁芯进入锁套的孔底，锁套中的弹子在弹簧力作用下进入锁芯体的孔内将锁芯锁住。

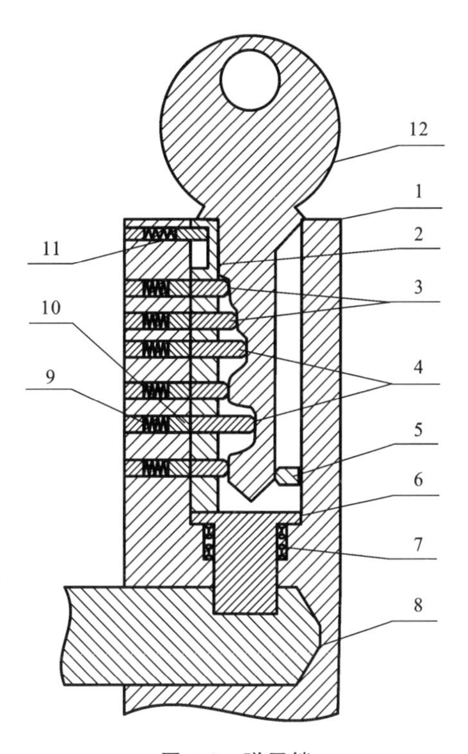

图1-2　弹子锁

除了上述所示的方案外，在弹子原理的核心下，还可以增加各种各样的功能，如图1-3所示的方案，具有内外锁芯的弹子锁包括锁壳1、外锁芯6、内锁芯2、转动件5、多组制动弹子。其中，每组制动弹子均包括内弹子9、外弹子8以及弹簧10；内锁芯2上设置多个通孔，以容纳内弹子9，即内弹子孔；外锁芯6上设置多个通孔，以容纳内弹子9和外弹子8，即外弹子孔；锁壳1上设置多个容纳孔，用于安装弹簧10以及容纳外弹子8，其中锁壳1上的容纳孔的孔径比内缩吸合外锁芯6上的内外弹子孔的孔径大，外弹子8分为直径不同的两节，其直径较大的部分容纳在锁壳1的容纳孔中，直径较小的部分可在外弹子孔和容纳孔中移动，外弹子孔的孔径比外弹子8直径小的部分大、比外弹子8直径大的部分小，使得在弹簧10的偏执下，外弹子8仅有直径小的部分能进入外弹子孔，而直径大的部分被限制在容纳孔内；此外，转动件5联动后续的锁舌等开锁部件，即转动件5的转动能够带动后续

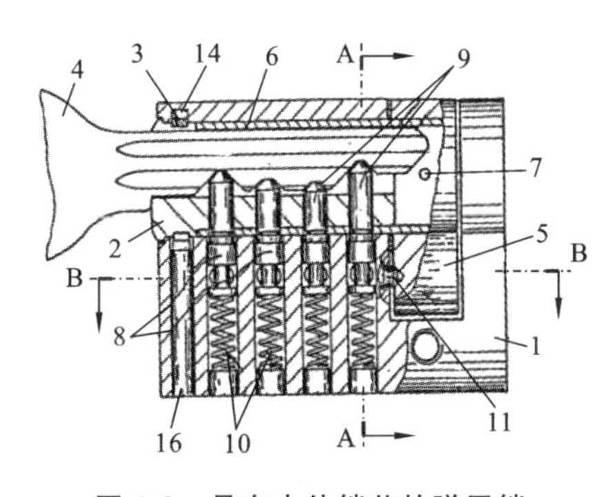

图1-3　具有内外锁芯的弹子锁

开锁部件运动实现开锁。开锁原理为:正确钥匙 4 插入钥匙孔带动内锁芯 2 和外锁芯 6 一起转动,外锁芯 6 带动转动件 5 转动,从而实现开锁。其中,钥匙是否能够开锁,取决于塞进钥匙后制动弹子的位置,正确钥匙 4 插入后制动弹子处于正确位置,使得内锁芯 2 和外锁芯 6 实现联动同时解除外锁芯 6 和锁壳 1 之间的卡止,即内锁芯 2 和外锁芯 6 能够随着钥匙 4 的转动一并转动,从而开锁。制动弹子部分的工作原理为:在无钥匙状态下,内弹子 9 和外弹子 8 在弹簧 10 的偏置力作用下向钥匙孔方向偏置,由于外锁芯 6 上的外弹子孔孔径小于外弹子 8 的直径较大的部分,使得外弹子 8 直径小的部分插入外锁芯 6 上的外弹子孔内,此时外弹子 8 同时处于锁壳 1 以及外锁芯 6 内,将锁壳 1 和外锁芯 6 卡止,外锁芯 6 无法转动;同时外弹子 8 直径小的部分的高度与外弹子孔的深度相同,使得在该状态下,外弹子 8 刚好将内弹子 9 完全顶入内弹子孔内,而外弹子 8 无法进入内弹子孔,即内锁芯 2 相对外锁芯 6 处于分离状态,使用外部工具转动内锁芯 2 时,只能实现内锁芯 2 的空转,而无法带动外锁芯 6 乃至转动件 5 转动,即无法开锁;多组制动弹子中的内弹子 9 的长度各不相同,正确钥匙 4 上的牙花的深浅一一匹配对应了各个位置处的内弹子 9 的长度,使得当插入正确钥匙 4,正确钥匙 4 上的牙花顶推内弹子 9 使得所有内弹子 9 刚好同时深入内锁芯 2 和外锁芯 6 内,实现内锁芯 2 和外锁芯 6 的锁定,其内弹子 9 并未深入锁壳 1 的容纳孔中,而外弹子 8 完全容纳在容纳孔中,即所有内弹子 9 和外弹子 8 之间的接触面均与外锁芯 6 和锁壳 1 的分界面对齐,解除了外锁芯 6 和锁体 1 之间的卡止,此时转动钥匙 4 能够带动内锁芯 2 和外锁芯 6 一起相对锁体 1 进行转动,同时带动转动件 5 进行开锁。该方案中之所以设置内外锁芯,是为了防止非法分子使用外部工具强行转动锁芯从而达到开锁目的。在无钥匙状态下,仅采用一个锁芯,锁芯与锁壳之间会被制动弹子进行卡止而无法转动,那么非法分子从钥匙孔暴力驱动锁芯转动,也就能够将转动件转动从而进行开锁。因此,本方案才设置了内外锁芯,使得非法分子在无钥匙状态下,钥匙孔内与外界接触的内锁芯只能相对外锁芯空转,无法实现暴力开锁。

如图 1-4 所示方案,增加了磁力开锁的功能,具体如下:一种盲孔磁力锁芯,包括锁壳 1、圆柱形锁胆 2、锁舌和钥匙 3。锁胆 2 配合安装在锁壳 1 内,且锁胆 2 上设有钥匙孔 27,锁壳 1 和锁胆 2 外壁上分别设有对齐设置的若干弹子孔 11 和若干磁珠槽 21,磁珠槽 21 的槽宽大于弹子孔 11 的孔径,弹子孔 11 和磁珠槽 21 内分别设有弹子 12 和磁珠 22,弹子孔 11 上还固定有封口珠 13,且封口珠 13 封住弹子孔 11 的一端,通过弹簧 14 压紧弹子 12,使弹子 12 从弹子孔 11 的另一端伸出,并嵌入磁珠槽 21 内,挤压磁珠 22 使磁珠 22 抵在磁珠槽 21 槽底上,钥匙 3 上设有与磁珠 22 磁极相斥的磁块 31,且能将钥匙 3 插入钥匙孔 27 内,通过磁块 31 的斥力使磁珠 22 弹起,并使磁珠 22 抵在弹子孔 11 的一端上。进一步的,锁胆 2 上还设有与弹子孔 11 对齐的定位孔 23,且定位孔 23 内设有弹子销 25,定位孔 23 靠近钥匙孔 27 的一端设有挡沿

24，弹子销25的端部具有锥台形导向面26，且弹簧14压紧弹子12，使弹子12伸入定位孔23内；挤压弹子销25使导向面26抵在挡沿24上，使弹子销25的端部从定位孔23中伸出，钥匙3上设有与弹子销25端部配合的凹槽32，且将钥匙3插入锁胆2内时，弹子销25端部配合置于凹槽32内，并使弹子销25的另一端抵在弹子孔11的一端上，此时磁珠22在磁块31的斥力作用下也抵在弹子孔11的一端上；若干磁珠槽21上对应的磁珠22磁极随机颠倒排列设置；定位孔23设在钥匙孔27靠近内端位置上；弹子12为铜弹子。当钥匙3全部插进锁胆2后，在磁块31斥力作用下推动弹子12向外移动，由于磁珠槽21的槽宽大于弹子孔11的孔径，因此磁珠22全部在锁壳1和锁胆2交接面处排成一直线，所以锁胆1和钥匙3就能够一起转动，通过锁舌带动其他部件运动，实现开锁和闭锁。

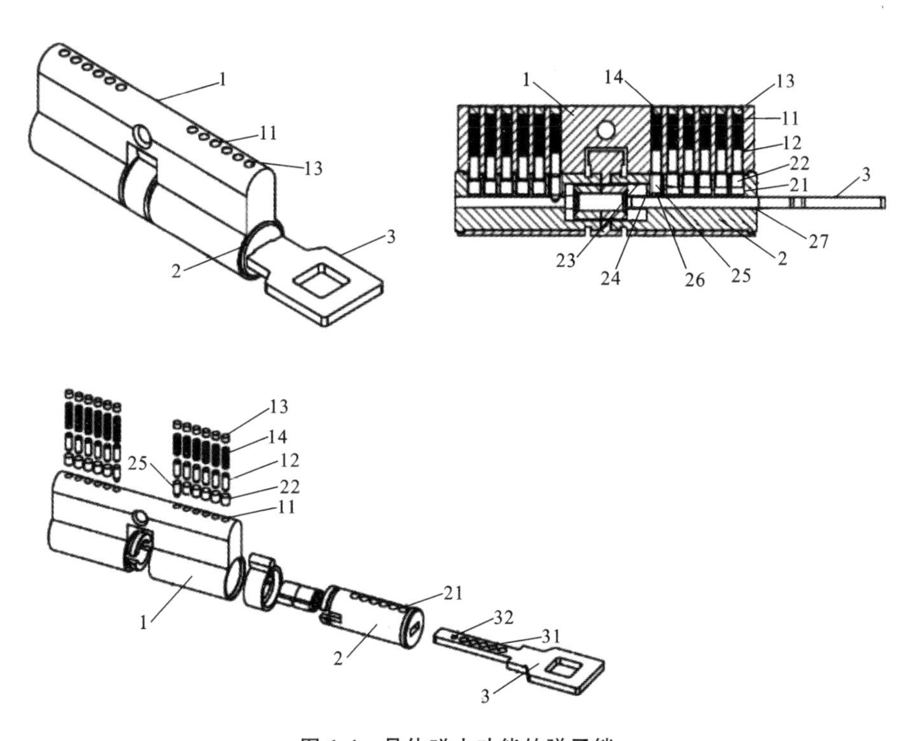

图1-4　具体磁力功能的弹子锁

1.2　叶　片　锁

如图1-5所示的方案，锁芯2是开有门洞状的锁芯叶片槽与通道状的匙传口8及钥匙口的机加工件或压铸件，锁芯叶片槽的四条边开有容屑槽。叶片4是冲压件或切割件，可分级差冲压或切割，锐边倒角；其宽向上与锁芯叶片槽径向上是呈滑动配合的；其形状可呈框状，或呈门框状，或呈带突起的门框状。边弧钥匙 1 的中部 6 截面的几何形状与内口的几何形状是互相适配的，且可作多种同步变换。边弧钥匙 1 的中部 6 是两边铣或切割呈弧状的，与叶片 4 的内口呈滑动配合，其弧状的方向可以相同或相反。锁头体 3 是开有锁芯孔和锁头体叶片槽 5 的机加工件或压铸件。锁头体叶片槽 5 相对锁芯孔周向上的位置既可以偏置也可以居中，锁芯叶片槽的位置是与其互相对应的。组装时，将叶片 4 按边弧钥匙 1 的中部 6 铣呈弧状所携带密码要求的顺序及数量依次码放在工作台面上构成叶片组，用千分尺或专用通止量具测出叶片组的长度，用锁芯叶片槽的长度减去测得叶片组的长度，即为边弧钥匙锁头的锁芯叶片槽轴向与叶片组的配合尺寸，各个边弧钥匙锁头的锁芯叶片槽轴向与叶片组的配合尺寸允许存在波动范围，此时大多数锁头的值在0.05～0.25 mm 范围内，其积累误差已限定，可不必对照叶片 4 是否因自身重力因素而散落，因为叶片 4 对照自身重力因素时容易散落，散落后再行码放时，几种型号不同的叶片 4 的内口混在一起，再挑选其顺序码放复原所耗时很久；另外，还因为操作者对照叶片 4 自身重力因素组装的效果参差不齐且很难掌握。即可将叶片组装入锁芯叶片槽内，再将锁芯 2 装入锁头体 3 内，卡好弹性挡圈 7，组装即完成。此后用手插拔边弧钥匙 1 时，叶片 4 沿边弧钥匙 1 的中部 6 作锁芯 2 径向的滑动，可插入或退出锁头体 3 的锁头体叶片槽 5，即作出释放或卡住锁芯 2 的动作，开启或关闭边弧锁头。叶片 4 的内口与边弧

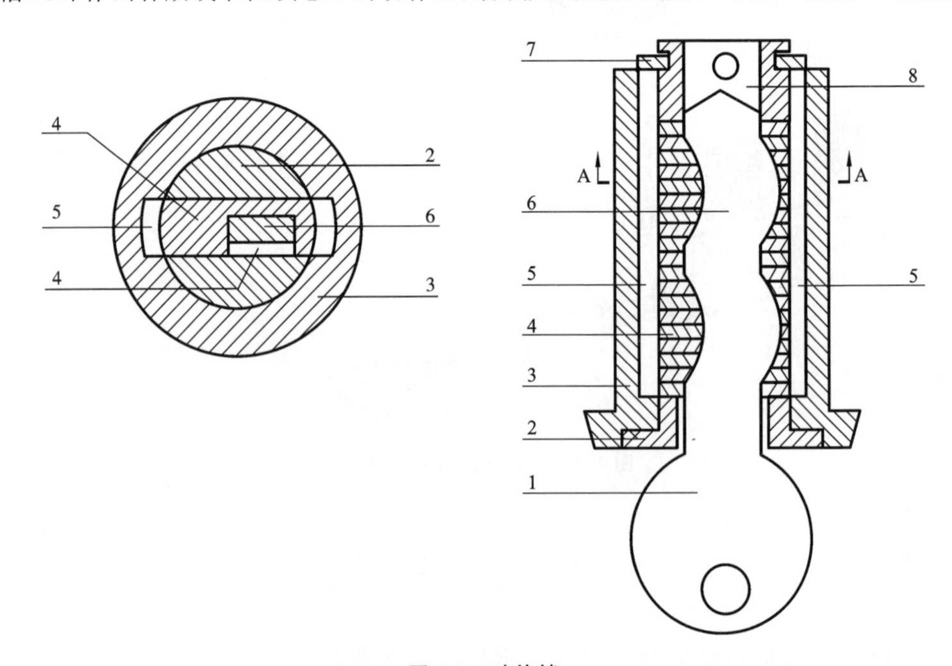

图 1-5 叶片锁

钥匙1的中部6截面的几何形状可同步变换且呈不规则形状；叶片4是可不分级差冲压，再去除多余的部分；叶片4可采用弹性联袂物联动。边弧钥匙1的中部6的两边可制呈齿状，亦可将齿角顶点倒角或倒圆；边弧钥匙1的中部6的两边可制呈弧状与齿状组合；边弧钥匙1的中部6两边可与叶片4的内口同步制呈近尖部窄些、近柄部宽些；边弧钥匙1的中部6两边的“弧”或齿上可再制有“弧”或齿；边弧钥匙1的尖部顶点相对边弧钥匙1的宽向可居中或偏向一侧或另一侧。锁芯2或锁头体3可沿其轴向、径向或/和周向分解制作再连结为一体，当锁较长而钥匙相对较短时，可在锁芯2的匙传口8中加上传动条或传动柱等传动装置；当双头使用且内外锁不等长时，可在较长的那头的锁芯2的匙传口8中加上传动装置。锁芯钥匙口与边弧钥匙1柄部的截面的几何形状是互相适配的，也是可同步变换的。锁头体叶片槽5的前端或后端可制呈盲端或通端。

此外，叶片上还可以增加额外功能。如图1-6所示方案，锁100包括一个在锁壳104内转动的锁芯102。锁芯102具有多条第一通路106，每条第一通路106的尺寸都能够容纳第一组片栓108，每个第一片栓108都包括一个基件110和一个套件112。每个基件110都基本上是一块平板，板上有一个可供钥匙120插入锁100的开口114。每个基件110都有一个下部122，它可以是U形并具有两条支撑腿124。这两条支撑腿124可容纳在从相应的第一通路106延伸出的滑腔126中。该基件110可容纳在滑腔126的任何弹性元件中，如弹簧或盘簧等弹性支撑的相应的第一通路106。每根弹簧128都将基件推离滑腔126，且推向锁壳104至一个“锁定位置”。在该“锁定位置”处，锁芯102相对于锁壳104不能转动。每个基件110上都有多个诸

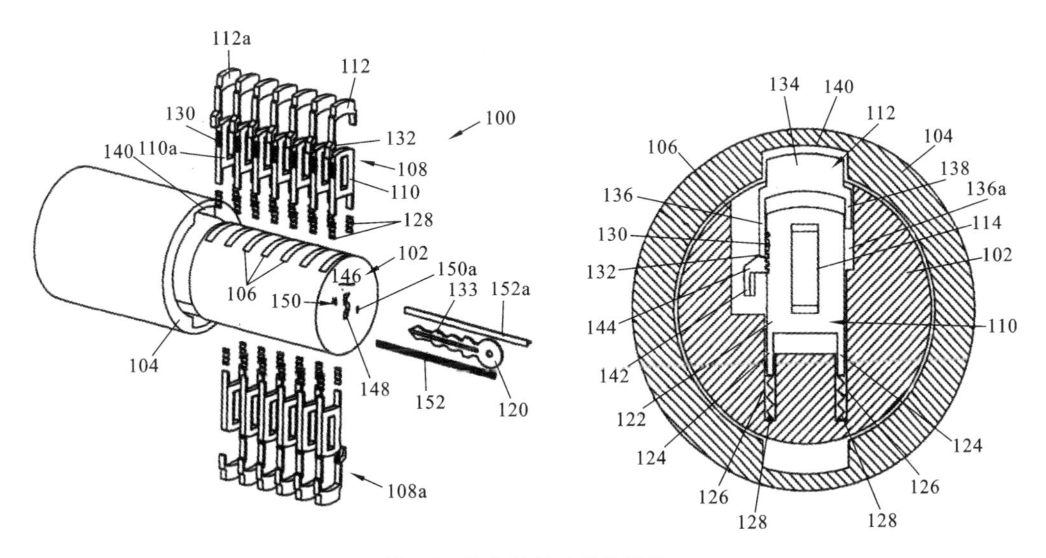

图1-6　具有其他功能的叶片

如凹槽或凸台 130 的接合构造。而每个套件 112 则都有着能够支撑相应基件 110 的开放结构。套件 112 包括一个顶部 134、一个接合臂 136 和一个支撑臂 138。接合臂 136 上有一个或多个可与基件 110 的一个接合构造 130 接合，如凸台或凹槽 132。而支撑臂 138 则与基件 110 部分接触，以增强套件 112 的稳定性。套件 112 的顶部 134 被弹簧加载的基件 110 压进锁壳 104 的一个锁定槽 140 内，从而阻止锁芯 102 相对于锁壳 104 转动，且锁定锁 100。相应地，锁定槽 140 的尺寸和形状，能够用于容纳处于锁定位置的套件 112 的顶部 134。基件 110 的各接合凹槽 130 之间有一定距离的间隔，这些距离都与钥匙 120 上的牙花 133 的标准尺寸相对应。一把钥匙能否开启一把锁是由该钥匙上的牙花尺寸的排列顺序决定的，而且通常每个牙花的尺寸都为一个整数。举例来说，对于一把具有 7 个片栓的锁，由 7 个数字组成的序列决定了该钥匙的锁定接合，如序列“1212121”是指具有 3 个尺寸为 2 的牙花和 4 个尺寸为 1 的牙花片栓。又如，当套件 112 上有 1 个接合凸台 132，而基件 110 上有 6 个接和凹槽 130 时，每个片栓 108 就可以采取 6 个位置中的任何一个位置，而这 6 个位置分别对应 6 个不同的牙花数。当套件 112 上有 2 个接合凸台 132，而基件 110 上有 6 个接合凹槽 130 时，则每个第一片栓 108 都可以采取 5 个位置的任何一个位置，而这 5 个位置分别对应 5 个不同牙花数。套件 112 上有 3 个接合凸台 132，而基件 110 上有 6 个接合凹槽 130，因此该方案中的第一片栓 108 可采取对应 4 个不同牙花数的 4 个位置中的任何一个位置。通常一个片栓 108 能够获得的不同牙花数的数目是由能够获得的接合凸台 132 与接合凹槽 130 的接合位置的数目决定的。假定槽的数目 N_2 大于凸台的数目 N_1，那么可以获得的位置数目即为 N_2-N_1+1。不难理解，接合凸台 132 和接合凹槽 130 的形状并非局限于图 1-6 所示的矩形，也可以使用如弧线、直线等其他形状。此外，接合凸台 132 和接合凹槽 130 的设置可以互换，即接合凸台 132 可置于基件 110 上，而接合凹槽 130 可置于套件 112 上。接合臂 136 和基件 110 也可以使用凸台 132 与凹槽 130 交错的间歇性模式。接合臂 136 是一个柔性元件，它具有从与凸台 132 相邻的端部 144 延伸而出的凸缘 142，通过对凸缘 142 施加一个作用力，可以使得套件 112 的凸台 132 与基件 110 的接合凹槽 130 分离，从而实现对锁 100 再加锁的操作。锁芯 102 的一端 146 有一个钥匙槽 148 和一个再加锁槽 150。再加锁槽 150 的尺寸能够容纳一个再加锁工具 152。再加锁工具 152 是一个长杆，当它插入再加锁槽 150 时，会将凸缘 142 和基件 110 推开，使接合臂 136 偏转，从而将各接合凸台 132 撬出各接合凹槽 130。再加锁槽 150 可相对于锁芯 102 进行定位，从而当原来的正确钥匙 120 插入钥匙槽 148 转动锁芯 102，再加锁工具 152 能够与凸缘 142 接触。在该开启位置，每个片栓 108 都完全进入相应的第一锁芯通路 106 中，即所有顶部 134 都从锁壳 104 的第一锁定槽 140 中脱离，从而使锁芯 102 可以相对于锁壳 104 无阻碍的转动。举例来说，再加锁槽 150 可以有一个 T 形截面，而相应的工具 152 也可以有一个 T 形截面。工具 152 的边沿可推靠基件 110，同时工具152的腹板推靠套件112的凸缘142,从而使得套件112从基件110上脱离。再加锁工具152最好沿其长度逐渐变细,以使套件112易于从基件110上脱离。通过下列步骤可以实现对锁100再加锁。首先,套件112在一个第一接合位置与基件110接合,该第一接合位置对应一个第一钥匙120。将第一钥匙120插入钥匙槽148,转动锁芯102开启锁100,由此将锁100置于学习模式。这样就可以将再加锁工具152插入再加锁槽150中,从而使套件112的接合臂136与基件110分离,实现锁100被再加锁。接着,取出第一钥匙120,将一个第二钥匙插入钥匙槽148中,再取出工具152,迫使套件在一个第二接合位置与基件110接合,该第二接合位置由该第二钥匙的牙花133决定,从而用该第二钥匙为锁100再加锁。锁100还包括容纳在锁芯102的各对应第二通路106a中的一排第二组片栓108a。各第二片栓108a类似于上面描述的第一片栓108,此处不再赘述。各第二片栓108a的各元件与上述各第一片栓108的各类似元件相对应,分别用相同的标号加后缀字母“a”来标注。例如,每个第二片栓108a可包含一个套件112a及一个基件110a。各第二通路106a与各第一通路106相对交错,而各第一和第二片栓108、108a被布置成:它们各自的接合臂136、136a分别置于锁100的钥匙槽148的相对侧。一个给定锁中的片栓的数目和位置,都是可以根据特定用途要求而改变的。将一个第二再加锁工具152a插入处于开启位置的锁芯102的端面146上的第二再加锁槽150a,各第二片栓108a的套件112a就从相应的基件110a上脱离。不难理解的是:第二基件110a与第二套件112a的接合位置并不受限于基件110与套件112的接合位置,即二者是相互独立的接合。因此,开启钥匙既可具有对称的牙花133,也可具有不对称的牙花132。基件110及第二基件110a和套件112及第二套件112a具有逐渐减少的厚度,以便钥匙120插入该开口114及第二基件的开口114a中,同时也使得再加锁工具152、152a插入对应的再加锁槽150、150a中变得更加容易。由于第一及第二片栓108、108a可以有多种组合,而各接合构造130、132也可以有多组可供每个片栓108、108a选择的排列顺序。因此,同一把可再加锁的锁无需拆卸,即可使用多把新的钥匙。

上述方案中,其叶片均按一个方向排列,而在叶片锁中还涉及同时使用轴向和径向排列的叶片。如图1-7所示方案,锁头包括锁体2在内的前锁芯6和后锁芯12。前锁芯6上沿轴线设有若干由两片叶片弹子4为一组的叶片弹子组。前锁芯6上的锁定边柱槽内设有可与叶片弹子4上V形槽15相配合的锁定边柱3,在前锁芯6上设置与锁定边柱槽相通的滑块滑槽13,在后锁芯12上与前锁芯滑块滑槽13对应设置锁销滑槽9。锁销滑槽9在后锁芯的尾部有一端壁10,在锁销滑槽9内放置锁销14,在锁销滑槽9内的端壁10与锁销14之间设置锁销复位弹簧8。在锁定边柱槽内设有径向与锁定边柱3相配合的滑动块1,滑动块1和锁定边柱3之间沿锁芯轴向设置两处接触部,该接触部为滑动块1采用斜面5、11与锁定边柱3接触,滑动块1的一端位于滑块滑槽13内与后锁芯12上的锁销14相接触,在锁体2尾部用于将

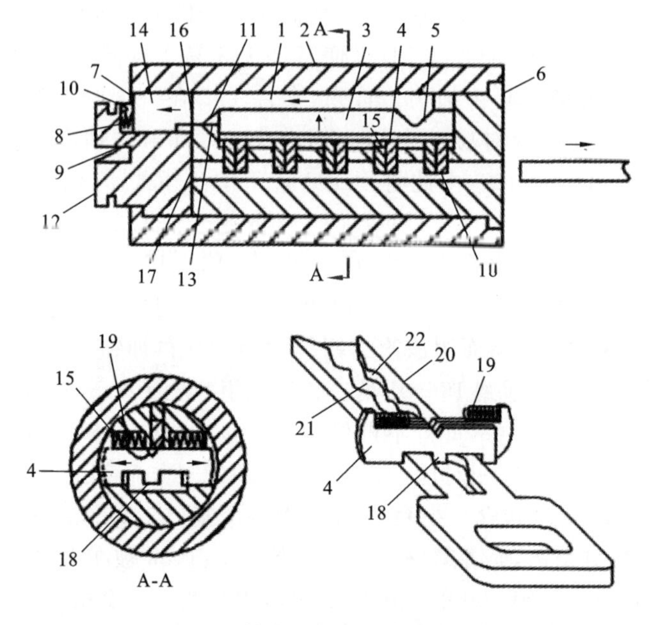

图 1-7 轴向和径向上均具有叶片

后锁芯 12 止位的台阶上与锁销滑槽 9 相对应开一缺口 7,使锁销滑槽 9 内的锁销 14 可与该缺口 7 相配合。叶片弹子 4 的下侧中部设有可与钥匙上的弹子槽相配合的突出部 18,前锁芯 6 内设有叶片弹子复位弹簧 19。与锁头配套的钥匙包括匙片 20,在匙片 20 的一个面上设有弹子槽 21,弹子槽 21 的两个槽壁 22 上设有牙花。闭锁时,前锁芯 6 内叶片弹子 4 上的 V 形槽 15 不在一直线上,锁定边柱 3 被叶片弹子 4 径向向外顶开,与锁定边柱 3 接触的滑动块 1 和锁销 14 克服复位弹簧 8 使两者的接触面 16 处在与前后两锁芯 6、12 接触面 17 重合的位置,而锁销 14 的端部处在与锁体尾部台阶上的缺口 7 相配合的位置。此时,前锁芯 6 相对后锁芯 12 可以空转,后锁芯 12 通过锁销 14 与锁体 2 连成一体不能转动,锁不能开启。开锁时,钥匙插入前锁芯 6,钥匙通过匙片 20 上弹子槽槽壁 22 上的牙花与叶片弹子上的突出部 18 相配合,迫使前锁芯 6 内各组叶片弹子上的 V 形槽 15 对齐,在锁销 14 复位弹簧 8 的作用下,锁销 14 和滑动块 1 一起沿锁芯轴向向内运动,同时通过滑动块 1 与锁定边柱的接触部(滑动块上的斜面 5、11)压迫锁定边柱沿锁芯径向向内伸入叶片弹子 4 的 V 形槽 15 内,锁销 14 与滑动块 1 的接触面 16 处在前锁芯 6 内的位置,而锁销 14 的端部处在与锁体尾部台阶上的缺口 7 相脱离的位置。此时,前锁芯 6 通过锁销 14 与后锁芯 12 连成一体,相对锁体 2 可以转动。滑动块 1 与锁定边柱 3 可以采用不同的接触部进行配合,既可以是两者接触部都采用斜面接触,也可以是接触部中一个采用斜面与另一个接触。

1.3 同时带有弹子和叶片的圆筒弹子锁

为了进一步增强锁具的防盗性能,可以将弹子和叶片集合在同一个锁具内。如图1-8所示方案,其包括了弹子组件、叶片组件以及异形弹子组件,3个组件各自独立于钥匙配合,具体组件如下:锁体1、安装在锁体1内的锁芯2以及与锁芯1配对的钥匙3,锁体1与锁芯2之间分别配置有弹子组件4、叶片组件5以及异形弹子组件6,钥匙3上分别设置有与弹子组件4、叶片组件5、异形弹子组件6对应的弹子槽31、蛇形槽32、外铣齿槽33。弹子组件4包括弹子41、平头弹子42、平头弹簧43和封门44,所述锁芯2竖直方向上设有若干平头弹子孔21,锁体1的凸型背上设有与锁芯2的平头弹子孔21配对的封口平头弹子孔11,平头弹子孔21与封口平头弹子孔11内依次放入弹子41、平头弹子42、平头弹簧43和封门44。当插入配对的钥匙3时,弹子组件4的弹子41与钥匙3上的弹子槽31对应,并陷入一定深度,使弹子41与平头弹子42滑动至一定位置,弹子41与平头弹子42的相接处与锁芯2和锁体1的交接面对齐,这时锁芯2可以转动,并带动锁芯2末端的拨轮8转动,若插入不配对的钥匙3或未插入钥匙3时,弹子41或平头弹子42会卡掣在锁芯2与锁体1之间,不能开锁。叶片组件5包括叶片51,锁芯2内横向开设有若干与叶片51对应的叶片孔22,且该叶片孔22与平头弹子孔21错开,叶片孔22下侧面与锁芯2的钥匙孔30贯通,叶片51配置于叶片孔22内。且其下侧设置有伸入到钥匙孔30内的驱动凸块511,锁芯2对应每个叶片51设置有叶片回位弹簧52,锁体1内壁开设有与锁芯2的叶片孔22对应的叶片卡槽12,当插入配对的钥匙3时,钥匙3端面两侧上的外铣齿槽33会推动叶片51下侧的驱动凸块511,从而使叶片51完全滑进叶片孔22内。这时,叶片51的端面与锁芯2和锁体1的交接面对齐,叶片51不再卡掣在锁芯2与锁体1之间,锁芯2可以转动,并带动锁芯2末端的拨轮8转动,若插入不配对的钥匙3或未插入钥匙3时,叶片51的一端由于回位弹簧52的作用,滑入叶片卡槽12内,并卡掣在锁芯2与锁体1之间,不能开锁。异形弹子组件6包括异形弹子61和横销62,锁芯2尾部横向开设有若干与异形弹子61对应的方形孔23,该方形孔23与平头弹子孔21及叶片孔22互不干涉,且该方形孔23下侧面与钥匙孔30贯通,异形弹子61配置于方形孔23内,该异形弹子61的下侧设置有伸入到钥匙孔30内的凸块611,锁芯2尾部竖直方向上还开设有横销槽24,横销62配置于横销槽24内,并在横销槽24内设置有复位弹簧621,异形弹子61的背部开设有可供横销62滑入的缺口612,锁体1内壁开设与横销槽24对应的光滑凹槽13,当插入配对的钥匙3时,钥匙3端面上的蛇形槽32会拨动异形弹子61下侧的凸块611并带动异形弹子61滑动,使异形弹子61上的缺口612与横销62对应,若这时转动锁芯2,横销62一端被光滑凹槽13边缘顶压进缺口612内,使横销62的一端端面与锁芯2

和锁体 1 的交接面对齐，不再卡在锁芯 2 与锁体 1 之间，锁芯 2 可以继续转动，并带动锁芯 2 末端的拨轮 8 转动；若插入不配对的钥匙 3 或未插入钥匙 3 时，由于复位弹簧 621 的作用，横销 62 一端被顶进光滑凹槽 13 内，且异形弹子 61 位置由于前一次使用完拔出钥匙 3 时被打乱，缺口 612 不与横销 62 对齐，转动锁芯时，横销 62 不能滑入缺口 612 内，而是卡掣在锁芯 2 与锁体 1 之间，锁芯不能继续转动。由上述可知，在插入配对钥匙 3 时，使弹子 41 与平头弹子 42 的相接处、叶片 51 的端面以及横销 62 的一端端面分别与锁芯 2 和锁体 1 的交接面对齐，才能顺利打开锁具，采用弹子组件 4、叶片组件 5 和异形弹子组件 6 的多变组合，结构复杂，不易被不法分子技术开锁。

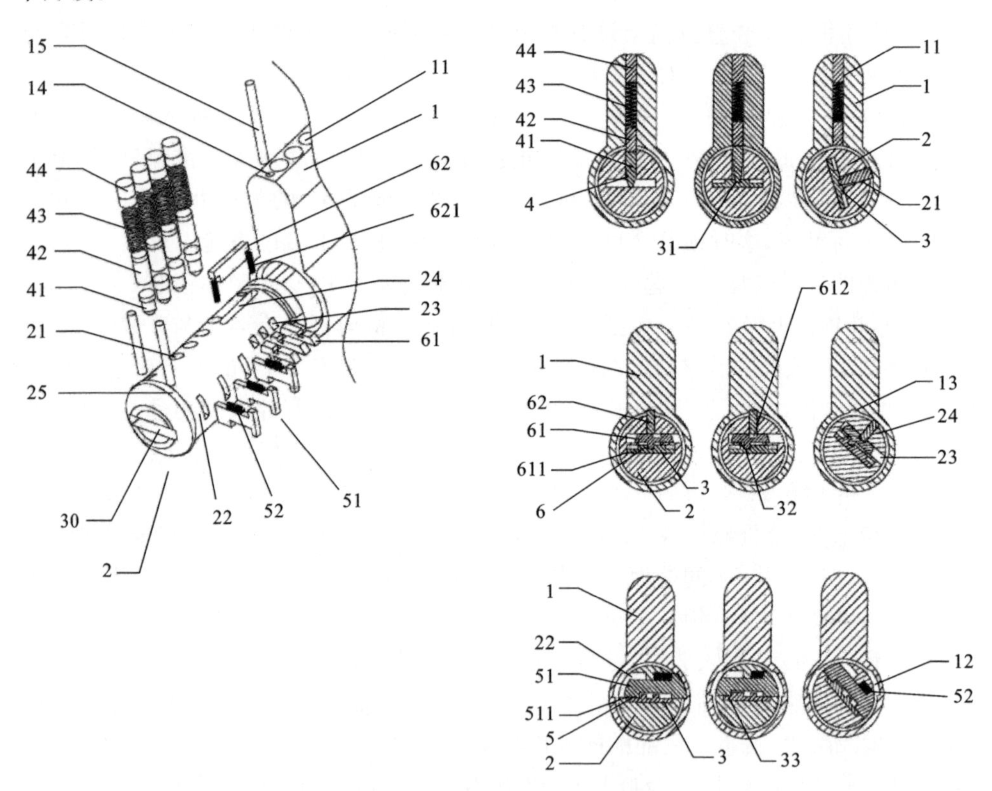

图 1-8　同时具有弹子和叶片的锁

还有一种设置方式如图 1-9 所示，防盗锁头由圆柱体锁芯 2 嵌套在圆柱体外壳组成，若干个圆环形页片 11 在垂直于锁芯轴线的方向上平行排列，当万能钥匙或其他工具插入时钥匙孔时，圆环形页片 11 可进行 360°空转，页片 11 之间通过隔片 12 隔开。图 1-9 中，隔片 12 的形状为具有两个隔片缺口和隔片凸台的圆环形，隔片缺口可以支撑脱离外壳 1 内壁后落下的开锁键(4、5)，而隔片凸台插入锁芯内壁中的隔片槽，使隔片 12 固定在锁芯 1 中。页片 11 在钥匙齿的作用下可 360°转动，而隔片

12 不能转动，隔片 12 设置的主要作用是使页片 11 的转动更加顺畅，否则，光滑的页片 11 之间的摩擦力大，页片 11 相互之间容易粘在一起，特别是在有水的情况下，页片之间的摩擦力更大，从而导致开锁阻力增加。在钥匙入口处设置一个衬套 3 将页片 11 和隔片 12 密封在锁芯内。在外壳 1 内壁上平行于锁芯轴分别开设主沟槽和辅沟槽，主沟槽在锁芯径向上的宽度和深度分别大于辅沟槽在径向上的宽度和深度；对应于主、辅沟槽，分别设置两条开锁键，即主开锁键 4 和辅开锁键 5，主开锁键 4 在锁芯径向上的高度 G_1（该高度指开锁键从顶部至根部之间的距离，该高度对应于主、辅沟槽的深度）比辅开锁键 5 在锁芯径向上的高度 G_2 大。两开锁键的顶部可以分别自由进出主、附沟槽，而主、辅开锁键 4、5 的根部则可以自由进出位于页片上的主、辅凹槽。主、辅开锁键 4、5 之间的相对位置，可以设置为对称，也可以设置成不对称。每个页片 11 在其圆周的外边缘分别开设一个主凹槽和辅凹槽，主、辅凹槽之间的相对位置取决于钥匙对应于该页片的齿槽结构，在辅凹槽的两侧，有若干个制约槽，制约槽的大小、形状与辅开锁键 5 的根部相适应，使辅开锁键 5 的根部可以自由进出。制约槽可以分布在辅凹槽的一侧，也可以分布在辅凹槽的两侧，其数量可以是一个，也可以是若干个。

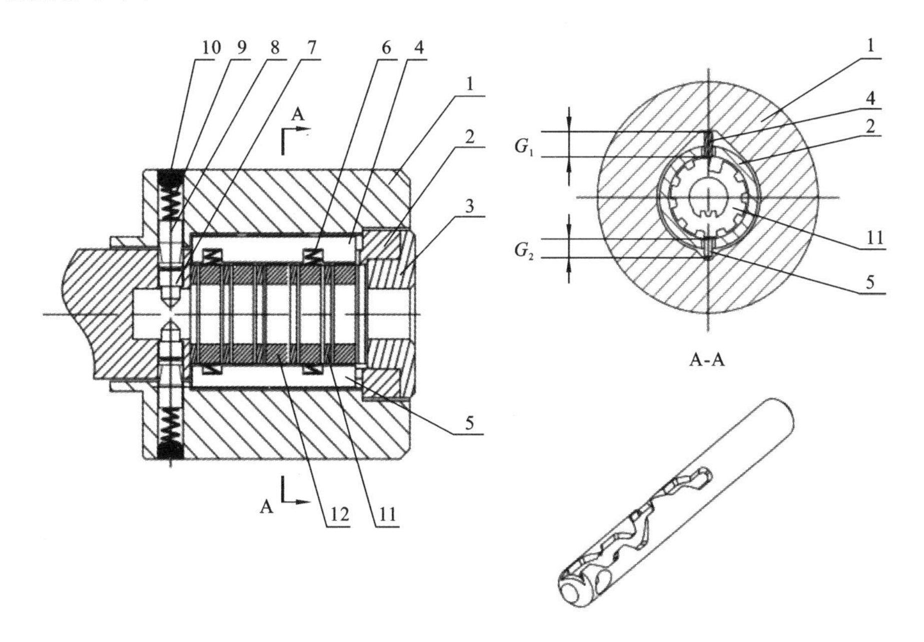

图 1-9　弹子在端面的锁

正常开锁的工作原理是：闭锁时，主、辅开锁键 4、5 的顶部分别位于主、辅沟槽内，而其根部则位于锁芯 2 中，将外壳 1 和锁芯 2 连接在一起，使锁芯 2 不能转动，从而实现闭锁功能；开锁时，当插入本锁钥匙，钥匙上的齿槽将推动圆环形的页片 11 转动，使页片 11 上的辅凹槽排列成一条直线。由于辅沟槽在锁芯径向上的宽度和深度比主沟槽在径向上的宽度和深度小，使得辅开锁键 5 比主开锁键 4 更早地滑出其对应的沟槽。这样，辅开锁 4 键首先落入辅凹槽，并带动页片 11 进一步转动，在页片 11 转动一定距离后，主开锁键 4 开始滑出主沟槽落入排成一条直线的主凹槽。从上述分析可见，使用本锁钥匙正常开锁时，辅开锁键 5 和主开锁键 4 先后脱离外壳 1，落入辅、上凹槽，同时落入隔片缺口中，使锁芯 2 可以转动，实现防盗锁的开启。防盗原理是：当使用万能钥匙或其他工具插入钥匙孔中，万能钥匙或者其他工具无法使所有页片 11 上的主、辅凹槽排成一条直线，这时辅开锁键 5 将会落入部分页片的制约槽中，阻碍页片继续转动，页片上的主、辅凹槽不能排成一条直线，且主沟槽的深度、宽度比辅沟槽的深度、宽度更大，且主开锁键的高度 G_1 比辅开锁键 G_2 大，主开锁键 4 更难以滑出主沟槽 16，防盗锁的防盗性能提高。随着制约槽的数量增多，使用万能钥匙开锁时，辅开锁键 5 更容易落入制约槽中。主、辅沟槽在锁芯径向上的截面形状，首选三角形和梯形，该形状有利于正常开锁时主、辅开锁键 4、5 滑出主、辅沟槽。未插入钥匙前，主、辅开锁键 4、5 的顶部分别位于主、辅沟槽中。钥匙插入钥匙孔并旋转，防盗锁处于开锁状态；万能钥匙或其他工具插入钥匙孔并转动钥匙时，主、辅开锁键 4、5 不能滑出沟槽的情形。在主、辅开锁键 4、5 的根部开设弹簧槽，复位弹簧 6 位于该弹簧槽中，该弹簧用于对主、辅开锁键 4、5 进行复位。本示例的复位元件是弹簧，当然也可以采用其他复位元件来代替弹簧。在位于圆环形页片 11 内圆上的凸台顶部和根部附近设有削弱槽，这在一定限度内削弱了页片 11 的强度，当防盗锁遭遇暴力开锁时，页片凸台容易发生折断、磨损等变形，此时防盗锁被损坏，万能钥匙在页片凸台处发生滑牙，无法继续开启防盗锁，从而在一定程度上提高了防盗锁的防盗性能。钥匙包括钥匙手柄和圆柱体本体，从钥匙手柄一端起，圆柱体的钥匙本体分为第一区和第二区，钥匙齿槽位于第一区的圆柱体表面上，呈蛇形状沿圆柱体轴线延伸。该蛇形齿槽从第一区延伸到第二区，并在第二区形成定位槽，设置在锁芯内壁上的定位凸柱可以自由进出定位槽。本方案的定位凸柱为铜质的圆柱体，固定在锁芯内部形成凸柱。当钥匙插入后旋转钥匙，直到定位凸柱准确进入钥匙第二区的定位槽，此时继续转动钥匙，将使钥匙带动页片转动，使页片上的主、辅凹槽逐渐形成一条直线。因此，定位凸柱的作用包括对钥匙定位和使钥匙启动的两个方面。在防盗锁外壳 1 和锁芯 2 与钥匙本体第二区对应的位置，开设三条贯通于外壳和锁芯的通道，上弹子 8 和下弹子 7 由外至里面排列在该通道上，上弹子 8 的顶部安装用于复位的弹簧 9，该复位元件 9 的顶部用金属片对通道进行密封。闭锁状态时，下弹子 8、7 将锁芯与外壳连接；开锁状态时，上弹子 8 和下弹子 7 的交界线与外壳 1 和锁芯 2 的交界线重合，位于锁芯内的下弹子 7 与锁芯 2 一起转动，实现开锁。在圆柱体钥匙的第二区与上、下弹子对应的位置，与钥匙圆柱体表面垂直的方向开设三个弹子坑槽，该坑槽的位置与三个下弹子 7 的位置对应，坑槽的大小与下弹子 7 的底部相适应以使得下弹子 7 可以自由进出弹子坑槽。每把防盗锁的弹子坑槽深度不一样，即使同一把防盗锁每个弹子坑槽深度也可以不一样，这就使得防盗锁的密码量大幅度提高。上下弹子的数量可以是只有一对，也可以是多对，随着上下弹子对数的增加，防盗锁的密码量也随之提高。为了使钥匙拔出时候，主、辅开锁键(4、5)位于各自的沟槽中，以确保开闭锁时防盗锁处于正确的闭锁状态，在壳体内壁设置有定位销钉，该定位销钉的根部伸入主沟槽中，同时，在主开锁键 4 顶部设置有销钉槽，闭锁时，所述的定位销钉插入销钉槽中；开锁时，所述的定位销钉脱离主开锁键。如果没有设置定位销钉，则在闭锁过程中，当主开锁键 4 位于辅沟槽且辅开锁键 5 位于主沟槽的时候，也可能将钥匙拔出，导致使用者误认为防盗锁已经锁闭。而设置定位销钉后，闭锁时，使用者转动钥匙直到定位销钉落入销钉槽，再拔出钥匙，以确保防盗锁已经正确闭合。

上述两个方案中的弹子组件、叶片组件和或异形弹子组件各自独立与钥匙配合，而同时包括弹子和叶片的锁具，在很多情况下弹子和叶片是相互配合的。如图 1-10 所示方案，包含一个锁壳 10、一个锁仁 20、一个限位件 30、一个滑块 40、一个带动件 50 以及多个齿位件组 60，该锁壳 10 具有一个中空筒状部 11、一个形成于该中空筒状部 11 一侧的延伸凸部 12 以及一个中心轴线 10a，该延伸凸部 12 具有多个可供设置多个上锁珠 91 及多个锁珠弹簧 92 的上锁珠孔 12a；该锁仁 20 设置在该锁壳 10 的该中空筒状部 11，具有一个外侧壁 20a、一个前端部 21、一个形成于该前端部 21 的开孔 211、一个中间部 22、一个驱动部 23、一个容置槽 24、一个位于该容置槽 24 内的内槽壁以及分别连通该容置槽 24 的多个第一齿位件滑槽 25 及一个第一穿孔 26。在本示例中，该开孔 211 连通该容置槽 24，而该第一穿孔 26 连通该外侧壁 20a 及该内槽壁。此外，该第一齿位件滑槽 25 及该第一穿孔 26 形成在该中间部 22，该第一齿位件滑槽 25 分别对应该延伸凸部 12 的该上锁珠孔 12a，而该第一穿孔 26 邻近该驱动部 23，该第一穿孔 26 内系具有一孔壁 26a 及一凸设于该孔壁 26a 的凸缘 26b；该限位件 30 设置于该锁仁 20 的该第一穿孔 26，该限位件 30 为 T 字锁珠，且该限位件 30 具有一杆体部 31 及一个形成于该杆体部 31 一端的径向扩大部 32。在本示例中，位于该第一穿孔 26 内的该凸缘 26b 能挡住该限位件 30 的该径向扩大部 32，该滑块 40 设置于该锁仁 20 的该容置槽 24，且该滑块 40 可平行该锁壳 10 的该中心轴线 10a 而轴向移动。此外，该滑块 40 具有一个第一端面 40a、一个相对于该第一端面 40a 的第二端面 40b、一个朝向该锁仁 20 的该内槽壁的侧面 40c、多个分别对应各该第一齿位件滑槽 25 的第二齿位件滑槽 41、一个连通该些第二齿位件滑槽 41 的锁匙孔 42 以及一个连通该锁匙孔 42 的第二穿孔 43。在本示例中，该锁匙孔 42 对应该锁仁 20 的该开孔 211，该第二穿孔 43 凹设于该侧面 40c 且对应该锁仁 20 的该第一穿孔 26，较好地，该滑块 40 具有一凸设于该第二端面 40b 的凸出部 44，该第二穿孔 43 系形成于该凸出部 44。带动件 50 设置于该滑块 40 的该第二穿孔 43，且该限位件 30 一

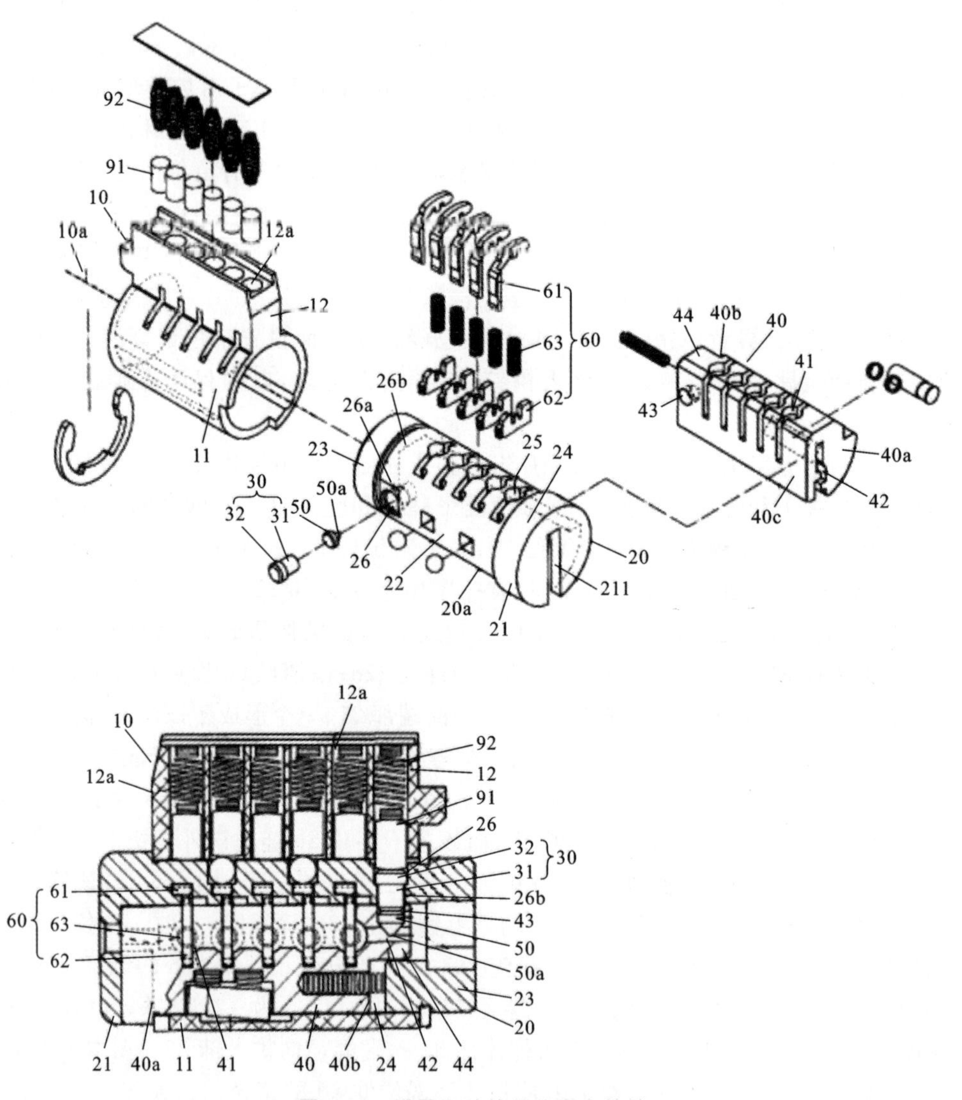

图 1-10　弹子和叶片相互配合的锁

端抵接该带动件 50。在本示例中,该带动件 50 为锥形锁珠,且该带动件 50 具有一个位于该滑块 40 的该锁匙孔 42 的锥部 50a,各该齿位件组 60 设置于该锁仁 20 的该第一齿位件滑槽 25 及该滑块 40 的该第二齿位件滑槽 41,且各个齿位件组 60 包含一个第一齿位件 61、一个可与该第一齿位件 61 啮接的第二齿位件 62 及一个设置于该第一齿位件 61 与该第二齿位件 62 的间的弹性件 63。在本示例中,该弹性件 63 是一个弹簧,且该第一齿位件 61、该第二齿位件 62 及该弹性件 63 可组成一个高度可调整锁珠。

1.4　根据钥匙的不同位置开动的圆筒弹子锁

1.4.1　用钥匙边缘开动

在弹子锁中，其钥匙的正确与否主要取决于钥匙的形状，即钥匙上与弹子相配合的部件，以图 1-3 所示方案为例，用钥匙的边缘来配合相应的弹子，钥匙 4 的侧面形成有一排深浅不同的多个凹槽，从而形成该钥匙的牙花。不同位置上的凹槽对应着钥匙插入钥匙孔对应位置上的制动弹子的长度，因此钥匙上不同位置的凹槽深浅形状就是该锁具的密码。同一型号的弹子锁通过编码不同位置的弹子长度，从而实现每一个锁具的独立开锁特性。

除了牙花设置一排的方式，还可以有其他设置方式。例如，如图 1-11 所示，当正确钥匙 17 的牙花 16 插入钥匙孔 5 中时，每个横向孔 15 都和销柱孔 6 联通，并和销柱上的销柱孔 10 相匹配。这就使得当施加了足够大的力来克服侧杆弹簧 14 作用时，侧杆 12 能缩到侧杆凹部 11 中，其中施加的力是当用户通过转动插入钥匙 17 而向锁塞施加一个转动扭矩时产生的，这样就使得侧杆 12 由于受一个径向力的作用而被顶入到侧杆凹部 11 中。该径向力是由于在锁壳 4 的侧杆槽 18 上加工出侧斜面而产生的。这样，当侧杆 12 基本上位于侧杆凹部 11 中而达到其不会再阻碍锁塞 2 在

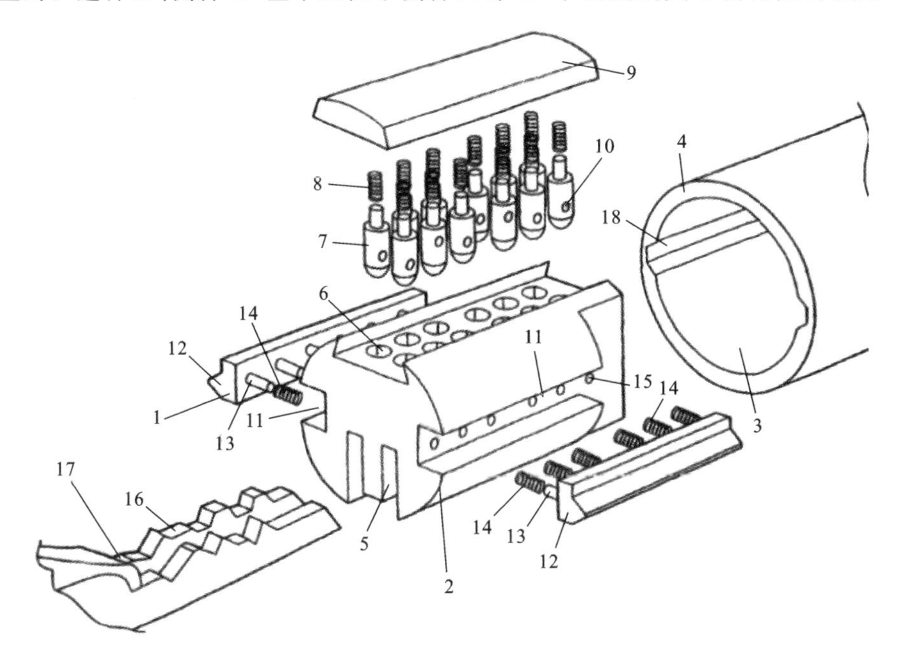

图 1-11　多排同向牙花

锁腔3中转动的程度时，就可以说锁1处于开锁状态。其中，钥匙17的牙花16设置为在钥匙17的同一侧边缘径向设置有两排牙花16，从而对应了径向两排弹子。又如，如图1-12所示，锁体1内有钥匙孔3，钥匙2位于钥匙孔3内，锁体1内至少有两个相对于钥匙2轴线为横向设置的阶梯孔4，阶梯孔4的大孔径段位于内端，其直径大于钥匙孔3的宽度，阶梯孔4大孔径段的对应两边均与钥匙孔3贯通，阶梯孔4内设有作用于锁芯杆体的弹子5和作用于该弹子的弹簧6，在弹簧6的作用下，弹子5缩到锁体1内，钥匙2侧边径向上设有与弹子5对应的并可推动弹子5向外侧移动的牙花7，钥匙2露出锁体1的部分上设有手柄8；所述的弹簧6的两端分别作用于阶梯孔4的孔壁和弹子5，所述弹子5的内端与钥匙2的侧端面接触，钥匙2上的每一个牙花7在横向方向的长度均不相同而构成开启锁的不同因子。钥匙2的结构形式不是唯一的，其中“一”字形条形状，钥匙2上的两个牙花7对称于钥匙2的两侧端；三棱形条形状，钥匙2则为对应的三棱形条形状，钥匙2上的三个牙花7与之对应设置；“十”字形条形状，钥匙2则为对应的“十”字形条形状，钥匙2上的四个牙花7与之对应设置，等等。

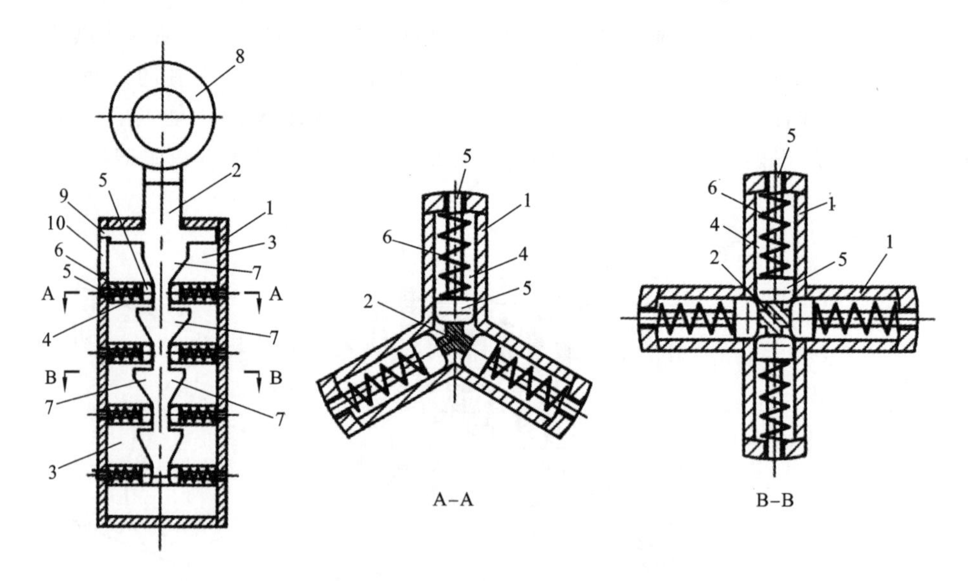

图1-12 多排不同方向的牙花

1.4.2 用钥匙的其他表面开动

以图1-4所示方案为例，该方案给出了与盲孔磁力锁芯配合的平面磁力钥匙，图1-4中可以看出钥匙3上设有的与磁珠22磁极相斥的磁块31设置在钥匙3的一侧面上而非边缘处。此外，还有其他各种设置方式，如图1-13所示，一种配有排孔钥匙的锁头结构，包括锁体 1。该锁体 1 内配装有锁芯 2，锁芯 2 配套有相插装的钥匙 3，该钥匙 3 下端制有插销轴 31，插销轴 31 制有四面规则布置的竖面体 31a，相邻的竖面体 31a 之间的转角处均制有过渡弧面体 31b，其中至少二面过渡弧面体 31b 上均制有至少二排弹子孔 32，弹子孔 32 为圆形内凹孔。锁芯 2 中间制有能与插销轴 31

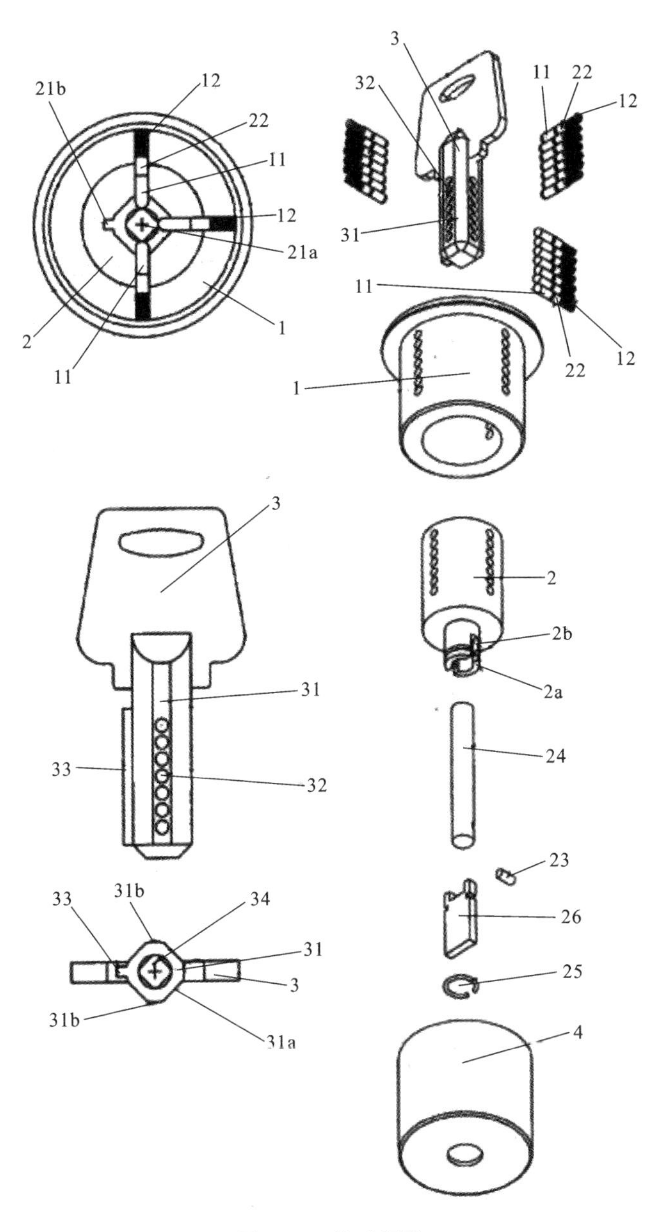

图 1-13　排孔钥匙

相配装的锁孔 21，锁孔 21 内周制有能与过渡弧面体 31b 相配套的内过渡面体 21a，并且至少二面内过渡面体 21a 上均配有至少二排锁芯弹子 22，锁芯弹子 22 与弹子孔 32 相配对。钥匙 3 的其中一面过渡弧面体 31b 上制有凸起的定位棱 33，相应地，锁芯 2 其中一面内过渡面体 21a 也制有内凹的定位槽 21b，该定位槽 21b 与定位棱 33 相配合。钥匙 3 三面过渡弧面体 31b 均制有至少二排弹子孔 32，相应地，上述的锁芯 2 三面内过渡面体 21a 均配有至少二排锁芯弹子 22。过渡弧面体 31b 所构成的插销轴 31 为一个平行四边形的柱体。具体来讲，钥匙 3 的每一面过渡弧面体 31b 均制有的弹子孔 32 排数为 3 排至 7 排，相应地，锁芯 2 的每一面内过渡面体 21a 上均配有锁芯弹子 22 排数也为 3 排至 7 排。如图 1-14 所示，锁芯外体 1 的体内设置浪形孔槽组合锁芯内体 2 相互之间相匹配连接为一体。在浪形孔槽组合锁芯内体 2 的中间设置浪形锁芯孔钥匙孔槽 3，在锁芯外体 1、浪形孔槽组合锁芯内体 2 的体内设置许多个的弹珠活动孔槽 14，在弹珠活动孔槽 14 的孔槽内设置连接内圈弹珠 16、内圈防拨弹珠 18、外圈弹珠 15、外圈防拨弹珠 17、弹簧 19、封珠 20，且相互之间均相匹配连接。在高弹性易弯曲多节珠弹片连接钥匙 4 上设置多个钥匙节珠 5、钥匙节珠连接槽 6、高弹性弹片 7、弹片连接头 8、钥匙节珠弹子凹孔 9，在钥匙节珠 5 上设置钥匙节珠连接槽 6、钥匙节珠弹子凹孔 9。钥匙节珠 5 上设置的钥匙节珠弹子凹孔 9 的凹孔与弹珠活动孔槽 14 上设置的内圈弹珠 16 的前端相匹配连接或与内圈防拨弹珠 18 的前端相匹配连接。在高弹性、易弯曲的多节珠弹片连接钥匙 4 上设置连接钥匙柄 21 合为一体。

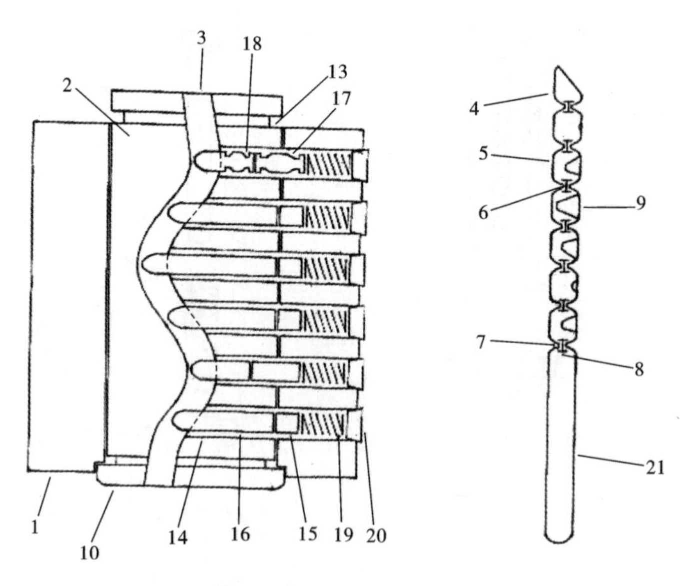

图 1-14　弯曲多节钥匙

1.5　除了钥匙还能用别的方法开动的圆筒弹子锁

上述讲述的方案中全部是通过钥匙就可以进行开锁，在日常生活中，大部分情况也是仅通过钥匙开锁，但还是有部分情形为了加强防盗性能还需要使用其他开锁工具，如圆筒弹子锁。如图1-15所示方案，包括穿心弹子锁芯2、暗码弹子锁芯6及两段钥匙1，穿心弹子锁芯安装在锁体15前端靠近匙孔的位置，紧接着安装的是暗码弹子锁芯，暗码弹子锁芯末端连接拔销16。穿心弹子锁芯2上有穿心弹子对4，安装在穿心弹子锁芯上的是穿心弹子，穿心弹子与锁体上弹子配对，穿心弹子是“工”字形，它的两头为圆柱体，中间的薄壁有长形的六边孔与穿心杆3滑动配合，六边孔的短边长度小于穿心杆直径，并交叉垂直于穿心杆，穿心杆与穿心弹子对应的位置有稍大于穿心弹子薄壁厚度的圆环。穿心杆安装在与锁芯中心线平行并与之滑配合的杆孔17内，穿心杆的一端面压着弹簧，另一端进入暗码弹子锁芯6端面的穿心杆U形

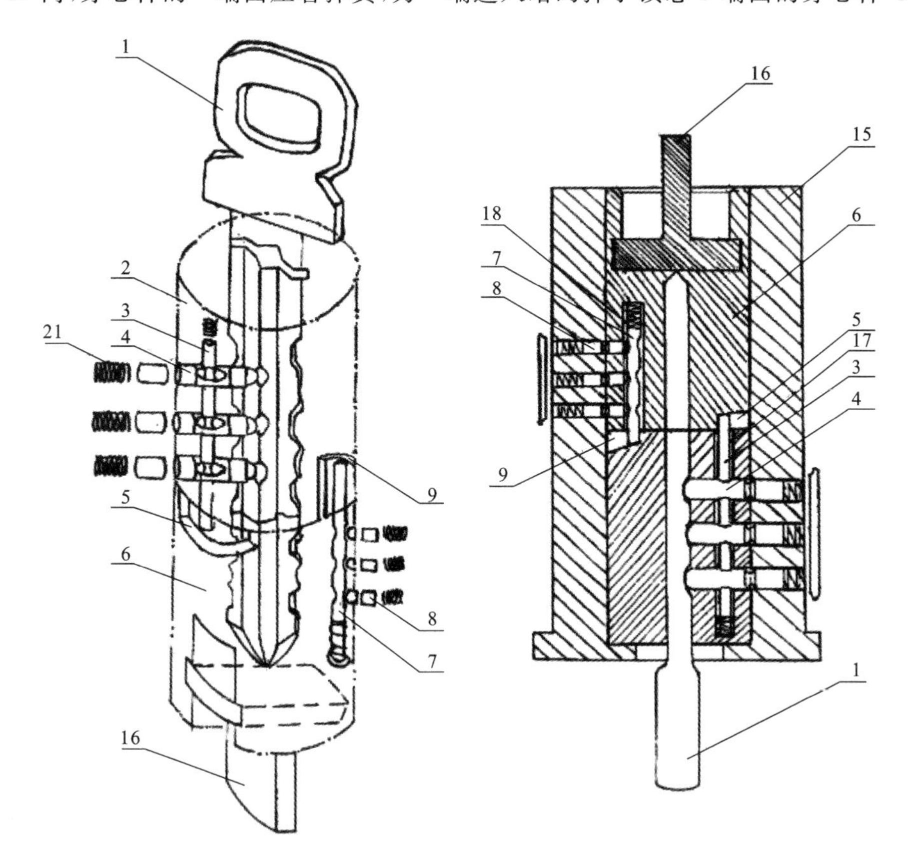

图1-15　两段钥匙

槽 5 内，穿心杆能沿着穿心杆 U 形槽 5 的底部移动。暗码弹子锁芯 6 是在该锁芯段有暗码弹子对 8 和暗码杆 7，暗码弹子对分别安装在锁体和暗码锁芯的弹子孔内，暗码杆上有凹槽与暗码弹子相配，暗码杆安装在与之滑配合的暗码锁芯的暗孔 18 内，暗码杆 7 一端面压着弹簧，另一端面进入穿心弹子锁芯端面的暗码杆 U 形槽 9 内，暗码杆能沿着暗码杆 U 形槽 9 底移动。所述的两段钥匙由心轴、穿心匙段和暗码匙段构成，穿心匙段和穿心弹子对相配合开锁，暗码匙段和暗码弹子锁芯的暗码弹子对相配合开锁，两匙段套在心轴上，穿心匙段与心轴固定，暗码匙段与心轴相配合。钥匙加工工艺如下。把已加工好的两匙段套在心轴上，然后嵌入模具中注射塑料匙柄，使匙柄与穿心匙段和心轴固定。若不法分子用拨珠的方法开锁，虽然能把普通弹子对脱离锁体或锁芯，但是由于穿心弹子薄壁处的长形六边穿心孔在弹簧 21 作用下卡在穿心杆圆环 11，穿心弹子对仍卡在锁体或锁芯上，所以穿心匙段和穿心弹子锁芯不能转动，锁开不了。即使拨动穿心弹子，由于长形六边穿心孔的长度大于穿心杆的直径，不法分子不能掌握拨动穿心弹子上升的距离，而无法使穿心弹子对脱离锁体或锁芯，穿心匙段仍不能转动，锁开不了，即保证了防技术性开锁。若不法分子用撬或破坏性开锁，即使破坏了穿心弹子锁芯，但由于不能使穿心杆和暗码杆移动，所以暗码锁芯不能转动，锁开不了。

又如图 1-16 所示方案，包括转动门把 1、固定门把 2 的转轴 18、板销 19 穿过锁体 21 和穿过门锁 9 连接门锁内开锁芯 10，转轴 18 内的弹簧 17 对着挺杆，挺杆横穿过锁体 21 至开锁孔相通，开锁孔容隐形锁匙 13 插入与挺杆顶触。面板 15 有匙孔 26 可容匙把 14 插入，锁室有锁匙定位腔可容隐形锁匙 13 插入或拉出。锁室顶沿边固定在面板 15 上，锁室的磨钩形头端内腔为锁匙定位腔，锁匙定位腔可容隐形锁匙 13 放入，隐形锁匙 13 倒对着开锁孔，开锁孔与隐形锁匙 13 相匹配，挺杆 22 横装在锁体 21 里，其一端对着开锁孔，另一端对着弹簧 17、锁珠。锁体 21 与转动门把 1、固定门把 2 之间有螺钉固定在面板 15 上，转动门把 1、固定门把 2 在面板 15 外面，连接螺柱 16 在面板 15 内侧，其内螺孔有螺钉固定，螺钉穿过门锁 9 进入木门 4 的柱孔 5 与连接螺柱 16 连接固定。门锁 9 装在门板 4 内面，隐形锁 11 装在门板 4 的隐形锁安装孔 12。门锁内开锁芯 10 在门锁 9 内面。保险锁轴 6、锁舌 7 对着门框侧边的锁扣孔，保险锁轴 6 进出门框侧边的锁扣孔开关门，需加保险时，保险锁轴 6 卡入这锁扣孔。开关锁由匙把 14 插入或拉出匙孔 26，其匙把 14 的隐形锁匙 13 可卡入或拉出开锁孔顶触挺杆，挺杆顶触弹簧 17，弹簧顶触锁珠容转轴 18、板销转动以板动门锁 9 把锁舌 7 卡入或拉出木门 4 门框侧边的锁扣孔达到开关锁门的目的，保险锁轴 6 由手动门锁 9 的把手确定加保险或不加保险。这样，由于匙把 14 和隐形锁匙 13 要从匙孔 26 进入之后，隐形锁匙 13 的牙把才能卡入或拉出开锁孔，即让转动门把 1、固定门把 2、转轴 18、板销及锁舌 7 转动，才能开关锁。

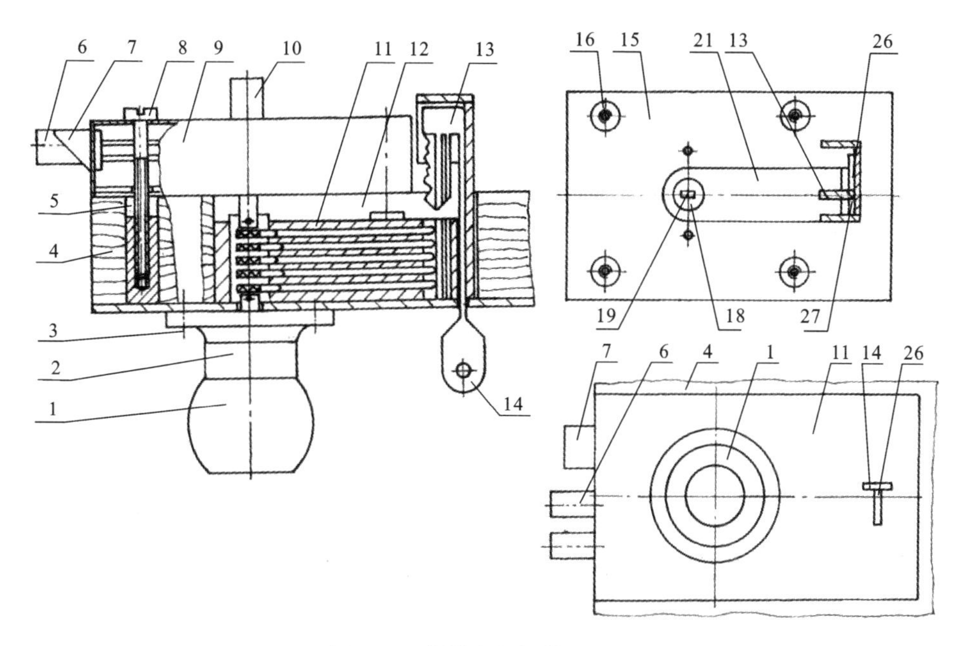

图 1-16　钥匙和门把共同作用

第2章　电　子　锁

随着科技的发展，日常生活中出现越来越多的电子锁，它采用电力或磁力对锁相关部件进行控制，从而实现开锁和闭锁操作。在此基础上衍生出多种用户识别方式，如指纹、虹膜、射频卡片识别、远程信号等多种识别技术，使得锁具的应用范围和功能更加丰富。以下按照电磁控制和电路控制分别进行介绍。

2.1　电　磁　锁

该类锁具开锁闭锁功能是依靠电磁铁的作用实现，即利用电磁铁通电产生磁性、断电磁性消失的原理，实现对锁具内的锁定部件或传动部件移动位置的控制。

2.1.1　利用电磁移动锁栓

可以直接利用电磁作用移动锁定部件，且该原理的锁具应用在各个领域中。如图 2-1 所示方案，用于自行车的锁定。在锁外壳 6 内的一侧垂直装有电磁铁 1，电磁铁 1 上方装有水平放置小弯曲端朝下的 L 形扣锁杆 5，L 形扣锁杆 5 长臂外侧的一端与扣锁杆复位弹簧 4 连接，L 形扣锁杆 5 长臂的另一端与支点 11 转动连接，锁外壳 6 内的另一侧的锁杆套 10 内装有能作轴向滑动的锁杆 3，锁杆 3 侧面装有锁杆推柄 9，锁杆 3 的一端装有锁杆复位弹簧 7，锁杆 3 的另一端装有半圆形的橡胶 2，半圆形的橡胶 2 能与电动车车轮轴 8 外圆环形的橡胶 2 紧密配合，锁杆 3 上面的突起位于 L 形扣锁杆 5 小弯曲处的内侧面，能够与 L 形扣锁杆紧密配合，电磁铁 1 通过电阻 R、电动车钥匙孔 12 和电动车电源 13 连成通路。所述的电动车钥匙孔 12 分成关闭挡 12.1、开动挡 12.2、开锁挡 12.3 三个挡。当锁杆 3 上面的突起位于 L 形扣锁杆 5 小弯曲处的外侧面时，需要闭锁，锁杆推柄 9 露在锁外壳 6 外面，通过人力作用往右推压锁杆推柄 9，锁杆推柄 9 能在锁外壳 6 的滑槽中滑动，往右推压锁杆推柄 9 时扣锁杆 5 小端面沿着锁杆 3 突起的斜面绕支点 11 顺时针转动。当往右推压距离足够大，锁杆 3 上面的突起位于 L 形扣锁杆 5 小弯曲处的内侧面时，扣锁杆 5 在扣锁杆复位弹簧 4 的作用下绕支点 11 逆时针转动并扣住锁杆 3，此时锁杆 3 顶端的橡胶和车轮轴 8 外橡胶 2 紧密接触，即达到了闭锁状态。开锁时，将电动车启动钥匙插入电动车钥匙孔 12，钥匙拧到开锁挡 12.3，此时电磁铁电路导通，往右推压锁杆推柄 9，使锁杆 3 上面的突起和 L 形扣锁杆 5 小弯曲处的内侧面不接触。扣锁杆 5 在电磁力的作用下顺时针转动到 L 形扣锁杆 5 的小端面位于锁杆 3 突起的上面时，松开锁杆推柄9,使锁杆3在锁杆复位弹簧7的作用下回到初始位置,锁杆3上面的突起位于L形扣锁杆5小弯曲处的外侧面,此时锁杆3顶端的橡胶和车轮轴8外橡胶2松开,即为解锁。再把电动车钥匙拧到开动挡12.2,可以正常行车。电磁铁电源13由电动车电源提供,这种车锁可以装在车轮轴一侧或车轮轴两侧。

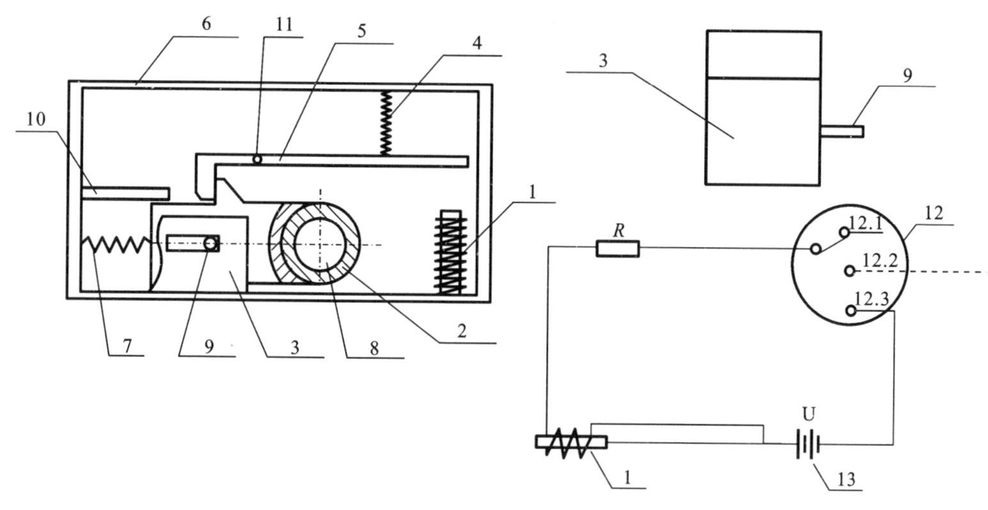

图2-1 自行车电磁锁

如图2-2所示方案,一种带锁定装置的公交车车门,包括门框2和车门3,门框2设于车体1上,车门3设于门框2内,车体1内设有旋转装置4,旋转装置4通过连接杆5与车门3的一侧连接,门框2的四周均设有锁定装置6,锁定装置6通过控制开关15与汽车电源16连接。锁定装置6包括安全销7、回位弹簧8、回位簧托板9、托板10和电磁铁11,托板10固定在门框2上,托板10上设有限位孔,安全销7设于托板10上的限位孔内,安全销7的一端设有限位板12,安全销7的销杆上设有回位簧

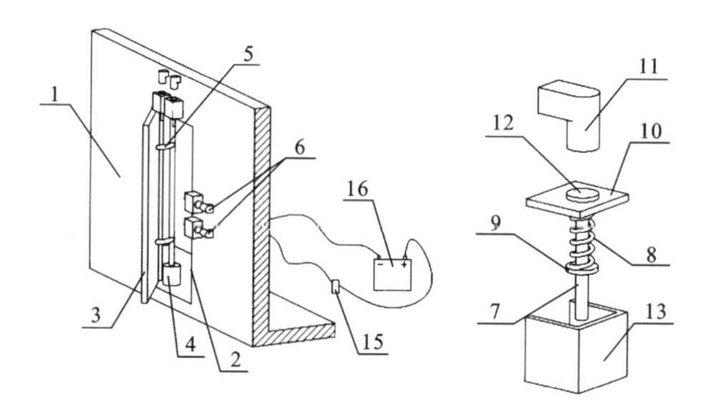

图2-2 公交车电磁锁

托板 9,托板 10 位于限位板 12 和回位簧托板 9 之间,回位弹簧 8 设于回位簧托板 9 和托板 10 之间,电磁铁 11 固定在限位板 12 与安全销 7 连接的一侧的相对侧。回位弹簧 8 的外侧设有弹簧保护罩 13,弹簧保护罩 13 的顶部通过螺栓固定在托板 10 上。安全销 7 的中上部设有外螺纹,回位簧托板 9 上设有内螺纹,安全销 7 与回位簧托板 9 通过螺纹连接。回位簧托板 9 为圆柱形,回位簧托板 9 的外圆上设有防滑凸块 14。安全销 7 上设有螺纹部分的直径大于没有设置螺纹部分的直径。回位弹簧 8 的外侧设有弹簧保护罩 13,弹簧保护罩 13 的顶部通过螺栓固定在托板 10 上。当需要开启车门时,司机按下控制开关 15,此时汽车电源 8 为电磁铁 11 供电,电磁铁 11 产生磁力后吸引限位板 12,限位板 12 被吸引起来后会带动安全销 7 向上移动,此时回位弹簧 8 处于压缩状态;当车门关闭后,司机再次按下控制开关 15,停止为电磁铁 11 供电,电磁铁 11 失去磁力后被压缩的回位弹簧 8 会使安全销 7 返回原位,将车门锁死。

还有用于商品防盗的锁,如图 2-3 所示方案,壳体 102 可以用于将安全标签 100 附接至物品。所述物品包括任何商品货物,如珠宝、服装、衣服、拉链、鞋子、眼镜、包装材料、箱子等。壳体 102 的外部还包括拆卸器参考表面 116,以供拆卸装置或拆卸器使用。拆卸器参考表面 116 可以与产生选择磁场的磁性拆卸装置之类的拆卸器相邻地定位。标签 100 被构造成当拆卸器参考表面邻近于拆卸器定位时,标签 100 暴露在选择磁场并且致使附件销在锁定位置和解锁位置之间切换。拆卸器参考表面 116 包括凸起 118,其中凸起 118 可以具有任何形状,只要该形状适当地与所述拆卸器接口即可。例如,图 2-3 所述凸起 118 具有半圆形形状或圆柱形形状。标签 100 具有电子装置,用来与传感器通信。例如,标签 100 具有射频标签或芯片。所述标签和传感器可以是电子商品防盗(EAS)系统的一部分。另外的,标签 100 可以具有防篡改机构以防止篡改标签。例如,防篡改机构是 EAS 系统的一部分,其中 EAS 系统在标签 100 停止响应时发出警报。标签 100 具有位于所述壳体中的墨袋,该墨袋可以从标签 100 泄漏在被保护物品上以防止篡改。锁定组件由附件销 104、楔形件 235 和弹性主体 240 构成,所述楔形件 235 具有能够受磁性影响(MI)的构件 236 和销结合构件 238,所述弹性主体 240 用于将楔形件 235(MI 构件 236 和销接合构件 238)支撑在锁定位置。MI 构件 236 定位在锁定位置和解锁位置之间改变锁定组件 231。例如,锁定组件 231 在 MI 构件 236 位于松弛位置时可以位于锁定位置;锁定组件 231 在 MI 构件 236 位于预加载位置时可以位于锁定位置;锁定组件 231 在 MI 构件 236 位于偏压位置时可以位于解锁位置。销接合构件 238 移入和移出锁接收腔室 234。销接合构件 238 通过移入和移出锁接收腔室 234 而与锁定臂 110 接合和分离。锁定臂 110 在被接合时位于锁定位置。锁定组件 231 可以包括销接合构件 238,该销接合构件 238 在附件销 104 位于锁定位置时与齿 243 接合。当 MI 构件 236 被放置在由磁性拆卸器产生的选择磁场中时,销接合构件 238 将释放齿 243,从而允许附

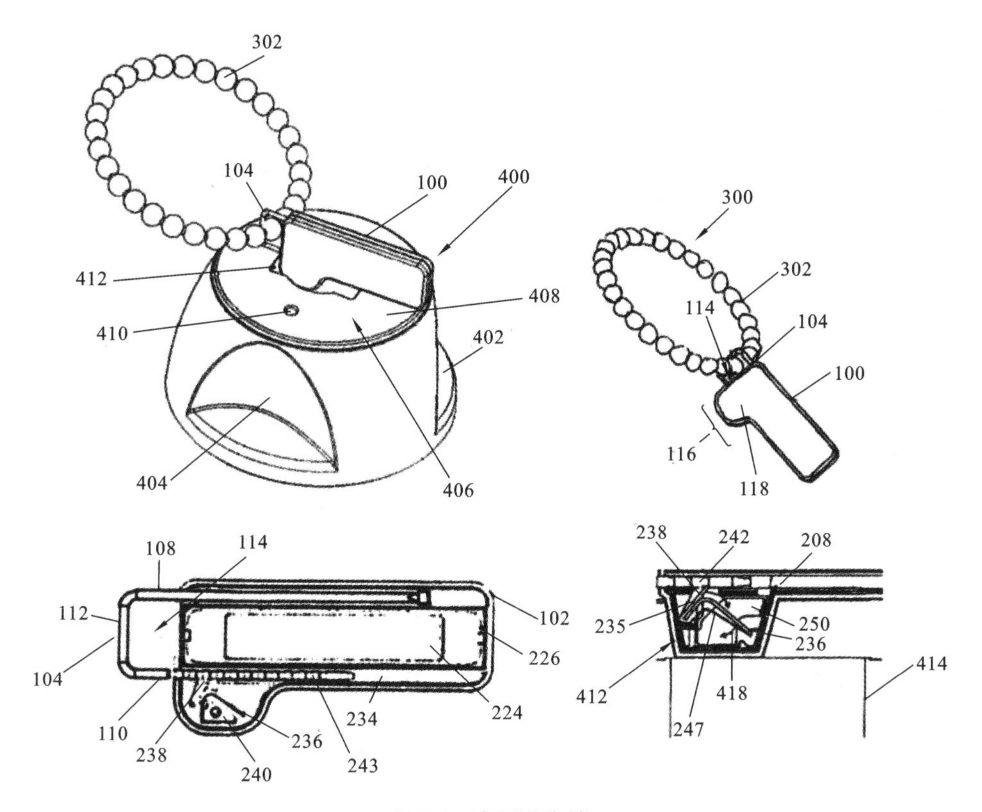

图 2-3 商品防盗锁

件销 104 向外伸出足够距离以允许移除被标签 100 固定的附件。附件销 104 的锁定臂 110 上的齿 243 具有提供多个锁定位置的凹槽。所述多个锁定位置允许调整接收区域 114 的长度以接收各种尺寸的物品。锁定臂 110 在分离时位于解锁位置。MI 构件 236 相对于销接合构件 238 基本处于非平行取向。在一个实施方式中,MI 构件 236 大致垂直于销接合构件 238。MI 构件 236 和销接合构件 238 的相对取向可以选择成使得 MI 构件 236 和拆卸器磁场之间的磁性连接优化以产生期望的打开旋转力。MI 构件 236 在该 MI 构件暴露于选择磁场时使销接合构件 238 移动,MI 构件 236 具有纵向延伸的 MI 臂。MI 臂在暴露于选择磁场时可以从松弛位置运动到偏压位置。当安全标签 100 位于锁定位置时,MI 臂相对于选择磁场以非平行角度取向。当安全标签 100 位于解锁位置时,MI 臂在磁场的影响下旋转到相对于选择磁场更平行的取向。当附件销 104 位于锁定位置时,基臂 108 和锁定臂 110 都位于壳体 102 内。而当附件销 104 位于打开位置时,基臂 108 放置在壳体 102 内,锁定臂 110 被从壳体 102 释放并移动到壳体 102 的外部,使得附件销通过基臂 108 连接至壳体 102。当附件销 104 位于打开位置时,较短的锁定臂 110 可以形成管道,从而提供到达接收区域 114 的途径。例如，所述通道可以将接近接收区域 114 的部分附件放置在接收区域 114 中，还可以将接收区域 114 的附件移除。基臂 108 和锁定臂 110 都位于壳体 102 内，由此将附件 302 固定在安全标签 100 的接收区域 114 内，即在磁性拆卸器 400 上对准且连接至附件 302 的安全标签 100。拆卸器 400 包括外壳体 402，而该外壳体包括保持区域 404，从而允许用户用手保持拆卸器 400，还包括标签接口区域 406，其中标签 100 可以放置成与拆卸器 400 相互作用。壳体 406 可以安装在工作台面，其中标签接收区域 404 位于工作台面的表面上方。具有底座的另一个壳体可以安装在工作台面中的孔内，从而用于标签接收空腔 404 的开口与工作台面表面齐平或几乎齐平。标签接口区域 406 用于将标签 100 主体放置在拆卸器 400 上的表面区域 408 和状态指示灯 410 处。状态指示灯 410 可以被构造成发送拆卸过程的状态。例如，当标签 100 被成功地从附件 302 拆下时，状态指示灯 410 可以显示绿光。又如，当拆卸器 400 未将标签 100 从附件 302 拆下时，状态指示灯 410 可以显示红光。标签接口区域 406 还可以包括标签接口空腔 412，该标签接收空腔 412 可以被构造成将拆卸器参考表面 116 接收于其中。标签接收空腔 412 的开口宽度可以很宽，从而轻松接收拆卸器参考表面 116。标签接收空腔 412 可以便于用户插入和移除拆卸器参考表面 116。标签接收空腔 412 还便于适当将标签 100 放置在选择磁场内以进行拆卸。标签接收空腔 412 的深度可以被构造成允许将附件销 104 从标签合适地拆下。例如，标签接收空腔 412 的宽度和深度基于拆卸器参考表面 116 的宽度和深度来构造。拆卸器 400 包括拆卸器磁体 414，以产生选择磁场。例如，拆卸器 414 是具有永久磁场的永磁体。拆卸器磁体 414 可以是电磁体，该电磁体仅当电流流过该电磁体时才像磁体一样作用。拆卸器磁体 414 可以产生致使附件销 104 在锁定位置和解锁位置之间切换的选择磁场 416，在选择磁场 416 的影响下锁定组件 231 的运动。MI 构件 236 在暴露于该选择磁场时可以从松弛位置运动到偏压位置。拆卸器磁体 414 周围的空间包含磁场，该磁场由带负电的电子的运动形成。所述磁场可以由磁场线 416(也称为磁通线)来表示，该磁场线遵循拆卸器磁体 414 的第一磁极 418 和第二磁极之间的纵向路径。第一磁极和第二磁极是北极和南极，反之亦然。然而，磁场线始终开始于磁体的北极而终止于磁体的南极。当 MI 构件 236 放置在磁场线内时，该 MI 构件 236 与拆卸器磁体 414 的磁极对齐。MI 构件 236 的对齐的磁极被拉向拆卸器磁体 414 时，MI 构件 236 向下(即朝着偏压位置)运动。当 MI 构件 236 向下运动时，其向下推动弹性主体 250 的弹簧臂 247。楔形件 235 的向下运动使接合构件 238 运动，这将释放齿 243，从而允许附件销 104 充分地向外延伸以移除被标签 100 固定的附件 302。MI 构件 236 在没有选择磁场时可以从偏压位置运动到松弛位置。当标签 100 从拆卸器 400 移除时，选择磁场不再影响 MI 构件 236，并且弹簧关闭 247 将楔形件 235 推动到锁定位置。当位于锁定位置时，接合构件 238 将保持齿 243，允许将附件销 104 固定到第二孔口 208 内。处于解锁状态的销接合构件 238 可以移入和移出锁接收腔室 234。销接合构件 238 通过移入和移出锁接收腔室 234 可以与锁定臂 110 接合和分离。锁定臂 110 在与销接合构件 238 接合时位于锁定位置。当 MI 构件 236 被放置在由磁场拆卸器 400 产生的选择磁场中时，销接合构件 238 向下旋转。因而，销接合构件 238 的旋转将锁定臂 110 的齿 243 释放。附件销 104 位于打开位置，由此附件销 104 可以充分地向外延伸而允许移出被标签 100 固定的附件。

以上几个方案中，电磁均仅在开锁过程中起作用，其闭锁主要靠用户手部操作实现，而除此之外，还有开锁、闭锁均为电磁控制的锁具，如图 2-4 所示方案。银行金库门全天安全控制装置，包括壳体 8 及装在壳体 8 里的电磁铁 1、连杆 5、弹簧 4、控制销 6。电磁铁 1 的铁芯 2 与连杆 5 的一端固定连接，连杆 5 的另一端设置一个控制销 6，控制销 6 与连杆 5 固定连接，控制销 6 插入装设在壳体 8 一端的导向套 7 内，并在导向套 7 内滑动。壳体 8 内设置有挡块 3，挡块 3 固定在壳体 8 上，挡块 3 设置有中心孔，连杆 5 穿过中心孔，在挡块 3 和控制销 6 之间装设一个弹簧 4。弹簧 4 的一端抵顶在挡块 3 上，弹簧 4 的另一端抵顶在控制销 6 上。银行金库门全天安全控制装置是装在金库门内，分为营业时间和非营业时间两种不同的控制方式。营业时间内，当需要打开金库门时，必须由指定人员按动开关，接通电磁铁电源，铁芯被吸合而带动连杆向电磁铁方向移动，从而使控制销缩进导向套内，这时金库门处于预开启的状态，金库管理人员可通过机械钥匙或密码打开金库门；当金库门关闭后，指定人员关闭开关，切断电磁铁电源，电磁铁失去磁性而释放了铁芯，铁芯、连杆及控制销处于自由状态，这时弹簧复位，推动连杆前移，并带动控制销伸出壳体，金库门处于安全控制状态，即用钥匙或密码也不能打开金库门，从而起到了安全防范作用。在非营业时间内，指定人员对本装置的控制失效，在整个非营业时间内处于安全保护状态，即用钥匙或密码也不能打开金库门。

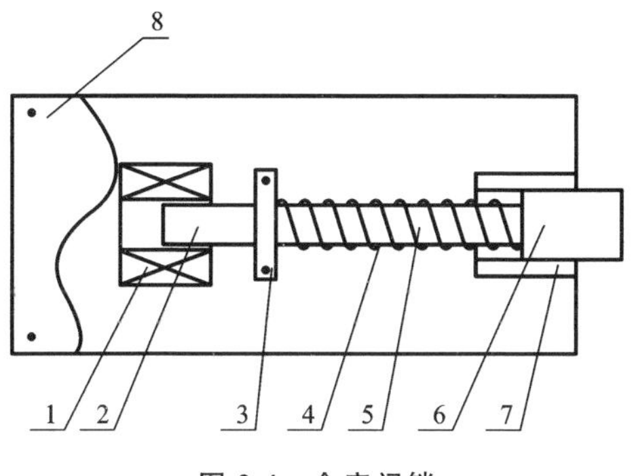

图 2-4 金库门锁

如图 2-5 所示方案，一种消防箱全自动电子防盗系统，包括锁片 1、电磁线圈 2、推动杆 3、回位弹簧 4、安装板 5、电磁铁 6 和控制电路。所述锁片 1 铰接在所述安装

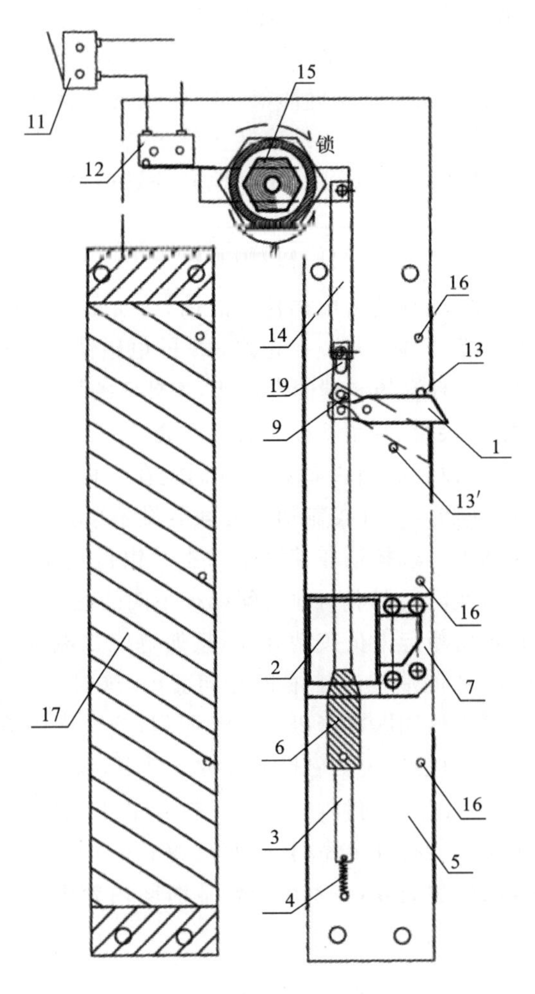

图 2-5　消防箱锁

板 5 上,该锁片 1 内端开有条形孔 9,销子穿过该条形孔 9 使锁片 1 与所述推动杆 3 活动连接,该锁片 1 外端在闭锁时伸出所述安装板 5 外,且该锁片 1 的外侧边与底边呈锐角。在所述安装板 5 上设置有上、下定位柱 13、13′,所述上、下定位柱 13、13′分别位于所述锁片 1 的上方和下方,并且靠近所述锁片 1,为锁片 1 限位。所述推动杆 3 穿过所述电磁线圈 2,在该推动杆 3 尾端经所述回位弹簧 4 固定在所述安装板 5 上;在靠近该电磁线圈 2 下方的推动杆 3 上还固套所述电磁铁 6,该电磁铁 6 上部成圆台形,伸入所述电磁线圈 2 内,该电磁线圈 2 空芯直径小于所述电磁铁 6 下部的直径,以控制该电磁铁 6 吸入所述电磁线圈 2 的长度,该电磁线圈 2 通过线圈支架 7 固定在安装板 5 上。所述推动杆 3 上端轴向开有一条形孔 19,螺栓穿过该条形孔 19

与拉杆 14 一端连接，该拉杆 14 另一端安装有门锁 15，在该门锁 15 上安装有维修开关 12，该维修开关 12 为常闭开关，与所述门控开关 11 串接。该条形孔 19 的设置可以保证推动杆 3 在电磁铁 6 的带动下向上移动时，不影响拉杆 14 的位置，从而不影响门锁 15 和维修开关 12 的状态。在安装板 5 上还设置有安装孔 16、固定锁盖板 17。所述电磁线圈 2 与所述控制电路相连，还包括有报警器、控制中心、门控开关 11。所述安装板 5 安装在消防箱门上，所述门控开关 11 也安装在消防箱门上，所述报警器安装在消防箱箱体内部，所述控制电路安装在消防箱箱体内壁，该控制电路的第一光耦 G1 和第三光耦 G3 的输入端分别连接楼层的火警按钮和烟雾感应器，获取火警信号。

火警发生时，所述控制电路的第一光耦 G1 输入端接收烟雾感应器获得的火警信号，人为按火警按钮获得的火警信号传入第三光耦 G3，使所述报警器和电磁线圈 2 通电，该报警器在箱体内鸣叫报警，将火警信号送至所述控制中心。所述电磁线圈 2 通电后产生磁场，吸合所述电磁铁 6 带动推动杆 3 向上移动，所述锁片 1 内端随推动杆 3 上移，外端相对下移，消防箱自动打开。当火警信号消失时，电磁线圈 2 断电，推动杆 3 在回位弹簧 4 的作用下恢复到原始状态，所述锁片 1 内端回落，将消防箱锁上。当所述控制电路发生故障又需要救火时，救援人员可以用卡片等工具撬开锁片 1，打开消防箱。当有人强行撬门时，所述门控开关 11 闭合，所述报警器通电报警鸣叫，该报警信号传至所述楼层控制中心，同时，所述电磁线圈 2 通电，吸合电磁铁 6 向上移动，消防箱被打开。维修开关常闭触点会在钥匙旋转的同时断开。在对消防箱内设备进行维修保养时，维修人员用钥匙打开所述门锁 15，维修开关 12 常闭触点会在钥匙转动的同时断开，控制电路被断开，所述报警器 10、电磁线圈 2 均会断电，不会发生报警。所述门锁 15 在被转动打开时，带动所述拉杆 14 向上移动，该拉杆 14 向上拉动推动杆 3，所述锁片 1 内端随推动杆 3 上移，外端相对下移，消防箱打开。

2.1.2　利用电磁移动制动器

可以利用电磁原理对传动部件进行驱动，如对锁栓的制动器进行驱动，从而解除对锁栓位置的限制。如图 2-6 所示方案，一种门锁，锁的外部可由软钢制成一个三侧面外壳，在使用中该外壳可利用螺孔安装在一个门框的内侧，它包括一个带有一开孔 2 的前表面 1A（安装在门上的撞舌 3，即进入该开孔内），一个下壁 3A 和一个上壁 3B。其中，它还包括一个在外壳内可转动地绕固定轴线 5 安装的钩形舌 4，一个可转动地绕固定轴线 7 安装的细长爪 6 和一组安装在该爪的一端部 9 与一固定轴线 10 之间的肘节 8。这些固定轴线 5、7 和 10 在锁外壳的上壁和下壁上的对准的孔之间延伸。肘节由一个销 11 串联，销 11 也由一连杆 12 连接于螺线管 14 的弹簧偏置铁心 13，该螺线管固定在外壳的上壁。连杆 12 位于一个横跨铁心端部的径向槽内并由一个横向销 14A 保持在位置上。这里，一个螺旋压缩弹簧 15 绕铁心安装并在螺

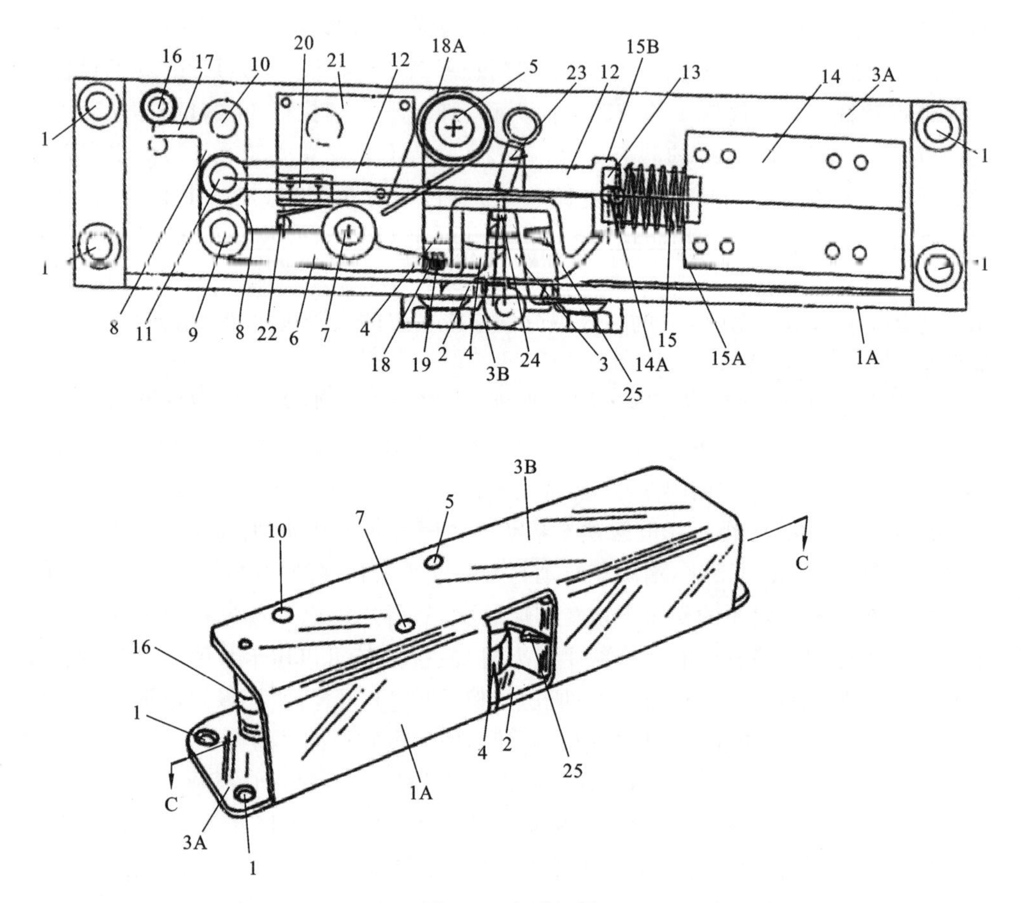

图 2-6 电磁门锁

线管的前板 15A 和连杆 12 的肩部 15B 之间起作用，该弹簧使铁心 13 和连杆 12 偏离螺线管。在螺线管断电的断电保险模式中，该螺旋弹簧 15 略被压缩。这样，铁心 13、连杆 12 和销 11 均被偏置到锁的左侧。一个挡销 16 位于外壳的上、下壁之间的一个位置，靠在肘节组件上的凸块装置 17 上，并以大致直线的状态将肘节组件保持在固定轴线 10 和爪的端部 9 之间。爪的另一端部 18 靠在舌形件 4 的自由端 19 上并将它保持在锁定的状态。在断电保险模式中，当螺线管未通电时，门就保持关闭。此外，借助于肘节与爪之形状的相互作用而产生的机械增益，只需要较小的弹簧压力即可将它们保持在锁定状态，以防需要在撞舌上施加很大的开门力。螺线管 14 通电后就将铁心 13、连杆 12 和肘节销 11 吸到右侧。这样就依次将爪的端部 9 向上拉，从而另一端部 18 脱离舌形件，并当拉出撞舌 3 时允许舌形件反抗偏压弹簧 18A 转动到左侧。为实现断电保护操作，挡销 16 和螺线管 14 的位置被改变到图 2-6 所示的位置。具体来说，将螺线管略朝左方重新定位，使它更靠近肘节，并且将挡销 16 移动到肘节凸块17下方的一个位置。在这种配置中，当螺线管通电时就将铁心13、连杆12和肘节销11拉到右侧，这样凸块17就靠在挡销的上侧。销16最好定位成将肘节组件保持在偏离直线一约10°的位置。然而，这仍具有产生较大机械增益的效果，从而将爪保持在所示位置，即其端部18抵住舌形件以将之保持在锁定位置。通过增加挡销16的直径，可增加肘节的偏离角度。这样的结果是减少了上述机械增益，尽管通电螺线管还起作用，但撞舌上的预定撤出力将打开锁。然而，使螺线管断电就允许压缩螺旋弹簧15通过向左侧压迫连杆12，并将肘节压迫至折叠状态而将机构偏置到非锁定状态。借助于爪6的形状，将大大便利在此断电保护模式中撞舌的释放，该形状使来自舌形件4并作用在爪上的力的作用线位于略偏离轴线7的方向。这样就产生了一个力矩，进一步迫使爪6顺时针旋转，从而使其端部18脱离钩形舌并允许撞舌2释放。

挂锁也涉及相关原理，如图2-7所示，包括锁体10和U形锁梁20，锁体10上设有空腔部，空腔部中有电子锁闭机构和电子线路板40，电子锁闭机构包括电子驱动机构、锁塞机构60和应急机械开锁机构。电子线路板40内设有控制电路、存储芯片和报警输出电路，锁体10的底面上设有数据接口，数据接口与控制电路的驱动信号输入端电连接，控制电路的驱动信号输出端与电子驱动机构相连，数据接口与手持机上的数据接头配合使用，数据接口上覆盖有旋转滑盖。空腔部的敞口处设有盖体，盖体与锁体10之间及U形锁梁20上设有防水密封圈，锁体10的空腔与外界相通的部分采用防水密封处理。电子驱动机构包括与控制电路的驱动信号输出端相连的电磁铁51，与电磁铁51的磁力吸合运动的滑杆52。电磁铁51由线圈和固定支架组成并固定在空腔部的顶端，滑杆52上端位于线圈的中空部内，滑杆52由铁磁性材料制成，滑杆52的杆身上有一台阶53，在滑杆52上套设有复位弹簧54，复位弹簧54位于台阶53和电磁铁51之间，电磁铁51的线圈通电后产生磁力吸合滑杆52，滑杆52克服复位弹簧54的弹力向上移动，且其位于线圈的中空部位内的杆身变长，断电后，滑杆52由于复位弹簧54的作用向下移动。锁塞机构60包括锁塞61，锁塞61为柱销状，横置于滑杆52和U形锁梁20之间，锁塞61的表面上设有台阶，复位弹簧62穿过台阶套设在锁塞61上，锁塞61和复位弹簧62置于导向管63内，锁塞61的右端为半球形，与U形锁梁20上设置的凹部相吻合，锁塞61的左端与滑杆52的杆身相接触。所述的应急机械开锁机构包括机械锁芯71，机械锁芯71镶嵌在锁体10内，其轴心方向与滑杆52的杆长方向相垂直，机械锁芯71的钥匙孔所在的一端处于锁体10的侧表面，机械锁芯71的另一端位于空腔部内且与拨杆72的一端相连。沿滑杆52的杆身方向向下顺延设有滑块73，滑块73的上端与滑杆52的下端相抵触，从滑杆52到滑块73由大到小变径，滑杆52被电磁铁51吸合处于高位时，由于滑杆52的横截面积大于滑块73的横截面积，锁塞61与滑块73不相接触，且二者的间距大于U形锁梁20上设置的凹部的深度。套管74套设在滑块73上并固定在锁体10

的空腔内，保证滑块 73 在竖直方向上上下移动，滑块 73 的下端设有孔长方向与滑杆 52 的杆身方向错位的条状通孔，拨杆 72 处于悬置状的一端位于通孔中，条状通孔可以选择垂直错位的方式布置。这种布置便于加工，且拨杆 72 转动 90°时，条状通孔配合拨杆 72 共同作用使滑块 73 向上运动。电子线路板 40 位于滑块 73 和锁塞 61 运行轨迹的旁侧，其板面与机械锁芯 71 的轴心方向相垂直。

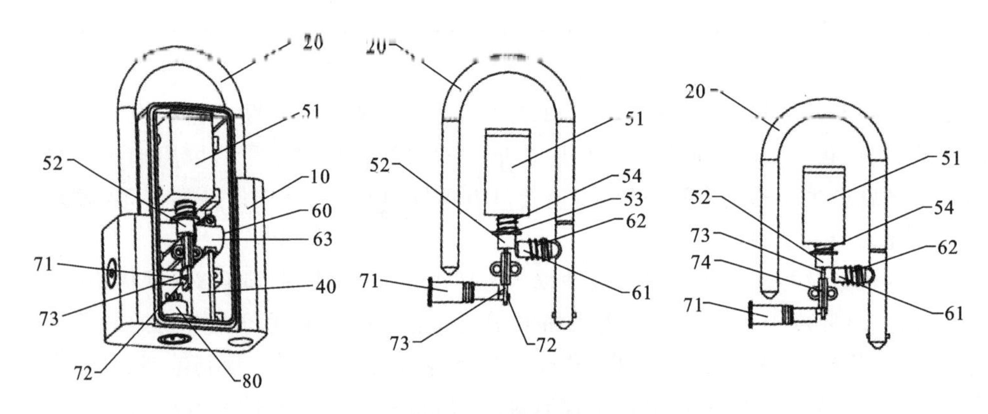

图 2-7　电磁挂锁

用手持机开锁时，旋开滑盖，将手持机的数据接头与智能电子挂锁上的数据接口相连接，手持机通过数据接口向电子线路板 40 提供电源和身份识别码，电子线路板 40 内的控制电路比对身份识别码，若不相符，通过电子线路板 40 内的报警输出电路实现声光报警；若相符，电子线路板 40 内的控制电路驱动电磁铁 51，电磁铁 51 的线圈通电后产生磁力吸合滑杆 52，滑杆 52 向上移动，拉动 U 形锁梁 20，锁塞 61 在拉力的作用下向左移动，由于锁塞 61 的左端与滑块 73 的间距大于 U 形锁梁 20 上设置的凹部的深度，锁塞 61 的右端完全脱离 U 形锁梁 20 上设置的凹部，智能电子挂锁开启。闭锁时，将手持机与数据接口断开，电磁铁 51 由于磁力消失不再吸合滑杆 52，复位弹簧 54 使滑杆 52 向下移动，当 U 形锁梁 20 向下移动到初始位置，锁塞 61 在复位弹簧 62 的作用下向右移动且其右端与 U 形锁梁 20 上设置的凹部吻合时，滑杆 52 回到初始位置，智能电子挂锁闭锁。同时，这次工作数据会记录在手持机和智能电子挂锁的存储芯片里。在应急情况下，采用机械钥匙开启智能电子挂锁时，转动机械钥匙，机械锁芯 71 带动拨杆 72 转动，由于拨杆 72 处于悬置状的一端位于通孔内，拨杆 72 配合通孔共同作用使滑块 73 向上移动，滑块 73 向上推动滑杆 52，使滑杆 52 位于构成电磁铁 51 的线圈的中空部位内的杆身变长，拉动 U 形锁梁 20，锁塞 61 在拉力的作用下向左移动，由于锁塞 61 的左端与滑块 73 的间距大于 U 形锁梁 20 上设置的凹部的深度，锁塞 61 的右端完全脱离 U 形锁梁 20 上设置的凹部，智能电子挂锁开启。闭锁时，将机械钥匙转回，机械锁芯 71 带动拨杆 72 转动，拨杆 72 处于悬置状的一端配合通孔共同作用使滑块 73 向下移动到初始位置，滑杆 52 由于复位弹簧54的作用向下移动，当U形锁梁20向下移动到初始位置，锁塞61在复位弹簧62的作用下向右移动且其右端与U形锁梁20上设置的凹部吻合时，滑杆52回到初始位置，智能电子挂锁闭锁。

汽车锁具也可能会涉及，如图2-8所示，壳体4内上部纵向贯装滑杆3，滑杆3上焊有止动爪9，杆身套装弹簧7，将止动爪9顶住，滑杆3的两端伸出壳体4前后两面外，端部带有挂钩，分别连接软钢拉索1，电磁铁11的螺线管13内孔套装衔铁6和锥形弹簧16，底部垫装导磁铁12，用紧固螺栓15和螺母14固定在壳体4底面内，衔铁6顶端探出螺线管13，与电磁锁钩5的锁板抵触配合。电磁锁钩5的尾圈套装在壳体4中固定的锁钩柱8上，弯头向上挡住止动爪9，电磁铁11的螺线管13连接的电线10伸出壳体4外面，可与配套电气控制装置相连接。与汽车机罩锁17、开启拉手连接配合，汽车机罩锁17装在发动机舱板上，开锁拉板通过拉索球头Q连接软钢拉索1，软钢拉索1与滑杆3的前端挂钩相连接，滑杆3的后端挂钩再通过软钢拉索1连接开启拉手，软钢拉索1外部套装有拉索套皮。滑杆3上焊装止动爪9，杆身套装弹簧7，纵向贯装在壳体4上部。壳体4装在汽车发动机舱内，汽车机罩锁17通过软钢拉索1连接滑杆3的前端挂钩，滑杆3的后端挂钩通过软钢拉索1连接拉手框20，壳体4中的电磁铁11与感应式电气盒22用电线10连接，感应式电气盒22通过电源线23连接汽车蓄电池，通过引线24连接天线26，天线26装在车室司机椅背上，与车主身上的射频认证卡25配合应用。与射频感应技术配合实施，蓄电池通过电源线23连接点火锁、感应式电气盒22，感应式电气盒22内包括射频认证电路、主控制电路、开锁限时电路、发动机控制继电器、启动机控制继电器、电磁铁控制继电器，感应式电气盒22通过天线固定插头与引线24连接天线26，通过主固定插头分别连接点火锁线、发动机线、启动机线、搭铁线，通过电磁铁固定插头与电磁铁11连通的电线10连接。

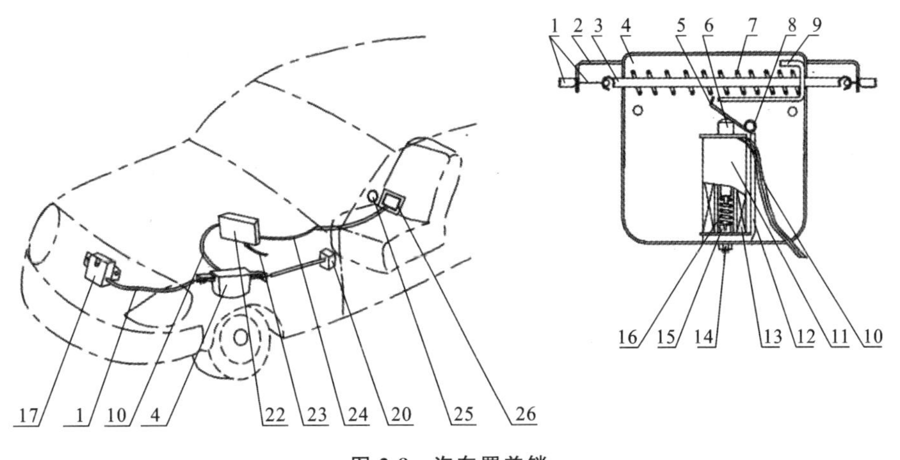

图2-8　汽车罩盖锁

当车主打开点火锁时，若通过天线26发现射频认证卡25，射频认证电路输出端输出高电平，主控制电路接通发动机控制继电器和启动机控制继电器，使之得电吸合并自保，发动机电路和启动机电路通畅，即发动机正常工作，可以开车。同时，开锁限时电路接通5～10秒，电磁铁控制继电器闭合，电磁铁11通电动作，将衔铁6和电磁锁钩5向下吸，止动爪9不受阻挡，此时扳动开启拉手21，就可拉动滑杆3连带软钢拉索1拉动开锁拉板18，可以在限定的时段内打开汽车机罩锁17。若天线26没有发现射频认证卡25，射频认证电路不输出，发动机电路、启动机电路被切断，汽车发动机不工作。开锁限时电路不接通，电磁铁控制继电器不闭合，电磁铁11不动作，电磁锁钩5卡住止动爪9，阻挡滑杆3动作，汽车机罩锁17打不开。

定时装置如图2-9所示，定时时间到后，定时芯片输出高电压。当按下按钮开关时，定时芯片输出的电压所形成的电流经过放大之后，流经电磁铁DCT的线圈，电磁铁吸引铁芯棒移动，将盒子打开。锁扣4通过扣座2，螺钉3固定在盒子上盖1上，扣栅座17通过螺钉15固定在盒体上，扣栅5通过扣栅轴16与扣栅座相连，扣栅5可绕扣栅轴16转动，导向槽6可使扣栅5沿固定方向转动，使扣栅5不会因为与转动轴16的间隙过大而偏离方向。电磁铁18通过铁芯棒21，推杆22与扣栅5相连，带动扣栅5转动。当电磁铁18未吸合时，弹簧19带动扣栅5反时针转动至导向槽左边末端位置，此时盒子合上，锁扣4会推动扣栅5顺时针转动。当上盖完全合上时，弹簧又会带动扣栅反时针转动，将盒子锁住，同时触头8触碰触发开关9，使定时电路输出低电压，并开始计时工作。定时时间未到时，若按动按钮开关7，电磁铁不会吸合，盒子将保持锁住状态；当定时时间到后，按动按钮开关7，电磁铁吸合，通过推杆22带动扣栅反时针转动，此时盒子可以打开。

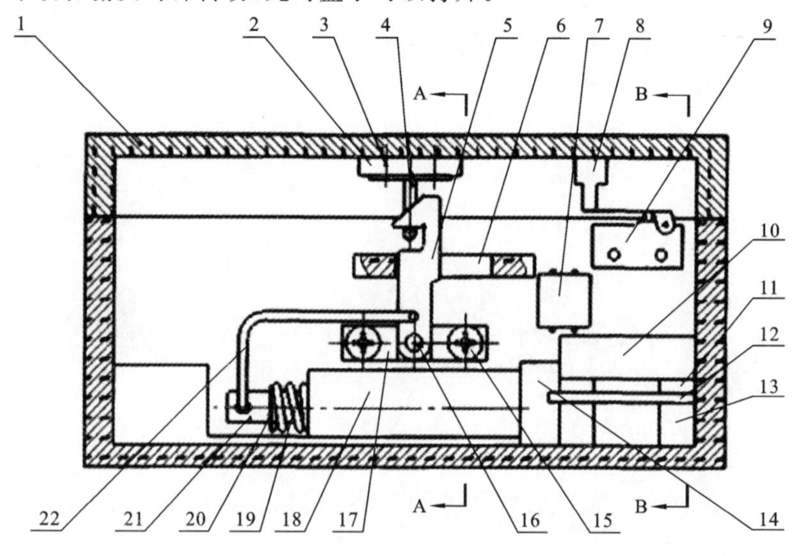

图2-9　定时开关盒

2.2 具有电路的锁

具有电路的锁也叫电子锁，该类锁具的运行依赖电子电路部件，通过电子电路对锁具机械锁定部分的开闭进行控制。它的识别方式很多，不同于机械锁使用机械钥匙来识别，具有电路的锁可以利用NFC、无线、声音、瞳孔、电子密码等多种方式进行核对，然后通过电路控制来完成开锁、闭锁的任务。

电子锁可以使用简单的电路，也有通过芯片完成复杂运算。现在应用较广的具有电路的锁一般以芯片为核心，通过编程来实现一系列的识别和控制。电子锁在安全技术中，还能够添加报警等功能，相比于传统的机械密码锁，克服了难以修改、密码量少的缺点，在性能上有较大的提高，但是相比于传统的机械密码锁，由于电子锁依赖电子电路，在切断电源的情况之下，可能会存在门体锁闭，不能打开的问题。因此，现有技术中也有设置机械、电子两套开锁设备的电子锁，以备不时之需。

2.2.1 电子锁的开启形式

传统的开锁方法，一般需要用户携带钥匙，利用钥匙开锁。随着科学技术的发展，智能锁具已经走入人们的生活，特别是使用密码进行开锁的智能锁具，由于无需用户携带钥匙就可以实现开锁，而且只有知道开锁密码的用户才能开锁，是一种安全性相对比较高的开锁方式，因此得到许多用户的青睐。

电子锁受电子电路控制，不局限于机械钥匙和机械密码，可以有许多种开启形式，如指纹、瞳孔、口令、手机短信、人脸等，其形式多样。为了提高电子锁的安全性和可靠性，现有技术在器件选择、逻辑控制、防干扰等多个方面均有技术改进。

若使用终端设备来开锁，终端设备可以首先与所述门锁之间建立通信连接，然后向所述门锁发送开锁请求。例如，用户距离门锁距离比较近时，可以控制终端设备与门锁建立蓝牙连接，然后，所述终端设备通过蓝牙通信向所述门锁发送开锁请求。又如，所述终端设备可以通过无线网与所述门锁建立连接，而后终端设备通过无线网向所述门锁发送开锁请求。

终端设备上可以安装开锁应用程序，用户可以先在该开锁应用程序上登录相应的账户，然后，在该开锁应用程序显示的预设界面上触发相应的开锁操作，从而使得终端设备基于该开锁操作生成前述开锁请求。开锁请求中携带有用户标识。用户标识可以用于标识使用所述终端设备的用户身份。

门锁可以根据具备对所述门锁的开锁权限的合法用户标识、和所述开锁请求中携带的用户标识，确定的该所述开锁请求中携带的用户标识对应的用户是否具备对该门锁的开锁权限。实际应用中，一个门锁可以对应多个具有开锁权限的用户，一个用户也可以对应多个门锁，用户标识可将用户和门锁绑定，确定两者的映射关系。

另外,终端设备还可以使用 NFC 来进行识别。如图 2-10 所示的一种电子锁,包括设置于门板内的锁芯 1,设置于门板外表面上的外壳 2,设置于门板内表面上的内壳 3,设置于外壳 2 上的外把手 4,设置于内壳 3 上的内把手 5,设置于外壳 2 内与锁芯 1 连接的电子控制装置 6,与电子控制装置 6 连接的终端刷卡装置 7,锁芯内方轴 8 的外端与内把手 5 连接,锁芯外方轴 9 的外端与外把手连接。

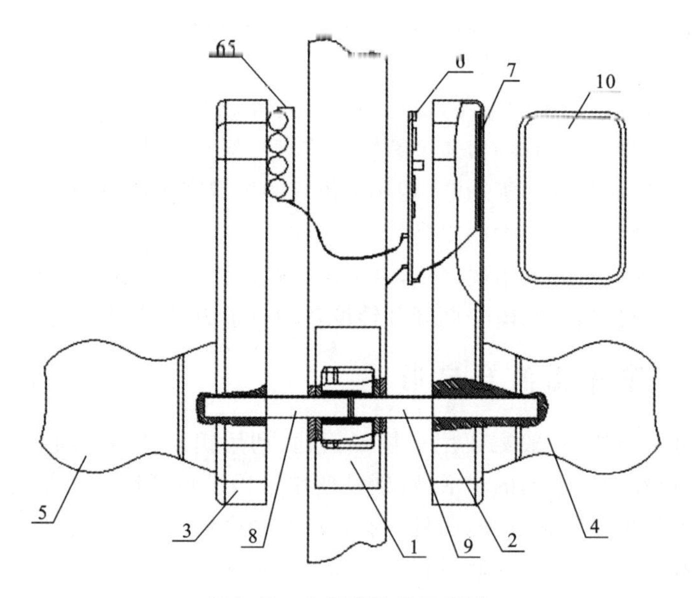

图 2-10　电子锁结构示意图

由电子控制装置控制电子锁工作,电子控制装置 6 包括有集成电路板,安装在集成电路板上的 CPU,安装在集成电路板上且分别与 CPU 连接的 NFC 芯片、内存储器和蜂鸣器,安装在集成电路板上且与 NFC 芯片连接的无线通讯模块,以及与 CPU 连接的电池装置。其中,锁芯的电磁感应装置与 CPU 连接,电池装置安装于内壳 3 内。

将 NFC 手机靠近终端刷卡装置 7 距其 200 mm 内,无线通讯模块接收到指令经 NFC 芯片解析后传输给 CPU,CPU 处理后的信息依次经 NFC 芯片、无线通讯模块、终端刷卡装置反馈发送给 NFC 手机,在 NFC 手机显示屏提示字幕“是”“否”,通过人为选中,然后 NFC 手机 10 将反馈信息再依次经终端刷卡装置 7、无线通讯模块、NFC 芯片传输给 CPU,按下“否”,则智能控制管理终端无动作;按下“是”,则 CPU 控制蜂鸣器发出“嘀”响声,同时 CPU 激活锁芯 1 内的电磁感应装置产生电磁将磁轴吸回,磁轴从卡盘中移出。此时,扭动外把手 4 带动锁芯外方轴旋转,锁芯外方轴带动卡盘旋转,卡盘通过连杆和竖直转轴带动锁舌往壳体内移动,由于壳体的水平滑槽和滑块的配合限位,使锁舌可水平移动,便可开启此智能控制管理终端,同时 CPU

将开启信息存储在内存储器中。

还有一种具有指纹和瞳孔识别监测的防盗门，包括指纹采集器、瞳膜采集器、密码输入装置、处理器、控制单元、驱动器、报警装置、旋转锁、移动终端和外置摄像头，处理器分别与指纹采集器、瞳膜采集器、密码输入装置和控制单元有线连接，控制单元与驱动器连接，驱动器分别与报警装置和旋转锁连接。此外，处理器还与移动终端无线连接，移动终端还与设置在防盗门顶部的外置摄像头无线连接。

处理器包括存储与读取单元、指纹数据库、瞳膜数据库、密码数据库、判断单元和无线发射单元，存储与取读取单元分别与指纹数据库、瞳膜数据库和密码数据库连接，指纹数据库、瞳膜数据库和密码数据库分别与判断单元连接，判断单元与无线发射单元连接。

指纹采集器及密码输入装置设置在门把手下方，指纹采集器包括压力传感器和指纹获取单元，压力传感器与指纹获取单元连接，防盗门在被开启时，开启人员用手指指腹按压指纹采集器上的压力传感器，压力传感器将指纹信息传输至指纹获取单元，指纹获取单元再将指纹信息传输至处理器。

瞳膜采集装置包括光源发生器、滤光片、内置摄像头和图像传感器，光源发生器与滤光片连接，滤光片与摄像头连接，摄像头与图像传感器连接，内置摄像头设置在防盗门猫眼内，所述的光源发生器产生多种不同频段的光源后经过滤光片将其他频段的光源过滤掉，留下红外光进入到摄像头，摄像头再采集人员的瞳膜信息，通过图像传感器传输至处理器。

还可以用口令比对的方式开门，现有的电子锁开启方式主要为：刷门禁卡或电子标签。经常不变换授权门禁卡或电子标签的密码或口令，容易被复制或破解，安全性能一般。不同的锁需要不同的卡，方便性一般。通过键盘输入开锁密码或口令，经常不变换开锁密码或口令，输入密码过程中容易被偷窥或偷摄，安全性能较差。不同的锁需要记住多个密码，方便性一般。通过移动电子设备终端通讯和电子锁通讯，如手机、笔记本电脑、平板电脑、电子钥匙、PDA、便携式电子设备等，这类设备可以通过数据线或者红外线、蓝牙、WI-FI、GSM、GPRS 等方式来和电子锁通讯发送开锁密码或口令。在现有的有些技术中，每次开锁所发送的密码或口令是不变的或不经常变的，或只是规律性的变化，或需要人为手工变动后才改变。红外线、蓝牙、WI-FI 等无线传输方式时很容易被恶意截获开锁密码或口令，从而被复制或破解。采用有线连接时，容易被终端中的程序恶意监听通讯端口截获开锁密码或口令，从而被复制或破解。总而言之，这种电子锁还存在很大的安全隐患。

为克服上述同类技术存在的不足，有这样一种口令比对方式的电子锁，开启过程中开启口令即使被恶意截获复制也无法在下一次使用开启，每次的开启口令或密码都是不同的、没有规律的，其安全性有大幅提高。

这种锁可以不再携带钥匙、门禁卡，复制性难度大，防盗性能大大提高。

系统包括:服务器端、手机(钥匙)端、电控锁。服务器端数据库预存有开锁口令表,电控锁端开启关闭由单片机控制,单片机内有开锁口令表,电控锁有蓝牙模块,电控锁有"锁编码"。

开启流程如下。手机通过 3G 发送"锁编码"到服务器端(云端),请求"开锁口令"。云端经过认证身份后,从预存在数据库的开锁口令表中调取"开锁口令"和"开锁序数"到手机端。手机端通过蓝牙发送"开锁口令"到电控锁。电控锁比对接收到的"开锁口令"和单片机预存的口令表中的口令,如果匹配则开启锁。如果不匹配,电控锁发送"开锁序数"给手机,手机核对电控锁序数和服务器发来的"开锁序数"是否一致,如果不一致,则向服务器重新请求电控锁"开锁序数"所对应的"开锁口令"。重复上述各个流程。如果还未成功,手机端软件会反馈异常信号。

开锁口令表包含开锁序数、开锁口令,每个开锁序数对应一个开锁口令,开锁口令是随机变化的、无规律性的。口令只可以当次使用,下一次的口令和本次口令是不同的。开锁序数是指:第一次开锁时开锁序数为 1;当第一次开启成功后,下一次开启时,锁端的单片机将开启序数变为 2;第二次开启成功后下一次开启时,锁端的单片机将开启序数变为 3。

同一手机可以开启多把锁,即用同一个手机经过认证后可以访问服务器端不同锁的开锁口令表来开启不同的锁,不再需要携带很多钥匙、门禁卡便可以轻松出门。同一个锁可以被多个有权限的手机开启。

这种方式加强了电子锁开锁过程中的安全性,防止开锁口令被恶意复制或破解。手机端只需要安装软件,不需修改硬件,实用性较强。一部手机可以开启不同的锁、使用很方便。

还可以将人脸识别技术应用到门锁上,利用红外摄像模组和红外 LED 补光,充分提高了红外成像的性能,彻底解决了可见光影响和低照度问题。例如,有一种锁,由内锁体和外锁体构成。内锁体内包含电源、登记按键和删除按键。登记按键启动人脸图像登记,删除按键启动人脸图像删除,电源为电池电源,采用碱性电池、镍氢电池或者锂电池供电。外锁体内包含处理器、摄像模组、人像识别模块、液晶显示器 LCD、锁具执行机构和上电按键,以数字信号处理器 DSP 为主处理器,处理器通过外部总线分别与摄像模组、液晶显示器连接。摄像模组用于获取人像信息。液晶显示器用于显示菜单、图像和操作信息。摄像模组包含有红外照明装置和摄像头。摄像头中安装红外滤光片,由红外滤光片滤除可见光线,以避免环境光线对人像识别模块的影响。红外照明装置采用红外发光二极管 LED,红外发光二极管 LED 辅助补光,捕获人脸图像,传送到处理器,处理器利用人像识别模块对获取的人像信息进行识别比对,若通过,则 DSP 的 IO 接口控制锁具执行机构,锁具执行机构控制锁舌,实现开门。锁舌安装在门板上。应急钥匙也可以控制锁舌直接开门。同时,DSP 进行电池电压监测,提前报警提示用户更换电池。

另外，现有指纹锁、密码锁等智能门锁大多采用机械钥匙作为智能锁的后备钥匙，以备智能锁电子部分不能正常使用时可以通过机械钥匙进行开锁，体门外侧部分至少存在用一个插片或转轴转动可以打开锁的孔位，主要是给备用机械钥匙开锁时使用。而机械锁改为智能锁的重点之一就是要大大提高锁的安全性，严防机械钥匙技术开锁，但正是因为如此，存在备用机械钥匙的目的是为了确保智能锁电子部分出现严重故障时可正常开锁，故而又重蹈覆辙，无法避免因为备用机械钥匙的存在所造成的技术开锁风险。

有一种智能锁同时包括常用控制模块和备用控制模块，在常用控制模块工作正常的情况下，通过常用控制模块控制机械锁舌；当常用控制模块故障时，用备用控制模块对机械锁舌控制。它采用双电机独立驱动，无需在智能锁上设置用于插钥匙的钥匙孔，从而提高了智能锁的安全性。

当无源智能锁系统的常用控制模块发生故障且接收到开锁指令后，备用控制模块中的第一微控制器接收所述开锁指令；当无源智能锁系统的常用控制模块发生故障，并且用户需要开锁时，可以通过将备用钥匙插入智能锁的钥匙孔中，从而发出开锁指令，无源智能锁系统的备用控制模块开始工作，此时，备用控制模块中的第一微控制器接收该开锁指令。

第一微控制器根据所述开锁指令与第三微控制器进行数据通信，以实现鉴权。第一微控制器在接收到开锁指令后通过双向通信连接线与第三微控制器进行数据通信，具体为第三微控制器向第一微控制器发送读取指令，该读取指令的目的在于读取无源智能锁系统对应的ID号，以及第二微控制器生成的随机数。第一微控制器在发送出ID号和随机数后，通过内置的加密算法对ID号和随机数进行加密，获得第一加密密码，第三微控制器在接收到ID号和随机数之后，将接收到的ID号和随机数进行加密，然后将加密后获得的第二加密密码发送至第一微控制器，第一微控制器接收到后，对第一加密密码和第二加密密码进行匹配，如果匹配成功，则鉴权成功，否则，鉴权失败。若鉴权成功，则所述第二微控制器控制减速电机驱动机构带动机械锁舌执行伸出和缩进操作。在具体的实施过程中，如果鉴权成功，则第二微控制器将向减速电机驱动机构发送控制命令，从而控制减速电机驱动机构转动，然后通过齿轮带动机械锁舌进行伸出和锁紧操作。

运用备用控制模块将从根本上取消门外侧锁体能通过外部插片或转轴带动锁舌伸出或缩回的装置，避免通过技术或暴力方式驱动转轴的方式进行非法开锁的可能，直接通过外面板触点进行数据交互和电源输入。智能锁从外观及结构上来说将更简约、更安全，各项防护等级大幅提高。

另外，无源智能锁系统还提供用户注册管理、密钥认证等功能。若用户备用无源锁的钥匙不慎丢失，用户可进行对该丢失的无源锁钥匙进行注销操作，无源锁的钥匙自身系统将自带密码认证，提供双保险系统，对比于传统的机械后备钥匙无法防丢防盗，安全保密性有了显著的提升。

在智能家居中，智能门锁的使用越来越普遍，通过使用智能门锁可以使用户不需携带钥匙便能轻松开门，也无需再因钥匙丢失、家庭成员增加而配置钥匙，从而为用户的生活带来了极大的便利性。

智能门锁的开启通常是通过验证用户身份（如指纹）后，驱动电机转动打开门锁的。然而，目前市面上出现的一款“小黑盒”，实际为小型特斯拉线圈，可生成短时间的高频高压电流进而产生强电磁干扰信号，通过“小黑盒”产生的强电磁干扰信号来干扰智能门锁，会使智能门锁中的电机转动，进而可在短时间内迅速打开智能门锁。一些非法入侵者利用智能门锁的这一安全漏洞，利用“小黑盒”侵入用户家中，盗取用户财物，给用户造成了极大的安全隐患。

鉴于此，如何防止智能门锁受强电磁干扰信号而误开启，成为一个亟待解决的技术问题。

为了解决这种问题，有一种抗强电磁干扰的方法应用于智能门锁，该方法的处理过程如下。

步骤 101：检测发送给智能门锁的电机驱动电路的控制信号的电压值是否大于预设阈值；其中，控制信号用于控制电机驱动电路驱动智能门锁中的电机开启智能门锁。

步骤 102：若为是，则控制信号进行延时处理，当延时达到指定时长后，将当前接收到的控制信号发送到电机驱动电路，使电机驱动电路在指定时长内不受控制信号控制。

在智能门锁受到强电磁干扰后，智能门锁的直流电源输出的波形在受到强电磁干扰时，电源信号的电压幅值会成倍增加。以 5 V 直流电源为例，当其受到强电磁信号干扰时其电压峰峰值最高可达到 15 V 以上。经研究发现，智能门锁中的主控芯片及信号也会受到干扰，进而使主控芯片发生复位，从而引起控制智能门锁开启的控制信号被误触发，使智能门锁被误开启。

为了避免主控芯片发生复位后输出的信号使智能门锁被开启，可以对发送给智能门锁的电机驱动电路的控制信号的电压值进行检测，当检测到控制信号的电压值大于预设阈值时，对电机驱动电路将接收到的控制信号开始进行延时，直到延时到指定时长后，才将当前接收到的控制信号发送给电机驱动电路，使电机驱动电路在指定时长内不受控制信号的控制。

由于强电磁信号干扰对智能门锁进行干扰时会使控制芯片短暂复位，并输出控制智能门锁开启的错误的控制信号，该错误的控制信号的电压值会突然升高且持续时长较短，所以在确定控制芯片发送的控制信号的电压值超过预设阈值时，开始对接收到的控制信号进行延时处理，当延时到指定时长后，再将当前接收到的控制信号发送给电机驱动电路，便可以有效地规避掉因强电磁干扰而使主控芯片输出的错误的控制信号，进而使智能门锁具有较好的抗强电磁干扰的性能，避免被误开启，提高安全性。

另外，在现有技术中，智能门锁是指区别于传统机械锁的基础上改进的，在用户安全性、识别功能、管理性等方面更加智能化、简便化。指纹识别是常见的智能门锁开启方式，但指纹识别器上容易粘覆灰尘、杂物以及残留的指纹，导致指纹识别速度慢，有时需要多次尝试，才能正确识别，延长了开门的时间，给人们的生活带来了一定的不便。

为解决上述问题，提出了如图 2-11 所示的一种智能家居用智能门锁，包括前面板 1、锁芯 2 和后面板 3；锁芯 2 设置在前面板 1 和后面板 3 之间，锁芯 2 的一侧设置有锁舌 6；前面板 1 上设置有密码输入器 4 和外把手 5；外把手 5 包括手柄、保护套、清洁辊和清洁板；手柄远离前面板 1 的一侧设置有指纹采集器；保护套设置在手柄的外部，且与其滑动连接；对指纹采集器作用的清洁辊和清洁板设置在保护套的内壁上；清洁辊的转动方向与保护套的滑动方向一致，且清洁辊的外部设置有黏胶层；清洁板靠近指纹采集器的一端设置有清洁刷毛。

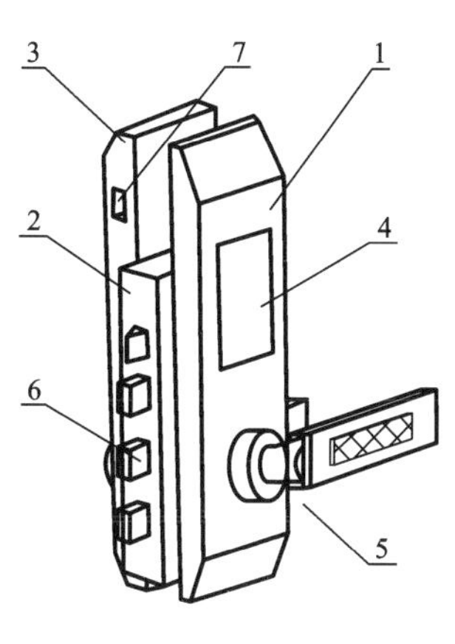

图 2-11　一种智能家居用智能门锁示意图

保护套的外部设置有清洁棉条。手柄上设置有第一滑槽，第一滑槽内设置有弹性件，保护套上设置有滑块，滑块伸入第一滑槽，并与弹性件连接。手柄上还设置有滚珠，保护套上设置有第二滑槽，滚珠滚动连接第二滑槽。

门锁使用时需要拉动保护套，保护套上安装的清洁棉条可以对手指进行清洁，避免手指粘上油污，影响指纹的采集，接着保护套滑开，露出指纹采集器。在滑开过程中，清洁辊和清洁板可以粘掉指纹采集器上的灰尘、杂物，使得指纹采集速度快、准确度高。门锁快速开启后，弹性件推动保护套复位，清洁辊和清洁板再次对指纹采集器进行擦拭，除去指纹采集器上粘覆的指纹残留，避免造成下次指纹采集的污染。

2.2.2　电子锁中的警报功能

一种智能锁可以对应设定多个具有开锁权限的无线控制设备，也可以对每个无线控制设备设置相应的权限，以便其他具有开锁权限的人了解并查看锁是谁打开的。若为权限以外的人将锁打开，智能锁会发出非正常状态报警提醒，这时用户就需要提高警惕并采取相应的防范措施，从而进一步提高锁的安全性。在手机没电或智能锁电量消耗完的特殊情况下，可以使用紧急备用钥匙打开智能锁，但这种开锁方式会触发所有授权手机的异常开锁警报。

无线控制设备可以记录并储存智能锁的开启、关闭、反锁或锁的开启次数、谁开了锁以及开锁日期时间等状态信息，可随时了解锁的动态信息，而且记录的信息具有溯源功能，即使手机处于关机状态，等到用户开机后，这些信息依然可以查看，帮助不在家的人可以远程了解家中锁的动态，以便出现异常状况时及时采取相应措施，保证室内人和物的安全。无线控制设备可以是手机、平板电脑、电脑等电子设备。

第3章　机械密码锁、特殊用途的锁及挂锁

3.1　机械密码锁

机械密码锁是锁的一种，采用的是一系列的数字或者符号进行开启。部分密码锁使用轮盘，将锁内的数个碟片或凸轮转动，带动锁内部的机械结构，密码转动到位后可以开锁。机械密码锁比较稳定、耐用，不需要电源，但是其结构比较复杂，修改密码时通常需要专业人员。

3.1.1　圆盘在一个轴上的密码锁

圆盘是密码锁编码密钥时的一个重要元件。圆盘都在一个轴上的拨盘密码锁，一般是全机械的形式，没有电子器件，它的可靠性比较高，且密钥数目也很大。

各自能够独立调整的密码盘的操作类似拨号的形式，从拨盘的起点开始，顺时针拨动到某一位密码的位置，就是输入了一次密码。这样不断重复输入各个密码盘的密码，直到最后一位，拨动开锁部件即能够开锁。圆盘上的密码可以为数字也可以为字母。

如图3-1所示的一种密码挂锁，包括锁壳1、密码组件2、按钮3和锁绳4，密码组件2和按钮3安装在锁壳1，锁绳4可脱离锁壳1。如图3-2所示，密码组件2包括密码轮组21、中心杆22和中心复位弹簧23，中心杆22与密码轮组21联动连接，按钮3

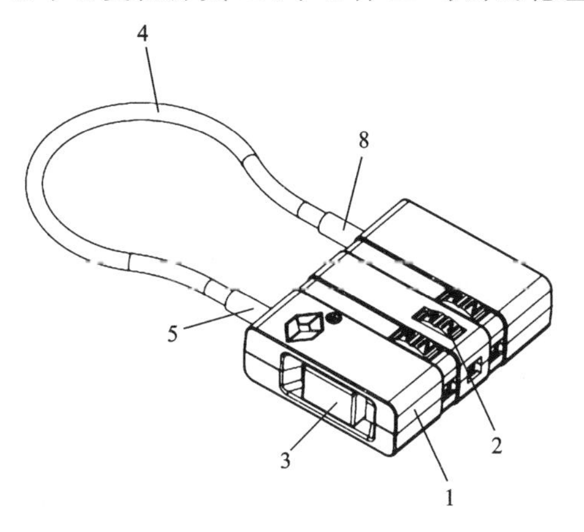

图3-1　密码挂锁结构示意图一

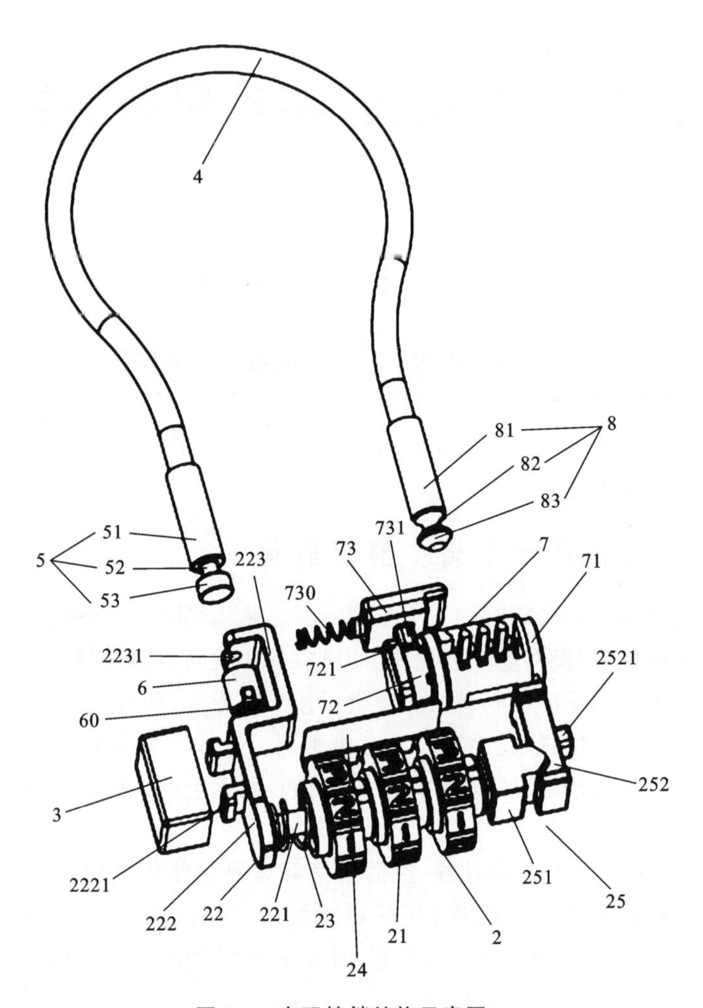

图 3-2　密码挂锁结构示意图二

与中心杆 22 联动连接。该密码挂锁处于上锁状态时，中心杆 22 对锁绳 4 的一端限位上锁，密码轮组 21 对中心杆 22 限位上锁，按钮 3 对中心杆 22 限位使得按钮 3 无法向锁壳 1 内移动；该密码挂锁通过密码组件 2 解锁时，密码轮组 21 输入正确的解锁密码后，中心杆 22 被解锁可移动，按钮 3 被解锁可移动，向锁壳 1 内按压按钮 3，按钮 3 向锁壳 1 内移动且推动中心杆 22 移动解除对锁绳 4 的一端的限位，从而实现解锁，锁绳 4 的一端可拔离锁壳 1。本示例中的密码挂锁，通过中心杆 22 实现对锁绳 4 的一端的限位上锁。

该密码挂锁通过密码组件 2 进行解锁时，密码轮组 21 输入正确的解锁密码后，向锁壳 1 内按压按钮 3，按钮 3 推动直杆部 221 移动，上锁部 223 移动使得限位卡口 2231 脱离第一限位部 52，顶出弹簧 60 驱动顶出块 6 向外顶出，顶出块 6 驱动第一铆接头5向外顶出；该密码挂锁通过钥匙组件7进行解锁时，解锁钥匙插入锁仁71且带动锁仁71转动，连板72转动使得限位挡块721与限位凸块731错开，向外拔出第二铆接头8，第二铆接头8向外移动时推动锁舌73远离第二铆接头8移动。

同一个轴上的多个密码盘也可以由同一个圆形把手来进行调整。可以将旋扭拉手与字盘设为一体，连接杆与面盘设为一体，并与锁壳固紧，转动旋扭拉手，带动主动码盘，同时带动从动码盘，按密码旋转动到三片从动码盘的缺口对准时，即由拨叉带动锁舌开启该锁。变换密码时，只需取下螺栓打开锁壳后盖，将三片从动码盘变换顺序重新组装即可。

使用时，根据给出的密码，顺时针旋转到第一个密码锁后，逆时针旋转至密码的第二位数，再顺时针旋转至第三位数，然后再逆向一转，即开锁。拉手可作成各种形状。

3.1.2　圆盘在多个轴上的密码锁

圆盘除了在一个轴上，还可以采用在多个轴上的形式，如图3-3、图3-4所示的一种圆盘在多个轴上密码锁。它有四个密码盘101、四根转轴102、四个转轴弹簧1023、四块锁片605、锁片弹簧606、调码板500、锁定板604、锁定板弹簧607，转轴

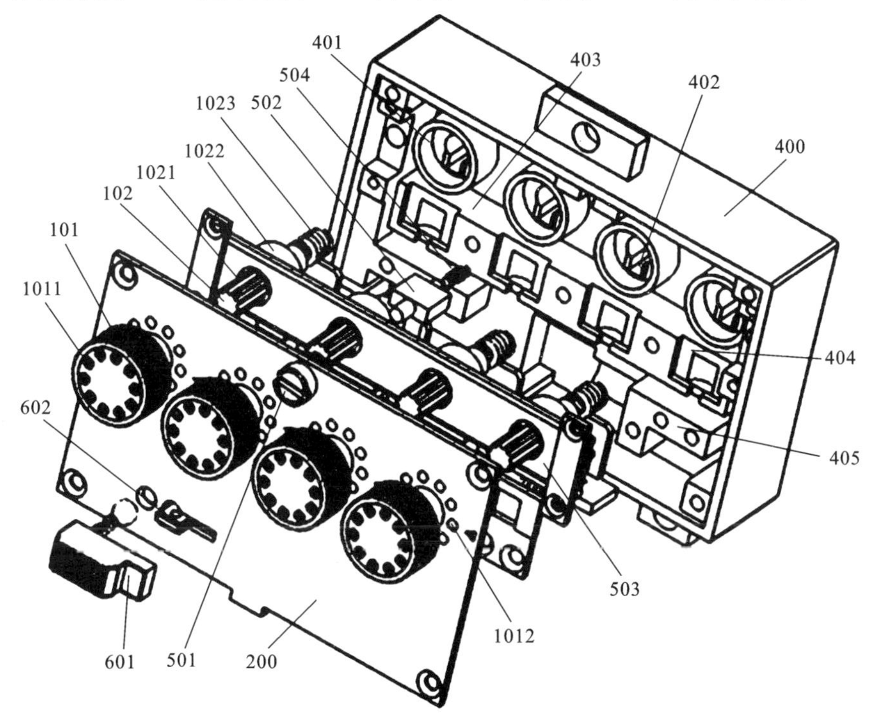

图3-3　圆盘在多个轴上密码锁示意图一

102 通过凸轮 1022 旋转驱动锁片 605 移动，卡住或放开锁定板 604，通过锁定板 604 的移动可实现开锁或闭锁。转轴 102 安装在调码板 500 上，调码板 500 上安装连接杆 502，连接杆 502 与面板 200 中的调码螺丝 501 相连，拧动调码螺丝 501，能使调码板 500 和四根转轴 102 整体作前后移动，使四根转轴 102 分别脱离或连接四个密码盘 101。在密码盘 101 脱离转轴 102 的状态下，旋转密码盘 101 至某一数值，从而实现调码。

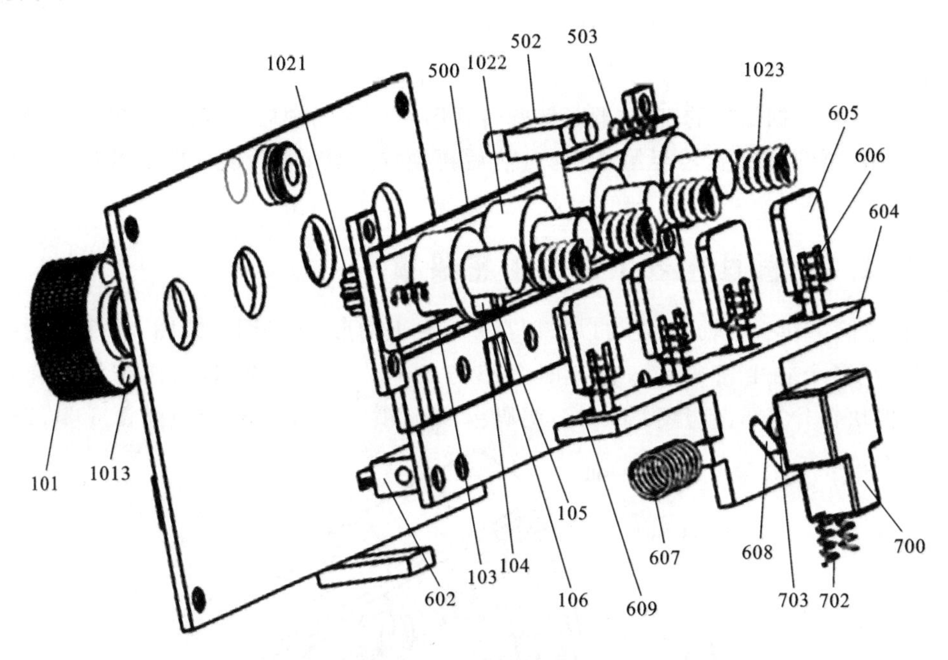

图 3-4　圆盘在多个轴上密码锁示意图二

对于开锁和上锁，密码盘 101 任意组合一组数字而上锁后，至少有一块锁片进入了锁定板 604 的缺口 609 中，锁定板 604、锁舌 700 被卡住，锁舌处在伸出的极限状，锁芯上锁。当四个密码盘的数字组合是正确的开锁密码时，四块锁片全部处在顶端而脱离锁定板 604 的状态，锁定板 604 在开锁钮 601 的推动下，能左右移动，通过驱动槽 608 的移动使锁舌收缩，锁芯开锁。对于调码，在锁芯的开锁状态下，拧动调码螺丝 501，调码板 500、锁轴 102 等整体移动，凸起 104 进入凹进 402，密码盘 101 和锁轴 102 脱离，任意旋转四个密码盘，形成一个数字组合后，回退调码螺丝 501，锁轴 102 重新全部进入密码盘，该数字组合即形成了新的开锁密码。

还有一种多轴密码锁，如图 3-5 和图 3-6 所示的双面拉链锁，包括一个基座 1，基座 1 内设有号码机构；一个第一传动件 2，该第一传动件 2 能够通过号码机构的顶压而移动；一个旋转拨叉 3，该旋转拨叉 3 上设有第一拨杆 4、第二拨杆 5 及第三拨杆 6，该第一拨杆 4 能够通过第一传动件 2 的顶压而转动；一个第一锁定组件，该第一锁定组件能够锁定拉链片，且能够与第二拨杆 5 相顶压；一个第二锁定组件，该第二锁定组件能够锁定拉链片，且能够与第三拨杆 6 相顶压；一个第一按钮及一个第二按钮，该第一按钮及第二按钮能够分别推动第一锁定组件及第二锁定组件移动；一个第一弹性件 9，该第一弹性件 9 设于基座 1 内，且能够使旋转拨叉 3 复位。

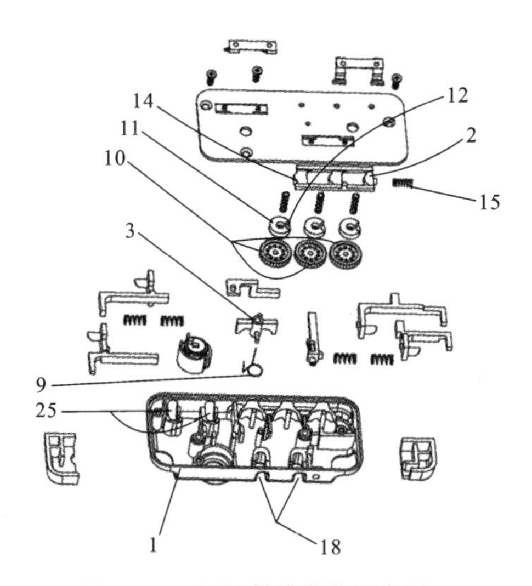

图 3-5　双面拉链锁结构示意图一

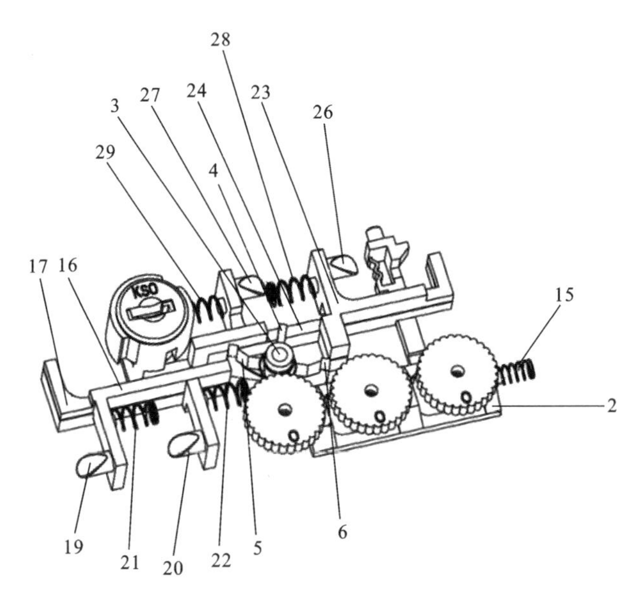

图 3-6　双面拉链锁结构示意图二

号码机构设置在基座 1 内，该号码机构有三个数字轮 10，三个数字轮 10 对应穿置于锁壳的穿孔并部分显露在锁壳外，以供使用者拨动，每一个数字轮 10 上均安装有内套 11，内套 11 设置有嵌槽 12。第一传动件 2 上设有第一推顶部及嵌块 14，该嵌块 14 能够嵌入对应内套 11 的嵌槽 12 内，第一拨杆 4 能够受第一推顶部的顶压而转动，进一步，第一传动件 2 上及基座 1 间设有能够使第一传动件 2 复位的复位弹簧 15。

第一锁定组件包括第一锁定杆 16、第二锁定杆 17 及设于基座 1 上的两个第一锁掣槽 18，该第一锁定杆 16 上设有第一锁定部 19，该第一锁定部 19 可穿置于或离开基座 1 的其中一个第一锁掣槽 18；该第二锁定杆 17 上设有第二锁定部 20，第二锁定部 20 可穿置于或离开基座 1 的另一个第一锁掣槽 18，所述第一按钮能够推顶第一锁定杆 16 及第二锁定杆 17 移动，所述第二拨杆 5 能够顶压第一锁定杆 16 及第二锁定杆 17。进一步说，第一锁定杆 16 与基座 1 之间设有第一压缩弹簧 21，第二锁定杆 17 与基座 1 之间设有第二压缩弹簧 22，上述第一压缩弹簧 21 及第二压缩弹簧 22 能够使第一锁定杆 16 及第二锁定杆 17 移动后复位。第二锁定组件包括第三锁定杆 23、第四锁定杆 24 及设于基座 1 上的两个第二锁掣槽 25，该第三锁定杆 23 上设有第三锁定部 26，该第三锁定部 26 可穿置于或离开基座 1 的其中一个第二锁掣槽 25；该第四锁定杆 24 上设有第四锁定部 27，该第四锁定部 27 可穿置于或离开基座 1 的另一个第二锁掣槽 25，所述第二按钮 8 能够推顶第三锁定杆 23 及第四锁定杆 24 移动，所述第三拨杆 6 能够顶压第三锁定杆 23 及第四锁定杆 24。进一步说，第三锁定杆 23 与基座 1 间设有第三压缩弹簧 28，第四锁定杆 24 与基座 1 间设有第四压缩弹簧 29，上述第三压缩弹簧 28 及第四压缩弹簧 29 能够使第三锁定杆 23 及第四锁定杆 24 移动后复位。

当使用者需要开启该拉链锁时，将数字轮 10 转到正确的数字，使拉链锁处于可开启状态，此时第一传动件 2 在复位弹簧 15 的作用下横向移动，第一传动件 2 的嵌块 14 嵌入对应内套 11 的嵌槽 12 内。同时，第一传动件 2 上的第一推顶部顶压第一拨杆 4，第一拨杆 4 带动旋转拨叉 3 旋转，第二拨杆 5 及第三拨杆 6 相应转动，不再处于能够顶压第一锁定杆 16、第二锁定杆 17 及第三锁定杆 23、第四锁定杆 24 的位置，此时使用者顶压第一按钮及第二按钮，通过第一按钮及第二按钮带动第一锁定杆 16、第二锁定杆 17 及第三锁定杆 23、第四锁定杆 24，使第一锁定部 19、第二锁定部 20、第三锁定部 26 及第四锁定部 27 从第一锁掣槽 18 及第二锁掣槽 25 离开，达到开启拉链锁的目的。

当使用者需要锁定该拉链锁时，在开锁状态下将拉链的两个拉链片插入对应的第一锁掣槽 18 及第二锁掣槽 25 内，此时第一锁定部 19、第二锁定部 20、第三锁定部 26 及第四锁定部 27 插入对应的拉链片的孔内，拨乱数字轮 10，第一传动件 2 横向移动，第一传动件 2 上的嵌块 14 离开对应内套 11 的嵌槽 12，同时旋转拨叉 3 在第一弹性件 9 的带动下复位，第二拨杆 5 及第三拨杆 6 处于能够顶压第一锁定杆 16、第二锁定杆 17 及第三锁定杆 23、第四锁定杆 24 的位置，使第一锁定杆 16、第二锁定杆 17 及第三锁定杆 23、第四锁定杆 24 不能移动，从而达到锁定拉链锁的目的。

传统的机械式密码锁大多数是为字轮式的，开锁的时候需要转动数位字轮，特别是在紧急的情况下，容易转错数字，延误开锁的时机。

机械密码锁中还有一种机械式按钮防盗密码锁，图 3-7 所示的是机械式按钮防盗密码锁结构示意图，图 3-8 所示的是机械式按钮防盗密码锁爆炸图。

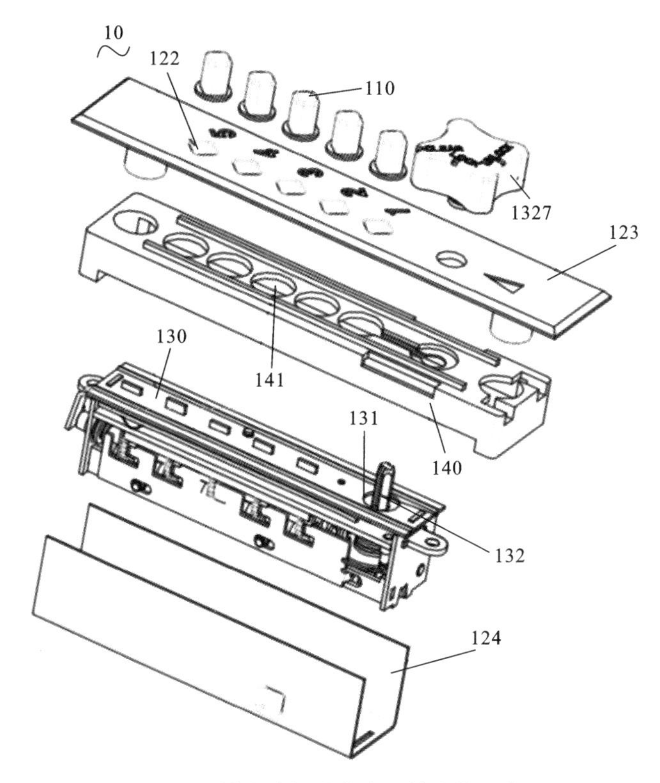

图 3-7　机械式按钮防盗密码锁结构示意图

该密码锁 10 包括：按钮 110、外壳和固定在外壳内的锁合机构 130。锁合机构 130 与外壳之间设有固定框 140。外壳上具体包括面板 123 和底盖 124。面板 123 上设有数字符号和供按钮 110 滑动的过孔 122，数字符号的位置与过孔 122 的位置一一对应。数字符号 121 便于使用者记忆按钮 110 的位置。

图 3-8 中，锁合机构 130 包括固定座 131、旋杆 132、控制片 133、弹片 134、卡簧 135、锁片 136、齿轴 137、锁止齿轮组 138 和转动齿轮组 139。

固定板固定在外壳的内部。

旋杆 132 安装在固定座 131 的一端，且垂直穿过固定座 131，旋杆 132 上设有用于复位的扭簧 1321，旋杆 132 包括六角棒 1322 以及第一弯片 1323、直片 1324、第二

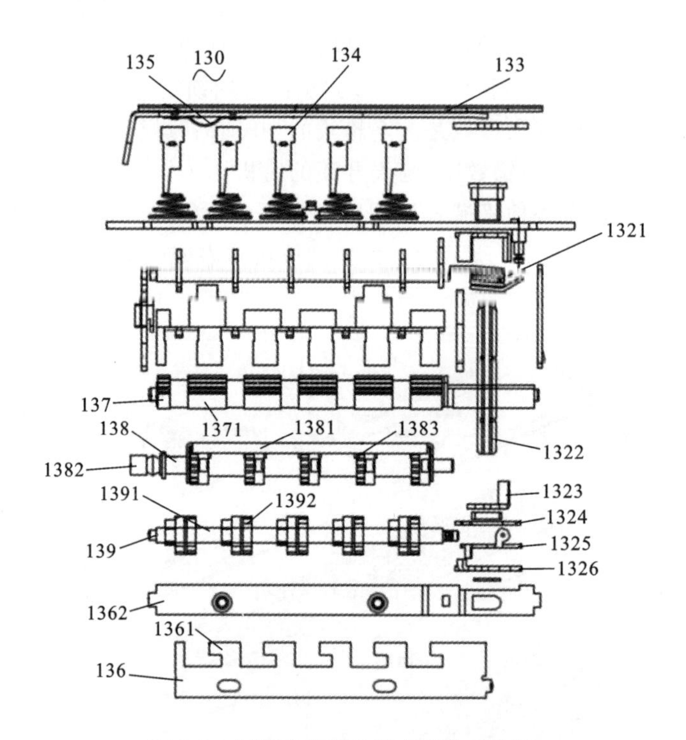

图 3-8　机械式按钮防盗密码锁爆炸图

弯片 1325、打片 1326、扭簧 1321。六角棒 1322 将第一弯片 1323、直片 1324、第二弯片 1325、打片 1326、扭簧 1321 穿设在一起。该六角棒 1322 在沿着六角棒 1322 的长度方向上依次穿设固定有第一弯片 1323、直片 1324、第二弯片 1325 和打片 1326，六角棒 1322 的一端穿过外壳延伸至外壳的外部。旋杆 132 延伸至外壳的外部的一端连接有旋转把手 1327。旋转把手 1327 便于使用者转动旋杆 132。固定框 140 上设有与过孔 122、旋杆 132 对应的通孔 141。

锁片 136 通过支撑条 1362 滑动连接在固定座上，且设有 L 形钩片 1361，锁片 136 与打片 1326 抵接。

锁止齿轮组 138 包括定位框 1381、第一转轴 1382 和穿设在第一转轴 1382 上的多个第一齿轮 1383，定位框 1381 用于锁定每个第一齿轮 1383 之间的相对位置，第一齿轮 1383 上设有与 L 形钩片 1361 相匹配的凹槽，第一转轴 1382 安装在固定座 131 上且一端与第一弯片 1323 抵接，另一端依次穿过固定座 131 和外壳 120 并延伸至外壳的外部。

转动齿轮组 139 包括第二转轴 1391 和多个第二齿轮 1392，第二齿轮 1392 穿设在第二转轴 1391 上，第二转轴 1391 安装在固定座 131 上且一端与第二弯片 1325 抵接。

齿轴137安装在固定座131上且一端与直片1324抵接，齿轴137上设有多个凸齿1371，每个凸齿1371啮合在一个第一齿轮1383与一个第二齿轮1392之间。

卡簧135呈圆弧状且固定在控制片133上，卡簧135的顶端与定位框1381的一面抵接。控制片133的靠近卡簧135的一端延伸至外壳120的外部。

弹片134的数量有多个，且分别通过弹簧连接在固定座131上，弹片134的一端与第二齿轮1392抵接，另一端穿过外壳120延伸至外壳120的外部且与按钮110连接。

按钮110的数量、弹片134的数量、第一齿轮1383的数量、第二齿轮1392的数量和凸齿1371的数量相等。

密码锁10处于开锁状态，即锁片136的L形钩片1361与锁止齿轮组138上的凹槽完全对应。推动整个锁止齿轮组138朝向旋杆132平移。此时，控制片133上的圆弧状的卡簧135的侧边与定位框1381的侧边抵接，使得定位框1381及位于定位框1381内的第一齿轮1383的位置保持不变。由于产生了位移，所以齿轴137此时不再与锁止齿轮组138啮合。根据顺序按下按钮110，弹片134推动转动齿轮轴上的第二齿轮1392转动，带动齿轴137产生一定的转动角度，完成密码记录，然后转动旋杆132让转动齿轮组139、锁止齿轮组138、锁片136复位，完成密码设置。

按照上述设置的顺序按下对应的密码，转动齿轮组139带动齿轴137上第一齿轮1383转动，齿轴137带动锁止齿轮组138转动，凹槽与锁片136的L形钩片1361完全对应，完成密码输入，密码锁为开锁状态。

3.2　特殊用途的锁

锁具根据使用场景、使用环境的不同，会有不同的改进需求，在现有技术中，针对不同的使用环境设计了一些特殊用途的锁。下面介绍这些特殊用途的锁。

3.2.1　用于薄金属翼扇的锁

电能表箱、机柜门、电力箱柜、超市用储物柜均属于薄金属翼扇，本小节介绍这些用于薄金属翼扇的锁具。

例如一种箱体，包括带锁的门、开箱码输入装置(用于输入开箱码以开锁从而开箱)，还包括通信单元(用于与远程管理终端通信)。其中，在邮箱或远程管理终端处设置有存储器，用于至少存储预置的一个或多个开箱码；在邮箱或远程管理终端处还设置有处理器，用于识别输入的开箱码是否匹配预置的一个或多个开箱码，并能够在匹配后给出开箱指令。处理器包括开箱码管理电路，用于在开箱后使已匹配的开箱码失效，并在当前没有有效的开箱码时生成新的开箱码，处理器能够在存储器中存储新的开箱码。

机柜门板一般设置在室外机柜的柜门上。机柜门板上可以设置一个天地四向锁，天地四向锁上分别设有上锁杆、下锁杆、左锁杆和右锁杆，上锁杆、左锁杆和右锁杆上分别连接有传动锁杆，传动锁杆上设有若干个第一锁舌，每个第一锁舌都分别与室外机柜的门框内侧可接触。旋把与天地四向锁配合连接，附锁设置在机柜门板上，附锁上设有第二锁舌，第二锁舌与下锁杆配合连接，罩板设置在室外机柜的柜门上，并将机柜门板罩住。这样能够提高整体强度，对机柜门的上、下、左、右四个方向均进行卡死，防止机柜门从外部撬开，大大提高了室外机柜的安全性。

现有技术的电能表箱防护门，包括表箱主体、盖板、报警器开关、固定块、报警器、电源开关、拨动杆、锁柱以及锁止杆，所述表箱主体前端装配有盖板，所述盖板左端面下部安装有锁柱，所述锁柱后端安装有拨动杆以及锁止杆，所述拨动杆以及锁止杆均设置在盖板后侧，所述表箱主体内左端面上部安装有固定块，所述固定块前端设置有报警器开关，所述表箱主体内右端面上部装配有电源开关。该设计实现了电能表箱强开报警功能，使用方便，便于操作，实现了电能表箱强开报警功能，可靠性高。

另外还有一种户外柜的锁具智能控制，包括柜门框、柜门体和柜门锁，还包括数据源采集系统、多功能控制系统、物联网连接云端、移动控制端、固定控制端。所述数据源采集系统、多功能控制系统通过物联网连接云端与移动控制端、固定控制端连接。它改变了传统户外柜锁管理运维模式，通过物联网连接云端并使用手机和电脑端对柜锁实施远程监控，同时增加数据源采集系统、多功能控制系统，对门框进行温度、湿度、水淹、意外震动、门体是否上锁等多种状态进行监控，并通过摄像头和蜂鸣器查看情况，发生意外状况时及时报警提示处理。

还有一种超市用储物柜，包括多个箱柜和条形码识读器，每个箱柜上的电控锁通过条形码识读器进行控制，每个箱柜的柜门外面上设有读卡器和微型摄像头，每个箱柜的柜门内设有单片机和储存器。读卡器采集的数据信息传递至单片机，单片机获取信息后控制摄像头采集头像信息，单片机获取的数据、头像信息均传递至储存器进行储存，数据储存后通过单片机控制电控锁解锁。读卡器、微型摄像头获取会员信息和头像后，由单片机控制电控锁解锁，这样既方便取走物品、也不会耽误储柜保管员的时间。储存器便于以后查看取走物品的会员信息和头像，这样能解决误取物品的问题。

开关柜的柜门锁定装置，通过将钥匙插入至门锁内部，转动从而带动顶出组件转动，从而将第二侧固定板顶出沿远离柜体门板处移动，使其卡位组件脱离限位插槽内侧，通过转动开门手柄带动伸缩组件转动，从而带动第二侧固定板与第一侧固定板转动，通过第二侧固定板与第一侧固定板的转动，从而带动端部铰接组件转动，通过端部铰接组件带动中部铰接组件转动，通过中部铰接组件带动卡位条组件回收使其卡位条组件脱离与柜体之间的卡位，通过柜门锁定组件一组封锁柜门与柜体之间的中部其余分别封锁柜门与柜体之间的上下端部和上下中部，使其稳固的卡位锁门。

现有的技术中还有一种电力箱柜柜门状态智能检测装置，其结构包括合金板、支撑架、后防罩壳、合页，合金板的下表面与保护外壳的上表面相焊接，电力表嵌入安装于前保护外壳上，固定板上设有玻璃板。这样的一种电力箱柜柜门状态智能检测装置，在结构上设有智能电子锁装置，其显示屏起到显示柜门状态以及查看输入数字的作用，在需要开关电力箱柜柜门时，通过数字面板和指纹锁与控制连通电路的连接关系，通过电池组为电路板提供能量，只要任一控制连通电路导通，就会使与电路板的磁性块的磁性增加，使得两块磁性块相贴合，起到一个柜门开闭的效果。这样，只有通过工作人员的密码或者指纹才能开启柜门，提高了该电力箱的安全性。

3.2.2　用于移动门的锁

移动门采用的是滑动结构的门，一般可以分为水平滑动式和垂直滑动式。

移动门上的锁，如图 3-9 所示的一种垂直门门锁装置，包括锁板 7、摆动锁栓 4、牵引式电磁铁 5，以及微动开关 6。所述锁板 7 安装在门板 1 边缘，所述摆动锁栓 4、牵引式电磁铁 5 和微动开关 6 均通过锁栓固定架 3 安装在门框 2 边缘，所述牵引式电磁铁 5 位于所述摆动锁栓 4 侧下方，且所述牵引式电磁铁 5 的衔铁与所述摆动锁栓 4 相连，所述衔铁上套设有弹簧 8，所述微动开关 6 位于所述牵引式电磁铁 5 下方。当紧急状况时，可以手动操作摆动锁栓 4，从而关闭或打开门锁，由此可见，在紧急情况下可手动操作。

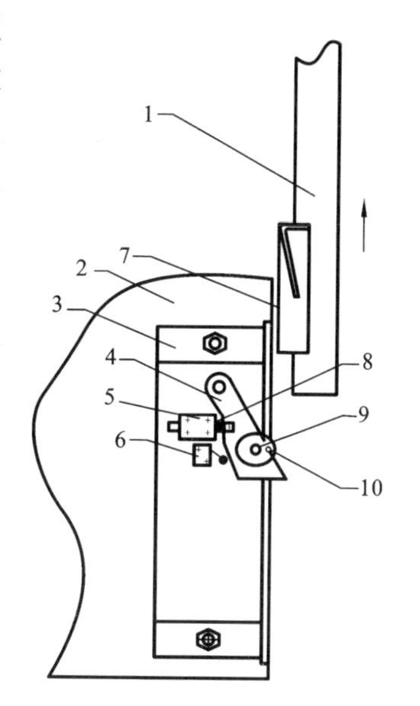

图 3-9　一种垂直门门锁装置示意图

门保持关闭状态时：牵引式电磁铁 5 未得电，摆动锁栓 4 保持在弹簧力支撑位置，微动开关 6 常态保持，确定锁已关闭。

在准备开门时：牵引式电磁铁 5 得电，牵引摆动锁栓 4 摆动到位，微动开关 6 动作后保持，确定开锁到位。

开门过程：门板 1 向上运动正常开门到位，到位开关确认，牵引式电磁铁 5 失电，摆动锁栓 4 恢复到弹簧力支撑位置，微动开关 6 恢复到常态保持，开门过程结束。此外，若门板 1 向上运动开门过程中，如果受到向下的开门阻力，向上的开门运动停止，做向下的关门运动。

关门过程：门板 1 向下运动正常关门，在导引轮 9 引导下，锁板 7 滑过摆动锁栓 4 位置；锁板 7 滑过摆动锁栓 4 位置，直至关门到位，摆动锁栓 4 恢复到弹簧力支撑位置，微动开关 6 恢复到常态保持，关门过程结束。此外，若门板 1 向下运动关门过程中，如果受到向上的关门阻力，向下的关门运动停止，做向上的开门运动；若门板 1

向下运动关门过程中，如果受到向下关门方向力，向下的关门运动停止，做向上的开门运动。

3.2.3 用于太平门的锁

太平门也叫人防门，即人民防护工程出入口的门，也是消防安全门，用于政府动员和组织群众采取防空袭、抗灾救灾措施，实施救援行动，从而防范和减轻灾害危害的活动。人防门属于民防防护设备。人防门一般采用坚硬的钢材质材料，具有一定的防冲击波的作用并有效保障人防空间内部的安全稳定。应急门主要安装在公共场所，用于发生突发事件时紧急疏导人群，使公众可以快速脱离危险区域，是防灾避险的主要手段之一。随着我国城市建设的高速发展，人们的安全防范意识正逐渐提高，对各种人流较大地方，如商场、机场、地下通道、公共场所等，应急门作为其中的一种有效手段正在被广泛安装和使用。

消防安全报警推闩，是安装在消防通道防火门上的紧急逃生装置，由推把和底框组成外壳，内设有由推把、前、后固定座、扭簧、拨块、锁舌等组成的手动开启机构和钥匙开启的锁芯，由按钮、插座、微电机、转动轴套、螺杆、限位开关、钢丝绳、滑轮、拨块、锁舌等组成的电动开启机构，由开关、芯片、扬声器等组成的语音提示及蜂鸣报警机构。它应用在人员密集场所的消防通道门上，外部可通过钥匙上锁而防盗保安，内部可通过推压推把实现手动开启或通过联控实现电动开启，且能语音提示和蜂鸣报警，在火灾发生时可迅速疏散被困人员，将火灾引起的人员伤亡和财产损失减到最小。

如图 3-10 所示的一种人防门锁，包括门体 1、门框 2 以及闭锁装置 3。闭锁装置 3 包括驱动手轮 31、驱动齿轮 32、第一推杆 33、第二推杆 34、若干连杆 35、若干锁销槽 36、若干锁销 37 以及若干对应的锁销座 38，驱动手轮 31、驱动齿轮 32、第一推杆 33、第二推杆 34、若干连杆 35、若干锁销槽 36 以及若干锁销 37 安装在门体 1 上，锁销座 38 安装在门体 1 的上下侧门框 2 内，闭锁时，将若干锁销 37 插入若干对应的锁销座 38，这样就将门体 1 与门框 2 连接在一起，无法再打开门体。

现有的电子锁除了具备较好的防盗性能外，给用户带来的最大好处是开锁的方便性。电子锁一般备有应急开锁钥匙，在非正常事件发生时，可将应急开锁钥匙插入锁体备用孔而强行拨动锁舌，即实现开锁。这种应急开锁方式不利于火灾事件发生时的快速开锁。

因此，有的人防门锁由无线火灾探测器、无线接收器、控制器和开锁驱动器构成，无线火灾接收器的信号输出端与控制器的信号输入端相接，所述开锁驱动器的信号输入端与控制器的信号输出端相接，所述开锁驱动器的信号输出端引出与电控锁的开锁电机或电磁驱动器相接。它与电子锁配套使用，使电子锁在遇火灾时无需人工开启而自动开锁，给室内人员逃生和室外人员救生灭火提供了便利条件。

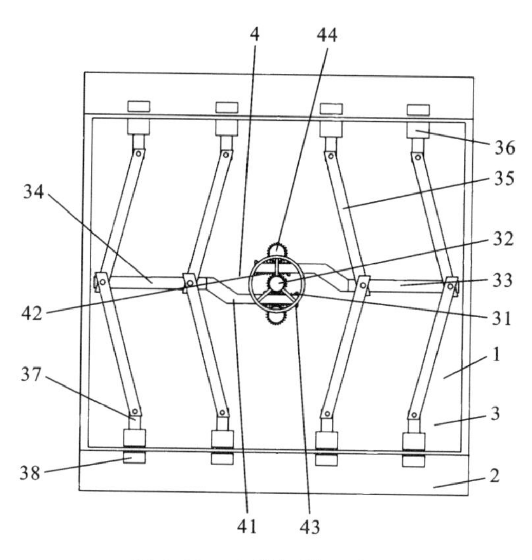

图 3-10 人防门锁示意图

3.2.4 用于冰箱和冷柜的锁

某些冰箱和冷柜也需要锁，以保护密封存储在内部的食品，或者设置童锁，防止儿童因为好奇，误开而发生危险。

如图 3-11 所示的一种带童锁的冰箱，由冰箱主体和设置在冰箱主体上的童锁组成。所述童锁包括滑动槽 2、永磁体 3、绕线铁芯 1、开关 8 和电源 7，所述童锁设置在冰箱侧门 1 上，所述冰箱两侧门 1 上各设置有一个永磁体 3，所述两个永磁体 3 的极性方向呈相反放置，左侧门 1-2 上设置有一个滑动槽 2，所述永磁体 3-2 设置在滑动槽 2 一端。所述绕线铁芯 5 设置在滑动槽 2 内，绕线铁芯 5 一端连有弹簧 4，当绕线铁芯 5 移动时弹簧 4 呈拉伸状态，当电源 7 断开后，弹簧 4 带动绕线铁芯 5 回复到原始状态，也可不设置弹簧 4，直接通过反向电流使绕线铁芯 5 产生相反的极性，通过与一个永磁体相吸引与另一个永磁体相排斥，使得绕线铁芯 5 复原，从而将门 1 打开，厂家可根据需要进行选择是否需要设置弹簧 4。所述绕线铁芯 5 与开关 8 和电源 7 相连，所述开关 8 一端连有保护电阻 6，为了防止电流过大，可在电路中连有相应的保护电阻 6 以保护整个电路，所述电源 7 为交流转换成直流所得，电源 7 直接在内部设置直流电源也可通过交流直接转换器将交流电转换成直流得到，所述开关 8 与冰箱显示控制器相连，开关 8 可与冰箱显示控制器相连，通过冰箱显示控制器内的童锁功能对童锁进行智能化控制，也可单独设置开关 8 对童锁进行控制。

使用时只要按下显示器上的童锁功能，即可在绕线铁芯 5 上产生相应的极性，并与另一侧门上的永磁体 3 相吸引使得绕线铁芯 5 移动，拉紧滑动槽 2 内弹簧 4，完成

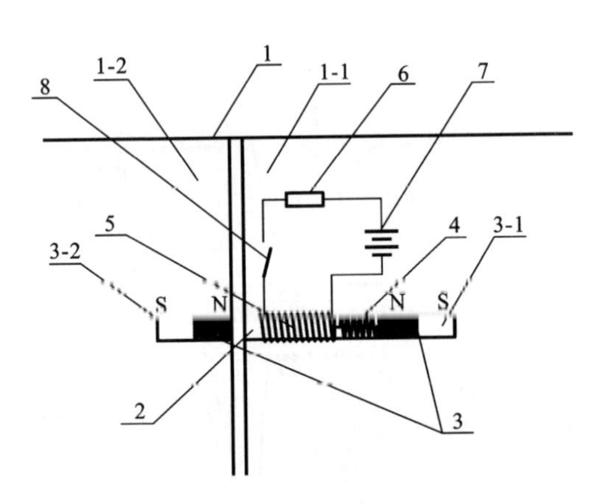

图 3-11　一种带童锁的冰箱示意图

冰箱门 1 锁住。当需要打开冰箱门 1 时，只需按下显示器上的童锁解锁功能，即可消除绕线铁芯 5 上产生相应的极性，并通过弹簧 4 弹力使得绕线铁芯 5 移动到原始位置，完成解锁。

现有的冰箱，如法式对开门、日式多门，都有一个共同点，冷藏室空间较大，使用起来比较方便。若冷藏室的门体为对开门，在两门体中间就必须增加一个活动的翻转梁，便于对冷藏室密封。但这种结构由于关门止档效果不好，在关闭一边的门体时，由于气压的原因，容易将另外一边的门体弹开，造成冰箱漏冷，需要锁紧部件。

如图 3-12 和图 3-13 所示的一种用于冰箱的门体锁紧组件，包括止挡件 10、枢转轴 20、转动件 30、弹性件 40 和定位件 50。具体而言，止挡件 10 设在冰箱的门体 80

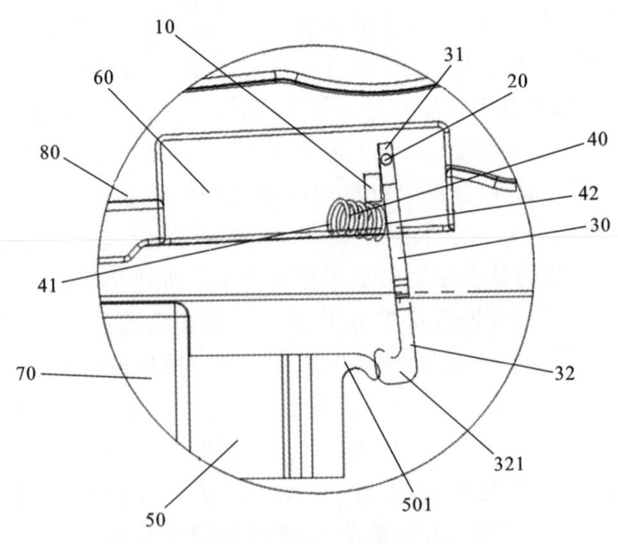

图 3-12　用于冰箱的门体锁紧组件示意图一

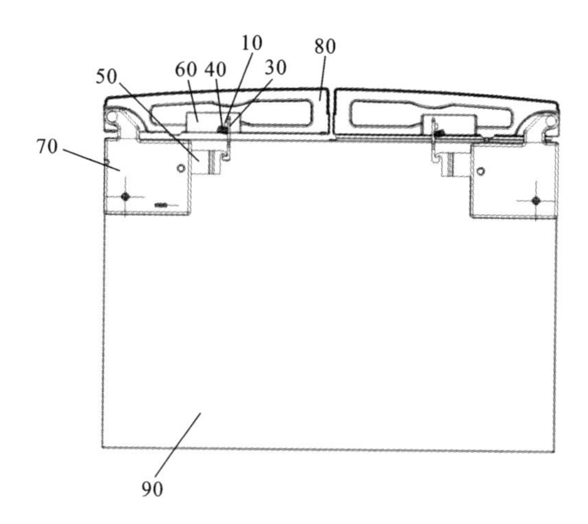

图3-13 用于冰箱的门体锁紧组件示意图二

上，止挡件10可以相对于冰箱的门体80固定设置。枢转轴20沿竖直方向（如图3-13中垂直纸面方向）设在门体80上。转动件30一端31与枢转轴20通过枢转连接，以绕枢转轴20在水平面内转动。止挡件10设置成将转动件30止挡在预定位置。弹性件40一端41固定在门体80上，另一端42与转动件30连接，以对转动件30施加作用力，使转动件30与止挡件10抵靠。定位件50设置在箱体90上，定位件50构造成在门体80关闭时与转动件30的另一端32卡接，以将门体80锁紧在箱体90上。

在冰箱的门体80处于关闭状态时，门体80通过转动件30锁紧在定位件50上，使门体80与箱体90锁紧，这样在冰箱制冷间室内的气压突然增大时，也可以保证门体80不被弹开，从而使门体80锁紧在箱体90上，保证冰箱不会漏冷。

转动件30的另一端32构造有第一弯钩部321，定位件50上构造有与第一弯钩部321卡接的第二弯钩部501。

弹性件40与止挡件10位于转动件30的同一侧，且弹性件40对转动件30施加拉伸作用力。由此，转动件30受到弹性件40的拉伸作用力使转动件30与止挡件10相互抵靠，以使转动件30相对于门体80处预定位置，此预定位置可以有利于定位件50与转动件30相互锁紧。

定位件50可以设在用于连接箱体90与门体80的铰链70上。因此，不需要对冰箱现有的结构做出较大调整，即可实现定位件50的合理设置，节约了生产成本。

铰链70为上铰链，门体80的上端形成有用于容纳止挡件10、枢转轴20，转动件30和弹性件40的槽体60。槽体60的位置与上铰链的位置对应，以方便转动件30与定位件50相互匹配。因此，可以将锁紧组件布置在冰箱的制冷间室的外部，提高了锁紧组件在使用过程中的可靠性。

在冰箱的门体 80 由打开状态进行关闭时，转动件 30 处于垂直与门体 80 的状态。随着门体 80 的转动，转动件 30 的第一弯钩部 321 与定位件 50 上的第二定位件 501 接触，门体 80 继续转动，由于第一弯钩部 321 和第二弯钩部 501 的相互作用，转动件 30 绕枢转轴 20 转动，此时弹性件 40 处于拉开状态，当冰箱的门体 80 关闭角度小于预定角度时，如 2°，转动件 30 在弹簧的拉力作用下向反方向旋转，直至第一弯钩部 321 与第二弯钩部 501 相互卡接。由此，冰箱的门体 80 与冰箱的箱体 90 相互锁紧。

在冰箱的门体 80 处于关闭状态时，门体 80 通过转动件 30 锁紧在定位件 50 上，使门体 80 与箱体 90 锁紧，这样在冰箱制冷间室内的气压突然增大时，也可以保证门体 80 不被弹开，从而使门体 80 锁紧在箱体 90 上，保证冰箱不会漏冷。

现有的部分用户将制冷装置放置于办公、会所等比较公开的地方，以利用所述制冷装置储存一些比较高档的茶、酒等物品。为了防止物品的丢失，一般都会设置用以锁定制冷装置的门体的门锁，但是现在的大部分门锁都是传统机械式的机械锁，比较低端，且需要相适配的钥匙才能解锁，而钥匙本身比较小易丢失，造成用户使用不便；或者钥匙为通用的钥匙，无法起到防止物品丢失的效果。

鉴于此，有必要提供一种改进的制冷装置以解决上述问题。

在现有技术中，有一种制冷装置，包括箱体、与所述箱体转动连接的门体、用以锁定所述门体与所述箱体的电动锁、设于所述箱体或门体上的身份识别器以及控制器，所述身份识别器以及所述电动锁均与所述控制器通讯连接。

所述制冷装置可以是冰吧、酒柜、或者冰箱等，当然，电动锁也可以用于其他的家用电器。

所述身份识别器用来识别使用者本身的身体特征，所述身体特征如指纹、语音、虹膜等，用来识别人体的指纹，即所述身份识别器为指纹识别器。

所述门体包括门体本体以及与所述门体本体相配合的门体饰条，所述指纹识别器设于所述门体饰条上，以便于用户操作。

所述控制器内预存有授权使用的使用者的预存指纹信息，在有使用者想打开门体时，输入自己的指纹信息，所述指纹识别器获取使用者的实际指纹信息并反馈给所述控制器，所述控制器将该实际指纹信息与预存指纹信息相比较，如果该实际指纹信息与预存指纹信息相匹配，则所述控制器控制所述电动锁 2 自锁定状态切换至解锁状态，以供用户取用箱体 1 内的物品；如果该实际指纹信息与预存指纹信息不相匹配，则电动锁 2 保持锁定状态，无法打开所述门体。一方面，只有授权使用的使用者才能打开门体取用箱体内的物品，比较安全；另一方面，通过授权使用的使用者自身始终具有的身体特征来解锁，无需使用钥匙来解锁，便于用户使用。

所述预存指纹信息的录入可以通过所述指纹识别器提前录入，也可以通过其他设备提前录入，如手机、显示屏等。

3.2.5　用于抽屉的锁

办公桌通常具有多个抽屉，所配置的锁具一般可以同时开启和关闭这些抽屉。锁具的原理是：配置一可竖直活动的锁杆，锁杆上固定着分别对应各个抽屉的若干个锁杆锁片，每个抽屉边也分别设置一个与锁杆锁片相对应的抽屉锁片；将钥匙插入锁具并转动锁头往上提拉锁杆，锁杆锁片恰好遮挡住抽屉锁片，所有的抽屉就受到阻挡而无法开启；将钥匙插入锁具并转动锁头往下抵压并移动锁杆，锁杆锁片就与抽屉锁片位置错开，所有抽屉的开启就不受影响(所有抽屉可分别或同时开启)。

如图3-14和图3-15所示的一种共锁复合柜1，包括一侧的门柜2和另一侧的抽屉柜3，门柜2和抽屉柜3之间设有隔板4，共锁复合柜1只通过一把锁具5就将门柜2和抽屉柜3同时锁住。门柜2的门为单开门，开门侧位于隔板4处。在隔板4上固定设置一个导槽杆，在导槽杆的导槽内设有锁杆6，锁杆6能够在导槽杆的导槽内上下位移一定的距离，锁具5可设置在抽屉柜3的最上方的抽屉上，或者设置在门柜2的门的上方。锁具5的开启与关闭使锁杆6能够在导槽杆内上下滑动至两个预设的位置，在锁杆6上面向抽屉柜3的一侧与抽屉柜3中每个抽屉靠近锁杆6的一侧设置第一锁扣部件，第一锁扣部件包括锁杆6上面向抽屉的一侧设置的多个柱销7，柱销7焊接或卡接在锁杆6上，并可随锁杆6一起上下位移。第一锁扣部件还包括每个抽屉上面向锁杆6的一侧设置的卡槽8，卡槽8通过紧固件固定在抽屉的侧面，卡槽8的槽面向上或向下，与柱销7相对应。当柱销7卡入卡槽8后，抽屉被锁住，当柱销7离开卡槽8后，抽屉被解锁。在锁杆6上面向门柜2的一侧与门柜2的门之间设置第二锁扣部件，第二锁扣部件包括锁杆6上面向门柜的一侧设置的勾槽板9，勾槽板9一端折弯后通过铆钉铆接在锁杆6上，随锁杆6一起上下位移，勾槽板9的另一端向上或向下形成勾槽。第二锁扣部件还包括在门柜2的门上设置的凹槽，凹槽可以是在门柜2的双层门的内层上开的长方形开孔，长方形开孔的位置和勾

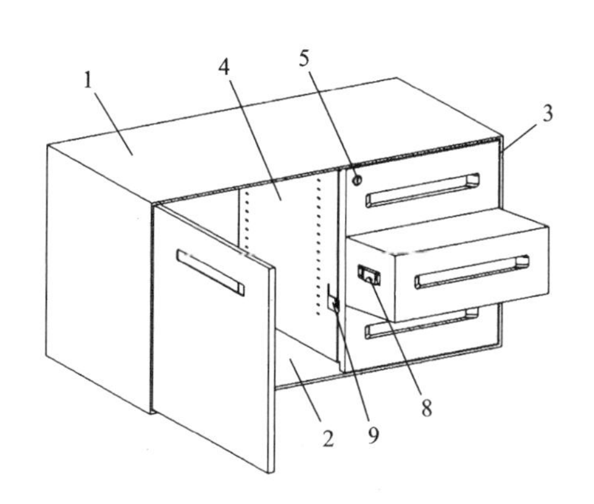

图3-14　共锁复合柜示意图一

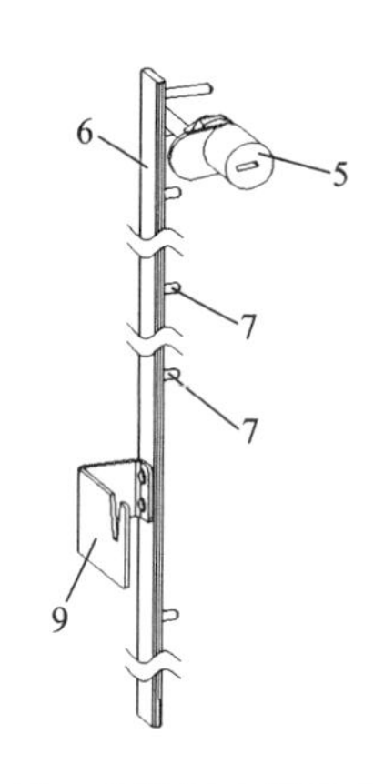

图3-15　共锁复合柜示意图二

槽板 9 的位置相对应，当勾槽板 9 勾入凹槽内后，门柜 2 的门被锁住，当勾槽板 9 脱开凹槽后，门柜 2 的门被解锁。通过锁具 5 对第一锁扣部件和第二锁扣部件实施锁闭，当锁具 5 开启和关闭时，第一锁扣部件将多个抽屉与锁杆锁定和解锁，第二锁扣部件将门柜的门与锁杆销定和解锁。

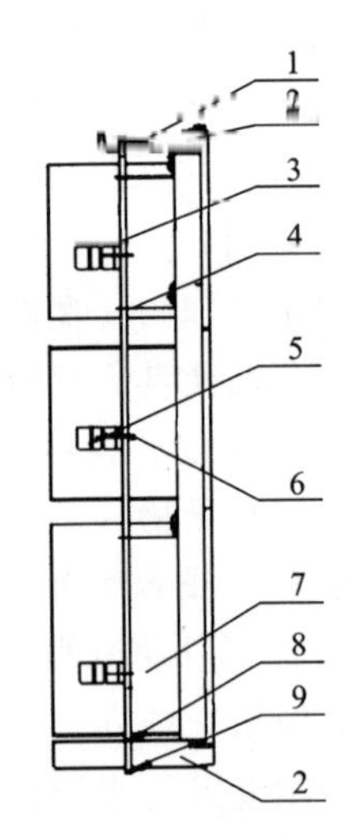

图 3-16 多抽屉自锁装置示意图

日常生产中使用的设备柜子经常会涉及多个抽屉，特别是带有轮子的移动设备柜子，出于使用安全、便利等因素的考虑，这种带有多个抽屉的设备柜子要求当一个抽屉打开而其他抽屉无法打开，以确保柜子重心的稳定。

如图 3-16 所示的一种多抽屉自锁装置，包括弹簧 1、箱体 2、旋转轴 3、连接件 4、抽屉行程件 5、旋转轴 L 角片 6、抽屉 7，箱体 2 上设置有连接件 4，可以使旋转轴 3 在固定的区域里面旋转，旋转轴 3 下端和箱体 2 连接，上端通过弹簧 1 和箱体 2 连接，旋转轴 3 上固定设置有旋转轴 L 角片 6，抽屉 7 一侧设置有抽屉行程件 5，抽屉都关闭时抽屉行程件 5 的凸部和旋转轴 L 角片 6 的凹部配合。

另外，它与下限位件 8 和旋转轴 3 下端连接，可以对旋转轴 3 进行上下调节。通过下限位件和旋转轴底部隔一定距离设置相应的孔，通过销子固定来对旋转轴进行上下微调，另外还可以避免旋转轴上的旋转轴 L 角片刮伤箱体内部的油漆。它还包括卡死和复位件 9，和旋转轴 3 下端连接，可以通过卡死和复位件 9 来拨动旋转轴 3。

当一个抽屉 7 打开时，此抽屉 7 侧面的抽屉行程件 5 带动其配合的旋转轴 L 角片 6 旋转约 90°，此旋转轴 L 角片 6 带动旋转轴 3 旋转约 90°，从而使其他旋转轴 L 角片 6 也旋转约 90°。此时，其他旋转轴 L 角片 6 的一侧正好挡住未打开抽屉 7 上的抽屉行程件 5，从而达到使其他未打开抽屉 7 自锁的目的。

3.2.6 搭扣锁

搭扣锁一般包括一个锁扣，将锁扣扣接在锁环上，达到锁紧的效果。

例如，图 3-17 所示的一种电源箱简易锁扣结构，包括箱体底壳 10 和箱体上盖 1，箱体上盖 1 固定设置有扣槽，箱体底壳 10 上设置有固定座 3，固定座 3 上设置有通过转轴 4 铰接的活动连接件 5，活动连接件 5 通过活动锁环 6 与扣槽相连接，活动连接件 5 一体成型，活动连接件 5 上设置有凹槽 7，活动锁环 6 直接嵌入凹槽 7。当锁扣结构处于锁紧状态时，活动连接件 5 与扣槽通过活动锁环 6 产生一个拉力达到锁紧效果，抵触面 9 的形状与活动连接件 5 背面的形状相适配，在锁紧状态时抵触面 9 刚好与活动连接件 5 背面相抵触，防止活动连接件 5 旋转过头致使拉力过大破坏锁扣结构。

又例如，图 3-18 所示的一种压扣，安装在固定端 1 的边缘。固定端 1 边沿垂直面上设置有支撑孔 1-1，所述的新型压扣包括活动板 2、支架 3、支撑块 4，支架 3 安装在活动板 2 底部并向活动板 2 内侧倾斜。支架 3 末端设置有旋转轴，支撑块 4 为一 V 形块，支撑块 4 中心位置设置有轴孔，支撑块 4 通过轴孔安装在支架 3 的旋转轴上。安装完成后支撑块 4 的上端面与活动板 2 的底面贴合，支撑块 4 的下端插入支撑孔 1-1 并与支撑孔 1-1 的下边沿贴合。支撑块 4 的上端面设置一顶板，安装完成后顶板的上端面与活动板 2 的底面贴合。

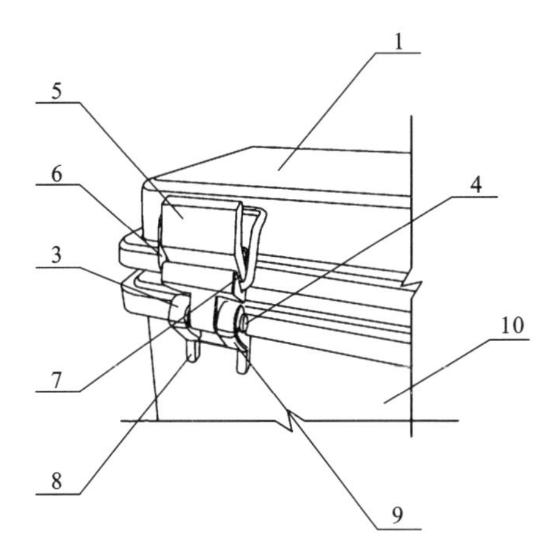

图 3-17　电源箱简易锁扣结构示意图

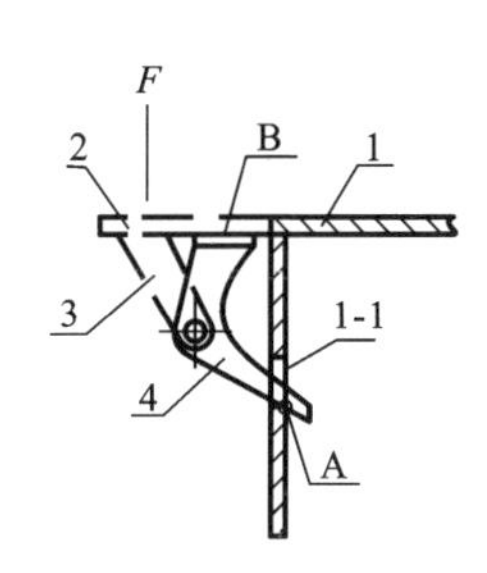

图 3-18　一种压扣示意图

当活动板 2 放置到规定位置时，拥有特定角度的支撑块 4 会同时与支撑孔 1-1、活动板 2 接触，活动板 2 受到下压力 F，支撑块 4 通过 A、B 处的接触，产生反作用力来支撑活动板 2，使其保持在规定位置。活动板 2 提起时，支撑块 4 通过重力作用，自行从支撑孔 1-1 中脱出。

3.2.7　其他用于箱柜、箱子、旅行箱、提篮、旅行袋或类似物的锁

物管箱一般用于存放一些贵重物品，如机密文件、贵重物品、学校试卷、有价证券、钱币等，达到安全保管的目的，需要对开口进行锁定。

如图 3-19 所示的一种物管箱及其锁具，包括上盒 1、下盒 2、拉扣组件和保险锁。上盒和下盒通过合页轴链接成一体，组成物管箱箱体，上拉扣 5 和下拉扣 3 铰接成拉扣组件，并通过拉扣轴 13 固定在下盒 2 上，下盒 2 内设有锁盒 7 和内盒，锁盒 7 位于下盒 2 开口侧内盒的下方，锁盒通过第一螺钉 6 固定在下盒 2 内，锁盒内设有电动控制机构和手动控制机构两套保险锁控制机构，用于控制保险锁的开启与锁闭。

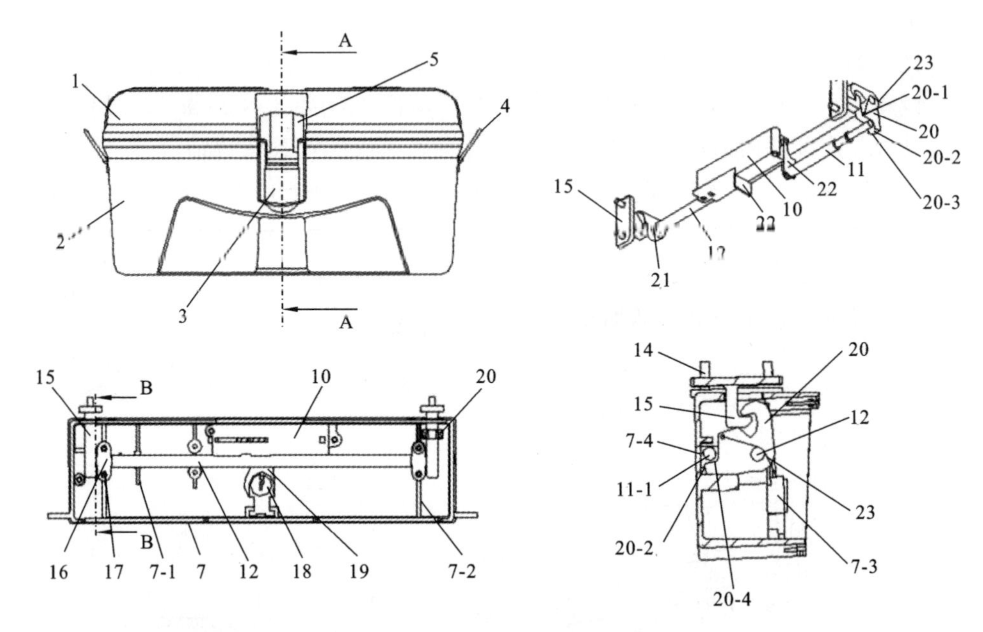

图 3-19 物管箱及其锁具示意图

物管箱还配有与电动控制机构相匹配的遥控装置。

锁盒 7 内设有第一安装槽 7-1 和第二安装槽 7-2，锁钩轴 12 安装在第一安装槽 7-1 和第二安装槽 7-2 内，并用锁钩轴压板 16 通过第三螺钉 17 固定，能绕锁钩轴 12 中心线旋转。

锁钩轴 12 两端分别焊接有左锁钩 21 和右锁钩 20；在锁钩轴 12 最右端套装扭簧 23，扭簧一端穿在右锁钩弹簧安装孔 20-1 内，另一端安装在锁盒弹簧固定孔 7-3 内。

锁盒 7 内的锁钩轴 12 上方装有电动控制装置电机 10，电机上接有外接电源接口，可外接电路板盒和电源盒，当外接电源接口与电源相接后，电机收到指令信号，可实现高级物管箱的开启与锁闭操作。电机内装有电机驱动片 22，由电机驱动电机驱动片的伸缩，电机驱动片 22 上铆接锁轴 11，电机驱动片伸缩带动锁轴 11 运动。

锁盒 7 内还装有应急操作装置应急锁 18，应急锁上装有应急拨片 19。上盒 1 内侧设有上盒凸台 1-1，上盒凸台上通过第二螺钉 15 固定装有锁钩舌 14。下盒 2 两侧设有角形背带扣 4，用于安装背带，侧背带人性化设计，便于物管箱随身携带。

当通过遥控装置输入开锁控制信号时，电机 10 驱动电机驱动片 22 向内缩回，右锁钩 20 在扭簧 23 作用下，带动左锁钩 21 及锁钩轴 12 绕自身中心线旋转，同时顶开锁钩舌 14，实现开启。开启后，右锁钩防锁端面 20-2 与锁盒防锁端面 7-3 相接触，即使锁控信号输入，电机 10 驱动电机驱动片 22 向外伸出，但锁轴接触端面 11-1 与右锁钩侧面 20-3 相触，锁轴 11 无法进入右锁钩锁闭槽 20-4。

当电机 10 不能正常工作时，通过机械钥匙转动应急锁 18，使应急拨片 19 拨动电机驱动片 22 向内缩回，右锁钩 20 在扭簧 23 作用下，带动左锁钩 21 及锁钩轴 12 绕自身中心线旋转，同时顶开锁钩舌 14，实现开启功能。

下压上盒 1，锁钩舌 14 推动右锁钩 20 反向旋转，锁轴 11 进入右锁钩锁闭槽 20-4。同时，由于锁钩舌 14、右锁钩 20 限位，无法脱开，实现锁闭功能。

在很多游泳场地、健身房、集体宿舍等各种公共场所都设有储物柜，大多数都设有各种防盗系统，可以有效地防止用户的贵重物品被偷，为用户提供便捷安全的服务，使用户更加放心。如果用户想把一些物件放入储物柜，并且想在规定时间后取出，还想确保物件的安全保密性，那么在密码储物柜的基础上再添加一个定时防盗系统，即可解决问题。

定时密码储物柜，由储物柜本体、柜门、控制键盘、显示屏和电路控制系统组成。所述的柜门与储物柜本体通过各部件严密配合，显示屏和控制键盘设置在柜门上。所述的电路控制系统由控制芯片、控制键盘、显示屏 LED 和继电器组成。所述的控制键盘连接在控制芯片的输入端，显示屏 LED 和继电器连接在控制芯片 IC 的输出端。所述的控制芯片 IC 内设有定时程序和其他相关控制程序。

需要锁住柜门时，将柜门合上，按照显示屏上的提示，在控制键盘上输入密码和开启时间，若到达设定时间，在控制键盘上输入密码即可开启柜门；若没达到设定时间，即使输入密码也不能打开柜门。

或者所述的控制键盘连接在控制芯片的输入端，显示屏 LED 和继电器连接在制芯片 IC 的输出端，在控制键盘上输入密码和开启时间，信息被传送到控制芯片 IC 内，并启动相关程序，相关信息显示在显示屏 LED 上。当没达到设定时间时，在控制键盘 IN 上输入密码，显示屏 LED 上会提示“未到设定时间，不能开锁”；当达到设定时间时，在控制键盘上输入密码，信息传送到控制芯片，芯片处理信息，并激活相关程序，使继电器得电吸合，锁被打开，显示屏 LED 上会提示相关信息。

控制键盘上还设有一个很重要的紧急密码按钮，人们在很紧急的情况下并且没到达设定时间时需要开启柜门，启动紧急密码按钮，并输入正确的紧急密码，使继电器 J 得电吸合，锁被打开。在忘记密码或系统出现故障时，启动紧急密码按钮，依然可以开锁。

另外，对于一些特殊的存储设备，需要对取出人员进行记录以及监管。例如，公章的存储柜，在存储柜上设置人脸识别功能和记录功能，方便实现其特殊的需求。

如图 3-20 所示的一种智能公章柜及其锁具，该智能公章柜包括柜体 1，柜体 1 为长方体形结构，柜体 1 的内部设置有用于存放公章 20 的第一腔室 2，第一腔室 2 的底部设置有均匀排列的凹部，公章 20 可嵌设在凹部内进行固定。柜体 1 的前端设置有与第一腔室 2 连通的开口，柜体 1 的前端开口处安装有柜门 5，柜体 1 的边缘与柜

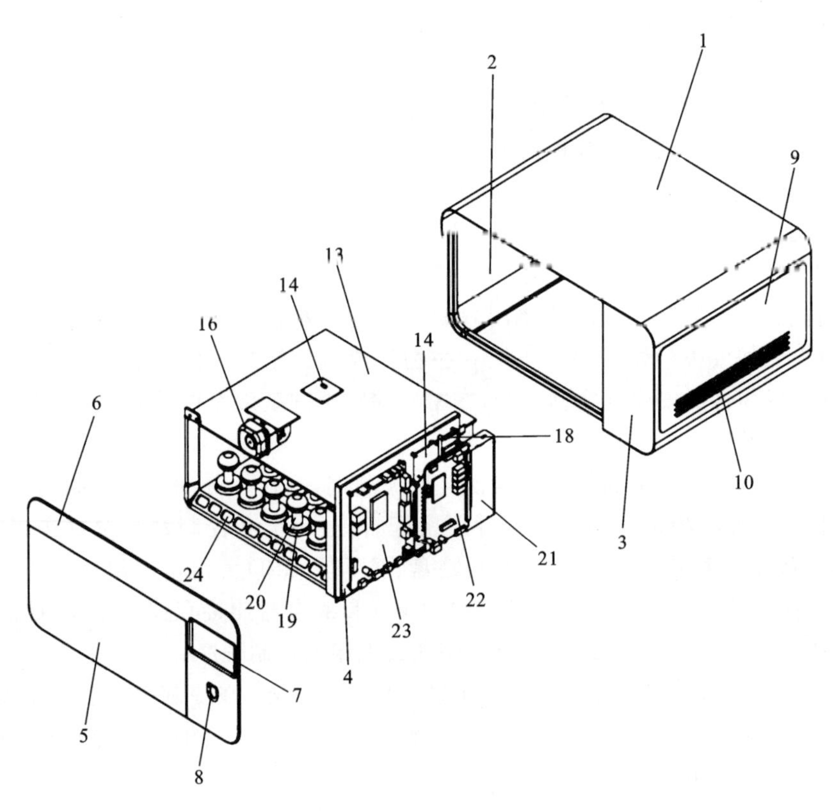

图 3-20　智能公章柜及其锁具示意图

门 5 之间设置有弹仓锁。

该智能公章柜还包括第一摄像头、第二摄像头 16、RFID 标签 19、RFID 读取器 18、指纹识别器 8 和电子密码屏 7。第一摄像头 15 用于监测公章 20 在第一腔室 3 内的存放状态。第二摄像头 16 用于监测公章 20 被取出后，在柜体 1 前方规定范围(公章 20 使用区域)内的使用状态。RFID 标签 19 用于录入有公章信息。RFID 读取器 18 用于读取 RFID 标签 19 内公章信息。指纹识别器 8 可录入用户的指纹信息，作为用户打开柜门 5 的认证。电子密码屏 7 设置有打开弹仓锁 26 所需的密码，作为用户打开柜门 5 的认证，即只有同时满足指纹识别器 8 和电子密码屏 7 的双重认证才可打开柜门 5。RFID 标签 19 设置在公章 20 的外壁上，第一摄像头、第二摄像头 16 和 RFID 读取器 18 设置在柜体 1 的内部，第一摄像头对准公章 20 的存放位置，便于采集公章 20 存放状态下的图形信息。第二摄像头 16 对准公章 20 的取出方向，便于采集公章 20 取出后在规定的使用区域内的图像信息。指纹识别器 8 和电子密码屏 7 设置在柜体 1 的外壁上，通过指纹识别器 8 和电子密码屏 7 控制弹仓锁 26 打开或锁紧。在柜体 1 的内部设置有第一摄像头、第二摄像头 16 和 RFID 读取器 18，在公章

20 上设置有录入对应公章 20 射频信息的 RFID 标签 19，通过第一摄像头和第二摄像头 16 对应监测公章 20 的存放状态和取出后的使用状态，通过 RFID 读取器 18 在公章 20 被取出前后分别读取公章 20 上 RFID 标签 19 的射频信息，从而识别出被取出的公章 20，达到了提高公章 20 监管的可靠性和准确度的目的。通过柜体 1 上设置指纹识别器 8 和电子密码屏 7，公章 20 的取用者只有同时满足指纹识别器 8 和电子密码屏 7 的验证要求前提下，才能打开柜门 5 完成公章 20 的取用，从而进一步提高了公章 20 取用的安全性。另外，通过第一摄像头 15 和第二摄像头 16 对公章 20 取用图像信息的采集，以及 RFID 读取器 18 对所取用公章射频信息的采集，可对公章 20 被取用时间段内的具体责任人进行查找，从而实现了便于对责任人进行追查的技术效果。

现在市场上和日常所见的井盖都是单层的或双层的，由铸铁、球墨铸铁、复合材料、水泥、菱镁等制成，并且大多数的井盖因为在生产时没有充分考虑被盗的实际情况，很多不法分子大量偷盗井盖，在造成国有资产流失的同时也对市民的安全造成了严重的威胁。

如图 3-21 所示的一种井盖防盗装置，包括：锁定机构，设置在井盖 30 正面，其包括锁定装置和旋转柄 10，所述锁定装置设置于所述旋转柄 10 上；旋转机构，设置于井盖 30 反面，其包括旋转轴 60 和卡合装置，所述旋转轴 60 连接所述锁定机构的旋转柄 10，所述卡合装置连接所述旋转轴 60，所述旋转柄带动所述旋转轴转动，从而带动卡合装置将所述井盖 30 锁定或解锁。

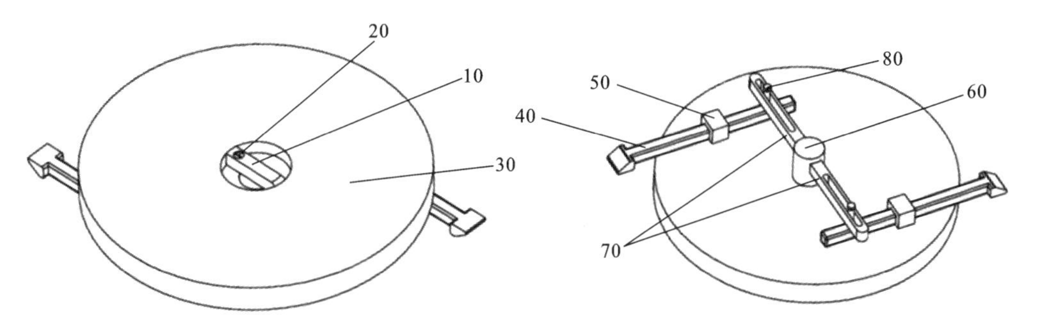

图 3-21　井盖防盗装置示意图

旋转机构由井盖 30 中间的圆孔穿过。所述锁定装置包括锁孔 20、锁头以及设置在所述井盖 30 上的卡孔，所述锁孔 20 通过钥匙带动锁头嵌入所述卡孔或缩回。当锁孔 20 处于锁定状态时，锁头可嵌在井盖 30 上的卡孔内，从而使得整个旋转机构无法旋转，整个装置处于锁定状态。

当锁孔 20 处于锁定状态时，锁头会嵌在井盖 30 的卡孔内，从而使得整个旋转机构无法旋转，整个装置处于锁定状态。此时卡块 40 卡在井口边缘，使得井盖 30 无法上移,从而达到防盗的目的。

当锁孔 20 处于解锁状态时,锁头从卡孔中缩回,旋转机构解锁。此时逆时针转动旋转柄 10,旋转柄 10 带动整个旋转机构逆时针旋转,所以旋转架 70 在旋转轴 60 的带动下也会逆时针旋转。位于旋转架 70 卡槽内的螺栓 80 也被带动旋转,螺栓 80 又带动卡块 40 移动,从而使卡块 40 收缩在井盖 30 下方,使得井盖 30 可以上移,从而解锁。

国内地下管网都是采用铸铁井盖或普通水泥井盖作为检修通道口的盖板,由于缺少上锁功能,任何人都能轻易打开。同时,由于现有的井盖缺少报警功能,导致井盖被非法打开后主管单位不能及时了解情况,从而经常出现铸铁井盖被盗的现象,不仅造成了一定的经济损失,更甚者不法分子打开井盖后进入管网破坏偷盗电缆,会导致通信中断、供电中断、电缆短路起火等重大事故,对财产及人身安全造成极大的危害。

无线井盖中央位置处设有一个机械转轴轴头孔,机械转轴顶部通过一个机械转轴轴头与该机械转轴轴头孔相固定。机械转轴轴头孔旁还设置有一个钥匙锁孔,确保无线井盖在意外情况下依然可打开。所述机械转轴上还设有一个与电锁锁杆相对应的定位孔,电锁锁杆可伸缩式于该定位孔内,实现机械转轴的上锁和开锁。

井盖控制装置包括控制盒,控制电路板、电锁、水平报警装置密封安装在该控制盒内,该控制盒外侧还设有 4 个固定耳,控制盒通过该 4 个固定耳利用螺栓固定于井盖下侧。

井盖控制器内还安装有水平报警装置,如果有人试图暴力破坏(包括货车碾压破坏)或非法移动井盖,该报警装置会立即向监控中心报警,使得破坏行为能够得到及时处理。

另外,家庭中的小型日用品中也会有锁,如传统的衣架在使用中常会被风吹脱晾晒线,使衣服落地而弄脏;或者衣服干后没及时收,被风吹了脱离衣架;或者衣服在外力的碰撞作用下脱离晾晒线。

因此,通过现有技术设计了一种锁钩式晾衣架,其立边的上端与衣架的支撑边连接,立边的下端与衣架的横边垂直连接,锁杆为弯折的杠杆结构,杠杆式锁杆的支点通过转轴连接在立边与支撑边的结合部,扭转弹簧设置在转轴上。在扭转弹簧的作用下,锁杆的上端头压靠在挂钩的钩头上。

当逆时针转动锁杆并使锁杆的上端头与挂钩的钩头分开时,就可以通过挂钩将衣架挂在晾衣绳上,当锁杆在扭转弹簧的作用下反向转动并使锁杆的上端头压靠在挂钩的钩头上时,衣架就可以通过锁杆和挂钩锁定在晾衣绳上。

3.3 挂　　锁

广义上的挂锁,是锁具世界中最古老、最庞大的家族之一。挂锁的锁体上装有可以扣接的环状或"一"字形状的金属梗或链条，即"锁梁"，使挂锁通过锁梁直接与锁体扣接成为封闭形的锁具。传统意义上的链条锁也属于这个家族。由于挂锁的结构特点，决定了挂锁使用方便、灵活，用途广泛，是一种比较理想的防患闭锁器。

如图 3-22 所示的一种链条锁，包括锁体 1。锁体 1 上连接链条 7，链条 7 的端部具有插脚 2，锁体 1 上设有通槽 11，通槽 11 的一端供插脚 2 配合，另一端设有与锁体 1 滑移连接的推动件 3。推动件 3 上设有滑移块 31，通槽 11 上设有供滑移块 31 滑动限位的滑移轨道 12。推动件 3 上还设有凹槽 32，凹槽 32 内设有联动推动件 3 推动插脚 2 的弹簧 4。弹簧 4 储能效果好，安装方便。

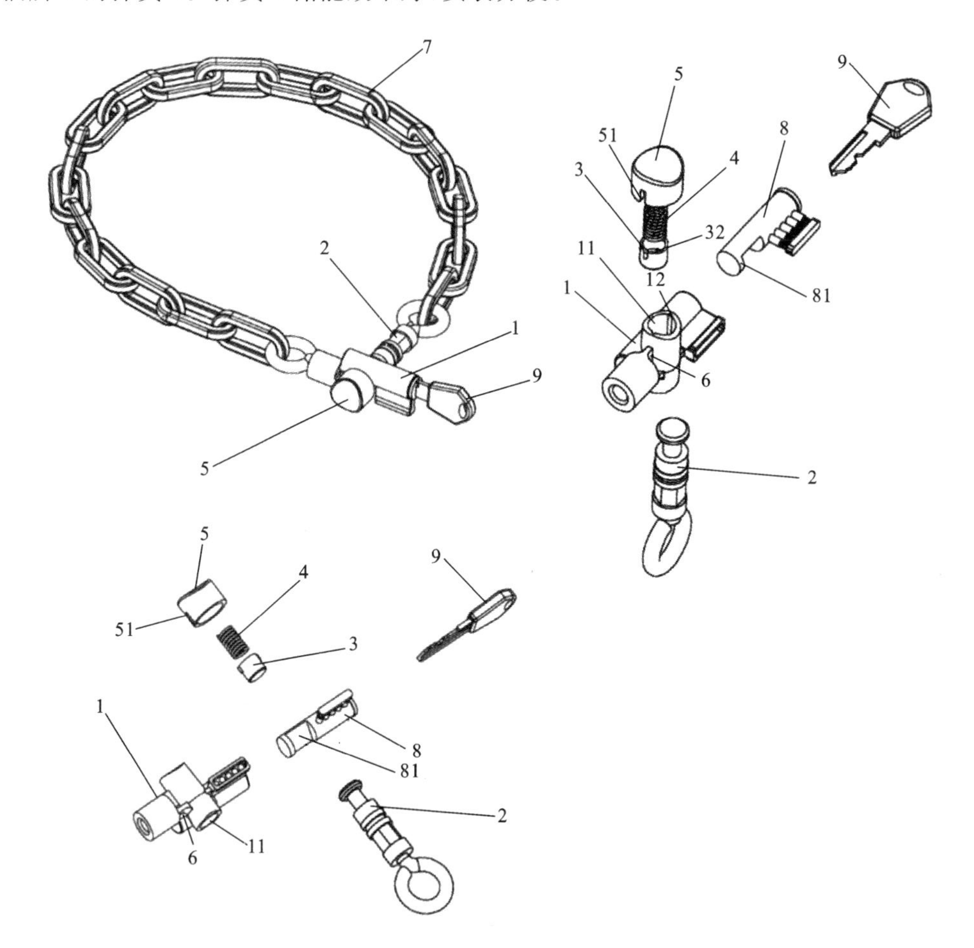

图 3-22 链条锁结构示意图

在使用时，插脚 2 插入锁体 1 后直接挤压推动件 3 整体向内收拢，推动件 3 沿着通槽 11 向内移动，并使得推动件 3 内承接的弹簧 4 处于压缩蓄力的状态，直到滑移块滑动到滑移轨道 12 的一端，此时用钥匙 9 转动锁芯 8，锁芯 8 上的锁胆 81 卡住插脚 2,实现锁定。解锁时,将钥匙 9 插入锁芯 8 并旋转,此时锁胆 81 不再约束插脚 2 的移动,那么弹簧 4 同时可以释放弹性势能,联动推动件 3 弹出,此时插脚 2 也被直接弹出。一方面,推动件 3 沿着通槽 11 的内壁移动,其避免了径向弯折的可能性;另一方面,推动件 3 和弹簧 4 实际是包含的关系,弹簧 4 在推动件 3 的凹槽 32 内放置,始终不会脱离位置;再者,零件的组装关系较为简单,易操作,将推动件 3 放入锁体 1 上的通槽 11,再在推动件 3 上放入弹簧 4 即可。

由于推动件 3 为圆柱状结构,因此推动件 3 的凹槽 32 也是圆柱形容腔,同时弹簧 4 的结构类似圆柱形,两者的配合较为紧密。推动件 3 上的滑移块有两块,两块滑移块关于推动件 3 的轴心线对称设置。为了实现滑移距离约束的同时方便安装,将推动件 3 设置为中心对称结构,逆时针或顺时针转动 180°后两个滑移块的位置调换,不影响推动件 3 在锁体 1 上的插接。

锁体 1 靠近通槽 11 的一侧外壁套设有固定盖 5,固定盖 5 的内壁供弹簧 4 的端部抵触。固定盖 5 包裹在锁体 1 外,因此固定盖 5 的内壁与锁体 1 外壁接触,实际配合的密封面(即锁体 1 的外壁)提高了锁体 1 的防潮效果,避免了内部生锈或是出现颗粒,从而影响推动件 3 的滑移。

锁体 1 与固定盖 5 的配合面为弧形面,固定盖 5 以定位槽 51 为对称中心向两侧弯曲,在插接时,通过固定盖 5 的上端外沿的结构可以快速识别插装方向。另外,固定盖 5 的内壁具有一定的弧形结构,其抗折弯能力较强,结构耐用性较高。

挂锁包括纯机械挂锁和智能电子挂锁。智能电子挂锁通过电机驱动开锁。目前市场上的智能电子挂锁有着降低功耗,提高通用化、集成化,降低操作难度的需求。为了满足这种需求,现有如图 3-23 所示的一种挂锁及其锁芯。锁芯包括壳体 10、锁舌 20、锁止件 30、驱动组件 40 和弹性件 50,锁舌 20 活动设置在壳体 10 内,锁舌 20 能够在伸出壳体 10 的锁定位置和缩回壳体 10 的解锁位置之间切换。锁止件 30 活动设置在壳体 10 内,且锁止件 30 的一部分能够伸入锁舌 20 内,从而将锁舌 20 锁定在锁定位置。弹性件 50 与驱动组件 40 和锁止件 30 抵接,驱动组件 40 能够压缩或伸展弹性件 50,弹性件 50 带动锁止件 30 运动,并驱动锁止件 30 在伸入锁舌 20 和退出锁舌 20 的位置之间切换,以锁定或解锁锁舌 20。当锁止件 30 无法伸入锁舌 20 时,驱动组件 40 仍然能够运动并压缩弹性件 50,弹性件 50 无法带动锁止件 30 运动。

当挂锁锁定时,如图 3-23 所示,锁梁 90 绕着被锁定的部件,锁梁 90 的两端均伸入锁体 80 内,锁芯的锁舌 20 在第一复位件 60 的驱动下伸入锁梁 90 内,锁止件 30 在弹性件 50 的驱动下伸入到锁舌 20 内,将锁舌 20 锁定,锁定区域闭合且无法被打开,从而实现锁定。锁定完成后,挂锁在没有外力作用的情况下,锁梁 90 不会触发触发开关 70,控制板控制挂锁在一定时间后进入低耗能状态。

当需要解锁挂锁时,外力按压一下锁梁 90,如图 3-23 所示,锁梁 90 的短梁触发触发开关70，唤醒锁芯。此时，控制板上的蓝牙与用户手机配对，LED灯闪烁。手机连接成功后，LED灯常亮，若连接失败则经过一定时间后LED灯熄灭，锁芯进入低功耗。手机连接成功后将进行身份认证，认证通过后控制板控制驱动组件40运动，驱动组件40伸展弹性件50，使得弹性件50带动锁止件30退出锁舌20，锁舌20能够自由运动，锁梁90在外力拉动下即可使得短梁退出锁体80，转动锁梁90即可打开锁定区域。

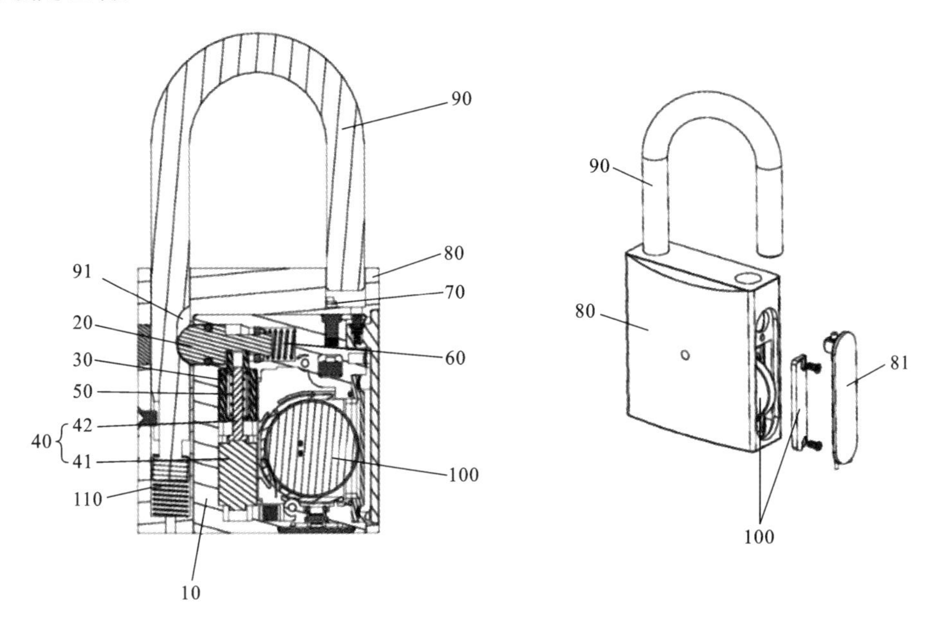

图3-23　挂锁及其锁芯结构示意图

当解锁过程完成后，经过预设时间，控制板自动控制驱动组件40反向运动，驱动组件40压缩弹性件50。若锁止件30能够伸入锁舌20，则弹性件50驱动锁止件30伸入锁舌20实现自动锁定；若锁止件30无法伸入锁舌20，则驱动组件40的驱动力完全转化为弹性件50的弹力，弹性件50使得锁止件30始终具有伸入锁舌20的运动趋势。这样，当锁舌20运动至锁定位置时，锁止件30即会在弹性件50的作用下自动伸入到锁舌20内，实现自动延时闭锁。完成自动延时闭锁后，驱动组件40不再需要供电，控制板控制挂锁在一定时间后进入低耗能状态。

现有的挂锁一般都是在室内使用。而类似于用来锁住户外配电箱之类的挂锁，由于长时间放在户外，所以免不了被雨雪侵蚀，这就会使得挂锁受到损坏。当雨水透到挂锁内部，容易对锁芯等部件造成锈蚀，且由于长时间暴露在户外，锁孔也会由于风沙等因素堵住。这就是挂锁中需要解决的问题。

如图3-24所示的户外配电柜用挂锁能够解决这个技术问题，锁体2的表面涂设有防氧化涂层，使得本装置不会被空气中的杂质锈蚀氧化，使得本装置锁体2的使用寿命长。挂锁保护壳1的材质为铝合金材质，使得挂锁保护壳1的质量轻且硬度好。

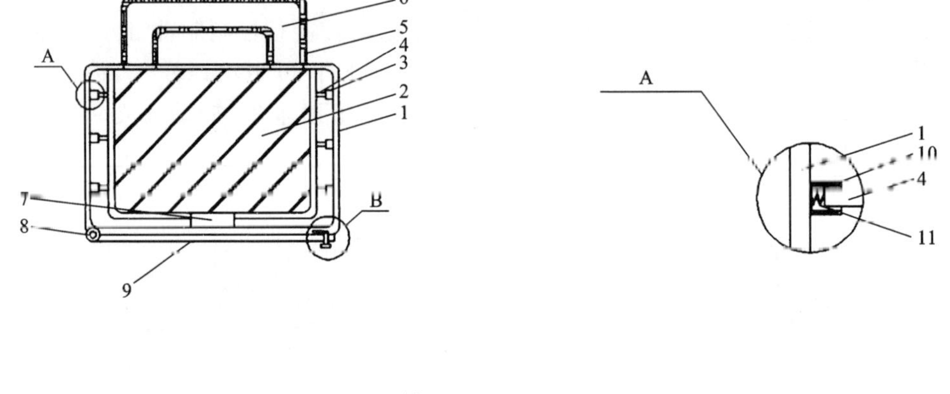

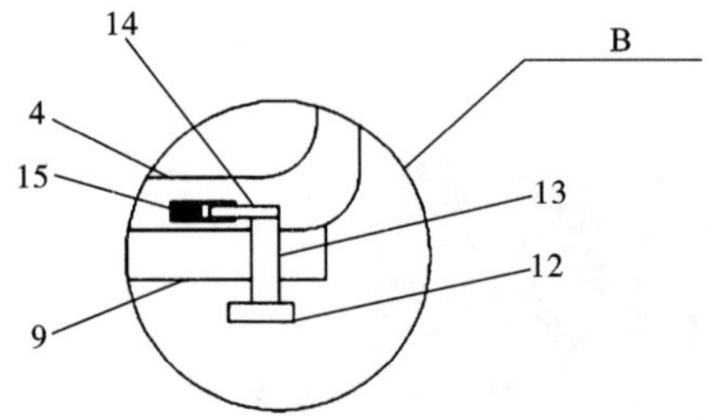

图 3-24　户外配电柜用挂锁结构示意图

通过在锁体2的外侧设置有挂锁保护壳1，挂锁保护壳1内部和锁体2的两侧之间的间隙处设置有限位底座3和限位杆4，使得挂锁2在使用时，由于限位底座3的内部设置有弹簧11，通过弹簧11的伸缩力，使锁体2在晃动或者外界因素的影响下，减轻锁体2所受到的力，且通过挂锁保护壳1，能够有效地保护锁体2不受雨雪等因素的影响而产生锈蚀。且在挂锁保护壳1的底部通过铰接轴8安装有底部保护壳9，使得本装置能够有效地保护锁体2底部的锁孔7；在挂锁保护壳1底部的一端开设有卡接槽15，卡接槽15的内部设置有卡接块14，卡接块14底部的一端焊接有转动杆13，转动杆13的一端焊接有转柄12，使得本装置可通过转柄12转动转动杆13使卡接块进入卡接槽15，从而将底部保护盖9固定在锁体2的底部，保护锁孔7。再通过转柄12转动转动杆13，即可使得卡接块14移出卡接槽15，则可打开底部保护壳9。

3.4　手铐、脚铐

手铐、脚铐是国家行政机关使用的一种戒具。为了防止犯人在压解途中逃跑，或者暴力抢夺武器，手铐、脚铐往往会对强度、防止扣合后轻易拨开有一定的客观需求。

并且，出于人道主义的考虑，在设计手铐脚铐的时候也会考虑其穿戴的舒适度。

目前押解脚环在使用时，往往厚度较厚，普通锁芯无法进行锁定，而增加延长配件的方式防破坏效果较差；另外，脚环在使用时，由于在押人员的脚踝尺寸不同，现有的穿戴设备对脚环大小调节灵活性较差。

如图 3-25 所示，用于穿戴设备的延长锁芯件以及多档位锁片能够解决这个问题，其包括锁前壳 1、锁后壳 2、锁体 3 和锁片 4。锁前壳 1 上设置有安装锁体 3 的安装孔 10。锁体 3 包括锁芯 30，锁芯 30 包括设置在锁体 3 内部的固定段 300 和设置在锁体 3 外部的延长段 301，还包括与延长段 301 配合的锁芯固定件 5。锁片 4 上设置有多个与锁芯 30 配合锁紧的档位槽 40，通过设置延长锁芯 30 并设置与锁芯 30 延长段 301 配合的锁芯固定件 5，保障壳体较厚时也能进行锁定，并保证了锁芯 30 的强度，大大提高了整体抗破坏能力。通过锁片 4 上设置多个档位槽 40，便于调节，以适应不同在押人员脚踝尺寸。该设备整体结构简单，成本低。

锁芯固定件 5 包括第一固定环 50，第一固定环 50 内壁设置有凸起 500，外壁设置有限位条 501。延长段 301 上设置有与凸起 500 配合的转动槽（图 3-25 中未显

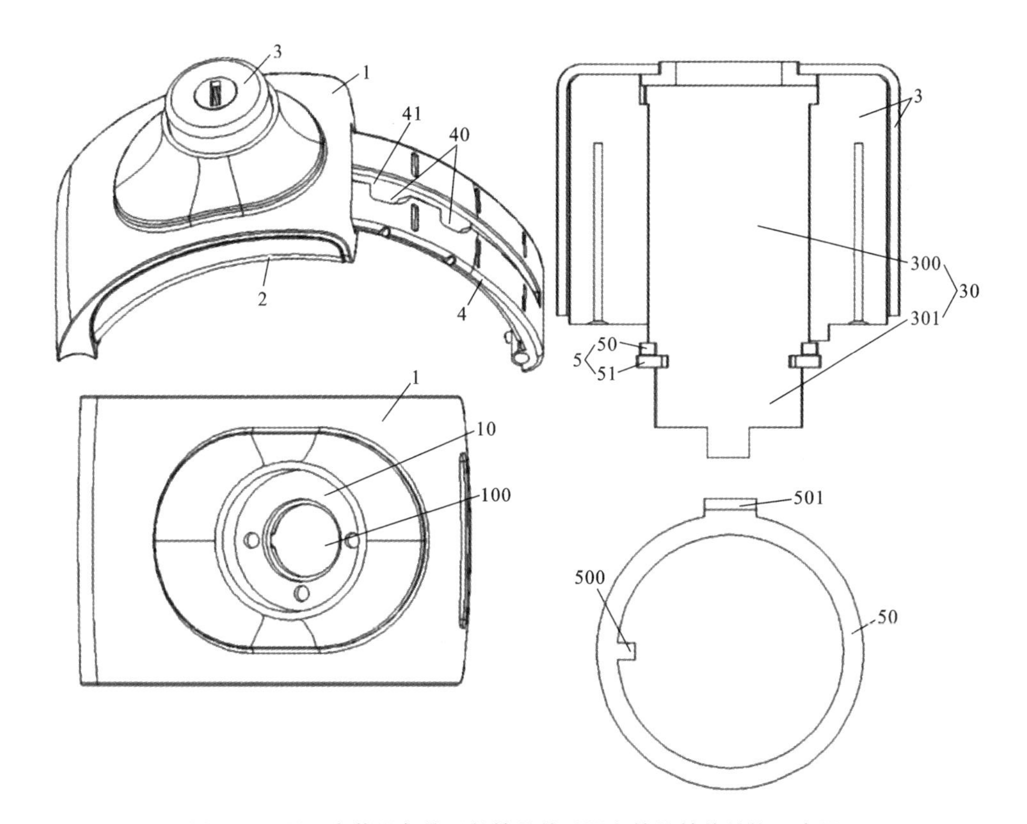

图 3-25　用于穿戴设备的延长锁芯件以及多档位锁片结构示意图

示）。通过限位条 501 对锁芯 30 进行固定，提高防纵向破坏强度；通过凸起 500 和转动槽，防止锁芯 30 被暴力转动破坏。

锁芯固定件 5 还包括第二固定环 51。安装孔 10 底部设置有凹腔 100，凹腔 100 底部设置有与锁芯 30 下端配合的通孔。第二固定环 51 外径大于通孔内径，锁芯 30 穿过通孔与锁片 4 进行固定，对锁芯 30 保护强度较高。设置第二固定环 51 可以提高锁芯 30 抗纵向暴力破坏强度。

锁片 4 沿长度方向设置有凹槽 41，凹槽 41 与多个档位槽 40 均连通，减少锁芯 30 锁定时需要运动行程，便于在锁芯 30 厚度和壳体厚度均较厚时也能锁定，从而提高整体强度。

现有手铐主要分为管式手铐和板式手铐。现有的板式手铐的扇梁和锁齿之间都是采用单排齿啮合的结构，这种结构很容易拨开，其安全性能不高。

如图 3-26 所示的三齿结构金属手铐对扣接结构做了改进，其包括铐体、锁芯组件、扇梁 3 和钥匙 4。所述铐体由两个铐体片 11 组成。具体来说，铐体片 11 的一端多个固定铆钉 14 铆接在一起，另一端通过铆钉 13 与扇梁 3 的一端铰接在一起。扇梁 3 位于两个铐体片 11 之间，以铆钉 13 为轴心进行旋转。铐体片 11 中设有钥匙孔 111，用于与钥匙 4 配合。扇梁 3 的另一端上设有三排齿 31。所述锁芯组件安装在所述铐体 1 中（即两个铐体片 11 之间）。具体来说，所述锁芯组件包括三个锁齿 21、三个锁齿安装架 22 和一个片簧 23。锁齿 21 通过片簧 23 可活动地嵌入安装在锁齿安装架 22 中，其上设有用于与扇梁 3 的三排齿 31 啮合的若干齿 211，以实现手铐锁合。锁齿 21 可以通过钥匙 4 插入钥匙孔 111 拨动，从而实现手铐打开。具体来说，钥匙 4 具有三个齿，分别用于拨动三个锁齿 21。片簧 23 用于使三个锁齿 21 复位。具体来说，锁齿 21 一端为圆形，使得其可绕该圆形端部旋转，另一端具有凸起 212，用于与钥匙 4 配合，使得其可被钥匙 4 拨动，以使锁齿 21 离开扇梁 3 上的齿 31，从而将手铐打开。

三排齿 31 之间隔开预定距离，三个锁齿安装架 22 之间由两个隔片 24 隔离开，所述隔片 24 的形状与锁齿安装架 22 的形状一致，其厚度小于或等于所述预定距离。这种结构可以简化锁齿安装架 22 的结构，节省安装成本。

此外，锁芯组件 2 还包括三个限位块 25，所述限位块 25 由片簧 23 活动安装在锁齿安装架 22 中，与锁齿 21 配合，用于防止锁齿 21 被钥匙拨动，即防止手铐被打开。具体来说，锁齿 21 上具有凸块 213，限位块 25 具有靠近钥匙孔的一端具有凹字形结构，当凸块 213 位于凹字形结构的凹部 251 时（处于非反锁位），锁齿 21 可被拨动，即手铐可被打开，而当凸块 213 与凹字形结构的凸部 252 对准时（处于反锁位），锁齿 21 无法被拨动离开扇梁 3，即手铐被反锁。片簧 23 一边抵靠锁齿 21，另一边抵靠限位块 25。片簧 23 的倒 V 形端部 232 与限位块 25 的凸起 253 配合，以限制限位块 25 的移动。所述铐体的铐体片 11 上还设有限位块 25 的反锁孔 112。具体来说，

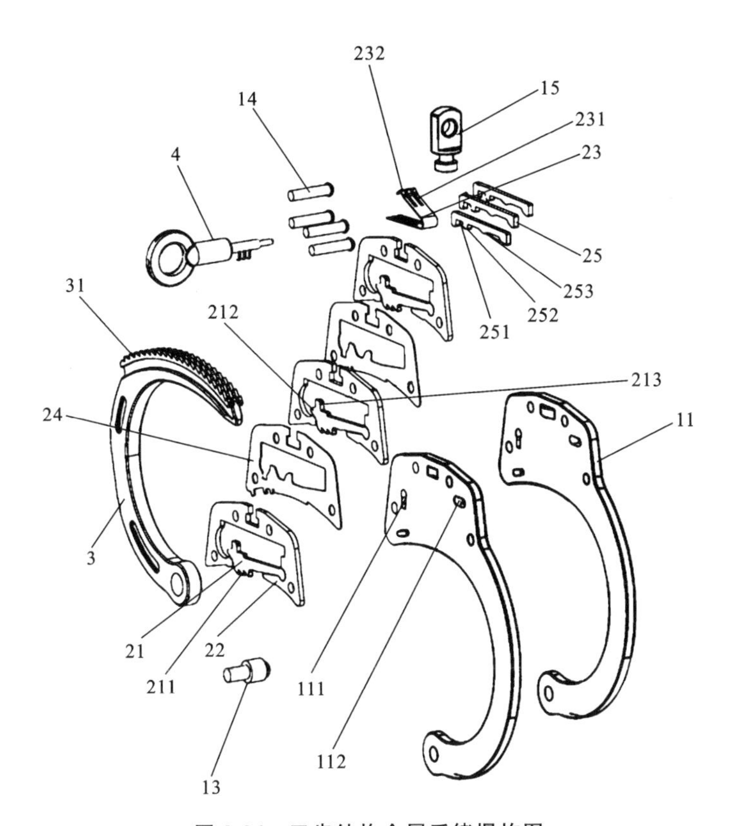

图 3-26　三齿结构金属手铐爆炸图

当手铐铐上后，通过钥匙 4 的直杆部分插入反锁孔 112 将限位块 25 从非反锁位拨到反锁位，实现反锁；而当要打开手铐时，钥匙 4 的三个齿插入钥匙孔 111，先逆时针旋转将限位块 25 从反锁位拨到非反锁位，再顺时针旋转将手铐打开。

第4章 车 辆 锁

随着科技的发展,人民生活水平日益提高,汽车逐渐进入普通家庭,已成为人类重要的交通工具之一。锁是汽车的重要附件,其可靠性和操作性能直接关系到汽车的使用性能和安全性能。车辆防盗是基本需求,安全性能是车辆锁的核心,尤其在发生交通事故时,要保障车内外人员的安全。车辆锁还关系到用户的乘车体验。本章将会介绍这些以特殊功能或用途为特征的车辆锁。

车辆锁的核心就是动力。本章将重点研究车辆锁的制动器类型、制动器的功能或用途、制动器的动力传递结构。在车辆锁断电的特殊情况下,提出了通过手动操作,采用机械驱动的方式解锁的车辆锁。

除了汽车外,还有铁路货运车、货物集装箱、卡车、面包车等其他类型的车辆,这些特殊类型的车辆同样具有锁具。汽车上除了车门还包括遮蔽发动机的引擎盖、后备箱、手套箱、手扶箱、燃油盖等,这些部件上同样具有相应的锁具。本章将介绍专门适用于特殊类型的翼扇或车辆的锁具结构。

4.1 以特殊功能或用途为特征的车辆锁

车辆锁是车辆的重要附件之一,其性能和质量直接关系到汽车行驶的安全性、车主的财产安全,以及乘车体验。本章节将从车辆锁的各种特殊功能或用途作为出发点,介绍这类型的车辆锁结构。

4.1.1 用于事故情况的车辆锁

用于事故情况的车辆锁包括意外事故时被涉及来执行或阻止特定功能的锁。在车辆碰撞瞬间,为了防止乘客被甩出车外,因此需要阻止车门锁打开。此外,当行人和车辆碰撞时,为了防止行人二次伤害,需要提供一种行人保护装置。在车辆碰撞之后车身变形导致车辆锁变形的情况下,为了避免车辆燃烧或爆炸对乘客造成损伤,因此需要将乘客转移出去,此时需要提供在车身变形的情况下允许开启的车辆锁以及在发生碰撞时自动解锁的车辆锁。

1. 防止发生碰撞的瞬间解锁的车辆锁

在车辆碰撞瞬间,需要防止解锁,以防止车中乘客被甩出,造成人员伤亡,其中比较常见的是在车门把手组件中设置惯性锁定系统,从而避免把手在撞车的情况下打开,进而造成意外开锁。惯性锁定系统包括可逆惯性锁定系统和不可逆惯性锁定系统。它包括承载惯性质量的摇臂，在把手受到高于阈值的加速度时，可逆惯性锁定系统与把手的可移动元件接合以防止把手打开，而在加速度减小时，可逆惯性锁定系统返回到闲置形态。不可逆惯性锁定系统在较高的加速度值下与把手机构接合，并且不会自发地返回其闲置位置，这能防止车门因震动和车辆反弹而打开。此外，还可以将惯性锁定系统与锁止部件关联，防止锁止部件移动打开车门。

车门把手组件中具有可逆惯性锁定系统的示例如下。如图 4-1 所示，把手包括具有纵向形状的把手抓持部件 1，把手抓持部件 1 可动地安装且配置为被致动，如被从车辆向外拉动，以解锁车门并打开。把手抓持部件 1 包括抓持部 12 和从抓持部 1 突出的柱体 11。柱体 11 配置为与置于车门中的启动元件 2 配合。启动元件 2 配置为通过柱体 11 被把手抓持部件 1 从初始位置驱动到最终位置，与柱体 11 配合的部位为第二径向臂，第二径向臂与柱体 11 的路径相交，第二径向臂在把手抓持部件旋转期间被柱体 11 推动，从而在把手抓持部件到达打开位置时，使得启动元件 2 到达活动位置；在最终位置中，启动元件 2 配置为致动闩锁，以便解锁车门。把手组件还包括阻挡元件，配置为由于碰撞而围绕阻挡轴线 30 从脱开位置旋转到阻挡位置，在脱开位置中阻挡元件 3 允许启动元件 2 到达其最终位置，在阻挡位置中阻挡元件 3 用于将启动元件 2 阻挡在位于初始位置和最终位置之间的被阻挡位置。阻挡元件 3 包括惯性质量件 31，所述惯性质量件配置为在阻挡元件 3 由于碰撞而经历惯性力时使阻挡元件 3 运动到阻挡位置，在惯性力减少时，阻挡元件 3 可以随后返回到解除阻挡位置；在碰撞期间暂时地阻挡启动元件 2，且在碰撞之后重新使用安全装置。

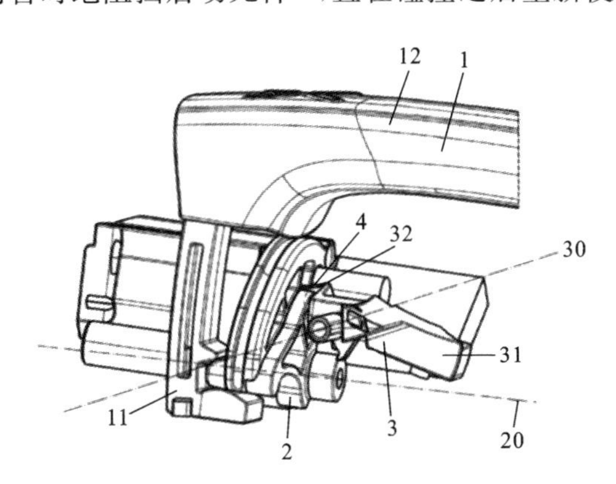

图 4 1　可逆惯性锁定系统结构示意图

车门把手组件中具有不可逆惯性锁定系统的示例如下。如图 4-2 所示，车门把手组件包括不可逆惯性系统 31，其用于阻止把手杆 3 因撞车，尤其是横向碰撞引起的加速度而运动。不可逆惯性安全系统 31 包括围绕轴线 C 的惯性旋转元件，其形式可为带有肩部的圆柱体。在未受到加速度时，该圆柱体处于第一闲置位置，在该位置，圆柱体被预约束金属刀片 49 约束。在受到加速度时，当达到足够的力，所述圆柱体通过使金属刀片 49 变形而到达活动位置。金属刀片 49 包括开口，而所述圆柱体包括凸耳。在所述圆柱体到达活动位置时，该凸耳接合在所述开口中，一旦所述圆柱体到达其工作位置，若不对部件进行手动干预，则该圆柱体不会返回到闲置位置。

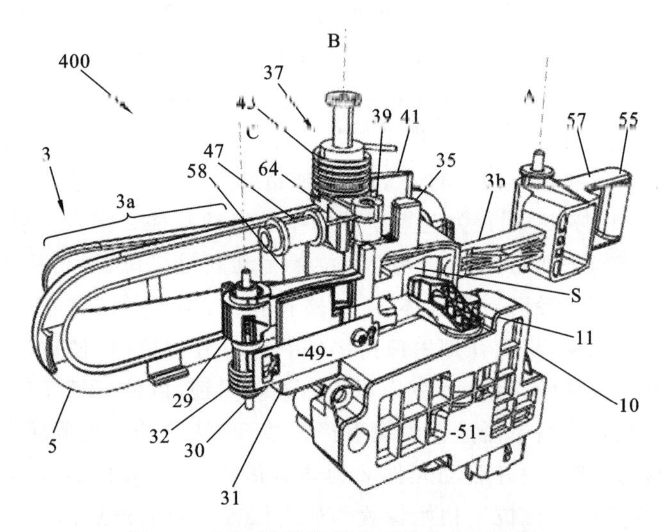

图 4-2　不可逆惯性锁定系统结构示意图

惯性锁定系统与锁止部件关联的示例如下。如图 4-3 所示，汽车碰撞时门锁的应急锁止装置包括门锁背板 1、惯性摆杆 2、外开摇臂 3、铰接销 4、扭簧 5。门锁背板 1 一侧设有侧碰锁止槽 11，所述侧碰锁止槽 11 为 U 形槽，该 U 形槽的两边分别为解锁导向槽 111 和锁止导向槽 112。惯性摆杆 2 的一端通过铰接销 4 与外开摇臂 3 中部铰接，另一端通过与惯性摆杆 2 垂直固定连接的摆杆销 21 与门锁背板的侧碰锁止

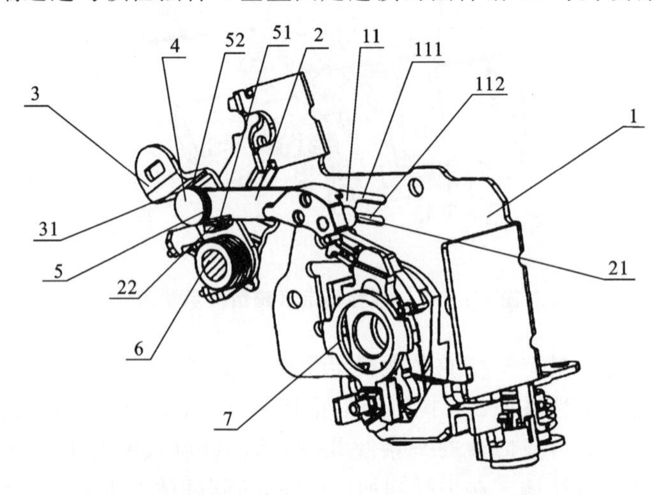

图 4-3　惯性锁定系统与锁止部件关联结构示意图

槽 11 活动连接。铰接销 4 为阶梯轴结构，扭簧 5 套装在铰接销 4 一端的盖帽和惯性摆杆 2 上侧面之间，扭簧 5 的一根杆脚 51 抵靠在惯性摆杆 2 的侧挡块 22 上，另一根杆脚 52 抵靠在外开摇臂 3 的挡块 22 上，外开摇臂 3 为 Z 形，其上端连接锁止头，下端通过转动销 6 与门锁壳体铰接。在汽车正常行驶时，惯性摆杆 2 一端的摆杆销 21 位于侧碰锁止槽 11 的解锁导向槽 111 中，汽车门锁处于解锁状态。在车门遭到侧碰时，侧碰时的惯性力使惯性摆杆 2 克服扭簧 5 的弹力绕铰接销 4 逆时针转动，摆杆销 21 从解锁导向槽 111 进入锁止导向槽 112。此时，惯性摆杆 2 推动锁止头 7 给车门上保险，避免车门自动打开，从而保证车内乘员的乘车安全。

2. 用于事故情况保护行人的装置

当发生交通事故时，除了要保障车内乘客的安全外，还需要保护车外的行人安全。因此，我们提出了一种用于事故情况保护行人的行人保护装置，具体如图 4-4 所示，其包括：引擎罩、车身、加速度检测装置和引擎罩抬升装置。加速度检测装置用于检测车辆行驶过程中加速度的大小。车辆引擎罩的锁扣装置包括第一底板 1、一级锁扣、二级锁扣、弹性复位件 6 和驱动件 7。一级锁扣包括锁舌 21 和一级锁止件 22。一级锁止件 22 在与锁舌 21 锁止的锁止位置和与锁舌 21 解锁的解锁位置之间可转动地与第一底板 1 相连。在一级锁止件 22 转动至锁止位置时，通过一级锁止件 22 与锁舌 21 的配合可以将锁舌 21 锁止，从而可以将引擎罩锁止在车身上；在一级锁止件 22 转动至解锁位置时，一级锁止件 22 与锁舌 21 脱离配合，从而可以使锁舌 21 解

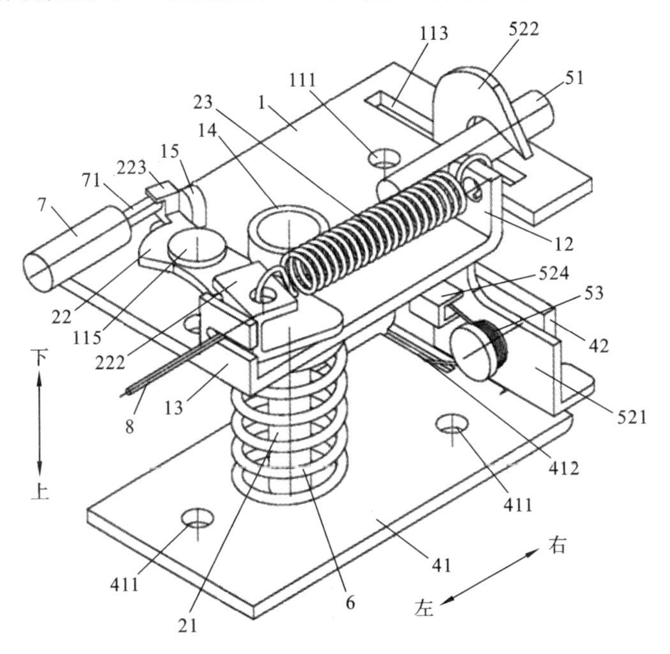

图 4-4　行人保护装置结构示意图

锁，让引擎罩相对于车身转动。弹性复位件 6 弹性连接在第一底板 1 与引擎罩之间，且弹性复位件 6 适于在引擎罩向下移动时被压缩。因此，在引擎罩向下移动的过程中，一级锁止件 22 位于锁止位置将锁舌 21 锁定时，弹性复位件 6 被压缩，此时弹性复位件 6 储存有弹性势能，引擎罩向下移动的过程中，可以缓冲弹性复位件 6 的下端与第一底板 1 之间的冲击。在车辆的加速度大于预定值时，如在行人与车辆发生碰撞时，驱动件 7 驱动一级锁止件 22 从锁止位置移动至解锁位置，且一级锁止件 22 从锁止位置移动至解锁位置期间，弹性复位件 6 释放储存的弹性势能，并驱动引擎罩向上移动，同时锁舌 21 与一级锁止件 22 脱离配合，锁舌 21 随引擎罩一起向上移动，有利于引擎罩的抬升，增加了引擎罩和下端发动机舱内的空间，增大了缓冲区域，防止人体，尤其是头部与车体及车上的硬点再次碰撞，减轻对行人的二次伤害。并且，在引擎罩抬升的过程中，可以快速实现锁扣装置的一级自动解锁，避免引擎罩的前端运动干涉，增加引擎罩前端可上升的高度，有利于引擎罩的抬升，提高其缓冲能力，从而有效地保护行人的安全。

3. 用于事故中车身变形的情况下允许开启的车辆锁

在交通事故中车身变形的情况下，相应的门锁可能会由于车身变形而出现机械故障，为了保证乘客能够顺利逃出事故车辆，避免乘客进一步受到损伤，提供了在该情况下允许车辆门开启的车辆锁，如图 4-5 所示。外部载荷通过侧面撞击等作用在门 2 上，并且外门板 2A 朝车辆里面变形，在这种门变形的情况下，外门板 2A 邻接在由多个螺栓 3A-3C 紧紧地或牢固地固定至门 2 的底板 4 的外边缘上，可以防止进一步变形。因此，外部载荷由基座部件 4 承受。外部载荷不直接作用至定位在区域 A 的啮合区 B 内的外部杠杆 10 以及鲍顿拉索 14 的管件 141 固定在其中的拉索固定部分 421a 上，因此，可以防止外门板 2A 与外部杠杆 10 冲突，并防止外部杠杆 10 的变形和机械失效，而且，可以防止拉索固定部分 421a 和鲍顿拉索 14 变形。此时，包括连接部分 101 在内的外部杠杆 10 的所有部分能够在区域 A 的啮合区 B 内运动且不偏离啮合区 B。因此，通过操作外部手柄能够枢转外部杠杆 10 以避免与外门板 2A 干涉，并且能够释放啮合机构和撞销之间的啮合。

4. 在发生碰撞的瞬间自动解锁的车辆锁

随着汽车产业的发展和技术进步，汽车门锁的安全性要求也相应提高，国家强检标准 GB11551 指出：当乘用车发生正面碰撞后，要保证在不使用工具的前提下，对应于每排有门的座位都至少有一个门能打开，以便使乘客能从车内顺利逃离。因此，有必要提出一种在发生碰撞的瞬间自动解锁的车辆锁，如一种防车门正面碰撞锁死的车门锁系统。如图 4-6 所示，该系统包括固接在车门上的锁体，锁体的锁止板 1 中上部与锁体框架铰接，锁止板 1 端部与横向保险拉杆 2 后端铰接，横向保险拉杆 2 前端与旋转卡子铰接，旋转卡子与车门铰接，竖向保险拉杆与旋转卡子铰接，竖向保险拉杆与横向保险拉杆 2 通过旋转卡子构成沿两杆轴向的传动配合，所述的横向保险拉

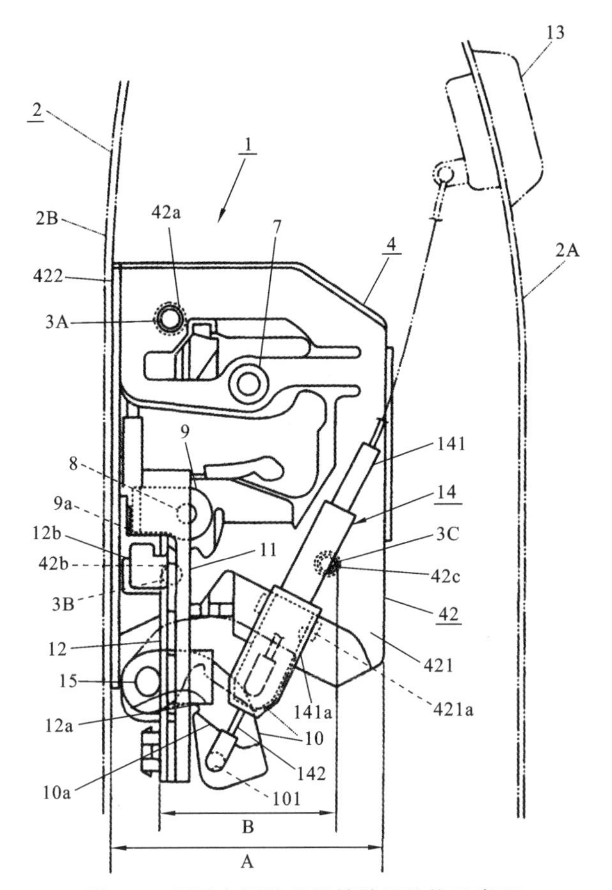

图 4-5　用于车辆的门闭锁装置结构示意图

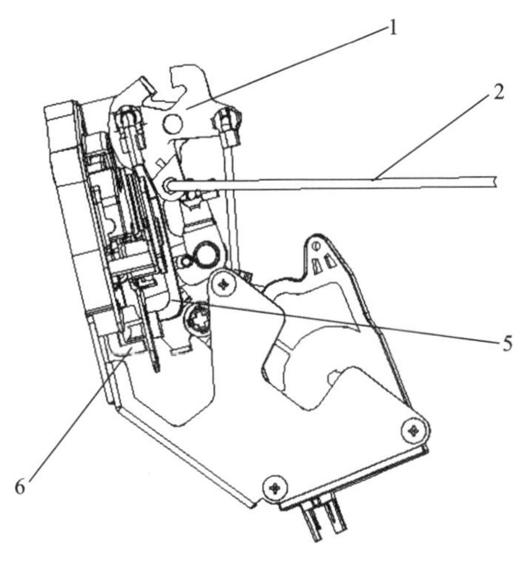

图 4-6　防车门正面碰撞锁死的车门锁系统示意图

杆 2 后端与锁止板 1 的下端铰接。竖向保险拉杆上拉时，横向保险拉杆 2 前拉，从而带动止锁板 1 逆时针绕其中上部的铰接轴转动，止锁板 1 带动锁止推杆 5 动作使锁体处于解锁状态，这与现有的车门锁的解锁过程类似。车辆发生正面撞击时，横向保险拉杆 2 必然前拉止锁板 1 下端，止锁板 1 必然逆时针绕铰接轴转动，此时止锁板 1 带动锁止推杆 5 动作，锁体处于解锁状态，能够保证乘员顺利逃生，使车门锁系统的安全性大大提高。

4.1.2 防止内门把手使用的童锁

汽车儿童锁又称车门锁儿童保险，设置在汽车的后门锁上，打开后车门在门锁的下方有一小拔杆(保险机构)，拨向有儿童图标的那端，再关上车门，此时车门在车内就无法打开，而只能在车外打开，其作用是当后排坐上儿童后，可防止好动的儿童在行车过程中把门打开，从而避免危险，只能等停车后由大人在车外开门。

门锁离合式儿童保险结构，如图 4-7 所示，其包括安装板；儿童锁臂 2，所述儿童锁臂 2 的一端转动连接于所述安装板上，所述儿童锁臂 2 上侧的一端固定连接有带动环 6；内开启臂 3，所述内开启臂 3 通过装配孔套设于门锁主轴 7 上；传动臂，所述传动臂固定于门锁主轴 7 上且位于内开启臂 3 的一侧，所述传动臂包括传动臂主体 41，所述传动臂主体 41 上开设有条形滑槽 42；传动轴 5，所述传动轴 5 滑动连接于所述安装板 1，所述传动轴 5 的一端依次贯穿条形滑槽 42 和带动环 6；安装板上对应设置有滑轨，传动轴 5 与滑轨滑动连接，且滑轨为与传动轴 5 移动轨迹适配的弧形滑轨。当儿童锁功能打开时，即旋转至锁止方向，儿童锁臂 2 旋转带动传动轴 5 沿条形滑槽 42 内部向下滑动与内开启臂 3 的端部错开，切断内开启臂与传动臂之间的传动关系，这时内开启臂 3 仍然可以进行转动但无法推动传动轴 5，即传动轴 5 无法带动传动臂 4 转动，传动臂 4 无法带动门锁主轴 7 转动，从而无法开启门锁，即使对内把

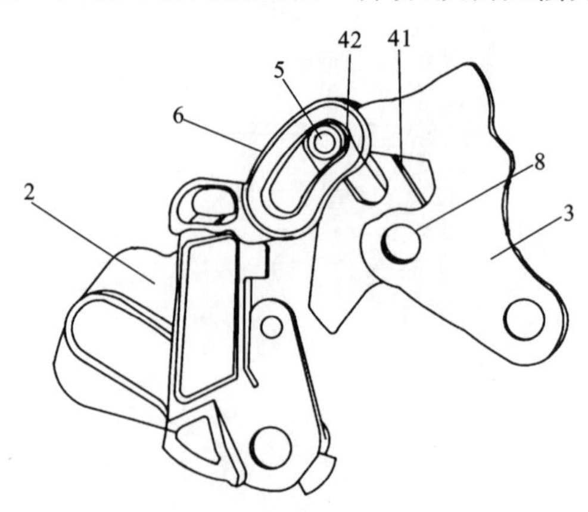

图 4-7 门锁离合式儿童保险结构示意图

手进行强拉也不会对门锁的功能造成损坏。

4.1.3 天气或尘土防护,例如防止水进入的车辆锁

汽车在洗车或雨雪天气时,水会从玻璃与外挡水泥槽之间流进车门内板和外板之间,进入车门内外钣金内的水会沿着固定导轨往下流,其下流的方向正对着门锁内部的保险杆、内开杆和内开拉线,由于保险拉线护管与芯线之间有间隙,水可沿着间隙处进入保险拉线内部并在其中积聚,或在护管与芯线交界处积聚。遇到低温天气时,保险拉线内的水会结冰。当上/解锁输出的力不足以破除冰块时,无法拉动或推动芯线在护管中运动,从而造成门锁的内开和保险功能失效。因此,需要一种天气或尘土防护,如防止水进入的车辆锁。

天气或尘土防护,如防止水进入的车辆锁能够抵抗天气影响,其包括车辆锁具有分隔区间,一部分锁零件位于干燥的隔间,另一部分锁零件位于潮湿的隔间。车辆锁的天气防护还涉及防止锁在寒冷的条件下被冻结。

汽车侧门锁防水结构,如图 4-8 所示,其包括侧门锁体总成 10。侧门锁体总成 10 上设有防水罩 20,侧门锁体总成 10 上的保险杆 12、内开杆 13 和内开拉线 14 位于侧门锁壳体 11 与防水罩 20 围合成的腔室内,当进入车门内外钣金之间的水沿着固定导轨向下流时,罩设在保险杆 12、内开杆 13 和内开拉线 14 上的防水罩 20 可以遮挡从固定导轨流下来的水,水从防水罩 20 的外表面留下,这样避免水流从侧门锁总成 10 内部流过,淋到保险杆 12、内开杆 13 和内开拉线 14,从而解决了因保险杆 12、内开杆 13、拉线护管与芯线处的内部积水结冰,造成保险功能和内开功能失效的

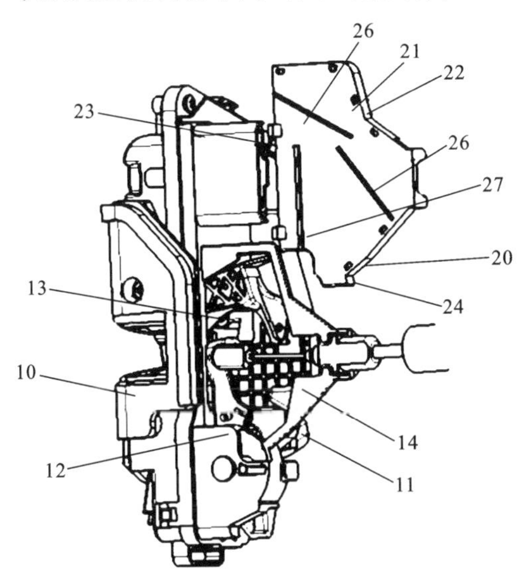

图 4-8 汽车侧门锁防水结构示意图

问题。

4.1.4 防治噪声的车辆锁

汽车车门是汽车的重要部件之一,它为驾驶员和乘客提供出入车辆的通道,并能隔绝车外干扰,在一定程度上减轻侧面撞击,起到保护驾乘人员安全的作用。目前,汽车车门上使用的车门锁装置大多采用卡板式门锁装置,其主要装置包括车门锁体和锁体壳体,车门锁体位于锁体壳体内,车门锁体包括卡板和制动爪,车门锁体通过卡板与制动爪的啮合来实现车门锁体的闭锁功能。在车门锁体的解锁和闭锁过程中,卡板和制动爪的转动速度没有约束,卡爪落锁行程较大,释放速度较快。除此之外,卡板和制动爪一般由金属材料制成,故而导致在车门门锁的开启和关闭过程中,卡板与制动爪会发生碰撞产生很大噪音,降低了乘车的舒适性,因此产生了一种防止噪声的车辆锁。

1. 利用缓冲元件、弹性导向元件或保持元件进行防噪的车辆锁

车辆锁在锁栓和撞针啮合的区域或者其他传动部件设置缓冲元件、弹性导向元件以在翼扇关闭期间用于缓冲或抑制锁栓对撞针的冲击。车辆锁还包括保持元件,其能够使撞针等部件稳固地保持在一个锁止位置,这样可防止因晃动产生的噪声。

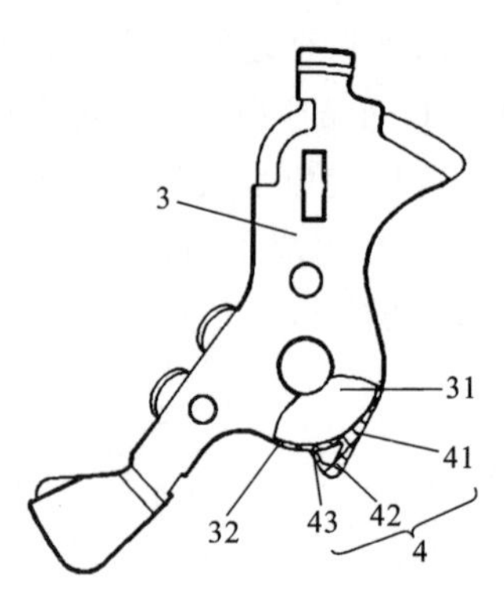

图 4-9 带缓冲装置的汽车门锁结构示意图

一种带缓冲装置的汽车门锁,如图 4-9 所示,包括卡爪 3。卡爪 3 设有缓冲装置 4,缓冲装置 4 包括顺次相连的第一连接部 41、缓冲部 42 和第二连接部 43,所述第一连接部 41 和所述第二连接部 43 均与所述卡爪 3 相连接,所述缓冲部 42 与所述外壳相抵接。卡爪 3 包括卡爪芯 31 和缓冲层 32,所述缓冲层 32 包裹在所述卡爪芯 31 外部,在卡爪 3 落锁过程中,所述缓冲装置 4 的缓冲部 42 抵接在所述外壳 1 上。并且,随着卡爪 3 落锁行程的增加,所述缓冲部 42 进一步被紧压,其形变量增加,使得卡爪 3 落锁速度和撞击力降低,从而减少或消除车门关闭时产生的金属撞击音,减少汽车门锁内部部件和门锁外壳 1 之间的机械损伤,延长汽车门锁的使用寿命。

2. 具有覆盖消音层的锁定元件的车辆锁

车辆锁中的零部件如锁栓、撞针、止动件等被一个防噪音外壳/层覆盖。

具有隔音效果的汽车门锁,包括止动爪、卡板、内开臂、推板、第一旋转臂及第二旋转臂。第二旋转臂的一端和推板连接,第二旋转臂的另一端和第一旋转臂连接,第一旋转臂和内开臂连接,内开臂和止动爪连接,止动爪和卡板配合实现门锁的锁紧和解锁。卡板和止动爪相接触的部位表面包塑有隔音层,避免止动爪与卡板的金属碰撞带来的杂音，影响开门和关门声音品质。将锁体上的推板、旋转臂和内开臂相接触的部位进行包塑处理，避免机构在相互运动过程中金属碰撞产生杂音，从而提高开门和关门声音品质。

4.1.5 同时锁定几个翼扇的车辆锁

汽车包括前门、后门等多个门，每个门上均有锁。因此，为了方便多个锁的解锁/锁定，目前出现一种同时锁定几个翼扇的车辆锁，其包括中心锁定装置，通过中心锁定装置来同时锁定/解锁几个翼扇。

例如，一种当所有乘客离开车辆时自动锁定的车辆锁，在车辆的门处于关闭状态的情况下，与便携设备进行无线通信，并根据无线通信的结果将所述门上锁，在所述车载上锁装置中，具备：距离确定部，通过与所述便携设备的无线通信，确定所述便携设备相对于所述车辆的距离；判定部，判定由该距离确定部确定的距离是否为预定距离以上；车内外判定部，在由该判定部判定为小于所述预定距离的情况下，通过与所述便携设备的无线通信，判定该便携设备是否处于车内，所述距离确定部在由所述车内外判定部判定为所述便携设备未处于车内的情况下，再次确定所述便携设备相对于所述车辆的距离。所述车载上锁装置还具备上锁部，该上锁部在由所述车内外判定部判定为所述便携设备未处于车内之后，在由所述距离确定部确定的距离比所述预定距离长的情况下或者在由所述距离确定部进行的距离的确定失败的情况下，将所述门上锁。

4.2 动力驱动的车辆锁

4.2.1 以使用的制动器类型为特征的车辆锁

车辆锁的制动器包括各种类型，常见的有电动方式、液压致动或气动方式，其中电动制动器中最常见的类型包括驱动器为旋转电机，以及驱动器为电磁铁或螺线管。

1. 旋转电机作为制动器

电动解锁机构，如图4-10所示，其包括：电动驱动件、主解锁摇臂3、锁止臂4以及锁舌5，壳体具有滑槽，电动驱动件与壳体固定连接，电动驱动件具有可收放的拉线21。其中，电动驱动件包括旋转电机22、卷绕件23。旋转电机22包括电机本体和旋转轴，电机本体与壳体固定。卷绕件23与旋转轴固定连接，拉线21的另一端与卷绕件23固定连接。旋转电机22可旋转并将拉线21缠绕在卷绕件23或旋转轴上以收紧拉线21。此外，主解锁摇臂3与壳体1枢转连接，主解锁摇臂3与拉线21的一端连接，锁止臂4与壳体1枢转连接，锁止臂4具有第一锁止部和滑动部42，滑动部42可滑动地设于滑槽内，主解锁摇臂3被构造成可推动滑动部42在滑槽内滑动。

锁舌 5 与壳体枢转连接，锁舌 5 具有可与第一锁止部锁止配合的第二锁止部，电动驱动件可收紧拉线 21，以拉动主解锁摇臂 3 沿第一方向转动并推动滑动部 42 在滑槽内沿第二方向滑动，使第一锁止部与第二锁止部脱离配合，进而使锁舌 5 与设于车身上的锁环脱离，从而对车门锁解锁。电动驱动件得电转动并放出拉线 21，以使枢转座 6 带动主解锁摇臂 3 朝向第二方向运动，主解锁摇臂 3 回复至初始位置，锁舌 5 在锁舌复位件的作用下回复至初始位置，锁止臂 4 在锁止臂复位件 92 的作用下回复至初始位置，以使第一锁止部与第二锁止部锁止配合，进而实现车门锁的锁止。

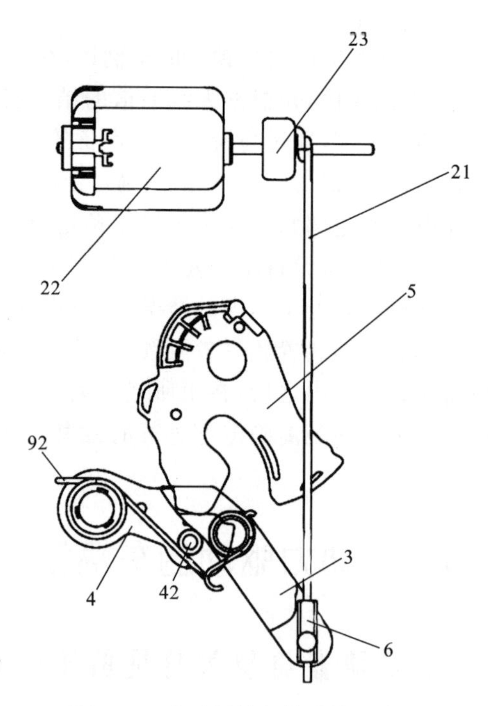

图 4-10　电动解锁机构结构示意图

2. 电磁铁或螺线管作为制动器

一种电磁铁或螺线管作为制动器驱动的车辆锁，如图 4-11 所示，其包括固定于门体上的安装底板 1。所述安装底板 1 上固定安装有电磁解锁组件、压力复位锁紧组件和旋转锁钩组件。所述旋转锁钩组件包括挂钩 2、旋转轴 5 及轴承座 6，所述挂钩 2 与所述旋转轴 5 的一端固定连接，所述旋转轴 5 的另一端套设有轴承，所述轴承装入所述轴承座 6 内，所述轴承座 6 与所述安装底板 1 固定连接，所述旋转轴 5 的侧壁上垂直连接有支杆 13。所述电磁解锁组件包括电磁铁 3 和固定座一 7，所述电磁铁 3 通过固定座一 7 与所述安装底板 1 固定连接，所述电磁铁 3 包括电磁驱动的伸缩连杆 12，所述伸缩连杆 12 的自由端与所述支杆 13 远离所述旋转轴 5 的一端铰接。所述压力复位锁紧组件包括阻尼器 4 和固定座二 8，所述阻尼器 4 通过固定座二8与所述安装底板1固定连接,所述阻尼器4包括伸缩支撑杆14,所述伸缩支撑杆14的自由端与所述支杆13的中部或下部铰接。所述电磁铁3在通电时,所述伸缩连杆12拉动所述支杆13并带动所述旋转轴5旋转,所述挂钩2随之旋转抬起实现解锁;所述电磁铁3在断电后,所述伸缩支撑杆14可推动所述旋转轴5回转以使所述挂钩2复位锁紧。

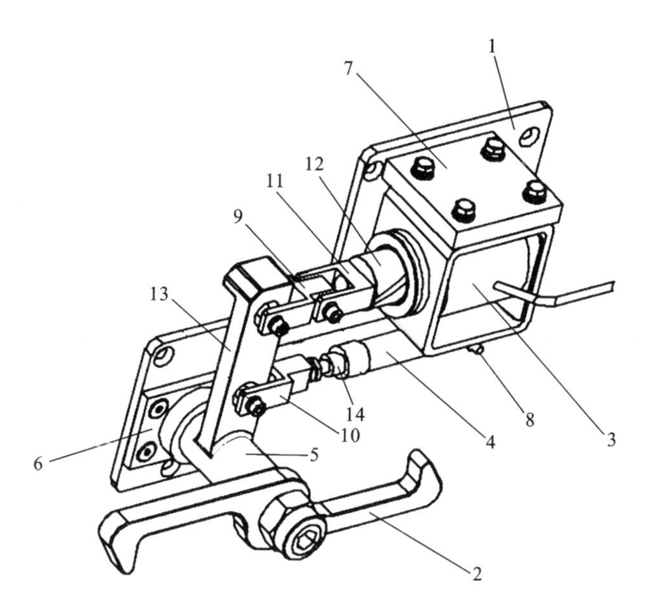

图4-11 电磁铁或螺线管作为制动器驱动的车辆锁结构示意图

3. 液压装置作为制动器

液压装置作为制动器驱动的车辆锁闭机构,如图4-12所示,其包括:电动液压缸3,其与车底架连接;锁止钩4,其与所述电动液压缸3的活塞杆连接;锁止环5,其相对于所述锁止钩4固设于车厢后门的底部。电动液压缸3驱动锁止钩4向左和向右进行直线运动,锁止钩4位于锁止环5的下方且锁止钩4的钩头朝上位于锁止环5的右侧。当需要关闭车门并实现锁闭时,将车厢后门复位到关闭状态,启动电动液压缸3驱动锁止钩4向左运动并钩挂于锁止环5上,实现锁闭机构的闭合,锁死车门防止后门被打开;当需要打开锁闭并实现车门打开时,启动电动液压缸3驱动锁止钩4向右运动与锁止环5分离,实现锁闭机构的打开,再打开车厢后门。

4. 气动装置作为制动器

一种气动装置作为制动器的车辆锁定装置,如图4-13所示,其包括安装座、动力件、锁定组件、转动组件。动力件为动力源气缸,动力源气缸包括缸体21,缸体21内设置有活塞22和活塞杆23,且活塞杆23与活塞22相连接。动力源气缸能够提供压缩空气,当压缩空气进入缸体21时,能够推动活塞22带动活塞杆23动作,进而带

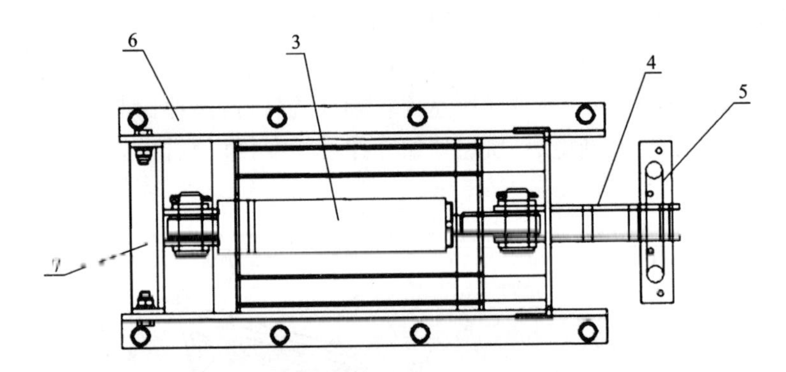

图 4-12　液压装置作为制动器驱动的车辆锁闭机构示意图

动锁定组件沿安装通孔进行直线运动，同时带动锁定组件进行运动。锁定组件包括第一锁定件 31 和第二锁定件 32，第一锁定件 31 为轴结构，其穿过安装通孔与动力源气缸相接，且在动力源气缸的作用下能够沿着安装通孔进行直线运动；第二锁定件 32 为杆状结构，且第二锁定件 32 设置于安装座的外部。由于第二锁定件 32 的一端与第一锁定件 31 相接，因此当第一锁定件 31 在动力源气缸的作用下进行运动时，能够带动第二锁定件 32 运动，即第二锁定件 32 作为插销，能够插入到转臂位置预留的锁槽中，从而当前端开闭机构运动至完全打开或关闭的状态时，第二锁定件 32 能够运动至锁定位置处，实现对前端开闭机构的锁定。

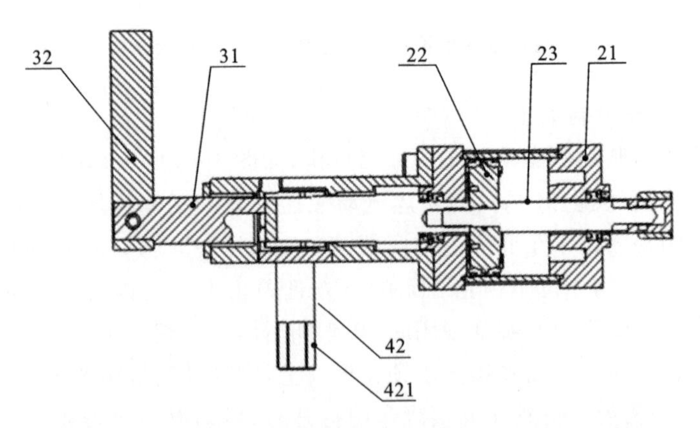

图 4-13　气动装置作为驱动器的车辆锁定装置结构示意图

5. 利用诸如弹簧的非动力装置自动返回到空挡位置的动力制动器

动力制动器的形式有多种多样，除了常见的电动方式、液压制动或气动方式，还有非动力装置的动力制动器。非动力装置的动力制动器在使用时，通常都是使用动力驱动从中立位置移动到有效位置，由有效位置返回中立位置是由非动力装置提供的。

如图 4-14 所示的是涉及一种利用诸如弹簧的非动力装置自动返回到空挡位置

的动力制动器，具体来说，交通工具门锁装置包括：闩锁，所述闩锁安装在闩锁轴5上并固定到撞针；扇形齿轮51，所述扇形齿轮安装在所述闩锁轴5上，扇形齿轮51具有弧形弹簧槽52，弹簧53保持在弹簧槽52中，将扇形齿轮51偏置到其空挡位置，并且扇形齿轮被构造成当马达被驱动时通过制动器齿轮在正向方向和反向方向上旋转；锁定杆56，所述锁定杆固定到闩锁轴5，所述锁定杆构造成在所述门的锁定位置和解锁位置之间移动，并且具有杆部，所述杆部以空动配合在所述扇形齿轮中形成的宽凹部中。当电动马达21使扇形齿轮51旋转时，弹簧53在弹簧槽51的一端与弹簧止动件中的一个之间被压缩。当停止向马达21供电时，弹簧53由于其弹性而膨胀，从而将扇形齿轮51移回到空挡位置。

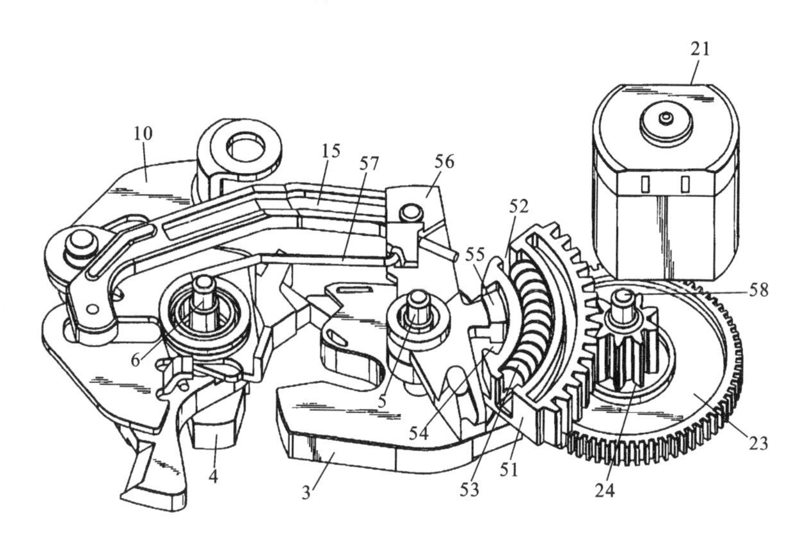

图4-14 利用诸如弹簧的非动力装置自动返回到空挡位置的动力制动器结构示意图

4.2.2 以制动器的动力传递为特征的车辆锁

制动器的传动机构有多种形式，如齿轮传动、螺杆传动、凸轮传动、以槽的形式传动、离合器传动等。

扇形齿轮、行星齿轮是常见的齿轮传动，扇形齿轮的示例如图4-15所示。制动器12具有马达22和蜗杆驱动机构42，蜗杆驱动机构接合带有浮动小齿轮34的蜗轮36，该小齿轮34接合被附接至连杆的扇形齿轮28，扇形齿轮28的臂52通过活动连杆24连接至或操作性接合至锁杆16，锁杆16的运动通过借助锁杆运动来接合或脱离锁闩的组成部件而锁上或解锁该锁闩。

传动部件为行星齿轮的示例如图4-16所示。一种电吸执行器，包括电吸组件100和解锁装置200。其中，电吸组件100采用行星齿轮传动机构，电吸组件100包括若干行星齿轮110、齿圈120、太阳轮130、行星架140、第二驱动机构和电吸拉绳

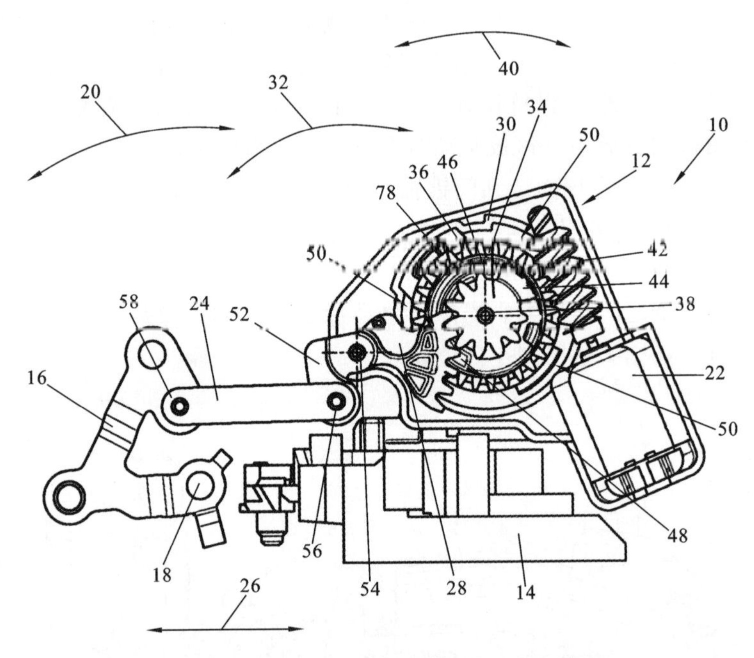

图 4-15　传动机构为扇形齿轮的结构示意图

160,各行星齿轮 110 与齿圈 120 的内齿啮合。所述齿圈上设有可与所述解锁装置的锁栓卡接的卡槽,所述锁栓在所述凸轮带动下具有第一位置和第二位置,所述锁栓在所述第一位置于所述卡槽卡接,所述锁栓在所述第二位置脱离所述卡槽以使所述齿圈脱离所述锁栓的约束。各行星齿轮 110 环绕太阳轮 130 设置,各行星齿轮 110 与太阳轮 130 啮合,各行星齿轮 110 分别与行星架 140 铰接。第二驱动机构驱动太阳轮 130 旋转,第二驱动机构包括第二电机 151,电吸拉绳 160 与行星架 140 连接,行星架 140 旋转可拉动或松开电吸拉绳 160。

传动部件为螺杆的示例如图 4-17 所示。一种尾门锁传动机构,包括底板 5。所述底板 5 上紧固连接外壳 16,外壳 16 上转动设置螺杆 14,螺杆 14 上螺纹连接传动螺母 10,螺杆 14 转动带动传动螺母 10 沿螺杆 14 轴向直线运动。底板 5 上还转动设置有相互配合作用的棘轮 1、棘爪 2,棘轮 1 上还相互联动设置自吸传动板 6,自吸传动板 6 靠近螺杆 14 一端表面固定垫圈轴 7,垫圈轴 7 上转动设置垫圈 8。所述传动螺母 10 表面固定连接作用部 10-1,传动螺母 10 在移动过程中,作用部与垫圈 8 或棘爪 2 上的棘爪凸柱相配合,外壳 16 上安装电机 13,电机 13 带动螺杆 14 转动。在具体生产过程中,电机 13 输出轴上安装主动齿轮,螺杆 14 上安装从动齿轮 9,外壳 16 还转动设置中间过渡齿轮,中间过渡齿轮的大齿轮部与主动齿轮相啮合,中间过渡齿轮的小齿轮部与从动齿轮 9 相啮合,实现电机 13 的动力传递至螺杆 14 的目的。作用部上设置自吸特征面、开锁特征面,自吸特征面与垫圈 8 相配合,开锁特征面与棘

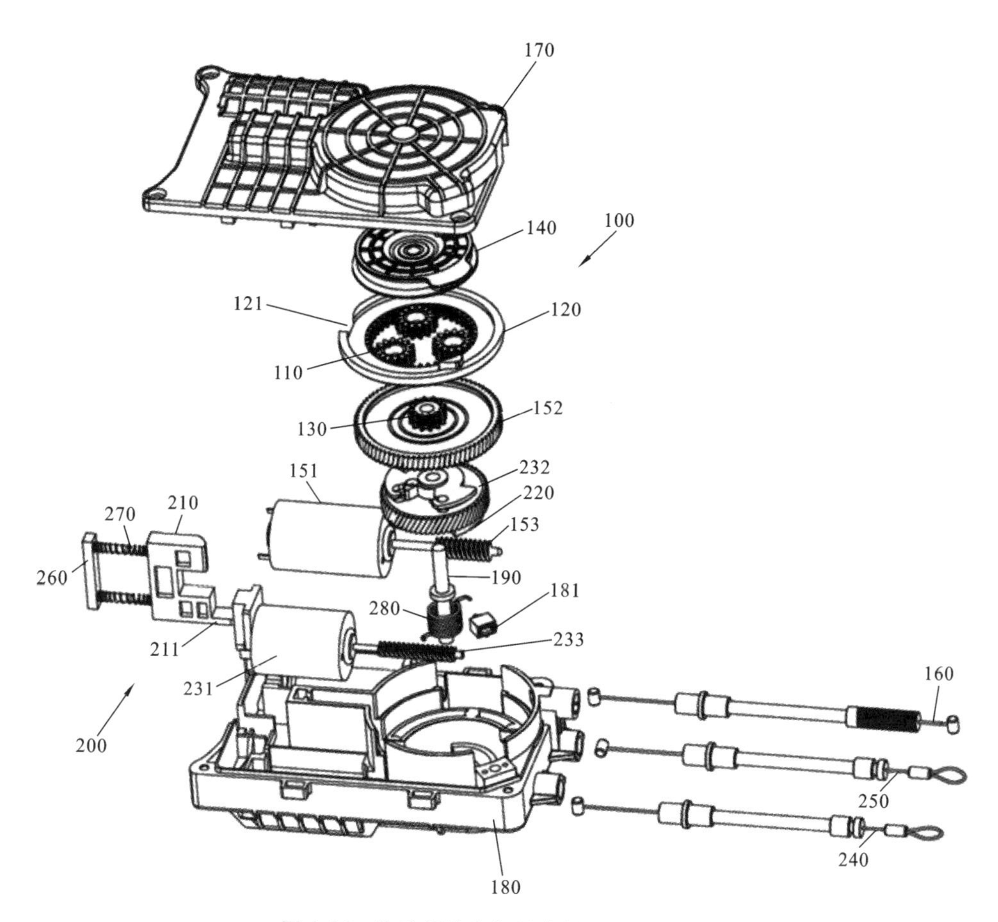

图 4-16　传动部件为行星齿轮的结构示意图

爪凸柱相配合。在工作时，当传动螺母 10 沿螺杆 14 朝向从动齿轮 9 一侧移动时，自吸特征面推动垫圈 8，垫圈 8 经由垫圈轴 7 推动自吸传动板 6 转动，自吸传动板 6 在转动过程中带动棘轮 1 从半锁啮合向全锁啮合转动。

传动部件为凸轮的示例如图 4-18 所示。电控防盗车门锁，包括电控装置、驱动装置、驱动锁紧装置、减速机构和外盒 5。驱动锁紧装置包括锁轴 8、叉栓 6、推动板 3、止动板 4、止动板轴 9、叉栓轴 7、输出轴 2、凸轮 10 和车门。叉栓 6 上设有第一棘齿、第二棘齿和锁轴卡槽，止动板 4 的一端设有棘齿，叉栓 6 安装在叉栓轴 7 上，推动板 3 与止动板 4 安装在同一止动板轴 9 上，凸轮 10 安装在输出轴 2 上，止动板 4 非棘齿端与凸轮 10 接触，凸轮 10 绕输出轴 2 转动。驱动装置包括电机 1、蜗杆 11 和涡轮 12，电机 1 与输出轴 2 相连接，通过电机 1、输出轴 2、止动板 4、推动板 3、外盒 5、叉栓 6、叉栓轴 7 和锁轴 8 相配合。当半锁车时，车的锁轴 8 压倒叉栓 6 上时，止动板 4 卡到叉栓 6 上第一个挡位上，这时车锁呈半锁车状态；当全锁车时，车的锁轴 8 继

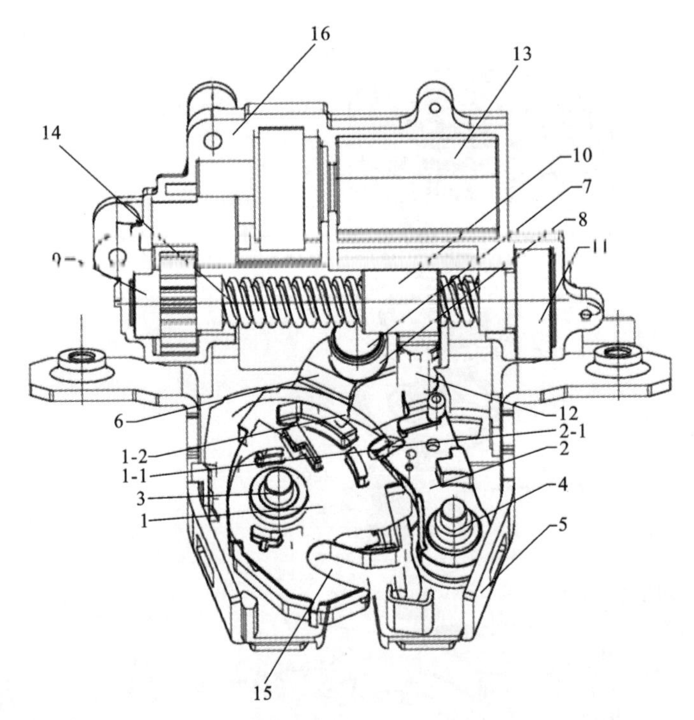

图 4-17 传动部件为螺杆的结构示意图

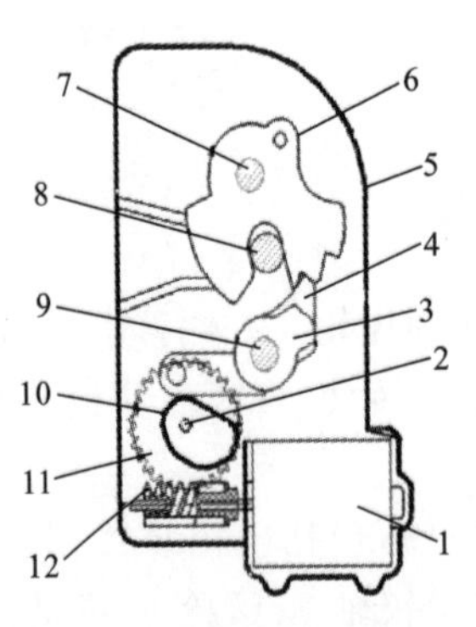

图 4-18 传动部件为凸轮的结构示意图

续压在叉栓 6 上，但是此时车锁止动板 4 卡到了叉栓 6 上的第二个档位上，车锁的叉栓 6 卡进安装在车门框上的锁扣上。开锁时，感应开关发出触发信号驱动电机 1，电机 1 带动输出轴 2 旋转，输出轴 2 带动蜗杆 11 进行旋转，蜗杆 11 带动涡轮 12 进行旋转，通过减速机构带动凸轮 10 转动，凸轮 10 推动推动板 3，推动板 3 带动止动板 4 进行移动，当凸轮 10 旋转到凸轮 10 最高点时，止动板 4 转动一个角度，止动板 4 与叉栓 6 和锁轴 8 脱开，叉栓 6 弹回到初始状态，这时门锁呈打开状态。

传动部件为槽的示例如图 4-19 所示。机动车锁由驱动马达旋转驱动制动器滑轮 1，制动器滑轮 1 动态地连接到控制杆 3，控制杆 3 装载有倾斜弹簧 2，以便将锁定机构切换到各种操作状态。制动器滑轮 1 包含着控制曲柄 5，控制曲柄 5 围绕其旋转轴线 4 以曲线延伸。控制曲柄 5 在一端上包含着靠近旋转轴线 4 的内止动件 6，并且在另一端上包含着远离旋转轴线 4 的外止动件 7。控制杆 3 具有引导元件 8，如轴颈，其装配到控制曲柄 5 中。控制杆 3 可以通过控制曲柄 5 经由引导元件 8 切换到

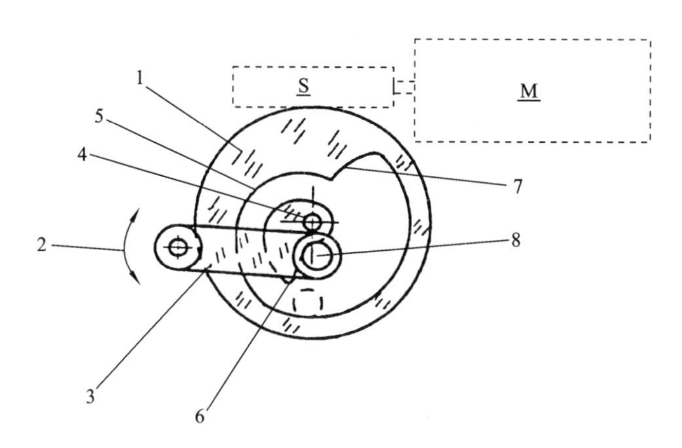

图 4-19　传动部件为槽的结构示意图

锁定和解锁状态，其中外止动件 7 是以槽作为凸轮单元的运动传输的轮廓。

传动部件为离合器的示例如图 4-20 所示。马达 2 的旋转轴上连接驱动齿轮，驱动齿轮与减速齿轮 5 啮合，减速齿轮 5 固定在凸轮主体 9 的轴筒 10 上。向马达 2 供电，马达 2 的旋转轴 3 旋转以使驱动齿轮旋转，并且减速齿轮 5 通过齿轮 4 旋转，进而使得凸轮主体旋转。凸轮主体 9 旋转，接合构件 11 被按压以沿着引导件 6 的引导

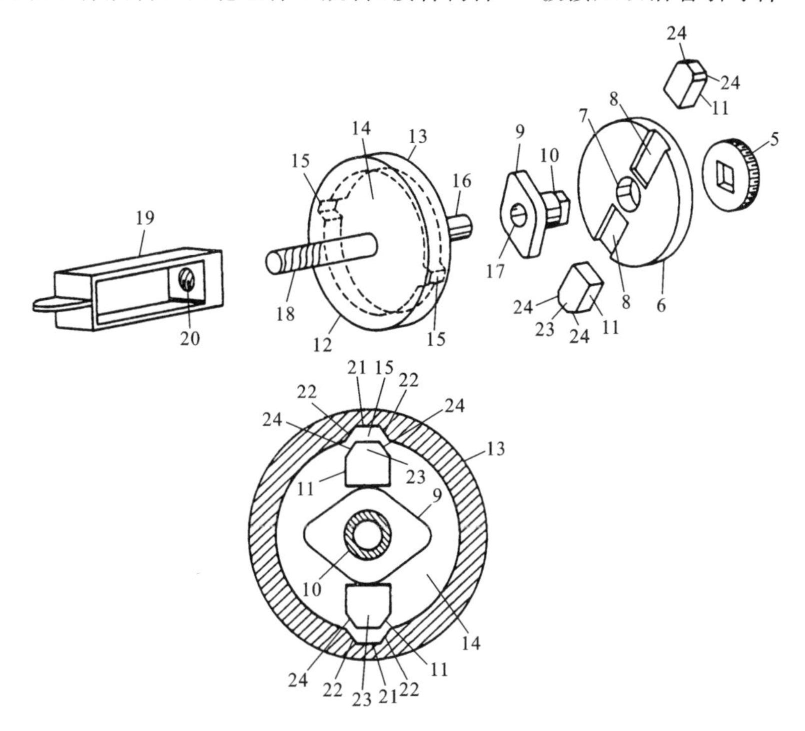

图 4-20　传动部件为离合器的结构示意图

槽 8 在径向方向上被推出，构件 11 和旋转滚筒 12 的凸缘 13 的接合凹部 15 移动到相同位置，并且构件 11 进入凹部 15 中使彼此接合。因此，凸轮主体 9 的旋转被传递到旋转滚筒 12，并且滚筒 12 由此旋转以使旋转轴 16 旋转。由于旋转轴 16 上具有螺纹杆 18，螺纹杆 18 与移动体 19 螺纹连接，因此，当旋转轴 16 旋转时，移动体 19 沿轴向方向移动，进而开锁/闭锁。

4.3 专门适用于特殊类型翼扇或车辆的车辆锁

车辆锁除了生活中常见的汽车门锁，还包括其他类型的车辆上面的锁，比如用于军事车辆的锁，用于铁路货运车、货物集装箱的锁，用于行李舱、汽车后备箱、汽车引擎盖的锁、用于手套箱、控制箱、燃油入口盖的锁等。

4.3.1 用于军事或装甲车的锁

一种用于军事或装甲车重型撞击门锁，如图 4-21 所示，其包括壳体、位于壳体内锁体。锁体包括锁舌 21、弹簧 22 以及导向杆 23，锁舌 21 与导向杆 23 的长度之和大于前侧板的长度，在左侧板上设有与锁舌 21 相匹配的开槽，在右侧板上设有与导向杆 23 相匹配的导向槽，锁舌 21 与导向杆 23 一体在开槽及导向槽上左右运动，实现了锁舌 21 的伸出和缩回。在导向杆 23 上设有定位块 221，定位块 221 有两个，分别位于导向杆 23 两侧。再者，定位块 221 设置的位置距离限位板 211 一定的距离，方便后续控制导向杆 23。弹簧 22 包括弹簧一和弹簧二，弹簧一位于限位板 211 与定

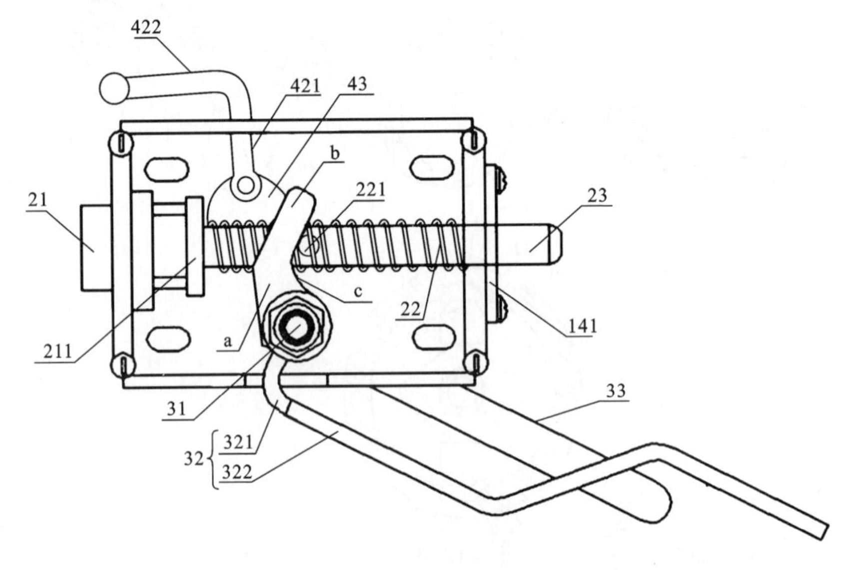

图 4-21 用于军事或装甲车重型撞击门锁结构示意图

位块221之间，弹簧二位于定位块221与右侧板之间。设置两个弹簧可以方便对导向杆23进行运动控制，从而达到控制锁舌21的运动。重型撞击门锁还包括限位机构和拨叉机构，限位机构能够控制锁舌21在开槽内的左右运动，拨叉机构能够限制锁舌21的左右运动。限位机构包括转轴一31、内把手32、外把手33以及限位叉。转轴一31位于弹簧22的下方，转轴一31的一端位于壳体内，另一端穿过且伸出后侧板外。所述的内把手32包括连接杆321和加长杆322，连接杆321直接固定在转轴一31的下端。为实现锁舌21的控制，壳体内还设置了限位叉，限位叉具体安装在转轴一31的左上端。限位叉为两个结构一致的挡板，两个挡板之间为弹簧22和导向杆23。挡板本身包括一块连接板、一块限位板，连接板安装在转轴一31上，连接板a与限位板b设计为向右开口角度，角度为160°。在角度位置设计成弧形边c，弧形边c可以与定位块221相接触并可以随着转轴一31的顺时针旋转产生相对位移。同样，另一块挡板也同时与导向杆23另一侧的定位块相接触并可以随着转轴一31的顺时针旋转产生相对位移，两个挡板同步运动。通过以上的结构，实现的技术效果是:转轴一31的旋转带动限位叉的旋转，挡板旋转，弧形边c向下压定位块221，彼此产生相对位移，导致导向杆23向后运动，伴随弹簧一放松和弹簧二紧缩，实现了锁舌21的向后运动，开锁完成。为方便整个装置的反锁，拨叉机构包括挡块以及拨叉片，拨叉片包括伸入片421和手拨片422，伸入片421和手拨片422之间设置成90°夹角。在后侧板的中上位置安装转轴二43，伸入片421的下端头固定在转轴二43的非中心位置，挡块固定在伸入片421的下端头。更要说明的是，手拨片422位于上侧板之外，且上侧板上设有长条状槽，在长条状槽的后端还设有相通的环形槽，手拨片422可在长条状槽内来回运动且可以固定在环形槽上。当需要进行锁住过程时，按压外侧的外把手33或内侧的内把手均可启动限位机构，实现导向杆23向后横向运动，伴随弹簧一放松和弹簧二紧缩，开锁完成。松手时，在弹簧22的作用力下锁舌21回位。当需要进行反锁时，手动操作手拨片422沿长条状槽，最终固定在环形槽内。以上操作会带动拨叉片和挡块向前下方运动，最终挡块抵住限位板211，限制锁舌21的运动，反锁完成。用力推门按压，锁舌21受到撞击产生横向剪切力，锁舌21横向后运动且瞬间收回，锁舌21到达相应的锁舌槽内时，锁舌21在弹簧22收缩的作用下回位，完成锁门动作。

4.3.2 用于铁路货运车、货物集装箱或类似的锁及用于商业用途的货车、卡车或面包车的货舱锁

该节介绍的车辆锁主要用于卡车、火车、船、飞行器上的货运集装箱的锁，包括既用于形成一个车辆的完整部分的装载车厢，又用于形成一个可以从车辆中分离出来的可移动部分的货运集装箱的锁。

1. 用于滑动翼扇的车辆锁

用于滑动翼扇的车辆锁如图 4-22 所示。具体来说，货舱 5 大致是长方体形状，在该货舱 5 的中央部设置有分隔壁 6，将货舱 5 分割为前侧货舱 7 和后侧货舱 8，在各货舱 7、8 的左右侧面分别开闭自如地配设滑动式的前侧门 11 和后侧门 12，能够将上述左右侧面打开或关闭。货舱门锁装置 A 由为了保持前后侧门 11、12 的闭锁状态而配设在各货舱 7、8 的左右侧面下端缘部的共计 4 个锁定机构 L1，设置于所述货舱 5 右侧面的前端缘部的单一的锁把手 20、将上述各锁定机构 L1 与锁把手 20 连动联结的连动机构 C，以及保持锁把手 20 的锁定状态的上锁部 L2。锁定机构 L1 在货物室 5 的左右侧面下端缘部的内部，分别从货物室 5 的左右侧面下端缘部的前端部到后侧货物室 8 的后侧门 12 的前端缘下方，转动自如地插通沿前后方向延伸的左右操作轴 21、22，在该左右操作轴 21、22 的前后侧货物室 7、8 的各后侧门 12 的前端下方位置分别固接凸台 23，在该凸台 23 固接沿半径方向延伸的大致长条状的卡定钩基部 24 的内侧端，使以大致 1/4 圆弧形状形成尖细的卡定钩主体 25 从该卡定钩基部 24 的外侧端沿圆周方向延伸而形成卡定钩 26。在所述各前侧门 11 内侧面下

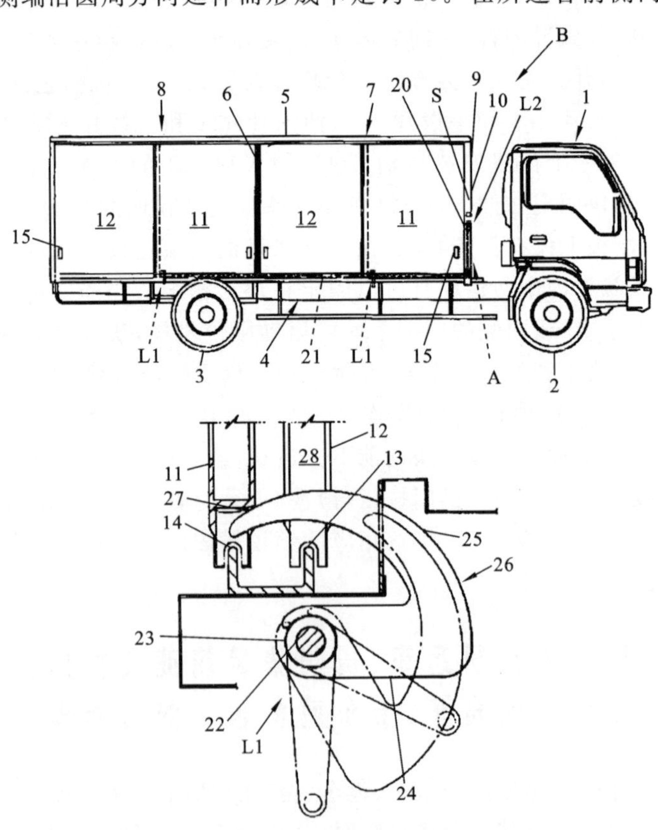

图 4-22　用于滑动翼扇的车辆锁结构示意图

端缘附近与其后端接近处分别形成有用于插入上述卡定钩24的前端部的卡定钩插入孔27，再通过左右操作轴21、22的转动将所述卡定钩26的前端插入到上述卡定钩插入孔27的同时，使该卡定钩26的中途部后表面与后侧门12的前端缘28抵接，将封闭状态的前后侧门11、12锁定。即，前侧门11被插入到卡定钩插入孔27的卡定钩26的前端部阻止前后以及上方的移动，尽管在关闭状态下后侧门12只能向前方移动，但该前方移动被与该后侧门12的前端缘抵接的卡定钩26的中途部阻止，因此能够利用一个卡定钩26将前后侧门11、12锁定。在上述锁定状态下，允许后侧门12稍微向上移动，但是由于在前后方向和向上方向上的移动被阻止的前侧门11位于后侧门12的外侧，所以不能拆卸后侧门12。当左右操作轴21、22与上述相反地转动时，各卡定钩26的前端部从前后侧门11、12的动作区域退出，使该前后侧门12能够打开或关闭。锁把手20将类似圆棒状的材料弯折成形状为向后方开口的大致“コ”字形状，在其中央部固定有用于与后述的连动机构C联结的中央连结杆的基端部，形成大致为“T”字形状，将锁把手20收纳在立设于货物室5的右侧面前端缘的纵框体的右侧面形成大致为矩形状的凹部内，中央连结杆插在该凹部的里侧部壁体形成的中央连结杆插通孔，使前端部向货物室5前壁9的内部空间S延伸。将锁把手20的推拉操作由联动机构C传递到配置于货物室5的下部的左右前后四个卡定钩24，进行各卡定钩24的锁定以及解锁动作，则能够通过锁把手20的一次操作将配置于前后侧货物室7、8左右侧的共计八个前后侧门11、12锁定或者解锁。即通过锁把手20的推入操作，使配置于左右前后四处的卡定钩24转动，使上述4个卡定钩24分别从前后侧货室7、8左右侧的前后侧门11、12的开闭动作区域退出，能够将全部的门通过单一的操作解锁来开关。预先关闭上述所有的门，对锁把手20进行拉出操作，使上述四个卡定钩24转动，在将该卡定钩24的前端部插入各前侧门11的卡定钩插入孔27的同时，使该卡定钩26的后侧面与各后侧门12的前端抵接，能够通过单一的操作将所有的门锁定，从而保持关闭状态。

2. 用于货物集装箱具有驱动紧固装置的细长杆的锁

一种厢式货车货箱后门闭锁装置，如图4-23所示，包括货箱框体1和门板2。门板2正面靠近货箱框体1的一侧连接有铰链11，且铰链11的另一端固定连接在货箱框体1的正面，门板2正面靠近里端一侧固定连接锁杆包箍21，锁杆包箍21内套接锁杆31。门板2正面靠近里端一侧设置有闭锁操纵部3，闭锁操纵部3包括锁杆31、旋转套体和手持部，锁杆31包括上杆体和下杆体，旋转套体的两端分别转动连接在门板2的正面上，锁杆31的上杆体底端和下杆体顶端分别螺纹套接在旋转套体的内腔顶端和底端，手持部与旋转套体沿水平方向滑动卡接，货箱框体1正面对应锁杆31两端的位置分别固定连接第一基座12，锁杆31的上杆体顶端和下杆体底端分别设置成锥台结构，且锁杆31的上杆体顶端和下杆体底端分别沿竖直方向与第一基座12的内腔套接匹配。需要将门板2与货箱框体1闭锁时，先将门板2通过铰链11

合上，再将手持部沿旋转套体滑动至一端，转动手持部33使得旋转套体转动180°，再将手持部沿旋转套体滑动到另一端，转动手持部使得旋转套体再度旋转180°，以此类推实现旋转套体的持续旋转。旋转套体的旋转使得锁杆31的上杆体向上移动，下杆体向下移动，直至上杆体的顶端与上方的第一基座12内腔套接，下杆体的底端与下方的第一基座12内腔套接，实现门板2与货箱框体1的闭锁。需要将门板2与货箱框体1闭锁时，先将门板2通过铰链11合上，再手持手柄将连杆在通孔内滑动至一端，此时手柄位于凹槽内，转动手柄使得旋转套体转动180°，再将连杆沿旋转套体滑动到另一端，转动手柄，使得旋转套体再度旋转180°，以此类推实现旋转套体的持续旋转。旋转套体的旋转使得锁杆31的上杆体向上移动，下杆体向下移动，直至上杆体的顶端与上方的第一基座12内腔套接，下杆体的底端与下方的第一基座12内腔套接，实现门板2与货箱框体1的闭锁。

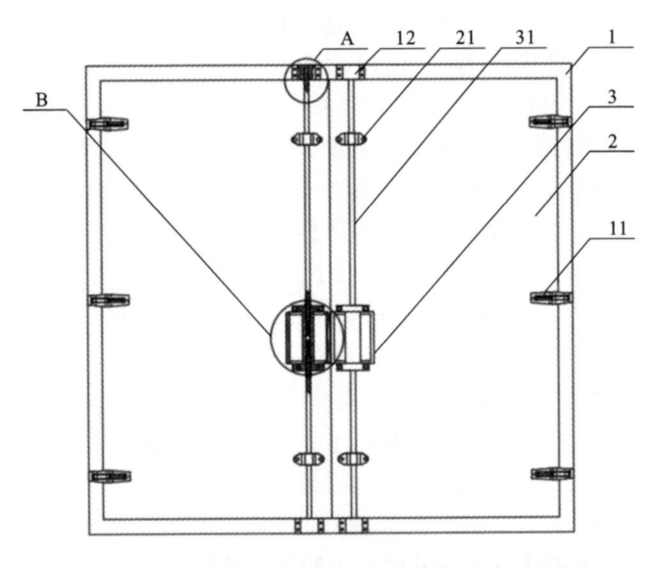

图4-23　厢式货车货箱后门闭锁装置结构示意图

4.3.3　用于行李舱、汽车后备箱盖或汽车引擎盖的锁

1. 用于汽车后备箱盖或后行李舱的锁

用于汽车后备箱盖或后行李舱的尾门锁总成如图4-24所示，包括基座11、盖板、卡板13以及非接触式传感器14。盖板封盖在基座11的一侧，卡板13与基座11转动连接，非接触式传感器14用于连接电子控制单元，卡板13包括触发信号源，非接触式传感器14可以通过触发信号源检测卡板13的位置状态。非接触式传感器14包括信号接收板和感应点组，其中，感应点组用于检测触发信号源的位置状态，信号接收板用于检测感应点组的电流变化，并且将该电流变化转化为信号反馈给电子控

制单元。感应点组包括第一感应点和第二感应点,第一感应点与第二感应点间隔分布,触发信号源为磁性件组 130。此处磁性件组 130 包括第一磁性件 131 和第二磁性件 132,其中,第一磁性件 131 和第二磁性件 132 设置在卡板 13 的朝向信号接收板的表面上,并且第一磁性件 131 和第二磁性件 132 沿卡板 13 的转轴的径向间隔分布,并且第一磁性件 131 可以与第一感应点耦合,第二磁性件 132 可以与第二感应点耦合。尾门锁上锁时,第一磁性件 131 和第二磁性件 132 先进入第一感应点的下方区域,再进入第二感应点的下方区域,第一磁性件 131 比第二磁性件 132 更加靠近卡板 13 的转动中心,这样第一磁性件 131 移动的路径比第二磁性件 132 移动的路径更短,第一磁性件 131 与第一感应点先实现耦合,第二磁性件 132 与第二感应点后实现耦合,进而从耦合的先后顺序即可识别卡板 13 的位置状态。即尾门锁处于开锁状态时,磁性件组 130 不与感应点组发生耦合;尾门锁处于半锁状态时,第一磁性件 131 与第一感应点耦合;尾门锁处于全锁状态时,第二磁性件 132 与第二感应点耦合。尾门锁总成还包括卡板驱动臂 15、卡爪 16 和驱动机构 17,其中,卡板驱动臂 15 和卡爪 16 转动连接在基座 11 上,驱动机构 17 安装在基座 11 上,卡板驱动臂 15 用于驱使卡板 13 从半锁紧位置转动到全锁紧位置,卡爪 16 用于限位卡板 13 在全锁紧位置,驱动机构 17 用于驱使卡爪 16 释放卡板 13。具体来说,在卡板 13 上具有与锁环配合的开口、与卡板驱动臂 15 配合的第一凸起部,以及与卡爪 16 配合的限位缺口,卡板驱动臂 15 的一端可以与第一凸起部抵顶,卡板驱动臂 15 的另一端伸出基座 11 外并且与设置在尾门上的执行器传动连接,在卡爪 16 上具有限位凸起,该限位凸起可以伸入该限位缺口内形成限位。尾门锁总成还包括第一扭簧 18、第二扭簧和第三扭簧,其中,第一扭簧 18 与卡板 13 弹性连接以驱使卡板 13 复位,第二扭簧与卡板驱动臂 15 弹性连接以驱使卡板驱动臂 15 复位,第三扭簧与卡爪 16 弹性连接以驱使卡爪 16 复位。具体来说,第一扭簧 18 套设在卡板 13 的转轴上,第一扭簧 18 的一端与盖板 12 抵顶,第一扭簧 18 的另一端与卡板 13 紧固连接,使得卡板 13 始终保持恢复开启位置;第二扭簧套设在卡板驱动臂 15 的转轴上,第二扭簧的一端与基座 11 紧固连接,第二扭簧的另一端与卡板驱动臂 15 紧固连接,使得卡板驱动臂 15 始终保持与卡板 13 分离;第三扭簧套设在卡爪 16 的转轴上,第三扭簧的一端与基座 11 紧固连接,第三扭簧的另一端与卡爪 16 紧固连接,使得卡爪 16 始终保持与卡板 13 抵顶。当需要关闭尾门时,首先卡板 13 的开口 133 勾住锁环,锁环推顶卡板 13 转动,使卡板 13 从开启位置转动到半锁紧位置,此时,第一磁性件 131 与第一感应点耦合,信号接收板 141 将该触发信号发送给电子控制单元。接着电子控制单元控制执行器驱使卡板驱动臂 15 摆动,卡板驱动臂 15 推顶卡板 13 从半锁紧位置转动到全锁紧位置,此时,卡爪 16 的限位凸起在第三扭簧的弹力作用下,伸入卡板 13 的限位缺口内将卡板 13 固定,第二磁性件 132 与第二感应点耦合,信号接收板将该触发信号发送给电子控制单元,电子控制单元确定当前为上锁状态。当需要打开尾门时,首先电子控制单元控制驱动机构 17 启动,驱动机构 17 驱使卡爪 16 摆动,使得限位凸起与限位缺口分离。接着卡板 13 在第一扭簧 18 的弹力作用和卡板驱动臂 15 的推顶下,从全锁紧位置直接转动到开启位置,此时,第一磁性件 131 与第一感应点、第二磁性件与第二感应点均非处于耦合状态,信号接收板将该状态信号发送给电子控制单元,电子控制单元确定当前为开锁状态,即可打开尾门。

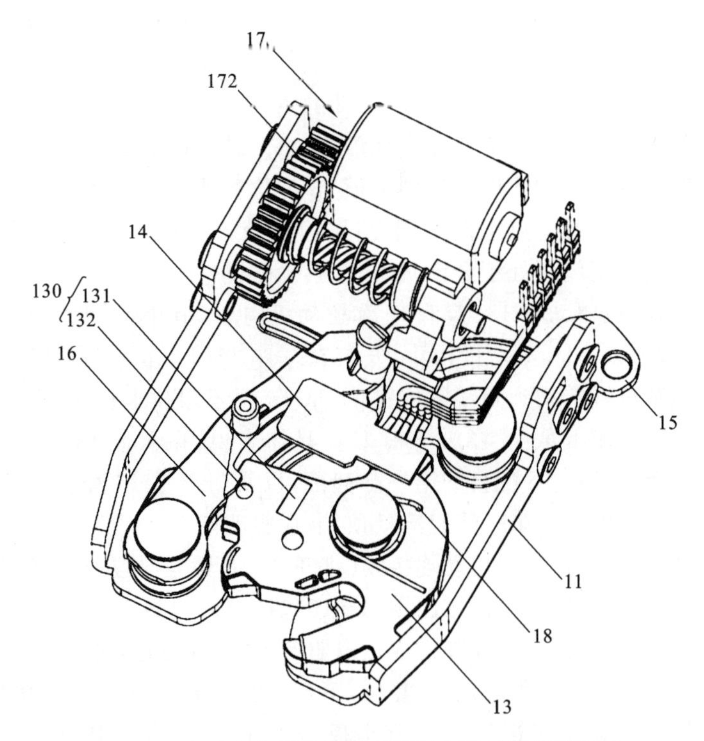

图 4-24　用于汽车后备箱盖或后行李舱的尾门锁总成

2. 用于车辆侧面如巴士或露营车行李厢的锁

用于车辆侧面如巴士或露营车行李厢的锁如图 4-25 所示,休闲车辆包括多个存放区域门 120a,每个单独的存储区域门 120a 的顶部边缘 114a 在相应的开口上方附接到壁进行铰接。休闲车辆 RV100a 还包括用于在存放区域门处于关闭位置时锁定存放区域门的锁定机构。该锁定机构允许用户通过一次激活来锁定或解锁多个存储区域门。锁定机构 125 包括连接储存区域门 120a 以及休闲车辆的壁的多个固定构件 169。固定构件 169 可以在锁定构型和解锁构型之间转换。当固定构件 169 处于解锁配置时,储存区域门 120a 可以在其打开位置和关闭位置之间移动。然而,当固定构件 169 处于锁定配置时,储存区域门不能从它们的关闭位置移位。锁定机构 125 还包括输入系统 140,该输入系统 140 将信号传递到固定构件 169 以使固定构件 169 在其相应的锁定构型和解锁构型之间移位。输入系统 140 包括中央制动器 160,

用户利用中央制动器 160 生成要发送到多个固定构件 169 的锁定和解锁信号。输入系统 140 还包括传动构件 185,传动构件 185 能够将信号从中央制动器 160 传送到多个固定构件 169,以最终锁定和解锁多个固定构件 169。固定机构 169 通常包括螺栓 134,传动构件 185 还以这样的方式附接到多个螺栓 134 的底端 156,使得电、液压、气动或机械信号可以传送到螺栓 134。一旦插销 134 接收到该信号,插销 134 就在其锁定配置或解锁配置之间移动。

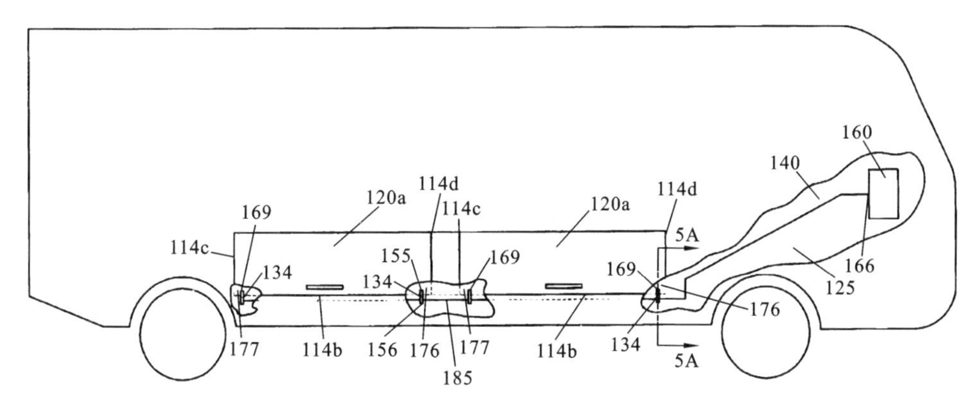

图 4-25　用于车辆侧面如巴士或露营车行李厢的锁结构示意图

3. 用于汽车引擎盖的锁

用于汽车引擎盖的锁为了达到双重安全效果,通常提供两个锁栓,即使第一锁栓失败,第二锁栓也能够保证引擎盖保持关闭。具体示例如图 4-26 所示,发动机罩锁定装置 30 具有由金属板构成的基部 40 以及以相对可旋转的方式设置在基部 40 上

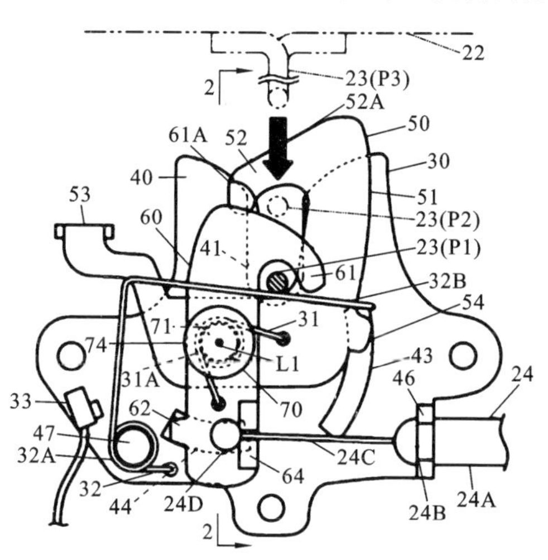

图 4-26　用于汽车引擎盖的锁结构示意图

的锁定构件 60 和锁扣 50,锁定构件 60 和锁扣 50 通过构成轴心的公共轴构件 70 设置在基部 40 上,从而具有公共旋转中心 L1。锁定构件 60 在发动机罩 22 处于完全关闭状态的第一位置 P1 处接合在车辆 20 的发动机罩 22 的内表面上突出的撞针 23。锁扣 50 在发动机罩 22 处于半打开状态的第二位置 P2 处接合撞针 23。其具体工作过程如下。在关闭发动机罩 22 的情况下,通过该发动机罩 22 的自重,或者通过按压发动机罩 22 上表面,撞针 23 向下方移动而进入基部 40 的切口部 41 的内部。首先,撞针 23 的下表面与锁扣 50 的钩部 52 的上端面 52A 抵接。由此,锁扣 50 的臂部 51、钩部 52,被撞针 23 向右侧推开,在后视时向顺时针方向旋转,撞针 23 进入基座部 40 的缺口部 41 内。然后,撞针 23 的下表面与锁定构件 60 的钩部 61 的上端面 61A 抵接。由此,锁定构件 60 的钩部 61 被撞针 23 向左侧推开,在后视时向逆时针方向旋转。其次,撞针 23 到达第一位置 P1。此外,锁扣 50 以及锁定部件 60 在第一扭簧 31 的作用力的作用下,在撞针 23 通过之后返回到通过前的状态。若为了打开发动机罩 22 而对操作缆线 24 进行拉伸操作,则锁定构件 60 在后视时向逆时针方向旋转,基座部 40 的切口部 41 内的撞针 23 成为能够向上方移动的状态。此时撞针 23 通过第二扭簧 32 的作用力而向上方移动。其结果是,撞针 23 的移动位置成为通过锁扣 50 的钩部 52 限制该撞针 23 向上方的移动的第 2 位置 P2。并且,若在该状态下解除操作缆线 24 的拉伸操作,则通过第一扭簧 31 的作用力,锁定部件 60 在后视时向顺时针方向旋转,该锁定部件 60 返回对操作缆线 24 进行操作之前的状态。这样,发动机罩 22 成为半开状态。将发动机罩 22 从半开状态进一步打开时,锁扣 50 的杆部 53 向上方操作。由此,锁扣 50 在后视时向顺时针方向旋转,基座部 40 的切口部 41 内的撞针 23 成为能够向比锁扣 50 的钩部 52 靠上方移动的状态。最后,在该状态下抬起发动机罩 22 时,撞针 23 向上方移动而成为从发动机罩锁定装置 30 的内部脱出的第三位置 P3。在该状态下,当锁扣 50 的杆部 53 的操作被解除时,通过第一扭簧 31 的作用力,锁扣 50 在后视时向逆时针方向旋转,该锁扣 50 返回操作前的状态。这样,发动机罩 22 成为打开的打开状态。

4.3.4 用于手套箱、控制箱、燃油入口盖或类似物的锁

1. 用于手套箱的锁

用于手套箱的锁如图 4-27 所示,手套箱设置在仪表板的乘客座椅侧,仪表板设置在汽车车厢内的前部。盖 3 设置在手套箱的开口部分处。盖 3 两侧的下部支撑着盖 3,以便通过手套箱的开口部分的下边缘通过诸如铰链的支撑构件自由旋转。当盖 3 围绕支撑构件旋转时,手套箱的开口部分打开和关闭。盖 3 包括盖外板 3a 和盖内板 3b,盖外板 3a 的表面面向车厢,盖内板 3b 附接到盖外板 3a 的内表面。盖外板 3a 和盖内板 3b 在其中形成中空部分。操作杆 5 设置在盖外板 3a 的上部的左侧。盖锁定装置 6 附接到盖内面板 3b 的上部的内表面。盖锁定设备 6 包括摆动构件 7

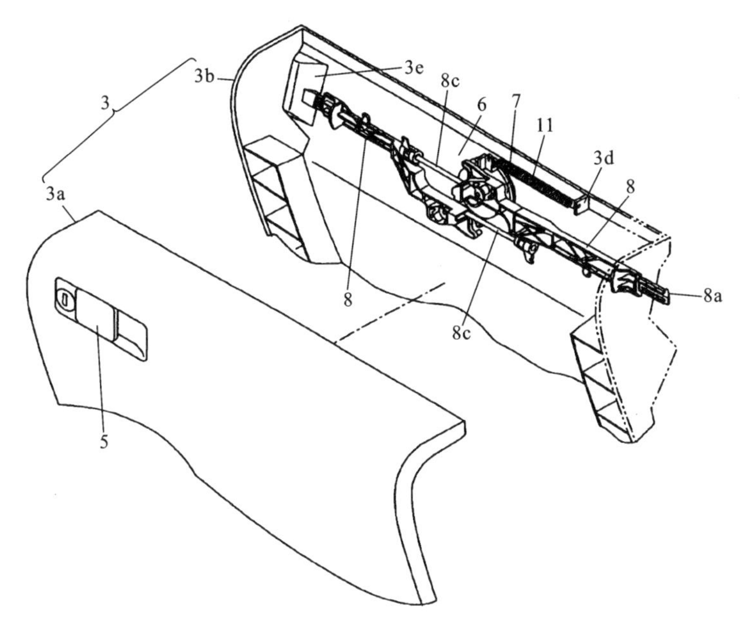

图 4-27 用于手套箱的锁结构示意图

和具有相同形状的一对锁定臂 8。

摆动构件 7 为圆柱形形状，并且在其开口端具有凸缘部分。一对 L 形杠杆部分分别相对于摆动构件 7 的摆动轴线对称地形成在摆动构件 7 的外周上方。一对凸轮销设置成从凸缘部分沿着摆动构件 7 的摆动轴线方向突出，分别在相对于一对 L 形杆部分沿图 4-27 的顺时针方向移位到预定角度。半圆形凸缘在一对凸轮销中每一个尖端处。一对锁定臂 8 相对于摆动构件 7 的摆动轴线对称地设置，以便相对于盖 3 沿水平方向在相反方向上延伸。连接分别形成在两个锁定臂 8 末端处的钩部 8a 的线穿过摆动构件 7 的摆动轴线并且在水平方向上延伸。两个锁定臂 8 随着摆动构件 7 的旋转以互锁的方式在彼此拉动或排斥的方向上，即在彼此相反的方向上平行地滑动。台阶部形成在每个锁定臂 8 的基部处，以便当锁定臂 8 沿彼此拉动的方向滑动时防止两个锁定臂 8 彼此干涉。杆 8c 从台阶部分的后端突出。当两个锁定臂 8 相对于摆动构件 7 的摆动轴线对称设置时，两个锁定臂 8 的台阶部分通过由螺钉 9 支撑的摆动构件 7 的摆动轴线彼此相对地设置，并且每一个杆 8c 进一步延伸到锁定臂 8 中另一个的侧表面。杆 8c 插入其中的杆引导部设置在锁定臂 8 中的每一个侧表面处。当两个锁定臂 8 滑动时，形成在锁定臂 8 中一个处的杆 8c 由形成在锁定臂 8、8 中另一个处的杆引导部分支撑，使得允许两个锁定臂 8 在水平方向上滑动。用于接合复位弹簧 11 的一端的接合钉，并形成在锁定臂 8 中部分侧表面处的杆引导部分的尖端上。

在手套箱 2 的开口部分被盖 3 关闭的状态下，从盖 3 的两侧突出的锁定臂 8 的钩部分 8a 分别与形成在手套箱的两侧的接合槽接合，从而保持关闭状态。当操作杆 5 被拉动时，杆部推动形成锁定臂 8 处的杆接收肋，从而缩回锁定臂 8。然后，形成在锁定臂 8 的台阶部分处的凸轮槽 8h 沿缩回方向推动凸轮销，凸轮销插入凸轮槽中并与凸轮槽接合。凸轮销从其突出的摆动构件 7 抵抗复位弹簧 11 的偏置力逆时针摆动。此时，凸轮槽与凸轮销松散地接合。因此，在摆动构件 7 上侧上的凸轮销推动凸轮槽 8h 之前，摆动构件 7 上侧的 L 形杆部分的外表面推动锁定臂 8 中的另一个的销，从而通过销缩回另一个锁定臂 8。两个锁定臂 8 在彼此拉动的方向上滑动。形成在两个锁定臂 8 的尖端处的钩部分 8a，并分别与形成在手套箱 2 两侧处的接合槽脱离。最终，盖 8 被置于可打开状态。此时，形成在锁定臂 8 中一个上方的杆 8c 插入到形成在锁定臂 8 中另一个上方的杆引导部分中，并且锁定臂 8 在处于沿水平方向彼此支撑状态的同时移动。因此，两个锁定臂 8 可以平稳地突出和缩回。

2. 用于控制箱的锁

控制箱，又称扶手箱，是通常放置于乘客座椅之间的储物箱，如图 4-28 所示。用于控制箱的锁即为乘客座椅之间储物箱的锁紧装置，具体示例如下。自弹式操纵盒扶手箱，包括置物盒 1 的操纵盒扶手箱本体，置物盒 1 上方设置有扶手箱盖 3，置物盒 1 和扶手箱盖 3 通过扭力弹簧机构连接，所述扭力弹簧机构包括固定连接在置物盒 1 外侧壁上的第一固定件，第一固定件两端延伸出的支耳通过螺栓固定连接销轴，销轴上设有轴套，以及固定在扶手箱盖 3 上的第二固定件两侧延伸出的支耳，轴套位于第二固定件的两个支耳之间。轴套上设置有通过门型连接杆连接在一起的第一扭力弹簧和第二扭力弹簧，或者门型连接杆、第一扭力弹簧和第二扭力弹簧为一体化的结构。上述第一扭力弹簧和第二扭力弹簧的自由端分别卡设在第一固定件 4 两端支耳的凹槽内。将门型连接杆与扶手箱盖 3 连接，当扶手箱盖 3 关闭时，第一扭力弹簧和第二扭力弹簧产生扭矩；当扶手箱盖 3 开启时，在第一扭力弹簧和第二扭力弹簧的扭力作用下，扶手箱盖 3 能够随门型连接杆转动，达到自动开启的目的。在置物盒 1 和扶手箱盖 3 之间还设置有自弹锁止机构，所述自弹锁止机构包括位于置物盒 1 侧壁扣合腔 12 中的锁扣 13、与锁扣 13 相连的水平推杆 14。水平推杆 14 的一端通过压缩弹簧 15 与所述扣合腔 12 内壁相连，另一端延伸至置物盒 1 侧壁开口处并连接有按钮 16。扶手箱盖 3 上设置有通过回位弹簧 17 连接的锁舌 18，锁扣 13 和锁舌 18 上均具有相互配合的水平相接面和倾斜相接面。关闭扶手箱盖 3 时，锁舌 18 的倾斜面沿锁扣 13 的倾斜面下滑，直至两者的水平相接面处于同一水平线，在回位弹簧 17 的扭力作用下，锁舌 18 向锁扣 13 的方向运动，使锁舌 18 牢牢卡在锁扣 13 中，扶手箱盖 3 将操纵盒 1 关闭严实。需要开启扶手箱盖 3 时，按压按钮 16，水平推杆 14 向内按压压缩弹簧 15，锁扣 13 脱离锁

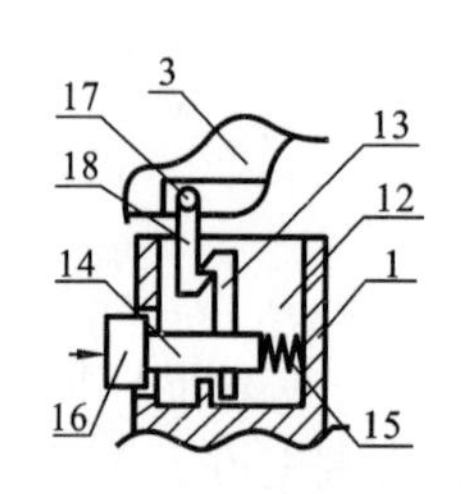

图 4-28 扶手箱锁结构示意图

舌18,扶手箱盖3在扭力弹簧机构的作用下自动开启。此时,锁扣13在压缩弹簧15的回复力作用下回复原位。

3. 用于与车辆表面基本齐平的燃料入口盖的锁

用于与车辆表面基本齐平的燃料入口盖的锁如图4-29所示。具体来说,燃料箱盖模块1包括槽体2和铰接臂3,铰接臂3可枢转地安装在槽体2上并且燃料箱盖4紧固到铰接臂3。铰链臂3包括细长部分5以及邻接的弧形部分6,细长部分5构造成接收燃料箱盖4,邻接的弧形部分6突出到壳体延伸部7中,壳体延伸部7在槽体2的侧向形成,并且围绕壳体延伸部7中的枢转销可枢转地安装。在铰链臂3的自由端的区域中形成具有孔11的凸耳10,凸耳10合在一起形成锁定部分12。其大致与壳体延伸部7相对,在槽本体2上设置有引导元件13,该引导元件13具有引导孔14,该引导孔14穿透槽本体2的壁15,并且构造成钩形锁定元件17的锁定销的端部16在该引导孔14中被引导。在这种情况下,具有引导孔14的引导元件13开始定位,使得在燃料箱盖4的关闭期间,引导孔14与锁定部分12的孔11对准,使得钩形锁定元件17在根据箭头22的方向上移位时,配置为锁定元件17的锁定销的端部16接合到锁定部分12的孔11中,并因此锁定燃料箱盖4。在这种状态下,锁定元件17位于其锁定位置。锁定元件17的端部16与中间部分18邻接,中间部分18又与锁定元件17的基部19邻接,基部19可操作地连接到控制元件20,控制元件20设置在壳体延伸部7的顶部上。借助控制元件20,如采用伺服马达或电磁体的形式,锁定元件17可以在轴向方向上移动,即在控制元件20的方向上沿着箭头22以及沿着箭头22远离控制元件20方向移动。在沿箭头22的方向移动时,锁定元件17的锁定销形式的端部部分16在燃料箱盖4的关闭状态下接合到孔11中,并且位于其锁定位置;在沿箭头21相反方向移位时,锁定元件17的端部部分16移出锁定部分12

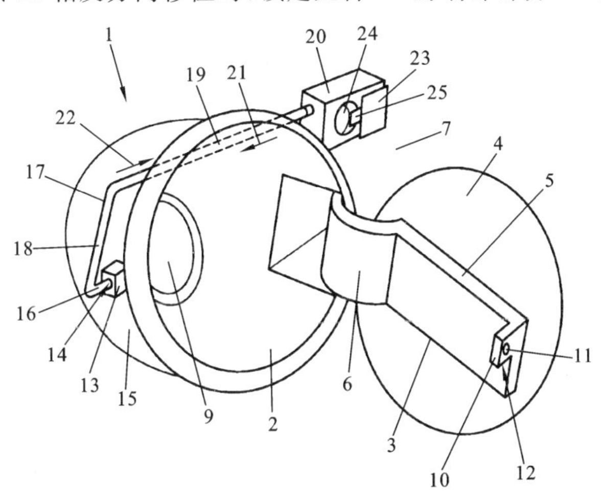

图4-29　用于与车辆表面基本齐平的燃料入口盖的锁结构示意图

的孔 11 并且进入其释放位置，在该位置，燃料箱盖 4 可以打开。

4.3.5 用于乘客门或类似门的锁

本节介绍的车辆锁，不同于 4.3.2 节中用于铁路货运车、货物集装箱或类似的锁，也不同于用于商业用途的货车、卡车或面包车的货舱锁，本节主要介绍用于各种车辆中乘客进出的门的锁。

1. 用于无柱式车辆，即前、后门在关闭位置相互啮合的锁

用于不具有一个在前后门之间的中心柱的门装置的锁，具体示例如图 4-30 所示。机动车辆的一侧包括安装在车辆的框架 BA 中的摆动前门 PB 和滑动后门 PC，而在摆动前门 PB 和滑动后门 PC 之间没有中心柱。摆动前门 PB 和滑动后门 PC 通过第一锁 PS 连接在一起，第一锁 PS 安装在摆动前门 PB 上。因此，对应于该第一锁的撞针安装在滑动后门 PC 上。摆动前门 PB 通过分别安装在摆动前门 PB 的上部和下部的两个第二锁 DS1 和 DS2 连接到框架 BA，并且这里的滑动后门 PC 通过安装在滑动后门 PC 的后部的第三锁 TS 连接到框架 BA。

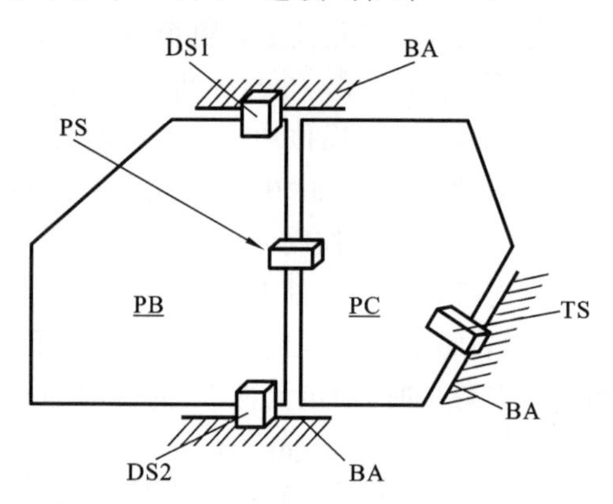

图 4-30 用于无柱式车辆，即前、后门在关闭位置相互啮合的锁结构示意图

摆动前门 PB 和滑动后门 PC 能够彼此独立地关闭和打开。如果滑动后门 PC 打开，则摆动前门 PB 可以借助于第二锁 DS1、DS2 卡在车辆的框架 BA 上；如果滑动后门 PC 关闭，则第一锁将另外卡在滑动门的相应撞针上。类似地，如果摆动前门 PB 打开，则可以借助于卡在车辆框架上的第三锁来实现关闭滑动门；如果摆动前门 PB 关闭，则滑动后门的撞针将另外卡在安装在摆动前门 PB 上的第一锁 PS 上。因此，当两个门都关闭时，第一锁必须将摆动门连接到滑动门。

第一锁 PS 包括滑块，该滑块可以在平移方面沿着轴线移动并且在移动方面连接到两个闩锁螺栓，这两个闩锁螺栓可以在垂直于轴线的公共旋转轴线上旋转。两个闩锁螺栓基本上是对称的，并且形成夹持器，夹持器在运动方面连接到滑块并且能够捕获或释放撞针。滑块可以在沿着轴线的平移方面在“展开”位置与“缩回”位置之间移动。当滑块处于“展开”位置时，夹持器打开以释放或接收撞针；当滑块处于“缩回”位置时，夹持器闭合以捕获撞针。当摆动前门 PB 在滑动后门 PC 关闭时被推回，安装在滑动后门 PC 上的撞针压靠在滑块的前缘上，以使滑块从“展开”位置移动到“缩回”位置，这导致撞针被夹持器捕获。当摆动前门 PB 关闭时滑动后门 PC 被推回，撞针压靠滑块被夹持器夹持。因此，当摆动前门 PB 被推回时，滑块的前缘通过第一侧容纳撞针，并且当滑动后门 PC 再次关闭时，滑块的前缘在夹持器内部，滑块的前缘通过第二侧容纳撞针。为了在撞针被困住时保持第一锁 PS 闭合，第一锁 PS 还包括棘爪，该棘爪布置在滑块的一端处，使得当滑块已经到达其“缩回”位置时，该棘爪通过容纳在滑块的端部处产生的固定倒角中来固定滑块。该棘爪可以由门把手操作，使得当该把手被致动时，该棘爪释放滑块，以触发锁的打开。具体来说，锁包括弹簧复位系统，该弹簧复位系统作用在两个闩锁螺栓上，并且倾向于使滑块返回到“展开”位置。依靠这种方式，一旦棘爪响应门把手上的动作而释放滑块，滑块就抵靠撞针，打开由两个闩锁螺栓形成的夹持器并开始打开门。

2. 用于滑动门的锁

用于滑动门的锁，具体示例如图 4-31 所示，滑动门 D 安装在车身的右手侧，使得滑动门 D 可以在前侧上的关闭位置和后侧上的打开位置之间在前后方向上滑动。滑动门 D 可以通过电动门打开/关闭系统自动打开或关闭。滑动门 D 在其后部设置有后闩锁机构 11，当滑动门 D 处于关闭状态时，后闩锁机构 11 与车身接合，以保持关闭状态。后闩锁机构 11 包括用于将滑动门 D 置于完全关闭状态的锁定操作制动

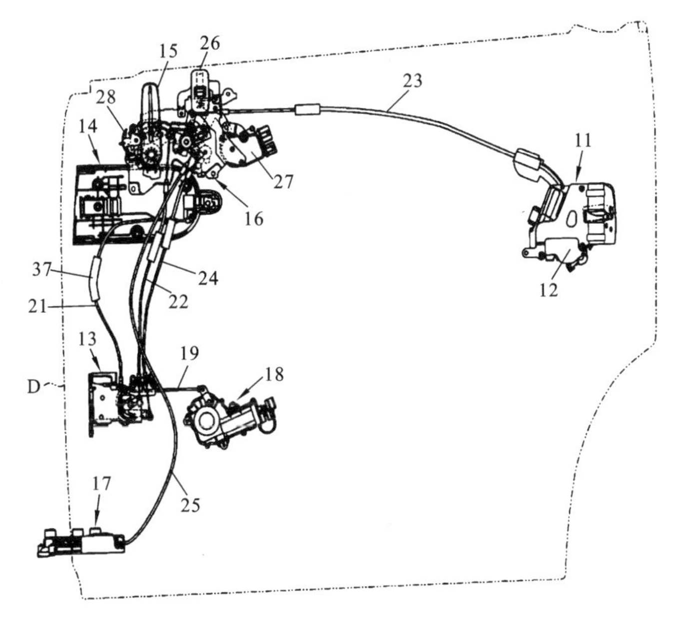

图 4-31　用于滑动门的锁结构示意图

器12。滑动门D在其前部设置有前闩锁机构13，当滑动门D处于关闭状态时，前闩锁机构13与车身接合，以保持关闭状态。外侧把手机构14设置在前闩锁机构13上方的滑动门D的上前部，使得在滑动门D的外侧进行把手操作。遥控机构16具有设置在滑动门D的内侧上的内侧把手15，并且设置在外侧把手机构14后方的滑动门D的上部。下闩锁机构17设置在前闩锁机构13下方的滑动门D的前部。当滑动门D处于打开状态时，下部门锁机构17与车身接合，以保持打开状态。锁定释放制动器18安装在前闩锁机构13后方的滑动门D上。锁释放制动器18能够向后闩锁机构11、前闩锁机构13和下闩锁机构17提供用于释放锁的动力。当驾驶员执行用于打开滑动门D的切换操作同时滑动门D处于关闭状态时，解锁制动器18操作，解锁制动器18通过杆19传递到前闩锁机构13的电力通过第二传输电缆22传递到遥控机构16，并且用于释放锁的电力通过第三传输电缆23和第四传输电缆24从遥控机构16传输到后闩锁机构11和前闩锁机构13。这使得后闩锁机构11和前闩锁机构13处于解锁状态，滑动门D通过电动门打开/关闭系统自动打开，并且下部闩锁机构17在滑动门D处于完全打开状态时执行锁定操作，从而将滑动门D保持在完全打开状态。当驾驶员执行用于关闭滑动门D的切换操作同时滑动门D处于打开状态时，锁释放制动器18操作，从锁释放制动器18通过杆19传递到前闩锁机构13的电力经由第二传输电缆22传递到遥控机构16，并且用于释放锁的电力通过第五传输电缆25从遥控机构16传递到下闩锁机构17。这使得下部闩锁机构17处于解锁状态，并且滑动门D通过电动门打开/关闭系统自动关闭。在该过程中，后闩锁机构11通过开始锁定操作制动器12的操作来执行锁定操作，以便实现滑动门D的半关闭状态中的完全关闭状态，并且前闩锁机构13相应地执行锁定操作，从而将滑动门D保持在完全关闭状态。

3. 用于大型商用车，如货车、工程车或用于大宗运输的车辆锁

用于大型商用车，如货车、工程车或用于大宗运输的车辆锁如图4-32所示，其包括车门骨架17，车门骨架17的侧边安装有车门锁体7，车门锁体7通过锁体转向臂8连接有外开拉杆2，外开拉杆2下端连接有外开手柄1。其中，外开手柄是一体式的三联动曲柄，曲柄一14和外开拉杆2连接，曲柄二15和内开拉杆一3连接，曲柄三16和内锁止拉杆二5连接；内开拉杆一3和锁止拉杆二5再向上竖向设置，其中内开拉杆一3上端通过内开拉杆曲臂4连接有内开拉杆二6，内开拉杆二6再通过内开转向臂一9横向连接有内开拉杆11，内开拉杆11最后连接至内开手柄13；锁止拉杆二5上端通过锁止转向臂10横向连接有锁止拉杆11，锁止拉杆11最后连接至内开手柄13；外开手柄1和内开手柄13上设有锁止和开启装置。使用时，外开手柄1开启运动通过曲柄一14带动外开拉杆2，此时锁体转向臂8运动，带动车门锁体7运动，控制车门锁体7的开启运动，同时外开手柄1的曲柄二15带动内开拉杆一3、内开拉杆曲臂4、内开拉杆二6做弯曲动作，实现内开手柄13开启运动；反之，通过

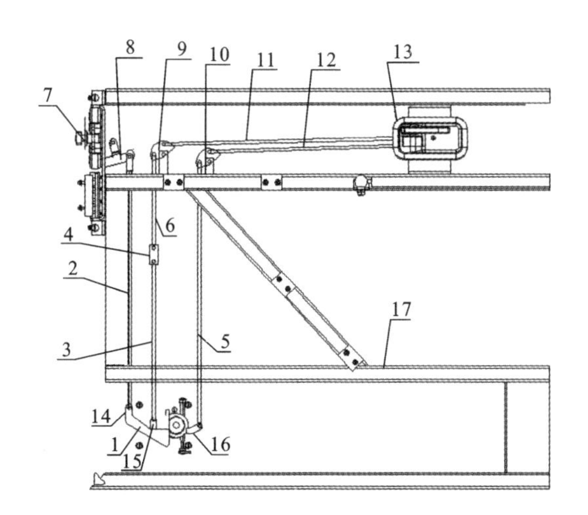

图 4-32　用于大型商用车的车辆锁结构示意图

内开拉杆一 3、内开拉杆曲臂 4、内开拉杆二 6、内开转向臂一 9、内开拉杆 11 带动外开手柄 13 运动，从而带动车门锁体 7 运动。外开手柄 1 中曲柄三 16 的运动，通过锁止拉杆 6、锁止转向臂 10、锁止拉杆二 12，带动内开手 13 内锁止运动。此运动方式也可通过内开手柄 13 锁止，可逆向。

4. 用于休闲车，如大篷车和露营车的锁

用于休闲车，如大篷车和露营车的锁，可以从内部锁紧门，具体示例如图 4-33 所示。一种用于休闲车步行门的电动门锁可以通过无线发射器致动，以便从远程位置

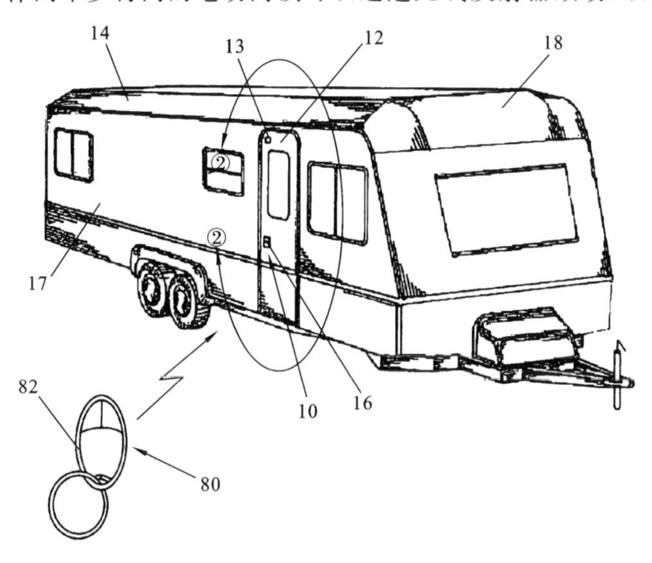

图 4-33　用于休闲车的锁结构示意图

锁定或解锁门锁。无线发射器可以是遥控器、密钥卡等形式,并且可以发射无线信号。电动门锁具有可从发射器接收无线信号的无线收发器,在收发器接收到无线信号时,可以激活如电动机的制动器,以便转动蜗轮。蜗轮可以连接到离合器上的螺旋齿轮。螺旋齿轮通过旋转以接合离合器上的销。在销接合的情况下,离合器可以转动凸轮,该凸轮可以将死栓从电动门锁推动到相邻的门卡塞中以锁定门。可以通过向接收器发送无线信号来致动蜗轮并旋转螺旋齿轮来解锁门,从而通过转动凸轮将死栓从相邻的门卡塞缩回并进入动力锁中。另外,销可以通过 RV 内部的门把手上的手动力而脱离,以便脱离离合器,并允许走进门打开。

第5章　特殊锁具

在前面的章节中，一方面，我们从锁具开锁结构所涉及的原理入手，介绍了常见的机械锁具，如弹子锁、叶片锁，也介绍了一些常见的电子锁；另一方面，从锁具的应用场景入手，介绍了一些人们日常生活中能够经常见到的锁具，如密码锁、箱包锁、挂锁、车门锁。上述锁具由于其开锁原理相对经典、应用场所相当广泛，因此这一类锁具的基本结构为人们所熟知。而正是由于人们对上述锁具的基本结构相对熟悉，因此当有人意图非法开锁时，上述锁具对应的钥匙容易被复制，从而破坏锁具，带来安全方面的隐患。

为了解决上述常规锁具在安全性方面的问题，或者为了满足某些对安全性要求更高的特殊应用环境，就需要设计出在结构和开锁方式上不一样的锁具。为了解决上述问题，人们分别从钥匙和锁具两个方面入手，设计了各种非常规的钥匙和锁具，来增加破坏锁具或者非法解锁的难度，提高锁具的安全性。在设计钥匙的思路上，一种是设计特殊的钥匙，不采用常规的钥匙结构，另一种是通过几个钥匙开锁，避免单一钥匙容易被破解或者复制的风险。在设计锁具的思路上，设计特殊的锁具结构，或者通过多个锁栓才能解锁的方式，从而提高锁具的安全性。

除了对安全性的考虑，人们对锁具也有一些其他的要求，如需要锁具便于装配至各类门窗的不同部位，既可以装配在门窗的左开扇位置，也可以装配在门窗的右开扇位置，或者既可以装配在门内，也可以装配在门外。因此需要设计特殊的锁具结构，使其具备通用性，以便装配在不同的门窗位置，或者锁具的内部结构在装配在不同位置需要调整时，其调整过程是简单易操作的。例如，人们在使用钥匙开锁之后，常常会忘记拔出钥匙，造成极大的安全隐患，因此也需要设计特殊的钥匙或者锁具来解决该问题。

人们对于这些安全性之外的其他需求，也促使了各种特殊钥匙和特殊锁具的诞生。下面介绍一些特殊结构的锁具，这些特殊结构是为了实现各种功能，也会从功能的角度入手，介绍一些人们常见的功能需求，并给出一些能够实现上述功能的钥匙或者锁具的例子。

5.1　用特殊钥匙或几个钥匙开启的锁

常规锁具都是通过一把钥匙开启的，以最常见的圆筒弹子锁为例，其钥匙头部带有固定形状的牙花，当钥匙插入锁芯时，牙花驱动锁芯中的弹子移动至解锁位置，此时旋转钥匙,钥匙驱动锁芯转动,并最终驱动解锁部件运动。这类钥匙存在两个问题,一是钥匙的形状是固定的,容易被复制;二是通过单把钥匙解锁,仅设置了一道防线。上述问题均使得锁具的安全性不高。

5.1.1 用特殊钥匙开启的锁

为了解决普通钥匙形状固定,容易被复制的问题,人们通过以下几个思路设计了一些特殊钥匙:一种思路是针对普通钥匙形状固定的问题,通过设置可变形状的钥匙,在使用钥匙的过程中,钥匙的形状能够发生变化,从而解决钥匙易被复制的问题;另外一种思路是,普通钥匙的牙花形式决定了锁具是通过钥匙旋转开启的,如果设计一种开启方式并非旋转的钥匙,对应的该钥匙的形状也必然与普通的牙花钥匙不同,对于这样的钥匙,不仅难以用现有的设备复制其形状,而且有人员试图非法开锁时,也难以掌握该钥匙的使用方法;还有一种思路则仍然是通过钥匙的旋转来开启锁具,但钥匙上并不设置牙花等常规的解锁结构,而是设置非常规的解锁结构来配合锁具的锁定结构,实现解锁。

1. 用可变形状钥匙开启的锁

常规钥匙的形状是固定不变的,通过固定形状的牙花来驱动锁芯中的弹子或者叶片并解锁,由于形状固定不变,因此这类钥匙非常容易被复制,安全性不高。针对这一问题,技术人员设计了一种形状能够变化的钥匙,这类钥匙的形状在开锁过程中能够变化,如侧部边缘可以展开等,从而增加了复制该钥匙的复杂程度,提高了安全性。

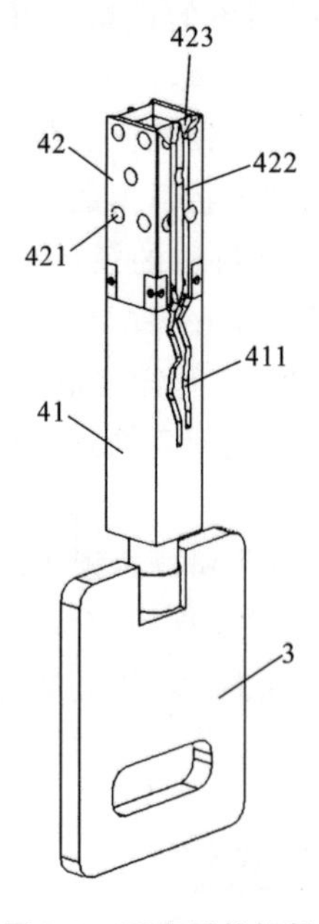

图 5-1　可变形状钥匙的结构示意图

锁芯内设置有供钥匙插入的钥匙槽,该钥匙槽包括相通的前段和后段,其中,前段的钥匙槽为直槽,后段的钥匙槽为斜槽,斜槽与直槽之间的夹角为钝角。该防盗锁在斜槽处配置有第一锁定部件,该第一锁定部件能锁定或解锁锁芯。由于后段的钥匙槽为斜槽,故能有效避免不法分子通过开锁工具非法开锁。为了与这样特殊形状的钥匙槽配合,钥匙也被设计成头部能够侧向移动,最终展开成为倾斜状的结构,如图 5-1 所示。该钥匙包括钥匙把手 3 和用于解锁的钥匙体,所述的钥匙体包括主体部分 41 和钥匙片 42,所述钥匙片 42 的数量至少为一个,钥匙片 42 铰接于主体部分 41 上且可相对于主体部分 41 向外侧倾斜,钥匙片 42 上设置有用于解锁锁芯的第一解锁部。

2. 用拉拔钥匙开启的锁

前面提到,常规的带有钥匙的锁具是通过旋转钥匙这一动作开锁,从而驱动锁具的锁定部件解锁或者上锁。如果设计一种开启方式并非旋转的钥匙,对应该钥匙的形状也必然与普通的牙花钥匙不同。对于这样的钥匙,一方面难以用现有的设备复制其形状,另一方面有人员试图非法开锁时,也难以掌握该钥匙的使用方法。而通过钥匙的拉拔动作实现开锁则是一种不太常见的开锁方式。

如图 5-2 所示,一种只要不使用给定的操作手柄,就非常难打开的、性能良好的拔插型门用锁手柄装置。设置在固定本体 2 上的旋转轴的外端部分为花键轴部 12,其还设置有与该花键轴部 12 啮合的挡板 40,花键槽数为 3 或 5 个,在固定本体 2 上固定有用于覆盖挡板 40 的外周凸缘的环状盖,挡板 40 由盖从里面弹性地施力,还设置有使花键轴部 12 与挡板 40 嵌合或脱离的操作手柄。

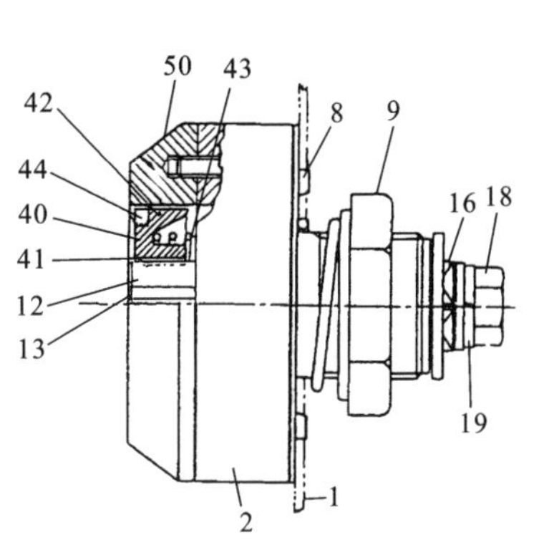

图 5-2 用拉拔钥匙开启的锁的结构示意图

一旦将该操作手柄与盖部分的位置对准,压入盖部分中,挡板 40 的凸起 44 就可简单地与盖的切槽脱离,而且操作手柄与旋转轴直接或间接地结合,若在压入操作手柄的状态下转动操作手柄,旋转轴与配合板也能可靠地转动。

3. 用特殊旋转结构的钥匙开启的锁

常规的钥匙通过钥匙侧面的牙花,触发锁芯中的弹子或者叶片达到解锁位置,此时旋转钥匙则能够带动锁芯旋转,从而驱动解锁部件解锁。然而,对于一些对安全性要求更高的锁具,其不使用常规弹子或叶片形式的锁芯,而是在钥匙上设计了特殊的旋转结构来驱动锁具解锁,由于其特殊结构,这样的钥匙难以被复制,锁具的安全性也随之提高。

如图 5-3 所示,一种带有 U 形解锁端部的旋转钥匙,其采用的是通用钥匙 7 进行上锁和解锁,为了防止利用其他工具进行非法的解锁或破坏锁芯 3,在所述锁芯 3 的后端连接有安全盖 4,所述安全盖 4 包括顶部的盖顶,所述盖顶开设有用于开启或锁定锁环 2 的安全槽孔,所述安全槽孔与所述凹槽对应设置。也就是说,在锁芯 3 的后部还设置了一个安全盖 4,使用者在上锁或解锁时,钥匙 7 必须与安全盖 4 匹配,从而进一步插入锁芯 3 的凹槽中。在钥匙 7 的手柄上设置一个套筒,由于套筒本身为空心的,所以可在套筒的前端留出一个凸出部,这种凸出部与所述凹槽是匹配的,将该凸出部插入锁具的凹槽中进行旋扭,即可上锁或解锁。

弹子锁和叶片锁是最常见的通过钥匙开启的锁具,其锁芯的内部结构都是通过弹子式组件或叶片式组件使得锁胆与锁壳进行锁定,钥匙插入锁芯后,位于钥匙侧面的牙花与所述弹子式组件或叶片式组件匹配即可开锁。由于锁芯仅通过这些组件与

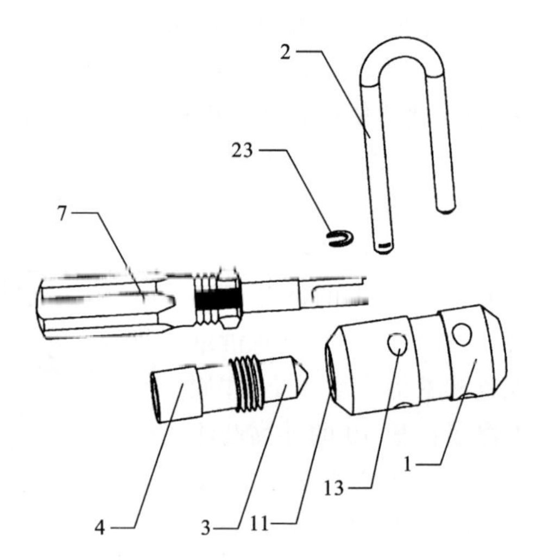

图 5-3　带有 U 形解锁端部的旋转钥匙的结构示意图

钥匙牙花配合锁定或解锁，因此这些组件与钥匙配合方式单一，无法实现多个维度的锁定，从而使锁芯的安全系数低，易造成不法分子的技术开启。

如果除了位于钥匙侧面的牙花，钥匙的其他部位还设有开动锁的其他结构，则能够实现从多个维度锁定锁芯，提高锁具的安全系数。

如图 5-4 所示，一种多维组合协调锁定的锁，包括有锁壳 11。所述锁壳 11 中设有锁胆孔 14，在所述锁胆孔 14 内设置有转动锁胆 15，所述锁胆 15 上开设有供钥匙 16 插入的钥匙孔。所述锁胆 15 的正面设有与所述钥匙 16 的牙花进行配合锁定或解锁的正面锁定装置；所述锁胆 15 的侧面设置有沿所述锁胆 15 长度方向延伸的且与所述钥匙 16 及锁胆孔 14 相通的第一侧面容置槽；所述锁胆 15 的侧面至少设置有一个与所述钥匙 16 的前端进行配合的且容置于所述第一侧面容置槽的滑动锁定装置 4。所述滑动锁定装置 4 包括滑动锁件 41 和复位弹簧 42，所述锁胆孔 14 中设置有锁定位和解锁位，在解锁时，所述钥匙 16 的前端推动所述滑动锁件 41 从锁定位滑

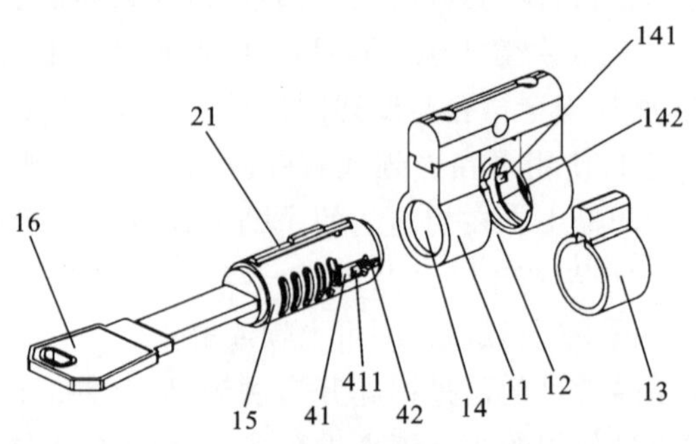

图 5-4　多维组合协调锁定的锁的结构示意图

动至解锁位，使得所述锁胆15转动解锁；在锁定时，所述复位弹簧42使所述滑动锁件41从解锁位滑回所述锁定位，使得所述锁胆15锁定。除了通过正面锁定装置钥匙牙花配合锁定或解锁之外，同时还可以通过多个滑动锁定装置与钥匙的前端配合实现锁定或解锁，从而实施锁胆的多个维度锁定。也就是说，即使钥匙的牙花与正面锁定装置匹配，如果钥匙的前端没有滑动锁件适配的话，依然无法实现开锁。

5.1.2 用多个钥匙开启的锁

常规锁具都是通过一把钥匙开启的，以最常见的圆筒弹子锁或者叶片锁为例，其钥匙均为一把，当钥匙插入锁芯时，钥匙上的解锁结构驱动锁芯中的相关结构移动至解锁位置，锁具被打开。与一把钥匙解锁时存在的问题类似，这类锁具存在两个问题：一是锁具中配合钥匙解锁的结构，其形状是固定的，容易被破解；二是通过单把钥匙解锁，仅设置了一道防线，同样使得锁具的安全性不高。

除了上述对执行单次开锁动作时安全性的考虑，人们对于锁具还有一些其他的需求。例如，在装修时必须给工人提供钥匙，户主担心工人会复制钥匙，在装修结束后非法入室。这些安全性之外的需求，也催生出一些能够配合多个钥匙的锁具。

1. 同时使用两个钥匙开启的锁

普通锁具只有单一锁定机构，也就是采用一把匹配的钥匙即可进行解锁，然而单把钥匙可复制性强，使得锁具的防盗性能差。对于安全要求高的锁具，如需要多个人共同来操控锁具才能实现解锁的情况，则产生了要求使用两个钥匙才能开启的锁具。

如图5-5所示，一种需要两人同时插入钥匙双重确定的防盗弹子锁。弹子锁处于上锁状态时，解锁转筒4的内壁同时抵压第一锁紧销和第二锁紧销，以使第一锁紧销的端部插入第一动弹子孔22内的同时，第二锁紧销的端部也插入第二动弹子孔23内，从而实现双重限定动锁芯轴2的转动。待需要对弹子锁进行解锁时，将第一钥匙7放置第一钥匙槽41内的同时也需要将第二钥匙8放置第二钥匙槽42内，解锁转筒4才能转动，并转动使得第一钥匙7的解锁孔正对第一锁紧销的同时，第二钥匙8的解锁孔正对第二锁紧销，此时第一抵顶弹件朝外抵顶第一解锁销，从而推动第一锁紧销朝第一钥匙7方向运动，进而使得第一锁紧销的端部从第一定弹子孔31内拔出，同时第二抵顶弹件朝外抵顶第二解锁销，进而推动第二锁紧销朝第二钥匙8方向运动，以使得第二锁紧销的端部从第二定弹子孔32内拔出，这时第一锁紧销和第二锁紧销都不限定动锁芯轴2的转动，此时即可实现解锁。由于上述解锁过程需要两把钥匙同时操作才能达到解锁的目的，其安全性更高。

2. 开启钥匙可变化的锁

普通锁具只需经过一次钥匙开锁的动作即可解锁，即便是通过两把钥匙同时使用开启的锁，当拿到两把钥匙后也很容易开锁，其安全性不强，从而产生了开启钥匙可变化的锁。这类锁的多把钥匙必须按照一定的使用方式插入锁芯并操作，才能解

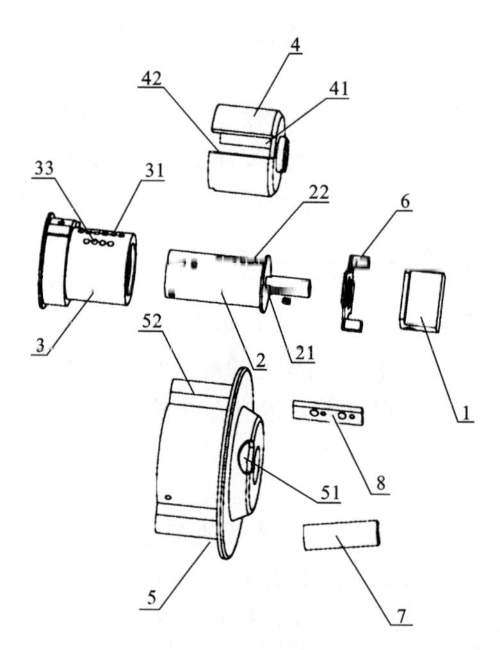

图 5-5　同时使用两个钥匙开启的锁的结构示意图

锁锁具。

如图 5-6 所示,双钥匙保管箱锁,在总钥匙 12 开启的状态下,客户钥匙 10 插入锁芯孔,顺时针带动拨叉 6 旋转的同时,钥匙 10 上不同高低的牙花驱动主叶片 8 旋转不同的角度使主叶片 8 前部的缺口都对准限位销 7 的突台,当缺口和突台对准时,拨叉 6 开始带动锁舌 2 向后移动,此时锁舌缩进锁盒,锁具开启。更换钥匙的原理如下:在锁具的开启状态下,变位叶片 9 的前端变位槽脱离了限位销 7,当钥匙逆时针旋转时,钥匙上的不同高低的牙花带动主叶片 8 和变位叶片 9 调整到相应的高度,此时拨叉 6 推动锁舌 2 往锁盒 1 的外部移动,根据钥匙牙花高低变位后的变位叶片 9 前部的变位槽进入限位销 7,锁具关闭,如再要开启,一定要使用上次关闭时的钥匙才能打开。

3. 带有 AB 钥匙的锁

AB 钥匙,就是一个锁芯可以插入 A、B 两种钥匙,A 钥匙只作为工程钥匙,用于建筑物在交付使用前由施工人员掌控,B 钥匙由业主掌控。工程完工交付使用时,业主用 B 钥匙将该锁开过后,A 钥匙就再也打不开该锁。这种锁芯通常用于住宅的防盗门上,其好处在于住宅在施工过程中装上这种防盗门后,业主就不用再更换锁芯,这样避免业主为了安全更换锁具的问题,其安全性好,使用方便。

如图 5-7 所示,一种 AB 多功能叶片锁,A 钥匙 100 前端的一面设有避让叶片锁定装置的锁定件 52 的避让位 101,避让位 101 可以是一凹台 101A,A 钥匙的避让位

101还可以是一条直槽。当A钥匙插入叶片内孔时，凹台101A可以避开锁定件52，此时部分叶片由于受到叶片锁定装置5的锁定件52的锁定，使被锁定的部分叶片的叶片上卡槽32排成一个可供保险杆落入的槽，钥匙可以顺利带动锁芯旋转实现开锁。将B钥匙插入叶片内孔时，钥匙槽与叶片下凹槽配合，带动被锁定的部分叶片横向移动，被锁定的部分叶片横向移动后推动锁定件52的锁定部，从而推顶锁定件52向下移动，并挤压一次性锁定片53，使锁定件52与被锁定的部分叶片解除卡掣，并使被锁定的部分叶片的叶片上卡槽32排成一个可供保险杆落入的槽，钥匙可以顺

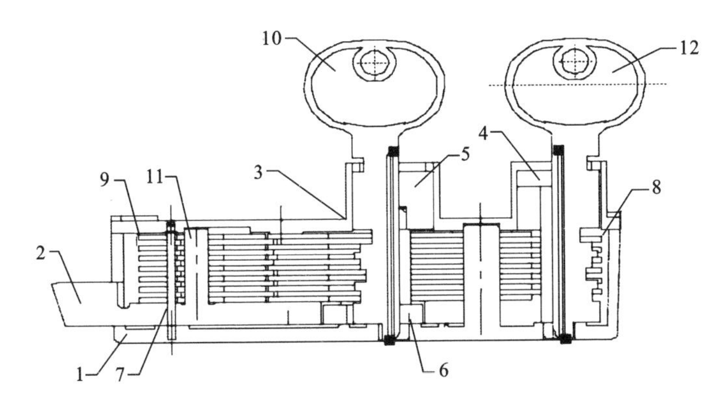

图5-6 开启钥匙可变化的锁的结构示意图

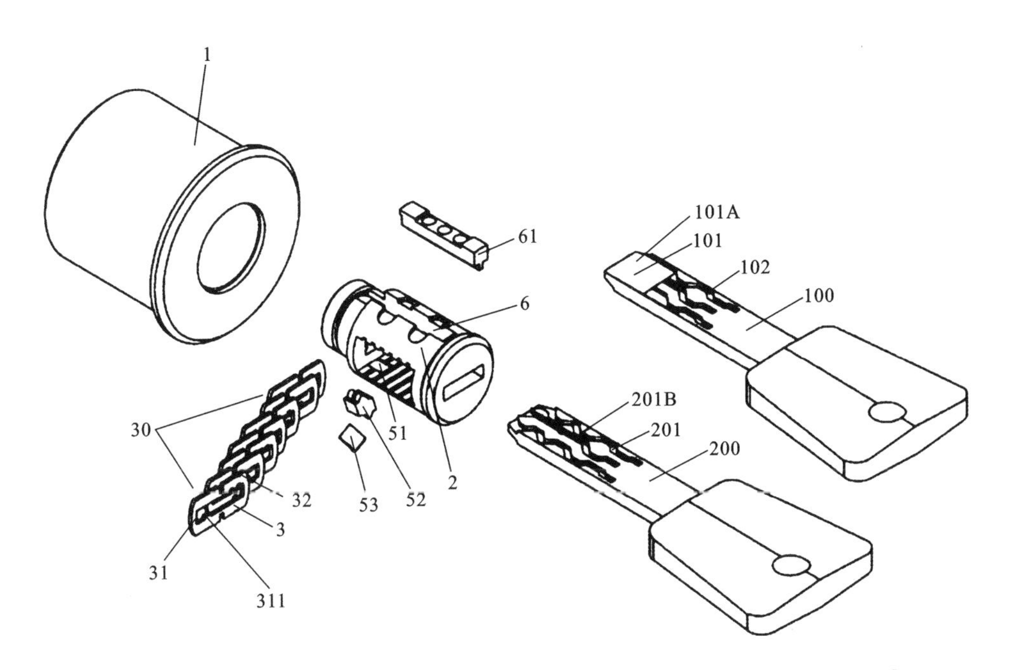

图5-7 带有AB钥匙的锁的结构示意图

利带动锁芯旋转实现开锁。一次性锁定片53是采用铝等材料制成的薄片，被挤压产生变形后无法再还原，就无法再推顶锁定件52与部分叶片下端的叶片锁定位32，也就是叶片下凹槽32A形成卡掣，即不能实现开锁动作。

5.2 有特殊结构的锁

对于特殊结构的锁的产生，一方面的原因，是人们希望提高锁具的安全性，通过规避常规的机械式锁具结构，来降低锁具被破坏或者非法解锁的可能；另外一方面的原因，则是由于锁具锁定对象五花八门，除了最常见的用于锁定门窗的锁具，还存在配合锁定其他对象的锁具，如锁定外部设施的插锁、锁定便携式电子设备的线缆锁等，与之对应地产生了各种特殊结构的锁具。

除了对于安全性和锁定对象的考虑，人们对锁具也有一些其他的要求。例如，人们需要锁具便于装配至各类门窗的不同部位；又如人们在使用钥匙开锁之后，常常会忘记拔出钥匙，解决该问题所设计的锁具往往结构也较为特殊。人们对于这些安全性之外的其他需求，也催生了各种特殊钥匙和特殊锁具的诞生。下面的章节将分别从结构的角度、功能的角度，具体介绍一些特殊结构的锁具。

5.2.1 插锁

锁具的锁定部件如果是通过插接的方式实现锁定，则称该锁具为插锁。插锁锁定的对象五花八门，应用场合多种多样，但是基本结构是相似的，都是由插接结构和锁定部构成。

插锁主要分为两类，其中一类插锁的主要结构在于驱动插接部件伸出的机构，另一类的插接部件则较为简单，如常见的可插接的杆件，其主要结构在于锁定插接部件的机构。

1. 插锁的伸出结构

有一类插锁的锁定作用的部分在于其伸出结构，如在钥匙驱动伸出结构伸出后，伸出结构保持在伸出位置不可再被移动，此时插锁处于锁定状态，直到通过钥匙再次驱动伸出结构缩回。此类插锁并未设置与伸出结构配合并对其进行锁定的锁定部，因此其主要锁定结构在于驱动伸出结构伸出的传动结构本身。

如图5-8所示，一种用于立式商用冷柜的插锁，插锁设置在冷柜柜体和柜门的顶侧或底侧。其中，插锁包括设置在柜门侧边内的外壳1，外壳1内设置有能联动的第一锁柱2与第二锁柱3，柜体在与第一锁柱2、第二锁柱3对应处设置有锁孔，第一锁柱2与第二锁柱3在外力驱动下伸出插入对应锁孔形成插锁连接。外壳1内设置有用于控制第一锁柱2、第二锁柱3移动的控制结构，控制结构与第一锁柱2或第二锁柱3的下端相铰接。采用安装部以及导向套筒5构成壳体1的技术形式，可以使第一锁柱 2 与第二锁柱 3 为对称布置，上述控制结构包括设置在外壳 1 中部的锁芯 7，锁芯 7 上设置有能随锁芯 7 转动的转臂 8，转臂 8 另一端铰接有一拉动连杆 9，拉动连杆 9 上开设有槽口；拉动连杆 9 另一端通过销钉 11 与第一锁柱 2 或第二锁柱 3 的下端相连接，销钉 11 能在拉动连杆 9 的槽口内移动，通过销钉 11 将连接臂 6 的一端与拉动连杆 9 的一端连接在第二锁柱 3 的下端。第一锁柱 2 下端、第二锁柱 3 下端均设置有阻挡块，对应阻挡块与对应导向套筒 5 之间的第一锁柱 2、第二锁柱 3 上均设置有复位弹簧，开锁时，在锁芯 7 转动力以及复位弹簧的弹力作用下第一锁柱 2、第二锁柱 3 快速退出对应锁孔。

2. 插锁的锁定结构

另一类插锁的锁定作用的部分在于其锁住伸出结构的锁定部，如在钥匙驱动伸出结构伸出后，伸出结构保持在伸出位置被锁定部的卡接结构卡合，此时插锁处于锁定状态，直到通过钥匙再次驱动锁定部解锁，因此其主要锁定结构在于锁定部如何卡合伸出结构。生活中常见的自行车插锁就属于此类。

如图 5-9 所示，一种 U 形插锁在使用时将锁栓 2 的两个 U 形脚 21 下部分别插入锁体上的插孔内，使开设在 U 形脚 21 上的扣合部与锁体内的锁栓锁紧装置相互配合，从而使锁栓 2 被约束在锁体内而不能拔出，达到锁紧目的。开启锁具时，若只开启一端的锁头 11，由于另一端的锁芯 111 被约束在锁头 11 内无法转动，则相互固

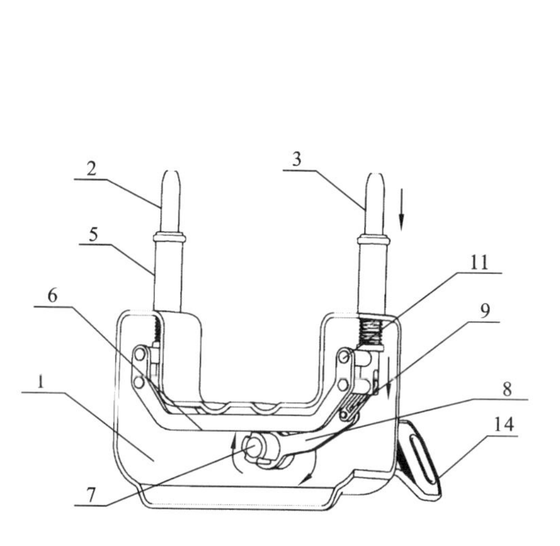

图 5-8 用于立式商用冷柜的插锁的结构示意图

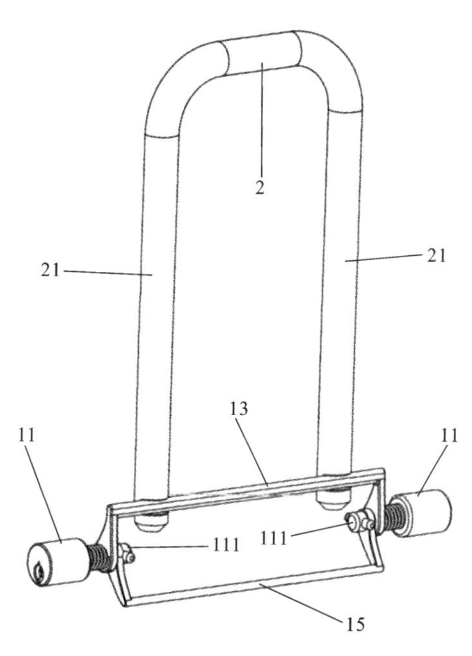

图 5-9 U 形插锁的结构示意图

接的两锁芯 111 也受未开启一端锁头 11 的约束而均不能转动，从而造成锁具无法开启；只有当两端锁头 11 均达到开启条件，两锁芯 111 均能相对其锁头 11 转动时，锁具才能开启，此时同步转动两锁芯 111，使所述锁栓锁紧装置脱离对扣合部的锁扣，锁栓 2 即可从插孔内拔出，从而达到开锁的目的。

5.2.2 具有多个锁定部的锁具

具有多个锁定部的锁主要分为三类：一是通过多个锁芯实现互锁，当几个锁芯同时被开启时，锁具才被打开；二是通过多个锁栓增强锁闭的可靠性；三是通过多个锁栓实现特殊的联动效果。

1. 用多个锁芯互锁的锁

常规的锁具仅具备单个锁芯，在该锁芯被破坏或者非法解锁时，整个锁具则完全失效，其安全性较差。最简单增加安全性的做法则是设置多个锁芯，由于多个锁芯之间起到了互锁的效果，在单个锁芯被破坏时，其他锁芯仍能起到锁定作用。

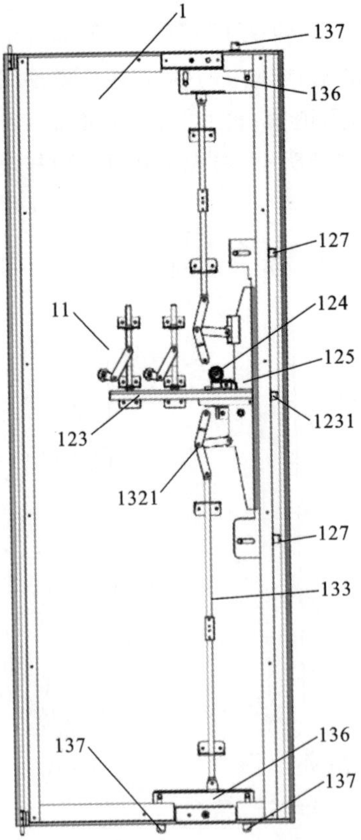

具有几个锁芯的锁具：当几个锁芯同时被开启时，锁具才被打开，其目的一般是为了增加安全性。如图 5-10 所示，一种用于药品柜的双人双锁连杆机械装置，解锁时将两把钥匙分别插入两个钥匙孔中转动，通过锁部曲轴、锁部连杆带动锁部移杆向上移动，从锁孔中抽离，再转动门把手，通过传动齿轮 124 带动传动条 123 向左移动，令第一锁芯 1231 缩回，同步经第一锁芯连动件带动第二锁芯 127 缩回，依次经锁芯移杆、锁芯摆杆、锁芯连杆及第二锁芯连动件 136 带动第三锁芯 137 收回，从而完成解锁。此时，钥匙无法从钥匙孔中拔出，门把手转动角度固定。钥匙孔设置了保险锁，开锁后钥匙不可拔出，关锁后才能拔出，从而防止柜门 1 漏锁。关锁时，转动门把手，带动传动条 123 向右移动，使得锁孔与通孔对准，同步令第一锁芯 1231、第二锁芯 127 及第三锁芯 137 伸出抵住柜体，分别转动钥匙，通过锁部曲轴、锁部连杆带动锁部移杆向下移动，穿过锁孔与通孔固定传动条 123，完成关锁。

图 5-10 用多个锁芯互锁的锁的结构示意图

2. 多个锁栓增强锁闭可靠性的锁

还有一类锁具，虽然锁芯仍然只有一个，但是该锁芯本身的结构不易被破坏，或者说该锁芯的装配位置处于不易被破坏或者非法解锁的位置。对于这类锁，非法开锁人员往往不直接破坏锁芯，而是去撬动锁栓，通过破坏锁栓来破坏整个锁具。对于此类非法开锁方式，增加锁芯对安全性的提升作用不大，反而大大增加成本，最简单的防范方式是通过单个锁芯同时驱动多个锁栓，在闭锁时多个锁栓同时处于闭锁状态。

如图 5-11 所示，一种便于开锁的锁体结构，开启时主要由锁芯 4、旋转片 5、旋转片连接杆 12 完成。当插入钥匙转动锁芯 4 时，锁芯 4 上的拨轮可带动旋转片 5，旋转片 5 顺时针旋转，由于旋转片 5 与滑动铆钉 9 之间设有一定的间隙，也就是说旋转片 5 在没碰到滑动铆钉 9 前，这时旋转钥匙是轻的。与此同时，旋转片 5 带动旋转片连接杆 12 向左移动，拨动片 14 为三角形运动方式，即固定一个点，另外两端分别与旋转片连接杆 12、斜舌连接杆 33 相抵触，从而使得拨动片 14 上的拨动片铆钉 18 相对向右运动，从过渡斜面运动到凸台上，进而使得拨动片 14 的上部向右倾斜，推动斜舌连接杆 33 向右移动与启动杠杆 13 分离。这样启动拉簧 15 处于自然的状态，启动拉簧 15 的拉力不会传到钥匙上，主锁舌连接件 7 向下移动时也没有受到任何的阻力，这时旋转片 5 带动主锁舌 2 回转，达到轻松开门的目的。

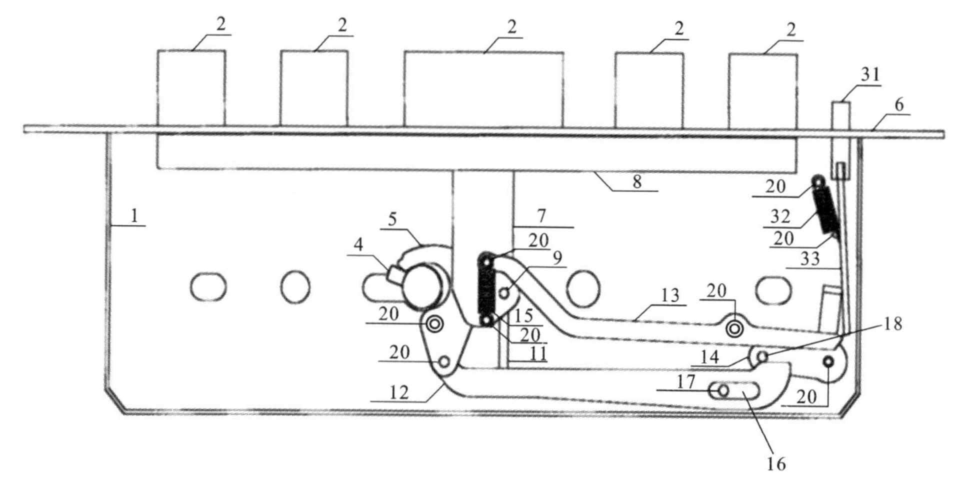

图 5-11 多个锁栓增强锁闭可靠性的锁的结构示意图

3. 多个锁栓实现特殊联动效果的锁

对于具有多个锁栓的锁，除了能增加安全性之外，有时是为了获得其他功能。例如，在门锁领域，常常在锁舌上额外设置一个小舌，在锁舌撞击门框上的锁槽之前，小舌提前与之接触并位移，通过小舌的位移，带动其他机构动作，从而实现降噪、检测锁定状态等功能。

普通的带有方舌的锁，在方舌弹出与收回过程中会与其他零部件相碰撞，不仅造成零部件磨损，且噪声也大。通过设置带有小舌的斜舌来与方舌联动，可避免方舌弹出与收回过程中会与其他零部件相碰撞,解决了触发不可靠、噪声大等问题。

如图 5-12 所示,钥匙或旋钮开门动作过程:转动钥匙或旋钮,锁头凸轮 22 转动,方舌拉板 18 上移,使解锁板 16 转动,与触发板 9 相触,触发板 9 向上移动,小舌触发件 7 在扭簧作用下向斜舌端滑动到复位状态,方舌拉板 18 继续向上移动,触发块 14 复位,可与方舌拉板 18 咬合,方舌拉板 18 继续向上,斜舌拨板 12 转动,斜舌拉板 5 后移,斜舌 3 缩回,松开钥匙或旋钮,钥匙或旋钮复位,方舌拉板 18 与触发块 14 咬合,并挂住,斜舌 3 弹出,不会触发方舌。因为,触发板 9 已上移复位,小舌 4 及触发件 7 也复位,使触发板 9 不能下滑,从而不会碰触触发块 14,所以斜舌 3 弹出过程不会触发方舌 21 弹出,整个锁体状态处于开门后的状态。当松开钥匙或旋钮后,整个锁体状态处于关门后的状态。

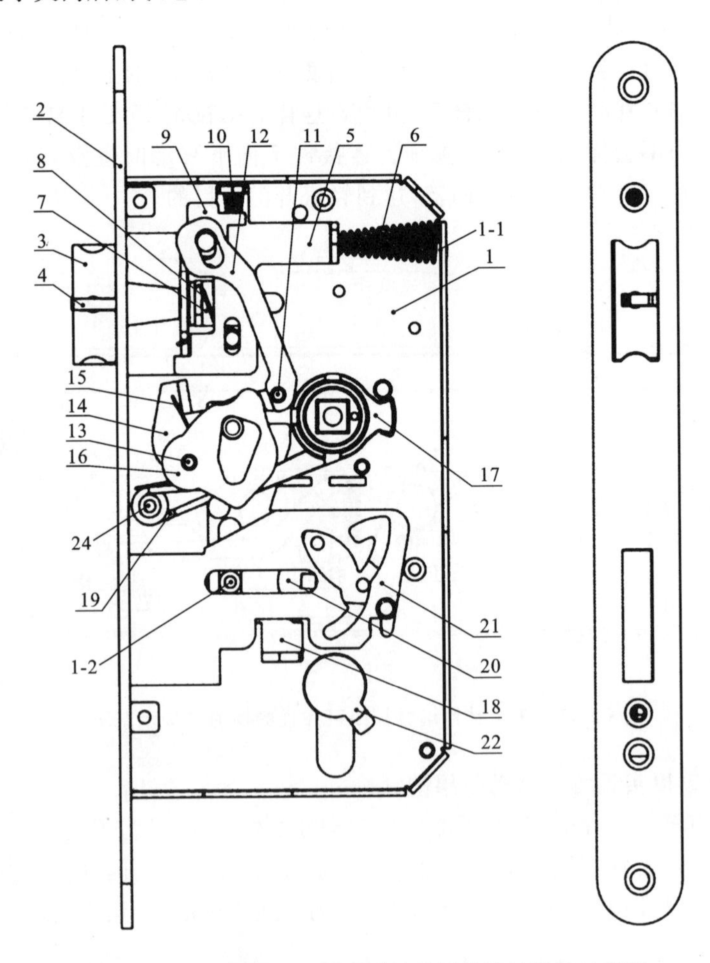

图 5-12　多个锁栓实现特殊联动效果的锁的结构示意图

5.2.3 锁栓可保持在缩回位置的锁

该锁具有独立于锁定机构的装置，使得其锁栓可以保持在缩回的位置，通过锁栓保持在缩回位置，实现降噪、遇险逃生等各种功能。

1. 具有降噪功能的锁

在门的关闭过程中，门上锁具的锁舌会与门框发生撞击，不仅会发出噪声，而且长期的碰撞也容易损坏锁具，如果在门的关闭过程中，锁舌能在接近门框时保持缩回的状态，则能避免发出噪声，并且不容易损坏锁具。

如图 5-13 所示，由于锁舌 6 在开门状态下被挡板 4 阻挡而不能伸出，所以在关门过程中锁舌 6 不会碰撞到门框 13。关门后，前杆 9 因为被门框 13 碰触而带动转动板 2 转动，进而使挡板 4 离开锁舌 6 的前端，于是锁舌 6 自动弹出到门框 13 的锁舌孔 14 内。在开门过程中，锁舌 6 在钥匙的带动下缩进锁体，同时门体 12 被人朝向室内侧推开，前杆 9 随即离开门框 13，于是转动板 2 在弹簧 7 的作用下发生转动，进而带动挡板 4 移动到阻挡锁舌 6 伸出的位置，锁舌 6 再次被挡板 4 阻挡而不能伸出。

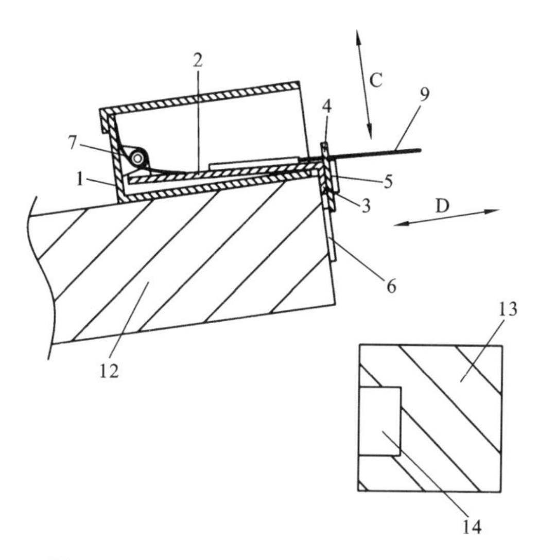

图 5-13 具有降噪功能的锁的结构示意图

2. 具有遇险逃生功能的锁

在一些公共场所如商城、超市、大厦、办公楼等地方的消防通道或楼梯间通道常常设有防火门，防火门上配备有防火门锁，有些场所为防止不法分子偷盗，通常将防火门置于锁定状态，在发生火灾时需要人员依次解锁，这样容易耽误逃生的最佳时间。如果在发生火灾时，防火门锁的锁栓能够自动保持在缩回位置，则遇险人员能够第一时间通过防火门进入消防通道逃生。

如图 5-14 所示，一种火灾时自动解锁的防火门锁。在使用时，首先将防火门安装调试好。在发生火灾时，火灾产生的高温气流会在天花板聚集，并顺着天花板流动。在防火门处，由于防火门阻挡会聚集大量的热量，此时高温气流汇入受热槽 26，受热槽 26 内的受热水管 19 由于本身的螺旋形状，受热后会产生水蒸气，通过蒸汽管 12 进入压缩室 21，压缩室 21 内部气压增大，将活塞往上挤压，活塞带动活塞杆 17 再带动锁杆 22 整体往上推动到顶部，使得防火门锁解锁。与此同时，左侧的受热水管 11 同样受热产生水蒸气，通过蒸汽管 12 进入压缩室 13 推动活塞 14 往右挤压活栓帽 15，再带动活栓杆 16 往右插入卡位孔 23，从而达到固定锁杆的作用。当火灾消灭时，水管和蒸汽管内部温度降低，水蒸气冷凝成水，管内和压缩室气压下降，活栓杆 16 由于弹簧 24 的弹力往左弹出离开卡位孔 23，锁杆 22 由于重力下落至锁槽 25，重新锁定防火门。在非火灾的紧急情况时，通过往上拨动锁槽 25 内的解锁拨片 28，将锁杆 22 顶出锁槽 25，同样可以人工解锁防火门，供遇险人员紧急疏散。

3. 具有防止忘拔钥匙功能的锁

人们在开锁后，常常忘记拔出钥匙就进入室内，会造成钥匙的遗失或者他人非法进入的隐患。如果能够实现不拔下钥匙，就无法使锁正常工作，则可有效避免忘拔钥匙带来的损失。其中一种方式就是当钥匙未拔出时，保持锁栓处于缩回状态，此时门无法正常关闭，开锁人员就能够注意到钥匙未拔出，从而防止忘拔钥匙。

如图 5-15 所示，一种防止忘拔钥匙的锁，包括锁芯 1、钥匙 2、凸轮圆盘 3、挡销 4、锁芯弹簧 5、插销 6、插销转轴 7、插销弹簧 8。凸轮圆盘 3 正面留有钥匙插槽，背面为由浅到深的凹槽，插销 6 为“Z”字形，锁芯上有挡销 4，插销弹簧 7 一端固定在锁壁上，一端与插销 6 连接，插销转轴 7 固定在锁壁上并且穿过插销“喉部”。凸轮圆盘 3 背面的凹槽与插销 6 末端接触。插销弹簧 8 的弹力比锁齿与钥匙 2 之间的摩擦力小。凸轮圆盘 3 背面为由浅到深的凹槽，并且与插销 6 末端接触，将钥匙 2 插入但不

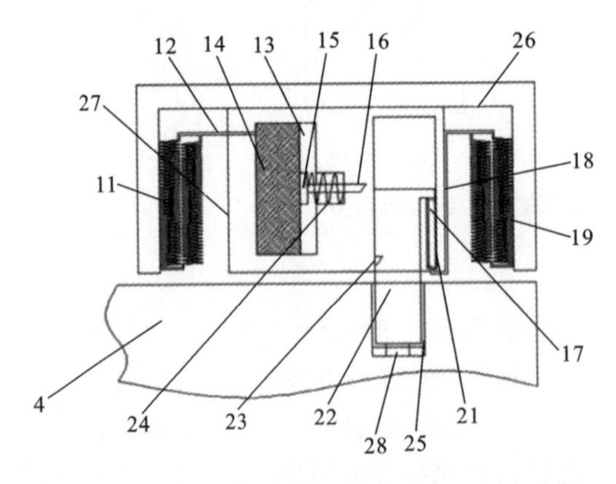

图 5-14 具有遇险逃生功能的锁的结构示意图

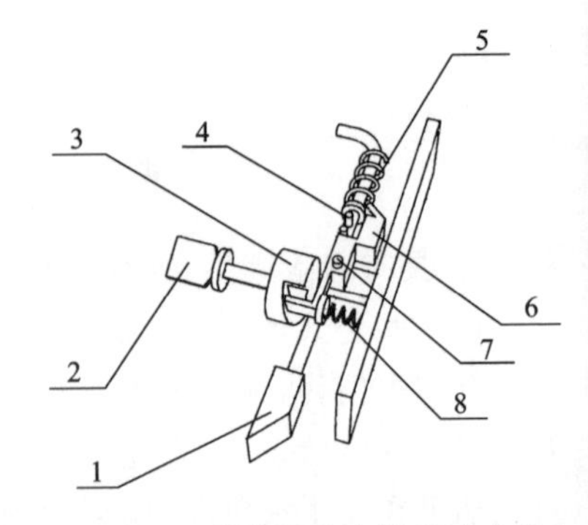

图 5-15 具有防止忘拔钥匙功能的锁的结构示意图

旋转，由于插销弹簧8的弹力无法克服锁齿与钥匙2的摩擦，会压迫插销弹簧8，从而使插销6绕插销转轴7旋转，并使插销6前端插入锁芯1的挡销之间，使锁芯1无法弹出从而无法锁门；拔下钥匙2，插销弹簧8使插销6末端自动滑到凸轮圆盘3深的凹槽，从而插销6从挡销之间转出；插上钥匙2旋转，通过手动方式使插销6末端滑到凸轮圆盘3深的凹槽。

5.2.4　没有弹簧的锁

锁具都具有开锁和闭锁这两种工作过程。在开锁和闭锁的过程中，驱动机构、传动机构、执行机构的动作是相反的，因此锁具上常常会设置弹簧来实现上述机构的复位。然而有一类锁具并不依赖弹簧的弹力来复位，而是通过重力、机械传动、磁力来复位，这类锁具可以称为没有弹簧的锁。

1. 重力复位的锁

如图5-16所示，一种依靠重力自锁式机械锁。当需要解锁时，旋转中心轴15，使主锁钩4产生旋转，副锁钩6在重力作用下会摆动，使主锁钩4锁止，此时机构处于解锁状态。将锁块5中被锁物体取出，锁块5随着被锁物体取出而产生摆动，使副锁钩6解除锁止状态，主锁钩4依靠重力向上摆动，此时机构处于待锁状态。

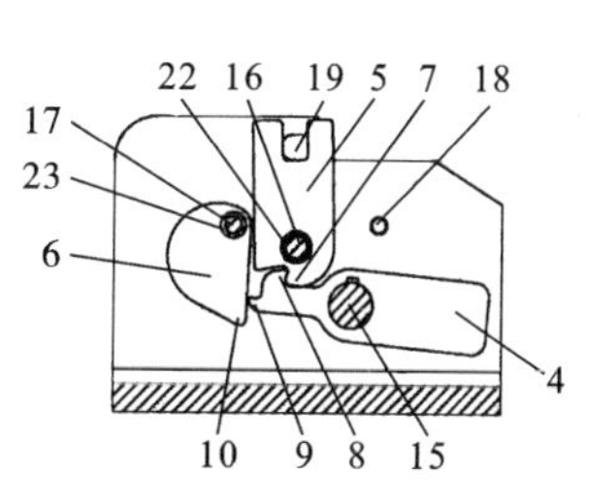

图5-16　重力复位的锁的结构示意图

2. 机械传动复位的锁

如图5-17所示，一种自锁紧锁钩，包括相互匹配设置的左锁件1与右锁件。将左锁件1端部的倒扣机构12插入右锁件的右壳体3中，倒扣机构12端部的斜面接触卡块45的下倾斜面，并对下倾斜面施加向右的作用力，使卡块45上端往上空位移动，下端往下空位移动，直至卡块45下端的卡合部卡合在倒扣机构12的条形槽体中。与此同时，右锁件2中的插块42插入左锁件1一端的插槽中，实现锁钩的自锁紧功能。当需要开锁时，插入钥匙后，往左侧拉左锁件1，由于倒扣机构12的作用，右锁件2中的锁芯机构4随同左锁件1一同往左移动，当倒扣机构12脱离右壳体3后，将倒扣机构12往一侧转动，使卡块45的卡合部脱离倒扣机构12的卡钩，从而实现锁钩的解锁。

3. 磁力复位的锁

如图5-18所示，一种无簧插芯锁头，当钥匙前端顶着锁芯孔底时，凸台滑键上的凸台已经完全进入锁壳上开的环形槽内，拧转钥匙，锁芯带着滑键上的凸台在锁壳上开的环形槽内转动，同时，锁芯带着离合器，离合器带着拨轮转动，则锁开启；闭锁时，钥匙上的凸台对准锁头端盖槽口，此时凸台滑键上的凸台已完全对准锁壳直槽，凸台滑键被磁铁吸回来，顶着磁铁闭锁。钥匙拔出后开另一侧锁时，步骤与上述一样。锁

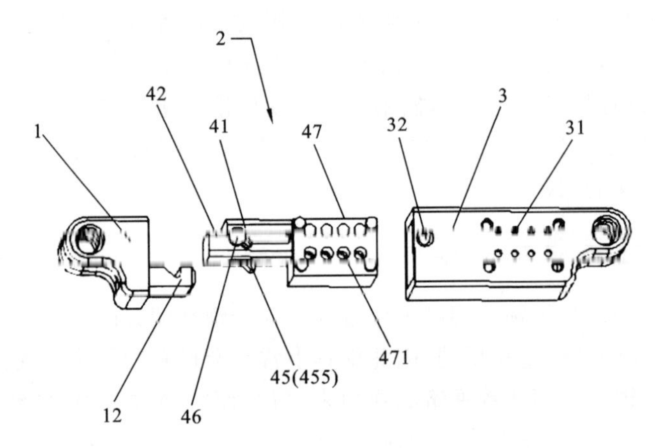

图 5-17　机械传动复位的锁的结构示意图

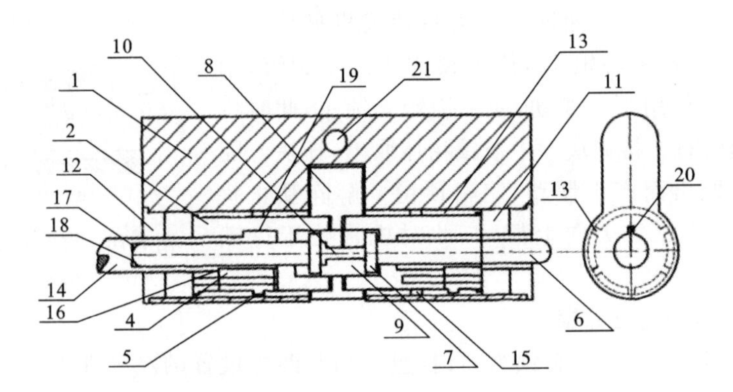

图 5-18　磁力复位的锁的结构示意图

芯上开有与离合器联结的槽，凸台滑键两侧长短不同，钥匙上的开锁台阶高低不同，无簧单锁头的中心销固定在锁芯上。

5.2.5　可任意用在门的右边或左边的锁

如本章开头所说的，人们有时需要锁具便于装配至各类门窗的不同部位，其中最常见的就是锁具既可以装配在门窗的左开扇位置，也可以装配在门窗的右开扇位置。因此需要设计特殊的锁具换向结构，使其具备通用性，以便装配在门窗左边或者右边，并且在换向调整时，其调整过程是简单、易操作的。

1. 通过离合器换向的锁

离合器是锁体中常用的控制锁定部是否与钥匙或者执手联动的部件，当锁可以左右互换时，锁体离合器也需要区分左右。门锁区分左右时，传统做法是拆分锁体，换锁体或换零件部件，才可以实现离合器的左右互换，会给产品应用造成一定程度的不方便，而设置具有换向结构的离合器则可以省略更换离合器的步骤。

如图5-19所示，一种锁体离合器换向装置，下面介绍该锁具的具体换向过程。左开：第二插销132被推上（可在锁体外部手工推动，内置定位弹珠定位），而第一插销121未被推下时，第一把手拨块3可直接带动换向装置本体1从而带动离合拨块13，离合拨块13再推动锁体内部零件，开启门锁。此时第二把手拨块4与离合转环2为空转，不可开启门锁，该状态定为左开。当第一插销121被推下时，离合转环2与转向装置本体1联动，从而使得离合拨块13与离合转环2联动，使第二把手拨块4可带动离合拨块13，实现开启门锁。右开：第二插销132被推下时，第一把手拨块3与离合转环2空转，不可开启门锁，该状态定为右开。第二把手拨块4与转向装置

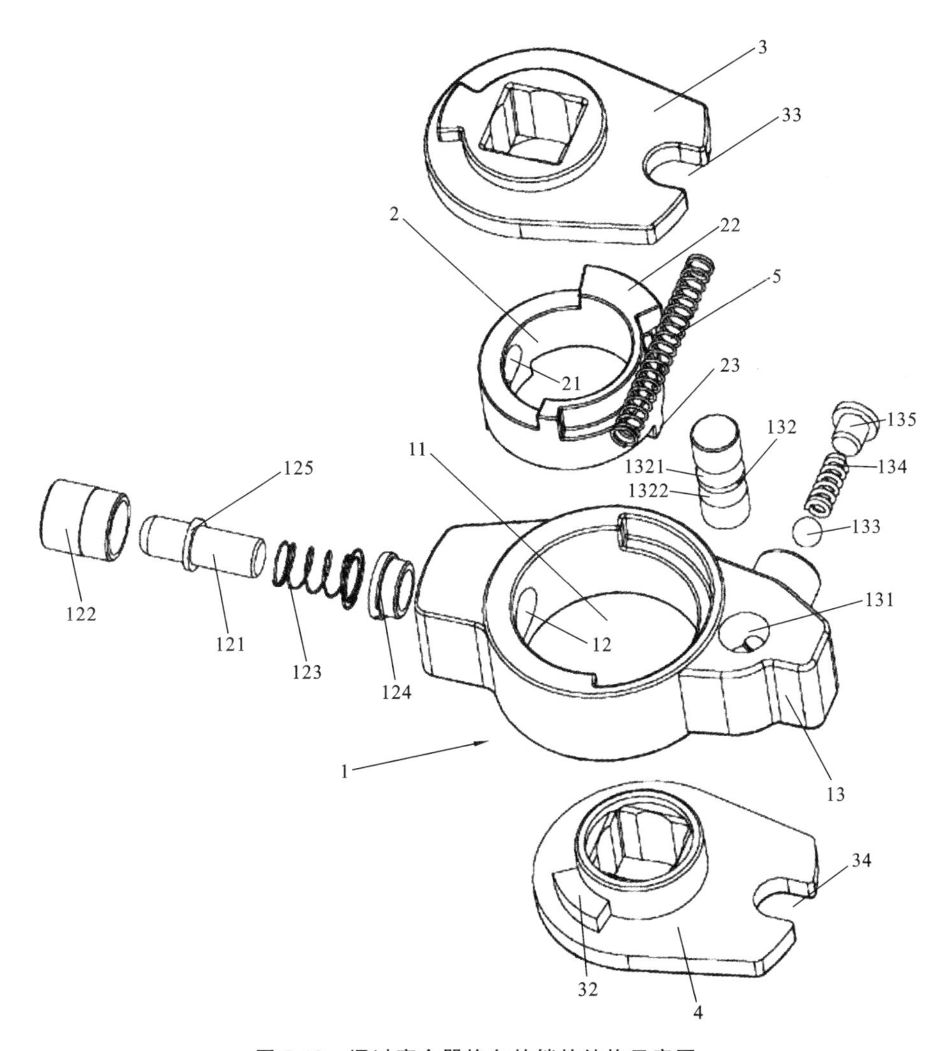

图5-19　通过离合器换向的锁的结构示意图

本体1联动从而直接带动离合拨块13,开启门锁。当第一插销121被推下时,离合转环2与离合拨块13连在一起,使第一把手拨块3可带动离合拨块13,实现开启门锁。

2. 通过执手换向的锁

针对不同的户型或者个人习惯,房屋的防盗门可以设计成从左手边打开,也可设计成从右手边打开,相应的,门上的锁具安装在门的左侧边或右侧边。根据大多数人的习惯,通常开门者向下旋转把手开门。那么,锁安装在门左侧边和右侧边,开门时,二者的把手旋转方向是对称相反的。比如,当锁装在门的左手边,则需顺时针旋转把手开门;当锁装在门的右手边,则需逆时针旋转把手开门。同时,开门时把手的转动范围通常受到限制,不允许把手反转超过此范围。可换向的执手机构,适用场景丰富,通过其换向机构实现了门锁执手快速、方便的换向。

如图5-20所示,一种可换向的执手机构,执手机构的工作原理如下。在工作时,下压或上抬把手可带动传动架进行转动,传动架同时带动着复位弹簧进行转动,松开把手后,复位弹簧可使传动架带动把手恢复到水平位置。在换向时,需要将换向拨块

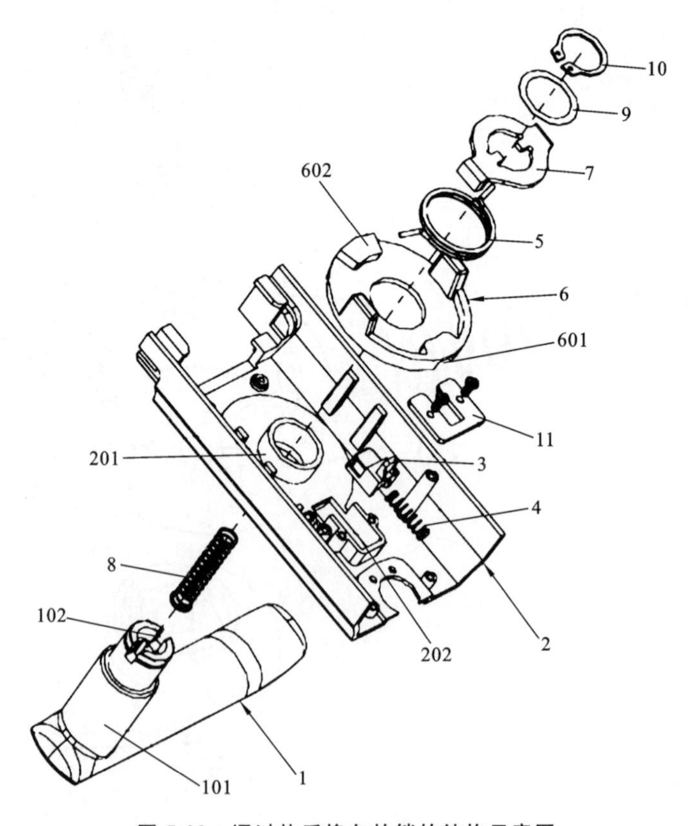

图5-20 通过执手换向的锁的结构示意图

往下拨动，换向拨块从复位弹簧底座的卡槽内移出，下压把手带动传动架压着复位弹簧转动，当转动到复位弹簧抵到复位弹簧底座上的限位柱时，复位弹簧底座也开始转动，当复位弹簧底座转动180°后，换向拨块重新弹入到复位弹簧底座的另一个卡槽内，使得复位弹簧底座不能继续的转动，此时松开把手后，在复位弹簧的弹力作用下把手恢复到水平位置，从而完成了一个把手换向的过程。

3. 通过锁舌换向的锁

由于门开启、闭合方式的不同，门锁必须有不同的斜舌朝向与之配合（即左开式或右开式）。目前市面上也出现了斜舌可换向的门锁，但大多数斜舌可换向的门锁其用于控制斜舌换向的换向机构通常设置在锁壳上，而门锁在安装于门板上之后锁壳位于门板内部。因此安装在门板上的门锁已经无法对斜舌进行换向，对于斜舌朝向错误的门锁需要对门板和锁体进行拆离才能进行斜舌换向，斜舌换向十分不便。尤其是一些门板制造商，通常需要在门板上预装门锁，而预装的门锁则限定了门板的左开式或右开式，从而限制了顾客的选择空间。

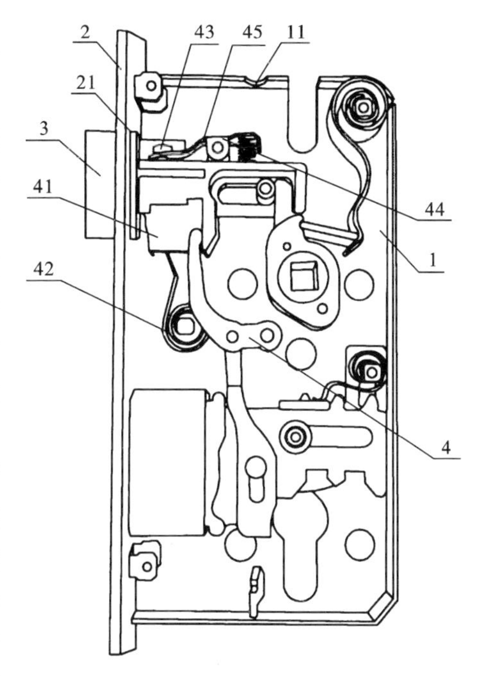

图5-21 通过斜舌换向的锁的结构示意图

如图5-21所示，一种门锁锁体，包括锁壳1、安装板2、斜舌3和控制斜舌3伸缩的传动机构4。所述锁壳1与安装板2固定连接，所述安装板2上设有供斜舌3伸缩的斜舌口21，所述传动机构4包括与斜舌3相连接的连接部41和使斜舌3复位的复位件42，所述连接部41为块状结构，所述连接部41朝向斜舌3的一侧设有安装槽，所述斜舌3上设有与安装槽相适配的安装杆，所述安装杆径向截面中心对称，所述安装杆沿自身径向设有通孔，所述安装槽侧壁设有与通孔相连通的安装孔，所述连接部41上设有销轴43，所述销轴43穿设于通孔和安装孔内。将原有的螺纹紧固件固定斜舌3的设置方式改为现在通过销轴43穿设于通孔和安装孔中固定斜舌3的方式，使在需要更换斜舌3方向的时候更加方便，且无需使用工具，只需将销轴43抽出即可改变斜舌3的朝向，然后将中心对称的安装杆插回至安装槽内，最后再将销轴43插回至通孔内，即可再次固定连接部41和斜舌3。斜舌3换向操作简单，并且将原有的圆杆结构的连接部41改为块状结构，增强了连接部41的结构强度，提升了产品使用寿命。以上的设置方式在具体实施时可简单地将安装孔和通孔依次竖直排布，使销轴43在重力作用下插接于通孔和安装孔内起到固定斜舌 3 和连接部 41 的作用。所述连接部 41 设有杠杆 45 结构，所述杠杆 45 结构包括支撑块 44 和杠杆 45，所述支撑块 44 与连接部 41 固定并与杠杆 45 中部铰接，所述杠杆 45 一端连接销轴 43，另一端设有用于使销轴 43 插入通孔内的弹性件。杠杆 45 和杠杆 45 一端的弹性件使得杠杆 45 另一端的销轴 43 在没有外力的状态下能始终保持穿设于通孔内的状态，防止销轴 43 从通孔内脱出造成斜舌 3 掉落，在更换斜舌 3 方向时也更加方便，只需挤压弹性件使杠杆 45 另一端的销轴 43 从通孔内抽出即可对斜舌 3 进行换向。

4. 通过传动机构换向的锁

现有的门锁要求厂家在制作时就知道开门方式才能对应生产，如果不知道安装需要的是怎样的开门方式，厂家则需要准备更多的零部件，而且需要备更多的货，生产安排也相对麻烦。同时在产品流通过程中，批发商和零售商也会需要增加更多的备货量，从而增加批发商或零售商的库存成本。如果通过门锁内部的传动机构就能够实现换向，则除了传动机构之外的其他门锁结构就具备了良好的通用性。

如图 5-22 所示，一种可换向的门锁组件，其壳体 1 包括固定板 10 和上盖 11，所

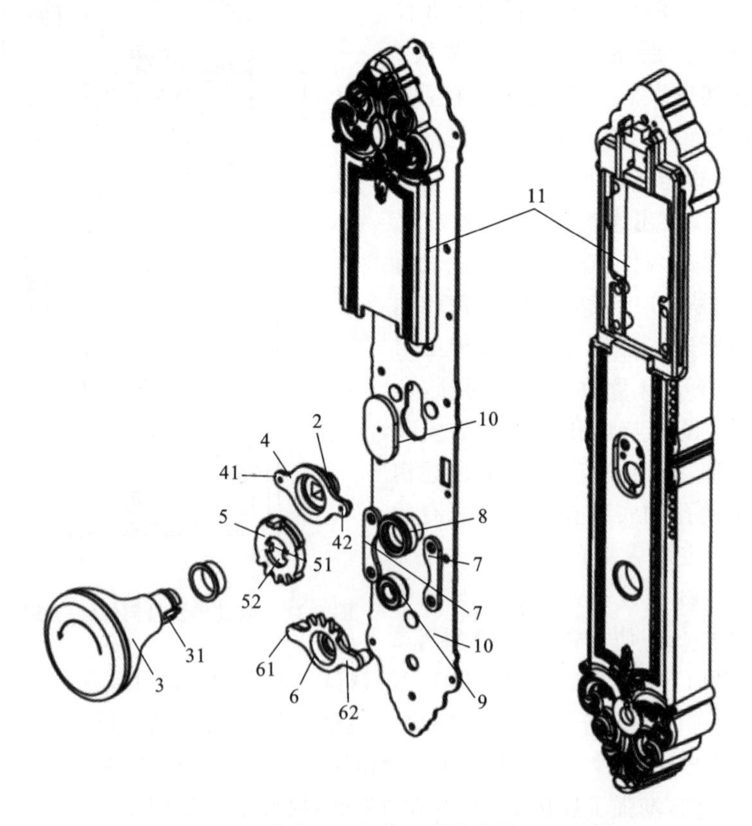

图 5-22 通过传动机构换向的锁的结构示意图

述的固定板10上设有用于带动开锁的拨杆转动的执手主轴2，执手主轴2的一端设有可带动其旋转的花球手柄3，执手主轴2与花球手柄3之间设有同轴设置的前换向轮4和齿轮传动件5，齿轮传动件5的一侧设有与其啮合的后换向轮6，前换向轮4和后换向轮6之间活动连接有双连杆组件7。在向左旋转花球手柄3时，花球手柄3带动执手主轴2、齿轮传动件5和前换向轮4均向左旋转，由于齿轮传动件5与后换向轮6啮合，齿轮传动件5向左旋转时，带动了后换向轮6向右旋转，在旋转一定角度后，此时已将作用力位置转移到前换向轮4中心，前换向轮4与齿轮传动件5同心，所以就完成了同轴换向的整个效果，齿轮传动件5的凸块55接触到上盖11内壁的第一限位块后，就不能旋转了。在向右旋转花球手柄3时，花球手柄3带动执手主轴2、齿轮传动件5和前换向轮4均向右旋转，而由于齿轮传动件5与后换向轮6啮合，齿轮传动件5向右旋转时，带动了后换向轮6向左旋转，在旋转一定角度后，此时已将作用力位置转移到前换向轮4中心，前换向轮4与齿轮传动件5同心，所以就完成了同轴换向的整个效果，齿轮传动件5的凸块55接触到上盖11内壁的第二限位块后，就不能旋转了。

5.2.6 锁定部可调的锁具

常规锁具的锁定部是不可调节的，如常规的斜舌门锁，其斜舌伸出的距离是固定的。因此一个固定伸出距离的斜舌，只能配合一个固定深度的锁槽，其通用性较差。如果斜舌的伸出距离可以调节，则该锁具能够适配不同的门框。另外，经过长时间的使用后，门与门框的间隙发生了变化，或者锁具内部各种部件之间配合的公差发生了变化，上述问题均会导致斜舌与门框上锁槽的配合产生不良的间隙，影响锁具的安全性。

1. 提高锁具通用性的锁

不同安装场景下锁具的锁舌需要适应不同的闭锁距离，如房门锁常常需要应对两种距离，即房门端边至锁头中心距为60 mm和70 mm的两种使用方式。如果锁舌的伸出距离不可调，则需要在不同的房门上安装不同型号的锁具，而可调节锁舌伸出距离的锁具则提高了锁具的通用性。

如图5-23所示，一种可调节安装距离的锁舌体，在上、下连体尾架10的前端装配进拖板9，然后将调距片12和调距限位片13整体装配在拖板9的中部上。拖板9连接在连接舌筒4内的舌板8上，舌板8的前端连接板动片、斜舌体3和小舌6，斜舌体3后端连接斜舌弹簧，小舌6后端连接小舌弹簧及制动片，然后把上、下连体尾架10铆接在连接舌筒4的后端，连接舌筒4铆接在衬板1上，斜舌体3和小舌6伸出在衬板1中部的斜舌孔中。下面再介绍其装配情况。当要装配的水平距离为60 mm的锁舌体时，则用手指夹住调距限位片13的两侧板向后推动调距片12到达拖板9的尾端，使调距片12一端面的两个对称的小圆弧孔顶接在拖板 9 后端上两个挡头上，这时衬板 1 和调距片 12 端面上的半圆弧孔之间的水平距离为 60 mm。当要装配水平距离为 70 mm 的锁舌体时，则用手指夹住调距限位片 13 两侧板向前推动调距片 12 顶接在上、下连体尾架 10 的下部尾板 10-1 中部两侧的长方形凸台 10-2 上，这时衬板 1 和上、下连体尾架 10 后的圆弧端 10-3 之间的水平距离为 70 mm。

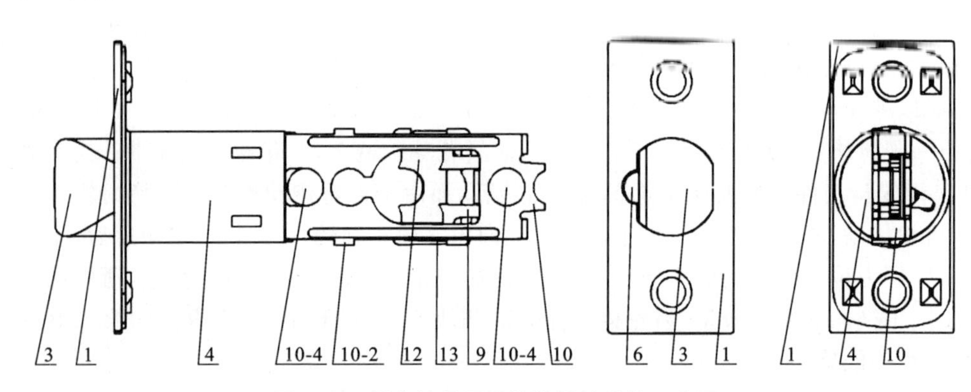

图 5-23　提高锁具通用性的锁的结构示意图

2. 增强门的密封性的锁

装有锁具的门在长期使用后，门与框之间的缝隙会增大，以空调检修门为例，门上的密封胶条经过反复开启与关闭，加上长时间使用后出现氧化、老化等现象使其回弹率以及回弹力降低，会导致空调检修门漏风。目前市场上多数厂家的设备检修门合页与锁扣无法调节松紧，由于锁扣采用全金属制作且搭接在门框上反复开关，使得锁扣或门框出现划痕和配合不紧密的现象进而导致其密封不严，随着长时间的使用，检修门与门框之间产生了不同程度的缝隙而不能及时进行调节，使空调检修门出现漏风的现象而影响箱体的密封性。如果锁定部能够根据缝隙调节松紧，则能增加门的密封性。

如图 5-24 所示，一种松紧可调节的空调检修门，对门锁的松紧程度进行调节时，主要涉及对锁扣组件的调节。首先将锁舌由锁舌座 13 上旋下，调整锁舌滑块 16 在限位槽 14 中的位置，为使锁舌能够对检修门锁的更紧，将锁舌滑块 16 朝靠近检修门的方向调整，反之则检修门更松，然后将锁舌抱箍 15 上的螺纹孔与锁舌滑块 16 上的螺纹孔对齐并将连接杆旋入螺纹孔，完成对锁扣组件的松紧调节。通过设置的锁舌抱箍 15、以细牙相匹配的锁舌滑 16 块和限位槽 14 来调整用于锁紧检修门的锁舌与门框的锁紧距离，由此通过锁扣组件将检修门与门框密封关闭时，通过旋转把手并将其置于竖直方向，与之垂直的锁扣组件对检修门形成限位和锁紧，保证加硬硅橡胶滚轮 19 与门框锁紧时接触的紧密程度，从检修门上门锁位置处保证了空调箱的气密性。

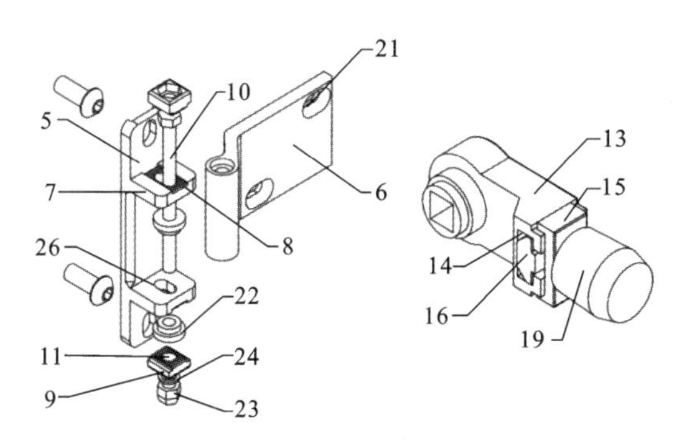

图 5-24 增强门的密封性的锁的结构示意图

3. 适应意外工况的锁

铝合金门窗常安装有门窗可调锁闭部件。这种部件可以调节锁销伸出门窗边框的长度。具体而言,这类部件的锁销以螺纹连接的方式连接在一块固定于门窗边框的锁销固定件上,锁销固定件设有螺纹孔,通过调节锁销拧入螺纹孔的深度来调节锁销伸出门窗边框的长度。然而,在门窗的使用过程中往往会因为各种原因导致锁销发生意外转动,从而改变锁销伸出门窗边框的长度。一旦锁销伸出门窗边框的长度改变过大,就会导致锁销无法与锁闭机构挂钩,致使门窗锁无法锁闭。

如图 5-25 所示,门窗可调锁闭部件包括两条锁销 1,锁销 1 以螺纹连接的方式连接在一块锁销固定件 2 上。在两条锁销 1 之间设有一个凸轮 3。凸轮 3 与锁销固定件 2 转动连接。在每条锁销 1 与凸轮 3 之间设有一个摩擦件 4。摩擦件 4 装配在锁销固定件的滑槽内,可沿着滑槽滑动。两个摩擦件 4 都是凸轮 3 的从动件。随着凸轮 3 的转动,两个摩擦件 4 既能与锁销 1 分离,又能顶压在锁销 1 上。锁销 1 从门窗边框伸出。在摩擦件 4 与锁销 1 分离的状态下,可如同常规操作那样拧动锁销 1,改变锁销 1 旋入锁销固定件 2 上的螺纹孔的深度,从而调节锁销 1 伸出门窗边框的长度。在摩擦件 4 顶压锁销 1 的状态下,摩擦件 4 阻止锁销 1 发生意外转动,从而保持锁销 1 伸出门窗边框的长度不变。凸轮 3 和摩擦件 4 位于装饰盖和锁销固定件 2 之间。装饰盖的周边与锁销固定件 2 的周边扣合。装饰盖设有通孔,凸轮 3 的转动中心设有可被拧螺丝的工具插入其内的凹槽 9。具体来说,凹槽 9 可以是但不限于一字形凹槽、十字形凹槽或者六边形凹槽。凹槽 9 暴露在装饰盖的通孔处。当需要改变摩擦件 4 与锁销 1 的离合关系时,可用螺丝批、六角匙等工具穿孔通孔来转动凸轮 3。装饰盖的边缘设有朝向侧边凸起的弹性部。整个部件安装在门窗边框上时,弹性部顶压在门窗边框的纵向凹槽内,依靠弹性部与纵向凹槽之间

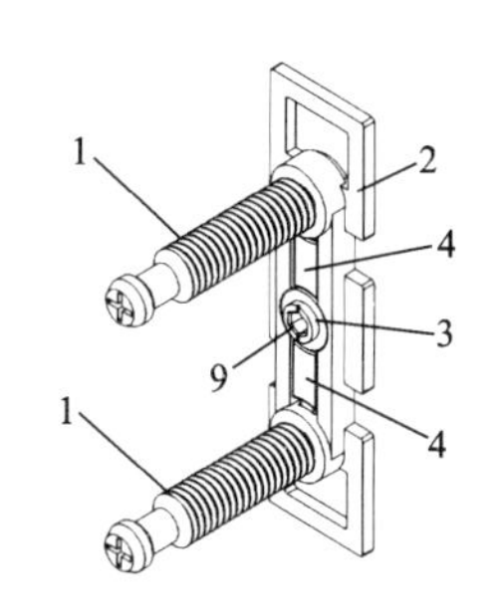

图 5-25 适应意外工况的锁的结构示意图

的摩擦力可帮助整个部件在门窗边框内定位,从而方便于整个部件在门窗边框内的安装。在锁销固定件 2 上也可以只连接一条锁销 1,这样就只需设置一个摩擦件 4。

5.3 施 封 锁

施封锁通常是采用施封线与单向锁具结合实现一次性锁定的锁具,一旦安装就无法打开,除非暴力破坏。它广泛应用于仪器仪表、集装箱门等需要监管的位置。

5.3.1 斜面锁定

日常生活中常见的电线的扎线带就是一种最简单的施封锁,如图 5-26 所示。铅封锁主体 1 上连有锁穗 3,所述铅封锁主体 1 上开设有与所述锁穗 3 相配合的锁眼 2,所述铅封锁主体 1、锁眼 2、锁穗 3 三者为一体结构,所述锁穗 3 为齿状,在使用时,将锁穗 3 的尾部穿过锁眼 2 即可锁住;在卸下时,将锁穗 3 取出即可。

5.3.2 螺纹锁定

如图 5-27 所示的方案,可调式施封锁由外壳 2、锁套 3、钢丝绳 1、手柄螺纹杆 6 组成。其中,注塑外壳 2 内设有一锁套 3,一段钢丝绳 1 的一端与所述锁套 3 相固结,另一端由外壳 2 的一端向外延伸,上述锁套 3 的另一端设有一螺纹孔 7,该螺纹孔 7 的轴线与上述钢丝绳 1 的轴线同轴或平行。所述锁套 3 的侧边垂直于上述螺纹孔 7 的轴线设有一与螺纹孔垂直相交的通孔。所述手柄螺纹杆 6 由手柄 5 和螺纹杆 4 组成,螺纹杆 4 上靠近手柄处设有一空刀槽 8。所述螺纹杆 4 与上述锁套端部设置的螺纹孔 7 相匹配。在使用中,将可调式施封锁的钢丝绳 1 穿过被施封车厢的锁孔,然后将钢丝绳 1 插入锁套 3 的通孔 9,并拉紧钢丝绳 1,将手柄螺纹杆 6 旋入锁套 3

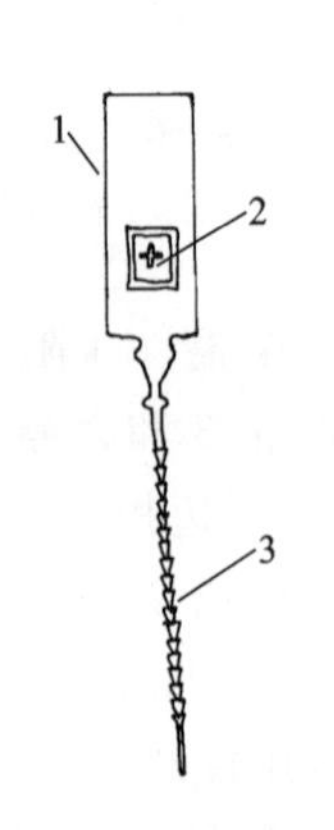

图 5-26 斜面锁定

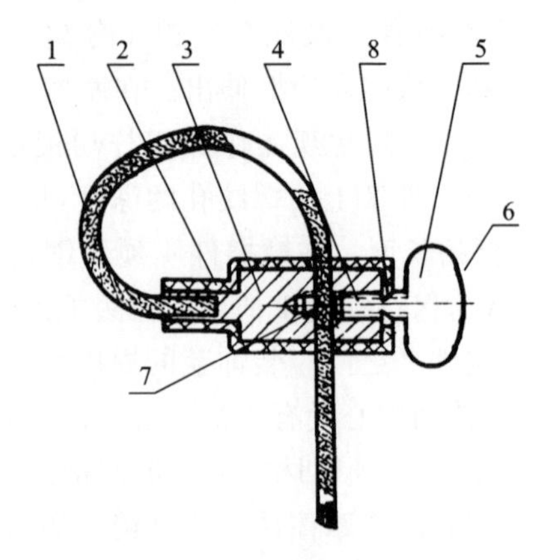

图 5-27 螺纹锁定

的螺纹孔7，用力旋转，直到螺纹杆头部将钢丝绳1顶紧，手柄螺纹杆6从空刀槽8处断开，则完成施封。施封后，钢丝绳的拉力可达到200 kg以上。

5.3.3　卡簧锁定

如图5-28所示的方案，一种箱用施封锁，具有的钢丝绳4的两端分别连接有封芯6及封套1，钢丝绳4与封芯6连接的部位包裹有外套5，外套5的材质为ABS工程塑料，封芯6的头部6d呈圆锥体，封芯6上位于其头部后方的部位处开有一个卡槽6a，封套1的内孔中装有与卡槽6a配合的卡簧2。封芯6上位于头部6d与卡槽6a之间的部位开有一个沿其周向环绕的过渡卡槽6c，封芯6上开有过渡卡槽6c部位的实体部分形成一个圆台，且该圆台的上底面朝向封芯的头部。封套1的外形为六棱柱状，在封套1外表及其与钢丝绳4连接的部位包裹有外壳3，外壳3的材质为

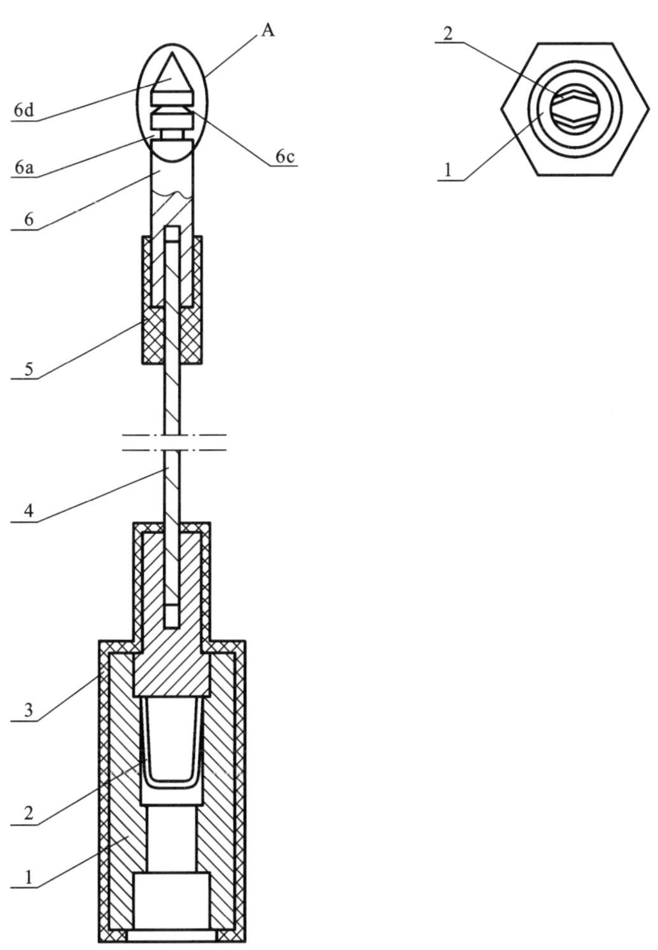

图5-28　卡簧锁定

ABS 工程塑料。可以在塑料外壳 3 表面上印制货主名称、货物标号、条形码等信息。锁闭本方案提供的施封锁时，将封芯 6 插入封套 1 的内孔后，封芯 6 的头部 6d 穿过卡簧 2，卡簧 2 先落入过渡卡槽 6c 中，再用力向内推动封芯 6，卡槽 2 滑过圆台即可进入卡槽 6a 中，实现对封芯 6 的锁定，封芯 6 被锁定后则无法正常退出。当受到外力的破坏，卡簧 2 从卡槽 6a 中脱出时，卡簧 2 会沿圆台进入过渡卡槽 6c 中，由过渡卡槽 6c 对封芯 6 实现再次阻挡，使封芯 6 仍无法正常退出。

5.3.4 钢珠锁定

如图 5-29 所示的方案，一种一次性钢丝锁包括锁体 4。在锁体 4 内开有连接孔 2，连接孔 2 内固接着钢丝绳 1 的一端，两端开口的抽拉孔 3 为穿透锁体 4 的通孔，设置在锁体 4 内的锁孔 8，其上端与抽拉孔 3 的中部相连通，其下端为向外穿透锁体 4 的开口。锁孔 8 内安装着弹簧 7，弹簧 7 的上端安装着挤压卡紧锁头 6，挤压卡紧锁头 6 与穿入抽拉孔 3 的钢丝绳 1 的另一端挤压滑动配合，弹簧 7 的下端固定在锁孔 8 的开口处。锁体 4 由钢料构成，其形状为圆柱体。穿入连接孔 2 的钢丝绳 1，其一端通过铆钉 5 固接在连接孔 2 内。与穿入抽拉孔 3 的钢丝绳挤压滑动配合的挤压卡紧锁头 6 与弹簧 7 的上端固接，其形状为球体。抽拉孔 3 与和抽拉孔 3 连通的锁孔 8 之间的夹角角度为 20°～60°。锁孔 8 内的弹簧 7，其下端通过堵塞 9 固定在锁孔 8 下端的开口处。

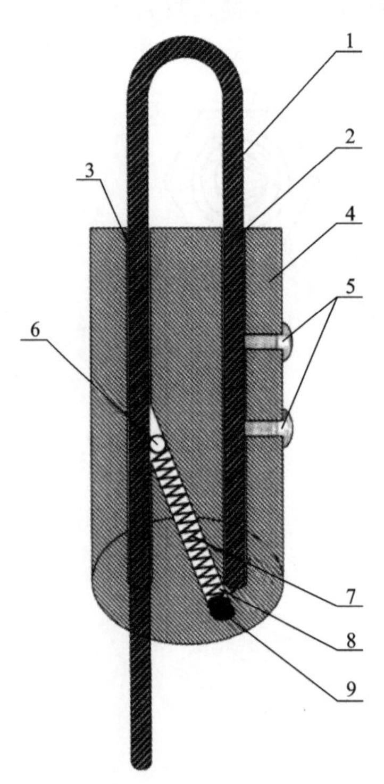

图 5-29　钢珠锁定

5.3.5 钢珠支架锁定

如图 5-30 所示的方案，一种钢丝绳单向可移动式施封锁，仅一头通过钢珠支架锁定，包括锁体 1、钢球支架 2、弹簧 4、钢丝绳 5、固定端锁定件 6 和两个钢球 3。锁体 1 内设有由锁体 1 的一端至另一端渐扩的内腔 1-1，锁体 1 的内侧壁上设有凸台 1-2，锁体 1 另一端的外侧壁上设有通孔 1-3，钢球支架 2 设置在锁体 1 的内腔 1-1 中，两个钢球 3 分别对称安装在钢球支架 2 的两侧，弹簧 4 设置在钢球支架 2 与凸台 1-2 之间，钢丝绳 5 的一端穿过锁体 1 外侧壁上的通孔 1-3 由固定端锁定件 6 锁定，钢丝绳 5 的施封端绕过施封物依次穿过锁体 1 的一端端面、钢球支架 2、弹簧 4、凸台 1-2 的中部。所述钢丝绳 5 上穿过钢球支架 2 的部分绳体位于两个钢球 3 之间。

使用时,拉动钢丝绳5的根部端,钢球支架2向锁体1的另一端移动并压缩弹簧4。此时,钢丝绳5能向锁体1的另一端移动,当弹簧4复位推动钢球支架2向锁体1的一端移动,两个钢球3挤压钢丝绳5的绳体,使钢丝绳5不能向锁体1的一端移动。

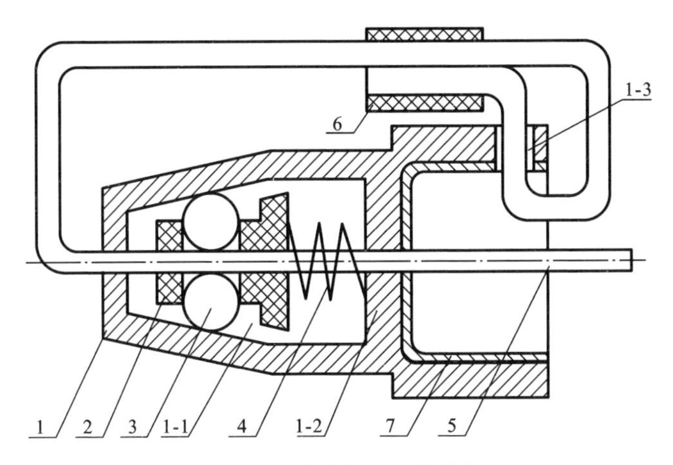

图5-30 单头钢珠支架锁定

如图5-31所示的方案,一种钢丝绳单向可移动式施封锁,双头均通过钢珠支架锁定,包括锁体1、钢丝绳2、弹簧3、支架4、压盖5、第一钢球支架6、第二钢球支架7和四个钢球8。锁体1内设有第一内腔1-1和第二内腔1-2,第一内腔1-1沿长度方向的中心线与第二内腔1-2沿长度方向的中心线并排平行,第一内腔1-1的轮廓是锁体1的一端至另一端渐缩的锥台形,第二内腔1-2的轮廓也是锁体1的一端至另一端渐缩的锥台形。压盖5与锁体1一端密封连接,第一钢球支架6设置在第一内腔1-1内,两个钢球8并排安装在第一钢球支架6上,第一钢球支架6一端端面与压盖5内侧面之间设有支架4,第二钢球支架7设置在第二内腔1-2内,两个钢球8并排安装在第二钢球支架7上,第二钢球支架7一端端面与压盖5内侧面之间设有弹簧3,钢丝绳2的固定端2-1穿过第一钢球支架6上的两个钢球8之间插装在支架4内,钢丝绳2的施封端2-2依次穿过施封物、第二钢球支架7上的两个钢球8之间、弹簧3、压盖5外露在锁体1一端端面外,钢丝绳2的绳体2-3与锁体1另一端端面构成闭合的U形环。

使用时,将钢丝绳2绕过或穿过施封物品并放在钢丝绳2的绳体2-3与锁体1另一端端面构成闭合的U形环内,拉动钢丝绳2的施封端2-2将物品锁紧。当拉动钢丝绳2的施封端2-2时,第二钢球支架7向压盖5方向移动并压缩弹簧3,此时第二钢球支架7上两个钢球8处于松弛状态,不挤压钢丝绳5;当弹簧3复位后,弹簧3推动第二钢球支架7向锁体1的另一端移动,此时两个钢球8挤压钢丝绳5,由于锁体 1 内腔 1-2 是锥形，所以钢丝绳 5 不能反向移动。

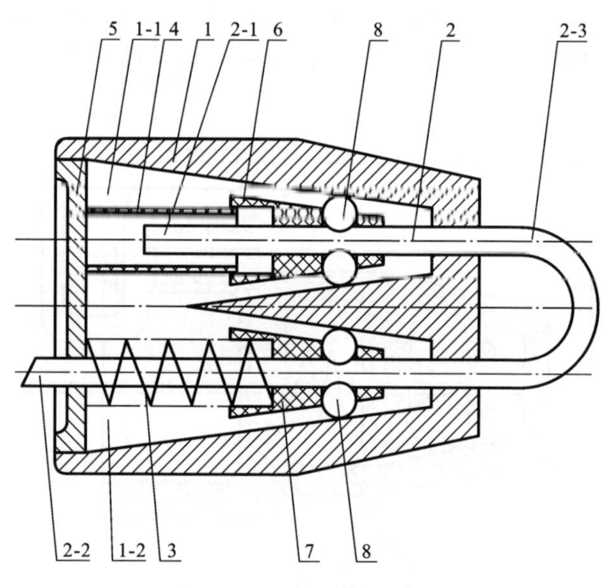

图 5-31　双头钢珠支架锁定

5.3.6　电控锁定

如图 5-32 所示的方案，一种施封锁包括锁体 1 与锁杆 2。锁杆 2 的一端与锁体 1 固定连接，锁体 1 一侧设有向内部延伸的柱状纵向通孔 3，纵向通孔 3 内径大于锁杆 2 的外径，纵向通孔 3 底部开口 4 呈倒喇叭形，底部开口 4 向内收缩，纵向通孔 3 右下侧部位为中空结构，中空结构内设有保险装置，保险装置由撞击杆 9、弹簧 8、挡板 7、液压杆 6 组成，撞击杆 9 可沿水平方向滑动，与撞击杆 9 水平的方向设有弹簧 8，弹簧 8 与撞击杆 9 间通过挡板 7 隔开，挡板 7 下部与液压杆 6 连接，并且挡板 7 可以随液压杆 6 上下运动，液压杆 6 上部还固定连接有承压板 5，承压板 5 位于纵向通孔 3 的正下方，承压板 5 上设有压力传感器 11，压力传感器 11 与 PLC 控制器电连接，PLC 控制器控制液压杆 6 的伸缩。所述撞击杆 9 外设有供撞击杆滑动的导轨 10。所述挡板 7 只能沿上下移动。所述承压板 5 与挡板 7 同步运动。所述弹簧 8 在使用前呈压缩状态。所述锁杆 2 为钢丝绳，纵向通孔底部开口 4 向内收缩，通孔底端 4 的直径略大于锁杆 2 的直径，使锁杆 2 可以进入，但是无法拉出。使用时，将锁杆 2 从纵向通孔 3 向内插入，在插入到通孔底端时，压到承压板 5 上的

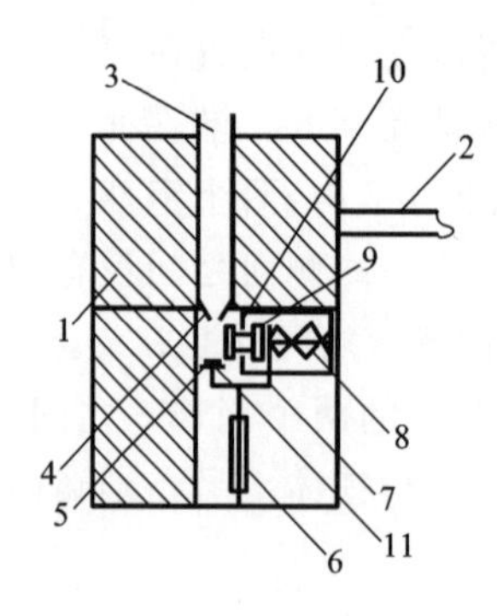

图 5-32　电控锁定

压力传感器 11,从而使 PLC 控制器控制液压杆 6 向下收缩,同时带动挡板 7 向下运动,进而使弹簧 8 伸展,将撞击杆 9 弹出,撞击锁杆 2,使锁杆 2 弯曲无法拉出。

5.3.7 双重锁定

如图 5-33 所示的方案,一种新型施封锁包括锁体 1 和锁杆 2。锁杆 2 的一端固定连接锁体 1,另一端设置有开设有卡头 4,卡头 4 与锁体 1 构成卡接配合,其特征在于:所述的卡头 4 两边设有凸起卡块 41,卡头 4 设有扁平状卡头,锁体 1 设有与卡头 4 配合使用的矩形孔;所述的矩形孔内设有卡扣 6。进一步的,所述的锁体 1 还设有锁扣装置。所述的矩形孔内设置有卡扣 6,卡扣 6 与卡头 4 构成单向进入、反向止回配合。所述的卡扣 6 为由上至下的倾斜设置,卡扣 6 上端固定在锁体 1 上或者固定在矩形孔的内壁上,卡扣 6 下端悬伸在矩形孔中。所述的锁体 1 和锁杆 2 由尼龙材料一次性注塑成型。所述的锁扣装置为弹簧片 5,上端固定安装在矩形孔内,下端为活动连接。所述的卡头 4 上开有与锁扣装置配合使用的孔槽 3,孔槽 3 设在凸起卡块 41 后部。所述的卡头 4 数量设有多个,孔槽 3 数量与卡头 4 的相同。

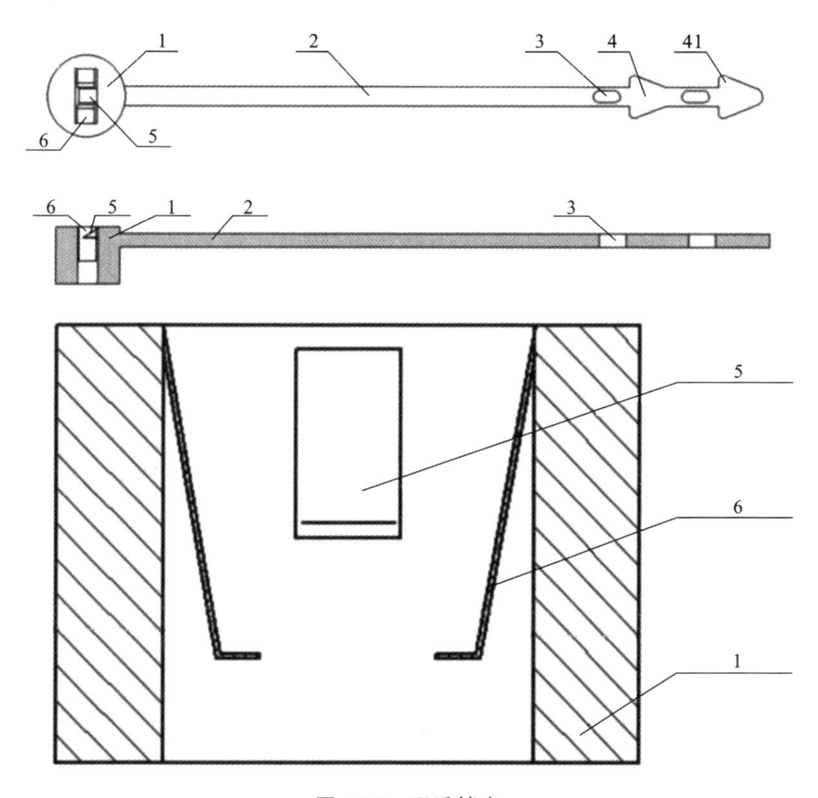

图 5-33　双重锁定

5.3.8 电子识别

如图5-34所示方案，集装箱铅封装置主要由钢丝绳1、锁封体2、活动钢珠3、封铅4、无线射频芯片5组成。锁封体2是铝合金制作而成，里面用塑料注塑成型为锁封体2，锁封体2里面有纵向的钢丝绳孔21、钢珠槽22、球形绳头窝23、芯片槽24。钢丝绳绳头11固定在球形绳头窝23里，活动钢珠3在钢珠槽22里，无线射频芯片5在芯片槽24里，钢丝绳1另一端穿过钢丝绳孔21，活动钢珠3压扣在钢丝绳1上，在锁封体2的端面经封铅4将锁封体2和钢丝绳1封固在一起。无线射频芯片5为可擦写芯片。在塑料锁封体2里有放置无线射频技术的芯片，用户可用感应设备读取芯片数据，内部使用钢珠弹子式车件组装，使用时可选择用自行调节、安全可靠牢固。

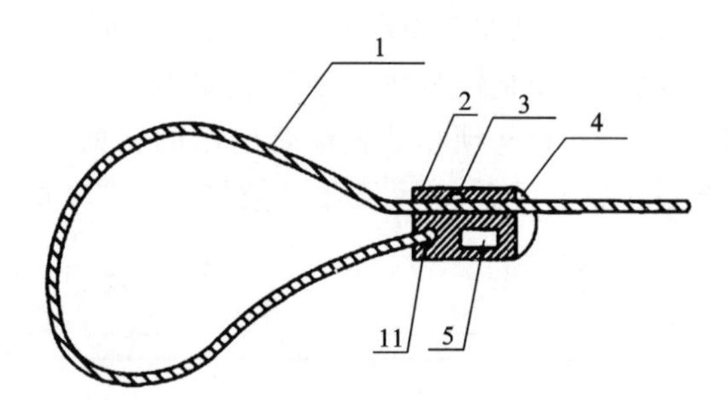

图5-34 射频识别

该部分介绍了锁具的主要类型，这些锁具各有特点，适用于不同的场合和需求，且不同场合下使用的锁具差距较大，因此其申请人相对也比较分散。例如，车辆锁的申请人主要集中在各大车企的供应商，电子锁中的智能门锁主要集中在家具市场，还有诸如商品防盗、电柜门等等，而目前传统机械锁的申请人主要集中在个人。而无论何种申请人，由于锁具本身的特点，会更加注重技术细节和实际应用，以满足日益增长的安全需求。在了解了锁具的多种类型以及锁具申请人的特点之后，我们可以更好地把握检索和审查的方向和方法，接下来我们将探讨如何对这些锁具进行检索和审查。

第二部分

锁具检索技巧

第6章　利用分类号的检索

分类号产生的目的就是为了能够更加快速、精准命中所需专利文献，因此利用分类号检索，在专业检索领域中，尤其是在检索专利文献时，是最主要、最普遍的检索方式。本章从分类体系的介绍出发，再介绍了获取分类号的方式，并结合实际案例分别进行介绍。

6.1　分类体系简介

6.1.1　分类体系的发展

专利制度发展的初级阶段，各国的技术水平都不高，涉及的专利文献量也较少，查找起来并无困难，仅需进行简单地存放即可。例如，美国在1830年以前所有专利文献都是按年代排列的。但是随着时代的进步以及各类技术水平的高速发展，首先是专利文献量越来越大，其次是专利文献所涉及的学科和技术范围也变得越来越广泛，几乎覆盖了所有的技术领域，含有大量的科技信息。因此为了自身需要，19世纪中叶，美国、欧洲等许多国家和地区按照自己的理解和习惯相继制定了专利分类方法。由于此时各国的专利分类法各不相同，相互之间的交流和检索很不方便，因此随着国际技术贸易的发展，特别是越来越多的国家采用了审查制的现代专利制度，各专利局必须对一些主要国家的专利文献进行检索。越来越多的国家认识到，迫切需要选取和制定一套全球通用的专利分类体系。

1951年，欧洲理事会专利专家委员会决定成立专利分类法的专门工作组，并开始进行国际专利分类表的编制。经过3年的研究探讨制定，1954年12月，英、法、德、意等15个欧洲国家在巴黎签订了《关于发明专利国际分类法欧洲协定》，并作为协定的附件，产生了一份《国际专利分类表》(European Convention on the International Classification of Patents Invention)，该分类法和分类表(包括其分类号)均被缩写成IPC(International Patents Classification)。该分类表由上述专利专家委员会修订后，于1968年2月通过，并于1968年9月1日起公布生效。该分类表为第一版的《国际专利分类表》。

由于各国的迫切需要，在很短的时间内，国际专利分类法就被许多国家采用，即包括欧洲理事会的成员国，也包括许多非成员国。保护知识产权国际局(即世界知识产权组织的前身)于1969年就开始参与国际专利分类法的管理与修订工作，并于

1971年3月24日《巴黎公约》成员方在法国斯特拉斯堡召开全体会议。在这个会议上通过了《关于国际专利分类法斯特拉斯堡协定》，该协定的签字国达到72个国家，因此这个会议是国际专利分类法走向世界化的一个重要标志。须注意的是，虽然有许多国家并没有加入斯特拉斯堡联盟，但是仍然采用了国际专利分类法，如中国就属于这种情况。该协定的主要内容是：世界知识产权组织（WIPO）成为IPC的唯一管理机构，负责执行有过《国际专利分类特拉斯堡协定》的各项任务；IPC确定为《巴黎公约》成员方的唯一专利分类法，所有成员都应当使用；成立专门联盟，《巴黎公约》成员方都可参加，该联盟设立专家委员会，各成员方应派代表参加，研究制定《国际专利分类表》（IPC）；专家委员会的每一个成员有一票表决权；IPC以英文版和法文版为正式版本；专门联盟的最主要权利是共同协作对IPC进行修订，最主要义务是使用IPC对本国专利文献标识完整分类号。自此，《国际专利分类表》使各国专利文献获得统一国际分类，解决了由于各国采用不同分类法所造成的不便。

发展到现阶段，世界上的专利分类表有：世界知识产权组织管理的《国际专利分类表》（IPC）、美国专利商标局和欧洲专利局合作开发的合作专利分类表（CPC）、日本专利局设计的日本专利分类表（FI/F-term）和英国德温特出版公司编制的德温特专利分类表。

6.1.2 分类方式

以《国际专利分类表》（IPC）为例，按照五个等级分类：部（Section）、大类（Class）、小类（Subclass）、主组（Main Group）、分组（Group）。其中，部是分类表中最高等级的分类层，按照领域不同，分为八个大部，用一位英文字母标记，分别是A～H，其中E表示固定建筑物。每个部分下属设有多个大类，大类是由二位数字组成，每个部下面有不同数量的大类，如E05锁、钥匙、门窗零件、保险箱。小类由一个大写字母组成，如E05B锁及其附件、手铐业。每个小类细分为许多组，其中有大组和小组，大组由高层类别号加上一位到三位的数组成以及“/00”组成，如E05B1/00，表示翼扇上用的球形把手或把手，翼扇上的锁或弹簧栓所用的球形把手、把手或按钮。小组是大组的细分类，由小类类别号以上以及小类类别号的标记加上一个一位到三位的数字，再加上除“00”以外的二位到四位数组成，如E05B1/02用实心材料制的。

虽然《国际专利分类表》（IPC）对各个类别做了明确的定义，但是具体给专利标记分类时，需要遵循《国际专利分类表》（IPC）的分类原则。《国际专利分类表》（IPC）分类表定义了5个分类原则。①整体分类，有的技术主题应当尽可能作为一个整体来分类，而不是将它的各个组成部门分别分类。②功能分类，技术主题按功能分类分入功能分类位置；分类表中不存在该功能分类位置的，分入适当的应用分类位置。③应用分类，有的技术主题按应用分类分入应用分类位置；分类表中不存在该应用分类位置的，应当分入适当的功能分类位置。④既功能分类又应用分类，有的技术主题既按功能分类分入功能分类位置,又按应用分类分入应用分类位置。若分类表中不存在该功能分类位置,则只分入应用分类位置;若分类表中不存在应用分类位置,则只分入功能分类位置。⑤独立权利要求与从属权利要求的分类。

首先,从《国际专利分类表》(IPC)的定义可以看出,《国际专利分类表》(IPC)类别标记是多层次的,层次的深度达到了5层。其次,从《国际专利分类表》(IPC)类别的划分原则上看,按照不同的划分原则,一个专利往往有多个标签。造成多个分类号的原因主要是因为分类原则之间存在重合,有些专利按功能分类有一个相应的分类号,同时按照应用分类也会有一个相应不同的分类号。例如,家具上的把手,即按功能分类分入 E05B1/00,而按应用分类分入 A47B95/02。

6.2 分类号的获取

对于 IPC、FI/F-term、CPC 等分类体系,虽然分类原则和方式有所差异,但分类号的获取途径大致相同。下面以 IPC 为例,介绍如何获取分类号。

常规的获取分类号的途径,大致有三种方式:第一种方法是直接查找法,即使用《国际专利分类表》,用户可以通过技术方案描述的主题事物查找到其所在的分类和分类号,确定 IPC 分类号;第二种方法是检索结果统计分析法,即通过使用与所检索技术方案的主题密切相关的一个或多个关键词在专利数据库进行检索,利用数据库的统计功能从命中结果中统计 IPC 分类号的分布情况,以确定该技术方案可能的分类号;第三种方法是通过检索到与技术方案相关度较高的专利文献,追踪获取专利文献的 IPC 分类号。

6.2.1 直接查询《国际专利分类表》获取 IPC 分类号

直接查找 IPC 分类表确定技术方案的 IPC 分类号是最直接、最基础,也是最常见的方法,国家知识产权局(专利检索与分析系统 http://pss-system.cponline.cnipa.gov.cn)、WIPO 的 IPC 专利网站都有《国际专利分类表》的电子版,查找分类号时既可以按照“部、大类、小类、大组、小组”的顺序逐级查找,也可以利用网站提供的检索功能,根据主题词直接检索分类号。

以下介绍几个案例,通过分析技术方案确定核心发明信息,进而从发明信息查找相关分类号,通过分类号进行检索的方式。

案例 1

发明名称:一种用于电子智能门锁的电动机组件。

【相关案情】

本案涉及一种用于电子智能门锁的电动机组件,如图 6-1 所示,包括盖板 1、两个小齿轮 2、齿轮轴 3、电动机壳体 4、两个相同的电机 5、扭转弹簧 6、圆弧推动板 7、前

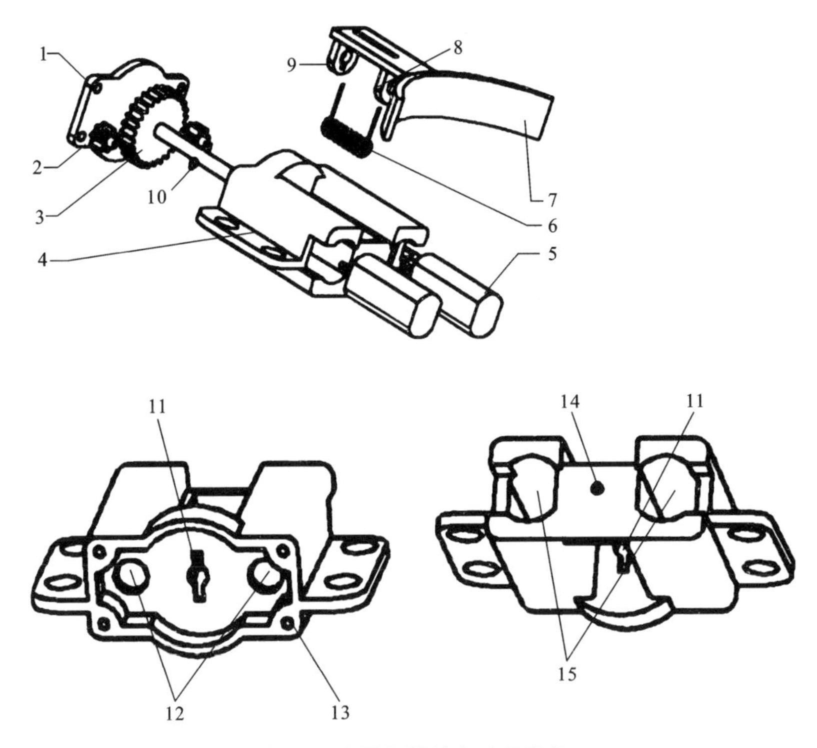

图6-1 电子门锁的电动机组件

推板8、后推板9和横杆10。齿轮轴3包括大齿轮和轴颈,且大齿轮和轴颈一体设计。电动机壳体4的一端设有与所述电机5形状相同的两个电动机安装孔15和与齿轮轴轴颈相配套的第二齿轮轴孔14,且第二齿轮轴孔14位于两个电机安装孔15之间,另一端设有与所述电动机5的电动机轴相配合的两个电动机轴孔12、与齿轮轴轴颈顶端相配套的第一齿轮轴孔11和多个盖板安装孔13,且第一齿轮轴孔11位于两个电动机轴孔12之间。电动机壳体4顶端开放,且开放的电动机壳体4两侧设有与圆弧推动板7长方板相配合的水平滑槽。两个小齿轮2的中心位置均设有与电动机5的电动机轴相配套的中心孔套。圆弧推动板7包括圆弧板、长方板、前推板8和后推板9,长方板固定在圆弧板凸起的弧面上,前推板8和后推板9分别固定于长方板的底面两端,且靠近圆弧板的为前推板。长方板上设有长方孔。前推板8和后推板9上设有与齿轮轴3相配套的齿轮轴孔。齿轮轴3轴颈上设有与齿轮轴轴向垂直的横杆10。其连接关系为:扭转弹簧6的两臂从圆弧推动板7长方板的长方孔穿过,且两臂与长方孔前后两端的内侧面接触,扭转弹簧6的两端分别与圆弧推动板7的前推板8和后推板9的内侧面接触;圆弧推动板7通过长方板与电动机壳体4滑动配合;齿轮轴3一端穿过第一齿轮轴孔,另一端依次穿过后推板9、扭转弹簧6、前推板 8 和第二齿轮轴孔;齿轮轴 3 上的横杆 10 位于在扭转弹簧 6 中间的簧丝之间;两个电动机 5 分别插入电动机壳体 4 的两个电动机安装孔 15 中,且两个电动机 5 的电动机轴同时分别插入两个小齿轮 2 的中心孔套中,然后穿过相应电动机轴孔 12 与两个小齿轮 2 固定连接,且两个小齿轮 2 均与齿轮轴 3 的大齿轮啮合;盖板 1 在盖板安装孔 13 处与电动机壳体 4 固定连接。盖板起到的作用:①阻止齿轮轴沿轴颈的轴向运动;②封闭电动机壳体。所述横杆 10 对称的位于齿轮轴 3 轴颈上,横杆 10 的轴线与齿轮轴 3 轴颈的轴线相交,且横杆 10 的两端为圆锥体。

本方案的横杆穿插在齿轮轴上,且露出齿轮轴的两端结构相同,分为一体设计的两段,与齿轮轴接触的一段为圆柱体,另一段为圆锥体,圆柱体和圆锥体的高度比为 1∶1,圆柱体和圆锥体的底面直径为 0.4～0.6 mm,这样可以不损坏扭转弹簧的寿命。本方案中的电机插入电机壳体与电机外形形状相同的孔中,电机安装到电机壳体中后,电机轴从另一侧传出,小齿轮中心孔套入电机轴上与电机转动同步。两个小齿轮在齿轮轴两侧和大齿轮啮合。扭转弹簧轴心和圆弧推动板上齿轮轴孔同心,两臂从圆弧推动板上方长孔穿过。齿轮轴插入电机壳体上齿轮轴孔中,同时穿过扭转弹簧和圆弧推动板齿轮轴孔。在齿轮轴轴颈上有一个与齿轮轴轴向垂直的横杆,横杆顶端呈圆锥形状,横杆在扭转弹簧的簧丝之间,盖板用螺钉安装在电机壳体上。电机组件把电机的旋转运动转化为一种可以往复的直线运动。电机组件的动作:大小齿轮相互啮合,大齿轮通过小齿轮在电机的带动下转动,齿轮轴上的横杆在扭转弹簧之间转动,转动到扭转弹簧的不同位置时,扭转弹簧的受力情况也不同,从而扭转弹簧的两伸出臂对圆弧推动板的弹力也发生不相同,进而实现圆弧推动板的运动。圆弧推动板收回:此时齿轮轴横杆在扭转弹簧的前端,扭转弹簧向后挤压,所以圆弧推动板在受到扭转弹簧向后的弹力的作用下,后端与电机壳体贴合,处于收回的状态。伸出圆弧推动板:当两个电机中的任何一个电机动作时,通过小齿轮带动,齿轮轴也随之转动,齿轮轴横杆在扭转弹簧的簧丝之间转动,从而使扭转弹簧的状态发生变化,最后齿轮轴横杆位于扭转弹簧的后端,扭转弹簧向前挤压,圆弧推动板受到扭转弹簧向前的弹力,在扭转弹簧弹力的作用下圆弧推动板向前运动,直至圆弧推动板的前端与电机壳体贴合,圆弧推动板呈伸出的状态。在圆弧推动板伸出的状态下电机反转,圆弧推动板即收回。电机组件应用在电子智能门锁上,该电机组件安装在门锁的室内面板上,电机组件上的圆弧推动板的前端与室内面板上零件 a 相连,外把手与锁体的离合作用控制门锁的闭合。在正常情况下,圆弧推动板处于收回的状态,此时的室外门把手与锁体是分离的关系,这时室外门把手是无法开启门锁的;当有正确的开门信号输入时,电机组件有电流输入,电机转动,圆弧推动板伸出,室内面板上的零件 a 在圆弧推动板的推动下运动,此时室外门把手与锁体是合闭的关系,室外门把手可以开启门锁,当有反向电流输入时,圆弧推动板收回。两个相同电机独立工作,一个正常工作,另一个电机不工作,不工作的电机相应的小齿轮会被动随大齿轮运动。

当正常工作的电机损坏后,启动备用的电机,可保证电机的正常使用。这样一用一备的冗余设计可以降低电机组件由于电机损坏带来的停止工作的风险。

技术领域:锁具。核心发明点:通过电机控制离合器实现开锁部件与锁栓之间的联动。

首先通过领域定位小类 E05B 锁、其附件、手铐,在小类索引中根据“电机控制”这部分找到“锁的操纵或控制 47/00 至 53/00”。由于本方案的发明核心是电机控制某部件的运动,与密码、线路无关,因此定位到大组 E05B47/00。又由于电机控制的是离合器而不是锁栓,可进一步定位到小组 E05B47/06。同时根据“离合器”在小类索引中找到“或弹簧栓的其他部件或附件 9/00 至 17/00”,从而定位到大组 E05B15/00。

因此,E05B47/06 和 E05B15/00 是最相关的分类号。使用查询的分类号结合关键词进行检索。由于锁具的结构较为复杂,一个技术方案往往涉及多个技术要点,在检索时,可以尝试多个相关分类号相与再结合关键词的方式,以提高检索效率。在中文库说明书全文字段中使用“E05B47/06/IC and E05B15/00/IC and 离合”,命中 273 篇文献,经过浏览,获取相关文献 CN201567871U、CN201687268U、CN201850846U、CN202000771U。

案例 2

发明名称:通道锁,配套钥匙。

【相关案情】

本案涉及一种通道锁,如图 6-2 所示,主要是由门体锁部分和钥匙部分两部分组成,锁体部分由现有门锁部分 4 和连接通道 3 部分及门体钥匙插孔 12 部分组成。钥匙部分由可弯曲钥匙柄 8 和可弯曲连杆 9 及可伸缩握柄 10 组成。门体锁部分将现有锁体 4 与锁体钥匙插孔 1 部分设计为隐藏于门内部,避免锁体钥匙插孔 1 裸露表面,将锁体钥匙插孔 1 与门体钥匙插孔 12 设计为分体式即不在同一位置上,现有的门体钥匙插孔 12 位置不变,以门体钥匙插孔 2 为中心将锁体 4 安装在门体内部,锁体钥匙插孔 1 的平面应朝门体钥匙插 12 方向,这样锁体钥匙插孔 1 的平面与门体钥匙插孔 12 的平面形成一个 90°角。其门体钥匙插孔 12 与锁体钥匙插孔 1 的距离设计为 100～1500 mm 之间,再以金属,合金为材料把锁体钥匙插孔 1 与门体钥匙插孔 12 在门的内部做一通道与其连接。通道连接弯曲处的弯曲度设计为大于 95°,这样有利于可弯曲钥匙柄 8 及可弯曲连杆 9 的通过,且可弯曲连杆 9 旋转自由以便操作。通道内部结构:中心设计成中空为连杆通道 5 且在对应的两端开槽,设计成为钥匙柄通道。连杆通道 5 的直径比可弯曲连杆 9 小 1 mm,钥匙柄通道 6 的高度比可弯钥匙柄 8 的宽度小 0.5 mm,钥匙柄通道 6 的宽度应比可弯钥匙柄 8 的厚度小 0.3 mm。连接通道 3 的弯曲部分的外侧做开口式的开放设计:长度为连接通道 3 的所有弯曲部分,宽度比连杆通道 5 小 3 mm。即,可弯曲钥匙柄 8 可以顺利通过且不从开槽处滑出为宜。钥匙柄通道 6 与锁体钥匙插孔应成一线状紧密对接相连,使可弯曲钥匙柄 8 通过钥匙柄通道 6 顺利进入锁体钥匙插孔 1。钥匙部分分为：可弯曲钥匙柄 8，由高韧性刚材质制成，使其具有可弯曲 90°，且弯曲后可自然回位的特性。可弯曲连杆 9 由 3～8 mm 钢丝绞线或螺旋弹簧制成具有可做最大 90°弯曲且在弯曲状态下做旋转动作，活动后不变形的特性。可伸缩握把设计为连杆穿心式。使可弯曲连杆 9 与可伸缩握柄 10 可以做长度变化的伸缩动作，可弯曲连杆 9 的一端与可伸缩握柄 10 的一端设计一个卡夹。

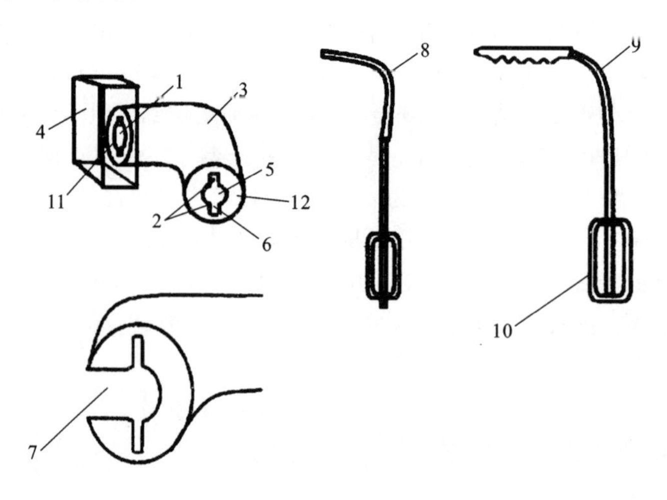

图 6-2　通道锁

在形状、构造及其结合上，本方案中通道锁配套钥匙的必要技术特征是：锁体部分都是弹子式锁具及机械部分与现有锁具相同，利用钥匙柄上的锯齿插入锁体旋转部分的钥匙插孔，使旋转部分弹子在同一平面上之后将锁体旋转部分做旋转动作，使其完成开锁。通道锁及配套钥匙与最近现有技术不同的技术特征是：锁体与锁体钥匙插孔部分设计为隐藏于门内部，避免锁体钥匙插孔裸露于表面，将锁体钥匙插孔与门体钥匙插孔设计为分体式（即不在同一位置上），将门体钥匙插孔与隐藏在门内的锁体钥匙插孔做一个通道连接，在通道内部做软体防盗设计，利用配套连杆式软体钥匙通过门体钥匙插孔经连接通道使钥匙柄到达门内锁体钥匙开锁位置，即完成钥匙与锁体部分在门内进行开锁动作的设计。在操作时，先将可弯曲连杆 9 从可伸缩握把 10 中拉出，将其拉至连杆卡夹与可伸缩握柄 10 卡夹重合处，使可伸缩握柄 10 带动可弯曲连杆 9 做旋转动作。将可弯曲钥匙柄 8 送入门体钥匙插孔 2，可弯曲钥匙柄 8 经钥匙柄通道 6 做插入动作直至将可弯曲钥匙柄 8 的一部分完全送入门内锁体内部到达开锁位置，旋转可伸缩握把 10 将旋转力通过可弯曲连杆 9 传到可弯曲钥匙柄 8 形成扭力，将可弯曲钥匙柄 8 做旋转完成开锁动作。该发明技术完成了锁体 4 在门内部的位置的不可确定性，锁体钥匙插孔 1 同时不裸露在表面，通道的弯曲结构设计，通道弯曲处开槽设计，配套钥匙部分的可弯曲钥匙柄 8、可弯曲连杆 9，握把的材质，制造工艺，可弯曲的特性等，对利用现有开锁工具和破坏性破坏锁体结构及利用通道进入锁体部分的软体开锁工具都有着极大的防范作用。这样就实现了实用通道锁及配套钥匙进一步提升防盗能力。

技术领域：锁具。核心发明点：通过设计完全的钥匙通道从而提高防盗效果。它是一种比较特殊、不常见的锁具结构。

首先通过领域定位小类 E05B 锁、其附件、手铐，在小类索引中找到“采用特殊钥匙或钥匙组开启的锁 35/00”和“钥匙 19/00”，但在进一步的细分中并未找到相关细分分类号。

E05B 35/00 用特殊钥匙或几个钥匙开的锁。

E05B 35/02 • 能侧向移动的。

E05B 35/04 • 用拉拔钥匙。

E05B 35/06 • 用旋转钥匙。

E05B 35/08 • 用几个钥匙开动的。

E05B 35/10 • • 有基本钥匙和通过钥匙的。

E05B 35/12 • • 要求使用两个钥匙的，例如，存储用保险锁。

E05B 35/14 • 用钥匙的不同部位开动锁的分离机构。

E05B 19/00 钥匙；及其配件（制造钥匙见有关位置，如 B21D 53/42，轧制钥匙中的沟槽入 B23C 3/35）。

E05B 19/02 • 钥匙柄的构造。

E05B 19/04 • 钥匙匙环的构造；扁平钥匙的构造。

E05B 19/06 • 钥匙齿；扁平钥匙齿。

E05B 19/08 • • 特殊形状的钥匙齿，例如，双钥匙齿、折叠钥匙齿。

E05B 19/10 • 匙齿和匙环在匙柄上的固接。

E05B 19/12 • 在使用时有几个齿彼此做相对移动的钥匙。

E05B 19/14 • 双钥匙。

E05B 19/16 • 非常薄的、开锁时不用转动的钥匙。

E05B 19/18 • 在使用前可调整的钥匙。

E05B 19/20 • 万能钥匙；撬锁器件；用于同样用途的其他器件。

E05B 19/22 • 具有能显示最后是否锁上的钥匙。

E05B 19/24 • 钥匙分类标记。

E05B 19/26 • 用特殊材料制的钥匙。

因此，E05B35/00 和 E05B19/00 是最相关的分类号。使用查询的分类号结合关键词进行检索。在中文库说明书全文字段中使用“E05B35/00/IC and E05B19/00/IC and (通道 OR 柔 OR 软)”，命中 102 篇文献，经过浏览，获取相关文献 CN102146748A。

6.2.2 通过统计分析获取 IPC 分类号

对于某些技术方案可能涉及不同领域的分类号，而通过查表的方式很可能会遗漏某一类别的分类号，或是技术人员想要了解某一技术领域分类号的分布情况，直接查表就不太实际。此时，分类号的统计分析功能就尤为重要。如果涉及方案比较复杂或是对该领域分类号不熟悉的情况下，通过关键词表达从而统计分析高频分类号，并结合分类表，可以更快更精准定位最准分类号，且能够尽可能找全相关分类号，做好充分检索的准备。

案例 3

发明名称：自吸式侧门门锁总成用执行器。

【相关案情】

本案涉及一种自吸式侧门门锁总成用执行器，如图 6-3 所示，包括壳盖 1 以及壳体 13。所述壳体 13 内设置有 ECU 线路板 16。所述线路板 16 通过电线连接电动机 6 的端子。所述电动机 6 连接有双头蜗杆 7。所述双头蜗杆 7 与双联齿轮 9 的第一齿轮啮合联动。所述双联齿轮 9 的第二齿轮与大齿轮 12 啮合联动。所述大齿轮 12 与自吸拉索 15 连接固定。所述自吸拉索 15 与锁体总成 18 的自吸摇臂连接。所述 ECU 线路板 16 与锁体总成 18 的线路板分总成连接。所述双联齿轮 9、大齿轮 12 分别通过双联齿轮轴 14、大齿轮轴 11 连接设置在壳体 13 的定位销上。所述壳体 13 底部通过花型开槽盘头螺钉 3 连接设置有固定板 14。所述固定板 14 上设置有减震螺钉 4。所述电动机 6 接线端设置有电动机护罩 5，工作端设置有电机挡圈 8。所述 ECU 线路板 16 与锁体总成的线路板分总成通过外接插件 19 与插接护套连接。所述 ECU 线路板 16 通过锡焊与插接护套连接。具体装配时，将双联齿轮轴 10 和大齿

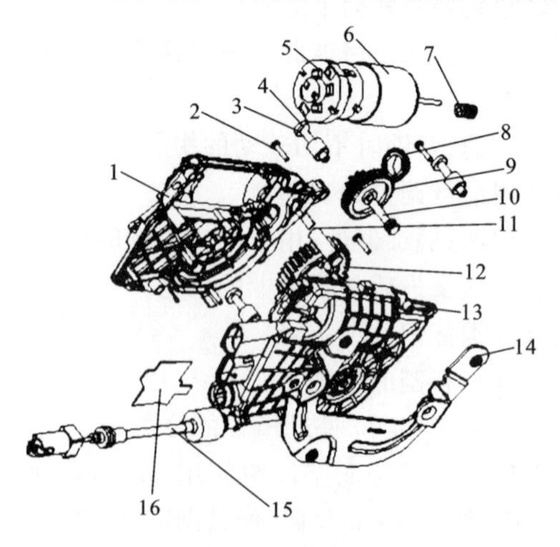

图 6-3 自吸门锁

轮轴 11 包塑在壳体 13 上，将 ECU 线路板 16 锡焊在壳体 13 上，将双头蜗杆 7 连接在电动机 6 上，电动机挡圈 8、电动机护罩 5 安装在电动机 6 上，再将电动机 6 安装在壳体 13 上，装配双联齿轮 9，将自吸拉索 15 安装在壳体 13 上并与大齿轮 12 连接，将大齿轮 12 装在壳体 13 中，与双联齿轮 9 啮合匹配，合上壳盖 1，拧上自攻螺钉 2，最后将减震螺钉 4 拧在固定板 14 上并安装在壳体 13 上，再用花型开槽盘头螺钉 3 连接。

当车门处于处于半锁状态（没有完全关闭）时，通过棘轮位置信号反馈给执行器总成的 ECU 线路板的程序，ECU 线路板控制电机的双头蜗杆带动双联齿轮，并传动给大齿轮，连动自吸拉索，自吸拉索拉动自吸摇臂转动，再连动自吸联动臂，推动棘轮，使棘轮转动到全锁紧位置，与棘爪啮合，从而实现自吸功能。

从技术方案中可以知道，该案主要是涉及一种在车门处于未完全关闭状态时，能够通过检测部件检测并进行自吸动作从而将车门关紧的装置。

在不确定相关分类号的情况下，可用关键词大致检索相关文献。在中文库说明书全文字段中使用“（汽车 OR 车辆）S 门 S 自吸”，命中 370 篇文献。

在大部分检索系统中可以在检索结果中进行分类号的统计，如图 6-4 所示。

数据库筛选

CNTXT	370

字段筛选

IPC分类号

E05B81/00	184
E05B83/00	122
E05B85/00	97
E05B79/00	63
E05F15/00	55
E05B77/00	52
B60R16/00	28
B60J5/00	26
B60J10/00	21
G05B23/00	8

图 6-4　分类号系统自动统计结果

从上述统计出的结果可看出，该领域大部分文献涉及 E05B81/00（动力驱动的车辆锁）和 E05B83/00（专门适用于特殊类型翼扇或车辆的车辆锁），但也会涉及 B60J（车辆的窗、挡风玻璃、非固定车顶、门或类似装置；专门适用于车辆的可移动的外部护套）和 B60R（不包含在其他类目中的车辆、车辆配件或车辆部件）的相关文献，可以进一步在上述分类号下进行扩充检索。

案例 4

发明名称：油箱充电口盖锁。

【相关案情】

本案涉及一种油箱充电口盖锁，如图 6-5 所示，包括推压杆 11；定位机构，所述定位机构包括导向块 13、定位块 15 和导套 17，其中，所述定位块 15 和所述导向块 13 均设置于所述推压杆 11 的底部，所述导套 17 的底壁上设置有用于对所述定位块 15 进行限位的限位卡台 67；弹簧 21，所述弹簧 21 与所述定位块 15 相抵，所述弹簧 21 用于对所述定位块 15 施加弹力，使所述定位块 15 能与所述导向块 13 相抵，并在所述导向块 13 的作用下转动至所述限位卡台 67，其中，所述弹簧 21 包括沿轴向延伸的第一弹簧 23 和第二弹簧 25，所述第一弹簧 23 的劲强系数小于所述第二弹簧 25 的劲强系数，且所述第一弹簧 23 的长度大于所述第二弹簧 25 的长度。

使用时，按压推压杆 11，使得推压杆 11 沿轴向向下移动，以使得导向块 13 能与所述定位块 15 相抵。由于定位块 15 与弹簧 21 相抵，所以在按压推压杆 11 的过程中，弹簧 21 被压缩，且弹簧 21 的弹力能通过推压杆 11 传递至操作者，使得操作者感觉到弹簧 21 的反作用力。但是由于现有技术中的油箱充电口盖锁的弹簧 21 仅为一个，且弹簧 21 在压缩的过程中，弹性形变是逐渐变化的，且不会发生突变的形变。所以在按压过程中，弹簧 21 对操作者的反作用力也是逐渐变化的，因此操作者感觉到的弹簧 21 的反作用力是平缓变化的，而不会感觉到弹力突变。在按压推压杆 11 的过程中，初始按压推压杆 11 时，第一弹簧 23 被压缩，而第二弹簧 25 几乎没有被压缩。当推压杆 11 按压一段时间后，第一弹簧 23 压缩完成，第二弹簧 25 被压缩。由于第二弹簧 25 在压缩时会对操作者施加反作用力，从而能使操作者感受到的反作用力突然变大。因此，第二弹簧 25 的压缩变形能帮助操作者判断推压杆 11 的按压程度，从而利于安全行车。所述油箱充电口盖锁通过设置沿轴向延伸的第一弹簧 23 和第二弹簧 25。

推压杆 11 在整体上呈杆状。具体来说，推压杆 11 包括主体 47、位于主体 47 顶部的锁舌 49，以及位于主体 47 侧壁上的第一旋转导向装置 51。该主体 47 在整体上呈中空的圆柱体状。锁舌 49 包括与主体 47 相连的圆形转动部 24 和连接在圆形转动部上的片状部 22。推压杆 11 穿设于导套 17 中。如图 6-5 所示，该圆形转动部 24 穿过导套 17 的顶部，使得片状部 22 在推压杆 11 沿上下方向移动的过程中始终露出在导套 17 之外。片状部若为矩形，尤其为长方形，则能够根据不同方向实现定位和锁紧。进一步地，锁舌 49 伸出，油箱充电口盖锁打开，锁舌 49 缩回，油箱充电口盖锁关闭。再进一步地，导套 17 上设置有对第一旋转导向装置 51 导向的第二旋转导向装置 70，使得推压杆 11 在下压的过程中还能转动，以实现锁舌 49 的转动。该第一旋转导向装置 51 可以为螺旋槽，该第二旋转导向装置为导向凸块，如此则方便了制作和安装。当然，该第一旋转导向装置 51 也可以为导向凸块，该第二旋转导向装置为设置在导套 17 上的导向槽。定位机构包括导向块 13、定位块 15 和导套 17，其中，定位块 15 和导向块 13 均设置于推压杆 11 的底部，且导向块 13 能在推压杆 11 的作用下与定位块 15 相抵。导向块 13 为导向环，呈环形。导向块 13 的外侧面上设有轴向延伸的凸楞 30。导向块 13 的外侧面的底部以及凸楞 30 的底部设置有首尾交替排布的第一斜面 20 和第二斜面 40，第一斜面 20 和第二斜面 40 相交形成齿状的底面。所述齿状的导向块 13 的底面包括齿尖 60 和齿底 80，齿尖 60 位于齿状的导向块 13 底面的最高点，齿底 80 位于齿状的导向块 13 底面的最低点。齿尖 60 和齿底 80 间隔设置，形成导向块 13 向上曲折的斜面或齿形面，第一斜面 20 和第二斜面 40 相交成钝角，相交的角度可以为 120°。定位块 15 包括：穿设于推压杆 11 内的柱体

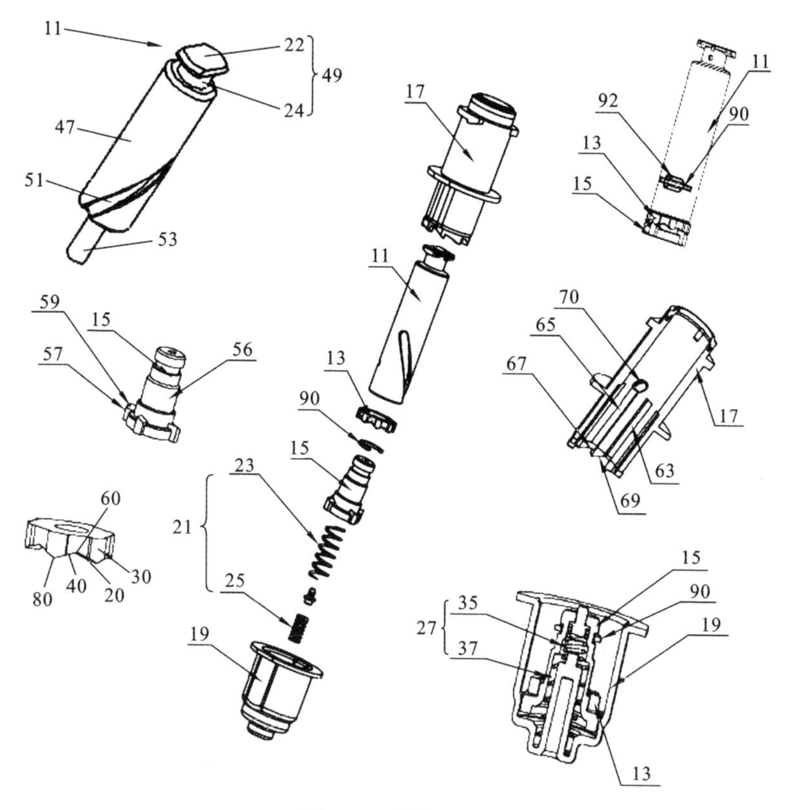

图 6-5 油箱盖锁

56 和设置在柱体 56 外侧面上的定位筋 57。进一步地，该定位筋 57 为多个，多个定位筋 57 沿周向均匀排布。导向环套设于柱体 56 上，且导向块 13 位于定位筋 57 的上方。定位筋 57 的顶部具有定位筋斜面 59。定位筋斜面 59 位于齿状的导向块 13 的底面之下，定位筋斜面 59 用于和齿状的导向块 13 底面相配合，使导向块 13 随推压杆 11 压下到定位块 15 的顶面时，对定位筋斜面 59 起到斜向或周向的推动作用，使定位块 15 在下压的时候能够周向转动。定位块 15 具有第一位置和第二位置，在第一位置，定位筋斜面 59 的顶部位于齿尖 60 处，定位筋 57 处于深导槽 63 中，锁舌 49 处于伸出位置，处于开锁状态（锁舌 49 不再卡住油箱盖）；在第二位置，定位筋斜面 59 的顶部位于齿底 80 处，定位筋 57 脱离深导槽 63 中，锁舌 49 缩回，处于锁紧状态（锁舌 49 卡住油箱盖）。导套 17 用于容纳定位块 15 和导向块 13，为定位块 15 和导向块 13 提供滑动和转动空间，并对定位块 15 和导向块 13 进行限位。在其他的实施方式中，定位筋 57 的底部具有定位筋斜面 59，导向块 13 的顶面为齿状，定位筋 57 底部的定位筋斜面 59 用于和导向块 13 上的齿状结构配合，以使定位块 15 随推压杆 11 压到导向块 13 顶面时，对定位筋斜面 59 起到斜向或周向的推动作用，使定位块

15 在下压的时候能够周向转动。定位块 15 背对定位筋 57 的一端上套设有卡簧 90，推压杆 11 上设置有凹槽 92，卡簧 90 设于凹槽 92 内。该卡簧 90 对定位块 15 的轴向进行限位，从而使得定位块 15 能在推压杆 11 向下移动时，向下移动，从而与弹簧 21 相抵，并在弹簧 21 的弹力作用下，与导向块 13 相抵。另外，卡簧 90 能允许定位块 15 在导向块 13 的作用下相对于推压杆 11 转动至限位卡台 67 上。导套 17 的内侧壁上依次设有间隔设置的深导槽 63 和浅导槽 65，深导槽 63 的深度比浅导槽 65 深，以使得定位筋 57 只能在深导槽 63 中滑动，不能在浅导槽 65 中滑动。浅导槽 65 的底部设有对定位筋 57 限位的底部卡台。在相邻的深导槽 63 和浅导槽 65 之间具有连接面 69。连接面 69 用于将定位筋 57 从浅导槽 65 的限位卡台 67 之下导入到深导槽 63 中，也用于将定位筋 57 从深导槽 63 导出到浅导槽 65 的限位卡台 67 之下。

数据库筛选

CNTXT	154

字段筛选

IPC分类号 ^

B62D25/00	63
B60L53/00	44
E05B83/00	39
B60K15/00	31
E05B85/00	20
E05B81/00	19
B60R19/00	10
E05F1/00	9
B67D7/00	9
B60L11/00	6

图 6-6 分类号系统自动统计结果

从技术方案中可以知道，该案主要是涉及一种通过按压的方式开关车辆油箱盖或是充电口盖的装置。

在不确定相关分类号的情况下，可用关键词大致检索相关文献。在中文库说明书全文字段中使用“(汽车 OR 车辆)S(油箱盖 OR 充电口盖)S 按压”，命中 154 篇文献。

在大部分检索系统中可以在检索结果中进行分类号的统计，如图 6-6 所示。

上述统计出的结果可看出，该领域涉及高频分类 B62D25/24(机动车带有可动或开拆卸盖的出入口，车辆燃料箱入口的盖入 B60K15/05)，且 B60K15/05 同样出现在了高频分类号中，此外还涉及分类号 B60L53/00(电动车的充电设备)、E05B83/28(车辆的手套箱、控制箱、燃油入口盖或类似物的锁)。根据上述结合技术方案可以得到最准分类号为 E05B83/28，在检索过程中也可以到 B62D25/24、B60K15/05、B60L53/00 中进行扩展检索。

6.2.3 通过追踪专利文献获取 IPC 分类号

技术人员在进行检索工作时，也可以参考同族文献或是相关文献所涉及的分类号。

案例 5

发明名称：安全节能门锁对室内装置自动保护的系统及方法。

【相关案情】

本案涉及一种安全节能门锁对室内装置自动保护的系统，如图 6-7 所示，包括一

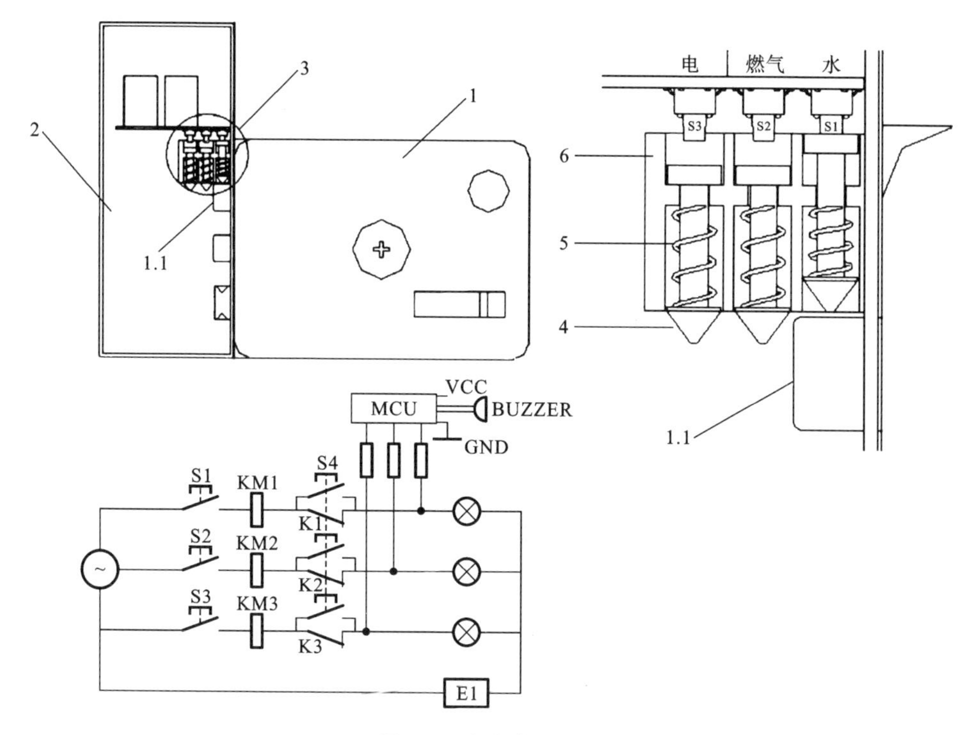

图 6-7　安全节能门锁

种安全节能门锁装置和一种安全节能门锁电路。所述安全节能门锁装置包括门锁 1 和设置在门锁左边的锁槽 2，所述门锁 1 能反锁三下，所述锁槽 2 内的顶部设有控制开关 3，所述控制开关 3 包括从右到左并排排布的水开关、燃气开关和电开关。所述水开关、燃气开关和电开关底端均设有圆锥形触点 4，且均套有复位弹簧 5，所述复位弹簧 5 设置在开关盒 6 内，所述圆锥形触 4 点能够被锁舌 1.1 推进开关盒 6 内并触发对应开关。所述的安全节能门锁电路包括水开关、燃气开关和电开关和常通电路。所述水开关、燃气开关和电开关分别由第一开关控制按键 S1、第二开关控制按键 S2 和第三开关控制按键控制 S3，所述第一开关控制按键 S1、第二开关控制按键 S2 和第三开关控制按键 S3 的第一端均连接交流电源，第二端分别连接第一交流接触器 KM1、第二交流接触器 KM2 和第三交流接触器 KM3。所述第一交流接触器 KM1、第二交流接触器 KM2 和第三交流接触器 KM3 的触点分别连接室内的供水电磁阀开关、燃气电磁阀开关和电源开关。该电路还包括一个使能开关 S4，所述使能开关 S4 与第一交流接触器 KM1、第二交流接触器 KM2 和第三交流接触器 KM3 的触点并联，使能开关按下后使第一交流接触器 KM1、第二交流接触器 KM2 和第三交流接触器 KM3 短路。所述常通电路为单独一路保持接通的电路，常通电路用于给电冰箱、监控等不能断电的用电器供电。本示例中给出的是电路原理图，电器元件可以根据需要自行选择市面上符合条件的型号并加以应用。

锁门时，钥匙在锁孔内正转三圈将门锁定。当钥匙转第一圈时，锁舌 1.1 将水开关的圆锥形触点 4 顶起，关闭供水电磁阀，此时室内仍有电；当钥匙转第二圈时，锁舌将燃气开关的圆锥形触点 4 顶起，关闭燃气电磁阀，此时室内仍有电；当钥匙转第三圈时，锁舌将电开关的圆锥形触点 4 顶起，关闭电源开关，室内彻底断电。开门时，钥匙在锁孔内反转三圈将门打开。当钥匙转动第一圈时，锁舌 1.1 脱离了电开关的圆锥形触点 4、电开关复位，将电源接通；当钥匙转动第二圈时，锁舌 1.1 脱离燃气开关的圆锥形触点 4，燃气开关复位，接通燃气；当钥匙转动第三圈时，锁舌 1.1 脱离水开关的圆锥形触点 4，水开关复位，接通水，室内电、燃气、水均恢复正常。

通过浏览相关文献，相关度最高的 10 篇文献中有 4 篇主分类号涉及 G05B19，且此还有 E05B65、E05B47、G05B9 以及 G07C9，进而结合分类表得到最相关分类号为 G05B9/02（电的安全控制装置）、G05B19/02（电的程序控制系统）。在中文库说明书全文字段中使用“G05B9/02/IC and（水 AND 气 AND 电）”，命中 332 篇文献，经过浏览，获取相关文献 CN201278096Y；使用“G05B19/02/LOW/IC and（水 AND 气 AND 电）and（锁舌 S（触点 OR 开关））”，命中 22 篇文献，经过浏览，获取相关文献 CN202975738U。两篇结合评述可以评述本案的创造性。

案例 6

发明名称：一种适用于电力计量箱的蓝牙智能挂锁监控系统及方法。

【相关案情】

本案涉及一种适用于电力计量箱的蓝牙智能挂锁监控系统，可以在两类情况下对锁具状态进行监测：一是使用人员正常开闭锁时，锁具的开关信息可以通过人员掌机进行远程回传后台主站进行记录；二是在无人值守时，锁具配合通信转换器、集中器设备，定时轮询，对锁具状态进行逐一自主上报。该监控系统适用两类场景，分别是用户掌机开闭锁场景和无人值守定时监测场景。

在用户掌机开闭锁场景中，该系统的工作过程包括如下几个步骤。①准备无线充电设备及用户掌机一部，无线充电设备需要支持 WPC Qi v1.2.4 版本无线充电协议即可，用户掌机需要支持蓝牙 4.0 以上协议即可。②开锁时，将无线充电设备通过磁吸方式吸附在蓝牙挂锁对应的充电区域，无线充电设备正常工作对锁具进行供电。将用户掌机蓝牙模块开启，与锁具进行秘钥配对（秘钥配对的方式不做要求）。用户掌机 App 操作对挂锁进行开锁，锁具接收指令，电机驱动模块控制直流电机进行开锁行为。用户掌机 App 在开锁时将日志信息（开锁行为、时间、GPS 信息、用户信息等）通过运营商网络回传后台主站系统进行记录。③闭锁时，人工按压锁梁至锁体内，用户在用户掌机 App 内选择闭锁指令，锁具接收指令，电机驱动模块控制直流电机进行闭锁行为。用户掌机 App 在闭锁时将日志信息（闭锁行为、时间、GPS 信息、用户信息等)通过运营商网络回传主站系统进行记录。

在无人值守定时监测场景中,该系统的工作过程包括如下几个步骤。①无人值守时,各区域内锁具初始处于休眠状态,通过锁体内置锂亚电池进行休眠态供电,等待唤醒。②通信转换器接收集中器设备的定时信息,在指定时间信息到来时,通信转换器内蓝牙控制器采用广播模式发送唤醒信息,与被唤醒锁具通过蓝牙连接。一般单个锁具的上报时间可设置为1～2次/日。③锁具内开闭状态监测模块检测状态监测回路开闭状态,正常状态应为闭合短路态,非正常状态(如锁梁被暴力破坏)为断路态。④若检测状态正常,则锁具向通信转换器发送日志信息(锁具状态、时间、位置信息、锁具编号等);若检测状态异常,则锁具向通信转换器发送报警信息(状态报警、时间、位置信息、锁具编号等)。

监控系统整体流程步骤分别如下。系统初始态,锁具处于低功耗休眠状态等待唤醒,并等待外部中断行为,中断行为分为两类。

(1) 外部无线充电设备接入后中断,对应用户掌机开闭锁情况:①无线充电设备连接后为锁具供电,锁具内蓝牙控制器(作为主控芯片)启动,与用户掌机进行设备配对,若配对不成功,则继续进行配对操作;②配对成功后,锁具等待开锁指令;③锁具接收到开锁指令,蓝牙控制器控制电机控制器驱动直流电机沿开锁方向旋转,锁具开启,用户掌机生成日志信息回传后台主站系统;④锁具等待闭锁指令,同时检测锁梁是否被人工按压回锁体内,若检测到未被按压至锁体内,则继续等待;⑤检测到锁梁被按压至锁体内后,若收到闭锁指令,蓝牙控制器控制电机控制器驱动直流电机沿闭锁方向旋转,锁具关闭,用户掌机生成日志信息回传后台主站系统;⑥锁具断开蓝牙连接和无线充电设备的无线充电,锁具内模块继续进入休眠模式。

(2) 通信转换器定时唤醒中断,对应无人值守定时唤醒情况:①通信转换器定时唤醒锁具,锁具内蓝牙控制器启动,与通信转换器进行设备配对,若配对不成功,则继续进行配对操作;②锁具内开闭状态监测模块判断状态监测回路是否闭合,若为闭合短路态,则认为锁具状态正常,锁具生成日志传输给通信转换器,完成后断开连接继续进入休眠模式,若为断路态,则认为锁具已遭受破坏,将报警相关信息传输给通信转换器,完成后断开连接继续进入休眠模式。

通过浏览相关文献,相关度最高的10篇文献中有9篇主分类号涉及G07C9(独个输入口或输出口登记器的核算装置)。在中文库说明书全文字段中使用"E05B67/00/IC AND G07C9/00/IC",命中305篇文献,发现绝大多数文献均涉及挂锁的电量识别检测技术,与本案密切相关,从而得到最相关文献CN110676946A。进一步查看G07C下分类号,发现G07C11/00(未列入其他类目例如用于检查情况发生的检验装置、系统或设备);使用"E05B/IC AND G07C11/00/IC",命中35篇文献,得到另一篇文献CN101359419A,两篇结合评述可以评述本案的创造性。

6.3 CPC检索策略

6.3.1 CPC分类体系介绍

目前世界范围内使用的专利分类体系包括：世界知识产权组织（WIPO）使用的国际专利分类体系IPC，美国专利商标局（USPTO）使用的美国专利分类体系（USPC），欧洲专利局（EPO）使用的以IPC为基础的欧洲专利分类体系（ECLA/ICO），以及日本专利局（JPO）使用的以IPC为基础的日本专利分类体系（FI/FT）。IPC在世界范围内广泛使用，但其存在更新周期长，单一分类号下文献量大、细分度不够等缺陷，难以实现高效检索。而USPC、ECLA、FI/FT之间不统一，无法在世界各局之间通用。为了解决上述问题，美国专利商标局（USPTO）和欧洲专利局（EPO）于2010年10月25日发表公布：共同开发建立联合专利分类体系CPC。两局于2013年1月1日起，正式启用CPC专利分类体系。CPC专利分类体系按照IPC结构进行开发，以ECLA为基础，融入USPC的成功实践经验，提高了分类的一致性和检索的准确性，减少相互之间不必要的重复性工作，为检索提供了更好地服务。CPC除具有由ELCA分类号和镜像ICO分类号转换而成的主干分类号外，还新增了2000系列，2000系列是由细分的ICO和IPC引得码转换而成。CPC分类表除原有的IPC中的A-H部之外，新增Y部，其涉及新技术、新能源等交叉领域。

因此CPC相对于IPC具有以下几个方面的优点。

(1) 分类细。CPC包括月25万个分类号，相比之前，IPC只有7万个份额利好，ECLA有16万个分类号，USPC有15万个分类号。通过对IPC的细分，CPC每个分类条目所涉及的技术主题更为具体，从而有效提高了专利文献的检索效率。

以E05B1为例，其IPC分类号如下。

E05B 1/00 翼扇上用的球形把手或把手（用于家具上的入A47B 95/02）；翼扇上的锁或弹簧栓所用的球形把手、把手或按钮（E05B 5/00，E05B 7/00优先）。

E05B 1/02 · 用实心材料制的。

E05B 1/04 · 内部用刚性构件，外部加有罩面的。

E05B 1/06 · 用板类材料制的。

下面介绍的是上述IPC分类号对应的CPC分类号，可以看出CPC分类号对IPC分类号进行了更进一步的细分。

E05B1/00 翼扇上用的球形把手或把手（特别用于车辆门的入E05B 85/10）；用于家具上的入A47B 95/02；翼扇上的锁或弹簧栓所用的球形把手、把手或按钮（E05B 5/00，E05B 7/00优先）。

E05B 1/0007 · 球形把手（E05B 1/0015，E05B 1/0053，E05B 1/0061，E05B

1/0069 优先）。

E05B 1/0015 · 不操作锁栓或锁的把手或球形把手，例如，不可移动的、固定的。

E05B 1/003 · 把手安装在垂直于翼扇的轴上（E05B3/00，E05B 5/00，E05B 13/106 优先）。

E05B 1/0038 · 滑动的把手，例如，按钮式（E05B 13/105 优先）。

E05B 1/0046 · · 平行于翼扇的平面滑动。

E05B 1/0053 · 方便操作的把手或把手附件，如为儿童或负重者（用脚操作的入 E05B53/001）。

E05B 1/0061 · 具有保护盖，缓冲器或减震器的把手或球形把手。

E05B 1/0069 · 有关保持卫生的球形门把手或把手，例如，消毒剂。

E05B 1/0084 · 具有显示器，标记，图形标签或类似物的把手或球形把手（具有显示器的锁入 E05B 17/226；具有显示器的钥匙入 E05B 19/0088）。

E05B 1/0092 · 除单独的直线或单独的旋转之外的移动方式（E05B 5/003 优先）。

E05B 1/04 · 内部用刚性构件，外部加有罩面的。

E05B 1/06 · 用板类材料制的。

（2）更新快、容易推广。为了改善系统和反映技术内容的变化，CPC 分类表每月都由欧洲、美国两个专利局进行修订和更新，并对先前的专利文献重新分类。由于修订非常柔性，用户想要了解一些技术发展迅速的领域，选用 CPC 则具有很强的实用性。CPC 兼容 IPC，保持了 IPC 的等级、类名、可扩展等属性。由于大多数国家都在使用 IPC，因此 CPC 比较容易推广。

（3）扩展性好。CPC 可以进一步扩展，比如为容纳日本 FI 分类号保留了空间。

（4）为了便于检索提供了释义。释义明确地解释了 CPC 框架的分类规则，清晰地显示出在每个领域专利文献时如何分类的，从而能够使检索者进一步明确分类号下所包含的内容，提高检索效率。

尤其是对于锁具领域（E05B）分类号，通常直接从文字定义很难理解该分类号下包括的是何种方案，CPC 释义中针对难以理解的地方以专利文献为例阐述了其具体含义，例如 E05B21/00（用转动钥匙的锁，由钥匙来转动垂直于它的薄片状制动栓，其中制动栓不随锁栓移动）：

E05B 21/00 是用转动钥匙的锁，由钥匙来转动垂直于它的薄片状制动栓，其中制动栓不随锁栓移动。

释义：带有板式制动栓，当正确的钥匙插入锁，不会立即移动到他们的解锁位置；只有当钥匙后来被转动，制动栓被移动到解锁的位置。制动栓的运动并不跟随锁栓而运动，这意味着制动栓通常安装在锁壳上（见图 6-8）。

本组内的特殊分类规则：E05B 21/00 应该是装有钥匙旋转而移动的锁，当钥匙旋转时,制动栓的移动与锁栓的移动无关,例如,制动栓在锁壳内,制动栓的移动方向与锁栓的移动方向垂直。

E05B 21/06 · 圆筒弹子锁,例如,保险锁。

释义:制动栓的位置不是通过钥匙的插入而定位(见图 6-9)。

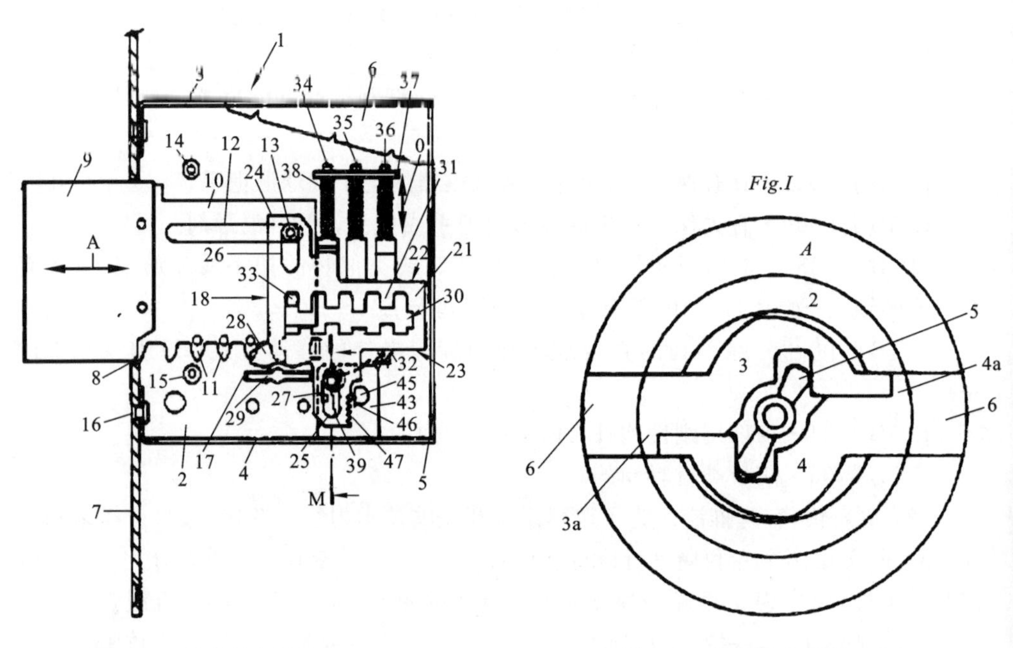

图 6-8 CPC **释义** EP0903455　　**图 6-9** CPC **释义** DE560425

E05B 21/066 · · 转盘制动栓类型的(通过插入钥匙定位的制动栓入 E05B29/0013)。

释义:转盘制动栓的位置不是通过钥匙的插入而定位(见图 6-10)。

本组内的特殊分类规则:带有转盘制动栓的圆筒锁,当钥匙插入锁中时制动栓就定位的锁归于 E05B29/0013。

6.3.2 CPC 分类检索技巧

CPC 分类号的获取方式与 IPC 相同,可以通过分类号查询的方式直接获得,也可以通过统计分析或是追踪获得。由于 CPC 相对 IPC 分类更细,因此采用 CPC 分类号进行检索时,要着重使用其细而准的特点。

案例 7

发明名称:多锁头钥匙交换装置。

【相关案情】

本案涉及一种多锁头钥匙交换装置,如图 6-11 所示,所述多锁头钥匙交换装置

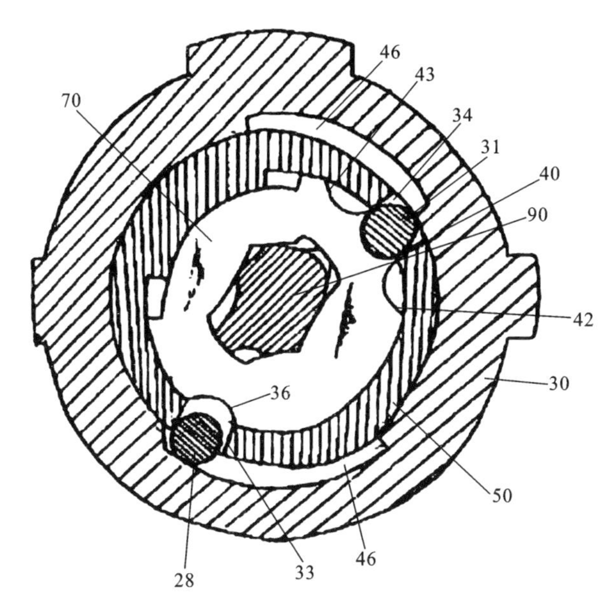

图 6-10 CPC 释义 EP0978608

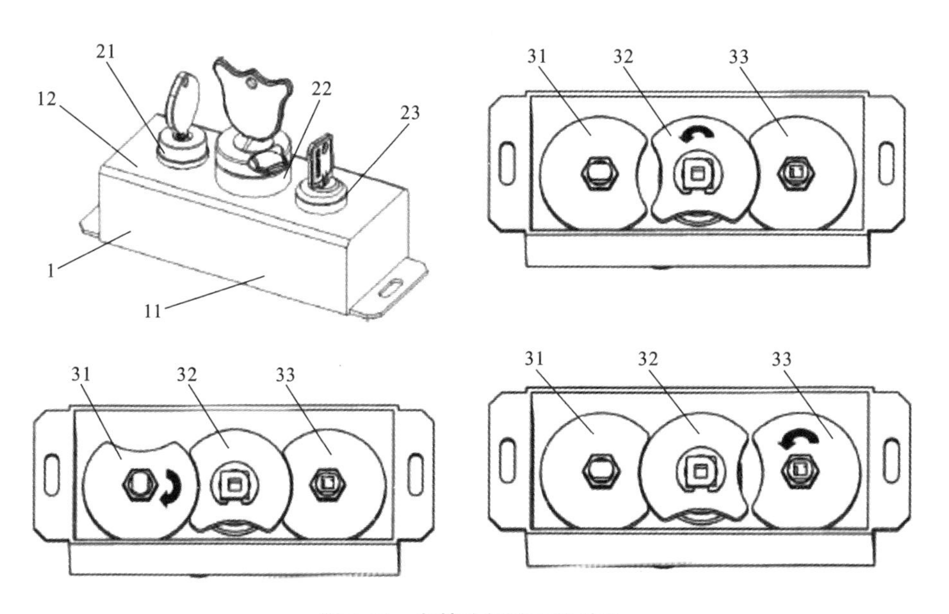

图 6-11 多锁头钥匙交换装置

包括壳体 1 和固定在壳体底部的第一锁芯 21、第二锁芯 22 和第三锁芯 23。所述第一锁芯 21、第二锁芯 22 和第三锁芯 23 上分别套接有第一旋片 31、第二旋片 32 和第三旋片 33,所述第一旋片 31 与第三旋片 33 的竖向截面形状为直径相等且具有相同圆弧缺口的圆形，所述圆弧缺口所在圆的直径与旋片竖向截面形状的直径相等，所述第二旋片32的竖向截面形状为具有两个与第一旋片31相同圆弧缺口的圆形，所述第一旋片31与第二旋片32通过圆弧缺口配合相接，所述第二旋片32与第三旋片33通过圆弧缺口配合相接。所述第一旋片、第二旋片和第三旋片竖向截面形状的圆心可位于同一条直线上，所述第二旋片两个圆弧缺口顶点的切线相互垂直。所述第一旋片、第二旋片和第三旋片竖向截面形状的圆心连线可构成等边直角三角形，则所述第二旋片两个圆弧缺口顶点的切线相互平行。其中，所述第一旋片的圆弧缺口朝向所述第二旋片时，所述第一锁芯中的钥匙不可拔出；所述第二旋片的圆弧缺口朝向所述第一旋片时，所述第二锁芯中的钥匙不可拔出；所述第三旋片的圆弧缺口朝向所述第二旋片时，所述第三锁芯中的钥匙不可拔出；而其他情况，所有钥匙均可拔出。所述第一、第二和第三旋片的中心设有通孔，所述第一、第二和第三锁芯分为穿过第一、第二和第三旋片中心的通孔，并分别与第一、第二和第三旋片固定连接。所述壳体1包括底盒11和盖板12，所述第一第二和第三锁芯的底部固定所述底盒内。所述盖板上设有第一、第二和第三锁芯穿孔，所述第一、第二和第三锁芯穿孔分别与第一、第二和第三锁芯活动连接。

所述多锁头钥匙交换装置的使用流程如下。钥匙一不在多锁头钥匙交换装置上，无法操作第一旋片旋转，第二旋片也无法旋转，第三旋片也无法旋转。插入钥匙一并旋转，第一旋片则按顺时针方向旋转90°。此时，钥匙二可以旋转拔出，第二旋片按逆时针方向旋转90°，则第一旋片和钥匙一被锁定无法旋转。旋转钥匙三并拔出，第三旋片按逆时针方向旋转，此时，第一旋片和钥匙一、第二旋片被锁定无法旋转，钥匙二和钥匙三被拔出。所述多锁头钥匙交换装置包括壳体和固定在壳体底部的多个锁芯，所述锁芯上分别套接有旋片，所述旋片的竖向截面形状为设有若干圆弧缺口的圆形，所述圆弧缺口所在圆的直径与旋片竖向截面形状的直径相等，相邻两旋片之间通过相应的圆弧缺口配合相接，通过旋片间圆弧缺口的限位作用，可以让不同锁芯之间形成逻辑衔接，可以是一把钥匙换出一把钥匙，也可以是一把钥匙换出多把钥匙，还可以是多把钥匙换出多把钥匙，根据逻辑衔接处需求而定。从而避免了逻辑跳步的现象发生，当上一步逻辑没有走完，钥匙无法拔出，也就无法插入多锁头钥匙交换装置交换出下一步要用的钥匙，完全避免了人为原因破坏逻辑现象。

与发明构思最相关的IPC分类号为E05B63/14(几个锁或带有几个锁栓的锁的布置)，且该方案关键的技术特征为“旋片”“圆弧缺口”，结构的表达也只能为“片”“圆”“弧”“缺口”等生活中常见形状结构，而功能效果的表达也是“旋转”“限位”“卡止”等锁具的基本功能，检索噪音大。对于上述不好表达的要素，通常采用看图的方式进行检索，而最细IPC分类号下文献较多，浏览效率低。选择中文和外文数据库并使用E05B63/14/IC，总共命中8525篇文献。

E05B63/14下的CPC分类号如下。

E05B63/143 · · 几个锁的排列布置，例如，平行或连续的、一个或更多翼扇上。

E05B63/146 · · 有两个或更多锁栓的锁，每个锁栓自身有制动栓。

由于该装置必须要几个锁相互排列在一起才能够实现相应功能，因此确定最准 CPC 分类号为 E05B63/143。选择中文和外文数据库并使用“E05B63/143/CPC”，命中 566 篇文献，得到能够单篇影响新颖性或创造性的现有技术文献 GB2280705A。

第7章　追踪检索

同一个申请人或发明人，其研究方向应该是较为固定的，那么无论是其申请的专利文献还是发表的文章等，其所含技术内容很有可能是相关的，因此在实际检索过程中，为了了解现有技术、理解技术方案，或是检索对比文件，基本上都会应用到申请人/发明人的追踪检索。此外，类比第六章所述的分类号获取方式中的追踪获取，在检索相关技术时，也可能通过其他文献追踪到相关文献。

7.1　专利数据库的追踪检索

7.1.1　申请人/发明人追踪

专利数据库针对申请人和发明人分别有不同的字段，即可以分别通过申请人或是发明人进行追踪。由于一个公司可能涉及多个领域，因此在对于公司作为申请人的追踪检索时，通常还需要继续使用分类号或者关键词进行简单定位后才可浏览；同时一个公司还可能涉及多个子公司，在使用公司名字进行申请人追踪时，通常不会使用全称，而是使用关键词。例如“长城汽车有限公司”通常采用“长城汽车”或者“长城”进行追踪检索。下面以案例的方式进行具体阐述。

案例1

发明名称：一种可360°旋转安装的指纹锁。

【相关案情】

本案涉及一种可360°旋转安装的指纹锁，如图7-1所示，包括感应控制机构1和锁舌活动机构2。所述感应控制机构1连接有一固定套3，该固定套3上均匀设有卡槽31。所述锁舌活动机构2固定在连接板4上，该连接板4上均匀设有与卡槽31相匹配的卡体41。所述固定套3和连接板4通过卡槽31和卡体41能进行360°的旋转卡合。由指纹锁的感应控制机构1和锁舌活动机构2通过固定套3和连接板4来相互连接，并且固定套3和连接板4通过卡槽31和卡体41能进行360°的旋转卡合固定，以实现锁舌活动机构2可以360°的调整锁舌的安装方向。此结构简单实用，安装方便。

该案申请人为佛山市顺德暨德科技有限公司。在中文库说明书全文字段中输入顺德暨德，命中11篇文献，得到相关文献CN102251714A，再根据该文献与本案的区别进行常规检索，检索到CN201601921U，两篇文献结合评述可以评述本案的创造性。

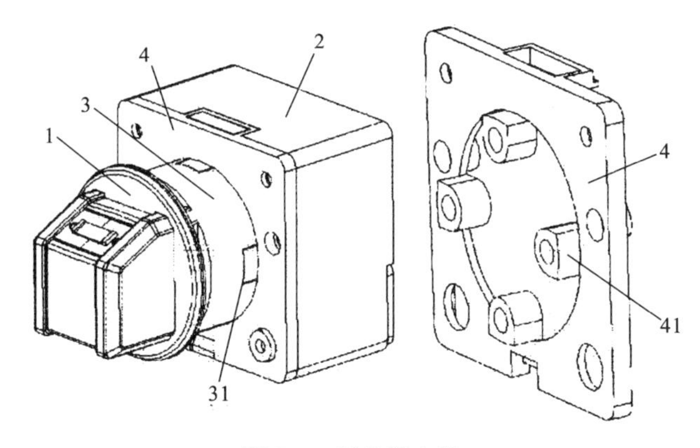

图 7-1 指纹锁安装

案例 2

发明名称:太阳能报警钢丝锁。

【相关案情】

本案涉及一种太阳能报警钢丝锁,如图 7-2 所示,包括锁体 1、锁芯和报警装置,其创新点是整体包括锁体 1、太阳能电源组件、二档锁头及开关组件。锁体 1 中还设置有与锁芯孔 18 相邻垂直又相通的锁头孔 17,锁头孔 17 另一侧设置相邻又相垂直的钢丝连接套孔 16。线路板 7 安装在喇叭盖上。太阳能板 5 安装在太阳能板座 3 上与太阳能电池 6 构成太阳能电源组件。报警装置由太阳能板 5 与太阳能电池 6、线路板 7 和蜂鸣片 11 构成。二档锁头 15 开关组件是二档锁头 15 锁入锁头孔 17,一档为不报警,二档为报警,钢丝一头连接在钢丝连接套上,另一头连接在二档锁头上。报警装置里安装了太阳能电池 6、线路板 7、蜂鸣片 11 和开关组件后(开关组件包括硅开关座、开关和铜珠),整个报警装置安装在锁体 1 空腔内,再把太阳能板座 3 用 4 个螺钉紧固在锁体 1 上,再在太阳能板 5 上用封胶涂抹一层且与太阳能板座 3 密封连接。其中,钢丝锁的螺钉固定孔 9 有 4 个,销钉孔 13 有 2 个,钢丝连接套孔 16、锁头孔 17、锁芯孔 18 的位置。

追踪发明人申请或者作为发明人的专利文献。在中文库中的发明人和审请人字段,输入“邓伦凯 or 邓昭杰”,命中 38 篇文献,得到 E 类文献 CN204826915U。

7.1.2 专利文献追踪

在检索过程中有时会遇到与技术内容非常相关的文献,但是有可能并非现有技术或者公开内容还有所欠缺,这个时候可以追踪该文献的申请人/发明人,更可以追踪该文献检索报告中的文献,从中寻找可用文献。

案例 3

发明名称:推拉门窗安全锁。

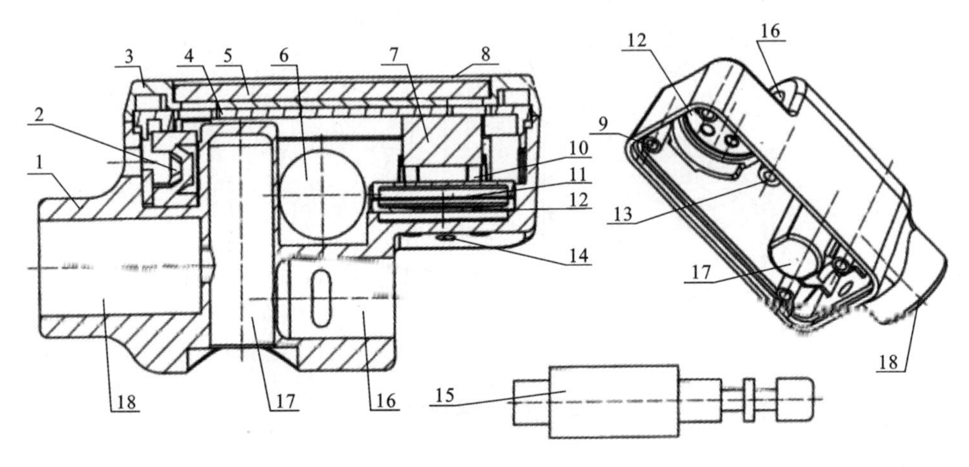

图 7-2　报警钢丝锁

【相关案情】

本案涉及一种推拉门窗安全锁,如图 7-3 所示,包括固定于门窗扇上的调节组件以及设于门窗外框或建筑体上的定位座 1。所述调节组件包含安装座 3 和设置于安装座 3 上且能升降移动定位的插接组件。所述定位座 1 设有一个以上与插接组件进行嵌插配合的定位插槽 2。插接组件包括受限于安装座 3 仅能升降移动且与定位插槽 2 嵌插配合的插销 4 以及控制插销 4 升降定位的控制件。所述控制件包括能转动控制的转盘 7 以及偏心设置于转盘上的控制销 9,所述插销 4 上设有容置控制销 9 的槽孔 10。所述控制件还包括固定于安装座 3 上的锁座 8 和位于锁座 8 中的锁芯 6,所述的转盘 7 与锁芯 6 相连且能与锁芯 6 做同轴转动。所述安装座 3 上设有可供插销 4 嵌入的竖向凹槽 5。所述定位座 1 上设有 2 个以上的定位座螺丝孔 13,所述安装座 3 上设有 2 个以上的安装座螺丝孔 14,将定位座 1 和调节组件分别固定于门窗外框 11 和门窗扇 12 上。锁芯 6 位于锁座 8 中,利用与锁芯 6 相配对的钥匙插入锁芯 6 中,旋转钥匙降低插销 4 的高度,借助窗门自身可被推拉的特性,调节好所需窗门的开口大小和插销 4 的位置,再旋转钥匙调高插销 4 的高度并与定位插槽 2 相闭合,使之达到调节并固定门窗开口大小的效果。插销 4 放置在凹槽 5 中,控制销 9 插在槽孔 10 中,插销 4 与凹槽 5 的外缘处于同一平面,这样可以使得调节组件固定于门窗扇上后,插销 4 不会晃动。利用与锁芯 6 相匹配的钥匙旋转转盘 7 时,控制销 9 随着转盘 7 的旋转而旋转,且旋转方向根据插销 4 的槽孔 10 的开口方向而定。如果插销 4 的槽孔 10 开口向左时,则旋转方向为顺时针方向。控制销 9 的旋转可带动插销 4 的升降。定位座包括 3 个定位座螺丝孔 13 和 11 个定位插槽 2,利用 3 个与定位座螺丝孔 13 相匹配的螺丝可将定位座固定在门窗外框 11 上。定位插槽 2 可以与插销 4 嵌插配合,包括可供插销 4 嵌入的凹槽 5、转盘 7 和控制销 9,控制销 9 偏心设

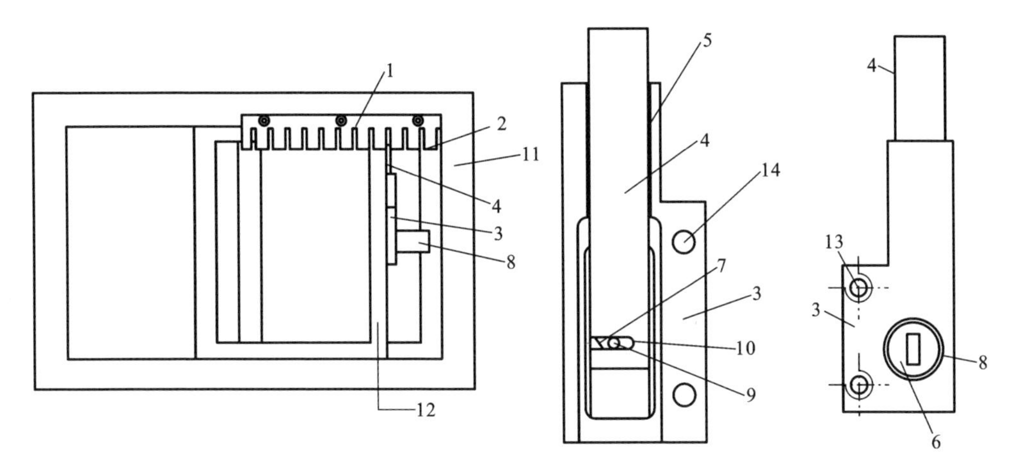

图 7-3　推拉门窗安全锁

置于转盘 7 上。转盘 7 的转动可以带动控制销 9 的转动。

该案有一篇同日申请 CN203654927U，查看其审查过程涉及相关文献 CN201447977U（铝塑窗轨道式安全锁紧装置），与本案技术密切相关，且属于门窗领域 E05C，而非锁具领域 E05B，采用常规分类号加关键词的方式检索较难检索到，此处直接查看同日申请的审查过程就可追踪到该文献，提高了检索效率。再根据该文献与本案的区别进行常规检索，检索到 CN2833037Y，两篇文献结合评述可以评述本案的创造性。

7.2　非专利数据库的追踪检索

案例 4

发明名称：一种六开机关锁及其开锁方法。

【相关案情】

本案涉及一种六开机关锁，如图 7-4 所示，包括外观呈凹字形的锁体 1 和钥匙 2。所述锁体 1 左侧设有与其转动连接的左端板 3，所述锁体 1 右侧设有与锁体 1 构成锁合关系的锁栓。所述锁栓包括右端部 5 和四簧片单元，所述四簧片单元由一块较长的长簧片 61 和三块较短的短簧片 62 形成的向外侧弯曲的筒状结构，所述右端部 5 设有第一凸字形通孔。所述锁体 1 内设有内墙 7，所述内墙 7 上设有与第一凸字形通孔相配合的第二凸字形通孔 71，所述第一凸字形通孔底部延伸出依次插入第二凸字形通孔底部、四簧片单元 6 内部的锁梗 8。所述长簧片 61 包括第一段和第二段，其中，第二段的宽度位于第二凸字形通孔顶部宽度、底部宽度之间，所述长簧片 61 依次延伸出第二凸字形通孔顶部、第一凸字形通孔顶部外侧。所述锁栓顶部设有第一

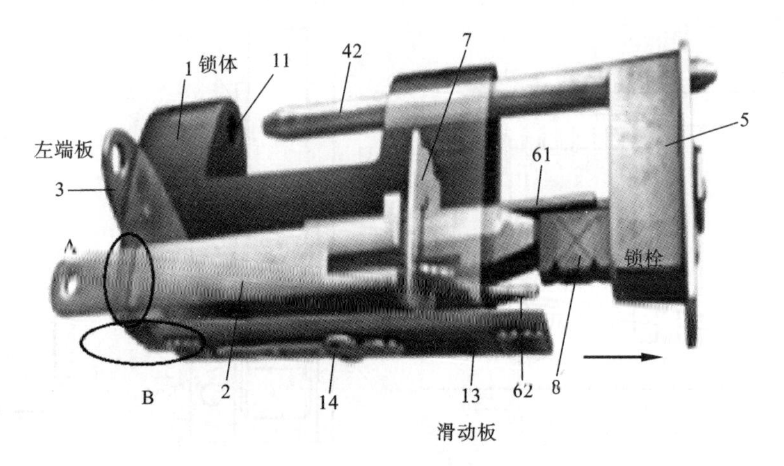

图 7-4　机关锁

通孔，所述第一通孔内设有锁梁 42。所述锁体 1 顶部设有与锁梁 42 配合的第二通孔 11。所述左端板 3 顶部设有与锁梁 42 配合的第三通孔。所述锁体 1 底部设有固定板，所述固定板与左端板 3 之间留有插入钥匙的钥匙孔，所述固定板上设有与其构成滑动配合并将所述钥匙孔挡住隐藏的滑动板 13。所述机关锁还包括将固定板、滑动板 13 相连的连接板 14。滑动板 13 板面上设有长条形状的孔，螺栓穿过连接板 14、长条形形状的孔、固定板，并将三者相连，使得滑动板 13 可以相对于固定板滑动。所述四簧片单元向外侧弯曲形成的端面大于第二凸字形通孔的孔面。所述长簧片 61 端部设有便于将长簧片 61 朝向第一凸字形通孔 51 底部按压的可动端点。所述左端板 3 通过固定端点转动连接在锁体 1 左侧。

开锁方法的步骤如下：①由于可动端点与长簧片 61 相连，往下按压可动端点使得长簧片 61 发生形变，当长簧片 61 形变达到一定程度时，即长簧片 61 第二段到达第二凸字形通孔底部位置处；②拉动锁栓 4 一段距离后，由于其余三块短簧片 62 向外弯曲，短簧片 62 在内墙 7 的阻挡作用下使锁栓停止移动，但此时锁梁 42 已经脱离左端板 3 顶部的第三通孔；③锁梁 42 与第三通孔脱离后，左端板 3 具有旋转的自由度，通过转动左端板 3 将部分钥匙孔裸露出来；④推动滑动板 13 将完整的钥匙孔裸露出来；⑤将钥匙 2 插入完整的钥匙孔中；⑥推钥匙 2 挤压四簧片单元 6，迫使其发生形变，使得四簧片单元 6 通过第二凸字形通孔，拉动锁栓可实现锁栓与锁体 1 的分离，完成开锁。

在 CNKI 中检索“机关锁 古代”，检索到多篇关于机关锁的论文：《中国古代机关锁的构造研究》——张扬、《传统古中国机关锁设计文化初探》——张扬、《古代暗门机关锁的设计及启示》——孙爱娟、《论中国传统锁具设计》——刘洋、《中国古代锁具的造型研究》——王珂君、《中国历代锁具设计及文化研究》——宋美慧等。这些论文均涉及了中国古代机关锁的研究，其中《中国古代机关锁的构造研究》——张扬的论文涉及了隐藏锁孔的机关锁研究，文中第四节主要讲述了隐藏式锁孔机关锁的构造，是与本案一样的机关锁。

追踪该论文的引证文献，发现其引用文件中涉及颜鸿森、Kuo-Hung Hsiao 两人的论文最多，由于两人均为中国台湾学者，对他们的论文进行追踪，发现其论文在中文库十分少，在百度上搜索他们的资料，发现他们在中国古代锁的研究上十分精通。通过张扬学者的论文中的引用文献发现，其引用文件中有两篇《Structural analysis of traditional Chinese hidden-keyhole padlocks》和《On the structural analysis of open-keyhole puzzle locks in ancient china》均是对锁孔隐藏的研究，其中第一篇论文含有关键词"hidden-keyhole"，将检索库转移到外文期刊库中进行检索，最后在《Mechanical Science》找到了《Structural analysis of traditional Chinese hidden-keyhole padlocks》——2018 年 4 月 24 日，该论文的第四节是对隐藏锁孔的机关锁的结构分析，其中公开了与本案例相同结构的锁具，且公开了具体的开锁方式。

第 8 章　涉及技术效果、应用场景、功能等特殊的检索技巧

8.1　涉及技术效果的检索

8.1.1　技术效果概述

《专利审查指南 2010(2019 年修订)》(以下简称“专利审查指南”)中指出,发明有显著的进步,是指发明与现有技术相比能够产生有益的技术效果。在评价发明是否具备创造性时,不仅要考虑发明的技术方案本身,而且要考虑发明所属技术领域、所解决的技术问题和所产生的技术效果,将发明作为一个整体看待。

在创造性的判断过程中,考虑发明的技术效果有利于正确评价发明的创造性。如果发明与现有技术相比具有预料不到的技术效果,则不必怀疑其技术方案是否具有突出的实质性特点,可以确定发明具备创造性。

8.1.2　技术效果检索策略

专利审查指南指出,检索主要针对申请的权利要求书进行,并考虑要求书及其附图的内容。首先应当以独立权利要求所限定的技术方案作为检索的主题,这时,应当把重点放在独立权利要求的发明构思上。

在阅读申请文件、充分理解了发明内容并初步确定了分类号和检索的技术领域后,应进一步分析权利要求,确定检索要素。首先分析请求保护范围最宽的独立权利要求的技术方案,确定反映该技术方案的基本检索要素。基本检索要素是体现技术方案的基本构思的可检索的要素。一般来说,确定基本检索要素时需要考虑技术领域、技术问题、技术手段、技术效果等方面。

在确定了基本检索要素之后,应结合检索的技术领域的特点,确定这些基本检索要素中每个要素在计算机检索系统中的表达形式,如关键词、分类号、化学结构式等。为了全面检索,通常需要尽可能地以关键词、分类号等多种形式来表达这些检索要素,并将不同表达形式检索到的结果合并作为针对该检索要素的检索结果。

然而对于锁具领域来说,业内没有权威、通用并且统一规范的技术术语,难以对关键词进行扩展。各专利申请中同样的特征可能用不同的技术术语来表示,而同一技术术语也可能表示的是完全不同的特征。并且,锁具中机械连接关系繁杂,各部件

如何配合起到了至关重要的作用，如果没有准确的分类号来表达该技术检索要素，仅用结构的关键词往往难以表达需要检索的基本检索要素。此时，还可采用技术问题、功能原理、技术效果中的任意一种或多种组合对其进行表达，效果会更佳，能够大大提高检索效率、快速命中对比文件。

8.1.3 技术效果检索实例

案例1

发明名称：启闭锁芯。

【相关案情】

本案涉及一种启闭锁芯。目前市场上锁芯防技术开启，通常两种方法：①手动拨弹子，加上软硬适中的锡铂即可开启，如电脑锁锁芯，单排双排；②电动开锁、设计各种槽型相同锁匙工具（包括大部分叶片锁）。

针对现有防技术开锁的不足，本发明提供一种启闭锁芯的方案，解决了手动和电动按照目前方法开锁的问题，如图8-1所示。

工作原理：启闭锁芯，包括锁芯壳1、锁芯轴2、拨轮5、钥匙3、上弹子4和下弹子6。下弹子顶有弹簧7，弹簧7下顶有封门钢珠8，上弹子中至少有一颗总长等于钥匙背顶部相应位置到锁芯轴2与锁芯壳1分离处的距离。该弹子被称为0号弹子9。0号弹子9可以设置在弹子排列中任意位置。如图8-1所示，当未开锁时，0号弹子9在静止时处于开启状态、而其他弹子静止时处于卡闭状态。

用原配锁匙开锁时，由于穿孔关系，0号弹子9开启时，其他弹子也同时开启。

如果用技术开启必须穿过0号弹子9才能开启其他弹子，那么0号弹子9卡入锁芯壳1，所以不能开启。

针对上述锁的专用原配钥匙，钥匙3设有与启闭锁芯的0号弹子对应的牙花通孔。

【基本构思分析】

通过对技术方案的分析，该技术方案的基本构思为：设置弹子高度为钥匙背顶部到锁芯轴与锁芯壳分离处的距离的弹子和具有通孔的钥匙配合，防止技术开锁。

【检索思路】

分析权利要求发现，该权利要求技术方案中限定的锁芯、弹子、钥匙等均为弹子锁中非常常见的特征，本申请的发明点在于弹子的具体设置，但是弹子的高度刚好等于钥匙背顶部到锁芯轴与锁芯壳分离处的距离，在检索中难以表达，对比文件中很可能不是用这种形式来表达弹子的长度，钥匙上的通孔也很可能不是对应的适合高度的弹子。考虑到这样设置的目的是用来防盗，使用技术效果来进行检索，在CNTXT中构造检索式“E05B27/10/ic and(技术 6d 开启)and((通孔 or 穿孔 or 透孔 or 窝 or 坑 or 穴)6d 钥匙)”。

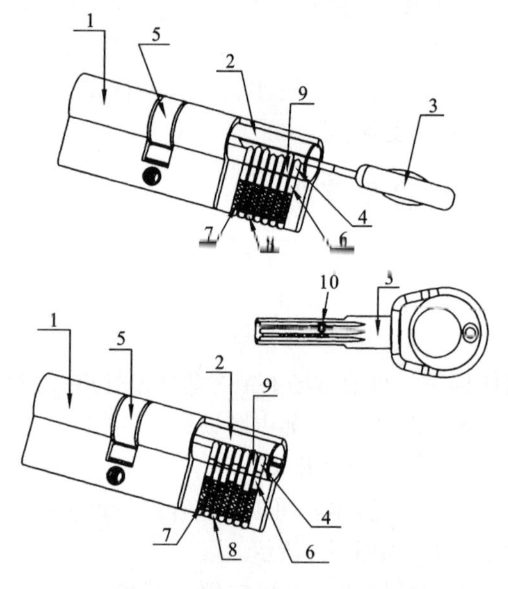

图 8-1 启闭锁芯结构示意图

使用防止技术开启的目的对具有通孔钥匙的结构进行检索，命中 51 篇文献，得到如图 8-2 所示的对比文件 1CN101078344A，并公开了如下技术方案。

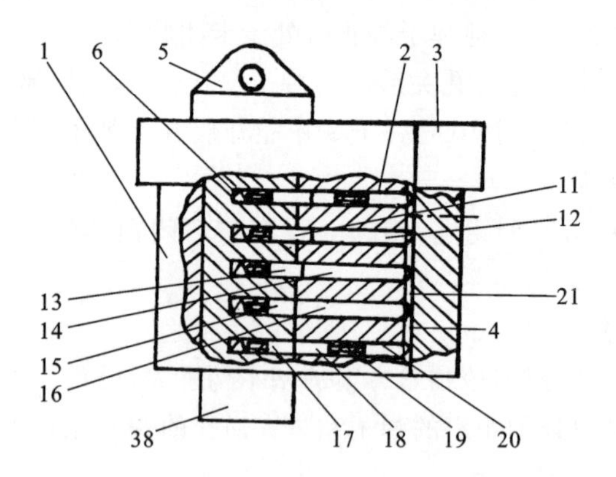

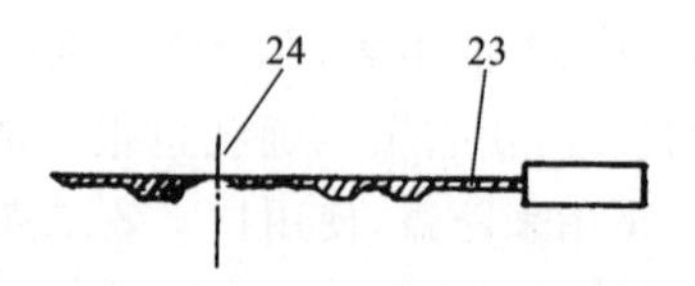

图 8-2 对比文件 1 弹子结构的机械防盗锁结构示意图

将钥匙孔设计成有 $n \geqslant 1$ 个通透坑孔齿的平凹钥匙，或设计成有 $n \geqslant 1$ 个通透坑孔钥匙齿 24 的透（通透坑孔齿）、凸（凸起齿）、平（平面齿）、凹（凹坑齿）的钥匙 23，引入反向锁入保护概念，防止本锁以外的异物开启，其特征如下。钥匙 23 上具有 $n \geqslant 1$ 个通透坑孔钥匙齿 24，并有 $n \geqslant 0$ 个"休息"弹子组 6、15、16，$n \geqslant 1$ 个"休息"弹子组 6、17、18、19、20 与之相对应，当只有一个钥匙孔时，在正常的闭锁与开锁两种状态下，由于"休息"弹子组 6、15、16 和"休息"弹子组 6、17、18、19、20 与钥匙的通透坑孔钥匙齿 24 相对应，处于开锁界面处，锁入量都为零。由于两种"休息"弹子组带有球面的弹子端与钥匙孔 21 外侧面齐平，没有间距，在有一组平行或相互倾斜排布的钥匙孔时，闭锁后，弹子组的最外侧弹子的球面端与距离开锁界面最远处的钥匙孔的外侧面相接触。当最外侧钥匙孔插入对应的钥匙时，产生有球面弹子的球面端与钥匙孔外侧接触面的前移，而弹子 16、弹子 18 只有在距离开锁界面最近的钥匙孔的钥匙插入前后的两种状态下，它们面向开锁界面一端才位于开锁界面处不变（锁入量为零）。当有钥匙以外的异物进入时，弹子 16、弹子 18 极易动作，有产生反向闭锁的可能性，起到抗异物进入的作用，补偿有可能被破解的弹子组。对比文件 1 已经公开了本申请的发明构思，使用对比文件 1 结合公知常识能够评述权利要求 1 的创造性。

案例 2

发明名称：一种可对屏幕擦拭的指纹智能锁接触屏推动式保护装置。

【相关案情】

现有的推动式保护装置在向上推动到一定高度位置后，大多通过滑动升降机构自身的摩擦力来进行固定，其效果较差，并且不能对接触屏的屏幕进行擦拭。在接触屏的屏幕长时间使用后表面会粘上一些杂质，从而影响指纹输入的准确性。该申请提出了如图 8-3 所示的一种可对屏幕擦拭的指纹智能锁接触屏推动式保护装置，以便于解决上述提出的问题。

权利要求如下。一种可对屏幕擦拭的指纹智能锁接触屏推动式保护装置，包括智能锁主体 1、把手 2、保护装置壳体 3 和屏幕主体 14。其特征在于：所述智能锁主体 1 的底端内部连接有把手 2，智能锁主体 1 的前侧面卡合连接有保护装置壳体 3，并且保护装置壳体 3 的顶端焊接固定有挡盖 4；所述挡盖 4 的底端与智能锁主体 1 的上表面相贴合；所述保护装置壳体 3 的下方左右两侧面内部均开设有第一容置槽 7、第一滑槽 8 和第二容置槽 13，第一容置槽 7 的后侧设置有第二容置槽 13，并且第一容置槽 7 的上下两侧均设置有第一滑槽 8；所述第一容置槽 7 的内部螺钉固定有第二复位弹簧 12，第二复位弹簧 12 的外端与压板 9 螺钉连接，并且压板 9 的后端螺钉固定有连接杆 10；所述压板 9 的上下两侧均螺钉固定有凸块 11；所述智能锁主体 1 的前侧面内部凹凸固定有屏幕主体 14；所述挡盖 4 的底面内部卡合设置有安装板 17；所述智能锁主体 1 的前侧面开设有第二滑槽 15；所述保护装置壳体 3 的后侧面左右两侧均螺钉固定有滑块 16，且滑块 16 的外侧卡合滑动连接有第二滑槽 15。

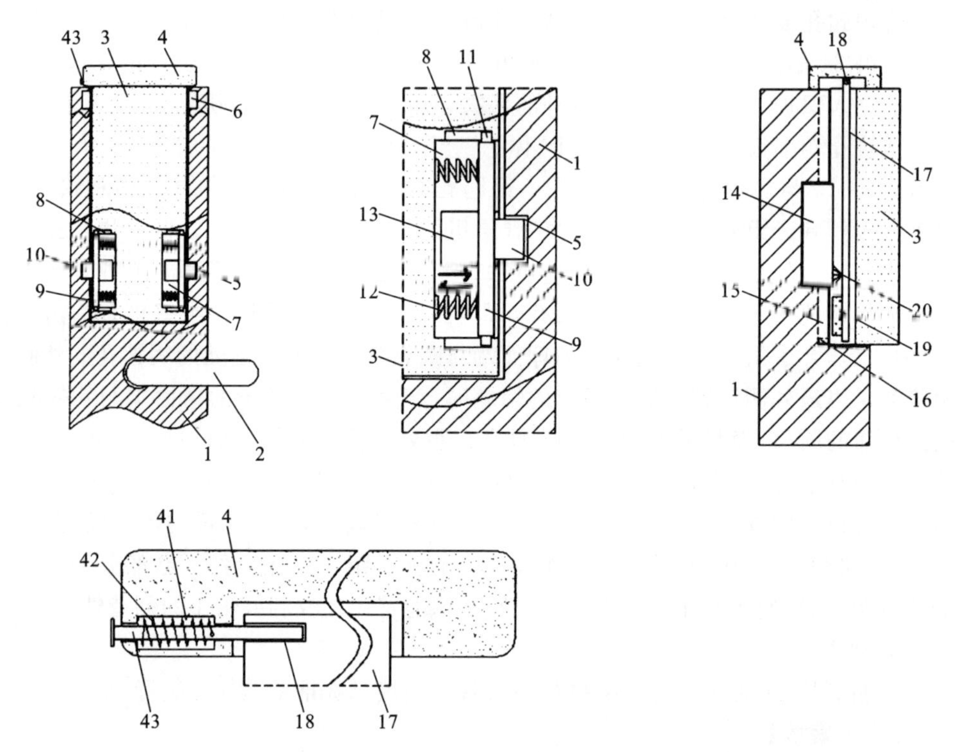

图 8-3 一种可对屏幕擦拭的指纹智能锁接触屏推动式保护装置结构示意图

工作原理如下。当需要对保护装置壳体 3 向上推动时,工作人员将手指分别放置在保护装置壳体 3 的左右两侧,这时手指正好与保护装置壳体 3 左右两侧的第一容置槽 7 内部的压板 9 接触,然后手指将压板 9 向第一容置槽 7 的内部按压,压板 9 上下两端的凸块 11 在第一滑槽 8 内进行滑动,由此使得压板 9 带动连接杆 10 进行移动,使得连接杆 10 与对应的第一限位槽 5 分离,压板 9 对第二复位弹簧 12 进行挤压蓄力。接着向上推动保护装置壳体 3,这时滑块 16 在第二滑槽 15 内进行滑动,保证了保护装置壳体 3 稳定上升。当保护装置壳体 3 推动到合适高度位置后,松开压板 9,这时压板 9 在第二复位弹簧 12 蓄力的作用下进行复位,使得压板 9 带动连接杆 10 进行复位,从第二容置槽 13 内移动插入到对应的第二限位槽 6 内进行卡合固定,由此便于保护装置壳体 3 稳定地固定在某一高度位置,避免了保护装置壳体 3 受外界环境因素而下降。

保护装置壳体 3 在上升时带动挡盖 4 和安装板 17 一同上升,使得安装板 17 后侧面的软毛刷 20 对屏幕主体 14 表面的杂质进行刷动,然后配合海绵垫 19 的使用可以将屏幕主体 14 表面杂质擦拭掉,接着保护装置壳体 3 的上升使得擦拭好的屏幕主体 14 露出,然后便可进行指纹输入工作了。该设计可避免屏幕主体 14 长期使用导致的表面脏污对指纹输入工作的影响。

【基本构思分析】

通过对技术方案的分析可知其基本构思：手动驱动的弹簧和凸起配合将可对屏幕擦拭的盖体卡合在屏幕上下两端。

【检索分析】

该发明给出的分类号如下。

E05B17/00 与锁有关的附件。

E05B17/18 盖形或滑板形的。

通过简单检索，就能很快获得具有清洁盖的对比文件1，以及在上下位置能够卡合的对比文件2。

对比文件1公开了一种家居生活用指纹门锁防护装置，如图8-4所示，包括指纹锁1(相当于智能锁主体)、把手2、密码区、指纹槽(相当于屏幕主体)。指纹锁1的底端内部连接有把手2，指纹锁1前侧面卡合连接有防护盖6(相当于保护装置壳体)。滑动槽5的内部卡接有防护盖。指纹锁1的前侧面固定有指纹槽。

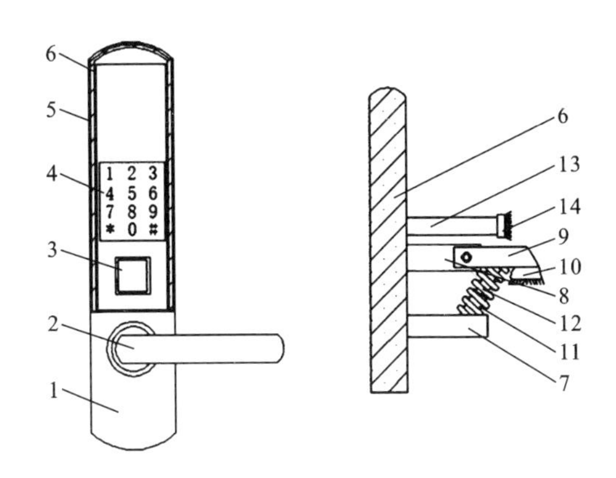

图8-4　对比文件1家居生活用指纹门锁防护装置结构示意图

对比文件2公开了一种具有固定支架结构的电子锁，如图8-5所示，固定块4内侧面开设有第二凹槽5，且每组第二凹槽5设置有两个。滑盖6内部底侧开设有第三凹槽7(相当于容置槽)，且第三凹槽7内部设置有弹簧8(相当于第二复位弹簧)，同时弹簧8外侧面设置有滑扣9，滑扣9贯穿滑盖6外侧面，且滑扣9与第二凹槽5相接触。

基于已有的对比文件1和对比文件2，还需要检索手动驱动的弹簧和凸起配合将盖体卡合在屏幕上下两端的对比文件进行结合来评述其创造性。对于锁具领域来说，销和弹簧配合是非常常见的配合关系，可以实现多种功能，在数据库中检索存在大量的噪声，通过销和弹簧配合的技术效果，固定、定位来进行检索，能够减小噪声。

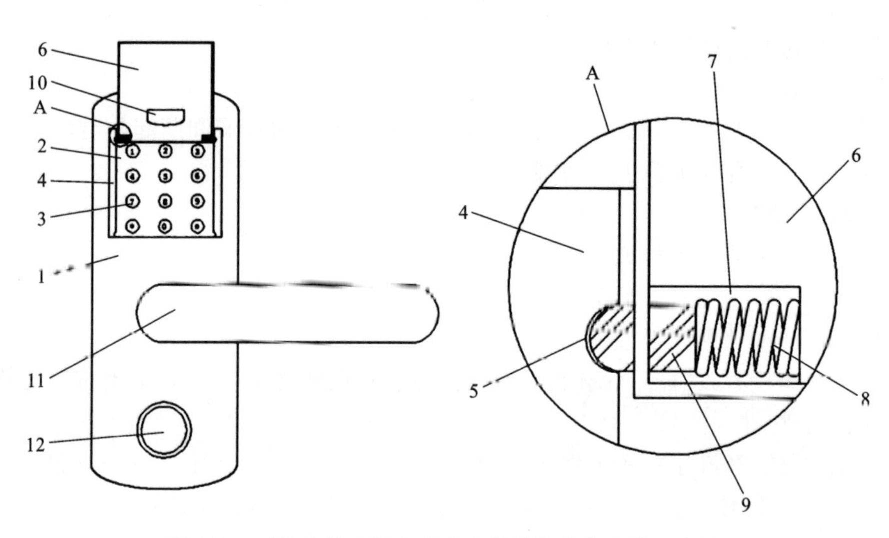

图 8-5 对比文件 2 具有固定支架结构的电子锁示意图

在 CNTXT 中使用“E05B17/18/ic and(销 s(固定 or 定位)s 弹簧 s 盖)”,命中 85 篇文献,能够检索到如图 8-6 所示的对比文件 3,并公开了下述内容。

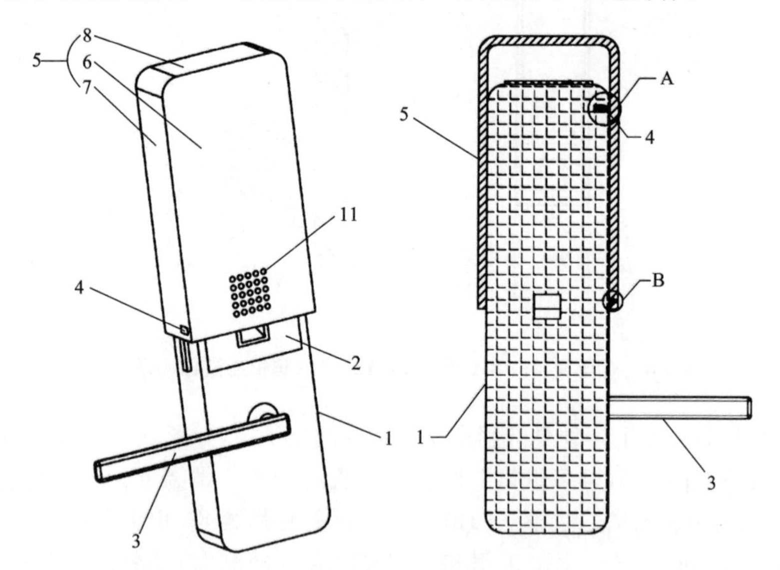

图 8-6 对比文件 3 电子门锁结构示意图一

对比文件 3 公开了一种电子门锁(见图 8-7):锁定部包括设置在门锁主体上的弹簧销 41 和设置在滑盖上用于卡接弹簧销 41 的卡孔,通过控制器套件解锁完毕后,使用者再按下复位板,把弹簧销 41 复位,弹簧销 41 会被竖直板抵紧在销槽 16 中,滑盖 5 会在复位弹簧 15 的作用下自动复位,盖合在控制器套件上。

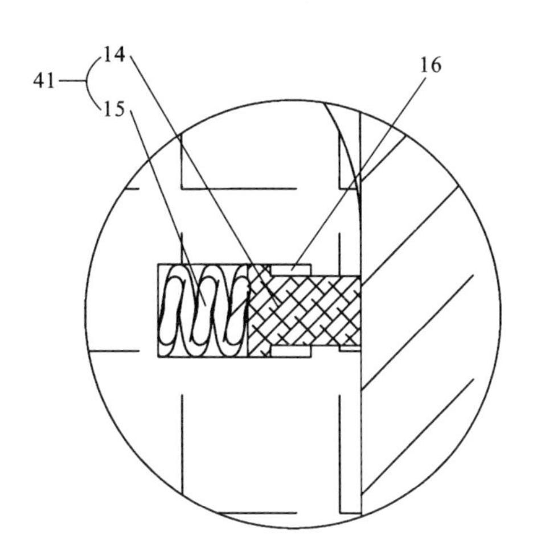

图8-7　对比文件3电子门锁结构示意图二

上述对比文件1～3结合常规技术手段能够评述权利要求的技术方案。

案例3

发明名称：冰箱门上的旋转把手及其控制方法、冰箱门结构和冰箱。

【相关案情】

现有技术将冰箱门把手与门体合为一体的凹槽，开口向上。在冰箱使用过程中，由于把手凹槽开口向上，会不断积累灰尘与使用冷藏室时可能掉落的东西。当凹槽内积累脏东西时，需要定期清理，且在使用过程中可能弄脏双手，影响用户使用体验。本发明提供如下一种技术方案。

权利要求：一种冰箱门上的旋转把手，其特征包括把手凹槽、电机、主控器和人体特征检测模块；所述人体特征检测模块用于检测冰箱门前特定范围内是否有人存在，并将检测结果发送至所述主控器；所述主控器用于根据所述检测结果控制所述电机运转，以带动所述把手凹槽旋转，使所述把手凹槽的开口朝向不同方向；所述检测冰箱门前特定范围内是否有人存在，包括检测冰箱门前特定范围内是否有人体红外特征信号，检测冰箱门前特定范围内是否有人体图像特征信号，检测冰箱门前特定范围内是否有人体声音特征信号。

当冰箱门前特定范围内有人体红外特征信号或人体图像特征信号或人体声音特征信号时，检测结果为有人存在；否则，检测结果为无人存在。

工作原理：本案例所述的冰箱门结构采用旋转把手后，可根据是否有人使用冰箱的情况自动旋转，当人靠近冰箱时，旋转把手自动将把手凹槽的开口转向冰箱门外；当人离开冰箱时，把手凹槽的开口转向冰箱门内。本案例所述的冰箱门结构避免了把手凹槽内灰尘与脏物的积累，同时隐藏把手凹槽的设计提升了冰箱的美感，增加了用户体验感。

【基本构思分析】

本申请的发明构思为：检测是否有人存在，如果有人则把把手转出；无人则把把手转入。

【检索分析】

该发明申请给出的分类号如下。

E05B 7/00 围绕与翼扇平行的轴转动的把手。

F25D 23/02 冰箱门、盖。

在锁具领域中，把手旋转是非常常见的，在专利文献中如果提到把手的旋转，在很多情况下都是表示旋转把手开门，其噪声很大。通过分析本申请的发明构思可以发现，实际上，本申请的把手的朝内位置和朝外位置分类是为了隐藏和使用，通过感测，来确定是否对把手进行转动，从而进行隐藏或者使用。

在 CNTXT 中使用检索式"F25D23/02/ic and((把手 or 手把 or 握把 or 执手 or 握柄 or 握杆)s(传感 or 感测 or 感应 or 检测 or 监测)s(隐藏 or 不可见 or 收纳 or 收容))"，命中 10 篇文献，即能够得到对比文件 1 CN108679912A，并公开了如下内容。

把手在隐藏位置和使用位置之间可转动地安装至所述门体；用于检测用户是否靠近所述门体的检测装置；驱动装置设于所述门体，用于驱动所述门体转动，驱动装置 30 为步进电机；控制单元分别与所述检测装置和所述驱动装置通信，当所述检测装置检测到用户靠近所述门体时，所述控制单元控制所述驱动装置驱动所述把手向所述使用位置转动，当所述检测装置检测到用户远离所述门体时，所述控制单元控制所述驱动装置驱动所述把手向所述隐藏位置转动。

检测装置检测用户是否靠近门体。当检测装置检测到用户靠近门体时，控制单元控制驱动装置驱动把手从隐藏位置转动 90°，用户拉动把手打开门体；用户关闭门体后，当检测装置检测到用户远离门体时，控制单元控制驱动装置驱动把手沿上述的反方向转动 90°，把手隐藏在门体内。检测装置可以为红外检测装置。

对比文件 1 公开了本申请的发明构思。

案例 4

发明名称：一种车辆用外把手装置。

【相关案情】

现有技术的把手外侧表面配置有解锁按钮和锁定按钮，存在把手的外观性差的问题。因此本申请有了如下技术方案。

权利要求：一种车辆用外把手装置，其特征具备以下方面。

外把手以能够在收纳位置与展开位置之间移位的方式设置于对车辆开口部进行开闭的开闭体，在所述收纳位置，所述外把手收纳于所述开闭体的内部；在所述展开位置，所述外把手从所述开闭体向车辆外侧展开。把手展开装置使所述外把手在所述收纳位置与所述展开位置之间移位。多个传感器配置在所述外把手的外表面或里侧的彼此不同的位置,对使用者针对所述外把手的所述外表面的操作进行检测。控制装置根据所述多个传感器的检测结果控制所述把手展开装置,所述控制装置在所述多个传感器按预定的顺序检测到所述使用者的操作的情况下,控制所述把手展开装置使所述外把手从所述收纳位置移位到所述展开位置,或者从所述展开位置移位到所述收纳位置。

工作过程如下。所述使用者的操作包括:接触操作,使用者的手或手指接触所述外表面并按规定的动作路径进行移动;非接触操作,使用者的手或手指接近所述外表面并按规定的动作路径进行移动。按预定的顺序检测到所述使用者的操作的情况下,控制所述把手展开装置使所述外把手从所述收纳位置移位到所述展开位置,或者从所述展开位置移位到所述收纳位置。

【基本构思分析】

发明构思:通过手势控制,将把手控制在展开位置和收纳位置。

【检索分析】

本申请给出的分类号为 E05B 85/10 车门把手。

由本领域技术人员分析本申请的技术方案可知,能够到展开位置和收纳位置的把手实际上是起到隐藏的作用,将把手隐藏起来,不凸显在车门上,从而达到美观的效果。在 CNTXT 中使用检索式"E05B85/10/ic and(隐藏 or 隐形 or 平行 or 封闭) and(轻扫 or 手势 or 顺序 or 抚摸)"进行检索,快速命中 63 篇文献,其中对比文件 1 公开了如下技术方案。

隐藏式门把手,门把手能够弹出或隐藏,门把手电机,使门把手在收纳位置与所述展开位置之间移位。

通过图像采集装置获取门把手处的目标图像包括:通过图像采集器采集所述门把手处的图像并利用图像处理器从图像中获取目标图像。

利用门把手控制装置根据人手移动趋势信息的分析结果控制门把手弹出或隐藏。若人手移动趋势信息为人手靠近门把手信息,则利用门把手控制装置控制门把手弹出;若人手移动趋势信息为人手远离门把手信息,则利用门把手控制装置控制门把手隐藏。即对比文件 1 已经公开了根据手势对隐藏把手的展开和隐藏进行控制。

使用对比文件 1 结合公知常识能够评述本申请的创造性。

8.2 涉及应用场景的检索

8.2.1 特殊应用场景的锁

前面章节中介绍过,锁具根据其使用场景使用环境的不同,会有不同的改进需求。在现有技术中，针对不同的使用环境，设计了一些特殊用途的锁，用于满足各种不同应用场景的需要。例如，用于薄金属翼扇往往需要进行存储通信、牢固保护；人防门往往需要防灾避险、安全稳定；冰箱和冷柜一般要满足存储要求；用于存储通信物品时，需要防沉迷管理；用于共享物品时，需要满足多人使用的需求等。

8.2.2 应用场景检索策略

在分类中，若技术主题在于某物的本质属性或功能，且不受某一特定应用领域的限制，则将该技术主题按功能分类，若技术主题涉及某种特定的应用，但没有明确披露或完全确定，若分类表中有功能分类位置，则按功能分类；若技术主题宽泛地提到了若干种应用，则也按功能分类。

涉及特殊应用场景的锁具，根据应用场景的不同，其结构也可能呈现特殊化。关于其特殊的结构，有应用分类号时，要注意应用分类号的检索，同时也应当检索功能分类号。当技术问题是存在类似应用场景时才会有时，可以将应用作为检索的关键词，在扩展关键词时，可以分析该类锁具的特殊应用环境，将类似的应用领域也作为检索的扩展关键词。通过检索准确的分类号以及应用领域的关键词，能够较快地对发明的主题进行表达，圈定一个较为合适的范围，在这个范围中，较可能出现解决本申请技术问题的技术方案。根据具体情况，再结合使用结构关键词、效果关键词进行表达，能够较快地命中对比文件。

8.2.3 应用场景检索实例

案例5

发明名称：一种控制学生使用手机时间的管理盒。

【相关案情】

为保障学生科学使用手机，设置一种手机时间管理装置是相关领域内技术人员急需解决的问题。因此本申请提出如下技术方案。

权利要求如下。一种控制学生使用手机时间的管理盒，其特征包括硬件部分和软件部分。所述硬件部分包括用于存放手机的放置盒，所述放置盒包括上盒体、下盒体，所述上盒体、下盒体一端为相互铰接的连接端，另一端为可开合的自由端，所述上盒体的自由端内部设有与下盒体自由端内部连接的电子锁装置，所述放置盒内还设有控制电子锁装置的控制器，所述控制器与软件部分进行通信。

所述软件部分包括电子锁开启模块、电子锁关闭模块以及定时模块。所述电子锁开启模块用于向控制器发出信号，控制电子锁装置开启；所述电子锁关闭模块用于向控制器发出信号，控制电子锁关闭。所述定时模块包括定时开启单元、定时关闭单元。所述定时开启单元用于设定开启时间，达到设定时间后向控制器发出信号，控制电子锁装置开启；所述定时关闭单元用于设定关闭时间，达到设定时间后向控制器发出信号,控制电子锁装置关闭。

电子锁装置包括电机、减速齿轮箱、输出轴、锁体、锁头、弹簧、支撑面。所述电机与控制器连接,接收控制器信号。所述电机通过减速齿轮箱与输出轴连接。所述锁体一端设有与输出轴配合的连接腔,另一端设有锁头拨动块。所述锁头横向间隔设置于锁头拨动块上部,所述锁头一端通过弹簧与支撑面连接,另一端与上盒体内部的锁孔位置对应。所述支撑面底部与下盒体内底面连接。

工作原理:通过家长的软件端发出信号,控制器接收到信号后控制电机启动,电机输出轴转动通过与其配合的锁体使得电机的转动转化为锁体的直线移动,当锁体向上移动时,锁头拨动块从锁头中心的拨动腔穿入,带动锁头移出锁孔,完成盒体的打开;当锁体向下移动时,锁头拨动块从锁头中心的拨动腔移出,锁头在弹簧的作用下与锁孔连接,完成盒体的关闭。

通过软件部分控制放置盒内电子锁装置的开启和关闭,可以实现由家长手机远程管理,并可以选择定时开启与关闭,使自制力差的学生,从沉溺手机中解脱出来,在时间上,保障学生有更大的精力投入学业。

【基本构思分析】

发明构思:到达设定时间后才能开锁,打开盒子,防止沉迷。

【检索分析】

本申请实际上是一种具有计时锁的盒子,用于防止使用者沉迷,将手机放置于其中。计时锁有很多,但是如果考虑到本申请的应用场景,会造成沉迷的有数码设备、手机以及其他电子产品,可能会有类似的控制逻辑。

使用“E05B43/00/ic and(数码 or 手机 or 电子)and 盒”能够快速命中对比文件1(CN205866268U),公开了如下技术方案。一种数码设备收纳盒(相当于控制学生使用手机时间的管理盒),包括硬件部分和软件部分。硬件部分包括数码设备收纳盒(相当于用于存放手机的放置盒),收纳盒包括盒盖(相当于上盒体)和盒体(相当于下盒体),盒盖和盒体一端为相互铰接的连接端,另一端为可开合的自由端。所述上盒体的自由端内部设有与下盒体自由端内部连接的电子锁,电子锁与定时器电连接,定时器用于在设定时间长度内使得电子锁保持锁合状态且在达到设定时间长度后使得电子锁保持解锁状态。

对比文件1已经公开了具有定时器,在设定时间长度内保持锁合,时间过后开启。而为了实现此功能,软件包括开启、关闭以及定时模块。具体设置时间开启、关闭,进行控制,是本领域技术人员根据具体功能需要对软件做出的常规设计。

至于锁具的具体结构,是锁具通用领域的常见结构,使用“(e05b/ic and((锁舌 or 斜舌 or 方舌 or 锁栓)s(腔 or 孔)s 弹簧))and((电机 or 电动机 or 马达)s(螺杆 or 螺纹 or 螺母))”能够检索到对比文件2(CN101220717 A),并公开了如下技术方案。一种静音电插锁,包括电动机6、螺杆5(相当于输出轴)、推板(相当于锁体)、锁舌(锁头)、弹簧11、面板9(相当于支撑面)。电动机6与电脑线路板8连接,接收控制信号,本领域技术人员能够毫无疑义地确定存在控制器,电动机6与控制器连接,接收控制器信号,电脑线路板8发出指令使电动机6转动来推动螺杆5,再转动滑动环14以推动7字形拨叉2,使7字形拨叉2(相当于锁头拨动块)压下锁舌1和弹簧11进入门框10(相当于锁体另一端设有锁头拨动块)。如图8-8所示,锁舌1(相当于锁舌)横向间隔设置于拨叉2上部,锁舌1一端通过弹簧与面板9连接,另一端与门框内部的锁孔位置对应,面板9底部与壳体7底面连接。

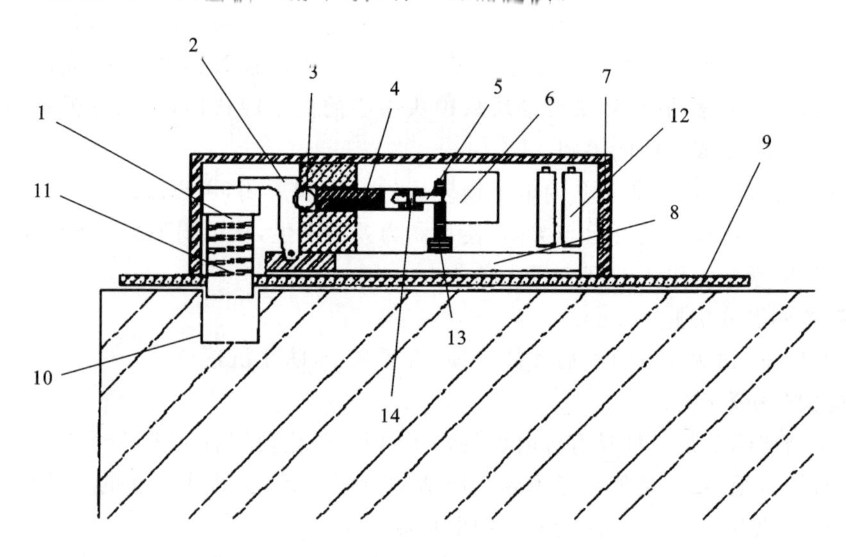

图8-8　对比文件2静音电插锁结构示意图

在对比文件1的基础上,结合对比文件2能够评价权利要求的创造性。

案例6

发明名称:一种用于共享设备的故障标识装置及智能锁。

【相关案情】

在现有技术中,用户使用共享设备的流程通常为:设备上设置一个二维码或条形码,用户扫码后,即可打开设备进行使用;在此过程中,若一旦遇到故障设备,用户需要在扫码后才能获知设备故障信息,浪费了用户时间,用户体验感较差。因此,提出如下的技术方案。

权利要求如下。一种用于共享设备的故障标识装置,其特征包括盒体、滑块、遮挡件和磁力发生装置,如图8-9所示。

所述盒体上设有容置空间和显示窗口,所述容置空间中用于设置设备识别码,所述设备识别码能够通过所述显示窗口被观测。所述滑块采用铁磁性材料制成,所述滑块与所述遮挡件一端固定相连,所述遮挡件另一端与所述盒体相连,所述滑块可滑

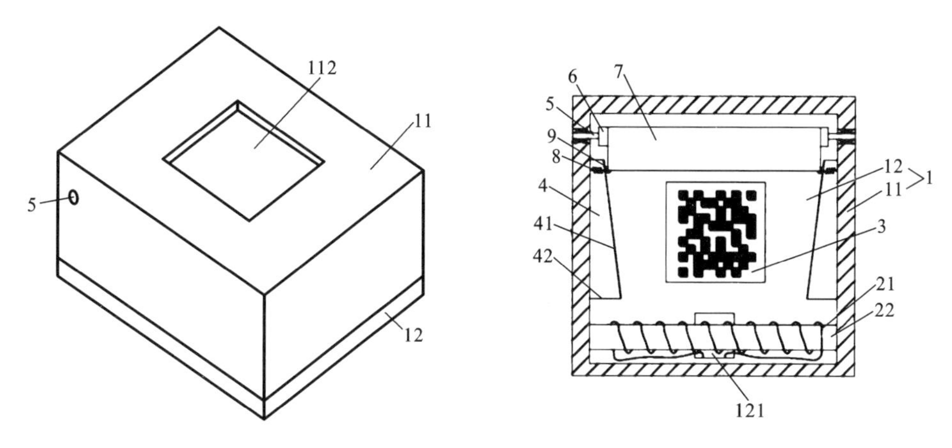

图 8-9　用于共享设备的故障标识装置及智能锁结构示意图

动地置于所述容置空间中。所述磁力发生装置用于在通电的状态下产生磁性，在断电的状态下磁性消失。

在非故障状态下，所述滑块与所述磁力发生装置位于容置空间的两侧，所述设备识别码位于所述滑块与所述磁力发生装置之间；在故障状态下，所述磁力发生装置用于通电并吸附所述滑块，使所述遮挡件遮住所述设备识别码。

工作原理：使用时，若共享设备服务器确认该设备已出现故障，则向该设备发送故障指令，使螺旋线圈 21 通电预设时间，螺旋线圈 21 通电后具备磁力，从而与滑块 9 之间产生相互作用力，使得滑块 9 克服发条 6 的弹力和斜面的阻力被吸附至螺旋线圈 21 一侧，缠绕在发条 6 上的遮挡件 7 被拉出，从而遮挡住二维码 3。经过预设时间后，螺旋线圈 21 断电，滑块 9 在弹簧 8 的作用下被拉到靠近容置空间内壁，然后与导向块的抵接面 42 抵接，使得滑块 9 的位置能够固定在抵接面 42 处，从而实现遮挡件 7 对二维码 3 的覆盖，且在螺旋线圈 21 断电后保持对二维码 3 的持续遮挡。此时，用户只需目视即可发现该设备出现故障。

【基本构思分析】

发明构思：故障状态时，自动遮住二维码。

【检索分析】

本申请被分到了锁具的领域，E05B 17/18，通过柔性盖子能够盖住的锁。然而在实际上，本申请涉及二维码的应用场景，在共享设备损坏的时候，通过遮住二维码，能够一眼判断出共享设备是否能用。

二维码通常应用于商业的使用环境，在类似的共享商业应用场景中，也可能存在因为二维码错误造成的用户使用观感差的问题，需要将二维码遮蔽起来。查询分类表得到分类号 G06Q30/00，其表示商业，如购物或电子商务。

在中文库说明书全文字段中使用“G06Q30/00/ic and(遮挡 or 挡板)and 共享”

进行检索，从命中的378篇文献中能够很快检索到对比文件1(CN109447661A)，并公开了一种故障共享单车的监管方法，也公开了用于共享单车的故障标识装置，即伸缩挡板6(遮挡件)；车体上的识别码，识别码能够被观测。

对有故障的单车，控制芯片控制微型驱动装置驱动伸缩挡板挡住车体上的识别码，使得用户无法扫码打开车锁，避免下一位用户再次使用。

对比文件1已经公开了故障时驱动遮挡，即公开了本申请的发明构思。

8.3 涉及功能性特征的检索

8.3.1 功能性特征的介绍

功能性特征，通常表示描述特定结构或方法在其内部和外部联系和关系过程中，表现出来的特征性和能力的技术特征。

专利审查指南中指出，通常对产品权利要求来说，应当尽量避免使用功能或者效果特征来限定发明。只有在某一技术特征无法用结构特征来限定，或者技术特征用结构特征限定不如用功能或效果特征来限定更为恰当，而且该功能或者效果能通过说明书中规定的实验或者操作或者所属技术领域的惯用手段直接和肯定地验证的情况下，使用功能或者效果特征来限定发明才是被允许的。对于权利要求中所包含的功能性限定的技术特征，应当理解为覆盖了所有能够实现所述功能的实施方式。

如果技术主题涉及某种特定的应用，但没有明确披露或完全确定，若分类表中有功能分类位置，则按功能分类；若宽泛地提到了若干种应用，则也按功能分类。若技术主题既涉及某物的本质属性或功能，又涉及该物的特殊用途或应用，或者其在某较大系统中的专门应用，则既按功能分类又按应用分类。

8.3.2 锁具中功能性特征的检索策略

锁具领域的特点是特征的名称趋于一致，不同的部件，可能命名为同一名称，但在实际上实现的是完全不同的功能。这在没有准确分类号的情况下，给检索带来了一定的困难。锁具领域有一些特殊的功能性特征，其关键词较为准确，能够较好地表达一类锁。例如，空转，具有空转功能的锁具如果插入了错误的钥匙，钥匙能够带动锁芯转动，但是不能开锁，只有正确的钥匙能够成功带动锁芯旋转并且开锁。在锁具中，没有针对上述功能的分类号，各种类型的锁具中均可能应用空转功能，而实现空转功能的锁具其结构组成也有很多不同。如果一个技术方案其发明点不仅仅在于空转，而在于其他地方，其他的功能或者结构易于表达。在检索时一般可以先用分类号"and 空转"，圈定具有空转功能的锁的范围，然后在这个圈定的范围中检索其他的发明点；或者如果空转就是发明点，可以在这个圈定的范围内继续表达结构。

8.3.3　功能性特征检索实例

案例7

发明名称：一种汽车用防盗空转门锁。

【相关案情】

现有技术中的门锁防盗，主要是采用锁芯做易断点结构，当插入非匹配钥匙转动锁芯时，锁芯或者钥匙均会造成断裂，锁芯断裂后，后期插入匹配钥匙，门锁也无法正常使用，从而造成整套全车锁报废。

该案目的在于提供一种汽车用防盗空转门锁，该门锁具有空转组件结构，利用该结构，可以有效防止插入非匹配钥匙造成的锁芯断裂，或者是钥匙断裂而导致门锁失效。

权利要求如下。一种汽车用防盗空转门锁，如图8-10所示，包括锁芯1和空转组件。其特征在于，所述空转组件由外锁套6、内锁套3、滑块4和拨盘5组成。滑块4是圆形的，在圆周上分布两个外凸的空转限位筋，在外锁套6的内壁均匀分布两个空转限位槽7。滑块4与外锁套6通过50°的爬坡角度进行配合。

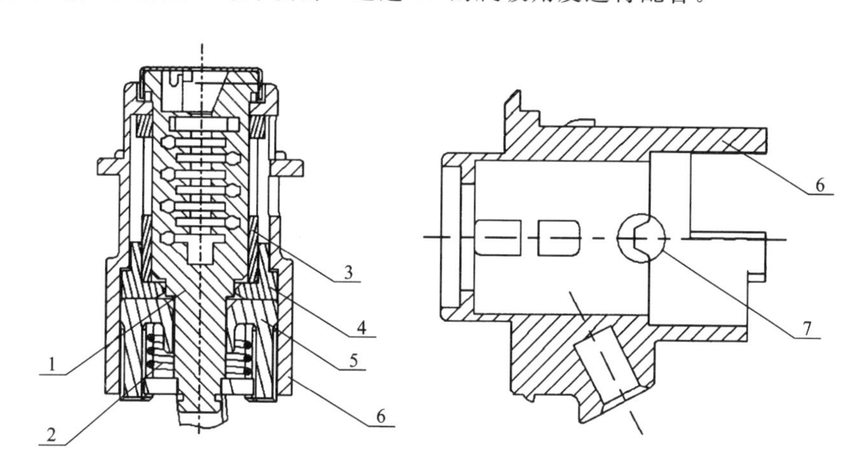

图8-10　汽车用防盗空转门锁结构示意图

工作原理：使用时，当匹配钥匙插入时，滑块的空转限位筋与外锁套的空转限位槽进行配合，压扭簧在轴向的力通过拨盘传递到滑块，进行开锁；当非匹配钥匙插入时，滑块与外锁套通过50°的爬坡角度进行配合，通过门锁芯总成尾部的压扭簧施加压力，当外力达到一定值时，门锁实现空转，打不开锁，也不会损坏锁。

【检索分析】

本申请的空转功能实际上是由凹槽和凸筋进行配合带来的，如果仅仅使用空转的功能限定，空转的方式有很多种，不一定是本案的方式，因此可以选择空转功能的具体技术手段的关键词来进一步限缩。

首先确定技术领域:根据权利要求的主题名称可以确定技术领域为车辆门锁。

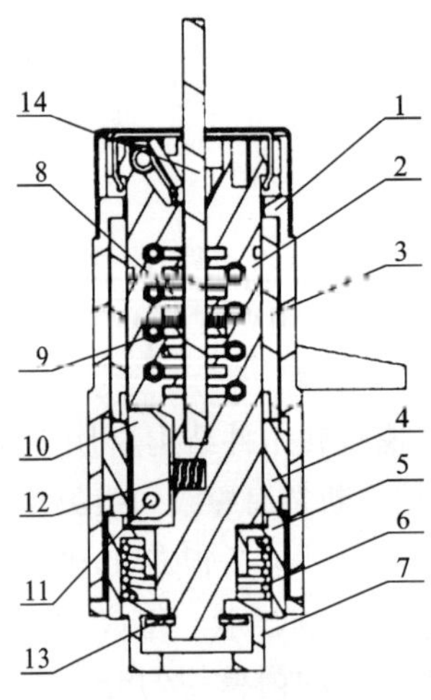

图 8-11 对比文件 1 防非正常钥匙开启的汽车门锁结构示意图

在 IPC 分类表中找到相应的分类号 E05B 65/12:用于车辆门的。本申请主要涉及的是对空转功能的改进,具体使用了凹槽与凸筋配合的结构,因此,构造检索式:“CNTXT E05B65/12/ic and 簧 and 空转 and ((凹 or 槽)s(凸 or 筋))”,命中 22 篇文献。对比文件 1(CN202324897U),公开了一种防非正常钥匙开启的汽车门锁,其也是一种汽车用防盗空转门锁,并具体公开了以下技术特征:包括锁芯 2 和空转组件。所述空转组件由锁壳 1(相当于外锁套)、套筒 I3(相当于内锁套)、套筒 II4(相当于滑块)和连接件 5(相当于拨盘)组成。套筒 II4(相当于滑块)是圆形的,在圆周上分布两个斜面凸块 41(相当于外凸的空转限位筋),在套筒 I3 的底端均匀分布两个斜面槽 31(相当于空转限位槽);套筒 II4(相当于滑块)与套筒 I3(相当于内锁套)的爬坡角度进行配合(见图 8-11)。

权利要求请求保护的技术方案与对比文件 1 公开的内容相比,区别是:本申请的空转限位槽在外锁套内壁上而对比文件的斜面槽 31 设置在套筒 I3 的底端;滑块与外锁套配合的爬坡角度为 50°。然而,具体的爬坡角度是本领域技术人员根据需要作出的常规选择,且在锁具领域将卡合元件设置在相邻的部件上是本领域技术人员的常规技术手段,因此本领域技术人员容易想到也能变换与凸起对应的槽的位置,使得空转限位槽在外锁套内壁上均匀分布,同样能够起到卡合推离连接件 5(相当于拨盘)的效果。

对比文件 1 结合公知常识能够评述本申请的创造性。

案例 8

发明名称:一种蓝牙控制装置及智能防盗门葫芦锁芯。

【相关案情】

既要保证锁具开启的安全性,又要在需要应急开锁时方便快捷开锁是亟待解决的技术问题。因此,提出了如下技术方案。

权利要求如下。一种蓝牙控制装置,其特征包括前盖 1、电路板 2、电动机 3 和后盖 4,如图 8-12 所示。所述的前盖 1 上设有 USB 开口。所述的电路板 2 的一端与套装在后盖 4 内的电动机 3 相连接,电路板 2 的另一端朝向前盖 1 的 USB 开口设置形成 USB 接口。所述的电动机 3 的转动轴与后盖 4 之间设有钢珠 5,后盖 4 上设有与钢珠 5 相匹配的孔 4-1,随着电动机 3 转动轴的转动钢珠 5 能沿着孔 4-1 的轴向进行移动。所述的电动机 3 转动轴的自由端端面固定有凸轮,所述的钢珠 5 放置在凸轮的凹槽上。

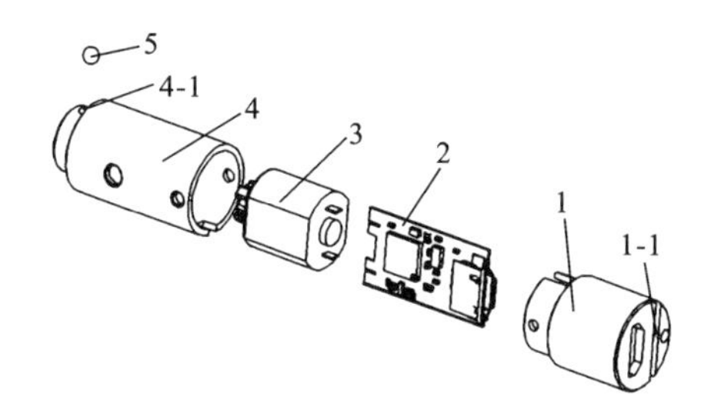

图 8-12 蓝牙控制装置及智能防盗门葫芦锁芯结构示意图

工作过程:使用充电宝等移动电源通过 USB 接口给电路板 2 进行供电,再通过安装在手机上的 App 给电路板 2 上的 MCU 控制单元发送指令,MCU 控制单元收到指令后给电路板 2 上的电动机驱动单元发送指令,使得电动机驱动单元驱动电动机 3 的转动轴进行转动。电动机 3 的转动轴转动后,使得原本位于凸轮凹槽上的钢珠 5 的位置随着凸轮与后盖 4 间的距离的缩小而被逐渐挤压出孔 4-1。离合器原本与蓝牙控制装置是处于非啮合状态,离合器为圆环结构,圆环的内部绕着环形面设计成多边形结构,随着钢珠 5 的抬升,钢珠 5 被卡在离合器内部的多边形结构的凹陷处,使得离合器与蓝牙控制装置啮合在一起。此时,通过螺丝刀等通用工具插入前盖 1 上的一字槽 1-1 内旋转蓝牙控制装置,蓝牙控制装置便带动与之啮合的离合器一起转动,离合器则带动方轴进行转动,方轴带动拨头转动,进而实现了开锁。

【检索分析】

权利要求中虽然没有提到离合,但是在锁具中,通过钢珠结构的卡合与否,来确定是否驱动,在实际上实现的是离合的功能,能够用离合来表示。在锁具中,珠、球以及凸轮和电机均是非常常规的结构,然而通过离合的功能限定,能够展现它们之间的连接作用关系。

离合锁没有专门细分的分类号,一般可以用 E05B 限定锁具的范围,在 CNTXT 中构造检索式:"离合 and e05b/ic and 凸轮 and(电机 or 马达)and(珠 or 球)",在 174 篇文献中能够检索到对比文件 1(CN106836991A)公开了如下技术方案(见图 8-13)。一种锁体控制装置:包括锁芯套(相当于前盖)、芯片控制板(相当于电路板)、旋转电动机 5、离合帽 9(相当于后盖),旋转电动机的转动轴与离合帽间设有钢球(相当于钢珠),离合帽上设有与钢球相匹配的孔,随着旋转电机转动轴的转动干球能沿着孔的轴向进行移动,该锁体装置能够远程控制以及电子钥匙对比通讯认证开锁。

旋转电动机的转动轴的自由端端面固定有凸轮 11,钢球放置在凸轮的凹槽上。

使用对比文件 1 结合公知常识能够评述创造性。

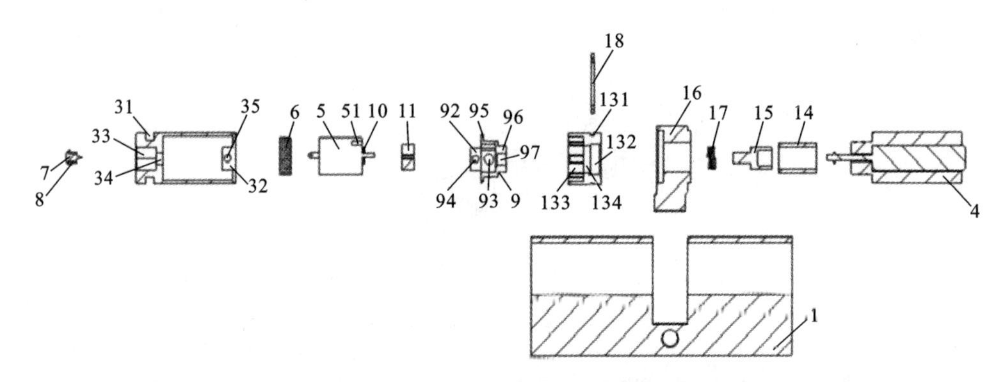

图 8-13　对比文件 1 锁体控制装置结构示意图

第9章　算符检索

9.1　截词符、邻近算符、同在算符、频率算符简介

9.1.1　截词符

由于不同申请人的撰写习惯，不同国家的不同拼法，同一个词的不同时态，不同词形变化均导致了数据库中的表达是多种多样的。若将所有可能的变化全部输入，费时费力，且难免存在遗漏。因此，使用截词符进行模糊匹配，可以代替一些有不同拼写或词形变化的词中的字母，可以方便、无遗漏地将要检索的词涉及的文献查找出来。

截词符如表9-1所示。

表9-1　截词符

截词符	截词符的含义	示例	可检索到
?	代表0～1个字符	colo? r	color，colour
♯	代表1个字符	fu♯ee	fuzee，fusee等
+	代表任意字符	drill+	drill，drilled，drilling等

截词符使用时的注意事项。

(1)“?”“♯”“+”代表的字符，除了表示字母，还可以表示数字，以及数字中的小数点。

(2)“+”可做后截词，也可做前截词，还可用于中间截词，但一般为后截词。“+”作为前截词的用法在检索中很少使用，化学领域可以利用前截词做分子式方面的检索，如$+SO_3$，可以检到Na_2SO_3、K_2SO_3等；也可以用作表示一些前缀词，如co、ex等。

(3) 直接输入“+”可查看当前数据库中的文献量。只输入“+”可以检索出当前数据库中的所有文献。

(4) 某些检索入口无需使用截词符，就可进行前方一致的检索。

PN、AP、PR字段中都是既有号码(公开号、申请号、优先权号)位置，又有日期(公开日、申请日、优先权日)位置，因此这三个字段中都可进行号码或日期的前方一致检索。例如，用“/PN CN”“/PN EP123”“/PN 2008”分别与用“/PN CN+”“/PN

EP123+”“/PN 2008+”检索到的结果是一样的。

(5) 单个词中可以混排有多种截词符，但是从实际需要和检索结果出发，检索式中不宜有太多截词符。

(6) 截词符只能用在单个词中。

9.1.2 邻近算符

邻近算符检索是用特定的算符表示几个检索要素表达形式之间的邻近或位置关系。邻近算符如表 9-2 所示。

表 9-2 邻近算符

算符	由算符连接的两个检索项的关系
W	A 和 B 紧接着，先 A 后 B，且词序不能变化
nW	A 和 B 之间有 $0\sim n$ 个词，且次序不能变化
$=n$W	A 和 B 之间只能有 n 个词，且次序不能变化
D	A 和 B 紧接着，A 和 B 的词序可以变化
nD	A 和 B 之间有 $0\sim n$ 个词，词序可以变化
$=n$D	A 和 B 之间只能有 n 个词，词序可以变化

邻近算符使用时的注意事项如下。

(1) 邻近算符与截词符最大的不同之处在于：邻近算符是表示几个检索要素表达形式之间的邻近或位置关系，其常用于较为精确的限定，目的是为了查准；而截词符是用于表示同一个词中的一部分，目的是为了查全。

(2) S 系统中所有的实词、虚词以及标点符号等特殊字符都被标引了，这些字符都算作一个独立的单词。例如，“-”为一个单词，其连接的两个词之间不能用截词符，但是能用邻近算符。

(3) 邻近算符“W”和“D”的区别在于：“W”对检索项之间的先后顺序有要求，“D”对检索项之间的先后顺序无要求。因此，“W”算符一般用于检索固定的词组；而“D”由于对检索项之间的先后顺序无要求，其一般用于检索非固定的词组，由于词组的非固定性，所以“nD”更常用。在使用邻近算符时，应注意选择适当的间隔字数，间隔字数越少，检索结果越精确，但会遗漏很多文献；间隔字数越多，检索结果越多，但是会带来很多噪音。因此，检索时需要在准确性和全面性之间权衡，进而来确定合适的间隔字数。

9.1.3 同在算符

同在算符检索也是用特定的算符表示几个检索要素表达形式之间的邻近或位置

关系。同在算符如表9-3所示。

表9-3 同在算符

算符	由算符连接的两个检索项的关系
F	*A*和*B*在同一字段中
P或L	*A*和*B*在同一段落中
S	*A*和*B*在同一句子中
NOTF	*A*和*B*不在同一字段中
NOTP或NOTL	*A*和*B*不在同一段落中
NOTS	*A*和*B*不在同一句子中

字段包括几个段落,每个段落中包括几个句子。

邻近算符使用时的注意事项如下。

(1) 同在算符连接的检索项从内容上与and相比更为紧密一些,因此,在全文检索时,常用的同在算符是S、P、L、F,这样可获得更准确的检索结果。段落的范围很大,在检索项之间的关系非常密切时,在一个句子中的可能性最大,因此,优先使用"S"算符。NOTF、NOTP、NOTL、NOTS一般很少使用。

(2) 检索系统中的句子严格以"。"区分,因此,句子中如果出现某些并非表示句号的点时,也会被误认为是句子结束标记。

9.1.4 频率算符

频率算符FREC表示检索词出现的频率。例如,霍尔传感器/frec>5/CLMS,表示CLMS字段中"霍尔传感器"出现超过5次的文献。magnet/frec=10,表示BI字段中"magnet"次数等于10的文献。BI字段可以缺省,默认查找BI字段中检索词的频率,除了BI之外其他的限制符不能省略。

9.2 截词符、邻近算符、同在算符、频率算符的适用情形

9.2.1 采用截词符、同在算符在外文专利中检索

案例1

发明名称:一种悬挂锁合装置。

【相关案情】

本案例涉及一种用于悬挂物品的悬挂锁合装置。在需要悬挂物品的场合,目前通常采用S形勾或弧形勾作为悬挂锁合装置悬挂物品,由于上述的S形勾和弧形勾

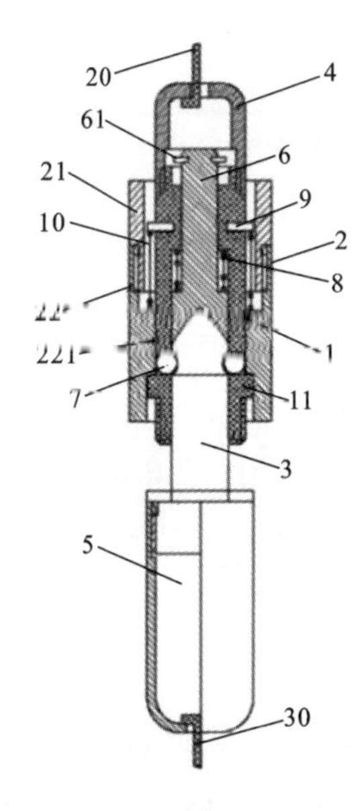

图 9-1 悬挂锁合装置结构示意图

具有体积小巧、结构简单以及制造方便的特点，故使用较为广泛。但是，无论是S形勾还是弧形勾，其悬挂部分均具有用于解除悬挂的开口，对于晃动或易碰撞等场合，悬挂的物品很容易从该开口处脱落，进一步造成物品的损坏或造成砸伤、砸毁等事故。故上述S形勾和弧形勾的悬挂安全性较低。因此，本案提出了如下技术方案，如图9-1所示。

权利要求如下。一种悬挂锁合装置，其特征包括：竖向设置的回转体状锁座1、可沿所述锁座的外侧壁上下移动的锁套2、与所述锁座的下端锁孔相匹配的钥匙3、设置在所述锁座顶部的连接座4，以及位于所述钥匙下端用于连接重物的钥匙帽5。其中，所述锁座在靠近下端的圆周面上设有支撑所述锁套的凸缘11。所述锁座在所述凸缘的上侧至少设置有一个径向通孔，并且，所述径向通孔内设有沿所述锁座径向滚动的滚珠7。所述钥匙的侧壁设有一圈部分容纳所述滚珠的弧形凹槽。

工作原理如下。

当需要锁合时，一只手向下移动锁套2，另一只手将钥匙3插入锁座1的下端锁孔内，此时，钥匙3向上顶推锁芯6，两颗滚珠7自行向内移动直至陷入所述钥匙3的弧形凹槽内，接着，锁套2下滑直至台阶221与凸缘11相抵接，此时，滚珠7被台阶221径向定位在弧形凹槽31内。在这种状态下，这就使得钥匙3与锁座1无法分离，从而实现牢固锁合的效果。

当需要松开悬挂锁合装置时，即使得钥匙3与锁座1相分离，一只手向上移动锁套2，另一只手向下取出钥匙3。在此过程中，随着钥匙3的下行，滚珠7在弧形凹槽31的带动作用下自行向外移动，第一复位弹簧8向下推动锁芯6，利用锁芯6将滚珠7截留在径向通孔12内，并由滚珠7锁定支撑锁套2。

【基本构思分析】

通过对技术方案的分析，该技术方案的基本构思为通过在锁座内设置径向通孔，并在通孔内设置可径向滚动的滚珠，可移动的锁套、钥匙上设置与滚珠配合的凹槽，通过移动锁套，在锁套上的凹槽与滚珠位置对应时，移动钥匙，滚珠径向向外移动，使锁座和钥匙分离。插入钥匙，在滚珠与钥匙上的凹槽对应时，反方向移动锁套，滚珠径向向内移动，使锁座和钥匙锁合。

【检索分析】

在准确理解发明后，虽然本案包含钥匙和锁座，但并不是真正意义上的锁合装置，而实际为一种悬挂物品的扣合装置，即一种连接件，于是进一步将领域限定在

F16B(紧固或固定构件或机器零件用的器件,如钉、螺栓、簧环、夹、卡箍或楔;连接件或连接)。考虑到滚珠很关键,且表达时可能表达为 ball 或者 balls,因此,使用 ball? 表达滚珠。此外,考虑到滚珠是能够径向移动的,关于移动,有多种时态,比如现在进行时、一般现在时、过去完成时等。因此,在移动的关键词后面使用截词符+,使用"F16B/IC/CPC and ball? and radial and (slid+ or roll+ or mov+)",检索式的结果数达到了 2700 多篇,对检索人员而言,上述结果不可浏览。因此,使用凹槽进一步限制,检索结果仍然达到了 2400 多篇,上述结果仍是可浏览的范围。考虑到通过滚珠的径向移动,能够实现锁座和钥匙的连接和断开。于是,进一步使用断开的关键词进行限制,检索结果还有 1800 篇,虽然上述结果可浏览,但是结果数仍然非常多。考虑到没有其他合适的关键词进一步限制,且滚珠径向移动是密切相关的,其在一句话中的概率非常大,因此尝试使用同在算符对检索结果进行限制,"F16B/IC/CPC and (ball? s radial s (slid+ or roll+ or mov+))",检索结果为 300 多篇,考虑到其属于机械领域,通过浏览附图就可以快速地找到相关现有技术,因此,该结果为可浏览结果。最终第 23 条结果即为本案的可用于单篇影响新颖性或创造性的现有技术文献 GB2268219。

由于布尔算符 AND 在整个字段中检索,检索结果非常多。例如,在全文库中检索,其检索范围包括权利要求书、说明书、说明书摘要中,检索的范围非常大,其包括了检索表达之间无任何关联的现有技术,因此,检索结果非常多。采用同在算符能够更准确地限定检索表达中的位置关系,因此,可以大大缩小检索结果,检索员能够更快地找到对比文件。在外文库中检索时,考虑到不同的拼法、不同的词形变化,因此在外文库中需要使用截词符进行模糊匹配,以方便、无遗漏的将要表达的词涉及的文献检索出来。

9.2.2 采用同在算符在全文库中检索

在分类号下文献量大、没有明确的细分分类位置并且关键词比较常规的情况下,适合采用"同在算符"与关键词组合进行检索。鉴于这类检索方法对关键词以及关键词之间相互位置关系的依赖性,因此,在检索准备过程中,不仅要提取关键词,更要对技术领域、技术问题、技术方案以及技术效果进行深入理解,从而明确关键词之间的相互位置关系。

案例 2

发明名称:一种智能锁及其减速组件。

【相关案情】

本案涉及一种智能锁及其减速组件。现有技术中智能锁包括减速组件,减速组件通过齿轮组驱动转轴转动。当转轴转到位被限位块限制不动时,电路板检测电流增大,从而判断与齿轮单元连接的转轴已经转动到位,从而电路板控制电机停止运转。但是往往发生在转轴还没有转到位的情况下，由于齿轮组内部卡死，也会导致电流上升，从而发生假上锁的情况。此时，电机停止运转，转轴无法转到位，导致智能锁没有上锁，但用户以为已经上锁了，这对屋内的财物安全造成隐患。因此，本案提出了如下的技术方案，如图 9-2 所示。

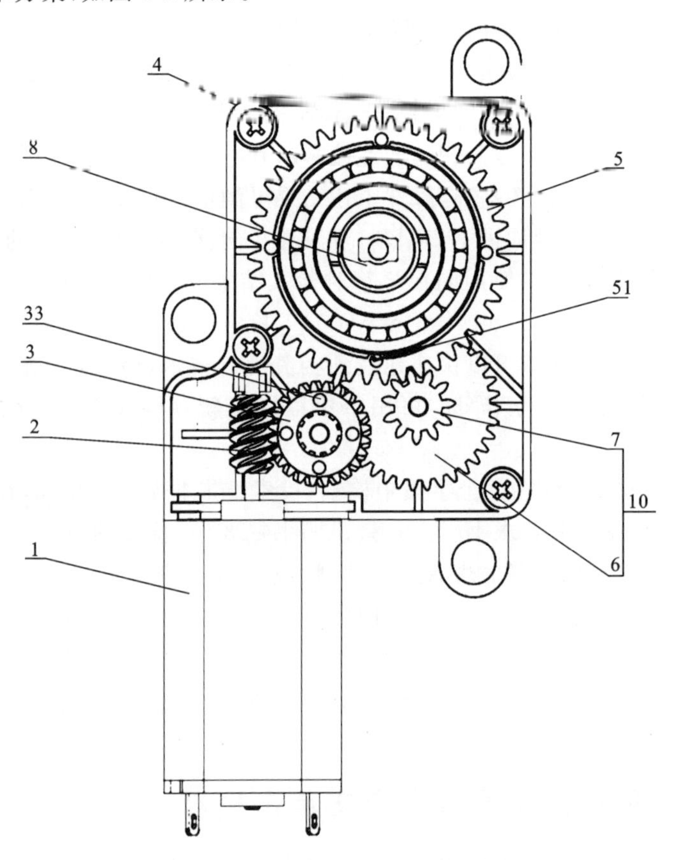

图 9-2　智能锁及减速组件结构示意图

一种减速组件，包括壳体 4、电动机 1 和蜗杆 2。电动机 1 上设有蜗杆 2。其特征还包括涡轮 3、齿轮单元 10、驱动齿轮 5 和转轴 8。蜗杆 2 和涡轮 3 啮合，涡轮 3 与齿轮单元 10 啮合，齿轮单元 10 与驱动齿轮 5 啮合，驱动齿轮 5 上设有转轴 8，涡轮 3 上设有至少一个第一磁性零件 33。驱动齿轮 5 上设有第二磁性零件 51，第一磁性零件 33 为磁感应开关，第二磁性零件 51 为磁感应开关。壳体 4 上设有电路板 9，电路板 9 用于感应第一磁性零件 33 和第二磁性零件 51 的电脉冲信号。涡轮 3 包括第一齿轮和第二齿轮。蜗杆 2 和第一齿轮啮合，第一齿轮 31 上设有第二齿轮。齿轮单元 10 包括第三齿轮 6 和第四齿轮 7，第二齿轮和第三齿轮 6 啮合，第三齿轮 6 上设有第四齿轮 7，第四齿轮 7 和驱动齿轮 5 啮合。

【基本构思分析】

通过对技术方案的分析，该技术方案的基本构思为电机通过蜗杆带动涡轮转动，涡轮通过齿轮单元带动驱动齿轮转动，驱动齿轮带动转轴转动，从而通过转轴实现开锁的功能。电路板检测第一磁性零件的电脉冲信号，通过电脉冲信号能判断出涡轮转动的圈数。同时，电路板检测第二磁性零件的电脉冲信号，通过电脉冲信号能判断出驱动齿轮转动的角度。例如，电路板判断涡轮的圈数达到指定值，驱动齿轮转动的角度达到指定值，即转轴已经转动到指定角度实现开锁，从而使电路板发送指令控制电机停止运转。

【检索分析】

分类员给出的分类号 E05B47/00 为用电力或磁力装置操纵或控制锁或其他固接器件，该分类号下文献量非常大，且本案可能涉及 E05B47 的大组和所有小组分类。E05B47 主要包括电力、磁力控制开闭锁的文献，因此，使用电机进一步明确本案为电力开闭锁，并进一步地结合磁性零件、蜗轮、齿轮等关键词进行检索，使用"E05B47/IC/CPC and(电机 or 电动机 or 马达)and(齿轮 or 蜗轮 or 涡轮)and(磁 or 霍尔)"，检索结果达到了 3400 多篇，对检索人员而言，上述结果不可浏览。考虑到本案的关键词电机、电动机、马达、齿轮、蜗轮、磁、霍尔等比较常规，使用布尔算符进行组合无法准确表达检索意图，因此，检索结果必然会出现很大的噪声，从而检索出与本技术方案完全不相关的文献，进而造成检索结果不可浏览。为了进一步提高检索准确性，采用同在算符 S 进行限制，检索结果仍然高达 1000 篇，上述结果虽然可浏览，但是这些结果的噪音仍然非常大，大部分检索结果与技术方案主题不相关。例如，文献 CN101078316A 涉及一种遥控门栓，包括设于齿条 4 下侧盒体 3 上的减速式永磁同步微型电机 7，微型电机输出端轴接一齿轮 5，齿轮 5 与齿条 4 径向齿接，使微电机 7 通过齿轮 5 和齿条 4 齿传动栓体 6 实现栓体伸缩，继而实现门窗的启闭。

进一步深入理解申请文件，现有技术转轴没有转到位，则控制电机停止运转，因此存在假上锁的现象。本案中，假上锁的现象与电机停止运转时机密切相关，因此，考虑进一步在检索结果中限制电机停止运转，检索结果为 100 多篇，没有检索到目标文献。进一步考虑到停止运转的相关表达与电机属于同一句子概率大，其表达的是效果，而霍尔、磁、齿、蜗轮等属于技术手段的表达，两者可能不在同一句子，而是在同一段落，更甚者效果的表达以及技术手段的表达不在同一段落，因此，使用"E05B47/IC/CPC and (((齿轮 or 蜗轮 or 涡轮)s(磁 or 霍尔))p((电机 or 电动机 or 马达)s(停止运转 or 停机 or 停止转动)))"，检索结果为 188 篇，获得可用于单篇影响新颖性或创造性的现有技术文献 CN108894611A。使用"E05B47/IC/CPC and (((齿轮 or 蜗轮 or 涡轮)s(磁 or 霍尔))and((电机 or 电动机 or 马达)s(停止运转 or 停机 or 停止转动)))"，检索结果为 300 多篇，获得可用于单篇影响新颖性或创造性的现有技术文献 CN108894611A、CN108397050A。

在分类号下文献量大、没有明确的细分分类位置并且关键词比较常规的情况下，适合采用同在算符与关键词组合进行检索，可以大大减小检索结果，过滤与申请文件无关的文献。此外，要深入理解发明，从技术领域、技术问题、技术方案、技术效果确定关键词，在明确关键词之间的位置关系时，可以考虑先查准再查全的策略，即先将检索范围缩小到同一个句子，再进一步将检索范围扩展到同一段落，或者使用布尔算符 and 进一步扩大检索范围。在采用该策略时，需要进一步分析要素表达之间为同一句子、同一段落的概率，合理使用同在算符。

9.2.3 采用邻近算符的检索

案例 3

发明名称：一种智能锁。

【相关案情】

本案涉及一种智能锁。在现有的技术中，智能锁通常在传统机械锁基础上增加电子管理功能，现有技术中的无源智能锁无需长期进行通电或更换电池，使用时更加方便并且还可实现空转防撬，安全性能得到极大的提高。但是此种智能锁不能掌控锁的开、关状态。本案提出了如下技术方案，如图 9-3 所示。

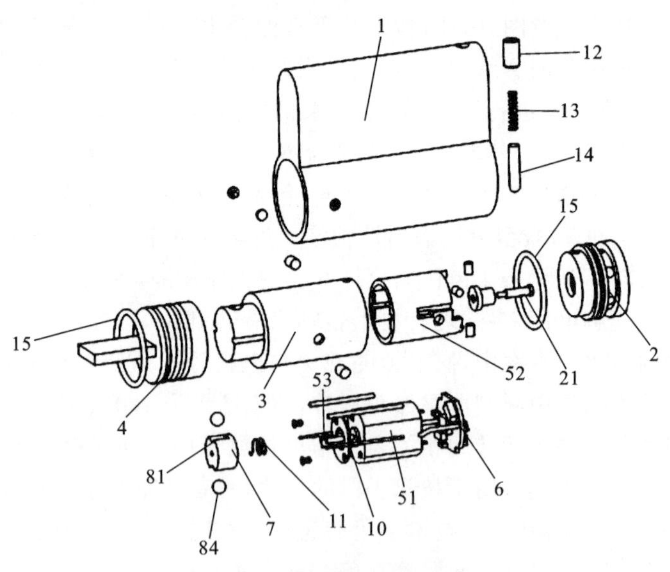

图 9-3　智能锁结构示意图

一种智能锁，包括锁壳，沿所述锁壳的长度方向依次设置在锁壳内的锁头、锁胆和凸轮。所述锁头与所述锁胆固定连接且均可转动的设置在锁壳内，在所述锁胆内设置有驱动装置和控制板，在所述锁头内设置有可将钥匙与控制板连通供电的电触件。所述驱动装置端部固定连接一离合轮，在锁胆、凸轮和离合轮间设置有可在离合轮转动一定角度后将锁胆与凸轮连接，在离合轮复位时将锁胆与凸轮分离的离合组件，在驱动装置与离合轮之间设置有可使离合轮复位的复位件。所述凸轮与所述锁壳之间设置有可使凸轮螺旋前进或后退的螺旋传动组件，所述驱动装置上至少设置有2个可依次和凸轮接触以反馈开锁状态的检测件，所述控制板与驱动装置和检测件通讯连接。其中，所述凸轮在螺旋前进或后退时能够依次和检测件接触或分离，每个检测件接触到凸轮后可将开锁或关锁位置的信息实时传递给控制板。

根据权利要求所述的智能锁，其特征在于，所述螺旋传动组件包括设置在所述凸轮外圆周面上的U形螺旋槽和设置在所述锁壳上可与所述U形螺旋槽配合的球头挡销。

根据权利要求所述的智能锁，其特征在于，所述离合组件包括设置在所述离合轮上的第一滑槽，设置在所述锁胆上的第二滑槽和设置在所述凸轮上的第三滑槽和可在上述3个滑槽间滑动的钢珠，离合轮未转动时，所述钢珠位于所述第一滑槽内。

本案提出的一种智能锁，包括锁壳，依次设置在锁壳内的有锁头、锁胆和凸轮。锁胆与锁头固定连接，且两者均可转动的设置在锁壳内部，在锁胆内设置有驱动装置和控制板，钥匙插入到锁头内后，可通过电触件将钥匙和控制板连通对驱动装置供电，驱动装置转动带动离合轮转动，同时通过离合轮锁胆和凸轮之间的离合组件的作用，在离合轮转动顺时针或逆时针转动一定角度后，将锁胆和凸轮连接在一起。此时，通过钥匙转动锁头带动锁胆转动，从而带动凸轮转动，通过设置在凸轮和锁胆之间的螺旋传动组件作用可使凸轮做螺旋前进或后退运动。在凸轮运动时，可依次和设置在驱动装置上的检测件接触或分离，通过每个检测件来实时的反应开锁或关锁的状态，检测件检测到的信号可反馈到控制板，实现了对开锁或关锁状态的实时检测控制，有效地防止了因为不能实时检测开锁或关锁状态而导致开锁或关锁不严造成安全隐患的问题。

【基本构思分析】

通过对技术方案的分析，该技术方案的基本构思为钥匙插入到锁头内后，可通过电触件将钥匙和控制板连通对驱动装置供电，驱动装置转动带动离合轮转动，同时通过离合轮锁胆和凸轮之间的离合组件的作用将锁胆和凸轮连接在一起。通过钥匙转动锁头带动锁胆转动，从而带动凸轮转动，通过设置在凸轮和锁胆之间的螺旋传动组件作用可使凸轮做螺旋前进或后退运动，检测件设置在运动路径上感测开锁，关锁状态。

基本检索要素：智能锁、通过离合组件连接锁胆和凸轮，通过螺旋传动组件使得凸轮螺旋运动。

【检索分析】

分类员给出的分类号E05B47/00为用电力或磁力装置操纵或控制锁或其他固接器件，该分类号下的锁均属于智能锁，因此，在E05B47分类号下结合离合。

对螺旋传动组件以及传感器等关键词进行检索,检索结果不到 100 篇,无有效对比文件。在全要素没有检索到有效对比文件的情况下,进行部分要素检索,检索结果仍然不理想,因此,考虑使用两个要素相与,由于离合的方式有很多,考虑到本案从属权利要求中的离合方式,因此,进一步使用本案特定的离合方式检索,使用"E05B47/IC/CPC and 离合 and(球 or 珠)",检索结果为 200 篇,获得最接近的现有技术 CN106121382A。于是进一步的检索剩下的检索要素,E05B47/IC/CPC and 螺旋,检索结果接近 800 篇,对于锁具领域的案件,800 篇的结果过多,于是进一步使用本申请特定的螺旋传动组件进行检索,"E05B47/00 and (螺旋 s 槽), E05B47/00 and(螺旋 3d 槽)",仍然无有效对比文件。本申请的螺旋传动组件使凸轮做螺旋前进或后退运动,而锁具领域中锁舌直线运动开关锁是本领域常见的设置。因此,可考虑去其他分类号中检索。而 E05B 下面的分类号均可能涉及,因此,检索时考虑直接在 E05B 中检索,"(E05B not E05B47)/IC/CPC and (螺旋 s 槽)",检索结果接近 900 篇,对于锁具领域的案件,900 篇的结果过多。同在算符 S 是指要素表达之间在同一句子中。因此,螺旋 s 槽范围很大,其包含了锁具其他部件具有槽的情形,并非指槽的形状为螺旋形状。于是,进一步考虑用邻近算符 D、W,两个检索结果均命中 CN203879132U。

当准确的分类号下未检索到有效对比文件,需要扩展到其他小组、大组,甚至小类等时,这些分类号下的文献过多。在检索相关检索要素时,需要进一步的考虑要素中的表达之间的位置关系,使用同在算符可能会引入较多噪声时,为了减少噪声,需要进一步考虑使用邻近算符,根据实际情况选择 D 或 W 算符来进一步准确表达。

9.2.4 采用频率算符的检索

案例 4

发明名称:全封闭式 6052 锁体。

【相关案情】

本案涉及一种全封闭式 6052 锁体。现有技术中的电子锁,对结构布局合理、外形美观、使用方便等方面有着越来越高的要求。目前市面上锁体的结构设计中,锁体表面窟窿较多,如斜舌换向槽、斜舌导向槽、天地钩滑槽等,影响产品美观的同时,也降低了产品的可靠性。本案提出了如下技术方案,如图 9-4 所示。

一种全封闭式 6052 锁体,其特征包括以下几个。

锁盒,所述锁盒的侧板设有斜舌孔、主舌孔和小方舌孔。所述锁盒上表面贯穿有第一容纳孔,所述锁盒下表面贯穿有第二容纳孔。

斜舌组件,所述斜舌组件包括斜舌、斜舌杆、定位片、定位环,第一压缩弹簧和换向片。所述斜舌活动设置在斜舌孔内且与斜舌杆的一端固定连接,所述定位片固定在锁盒内,定位片上开设导向槽,斜舌杆的另一端依次穿过第一压缩弹簧及导向槽后与所述

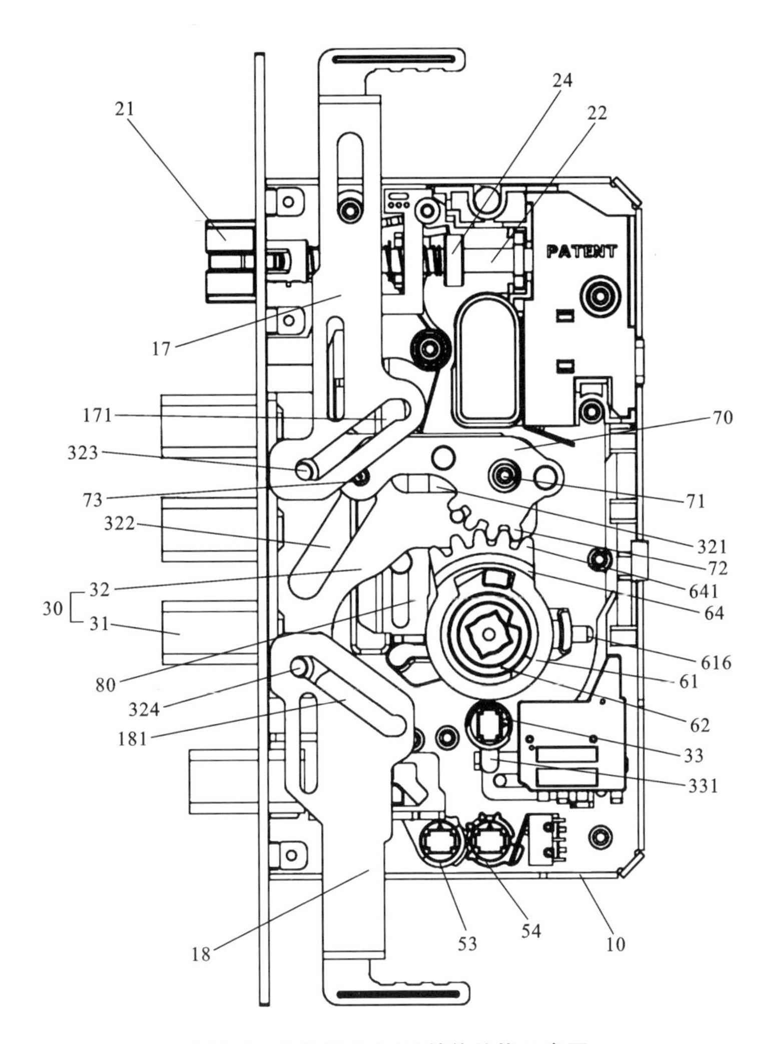

图 9-4 全封闭式 6052 锁体结构示意图

定位环固定连接，第一压缩弹簧处于压缩状态，定位环能随斜舌杆来回直线移动。所述换向片活动设置在锁盒内，当换向片的一端抵接在定位环的端面，定位环在换向片的作用下挡在斜舌杆的移动路径上，阻止斜舌杆移动来防止斜舌脱出斜舌孔，换向片在外力作用下能移动解除对定位环的限位，此时斜舌能移至斜舌孔外转动换向。

主锁舌组件，所述主锁舌组件包括活动设置在主舌孔内的主舌以及用于推动主舌沿主舌孔移动的主舌推块。所述主舌推块的前端与主舌固定连接，后端贯穿有第一滑槽。所述主舌推块设有第一斜槽，所述第一斜槽靠近主舌前端。

离合器组件，所述离合器组件包括盒体，活动支架，用于检测活动支架位置的检测开关，以及驱动活动支架移动的驱动结构。所述驱动结构设置在盒体内，所述驱动结构包括电机，与电机主轴固定连接的主动齿轮，与主动齿轮啮合的从动齿轮，转动轴和复位弹簧。所述转动轴的一端与从动齿轮固定连接，另一端套设有复位弹簧。所述转动轴的外壁设有固定销且所述固定销位于复位弹簧的螺距间。所述转动轴套设有复位弹簧的一端穿过所述活动支架，且复位弹簧的两支分别与活动支架连接，电机通过复位弹簧驱动活动支架靠近或者远离检测开关。

小方舌组件，所述小方舌组件包括小方舌、扭簧、小方舌拔叉和传动拔叉。所述小方舌的一端穿过小方舌孔，另一端向锁盒内延伸有拉板，所述拉板的侧壁设有卡口，所述小方舌拔叉的侧壁设有旋转臂，所述旋转臂的自由端设有与卡口相互卡合的凸起。所述小方舌拔叉的底部设有第一齿形部。所述传动拔叉的底部设有与第一齿形部相互啮合的第二齿形部。所述小方舌拔叉和传动拔叉分别转动设置在锁盒内。所述扭簧的一支与锁盒的底部固定，另一支与旋转臂固定。

空旋拨叉组件，所述空旋拨叉组件包括空旋拨叉、上方轴头和下方轴头。所述空旋拨叉的外壁设有反锁拨片，所述反锁拨片设有第三齿形部，所述空旋拨叉沿其轴线方向贯穿有容纳槽。所述容纳槽的侧壁设有一对第一弧形槽，第一弧形槽靠近空旋拨叉的上端面且关于容纳槽的轴线对称分布；所述容纳槽的侧壁设有一对第二弧形槽，第二弧形槽靠近空旋拨叉的下端面且关于容纳槽的轴线对称分布；所述容纳槽的侧壁设有一对插槽，一对插槽关于空旋拨叉的轴线对称分布，且插槽连通第一弧形槽和第二弧形槽。所述空旋拨叉的侧壁贯穿有与容纳槽连通的第一通孔。所述第一通孔内活动设有驱动轴，所述驱动轴外套设有使驱动轴沿第一通孔来回移动的第二压缩弹簧。所述上方轴头转动设置在第一容纳孔内，所述上方轴头向容纳槽方向延伸有的一对第一带动部，一对第一带动部关于上方轴头轴线对称分布，第一带动部插入所述插槽内且用于带动空旋拨叉转动。所述下方轴头转动设置在第二容纳孔内，所述下方轴头的上表面向容纳槽内延伸有凸台，所述凸台侧壁向内凹设有供驱动轴插入或拔出的一对缺口槽，一对缺口槽关于凸台轴线对称。所述凸台侧壁延伸有关于凸台轴线对称的一对第二带动部，所述第二带动部设置在第二弧形槽内且沿第二弧形槽滑动连接。

驱动拔插，所述驱动拔插通过设有的转轴转动设置在锁盒内。所述转轴位于主舌推块的第一滑槽内且与主舌推块的第一滑槽滑动连接。所述驱动拔插的一端侧壁设有与第三齿形部相互啮合的第四齿形部，另一端设有驱动主舌推块移动的第一铆柱，所述第一铆柱位于第一斜槽内且与第一斜槽滑动连接。空旋拨叉通过反锁拨片驱动驱动拔插转动，驱动拔插转动带动主舌伸出或缩回主舌孔。

斜舌推片，斜舌推片位于锁盒内且与锁盒的侧板平行设置。所述第一铆柱穿过第一斜槽后与斜舌推片固定连接，所述斜舌推片的两端分别设有第二滑槽。所述锁盒内固定有第二铆柱，所述第二铆柱与第二滑槽滑动连接。所述空旋拨叉通过反锁拨片驱动驱动拔插转动，驱动拔插转动驱动斜舌推片沿着第二铆柱来回移动。

斜舌拨叉，所述斜舌拨叉转动设置在锁盒内。所述斜舌拨叉的一端与斜舌推片的端部抵接，另一端与斜舌杆连接。斜舌推片推动斜舌拨叉转动，斜舌拨叉驱动斜舌杆来回直线移动。

【基本构思分析】

通过对技术方案的分析，该技术方案的基本构思为输入正确开门指令时，离合器组件工作，驱动活动支架往靠近空旋拨叉组件方向移动，活动支架推动空旋拨叉中的驱动轴插入下方轴头的缺口槽，然后下压把手，即旋转下方轴头，空旋拨叉组件转动，带动驱动拔插转动，驱动拔插带动主锁舌伸出或缩回。同时，驱动拔插还会带动斜舌推片移动，进而带动斜舌拔插转动，带动斜舌伸出缩回，主锁舌推块上具有铆柱带动天地锁伸出缩回。

【检索分析】

分类员给出的分类号 E05B63/14 为几个锁或带有几个锁栓的锁的布置，该分类号非常准确，包括多个锁舌，如主锁舌、斜锁舌以及天地锁的相关文献。此外，申请的空旋拨叉组件非常重要，包括空旋拨叉、上方轴头、下方轴头。上方轴头与空旋拨叉连接，转动上方轴头可带动空旋拨叉转动，而离合器组件使得空旋拨叉与下方轴头接合或断开接合，从而使得把手与空旋拨叉接合或断开接合。基于上述考虑，结合离合、拨叉等关键词进行检索，检索结果有两百多篇，虽然数量不多，但是本案无法通过附图轻易获取对比文件，需要逐篇理解对比文件，尤其要理解对比文件的开锁过程才能确定合适的对比文件，而要了解开锁过程需要花费很多时间，因此，两百多篇的数量仍然不方便浏览。考虑到拨叉是本案非常重要的表达，涉及拨叉的相关文献除了拨叉本身，还要涉及拨叉与离合部件，下方轴头、把手等部件的连接关系，因此，出现的频率很高。所以，尝试用频率算符进行检索，“E05B63/14/IC/CPC and 离合 and (拨叉 or 拔叉)/frec＞20”，检索结果不到 150 篇，基于申请号进行语义排序，很快命中文献 CN101614088A。

在锁具领域中，除了考虑关键部件本身，还要考虑该关键部件与其他部件之间的位置关系、连接关系等，关键部件出现的频率高。因此，可优先尝试使用频率算符，将检索结果缩小到可浏览范围，在上述范围中没有检索到合适的对比文件时，需要进一步扩展检索范围，此时，可基于要素之间的关系，使用邻近算符、同在算符。

9.2.5　不宜使用算符的使用情况

截词符、邻近算符、同在算符、频率算符相比于布尔算符 and 的使用能够大大缩小检索结果，但是不是所有情况下使用上述算符都有好的效果，使用上述算符有一定的漏检可能。因此，需要合理使用算符才能起到事半功倍的效果。

案例 5

发明名称：一种磁力子母珠锁芯及其解锁钥匙。

【相关案情】

本案涉及一种磁力子母珠锁芯及其解锁钥匙。现有的锁芯一般是由单一的实心弹珠排列组成，虽然市场上锁芯种类繁多，但内部结构大致相同，因此锁芯互开率较高，且钥匙易于复制，大大降低了锁的防盗性和安全性。因此，本案提出了如下技术方案，如图9-5所示。

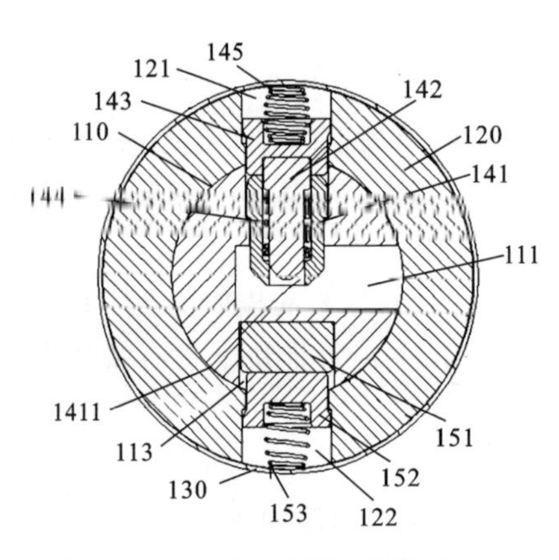

图9-5　磁力子母珠锁芯结构示意图

权利要求如下。

一种磁力子母珠锁芯，其特征包括锁壳、可转动的设置在锁壳内的外锁胆及可转动的穿设在外锁胆内的内锁胆。所述内锁胆的中部沿轴向设置有钥匙孔，所述钥匙孔对应的上、下以与外锁胆沿轴向相应位置分别设置有若干个并排的第一径向孔、第二径向孔。所述第一径向孔与钥匙孔相连通且内部设置有磁力子母珠组件，所述磁力子母珠组件包括可沿径向移动的上母珠和下母珠，所述上母珠与锁壳之间设有母珠弹簧，所述下母珠的中部设有沿其轴向贯穿的子珠孔，所述子珠孔内设有可沿径向移动的且由磁性材料制成的子珠。所述第二径向孔与钥匙孔不连通且内部设置有磁编码弹子组件，所述磁编码弹子组件包括可沿径向移动的磁弹子和下弹子，所述磁弹子的磁性与子珠的磁性相反，所述下弹子与锁壳之间设有弹子弹簧。

闭锁原理如下。下母珠 141 在母珠弹簧 145 的弹簧力作用下抵接在上母珠孔 121 的阶梯面上，上母珠 143 卡设在外锁胆 120 和内锁胆 110 之间，使得外锁胆 120 与内锁胆 110 无法相对转动。而子珠 142 在子珠弹簧 144 的弹簧力作用下卡设在上母珠 143 与下母珠 141 之间，使上母珠 143 与下母珠 141 无法相对转动。磁弹子 151 在弹子弹簧 153 的弹簧力作用下抵接在磁弹子孔 113 底部，下弹子 152 卡设在外锁胆 120 和内锁胆 110 之间，使外锁胆 120 与内锁胆 110 无法相对转动。

解锁原理如下。将解锁钥匙的开锁部插入到钥匙孔 111 内，下母珠 141 的锥形下端面抵接在子母珠齿槽内，此时上母珠 143 与下母珠 141 的抵接面刚好在内锁胆 110 和外锁胆 120 的分界面上。同时，子珠 142 在磁钢 220 的磁吸力作用下克服子珠弹簧 144 的弹簧力向下运动，子珠 142 的锥形下端面抵接在磁钢的端面，此时子珠 144 刚好脱离上母珠 143 下表面中部的圆孔 B1431，不再卡设在上母珠 143 与下母珠 141 之间。上母珠 143 和下母珠 141 可以发生相对转动，内锁胆 110 和外锁胆 120 可以发生相对转动。由于磁钢 220 与磁弹子 151 的磁极性相同，磁弹子 151 在磁钢的磁力作用下克服弹子弹簧 153 的弹簧力推动下弹子 152 向下运动，此时磁弹子 151 与下弹子 152 的抵接面刚好在内锁胆 110 和外锁胆 120 的分界面上，内锁胆 110

和外锁胆120可以发生相对转动。

【基本构思分析】

通过对技术方案的分析，该技术方案的基本构思为利用磁力子母珠组件、磁编码弹子组件将外锁胆与内锁胆进行转动锁定，具有良好的防盗性和安全性。利用解锁钥匙上的磁钢驱动子珠和磁弹子运动，以及钥匙上的齿槽与下母珠配合，可使得磁力子母珠组件、磁编码弹子组件快速解锁。

【检索分析】

在准确理解发明后发现钥匙上的齿槽与下母珠配合使得上母珠和下母珠刚好在内锁胆和外锁胆的分界面上是本领域常见的弹子锁的开锁方式。钥匙上的磁与磁弹子以及子珠的配合均是利用了磁性相吸、相斥的原理来开锁，与子母珠的开锁方式无协同作用。因此，考虑使用弹子锁的相关分类号与磁、子母珠的表达进行检索，使用"(or E05B27,E05B29,E05B31)/IC/CPC and 磁 and 子 and 母"，检索结果仅有100篇，其检索结果非常少，检索结果非常相关，无需使用邻近算符或同在算符、频率算符等进一步缩限。浏览检索结果，可获得CN2459400Y，CN102995969A。

当采用布尔算符AND，检索结果已结很少的情况下，如果再使用邻近算符、同在算符、频率算符，检索结果必然更少，此时，使用邻近算符、同在算符、频率算符等的意义不大，可直接浏览较少的结果。

案例6

发明名称：一种指纹锁结构。

【相关案情】

本案涉及一种指纹锁结构。安全锁已经成为很多领域不可或缺的用品，锁的结构数不胜数，种类繁多。目前市场上使用的传统锁设计结构不够合理，导致传统锁在开锁闭锁的过程中费时费力，且安全性能较低，导致其传统锁防盗性能较低，使用过程中较为麻烦。因此，我们提出一种指纹锁结构，使其在使用的过程中更加快捷方便，提高安全性能。具体技术方案如图9-6所示。

权利要求如下。

一种指纹锁结构，包括塑料外壳1，其特征如下。所述塑料外壳1的内部固定连接有塑料架2，所述塑料外壳1的顶部固定连接有金属外壳3。所述塑料架2内壁底部的凹槽内部镶嵌有聚合物电池4，所述塑料架2内壁的底部固定连接有隔板5。所述隔板5位于聚合物电池4的顶部，所述隔板5的顶部从左到右分别固定连接有USB接口8、减速马达6以及滑轨7。所述USB接口8远离隔板5的一端贯穿金属外壳3的内腔并延伸至金属外壳3顶部。所述减速马达6的顶部固定连接有指纹电路板10，所述指纹电路板10的顶部从左到右分别固定连接有指纹模块硅胶垫11以及亚克力导光柱12。所述指纹模块硅胶垫11远离指纹电路板10的一端贯穿金属外壳3的内腔并延伸至金属外壳3顶部，所述亚克力导光柱12远离指纹电路板10

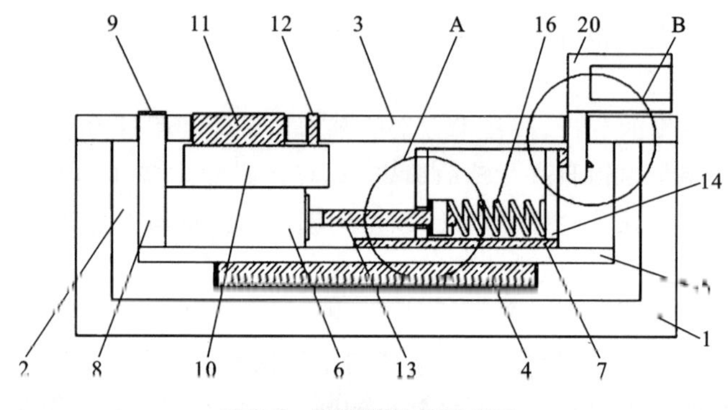

图 9-6　指纹锁结构示意图

的一端贯穿金属外壳 3 的外部并延伸至金属外壳 3 顶部。所述减速马达 6 输出轴的一端固定连接有螺杆 13。所述滑轨 7 的顶部滑动连接有回形滑块 14。所述螺杆 13 远离减速马达 6 的一端贯穿回形滑块 14 一侧的内腔并延伸至回形滑块 14 的内部，所述螺杆 13 的外部螺纹套接有定位块 15。所述定位块 15 位于回形滑块 14 的内部，所述定位块 15 的右侧固定连接有压缩弹簧 16，所述压缩弹簧 16 远离定位块 15 的一端固定连接在回形滑块 14 内壁的右侧，所述定位块 15 的左侧与回形滑块 14 内壁的左侧相贴合，所述回形滑块 14 外壁远离减速马达 6 一侧的顶部固定连接有斜面卡块。所述鞋面卡块的外部卡接有卡扣。所述卡扣的顶部贯穿金属外壳 3 的内腔并延伸至金属外壳 3 顶部，所述卡扣的顶部固定连接有固定块 20。所述固定块 20 位于金属外壳 3 的顶部。

工作原理如下。用户开锁时，当用户的手指与指纹模块硅胶垫 11 接触后，减速马达 6 带动螺杆 13 进行顺时针转动，从而使定位块 15 带动回形滑块 14 以及斜面卡块 18 向左移动，使斜面卡块从卡扣内部退出，这样固定块 20 借助弹簧片的弹力使固定块 20 以及卡扣快速的向上弹起，人们可以快速地将指纹锁打开。当指纹锁打开后，减速马达 6 会带动螺杆 13 进行逆时针转动，这样定位块 15 会向右移动，然后定位块 15 借助压缩弹簧 16 带动回形滑块 14 向右移动，使回形滑块 14 回到原处，这样便完成了指纹锁的开锁。当用户想闭锁时，只需将卡扣套入金属外壳 3 上的活动口处，然后向下按动固定块 20。由于斜面卡块的顶部有倾斜角度，且回形滑块 14 与定位块 15 之间通过压缩弹簧 16 进行弹性连接，因此斜面卡块 18 会带动回形滑块 14 向左移动。当卡扣 19 向下移动一定距离后，卡扣的槽与斜面卡块对应时，借助压缩弹簧 16 的弹力，回形滑块 14 以及斜面卡块向右移动，通过斜面卡块底部的平面将卡扣固定住，从而将固定块 20 进行固定，这样便完成了指纹锁的闭锁。

【基本构思分析】

通过对技术方案的分析，该技术方案的基本构思为输入正确的指纹开锁时，马达带动螺杆转动，定位块带动回形滑块以及斜面卡块缩回，固定块弹起开锁，然后马达带动螺杆反向转动,使得定位块借助压缩弹簧带动回形滑块以及斜面卡块还原。闭锁时,向下按动固定块,利用斜面卡块的倾斜角度以及压缩弹簧的作用,使斜面卡块与固定块卡住闭锁。

基本检索要素:锁,马达驱动螺杆转动结合定位块,回形滑块和压缩弹簧使斜面卡块与固定块卡合或脱离卡合固定块在弹片的作用下弹起。

【检索分析】

分类员给出的分类号 E05B47/00 为用电力或磁力装置操纵或控制锁或其他固接器件非常准确,回形滑块不好表达,因此,重点考虑结合螺杆的表达进行检索,其他部件采用附图浏览的方式,而弹片的表达为弹簧,也可以表达为压缩弹簧,使用"E05B47/IC/CPC and (丝杆 OR 丝杠 or 螺杆 or 螺母杆 or 螺纹杆)and(弹力片 or 弹性片 or 弹片 or 簧)",检索结果达 3000 多篇,不可浏览,进一步使用同在算符缩限,检索结果高达 2000 篇,仍然不可浏览,且螺杆的表达以及弹片的表达使用同在一个句子的算符 S,很可能表达的是检索要素 2"马达驱动螺杆转动结合定位块,回形滑块和压缩弹簧",而排除了检索要素 3"使斜面卡块与固定块卡合或脱离卡合固定块在弹片的作用下弹起"。于是,为了进一步表达检索要素 3,使用弹起或弹开表达,"E05B47/IC/CPC and((丝杆 OR 丝杠 or 螺杆 or 螺母杆 or 螺纹杆)s(弹力片 or 弹性片 or 弹片 or 簧)s(弹起 or 弹开))",检索结果仅 22 篇,未检索到有效的对比文件。使用"E05B47/IC/CPC and((丝杆 OR 丝杠 or 螺杆 or 螺母杆 or 螺纹杆)and(弹力片 or 弹性片 or 弹片 or 簧)and(弹起 or 弹开))",检索结果为 150 篇,其中可以获得有效对比文件 CN206279892U。

通过该案例可知,如果根据对关键词的分析,检索要素之间的关联性不是很强,其相互之间的联系不大可能出现在一个句子中,那么此时使用同在算符 S,则可能存在漏检。从该案例的检索结果对比来看,使用同在算符 S 则漏检有效的对比文件。因此,在检索时,不要盲目使用同在算符和邻近算符,要先重点分析关键词的特点,分析关键词之间的关系,基于分析的内容合理使用布尔算符、同在算符和邻近算符。

第10章　全文检索

10.1　专利全文的构成

专利全文通常包括扉页、权利要求书、说明书(说明书有附图的,包含说明书附图)。有些机构出版的专利全文还包括检索报告,比如PCT申请的国际公布文本附有检索报告。检索报告用于记载审查员的检索结果,特别是记载构成相关现有技术的文件,以及与检索过程有关的检索记录信息。检索报告以表格式报告书的形式出版。

10.1.1　扉页

扉页指的是每件专利的基本信息的文件部分。扉页中的基本专利信息包括申请号、申请日、申请人、申请人地址、发明人、分类号、发明名称、摘要、摘要附图、公布或公告文献号、公布或公告时间、出版专利文件的国家机构。要求优先权的还包括优先权号、优先权时间,有专利代理机构的还包括专利代理机构、代理人。此外,公告文本包括审查员的姓名以及审查员使用过程中涉及的对比文件。其中,摘要是对说明书记载内容的概述,其作用是使公众通过阅读简短的文字,就能够快捷的获知发明创造的基本内容。《中华人民共和国专利法实施细则》(以下简称"专利实施细则")23条规定了说明书摘要应当写明发明或者实用新型专利申请所公开内容的概要,即写明发明或者实用新型的名称和所属技术领域,并清楚地反映所要解决的技术问题、解决该问题的技术方案的要点以及主要用途。摘要仅提供了关于发明或实用新型的简要技术信息,其本身不具有法律效力。

10.1.2　权利要求书

权利要求书是专利文件中限定专利保护范围的文件部分。权利要求书包括独立权利要求和从属权利要求。独立权利要求从整体上反映发明或者实用新型的技术方案,记载解决技术问题所需的必要技术特征;从属权利要求应当用附加的技术特征,对引用的权利要求作进一步限定。权利要求的保护范围是由权利要求中记载的全部内容作为一个整体限定的。因此,在确定权利要求的保护范围时,权利要求中的所有特征均应当予以考虑。独立权利要求的特征部分,应当记载发明或者实用新型的必要技术特征中与最接近的现有技术不同的区别技术特征,这些区别技术特征与前序部分中的技术特征一起，构成发明或者实用新型的全部必要技术特征，限定了独立权利要求的保护范围。在一件专利申请的权利要求书中，独立权利要求所限定的一项发明或者实用新型的保护范围最宽。如果一项权利要求包含了另一项同类型权利要求中的所有技术特征，且对该另一项权利要求的技术方案作了进一步的限定，则该权利要求为从属权利要求。由于从属权利要求用附加的技术特征对所引用的权利要求作了进一步的限定，所以其保护范围落在其所引用的权利要求的保护范围之内。

10.1.3　说明书

说明书是清楚完整地描述发明创造的技术内容的文件部分。说明书将发明或实用新型的技术方案清楚、完整地公开出来，使所属领域的技术人员能够理解并实施该发明或者实用新型，从而为社会公众提供新的有用技术信息。为了便于清楚地表述申请专利，使广大公众容易理解，专利申请的说明书可以辅以附图。实用新型专利申请的说明书必须辅以附图。此外，说明书还有一个重要的作用，它是权利要求书的基础和依据，在专利权被授予后，特别是在发生专利侵权纠纷时，说明书及说明书附图可用于解释权利要求书，以便正确地确定发明和实用新型专利权的保护范围。

各国对说明书中发明描述的规定大体相同，包括：技术领域、背景技术、发明内容、附图说明、具体实施方式。

技术领域：写明要求保护的技术方案所属的技术领域。

背景技术：写明对发明或者实用新型的理解、检索、审查有用的背景技术，并引证反映这些背景技术的文件。

发明内容：写明发明或者实用新型所要解决的技术问题以及解决其技术问题采用的技术方案，并对照现有技术写明发明或者实用新型的有益效果。

附图说明：说明书有附图的，对各幅附图作简略说明。

具体实施方式：详细写明申请人认为实现发明或者实用新型的优选方式；必要时，举例说明；有附图的，对照附图。

10.2　适合在全文数据库中检索的情形

10.2.1　目标技术方案比较常规且改进点比较细微

摘要数据库中可使用的字段包括权利要求、发明名称和加工的关键词，此外，还有些商用数据库对摘要进行人工加工。但是，无论摘要数据库利用的是专利本身的资源还是人工加工的资源，都不可能包含太多的内容，也不可能涵盖一份专利文件的所有技术信息。因此，当待检索的技术方案较为复杂，尤其涉及较多的技术细节，比如涉及具体的机械部件的连接关系、化合物的具体组分时，检索人员很难在摘要数据库中进行有效的检索,此时,往往需要在全文数据库中检索。全文数据库克服了摘要数据库的缺点,包括专利文件的摘要、权利要求书和整个说明书,特别适合于技术方案较为详细的情形。

如果要检索的目标技术方案比较常规,相对于现有技术的改进点比较细微,此时在摘要数据库中很难检索到可用的对比文件,这与专利文献的特点有关。权利要求书、说明书摘要往往记载的是对发明的主要构思或者关键技术手段,而现有技术中常规的技术手段,次要的细节改进往往未要求保护,仅体现在说明书具体实施方式中。对于这类型的目标文件通常需要去全文数据库中检索。

案例 1

发明名称:一种安全智能锁。

【相关案情】

本案涉及一种安全智能锁。现有技术的智能锁的开锁方法如下。手机通过开锁App软件向智能锁云服务平台发送开锁请求,由智能锁云服务平台计算临时密码并将临时密码通过网络分别传输到手机和对应的智能锁控制器,最终达到开锁的功能。但是,这种方式存在如下安全隐患:①信息泄露,临时密码是通过云平台产生并由公共网络传输,从云平台到手机主要是移动互联网,这些公共网络可能会存在安全隐患,网络被盗用、信息被窃取的情况时有出现;②无法开锁,由于临时密码要由智能锁云服务平台传输给智能锁控制器,传输过程中会存在传输错误、中间设备故障等原因而导致不能开锁。因此,本案提出了如下技术方案。

权利要求如下。

(1) 一种安全智能锁,包括锁体。所述锁体的外侧壁上设有密码键盘,所述密码键盘固定安装在锁体上,其特征在于,所述密码键盘的底端设有指纹录入器,所述指纹录入器固定安装在锁体上,所述密码键盘的外侧设有防护装置,所述防护装置包括滑动盖板。所述锁体上设有与滑动盖板相对应的滑槽,所述滑动盖板卡接在滑槽内,且与锁体滑动连接,所述滑动盖板的外侧壁上设有推拉槽,所述滑动盖板的顶端固定连接有卡块。所述锁体的一侧设置有 USB 接口,所述锁体的内部设有锁芯,所述锁芯固定安装在锁体内,所述锁芯的外侧卡接有第一锁舌和第二锁舌,所述第一锁舌和第二锁舌均与锁芯滑动连接。所述锁体的内部设有控制系统。

(2) 根据权利要求(1)所述的一种安全智能锁,其特征在于,所述控制系统包括处理芯片,所述处理芯片电性连接有指纹识别模块、密码验证模块、自锁单元、供电模块、解锁单元和执行模块,所述指纹识别模块的输入端与指纹录入器电性连接,所述指纹识别模块用于识别访问者的指纹是否与系统设置的指纹相匹配。所述密码验证模块的输入端与密码键盘电性连接,所述密码验证模块用于验证访问者输入的数字密码是否与系统设置的密码相匹配。

(3) 根据权利要求(2)所述的一种安全智能锁,其特征在于,所述自锁单元包括错误信息接收模块，所述错误信息接收模块的输出端电性连接有信息分析模块，所述信息分析模块的输出端电性连接有分类统计模块，所述分类统计模块的输出端电性连接有微型芯片，所述微型芯片的输出端电性连接有系统自锁模块和计时模块，所述计时模块的输出端电性连接有重启模块。

(4) 根据权利要求(3)所述的一种安全智能锁，其特征在于，所述错误信息接收模块用于接收访问者输入的错误信息，所述信息分析模块用于区分错误信息属于访问者的指纹信息或数字密码信息，所述分类统计模块用于统计不同类型错误信息的接收次数，所述系统自锁模块用于对整个系统进行自锁，使得访问者无法操作。

(5) 根据权利要求(3)所述的一种安全智能锁，其特征在于，所述计时模块用于计算系统自锁后的时间。当达到系统设置的时间后，所述重启模块会继续启动系统，使得访问者可以继续操作。

(6) 根据权利要求(2)所述的一种安全智能锁，其特征在于，所述解锁单元包括数据连接模块，所述数据连接模块的输入端与 USB 接口电性连接，所述数据连接模块用于和插入 USB 接口的电子设备建立数据连接关系。所述数据连接模块电性连接有数据同步模块，所述数据同步模块用于将系统数据与外接电子设备进行同步；所述数据同步模块的输出端电性连接有密码破译模块，所述密码破译模块用于通过外接电子设备访问系统数据，并通过密码破译模块对系统密码进行解码，从而实现开锁。

本案的有益效果如下。

(1) 滑动盖板可以在闲置时对密码键盘进行保护，避免外部撞击对密码键盘造成损坏。

(2) 自锁单元的设计，作用在于，当其中一种的错误信息的接收次数到达系统设置值后，则通过系统自锁模块对整个系统进行自锁，使得访问者无法操作，计时模块可以计算系统自锁后的时间；当达到系统设置的时间后，重启模块会继续启动系统，使得访问者可以继续操作，从而可以避免陌生人恶意解锁。

(3) 解锁单元的设计，当智能锁内部设备出现故障或用户忘记密码时，可以通过绑定的电子设备对智能锁进行破译解码。

【基本构思分析】

通过对技术方案的分析，该技术方案的基本构思为通过指纹、密码键盘方式开锁就可以避免临时密码信息被盗或网络故障无法开锁的缺点。此外，申请人在有益效果部分强调了自锁单元可避免陌生人恶意解锁以及解锁单元可避免设备故障或忘记密码，可直接破译解码。因此，自锁单元、解锁单元也是本案的改进点。

基本检索要素：智能锁、指纹/密码开锁、自锁单元、解锁单元。

【检索分析】

指纹开锁、密码开锁是本领域非常常见的开锁方式，考虑到申请人在有益效果部分强调了滑动盖板可以在闲置时对密码键盘进行保护，且权利要求中未体现自锁单元、解锁单元。因此，基于权利要求的内容在摘要数据库中进行检索，“(OR E05B47, E05B49)/IC/CPC AND (or 滑板，滑盖，滑动，滑移，滑槽，滑道，滑轨，(盖 s 滑))and (密码 and 指纹)”，检索结果多达一千多篇。为了进一步缩限，且使本申请和目标文件的区别更少，于是使用卡块进行缩限，仅有 74 个检索结果，但未命中 CN205400316U，考虑到卡块属于次要的技术细节，其出现在说明书中的可能性更大，于是转到全文数据库中进行检索。在全文数据库中使用相同的检索式，可获得两百多篇检索结果，并命中 CN205400316U。

进一步对自锁单元以及解锁单元分别进行检索。考虑到密码或指纹错误次数达到一定值后则自锁，无法访问，当达到设置时间，则可以解锁，继续可以访问的手段与日常手机密码或银行卡密码输入错误次数达到一定值后则锁定，24 小时后可以接着输入密码的方式相同，考虑到这种手段比较常规，出现在说明书的可能性比较大。因此，直接在全文数据库中检索，使用“(or E05B47, E05B49)/IC/CPC and (错误 s 次数 s(自锁 or 锁定)) and (or 计时，时间，分钟)”，检索结果为 32，其中可获得 CN202882589U。具体公开了用户通过键盘控制模块输入密码后，主控制模块判断密码正确与否，如果密码正确，则发出开锁信号给开锁控制模块，打开电子锁；否则语音报警模块提示用户错误，用户在输入密码错误次数达三次，主控制模块就锁定键盘，语音报警模块发出语音报警一分钟，在这一分钟内用户不能再次输入密码，一分钟后键盘自动解锁。

同样的，考虑到通过 USB 接口插入绑定的电子设备对智能锁进行破译解码的方式出现在说明书的可能性较大，因此，直接在全文数据库中检索，“(usb) s(((or 破译，破解) s 密码) or 解码 or 译码) s(开锁)”，检索结果仅为 38，其中可命中 CN105649424A。具体公开了连接锁控系统电路的 USB 解码器插座和应急解码用的 USB 解码器，USB 解码器插座设有 MICROUSB 接口，用于插装 USB 解码器，当用户丢失移动终端或忘记密码时，插上 USB 解码器，将会自动开锁，且密码同时恢复为出厂密码。在摘要数据库中使用相同的检索式无法命中 CN105649424A。

从上述检索过程可以看到，如果要检索的目标技术方案比较常规，在摘要数据库中检索结果比较多的时候，采用细节特征进行缩限时，可考虑在全文数据库中检索。此外，对于申请人强调的重要的技术手段，若基于生活常识判断较常规，但为了使申请人信服，需要提供对比文件时，考虑到这些手段出现在说明书的概率较大，因此，优先考虑在全文数据库中进行检索。

10.2.2 在外文库中进行检索

外文专利文件的一个特点是国外的专利申请人在撰写专利文献时，往往为了获得一个较大的保护范围，会对原始的技术方案进行高度概括，以至于权利要求书、说明书摘要晦涩，且未体现出技术细节，真实的容易理解的技术方案仅记载在说明书中，此时，通过在外文全文数据库中检索更容易命中目标对比文件。

外文专利文件的另一个特点是，国外申请人有时会将多个技术方案通过一份申请文件提交，权利要求书及摘要中仅体现其中一个技术方案，其他的技术方案记载在说明书中，此时，只有通过全文数据库才能命中目标对比文件。

案例 2

发明名称：闭合闩锁组件。

【相关案情】

本案涉及一种闭合闩锁组件，提供动力特征，如动力释放特征、动力扣紧特征和/或动力锁定特征的闭合闩锁组件通常具有电“动力释放/扣紧/锁定”电机制动器。所述电“动力释放/扣紧/锁定”电机制动器被构造成制动动力闩锁机构以释放、扣紧和/或锁定动力闩锁机构。电机制动器和齿轮系是闩锁模块的部分，其中，电机制动器经由闩锁控制单元响应于由无源进入系统，即，经由智能钥匙或者安装在把手上的开关生成的信号（例如，闩锁释放信号、扣紧信号和/或锁定/解锁信号来控制）。诸如在闩锁释放机构中的电机制动器和齿轮系，如经由齿轮、凸轮、杆等机械地连接至棘爪，以实现棘爪在棘轮保持位置与棘轮释放位置之间的机械驱动移动。尽管可以证明，棘爪的机械致动在使棘爪在棘轮保持位置与棘轮释放位置之间移动时是有效的，但是会出现某些低效率和不期望的方面。例如，齿轮系内的齿轮和与其连接的部件的移动可能引起不希望的噪声；齿轮和与齿轮连接的组成部件之间的摩擦相互作用可能引起不期望的磨损，该磨损又可能引起组成部件的位置不准确、卡住和/或断裂；预期的磨损可能导致需要复杂、昂贵的位置传感器；进一步来说，必须在齿轮与棘爪之间容纳齿轮和组成部件增加了闭合闩锁组件的尺寸和重量，但这可能对闭合板组件的燃料经济性和设计自由度有不利的影响。鉴于上述分析，我们认识到需要开发可靠的、可重复的、无机械低效率、抗磨损、安静的，在制造、装配和使用方面具有成本效益并且展现出长久寿命的闭合闩锁组件及其制动器。此外，虽然当前动力操作的闭合闩锁组件足以满足所有的法规要求，并且提供了针对增加的舒适性和便利性的消费预期，但是存在针对推进该技术并且提供替选动力操作的闭合闩锁组件的需要，这些替选动力操作的闭合闩锁组件解决并克服了与常规布置相关联的已知缺点中的至少一个缺点。因此，本案提出了如下技术方案，如图 10-1 所示。

权利要求如下。

(1) 一种闭合闩锁组件，包括闩锁机构 32。所述闩锁机构 32 包括棘轮 36 和棘爪 38。所述棘轮 36 能够在撞销捕获位置与撞销释放位置之间移动，所述棘爪 38 能够在棘轮保持位置与棘轮释放位置之间移动。其中，在所述棘爪 38 处于所述棘轮保持位置时，所述棘轮 36 保持在所述撞销捕获位置；在所述棘爪 38 处于所述棘轮释放位置时，所述棘轮 36 被释放以朝向所述撞销释放位置移动。所述电磁制动器可操作

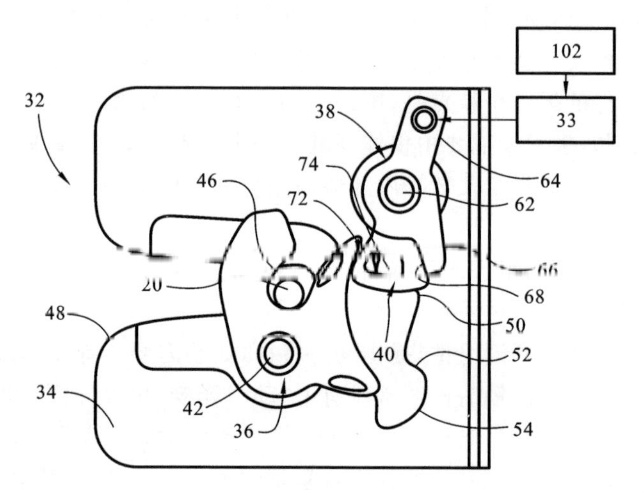

图 10-1 闭合闩锁组件结构示意图

地耦接至所述棘爪 38，并且适于响应于所述电磁制动器的通电而在所述撞销捕获位置与所述撞销释放位置之间移动所述棘爪 38。

(2) 根据权利要求(1)所述的闭合闩锁组件中的电磁制动器是无刷电动机。

(3) 根据权利要求(2)所述的闭合闩锁组件中的无刷电动机在不使用齿轮的情况下可操作地耦接至所述棘爪 38。

(4) 根据权利要求(1)所述的闭合闩锁组件还包括连杆臂，所述连杆臂将所述电磁制动器可操作地耦接至所述棘爪 38。

(5) 根据权利要求(4)所述的闭合闩锁组件中的连杆臂包括在所述棘爪 38 中的一个与所述电磁制动器之间的空动连接件。

【基本构思分析】

通过对技术方案的分析，该技术方案的基本构思为通过电磁制动器及不使用齿轮传动的方式进行闭合闩锁组件的操作。

基本检索要素：闭合闩锁组件、电磁制动器。

【检索分析】

权利要求(1)中并未明确不使用齿轮传动的方式，此外，权利要求(1)中还记载了棘轮、棘爪。由于上述关键词特别准，因此，基于先查准再查全的原则，基于权利要求 1 中的关键特征电磁制动器，查找到准确的分类号 E05B81/08 使用电磁铁或螺线管，在摘要数据库中构建检索式“E05B81/08/IC/CPC and 棘轮 and 棘爪”，考虑到从属权利要求(2)进一步限定了电磁制动器是无刷电机，于是构建如下检索式“E05B81/06/IC/CPC and 棘轮 and 棘爪 and(or 电磁，无刷电机)，E05B81/06/IC/CPC and(or 电磁，无刷电机)”，上述检索式的检索结果仅有几百篇，在未获得对比文件的情况下，考虑到本案申请人为加拿大公司,因此,重点在外文库检索。基于同样的思路在外文摘要库中检索,仍然没有命中合适的对比文件。进一步考虑外文专利的特点,国外的专利申请人在撰写专利文献时,往往为了获得一个较大的保护范围,会对原始的技术方案进行高度概括,因此,具体的驱动方式很可能未记载在权利要求书中,而是记载在说明书中,且相关文献可能并未分类在 E05B81/08,E05B81/06 中,于是进一步构建如下检索式:"(E05B85/IC/CPC OR E05B81/IC/CPC)AND(棘轮 and 棘爪)AND(电磁 or 无刷电机)AND PD<20200107",即可命中 JPH09287337A,其公开了了一种门锁装置,具体公开了门锁装置包括闩锁机构,包括卡锁凸轮、棘轮 20。卡锁凸轮能够在锁止销的锁止销捕获位置与锁止销释放位置之间移动,棘轮 20 能够在卡锁凸轮保持位置与卡锁凸轮释放位置之间移动,在棘轮处于卡锁凸轮保持位置时,卡锁凸轮被保持在锁止销捕获位置;在棘轮处于卡锁凸轮释放位置时,卡锁凸轮被释放以朝向锁止销释放位置移动。电磁螺线管(其为电磁制动器的下位概念)可操作地耦接至棘轮 20,并且适于响应于电磁螺线管的通电在锁止销捕获位置与锁止销释放位置之间移动棘轮,且文字明确记载了由于电磁螺线管直接转动,则不需要齿轮 32、蜗轮 33 以及驱动凸轮 34。因此,该对比文件公开了本案的核心发明构思。

关于权利要求(5)仅记载了所述连杆臂包括在所述棘爪 38 中的一个与所述电磁制动器之间的空动连接件,并未记载空动连接杆的具体结构。基于说明书记载的技术细节:连杆臂被示出为将驱动销直接连接至棘爪,以经由驱动销沿着槽的滑动移动在其间形成空动连接,进一步在全文数据库中构建如下检索式"(E05B85/IC/CPC OR E05B81/IC/CPC) AND PD < 20200107 and (空动 s 槽)",即可命中 US2003062727A1,其公开了机动车门闩锁包括叉(相当于棘轮)、棘爪。开启杆在一端形成有细长狭槽,细长狭槽可滑动地装配在棘爪的内端上的枢转销周围,开启杆可以从右向左移动以拉动棘爪上的齿脱离与叉上的齿的接合并释放叉,狭槽和销形成空动连接。

从上述检索过程可以看到,当涉及外文库检索时,考虑到外文的权利要求会高度概括,而当涉及具体技术细节、具体的下位实施例时,权利要求书中可能并未涉及。此时,在摘要库中未命中对比文件时,应该迅速检索外文全文数据库,只有通过全文数据库才能避免漏检目标对比文件。

10.2.3 权利要求出现的关键词不典型,适合在全文数据库中利用同在或临近算符构建检索式进行检索

对于权利要求中的结构关键词不典型,即依靠这些不典型的关键词检索时会带来很多噪音,可基于这些结构关键词所产生的效果或者使用这些结构关键词在全文数据库中利用同在算符或临近算符构建较准确的检索式。

案例 3

发明名称:一种井盖密封舱专用三级结构防水磁性锁。

【相关案情】

本案涉及一种井盖密封舱专用三级结构防水磁性锁。有一些不法分子会偷盗金属井盖谋取私利,为确保井盖上电子装置的长期稳定工作和避免井盖丢失,出现了防盗机械锁。传统的机械磁性锁为达到其防盗目的,其结构形式一般由除钥匙外的三个主要部分组成,但形成两道缝隙导致防水不甚理想。因此,本案提出了如下技术方案,如图 10-2 所示。

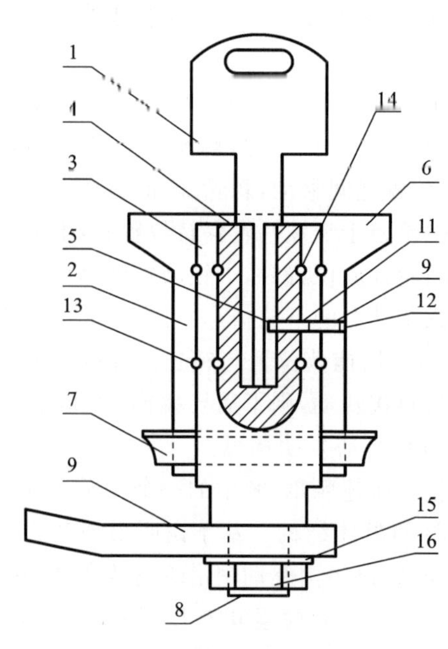

图 10-2 井盖密封舱专用三级结构防水磁性锁结构示意图

权利要求如下。

一种井盖密封舱专用三级结构防水磁性锁,其特征包括磁性钥匙、一级锁壳、二级锁芯、三级锁芯和锁舌拔销。所述一级锁壳与井盖固定,所述一级锁壳的内部转动限制有二级锁芯。所述二级锁芯的下部相对于一级锁壳向下凸出,且凸出部分固定有锁舌拔销,所述二级锁芯的内部转动限制有三级锁芯。所述三级锁芯开设有与磁性钥匙中插入体形状配合的锁孔。所述磁性钥匙的插入体横截面呈十字形,且插入体位于至少一个板部中的至少一个位置处设置有钥匙磁体。所述一级锁壳、二级锁芯、三级锁芯各自位于对应的位置上设置有磁体通道,所述磁体通道内滑动限制有滑动磁体。

具体工作过程如下。将磁性钥匙 1 插入三级锁芯 4 的锁孔中,当磁性钥匙 1 的钥匙磁体 5 转动至与三级锁芯 4 的磁体通道接触时,滑动磁体 11 在异名磁极的磁吸作用下滑动至靠近磁性钥匙 1 的一端,将二级锁芯 3 与三级锁芯 4 连接,转动磁性钥匙 1,二级锁芯 3 和三级锁芯 4 由于滑动磁体 11 连接,产生横向剪力而同步转动,进而带动锁舌拔销 9 动作,锁具打开。拔出磁性钥匙 1 后,磁体通道内的滑动磁体 11 受一级锁壳 2 上的固定磁体 12 吸引,滑动至靠近一级锁壳 2 的一端,形成保护,使用不匹配的钥匙则无法打开锁具。

【基本构思分析】

通过对技术方案的分析,该技术方案的基本构思为通过磁性钥匙内的钥匙磁体与滑动磁体的磁吸作用使得滑动磁体联动二级锁芯与三级锁芯,转动钥匙,即可使二级锁芯与三级锁芯同步转动,进而开锁。拔出钥匙后,滑动磁体在锁壳上的固定磁体的磁吸作用下将使得滑动磁体连接二级锁芯与一级锁壳，此时使用不匹配的钥匙仅能带动三级锁芯空转，无法带动二级锁芯同步转动开锁。

基本检索要素：锁，一级锁壳、二级锁芯、三级锁芯各自位于对应的位置上设置有磁体通道，所述磁体通道内滑动限制有滑动磁体，磁性钥匙与滑动磁体配合开锁。

【检索分析】

考虑到本案为井盖密封舱专用三级结构防水磁性锁，因此，首先在井盖领域检索是否为有磁性锁。本案分类员给的分类号有 E02D29/14，类名为人孔或类似物的盖。基于此分析，首先在摘要数据库构建如下检索式"E02D29/14/IC/CPC AND 锁 and 磁 and 钥匙 and pd＜20200720"，检索结果仅为 76 篇，其命中 CN2436618Y，其公开了全封闭永磁地井盖专用锁。该专用锁包括磁弹子钥匙、锁体外壳、锁体和锁芯。其中，磁弹子钥匙上带有磁柱，对应磁柱在锁体和锁芯沿钥匙径向开有孔，孔内带有一对同极相对的磁柱，磁柱与相邻的磁柱同极相对，锁体外壳与锁芯之间沿钥匙孔外圆带有密封圈，密封胶套在另一端将锁体外壳和锁体的端部密封。钥匙孔上带有导向槽，与钥匙上的导柱相对应，便于钥匙正确插入开启。钥匙体为圆柱形，插入锁孔中，并将导向槽与钥匙上的导柱相对。此时，钥匙体的一圈磁柱与锁芯内的磁柱同极相对，互相排斥，使磁柱沿径向槽外移。这样，锁芯与锁体脱离，钥匙可带动锁芯转动，从而带动连接板打开井盖的锁栓，实现开启。拔出钥匙后，磁柱每对相互排斥，进入锁芯，并将其固定。该对比文件未体现利用锁芯是否空转闭锁/解锁。

E05B47 的类名为用电力或磁力装置操纵或控制锁或其他固接器件，与本申请的发明点非常相关，因此，构建如下检索式"E05b47/IC/CPC and 磁 and 钥匙 and pd＜20200720，E05b47/IC/CPC and 磁 and 钥匙 and 滑动 and pd＜20200720，E05b47/IC/CPC and 钥匙 and(磁 s 滑动)and pd＜20200720"，上述检索结果非常多，噪音很大，且无合适的对比文件。分析权利要求的关键词可知，磁、钥匙，滑动非常不典型，其检索结果带来很多噪声。因此，考虑使用空转效果在全文数据库检索，"E05b47/IC/CPC and 钥匙 and(磁 s 空转)and pd＜20200720"，检索结果仅为 44 篇，其中命中 CN2854009Y，其公开了一种锁芯能空转、磁珠锁闭的原子锁锁头，具体公开了锁头 2 内周面上孔槽中的活动磁性弹子 9 被锁定栓 6 上中部的异性磁性弹子 7 吸住，完全退出锁头 2 内圆周上槽孔 11，进入中套 3 的孔 8 里，另一端随锁定栓 6 进入锁芯锁定栓槽 14 中，使得中套 3 与锁头 2 的界面没有阻碍了，而中套 3 与锁芯 4 被活动磁性弹子 9 卡住，不能相对转动，因而旋动钥匙 1，中套 3 与锁芯 4 一道转动，而中套 3 后端的旋动支条即可把锁开启。该对比文件结构的锁头在非配套钥匙或开锁工具作用力下锁芯能空转，这样给暴力钻凿锁芯造成难度，并使技术性开启锁头变得几乎不可能，因此，提高了其安全性能。

通过该案例可知，当权利要求中的结构关键词不典型，即在该领域中这些关键词非常常见，如果使用这些关键词在摘要数据库中使用相与的方式，检索结果很多，噪音很大。此时，可利用同在算符或临近算符较准确的表达检索要素，甚至可以使用这些结构关键词的效果表达在全文数据库中检索，达到事半功倍的效果。

10.3 专利全文数据库的检索策略

在全文数据库检索时，检索结果的数量往往非常庞大，远大于人工可浏览的数量，即使检索结果数量在一定范围内可浏览，但是由于关键词可能出现在全文任何地方。因此，这对检索人员的理解和对比文件的筛选能力提出了更高的要求。因此，这就要求检索人员制定合理的检索策略，以便高效的检索并筛选出有效的对比文件。

10.3.1 使用下位关键词

专利文献的说明书具体实施方式中记载了若干个具体实施方案，在撰写权利要求时，通常会进行一定程度的概括，同理，目标文件的权利要求也可能进行一定程度的概括。因此，仅使用上位关键词，若上位关键词有一定的偏差，则在摘要数据库中可能无法命中相关文件。因此，需要在全文数据库中进行检索，还需要使用下位的关键词进行扩展。

案例 4

发明名称：一种换电柜的防盗结构及换电柜

【相关案情】

本案涉及一种换电柜的防盗结构。随着换电柜的普及，关于电池防盗方面存在着巨大的问题，往往会有不法分子投机取巧的盗取换电柜中的电瓶。公开号CN11593968A公开的一种换电柜，只有锁舌接触钩锁机构的同时顶针件接触门框，控制模组才会传达关锁的指令。上述防盗结构关锁触发条件较为容易达成，只要利用工具在接触钩锁机构的同时，按住顶针件模拟其接触仓门即可使得控制模组下达关锁指令，无法有效地进行防盗。因此，本案提出了如下技术方案。

权利要求如下。

(1) 一种换电柜的防盗结构，包括充电仓，其特征如下。充电仓外部安装有换电柜，充电仓轴接有仓门，仓门固定连接有门轴，门轴固定连接角度检测装置，角度检测装置电连接有仓控板，仓控板电连接有用于与电池连接的充电信号线。所述仓门与充电仓上设置有配套的锁止结构。所述角度检测装置处于所述换电柜内部。当仓控板感应到充电信号线与电池电连接的信号和门轴旋转到预设位置的信号时，判断电池归还完成；否则，判断电池未归还完成。

(2) 如权利要求(1)所述的一种换电柜的防盗结构，其特征在于：所述角度检测装置为陀螺仪。

(3) 如权利要求(1)所述的一种换电柜的防盗结构,其特征如下。所述角度检测装置为旋钮电位计。所述门轴固定连接在旋钮电位计的转轴上,旋钮电位计安装在电路板上,电路板固定在安装板上,安装板安装于换电柜内部,所述旋钮电位计顶部成形有若干引脚,安装板上成形有若干与引脚匹配的通孔,电路板安装在安装板上侧,所述引脚穿过通孔焊接在电路板上。所述旋钮电位计底部成形有十字形凹槽,所述门轴顶部成形有与十字形凹槽匹配的十字形凸台。

有益效果:通过旋钮电位计阻值/陀螺仪的变化,判定门开合的角度,如果阻值没有达到设定阈值就无法完成关锁。其旋钮电位计是内置在机柜中的,所以在不破坏机柜的情况下,无法模拟仓门关闭状态,无法盗取电池。

【基本构思分析】

通过对技术方案的分析,该技术方案的基本构思为通过内置的角度检测装置判断门开合的角度,如果角度达到预设值则关锁,在不破坏机柜的情况下,防盗效果好。

基本检索要素:换电柜、角度检测、闭锁。

【检索分析】

权利要求(1)中未记载锁止机构与角度检测装置的关系,而是记载了当仓控板感应到充电信号线与电池电连接的信号和门轴旋转到预设位置的信号时,判断电池归还完成;否则,判断电池未归还完成。因此,首先基于权利要求(1)的内容,考虑在换电柜领域中检索基于电池的信息、门的信息、判断电池归还状态的现有技术,使用"(换电柜 or 电池柜)and((柜门 or 开门 or 关门)3d(检测 or 监测))"能够命中CN112356731A,其公开了充换电柜的充换电方法,具体公开了使用客户移动终端(APP)的扫码取电功能扫描显示器的操作界面上的二维码以启动换电柜的工控系统。工控系统根据预设逻辑寻找一个空仓口(02 柜 11 号仓),并在换电画面上提示开门信息。该空仓口用于放置用户的原电池包,工控系统检测到空仓口开门后,换电画面提示插入电池包并关门信息,用户将电池包装入仓口中并关门,工控系统检测到用户安装的电池包信息和关门信息后,对电池包进行验证,系统选定即将借出的电池包(02 柜 1 号仓),工控系统根据该电池包所在的仓口信息打开仓门,同时在换电画面上显示仓口和电池包信息,并提示取出电池包后关闭仓门。系统检测到用户取走电池和关门信息后,换电流程结束,工控画面提示换电成功,然后跳转到待机界面。因此,该对比文件公开了通过检测电池包的状态、信息以及门的状态来进行验证电池是否归还以及借出,但是该对比文件未公开本申请的关键技术手段采用角度检测装置检测门的位置,并基于门的开合角度控制关锁。考虑到本案从属权利要求进一步限定了角度检测装置为陀螺仪或者旋钮电位计。于是,在全文数据库中,将角度检测装置下位化为陀螺仪、电位计,构件如下检索式"E05B/IC/CPC AND ((陀螺仪 or 电位计)p(上锁 or 闭锁 or 关锁))",即可命中 CN111140091A,其公开了一种货柜的上锁方法,具体公开了电控锁,用于将所述门体锁紧于所述柜体。门体转动检测装置,用于检测所述门体的转动信号。门体位置检测装置,用于获取所述门体的位置信息。控制器,连接所述电控锁、所述门体转动检测装置和所述门体位置检测装置,用于获取所述转动信号并基于所述转动信号获取所述门体的位置信息,且基于所述位置信息确定所述门体处于关闭位置的情况下,向所述电控锁发送落锁控制信号。说明书中记载了门体转动检测装置为陀螺仪。

从上述检索过程可以看到,当说明书中涉及若干个下位概念时,可在全文数据库中使用具体的下位关键词进行检索,即可快速命中对比文件。此外,对于一些上位的术语,如移动终端领域等,即使申请文件未提及下位的关键词,但站位本领域技术人员可知,其可能的目标文件并不会记载该上位的术语,而是直接使用下位的关键词,如手机、电话、平板电脑、PAD 等来直接体现该领域,检索人员也需要使用相应的下位关键词去全文数据库中进行检索,以免遗漏可能的对比文件。

10.3.2 从技术效果、技术问题的角度进行限定

对基本检索要素的表达主要分为分类号和关键词,而关键词可以从形式、意义、角度方面进行扩展。当采用结构、功能等难以表达或者可能存在很大的噪声时,可以尝试从技术效果、解决的技术问题等角度进行扩展。专利全文数据库与摘要数据库相比,一般情况下对所要解决的技术问题,所取得的技术效果有比较详细的记载。因此,当使用技术效果、技术问题角度进行表达时,可大大减少噪声。

案例 5

发明名称:隐藏式门把手的控制方法、装置、系统及设备。

【相关案情】

本案涉及一种隐藏式门把手的控制方法、装置、系统及设备。传统隐藏式门把手控制方案是简单通过控制器识别隐藏式门把手电机正反转方案实现隐藏式门把手弹出及缩回,不够智能。因此,本案提出了如下技术方案。

权利要求如下。

(1) 一种隐藏式门把手的控制方法,其特征包括:接收到控制信号时,确定隐藏式门把手当前所处的状态;根据所述隐藏式门把手当前所处的状态确定控制模式;根据所述控制模式驱动所述隐藏式门把手动作。

(2) 根据权利要求(1)所述的方法,其特征在于,隐藏式门把手当前所处的状态包括弹开状态或者收回状态。根据所述隐藏式门把手当前所处的状态确定控制模式,包括:若所述隐藏式门把手当前所处的状态为弹开状态,则控制模式为收回模式;若所述隐藏式门把手当前所处的状态为收回状态,则控制模式为弹开模式。

(3) 根据权利要求(2)所述的方法,其特征在于,当控制模式为弹开模式时,根据所述控制模式驱动所述隐藏式门把手动作,包括:在第一时长内以占空比为第一设定值的脉冲宽度调制 PWM 信号驱动所述隐藏式门把手弹开;若识别到弹开限位开关,

在第二时长内以占空比为第二设定值的 PWM 信号驱动所述隐藏式门把手弹开；在第三时长内以占空比为第三设定值的 PWM 信号驱动所述隐藏式门把手弹开。

说明书中记载的相关内容如下。第一时长可以是 200 ms，第一设定值可以是 60%；第二时长可以是 1700 ms，第二设定值可以是 85%；第三时长可以是 500 ms，第三设定值可以是 55%。当控制模式为弹开模式时，在 0～200 ms 之间，车门控制器以占空比为 60%的 PWM 波形驱动隐藏式门把手，实现门把手缓启动；在 200～1900 ms 之间(共 1700 ms)，车门控制器以占空比为 85%的 PWM 波形驱动隐藏式门把手，即使用更大的力冲击门把手弹开；在 1900～2400 ms 之间(共 500 ms)，车门控制器以占空比为 55%的 PWM 波形进行驱动门把手，便于门把手软停止。

【基本构思分析】

通过对技术方案的分析，该技术方案的基本构思为接收到由用户触发的控制信号时，确定隐藏式门把手的状态，若隐藏式门把手当前所处的状态为弹开状态，则控制模式为收回模式；若隐藏式门把手当前所处的状态为收回状态，则控制模式为弹开模式。根据相应的控制模式驱动隐藏式把手动作，具体来说，采用 PWM 方式实现不同速度展开把手，进而实现门把手的软展开。

基本检索要素：隐藏门把手、采用占空比实现门把手的软展开。

【检索分析】

权利要求(3)体现了本案的基本构思，其涉及的关键词有隐藏、把手、弹开、收回、占空比、PWM。首先在全文数据库使用准确的分类号和关键词检索，“(or E05B85/10，E05B85/12，E05B85/14，E05B85/16，E05B85/18)/IC/CPC and(占空比 or PWM or 脉冲宽度)”，检索结果只有 30 多篇，无合适的对比文件，进一步在全文数据库中使用纯关键词检索，“(OR 手柄，手把，执手，握把，握柄，拉手，把柄，把手)and 隐藏 and(占空比 or PWM or 脉冲宽度)”，检索结果多达四千多篇，噪音很大，且并不清楚涉及占空比相关关键词的文献是否和本申请相同，以用于把手的软展开。于是考虑从技术效果、技术问题的角度进一步限定，使用“(OR 手柄，手把，执手，握把，握柄，拉手，把柄，把手)and 隐藏 and(占空比 or PWM or 脉冲宽度)and(or 软展开，软停止)”，以及“(OR 手柄，手把，执手，握把，握柄，拉手，把柄，把手)and(OR 伸出，弹出，收回，缩回，推出，露出，外伸，回缩)and(占空比 or PWM or 脉冲宽度)and(or 软展开，软停止)”，均可以命中 CN110518864A，其公开了当控制模式为展开模式时，控制模式驱动隐藏式门把手动作包括在第一时长内以占空比为第一设定值的脉冲宽度调制 PWM 信号驱动隐藏式门把手展开，并在第二时长内以占空比为第二设定值的 PWM 信号驱动隐藏式门把手展开，同时在触发展开模式的开关后在第三时长内以占空比为第三设定值的 PWM 信号驱动隐藏式门把手展开。

在检索过程中用常见的分类号、关键词检索时，检索结果很多，检索噪声较大时，可以尝试在全文数据库从技术效果或技术问题角度进行限定，以响应先检准再检全的原则,可达到事半功倍的效果。在使用技术效果或技术问题限定后,若较少的检索结果中无有效的对比文件,此时仍需考虑技术问题、技术效果表达是否过于局限导致检索不合理,避免不加调整地表达技术问题、技术效果而导致遗漏有效证据。

10.3.3 基于关键词出现的位置制定准确的检索策略

全文库中具有CLMS(权利要求)、DESC(说明书)和BI(CLMS和DESC的复合索引)字段,通过分析权利要求和说明书的特点,判定检索关键词的可能出现位置,可以制定更准确的检索策略(见表10-1)。

表10-1 关键词与权利要求书、说明书的位置关系

项目	技术领域		技术效果(问题)		技术细节	
	是否出现及特点	是否建议使用	是否出现及特点	是否建议使用	是否出现及特点	是否建议使用
权利要求书	如果有,一般比较具体(或具体对象),能够直接拿来用	建议使用	一般不出现	不建议使用	可能出现在从属权利要求	建议使用,可针对授权文本
说明书	多出现于说明书中,用词可能具体,也可能概括	不建议使用	多出现,用词不确切	建议使用	出现在说明书中,且不排除仅出现在说明书。其可能具体,也可能概括	建议使用(检索真正发明点)

根据上述特点,我们需要确定关键词可能出现的位置以及使用方式:可能同时出现在权利要求书和说明书中的内容,限定在权利要求书中进行检索;技术细节一般可先在权利要求书中进行检索,然后再扩展到说明书;技术效果的检索一般在说明书进行检索;技术领域具体,且涉及具体对象的在权利要求检索,否则,在说明书中进行检索。

案例6

发明名称:一种锁具用的防暴力破拆结构。

【相关案情】

本案涉及一种锁具用的防暴力破拆结构。目前,在锁具技术领域,防盗锁为了提高安全等级都一味地追求加强面板厚度和板材料来解决,但在暴力破拆时依然没有太大效果。因此,本案提出了如下技术方案,如图10-3所示。

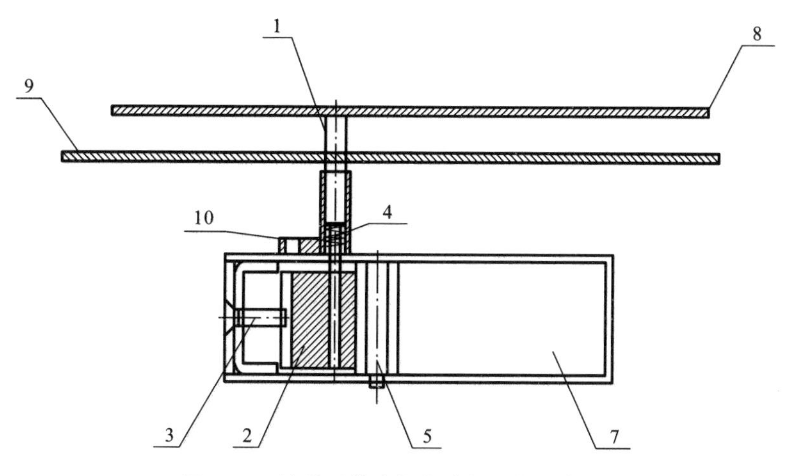

图 10-3　锁具用的防爆力破拆结构示意图

权利要求如下。

（1）一种锁具用的防暴力破拆结构，其特征包括启动杆、启动杆弹簧、限位块和限位块定位轴。所述启动杆前后纵向布置。所述限位块左右横向布置，锁栓左右横向运动，所述限位块位于所述启动杆的后方。所述启动杆穿过门体通过启动杆固定座安装在锁体的前侧。所述限位块位于锁栓的上方，所述限位块的右端通过限位块定位轴可转动的安装在锁体内，所述限位块定位轴前后纵向布置，所述限位块的中后部设有定位孔。所述启动杆的前端顶触在门拉手上，所述启动杆固定座上设有台阶通孔，所述启动杆的后端自前至后依次穿过门体、台阶通孔插入定位孔内，所述启动杆弹簧套装在启动杆的中部上并安装在台阶通孔内。所述限位块的左端设有卡槽，在锁栓伸出同时启动杆缩回时，限位块向下旋转，其上的卡槽卡在锁栓的后部上。

（2）如权利要求（1）所述的一种锁具用的防暴力破拆结构，其特征在于：所述防爆力破拆结构还包括安装定位螺钉，所述安装定位螺钉自左至右穿过锁体卡接在限位块的卡槽内。

工作原理如下。当启动杆 1 与锁体 7 和门拉手 8 安装完成后，启动杆 1 的前端与门拉手 8 顶触，启动杆 1 的后端穿过门体 9、启动杆固定座 10 的台阶孔和锁体并插入锁体内限位块 2 上的定位孔内一定距离，同时，启动杆弹簧 4 被压缩。此时，安装定位螺钉 3 和启动杆 1 对限位块 2 行成双重定位，可以正常拆卸和更换门拉手。在安装定位螺钉 3 拆除后，锁栓上锁。当门拉手 8 被拆卸或暴力破坏变形，门拉手 8 与启动杆 1 的前端之间的顶触被解除，启动杆 1 的后端插入限位块 2 的距离被启动杆弹簧 4 拔出定位孔外，限位块 2 以限位块定位轴 5 为圆心自重旋转下落到锁栓后方形成顶触限位锁定。此时，钥匙和执手都不能解除防拆限位块 2 对锁栓后方形成顶触限位锁定。因此，它有效解决面板和锁芯被暴力破拆和破坏门被打开的风险。

【基本构思分析】

通过对技术方案的分析，该技术方案的基本构思为启动杆的前端顶触在门拉手上，启动杆的后端插入限位块的定位孔内，启动杆弹簧套装在启动杆上，限位块上有卡槽，当门拉手被拆卸或暴力破坏变形，则启动杆与门拉手的顶触被解除。此时，启动杆在启动杆弹簧的作用下复位，启动杆脱离限位块的定位孔，解除限位块的固定，限位块转动，直至卡在锁栓上，阻止开锁。

基本检索要素：锁，套上启动杆弹簧的启动杆与门拉手及限位块配合，在暴力拆除时，接触对限位块的限制，限位块下落卡住锁栓。

【检索分析】

本案的分类号为 E05B 17/20，其分类含义为用于防止未经许可开启的独立于锁机构的装置。例如，在关闭位置固定锁栓的，该分类号整体体现了发明点，但未体现具体结构。因此，基于具体结构在摘要数据库构建检索式："E05B17/20/IC/CPC and 簧 and（拆除 or 拆卸 or 破坏 or 破拆 or 变形 or 撬 or 暴力）and 限位 and PD＜20170328"，检索结果仅 59 篇，未命中 CN203879127U。考虑到拆除、拆卸、破坏、破拆、变形、撬、暴力这些关键词出现在权利要求书中的概率非常小，而出现在说明书中的概率非常大，因此，考虑在全文数据库中使用 DESC 字段，构建如下检索式："E05B17/20/IC/CPC and 簧 and 限位 and（拆除 or 拆卸 or 破坏 or 破拆 or 变形 or 撬 or 暴力）/DESC and PD＜20170328"，检索结果有 173 篇，命中 CN203879127U，其公开了用于锁具的安全锁死机构。锁具包括盖板 8、支撑板 9 和锁体 10。安全锁死机构包括锁死顶杆 1、锁死挡块 2 和锁死压簧 3。锁死顶杆 1 包括限向轴 4 和圆柱杆 6，限向轴 4 安装在圆柱杆 6 的一端，圆柱杆 6 靠近限向轴 4 的位置设置有沿圆柱杆 6 轴向延伸的螺旋斜面 5，锁死顶杆 1 的另一端穿过支撑板 9 并抵靠在盖板 8 上。锁死挡块 2 上开设有异型孔 7，锁死挡块 2 能转动地安装在圆柱杆 6 上，异型孔 7 从动于螺旋斜面 5，锁死挡块 2 的前端和后端分别紧贴在支撑板 9 和锁体 10 上，盖板 8 脱离锁死顶杆 1 后，锁死顶杆 1 被锁死压簧 3 弹起，锁死顶杆 1 向前做轴向运动。锁死顶杆 1 向前轴向运动时，异型孔 7 从动于螺旋斜面 5，从而带动锁死挡块 2 做径向转动，锁死挡块 2 转动到与锁具的锁定轴 11 的运动通道相交集的位置，锁定轴 11 用于控制锁具的锁舌 12 的锁止和转动。

而使用"E05B17/20/IC/CPC and 簧 and 限位 and（拆除 or 拆卸 or 破坏 or 破拆 or 变形 or 撬 or 暴力）/CLMS and PD＜20170328"，检索结果仅 48 篇，无法命中 CN203879127U。

考虑到本案启动杆脱离限位块的定位孔，解除限位块的固定，限位块转动，直至卡在锁栓上，阻止开锁。考虑到锁具领域技术术语的叫法很不一致，如 CN203879127U 中具体为锁死挡块，而非限位块。因此，检索式中去除限位的表达，使用"E05B17/20/IC/CPC and 簧 and（拆除 or 拆卸 or 破坏 or 破拆 or 变形 or 撬 or

暴力)/desc and PD＜20170328”,其命中 CN101915027A,具体公开了防撬应急机构设置在保险柜的主锁具 3 处,包括一板状的基板 1。基板 1 上设有应急锁具 2 以及可相对基板 1 滑动的活动锁板 4,基板 1 的背面固连有一块定位板 8。定位板 8 上开设有定位孔 81,定位板 8 与保险柜柜门 9 之间设有自锁装置。自锁装置包括一根沿主锁具 3 的锁闭方向设置的自锁杆 10,保险柜柜门 9 上固连有两块导向板 11,导向板 11 上开设有导向孔 11a,上述自锁杆 10 依次穿过导向孔 11a。自锁杆 10 上固连有一定位杆 101,该定位杆 101 穿过定位板 8 上的定位孔 81 并与定位板 8 垂直。自锁杆 10 上套有一弹簧 12,该弹簧 12 位于定位杆 101 与上导向板 11 之间且呈压缩状态。当应急锁被撬下后,基板 1 上的定位板 8 也随之掉落,定位杆 101 与基板 1 上的定位板 8 脱离,对自锁杆 10 的限制消失。弹簧 12 弹力作用在定位杆 101 上,从而推动定位杆 101 和自锁杆 10 朝向锁舌滑板 7 方向运动,代替主锁具 3 的锁舌 31 插入到锁舌滑板 7 的另一个插孔 71 内,完成锁定。

在检索时可基于关键词出现的位置选择性使用权利要求、说明书以及权利要求和说明书的复合索引字段。比如本案中,关于拆除的关键词表达使用权利要求字段,检索结果非常少,且无法命中对比文件,而使用说明书字段则可命中有效对比文件。

第11章　专利检索平台检索功能介绍

Patentics和智慧芽是两个专利行业从业人员常用的检索平台，两个专利检索平台均提供了丰富的检索手段。除了传统的布尔检索之外，为了解决专利数据总量不断激增、跨领域专利申请日益增长的问题，两个专利检索平台均开发了语义检索等智能化的检索手段，以及其他适用于不同场景的检索工具。本章将会以锁具领域的专利申请为例，介绍这两个专利检索平台中，适用于锁具专利申请检索的一些功能。

11.1　Patentics专利检索平台

11.1.1　语义检索

Pantentics具备智能语义检索功能。智能语义检索的关键是使词条不再孤立，而是相互之间具有词义上的关系，而且这样的关系还是可以严格量化的。文档从本质上来说是多个词条的有机组合。基于本系统对词条关系的感知，通过对词条的集合处理，就能够精确感知文档含义。传统的检索系统回答用户的是文档是否命中，而Patentics呈现给用户的是文档的相关度。用户只要输入一个词语、一句话，甚至一篇文章，系统将自动抽取语义，只要是涵义相同的专利就会自动图文并茂地呈现给用户，而不必考虑文本中是否包含了该搜索词。

1. 语义排序

Patentics排序字段如表11-1所示。

表11-1　Patentics排序字段介绍

代码	名称	说明
R/	语义排序	根据输入的词、句子、段落、文章或者专利号(输入专利号等于输入专利全文)意思，对检索结果进行排序
Rdi/	新颖性语义排序	仅对公开日在本专利申请申请日前的专利进行语义排序

语义检索的精髓是排序，R命令就是rank。我们所指的语义排序基准就是“R”命令后的部分。

案例1

发明名称：一种新能源汽车的充电口门锁控制方法。

【相关案情】

本案涉及一种新能源汽车的充电口门锁控制方法，目前，新能源汽车的充电口设计大多还是沿用传统的燃油车加油口的设计，即在原有加油口的位置替换为充电口，且外盖板也是采用传统的圆形或方形。外盖板的打开方式主要有：机械拉线方式、车内电子按钮解锁方式。但是，随着新能源汽车逐渐走向智能化，其对高压系统的安全性要求高，充电频率高，传统的打开外盖板的方式，操作不够便捷，解锁方式单一。为此，该发明专利申请的目的在于提出一种新能源汽车的充电口门锁控制方法，通过检测车辆的充电口门锁的状态信息，再检测车辆当前所处的档位是否为 P 档或 N 档，根据上述状态对充电口门锁进行控制，操作更便捷，解锁方式更加多元化，设计更加安全。

权利要求如下。

一种新能源汽车的充电口门锁控制方法，其特征包括：检测车辆的充电口门锁的状态信息，所述状态信息包括解锁状态和锁止状态；当所述状态信息为锁止状态时，检测车辆当前所处的档位是否为 P 档或 N 档；当所述档位为 P 档或 N 档时，接收解锁控制指令；根据所述解锁控制指令控制所述充电口门锁进入解锁状态。

分析权利要求(1)的技术方案可知，其关键技术手段在于检测车辆档位，并根据车辆档位判断车辆目前所处的状态，只有在车辆处于停止状态时，才允许充电口被开启。

该发明专利申请给出了如下分类号，即 E05B 83/28，用于手套箱、控制箱、燃油入口盖或类似物的锁。首先，利用该分类号在常规的专利数据库中，采用上述分类号结合关键词进行检索。在中文全文库中使用“E05B83/28/low/ic and(P 档 or N 档 or 空档 or 驻车)”，检索式命中结果数为 11，浏览上述命中结果，没有发现根据车辆档位判断车辆目前所处的状态，只有在车辆处于停止状态时，才允许充电口或者加油口被开启的专利文献。因此继续在英文库中检索。

在英文全文库中使用“E05B83/28/low/ic and(parking or neutral)”，上述检索式命中结果数为 57，虽然检索结果的绝对数量并不是很大，但是由于该发明专利申请涉及一种控制方法，对于检索结果中的专利文献，并不能通过浏览附图的方式判断其是否可以作为影响新颖性或者创造性的对比文件，必须仔细阅读结果专利文献的摘要乃至说明书。由于是英文文献，阅读并进行判断所花费的时间很久，而利用 Patentics 中语义检索功能中的排序字段则可以大大提高检索和浏览的效率。

在 Patentics 中采用字段“rdi/”检索该发明专利申请的公开号，检索结果的第 5 篇即为影响该发明专利申请创造性的对比文件，该对比文件是一篇日文文献，Patentics 提供了该日文文献的英文翻译。该文献具体公开了：检测车辆当前所处的档位是否为 P 档，当所述档位为 P 档时，接收解锁控制指令进行解锁，否则即使用户误操作解锁部件，也不接受该解锁控制指令，不予以解锁，解锁部件的解锁对象可以是燃油盖，解锁部件可以是燃油盖解锁开关。充电口和燃油盖是汽车上功能、结构类似的遮蔽结构，对其的控制方法具备通用性。因此，该对比文件公开了与本申请相同的控制方法，本领域技术人员能够想到使用上述控制方法来控制充电口的开闭。

2. 人工干预排序

Patentics 具备语义排序功能，可以使得相关对比文件的排名提前，大大提高目标文献的获取效率。但是有时在浏览了适当数量的文献阅读后，仍然没有发现有效对比文件时，则需要进行人工干预。

在人工干预需要增加检索要素（关键词、分类号等）限定范围，人工干预原则上不会显著提升文献的相关度，而是通过干预策略圈定小范围文献、排除了噪音文献使得比较相关的对比文件排序靠前，快速命中对比文件。

典型的人工干预检索式：

Rdi/专利号 and a/关键词

Rdi/专利号 and b/关键词

其中，“a/关键词”表示的是检索在标题、摘要或者权利要求书中含有该关键词的文献；“b/关键词”表示的是检索在全文中含有该关键词的文献。“a/关键词”相对于“b/关键词”的结果集合更小，当采用“a/关键词”时，由于结果集合更小，使得目标文献排序结果更靠前。此时需要对关键词进行预判，当认为该关键词出现在摘要、主题、权利要求中的可能性大时，采用“a/关键词”进行检索；当认为该关键词出现在全文中可能性更大时，采用“b/关键词”进行检索。同时，一般在进行初步尝试检索时，意图快速高效地检索到对比文件，可以采用“a/”进行试探性检索；当试探性检索没有获得对比文件时，再采用“b/”进行检索。

下面用一个案例来说明如何在语义排序的基础上进行人工干预。

案例 2

发明名称：一种带遥控器防盗警报自行车锁。

【相关案情】

该案涉及一种带遥控器防盗警报自行车锁，如图 11-1 所示。普通的自行车锁，都需要钥匙插入锁扣来达到开锁和锁上的目的，必须要俯身开锁，操作起来比较麻烦，而且，有时候锁孔被污泥等物质堵塞，操作起来更麻烦。针对现有技术的不足，本发明提供一种带遥控器防盗警报自行车锁包括锁体，锁体包括弧形锁舌。弧形锁舌包括静锁舌和动锁舌，动锁舌上设有齿轮，齿轮与蜗轮啮合连接，蜗轮连接在微型电机的轴上，且微型电机与电池电连接。微型电机的转动带动动锁舌的运动，实现关锁和开锁。车梁通过夹紧件与螺栓固定在锁体上，包括无线接收装置和遥控器。无线接收装置与微型电机电连接，遥控器发出指令，无线接收装置接收后控制电机的开启和关闭。自行车锁可以通过遥控按钮自动上锁，在锁定的状态下自动启用警报器，促使它在 2～5 m 的范围内无需手动开锁或关锁。

权利要求如下。

带遥控器防盗警报自行车锁,包括锁体6。锁体6包括弧形锁舌1,其特征在于,弧形锁舌1包括静锁舌和动锁舌,动锁舌上设有齿轮,齿轮与蜗轮2啮合连接,蜗轮2连接在微型电动机3的轴上,且微型电动机3与电池7电连接。微型电动机3的转动带动动锁舌的运动,实现关锁和开锁。车梁4通过夹紧件8与螺栓5固定在锁体6上,包括无线接收装置和遥控器。无线接收装置与微型电动机电连接,遥控器发出指令,无线接收装置接收后控制电机的开启和关闭。

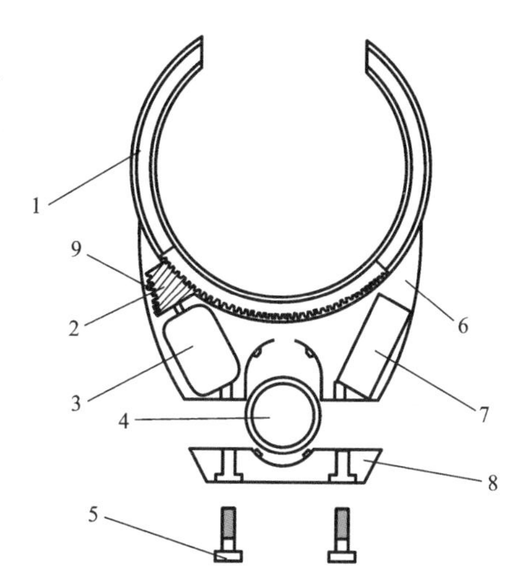

图 11-1　带遥控器防盗警报自行车锁的结构示意图

从上述技术方案可以看到,该技术方案的关键技术手段有两个,其一是关于传动结构,其二是关于遥控控制。关于传动结构,该发明专利申请使用蜗轮来驱动弧形锁舌。关于遥控控制,是通过发送遥控器指令控制电机。

在Patentics中通过“Rdi/”字段进行语义检索,在该检索式命中的结果中试探性地浏览前30篇,未发现同时公开了上述传动结构和遥控控制的对比文件。通过分析,我们认为构造上述语义检索时,检索系统并不能识别出技术方案中的两个关键手段是传动结构和遥控控制,而是以技术方案的整个文本为检索基准。因此,需要人工干预语义检索的结果,将包括与本申请传动结构类似的专利文献、与本申请遥控控制方式类似的专利文献尽可能地提升到语义检索结果的靠前位置。

该发明专利申请中采用的控制方式是遥控控制,因此我们在“Rdi/”字段的基础上,增加关于“遥控”的限定。通过分析,我们认为遥控功能一般会在摘要或者权利要求中提及,因此我们通过“a/遥控”来进行限定。在人工干预后,我们在检索结果的第7篇浏览到了这样一篇对比文件1。

对比文件1如图11-2所示,其公开了一种带遥控功能的无钥匙车辆自动锁,且可用于自行车,并具体公开了:锁体1,锁体的弧形锁舌7,锁舌7在锁槽内可来回旋转,即锁舌7是一种动锁舌,从图11-2中可以看到锁舌7上设置有齿轮,马达4(相当于本申请的微型电机),马达4的轴上连接有蜗轮,该锁具有可插入电池组的电池接口,因此微型电机必然与电池电连接,马达4的转动带动锁舌7的运动,实现开锁和关锁,该锁还具有遥控电路板5,必然对应设置有无线接收装置和遥控器,以便遥控该自动锁,遥控器必然可以发送指令,无线接收装置接收后控制电机的开启和关闭。

可以看到,对比文件1公开了通过遥控控制自行车锁的开启和关闭,但是在传动

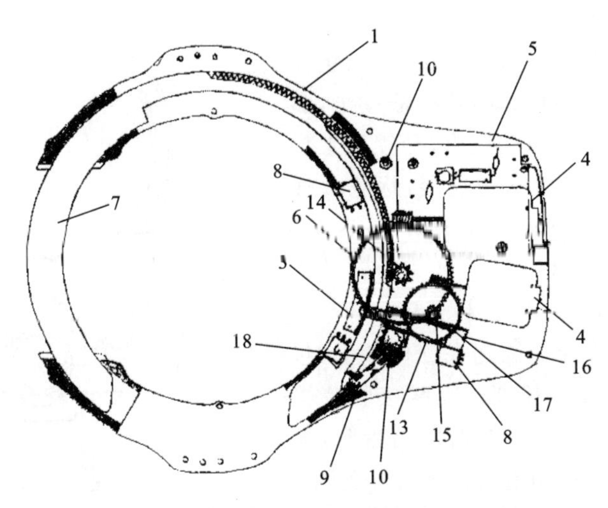

图 11-2　对比文件 1 带遥控功能的无钥匙车辆自动锁的结构示意图

结构上与本申请有所不同，虽然同样是以微型电机为驱动装置，当在向锁舌传动时，它使用的传动结构非常复杂，使用了蜗杆、齿轮、弧形齿条等多个部件。因此，我们需要对传动结构的具体方式进行检索。

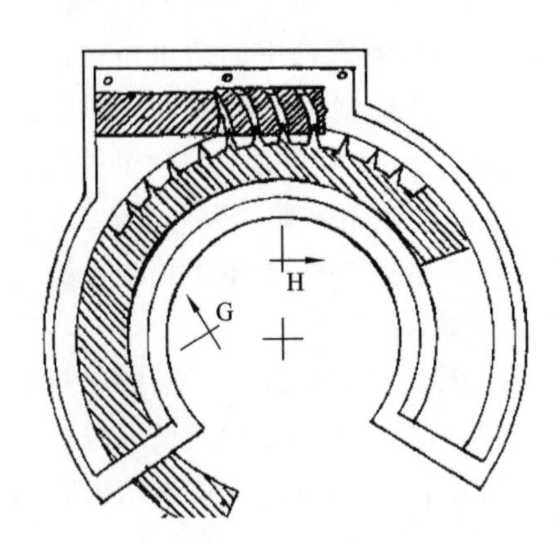

图 11-3　对比文件 2 自行车防盗锁的结构示意图

本发明专利申请中的传动结构具体采用了蜗轮和弧形锁舌的配合方式，因此我们在"Rdi/"字段的基础上，增加关于上述传动方式的限定，通过分析我们认为具体的传动结构是实现自行车锁功能的必要组成部分，至少会在权利要求中提及，我们通过"a/(蜗轮 or 蜗杆) and a/弧形"来进行限定。在人工干预后，我们在检索结果的第 5 篇浏览到了这样一篇对比文件 2。

对比文件 2 如图 11-3 所示，其公开了一种自行车防盗锁，并具体公开了：蜗杆 3(即本申请所述的蜗轮)、弧形的带齿锁舌 1，带齿锁舌上设有齿轮，齿轮和蜗杆啮合连接。该特征在对比文件 2 中所起的作用与其在本发明中为解决其技术问题所起的作用相同，都是通过直接将转动的蜗轮和齿轮啮合的方式，来简化传动结构。也就是说，对比文件 2 给出了将该技术特征用于该对比文件 1 以解决其技术问题的启示。

上述案例很好地说明了人工干预的效率，因此如果浏览"Rdi/"的排序结果时，没有在排序靠前文献中找到对比文件，可以根据专利申请的具体情况，选择合适的字段，并使用关键词进行人工干预。

3. 利用改写的发明构思进行语义排序

前面通过几个例子，展示了通过语义检索和人工干预相结合的检索方式，并结合布尔运算等手段，能够快速获取有效的对比文件，提高检索效率和审查质量。然而，上述人工干预的手段，通常是一个分类号或者一个关键词，并不能从检索式的表达上，直接看到被检索专利的发明构思是什么，其检索结果有赖于语义排序的精确程度，因此需要在浏览和筛选对比文件时，注意检索式命中的专利文献是否公开了本申请的发明构思。

因此我们想到，可以直接基于被检索专利的发明构思来检索，以发明构思作为语义检索的对象，即通过“r/ 一句话表述发明构思”这样的检索式来得到基于发明构思的语义排序结果，这种检索方式就需要我们选用合适的方式对发明构思进行表达。

表达发明构思的方式有两种：第一种方式是从被检索专利的说明书中获得；第二种方式是基于被检索专利的申请文本，通过改写获得。

关于第一种方式，我们知道在发明专利申请说明书背景技术部分，记载了对发明的理解、检索、审查有用的背景技术，以及背景技术中存在的问题和缺点，在发明或者实用新型内容部分，记载了采用怎样的技术方案解决了上述现有技术中存在的缺陷和不足，与现有技术相比取得了怎样的有益效果。上述记载中通常就包括了专利的发明构思，我们从上述记载中摘录出发明构思并通过语义排序进行检索，也是快速得到对比文件的一种方式。

关于第二种方式，当背景技术和发明内容中记载的内容对发明构思的描述不准确，或者不够凝练，导致难以直接根据背景技术和发明内容中记载得到发明构思时，我们可以根据对技术方案和其要解决的技术问题的理解，人工改写发明构思，得到可以进行语义排序的一句话。改写的主要目的是缩小排序范围、提升语义匹配程度，在改写时依次选择与发明基础构思和改进构思相关程度高的部分进行改写。改写的方式有多种，如对复杂表述的技术方案进行常规描述的改写，对多种实施例的技术手段进行功能性概括等，具体的改写方式根据所要检索发明专利的具体情况灵活应用。当检索结果不理想时，我们还可以通过增加关键词和关键语段的出现频率，来提高结果的准确度。

下面用一个案例来说明如何基于人工改写的发明构思进行语义排序。

案例3

发明名称：一种增加营销机会的防盗安全装置。

【相关案情】

该案涉及一种增加营销机会的防盗安全装置。它在背景技术中提到：零售店的常见问题是商店行窃或盗窃，并且零售商目前利用多个安全装置来保护商品并且打击增长的消费品偷盗现象。零售商的普遍目的是利用能够以相对低成本、高效生产且能够视觉上阻止商店扒手的安全装置，其包括将激活正在发生授权活动的警报或触发某种警报给零售商或保安人员的安全装置。此目的可以通过利用诸如滚珠和离合器类型机构的常规紧固件机构实现，所述常规紧固件机构将安全装置锁定到衣服或其他服装产品上。然而，常规紧固件机构不再提供太多视觉威慑给经验丰富的商店扒手，这些经验丰富的商店扒手在过去已经战胜这些装置。另外，提供最大视觉威慑给商店扒手的此类安全标签，如硬标签安全机构，往往笨重且尺寸较大，这与零售商使用较小装置以便不干扰且分散消费者的注意力的愿望相冲突。此外，通用的、笨重的、更大的安全装置使之更难以尝试某些服装。而且，具有不同训练水平的店员常规地将安全装置放在零售商店内的物品上，其主要职责是为顾客服务，从而导致安全装置的不一致附接、错误警报。为了支持零售商、制造商、赞助商的营销目的，零售商会希望提供也用作其公司的营销机会且在审美上使消费者高兴的安全装置。例如，公司想要提供常规紧固件机构，该常规紧固件机构被构造为公司商标、主题或商业外观的一部分。

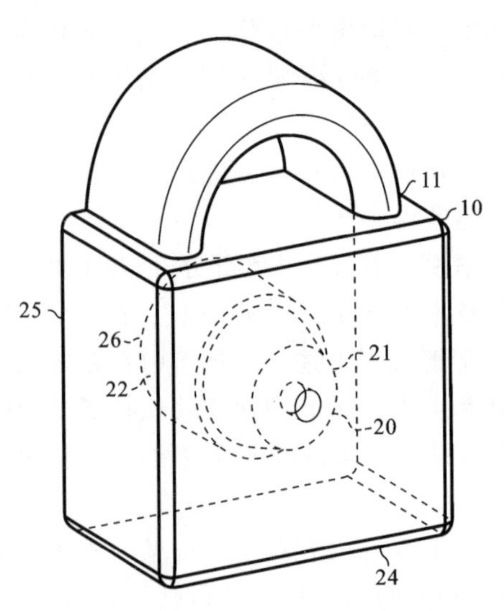

图 11-4　安全装置的结构示意图

本发明提供具有紧固件机构的安全装置，如图 11-4 所示，所述紧固件机构与可拆卸壳体连接并包含在可拆卸壳体中。壳体是不用作安全目的的空壳或外壳，除了包含紧固装置还可作为视觉威慑目的或审美目的。本发明的安全装置附接到诸如服装或其他有价值物品的消费品并将该安全装置封装在补充或可拆卸壳体内的方法。RFID 装置可插入本发明的安全装置的装饰性或观赏性壳体。

权利要求如下。

一种安全装置，包括消费产品；可拆卸的壳体，其具有基部、盖和至少一个开口；至少一个附接机构，其用作安全目的并将所述壳体连接到所述消费产品。

所述至少一个附接机构被定尺寸以适合通过所述壳体中的所述开口，所述至少一个附接机构完全被所述壳体遮住并且所述壳体和所述至少一个附接机构是彼此分开的。所述壳体经配置处于表示商标、商业外观、主题、促销或纪念活动之一的形状。

从该发明专利申请的主题名称可以看出，该发明的装置具备两个功能：一个是防盗，另一个是增加营销机会。从该发明专利申请的权利要求可以看出，申请人想要保护的技术方案，保护范围很大，权利要求的技术主题为“一种安全装置”，并未限定具体为哪种安全装置，也未限定该安全装置锁定部件的具体结构，仅仅提到锁定部件是可以分开和附接的壳体与附接机构，同时也未限定被该安全装置锁定的对象具体是什么，仅仅提到是消费产品。因此，我们如果要以权利要求的技术方案的保护范围出发，构建检索式，则需要聚焦到具体的技术领域、具体的锁定结构、具体的锁定对象上去检索，比如说明书附图给出的用于服装的、带有锁针和锁孔的锁定装置。但是这样的检索方式对分类号和关键词的扩展提出了很高的要求，需要将权利要求的技术方案中对于应用场景、技术领域、锁定结构、锁定对象、技术效果的分类号和关键词充分地扩展并使用。

由于权利要求的技术方案中对于应用场景、技术领域、锁定结构、锁定对象、技术效果的表达都过于上位，难以检索，因此我们可以考虑通过 Patentics 的语义排序功能来检索。简单的通过"Rdi/专利号"检索后，在检索结果中浏览了靠前的专利文献，并未找到可用的对比文件，如果此时想要通过"Rdi/专利号＋关键词"进行人工干预，又涉及关键词扩展的难题。

通过阅读该发明专利申请的背景技术和发明内容，可以看到该发明专利申请目的是非常明确的，即想要保护一种既具备锁定结构，同时又带有广告营销功能的安全装置。这一点就是该发明专利申请的发明构思，因此我们重新阅读说明书中的背景技术和发明内容，尝试从中得到凝练的发明构思的表达，并通过"r/ 一句话表述发明构思"这样的检索式来得到基于发明构思的语义排序结果。

背景技术和发明内容中将该安全装置的应用场景表述为"零售店""商店"，将技术领域表述为"安全标签"，将锁定结构表述为"滚珠""离合器"，将锁定对象表述为"衣服""服装"，将技术效果表述为"行窃""盗窃""视觉威慑""警报""营销"，并且通过上述表述来描述该安全装置的作用。通过背景技术和发明内容中给出的上述表述，我们采用在中文专利文献中更为常见的表述方法，并对该发明专利申请的发明构思进行凝练和总结，从而得到能够概括该发明构思的一句话"在商场或超市内防止物品被盗，并且具有广告功能的标签"。同时，以这样的一句话作为语义排序的对象进行检索：

"r/在商场或超市内防止物品被盗，并且具有广告功能的标签"。

浏览上述检索式的检索结果，在较为靠前的位置得到一篇能够影响本发明专利申请创造性的对比文件 1。

对比文件 1 的背景技术部分开了如下内容。

目前超市或商场等地点，对于可穿钉的软性物品或其他可悬挂标签的物品，如服装、鞋帽、运动用品等，为防止物品被非法带出存放地点，通常采用在该物品上固定不同形式或结构的硬标签。该硬标签在通过电子防盗装置时，会发出信号，从而起到防盗作用。该硬标签主要包括带锁部件与带钉部件，以及线圈等电子装置，可以将带钉部件穿过物品后与带锁部件锁合，从而将该硬标签固定在物品上。而现有的硬标签上无法可靠、方便地加载带有图案、文字的标识(包括商标、广告或其他标记)，如果直接在硬标签表面上粘贴，容易被磨损或撕下；如果在硬标签上直接印制标识，其成本高，且不利于生产商和用户备货；如果在硬标签壳体上直接注塑用户要求的标识，其成本高、色彩差，也不利于生产商和用户备货；以上通过印制或注塑的标识，无法变更，所以可能造成已购买产品的损失。

可见，该对比文件 1 涉及的装置同样是一种安全装置，具备锁定物品、防止被盗的功能，同时该装置还具有图案、文字等标识，起到了广告的作用，因此也具备营销功能。

对比文件 1 的技术方案如图 11-5 所示，具体如下。

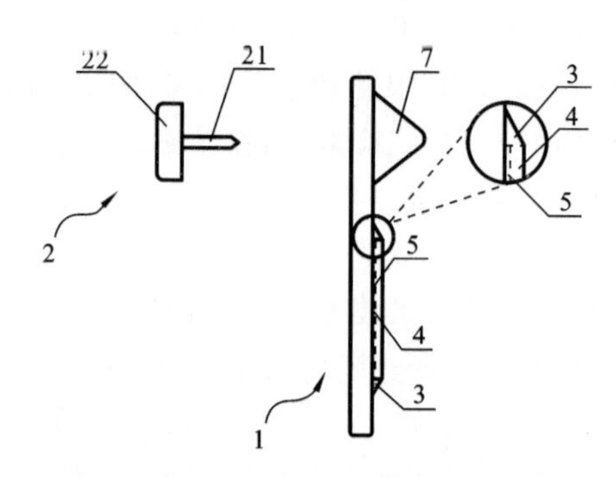

图 11-5　对比文件 1 硬标签的结构示意图

设置有带锁部件 1，以及可以锁合在带锁部件 1 上的带钉部件 2。该带钉部件 2 在钉头 21 上带有扩大的钉帽 22，钉头 21 可插入到带锁部件 1 的锁孔内，从而锁合硬标签。在所述带锁部件 1 或带钉部件 2 的表面上设置如图 1 所示的凸棱 3，在所述凸棱 3 内形成凹入部 4。该凹入部 4 的形状可以是各种形状，以适应不同形状的标贴 5 粘于其上。由于该凹入部 4 的周围有凸棱 3，所以其上的标贴 5 不容易被磨损或撕下，从而可以牢固地粘在所述硬标签上。所述标贴 5 可以由各种材质制成，如纸制的、塑料制的，或在纸胶贴表面覆塑料膜，该标贴 5 可以通过粘胶粘在凹入部 4 的表面。所述凸棱 3 可以是闭合的，形成一个完整的凹入部 4，也可以是间断的，还可以形成中间的凹入部 4，间断的凸棱 3 变化越多，其外形越美观。为了进一步使标贴 5 更加牢固，凸棱 3 的内侧面是垂直于凹入部 4 的表面的。当然，所述凸棱的内侧面也可以略向外倾斜，即凸棱的内侧面与凹入部的表面之间形成锐角。该凹入部 4 可以设置在硬标签的任何表面，特别优选设置在硬标签在使用时明显可见的位置。而所述硬标签可以采用各种不同形状，所述带锁部件 1 和带钉部件 2 的相对大小也可以变化。为了适合于挂在部分物品上，所述带钉部件上钉头与钉帽之间连接柔性绳，钉头穿过带锁部件上的通孔后再与带锁部件锁合。该标贴 5 也可以直接放置于所述凹入部 4 内，然后在凸棱 3 上扣合透明塑料盖 6。凹入部 4，也可以是直接制在硬标签表面的凹槽，该凹槽的侧壁相当于所述突棱 3 的内侧面。该标签在其外表面设置有凹入部 4，在凹入部 4 内可以方便设置、更换不同的标贴，从而使硬标签具有品牌推广、促销、标价、和/或物流管理等众多附加功能，而凹入部可以有效地保护标识不被轻易磨损或破坏；且结构简单，使用方便，可以多重复设置、更改标识内容，从而综合成本很低，且优化了有特殊要求的生产商、供应商、零售商等的硬标签库存结构。在具有以上功能的同时，也可以极大地减弱了硬标签对客户可能产生的视觉和情感伤害。

可以看到，同样公开了可拆卸的壳体和附接机构，因此也公开发明专利申请的基本结构。

11.1.2　附图说明检索

说明书是申请发明专利时必须提交的文件，根据《中华人民共和国专利法(2020修正)》(以下简称"专利法")第26条第4款规定，"申请发明应当提交请求书、说明书及其摘要和权利要求书等文件"。同时，《中华人民共和国专利法实施细则》(以下简称"专利实施细则")第17条第1款第四项还明确地对其作出了规定：说明书有附图的，对各幅附图作简略说明。对于涉及机械结构的发明专利申请，附图说明是有附图的说明书通常包括的内容。

在专利检索过程中，常用的是基于权利要求书的技术方案，以该技术方案包括的技术特征的相应关键词进行检索，由于技术方案涉及的技术特征较多，通过这些技术特征进行检索后，得到的检索结果数量通常也较多，需要进一步筛选获得最接近的现有技术。对于检索结果特别多，导致难以浏览的检索式，还需要进一步降噪处理以便将检索结果缩限到可以浏览的范围。上述常规检索过程是以权利要求书技术方案为基础而构建的。

常规的检索过程通常不会涉及附图说明，附图说明是专利检索人员在检索时非常容易忽略的技术内容。然而对于涉及机械结构的技术方案，给出的附图往往涉及该发明专利申请最重要的部分，附图说明也会对附图给出简要的介绍加以说明，因此附图说明的文字中包含了与权利要求技术方案相关机械结构的重要信息。与此同时，相似机械结构的专利文献的附图说明也会较为相近。因此，如果能够使用附图说明进行机械结构的检索，则有可能更加高效地获得对比文件。

常规的数据库并未提供检索附图说明的手段，通常只能在说明书摘要、权利要求书、说明书全文中进行检索，而Patentics数据库提供的FIG字段可对专利附图说明部分包含的关键词进行检索，对于涉及机械结构的技术方案，可以尝试使用FIG字段检索附图说明，从而得到相似机械结构的专利文献。

案例4

发明名称：一种移动通讯设备及防盗固定系统。

【相关案情】

该案背景技术中提到：本发明涉及移动通讯设备结构设计领域，特别是涉及一种移动通讯设备及防盗固定系统。随着社会和科技的不断发展，移动通讯设备也越来越普及。由于移动通讯设备的种类繁多，商家在销售时通常需要展示样机使消费者能够获得良好的体验，以便能更好地吸引消费者购买。特别是对于智能手机等移动终端设备，由于其功能复杂，客户更需要在购买前体验样机，因此，购机前对用户展示智能机性能在智能机销售中尤为重要。由于手机等移动通讯设备的体积往往较小，因此常常成为被盗目标。为了防止样机遗失，商家在展示样机时都会通过安全锁将样机固定。在现有的技术中，安全锁与移动通讯设备的固定方式单一，主要通过胶带黏合固定，采取这样的固定方式对手机等移动通讯设备的防盗固定效果不佳，且当样机从安全锁上取下时，样机上难免会留下残胶，从而影响美观。因此，有必要提供一种移动通讯设备及防盗固定系统，以便能更有效地对移动通讯设备进行防盗固定，如图 11-6 所示。

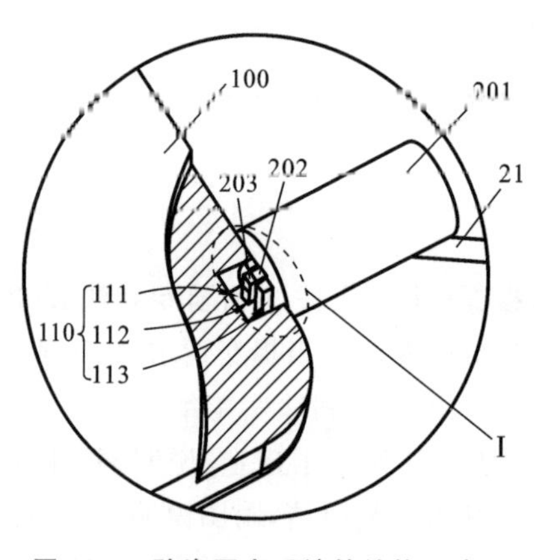

图 11-6　防盗固定系统的结构示意图

权利要求如下。

一种防盗固定系统，包括安全锁。所述安全锁包括锁头、支撑腿及活动腿。所述支撑腿固定于所述锁头。所述活动腿活动连接所述支撑腿，以使所述活动腿相对于所述支撑腿转动。所述锁头用于与外界相固定。移动通讯设备包括壳体，所述壳体设有挂孔，所述挂孔包括内腔和第一连通孔。所述第一连通孔与所述内腔连接，用于将所述内腔与外界连通。所述内腔埋设于所述壳体内，用于容置从所述第一连通孔中插入的安全锁，所述内腔用于容置从所述第一连通孔中插入的所述活动腿。所述第一连通孔用于容置所述支撑腿。

对于常规检索的思路，首先要确定本申请的技术领域，并在检索式对技术领域进行限定，限定的方式有分类号和关键词。

本申请给出的主分类号是 E05B73/00：锁闭便携式物件以防非法移动的装置。它体现了本申请权利要求技术方案中“移动通讯设备”的便携、可移动的这一部分特性，然而未体现通讯设备的特点。该分类号下的物件必然五花八门，对应的锁闭装置在原理和结构上也必然大不相同。因此在构建带有该分类号的检索式时，需要从应用的具体领域或者锁闭装置的具体结构上加以限定，以便能够检索到与本申请机械结构相同的锁闭装置。然而对于具体的锁闭装置的机械结构，本申请将其称之为支撑腿、活动腿、锁头和挂孔，在检索前即可以想到，上述名称是本申请的申请人自行定义的，并非该领域内约定俗成的名称，需要对上述关键词进行扩展，然而扩展的方式可以预见是非常繁杂的，会给避免漏检造成了不小的困难。

本申请权利要求技术方案中给出的应用领域是"移动通讯设备",在本领域技术人员的认知中,这样的移动通讯设备最常见的例子是手机,但是根据本申请所要保护的锁闭装置的支撑腿、活动腿和锁头等结构,在检索前也能够判断出,其也有可能被用于笔记本电脑等设备。并且,由于支撑腿、活动腿和锁头等构成的锁闭装置,只需要在被锁定对象上具有对应的挂孔即可实现锁闭,因此这样的锁闭装置也有可能用于一些其他设备上,使用关键词对该锁闭装置的应用场景进行扩展十分容易遗漏。

再分析本发明专利申请技术方案中锁闭装置的工作原理。该锁闭装置未锁闭时,其支撑腿、活动腿处于重合的状态;当需要锁闭时,活动腿转动 90°,并且从作为被锁闭对象的挂孔中穿过,活动腿插入挂孔后再转动 90°,此时活动腿一端的锁头卡在挂孔中,无法从挂孔中脱出,从而实现锁闭。

通过上述工作原理的分析可知,该锁闭装置具有两个关键的状态,使得锁闭装置处于开启或者锁定的状态,因此在说明书附图中也通过两幅附图分别描述了上述两种状态。

说明书附图说明记载的内容如下:图 1 是本发明实施例的移动通讯设备的结构示意图;图 2 是本发明实施例的防盗固定系统的结构示意图;图 3 是图 2 所示的防盗固定系统开启状态时Ⅰ部分结构的放大示意图;图 4 是图 3 所示的防盗固定系统锁闭状态时Ⅰ部分结构的放大示意图。

可以看到,图 3、图 4 的附图说明分别对应了上述工作原理中描述的锁闭装置的两种状态。由于上述两种状态是通过该锁闭装置的机械结构实现的,因此如果在相同或者相近的技术领域中,存在这样的专利文献,其附图说明同样也描述了上述开启和锁闭状态,则该专利文献的机械结构很有可能和本申请相同。

因此,我们可以利用 Patentics 数据库中的 Fig 字段对上述开启和锁闭状态进行检索,同时通过常用的语义排序对检索进行干预:Fig/(开启 and 锁闭)and Rdi/本申请。浏览上述检索式的检索结果,在第 6 条结果中则得到一篇能够影响本发明专利申请创造性的对比文件 1。

对比文件 1 公开了如下内容,如图 11-7 所示。

该线缆锁的锁体包含一个圆筒体 12,可容入一把钥匙 14 动作的按钮型锁扣机构。一个防护品一端固定在圆筒体 12 上,该防护品通常是钢缆线 16,有一环端 16a 可套在一个不可移动的对象上,如桌脚 18。该锁锁在一台笔记本电脑的侧壁 20 上,如虚线所示。不同于单一计算机防护槽缝,这里设置一对槽缝 22a 和 22b 互相交义或平行和方向延伸。锁体 12 锁扣在侧壁 20 上,最好是借助于槽缝 22a 和 22b,利用一对 T 形头部 24a 和 24b,分别崁入并且穿过槽缝。一把钥匙 14 动作的机构用以转动头部(以相同或相反方向转动 90°来完成锁具的操作)。

可以看到,当该锁具处于开启状态时,一对 T 形头部 24a 和 24b 处于重合状态,可以将 T 形头部 24a 插入 22a,将 T 形头部 24a 进入槽缝 22a 后,将 T 形头部 24a 转

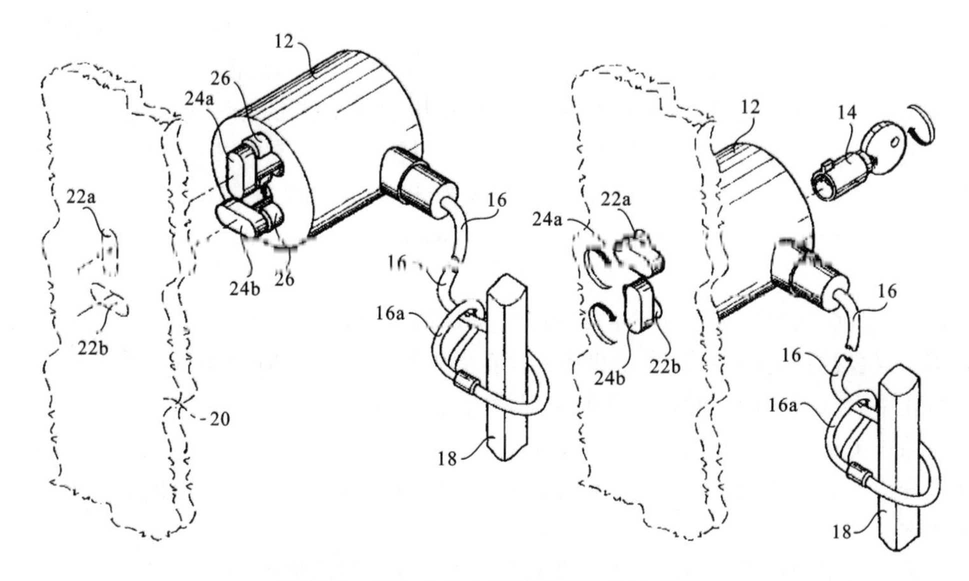

图 11-7 对比文件 1 线缆锁的结构示意图

动 90°后，此时 T 形头部 24a 被槽缝 22a 卡住，锁具处于锁闭状态。锁具与本申请的锁闭结构相同，具有的两种状态也相同。

该对比文件说明书附图说明记载的内容如下：图 2a 所示的是锁具在计算机侧壁外处于开启状态；图 2b 所示的是图 2a 中的锁具处于锁闭状态。

回溯该对比文件中对锁闭装置的相关结构的名称，采用了“T 形头部”“槽缝”，可以看到上述名称与本申请所使用的“锁头”“支撑腿”“活动腿”“挂孔”几乎没有相同之处，如果仅仅依靠关键词的扩展，则很难快速地命中该对比文件。因此，对于该发明专利申请，使用 Fig 字段来检索附图说明记载的相同内容，则能够高效地得到可用的对比文件。

11.1.3 数值范围检索

锁体结构的强度直接影响锁具的安全性，因此一些锁具领域的专利申请着重研究了构成锁体结构的具体材料。合金和高强度塑料等非金属材料是锁体结构常用的材料，在研究锁体结构的具体材料的专利申请中往往会在权利要求中规定上述材料的具体组分，并且规定各个组分的百分比。

对这类专利申请进行实质审查时，则需要面对包括数值范围的权利要求。数值范围的检索一直是检索中的一个难点，专利审查指南第二部分第三章中 3.2.4 节中规定，当对比文件公开的数值或者数值范围落在权利要求限定的技术特征的数值范围内，或对比文件公开的数值范围与限定的技术特征的数值范围部分重叠或者有一个共同的端点，对比文件都将破坏发明或者实用新型的新颖性。由于各种专利检索数据库中进行布尔检索时，通常难以针对数值范围构建准确的检索式，而大部分专利检索数据库并未提供便捷的检索数值范围的手段，在检索时通常只能先检索必要技术特征，然后耗费很长的时间对检索结果的数值范围进行浏览。因此，有必要寻找一种能够提高检索效率的检索方法来应对数值范围的检索。

PATENTICS 数据库中针对数值范围检索，提供了“/per”这一字段，掌握好该字段的规律，并将其应用在实际案例的数值范围的检索中，能够极大地提升检索效率。

1. 常规数值范围检索分析

涉及数值范围检索的情形一般具有三个特点：一是包含多个组分，权利要求中对每个组分的含量以数值范围表征；二是单个组分本身往往是常规的元素或者化合物，会导致检索结果繁多；三是在专利检索数据库中检索时，组分的数值范围难以表达。

以一个用于锁体结构的合金材料的案例为例。其权利要求：一种用于门锁把手锁壳的合金材料，其特征在于，其化学元素质量百分配比为 6%～8%的硅、3%～5%的镁、0.1%～3%的钛、0.1%～0.3%的铬，余量为铝和其他不可避免的杂质。并且，在其说明书中记载了各个组分的数值范围对锁壳强度的影响，如“硅的含量使得锁壳具备高强度的同时，塑性并未变差”“镁的含量使得提高锁壳强度的同时，减少表面热脆性”等。

上述案例涉及合金组分，但是除了提取合金的主要成分和技术领域作为关键词以外，其他的关键词又很难提取，对于该领域的常规检索过程如表 11-2 所示。

表 11-2　常规检索过程

编号	检索式
1	锁体 or 锁壳
2	硅 or Si
3	镁 or Mg
4	钛 or Ti
5	铬 or Cr
6	铝 or A
7	1 and 2 and 3 and 4 and 5 and 6
8	2 and 3 and 4 and 5 and 6

其中，检索式 1 用于对技术领域进行限定；检索式 2～6 对该合金的主要组分进行了限定；检索式 7 则是分别利用检索了该技术领域内包含上述组分的合金；如果在“锁体 or 锁壳”所限定的技术领域内未检索到对比文件，则需要如检索式 8 这样对扩大技术领域甚至不对技术领域进行限定，以便检索在其他相邻或者相近的技术领域也存在类似的合金，并判断这样的文献是否可以作为影响新颖性或者创造性的对比

文件。

然而，由于在检索时未对组分的数值范围进行限定，检索结果中存在大量噪音，扩大技术领域甚至不对技术领域进行限定时，对应的检索式的检索结果往往数量十分巨大，难以得到可以浏览筛选的检索结果。

为了克服上述问题，可以对组分的数值范围做了进一步的限定。例如，基于权利要求限定的硅的数值范围6%～8%，编写了如下的检索式："(硅 or Si) 4d (0.06 | or0.07 | or0.08+)"。上述检索式通过6%～8%之间的点值进行了举例，但是也存在明显的问题：一是上述距离并非对6%～8%这一范围的穷举，仍会漏掉公开了数值范围内其他点值(如6.5%)的现有技术；二是明显会遗漏掉现有技术中数值范围与6%～8%存在交叉且会影响到本案创造性的对比文件。

从上述检索式可见，在常规的专利检索数据库，构建布尔检索式的常规检索方式无法同时兼顾检索的效率和全面性，然而对于这种组分的数值范围是评价申请新创性的重要特征之一的情况，找到一种能够快速检索到数值范围的方法显得十分重要。

针对上述情况，PATENTICS数据库提供了一个关于数值范围的布尔检索字段"/per"来进行述职范围的检索，该数值范围检索字段可以对目标文献的数值范围进行限定，精确检索到目标检索结果，与此同时，该数值范围检索还可以与同在算符检索一同使用，从而将数值范围和关键词联合，提高检索的效率和精度。

2. PATENTICS检索数值范围的案例分析

案例5

发明名称：一种制作高强度锁芯的粉末冶金材料。

【相关案情】

现在以一个锁具领域的案例来说明如何利用PATENTICS的/per字段检索数值范围。一件发明专利申请涉及一种制作高强度锁芯的粉末冶金材料，在该发明专利申请的独立权利要求中存在一个关键的技术特征"该粉末冶金材料包含3%～6%的MnS"，现在以该技术特征为目标在PATENTICS中进行检索，检索式为"a/MnS/per/3-6 and a/粉末冶金"，其中的"3-6"即表明了醋酸钙这一组分的数值范围为3%～6%，"a/粉末冶金"用于限定材料涉及的技术领域。

目标对比文件的几种情况，如某专利文献中记载了"粉末冶金材料组分包括…MnS 3%～8%"，上述专利文献中公开的数值范围"3%～8%"与本申请权利要求数值范围"3%～6%"具有一个共同的端点。又如某专利文献中记载了"MnS含量为2%～5%"。上述专利文献中公开的数值范围与本申请权利要求的数值范围重叠。这两种情况都属于专利审查指南第二部分第三章中规定的破坏本申请新颖性的若干数值范围的情况，并且都能够被检索式"a/MnS/per/3-6 and a/粉末冶金"检出。

在检索式"a/MnS/per/3-6 and a/粉末冶金"的检索结果中不仅能够命中组分描述中包括"MnS"的结果，还能出现基于"MnS"的其他形式的词语，如"组分包括…MnS多目粉 3%～8%”中,虽然检索式中仅包括关键词“MnS”和数值范围“3-6”,但是命中结果的关键词表述为“MnS 多目粉”,也就是说“MnS”和“3-6”之间多了“多目粉”,上述结果依然被命中。这是由于 PATENTICS 数据库中对/per 字段的用法进行了简化,其中隐含了临近算符的限定,检索式“a/MnS/per/3-6”等价于输入 a/“MnS nw/10 /per/3-6”,即组分关键词和数值范围之间有 0～10 个词,且词序不能变化。如果需要修改 nw/10,减少组分关键词和数值范围之间词的数量,使用完整检索式即可,如 a/“MnS nw/5 /per/3-6”。

在构建检索式时,还需要注意组分和数值范围的前后顺序。检索式“a/MnS/per/3-6 and a/粉末冶金”的检索结果中,其命中结果中涉及该组分的表述方式为“MnS 3%～6%”“MnS 的含量为 3%～6%”这样的形式,即组分名称在前、组分的含量在后。然而的组分含量的表达方式上,也必然存在组分含量在前、组分名称在后的情况,如“3%～6%的 MnS”这样的情况。为了能够检索到这样的现有技术,我们仅需对 PATENTICS 的检索式格式进行调整,即检索式为“a/per/3-6/ MnS and a/粉末冶金”即可,也就是说检索式中组分名称和组分含量的前后顺序与检索结果是一致的。

在构建检索式时,还需要注意由于“/per”字段隐含临近算符带来的噪音。例如,检索式“a/MnS/per/3-6 and a/粉末冶金”命中了这样一篇专利文献,其中记载了“6%的 MnS”,虽然该结果的数值范围落入检索式限定范围内,但是根据“a/醋酸钙/per/10-20”的等价含义 a/“MnS nw/10/per/3-6”,命中的结果中表示组分的关键词应当在数值范围之前,但是该专利文献中记载的“6%的 MnS”这一结果中,表示组分的关键词应当在数值范围之后,这与检索式的含义相矛盾。这是由于该专利文献记载了“6%的 MnS”处的上下文为“6%的 MnS、5%的还原铁粉”,由于“MnS”后紧跟的“、5%”中的 5%落入检索式的数值范围之内,而“、”又未超过临近算符限定的 10 个词,因此“5%”被误认为是对“MnS”组分含量的限定,引入了噪音。

又如检索式“a/MnS/per/3-6 and a/粉末冶金”命中另外一篇专利文献中,其 MnS 的数值范围为 8%～12%,并不在检索式限定的 3%～6%内,却依然被命中,这同样是因为检索式“a/MnS/per/3-6 and a/粉末冶金”等价于 a/“MnS nw/10/per/3-6”,在上述专利文献中 MnS 与其之后雾化 Fe 粉的数值范围之间的词“8%～12%、雾化 Fe 粉”也在 10 个词之内,因此错误地将雾化 Fe 粉的数值范围 5%～15%认为是 MnS 的数值范围,引入了噪音。

上述噪音提醒我们,在材料、化学领域的专利文献中,多个组分的含量常常以并列的方式记载,并以“、”“或”这样简短的词隔开,如果使用 PATENTICS 中的默认检索式“a/组分关键词/per/数值 a-数值 b”,则检索式极有可能错误地识别组分的具体含量,引入噪音,因此在浏览时首先要注意组分和数值范围出现的先后顺序,其次要注意命中的数值范围是否是检索式限定的范围,在需要时,可对检索式进行改写,对临近算符 *n*W 中的“*n*”做具体的限定,从而减少噪音。

11.2 智慧芽检索

智慧芽专利数据库为 PatSnap 旗下产品，侧重于应用，是比方便使用的专利检索查询工具，收录了 158 个国家/地区，总数超过 1.7 亿余条专利数据。智慧芽专利数据库提供了多种检索入口，既可以通过逻辑组合进行高精度的检索，也可以通过语义匹配进行快捷的检索，同时支持以图搜图的方式探索外观设计类的相似专利，还可以使用中文、英文、日文、法文、德文五种语言进行检索。智慧芽专利数据库根据用户使用习惯，对专利数据进行深度加工处理，优化阅读体验，提供高效的专利集合浏览和详情阅读方式，检索结果页支持多种阅览模式，同时提供二次筛选功能，最终能够快速调整和浏览所需的专利文献集合。用户可以选择查看专利的文献详情、同族专利、引用信息及法律信息。同时，提供“双视图”的阅读方式，对比查看专利详情，提升专利阅读效率。

智慧芽专利数据库支持大部分主流的专利分类号，包括 IPC、CPC、UPC、FI、F-TERM 分类号。IPC 分类是根据 1971 年签订的《国际专利分类斯特拉斯堡协定》编制的，是目前唯一国际通用的专利文献分类和检索工具，为世界各国所必备。IPC 分类表分为 8 个部(A～H 部)，主要是 IPC 成员国使用。CPC 分类是欧洲专利局和美国专利与商标局的共同开发的联合专利分类体系，CPC 分类号在形式上编排参照 IPC 标准，更接近 IPC 分类表，内容上建立在欧洲专利局 ECLA 分类的基础上，保留了 ECLA 分类的全部内容和结构，同时沿用了 ECLA 的分类方法、分类原则和规则，相较于 IPC 分类，CPC 分类号新增了一个 Y 部，分为 9 个部(A～H 部、Y 部)。UPC 分类是美国专利局对美国专利文献给出的分类号，只适用于美国专利文献或具有美国同族的专利文献的检索。FI 分类是日本专利局内部对 IPC 的细分。F-Term 分类是日本专利局为适应计算机检索而建立的多面分类体系。它从多个技术角度，如应用、功能、结构、材料、生产过程等，在国际专利分类表(IPC)和日本国内分类系统(FI)的基础上进行再分类或细分类。

同一专利可能具有若干个分类号时，其中第一个称为主分类号，这是因为一件发明专利申请或者实用新型专利申请涉及不同类型的技术主题，并且这些技术主题构成发明信息时，则应当根据所涉及的技术主题进行多重分类，给出多个分类号，将最能充分代表发明信息的分类号排在第一位。在需要检索主分类号时，智慧芽专利数据库提供针对主分类号的检索，比如 IPC、CPC 主分类号。

此外，IPC、CPC、FI 等分类号为专利领域特有的分类标准，对于不熟悉专利分类体系的人来说，清晰高效地理解该分类体系相对会有些困难，因此智慧芽专利数据库还提供了一些该数据库所独有的分类方式，如应用领域分类和技术领域分类。

下面将对上述分类方式在锁具检索中的应用给出示例。

11.2.1　IPC 分类关联检索

众所周知，一件发明专利申请涉及不同类型的技术主题，并且这些技术主题构成发明信息时，则应当根据所涉及的技术主题进行多重分类，给出多个分类号。将最能充分代表发明信息的分类号排在第一位，同一专利可能具有若干个分类号时，其中第一个分类号称为主分类号。当对一件发明专利申请的技术内容进行检索时，该申请的主分类号可能并未涉及该技术内容或者相关性不高，甚至该申请的所有分类号都未涉及该技术内容或者相关性不高，此时如果在该申请给出的分类号中均为检索到与该技术内容密切相关的现有技术文献，则应当对分类号进行扩展，尝试是否能够找到与该技术内容相关的分类号。

人工扩展分类号的常规方式一般有两种：一是人工查询分类表，然而分类表条目众多，查询工作量巨大，在扩展分类号时，扩展方向又往往是不熟悉的领域，因此不仅找到疑似相关的分类号较为困难，在找到疑似相关的分类号之后，核对该分类号的相关程度也需要花费大量时间；二是核对与本申请技术内容较为相关的中间文献的分类号，这个过程需要长时间浏览以及判定检索式的文献是否相关，并且每一篇文献标引的分类号数量较多，一一核实也会花费大量时间。

经过简单的分析可知，通过扩展并得到可用的分类号，与该申请原本给出的分类号之间，常常是存在密切联系的。以保温水壶为例，该技术主题的申请在分类时，首先会给出与水壶有关的分类号，然后根据保温原理、保温手段等具体的技术内容，还会给出与保温有关的分类号。如果我们能够首先找到技术主题为保温水壶的专利文献，并统计分析这些专利文献给出的所有分类号，则其中有关保温的分类号的出现频次必然较高。然而通过普通的人工检索难以实现上述统计分析工作。

上述统计分析工作可以通过智慧芽数据库的“IPC 分类排名”功能实现。智慧芽数据库提供了对检索式的结果作进一步分析的功能，其中就包括了对检索式所涉及的专利文献的分类号进行统计排序，最终形成“IPC 分类排名”。下面以一个锁具领域的专利申请为例，展示通过智慧芽“IPC 分类排名”功能扩展分类号的过程。

案例 6

发明名称：一种车门内开启手柄总成及使用该总成的车辆。

【相关案情】

该案涉及一种车门内开启手柄总成及使用该总成的车辆。现有的技术中，在车辆起步和停止时，驾乘人往往需要按下锁止按钮以锁止或解锁车门；在车辆行驶过程中，车门未锁止时，驾乘人也需要按下锁止按钮对车门进行锁止。由于该锁止按钮往往位于外界光线难以直接照射到的车辆内侧，在光照强度较低时，驾乘人难以迅速找到该锁止按钮。在上述情况下，往往需要花费较长时间来探寻锁止按钮的位置，或者需要驾驶员打开车内照明灯来改善车内的照明。这使得驾乘人无法在需要按下锁止按钮时立刻达到目的，造成了驾乘人的不良体验。并且，在车辆行驶过程中，前述探寻位置和打开车内照明灯的动作容易使得驾驶员分散精力而酿成事故。因此，本案提出了如下技术方案，如图 11-8 所示。

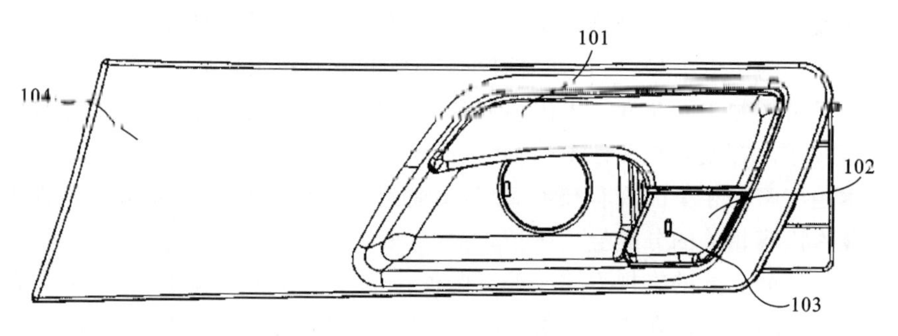

图 11-8　车门内开启手柄总成的结构示意图

权利要求如下。

一种车门内开启手柄总成，包括开启手柄 101 和邻近所述开启手柄设置的锁止按钮 102。其特征在于，所述车门内开启手柄总成还包括固定安装在所述锁止按钮处的位置指示灯 103，所述位置指示灯的照明部暴露于所述锁止按钮的外表面。它还包括光传感器，配置成检测所述锁止按钮处的光照强度。所述位置指示灯控制器还配置成：当检测到的所述光照强度升高到第一光照强度阈值时，关闭所述位置指示灯；当检测到所述车辆钥匙位于所述点火孔内且所述位置指示灯处于关闭状态时，若检测到的所述光照强度降低到第二光照强度阈值，则开启所述位置指示灯。其中，所述第一光照强度阈值大于所述第二光照强度阈值。

本发明的车门内开启手柄总成由于其位置指示灯的照明部暴露在锁止按钮外表面，因此能够在光照不良的环境中提示锁止按钮的位置，使得驾乘人无需开启车内灯也可找到锁止按钮。这样既避免了对驾驶员的干扰，也提高了用户的舒适度。此外，该发明的车门内开启手柄总成能够在车辆钥匙插入点火孔时才控制指示灯开启，这样使得位置指示灯在汽车未启动时能处于关闭状态，节约了能源。该发明的车门内开启手柄总成能够根据光照强度控制位置指示灯的关闭和开启，这使得在光线充足时指示灯处于关闭状态，光线不足时位置指示灯处于开启状态，也使得位置指示灯能够根据驾乘人的需要而开启和关闭，既满足了驾乘人的需要，又节约了能源。该发明的车门内开启手柄的位置指示灯可以为 LED 灯，这样能耗较低，且光线不刺眼，对驾驶员的影响不大。其在指示锁止按钮位置的同时，也减少了对驾驶员的干扰，提高了驾乘人的用户体验。

【基本构思分析】

通过对技术方案的分析，该技术方案的基本构思为：①在锁止按钮的外表面处的位置设置指示灯；②通过检测光照强度控制指示灯的开闭。

【检索分析】

该发明专利申请给出了两个分类号：

E05B 77/22　·与车辆乘客室的锁操作相关的功能。

E05B 85/12　··内部门把手。

可以看到，上述分类号仅仅给出了与该专利申请的技术领域（即车门内开启手柄）相关的分类号，而对于该专利申请基本构思中如何通过指示灯照明，并未给出相关的分类号。因此，需要针对该基本构思来扩展分类号。

在智慧芽数据库中，首先检索“E05B 77/22”这一分类号，得到409条专利文献。粗略地浏览一下上述专利文献，可以发现大部分专利文献涉及的分类号仍然位于E05B下，即从锁具类型出发给出的分类号，那么除了E05B下的分类号，还能否找到其他分类位置呢？

对该406条专利文献涉及的分类号进行分析，智慧芽数据库能够统计该406条专利文献相关分类号的数量，并统计出排名前20的分类号，形成“IPC分类排名”。为了方便观察这20条分类号数量的多少，在智慧芽数据库中将排名前20的分类号生成饼图，如图11-9所示。在浏览该饼图涉及的分类号时发现，有7篇专利给出了B60Q的分类号，查询该分类位置可知，其涉及一般车辆照明或信号装置的布置，这与本发明专利申请的基本构思高度相关。

图11-9　IPC分类排名

继续查阅B60Q下具体的分类号，可以得到若干与本发明专利申请的基本构思高度相关的细分位置，例如：

B60Q3/00 车辆内部照明装置的布置；专门适用于车辆内部的照明装置。

B60Q3/00 还具有下位点组，限定了照明装置布置在车内的具体位置，例如：

B60Q3/267 门把手；手柄。

我们可以利用分类号“B60Q3/00”结合关键词对发明专利申请的基本构思进行

检索，例如：

B60Q3/00/IC AND 表面；

B60Q3/00/IC AND(亮度 s 调节)。

对于 B60Q3/00 下位点组专利文献总数不多的情况，也可以直接检索并浏览该分类号，例如：

B60Q3/267/IC。

由于上述分类号与本发明专利申请的基本构思高度相关，很快就能得到两篇公开了基本构思的现有技术文献。

对比文件 1 公开了一种用于车辆的发光构件，发光构件包括带有照明部的指示灯。该发光构件可用于车辆的按钮、开关、手柄、门把手等部位，并且指示灯的照明部暴露于上述部位的外表面。

对比文件 2 公开了一种灯光亮度可自动调节的汽车顶灯。车厢内设有光敏传感器，控制器根据反馈的信息调整灯光的强度。如果灯光亮度低于预设值，则对调光器发出增强灯光亮度的指令；如果灯光亮度高于预设值，则对调光器发出降低灯光亮度的指令。也就是说，它给出了根据光照情况来调节灯的启示。

上述对比文件 1、对比文件 2 公开了权利要求的主要内容，因此权利要求的技术方案不具备创造性。

当利用发明专利申请给出的分类号，对其技术内容进行检索时，如果该申请的主分类号和其他分类号与该发明专利申请基本构思的相关性不高，甚至该申请的所有分类号都未涉及该技术内容，则应当对分类号进行扩展，尝试是否能够找到与该技术内容相关的分类号。当人工扩展分类号较为困难时，我们则可以利用智慧芽数据库的“IPC 分类排名”功能，对检索式的结果作进一步分析的功能，对检索式所涉及的专利文献的分类号进行统计排序，最终形成“IPC 分类排名”，通过浏览“IPC 分类排名”扩展分类号，并最终获取可用的分类号。

11.2.2 技术主题分类检索

技术主题是基于文献学术分类，并通过深度学习训练方法，利用语义规则辅助神经网络模型对专利技术方案进行自动识别，开拓的一套以技术主题为导向的分类体系。技术主题可以帮助研发快捷地掌握专利涉及的技术点，辅助快速阅读，并且更易于研发理解。

登录智慧芽专利数据库后，依次选择搜索、分类号搜索、技术主题分类，在输入框中输入分类号或者分类号解释，则可以得到相关的技术主题分类，可以根据分类号及其说明，依据部、大类、小类、大组、小组的信息进行选择，勾选需要检索的条目，即可通过技术主题分类号检索所需的专利，如图 11-10 所示。

当我们在智慧芽数据库中浏览某一篇具体的专利文献时，智慧芽数据库会针

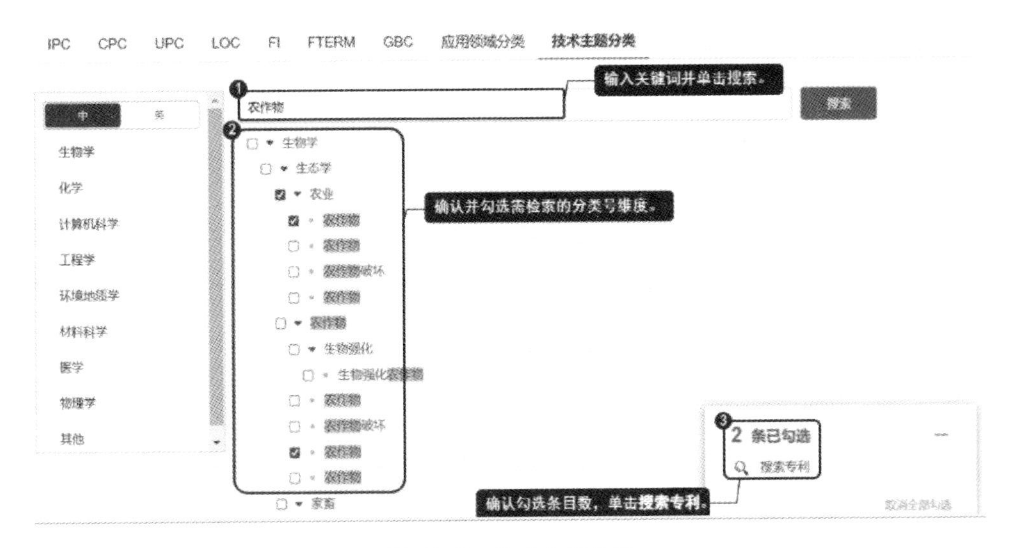

图 11-10　技术主题分类

对该专利文献给出相关的技术主题分类。该"技术主题"基于文献学术分类，通过深度学习训练方法，利用语义规则辅助神经网络模型对专利技术方案进行自动识别。

直接点击相关文献页面的分类标签，则系统以该单一分类进行检索。当智慧芽数据库给出的多个技术主题分类都高度相关时，还可以用逻辑算符"AND"将其相与后进行检索。

下面以一个锁具领域的专利申请为例，展示通过智慧芽"技术主题分类"功能检索到对比文件的过程。

案例 7

发明名称：一种基于雷达的车门安全开启系统。

【相关案情】

本发明专利申请涉及一种基于雷达的车门安全开启系统，如图 11-11 所示。开门事故是指乘客下车开门时，后方的摩托车容易撞上车门造成事故，是严重危害交通安全的行为。原因是有些乘客开门时不会注意后方情况，开门比较突然，容易导致后方车摩托车反应不及时，没能避让。本发明所要解决的问题时，如何使得开车门时能避免开门事故。

权利要求如下。

基于雷达的车门安全开启系统，包括雷达、门锁和执行器。当车门关闭时，所述门锁锁住车门。雷达安装在车辆后方，工作时探测车辆后方，当未能发现靠近的车辆时，才通知执行器打开门锁。

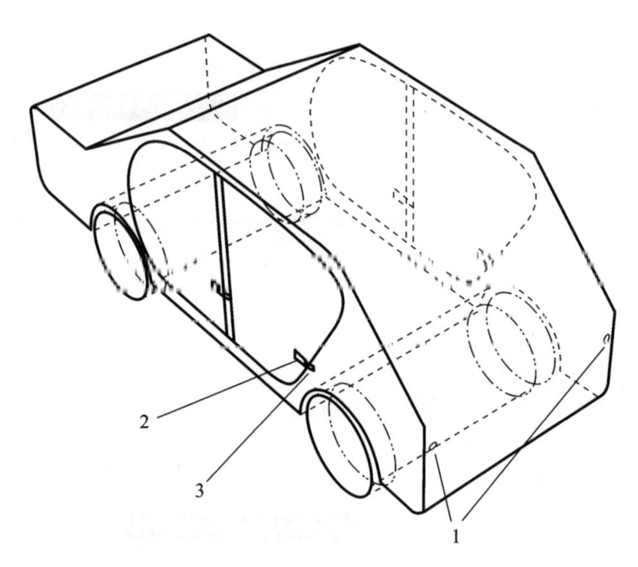

图 11-11　基于雷达的车门安全开启系统

工作原理如下。

车辆的后方设置有雷达 1,用于探测车辆后方是否有物体靠近。车门上设置有门锁 2,以及控制门锁 2 启闭的执行器 3,门锁 2 锁住车门。雷达 1 工作时探测车辆后方,当未能发现靠近的车辆时,才通知执行器 3 打开门锁 2。

【基本构思分析】

通过对技术方案的分析,该技术方案的基本构思为:通过车辆上的雷达监测车辆后方,当车辆后方无物体时,允许开锁。

【检索分析】

首先在智慧芽数据库中检索本发明专利申请,并打开该发明专利申请的详情,在摘要页显示了该发明专利申请的技术主题分类,可以看到智慧芽数据库给出了四个技术主题分类,分别是:驾驶员、车门、雷达、执行器(见图 11-12)。通过上述基本构思分析可知,本申请想要解除的风险是驾驶员未能注意后方接近物体就打开车门这一危险操作,因此技术主题分类中的驾驶员、车门这两个分类与能够描述该危险操作。同时,该发明专利申请的技术方案中,避免该危险操作的手段是通过雷达监测后方靠近的物体,因此技术主题分类中的雷达描述了避免该危险操作的手段。故驾驶员、车门、雷达这三个技术主题分类相结合则能体现该发明专利申请技术方案的基本构思。

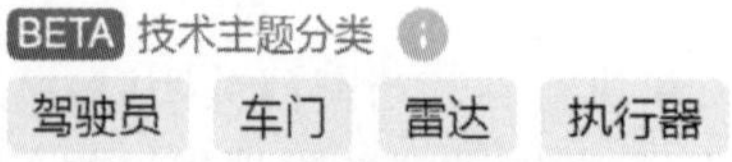

BETA 技术主题分类
驾驶员　车门　雷达　执行器

图 11-12　该专利的技术主题分类

在智慧芽数据库中,我们将驾驶员、车门、雷达这三个技术主题分类相与,得到 20 条检索结果。浏览这 20 条检索结果的前 3 篇,我们发现这 3 篇专利文献都能够作为对比文件，其具体公开的内容概述如下。

对比文件 1 如图 11-13 所示。该对比文件涉及一种车门开启安全预警辅助系统及其控制方法，包括控制单元 1 以及与控制单元相连的语音报警器 4 和用于对后方移动物体进行监测并将监测数据传输至控制单元的多个雷达传感器。所述雷达传感器设置于后保险杠 7 上。它还包括与控制单元相连的车门锁。当车辆停止时，雷达传感器利用多普勒效应对后方监测区域进行扫描监测，即移动物体对所接收的电磁波有频移的效应计算得出后方物体的距离，并计算一定时间差内后方物体的偏移量来判断被测后方物体是否移动，将监测数据传输至控制单元。如果这时监测区域内有移动物体，与此同时，如果车内驾乘人员把手放到门把手上进行开门动作，门把手传感器检测到开门动作后把信号传输至控制单元，当驾乘人员第一次开门时，控制单元会同时控制车门锁关闭使车门无法打开且启动语音报警器开启进行语音提示。

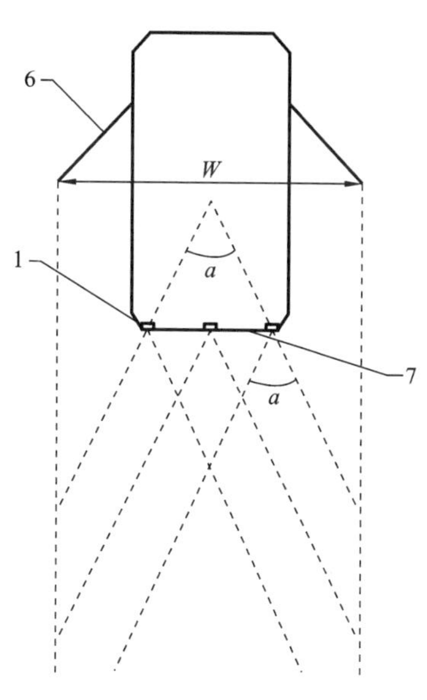

图 11-13　对比文件 1 车门开启安全预警辅助系统的示意图

对比文件 2 如图 11-14 所示。该对比文件涉及一种汽车驻车后安全开门预警装置，当 A 车停驶后，汽车电子控制单元(ECU)将车速 $V=0$ 的信号经由接口数据处理器传递给 DSP，DSP 接到 $V=0$ 的信号，给雷达传感器发出指令，雷达传感器开始工作。雷达传感器不断向外发射 24 GHZ 的高频短波，通过接收天线接收回波信号，这些信号先后经滤波、放大、A/D 转换后送入到 DSP 进行分析处理。DSP 计算出靠近 A 车的移动物体的速度、距离以及靠近 A 车的时间。在同一车道的 B 车驾驶员注意到 A 车车门已开的情况，一般情况 B 车驾驶员会规避前方存在的危险，由统计数据知 B 车驾驶员感知、识别、判断和反应 A 车忽然开门这个危险信号的时间约为 0.4 s，B 车驾驶员采取减速、变道等措施的时间因人而异，但一般在 0.3～4 s 之间，则移动车辆在该过程中总的反应时间为 0.7～4.4 s，移动车辆在该过程中总的反应时间为 $T_0=0.4+4=4.4$ s。为提高其安全性，设定安全系数为 1.5，则移动车辆远离停驶车辆的安全时间为 $t_0=4.4\cdot1.5=6.6$ s，t_0 称为安全开门的时间域值。当预测时间 $t_i>t_0$，即 B 车驶离 A 车的时间大于安全开门的域值时，DSP 控制语音报警单元发出“可以开启车门”的提示。其中，t_0 为安全开门的时间域值，t_i 为实时监测到的变化量。当预测时间 $t_i<t_0$，即 B 车驶离 A 车的时间小于安全开门的域值时，DSP 将此危险信息经由接口数据处理器分别传递给汽车门锁控制单元和语音报警控制单元，车门落锁，

报警系统马上报警,发出"后方有物体靠近"的提示;当B车通过A车的危险区后,表明危险已经解除,报警系统发出"可以安全开启车门"的提示,这时驾驶员或者汽车后排左侧乘客拉动左侧车门把手,安装在车门把手内的压力传感器接收该信息,并将信号传给DSP处理,DSP接收到压力传感器信号后,向汽车门锁控制机构发出指令,实现解锁,驾驶员和乘客可以安全开门下车。

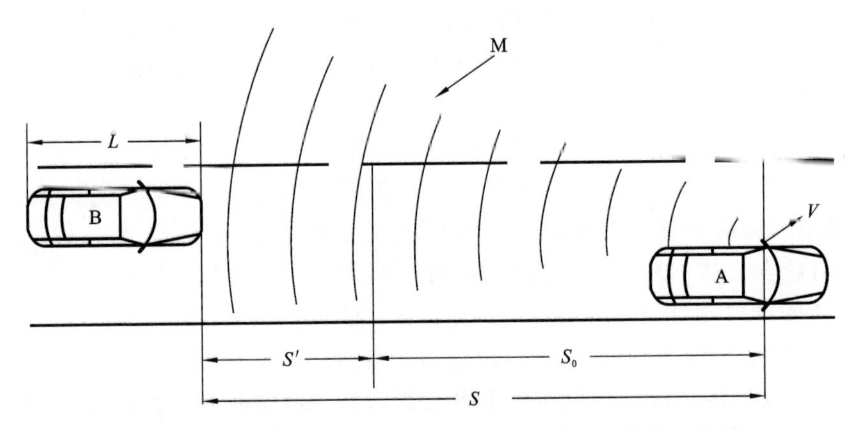

图 11-14 对比文件2汽车驻车后安全开门预警装置的示意图

对比文件3如图11-15所示。该对比文件涉及一种车辆开门预警辅助系统,包括雷达探头。其中包括左后毫米波雷达和右后毫米波雷达,其用于探测各种快速靠近的机动车辆信息,并将此车辆信息通过CAN总线传输给处理单元。毫米波的采集与处理主要是为确定车辆周边或驾驶员盲区内目标车辆与自车的相对位置和速度,毫米波雷达通过发射连续的变频电磁波信号,并接收目标车辆反射回的电磁波能量,计算相对距离、相对速度或其他信息。通过调频多普勒雷达工作模式,可以有效定位目标车辆的角度、速度和距离。处理单元,对接收的车辆信息、行人信息进行计算判断开门时是否有碰撞危险,并发出指令给车身控制模块。接收自车信息,判断并发出车辆开门预警辅助系统激活/关闭的指令,处理单元接收到行人信息和车辆信息融合处理,预测目标的轨迹和意图,计算预碰撞时间,并判断是否存在开门碰撞风险。行人或者车辆脱离后视摄像头和雷达探头的检测区域,进入检测盲区时,处理单元根据目标进入盲区前的速度、距离状态使用目标预测办法判断目标与车门发生碰撞的危险概率,当驾驶员或乘员存在开门动作时,处理单元根据预碰撞时间进行分级报警。若预碰撞时间小于一级标定值,则对开门的驾驶员或乘员以及车外目标进行一级报警;若预碰撞时间小于二级标定值或者车辆开门预警辅助系统处于一级报警持续时间大于第一标定值,则对开门的驾驶员或乘员以及车外目标进行二级报警;若预碰撞时间小于三级标定值或者车辆开门预警辅助系统处于二级报警持续时间大于第二标定值,则对开门的驾驶员或乘员以及车外目标进行三级报警。

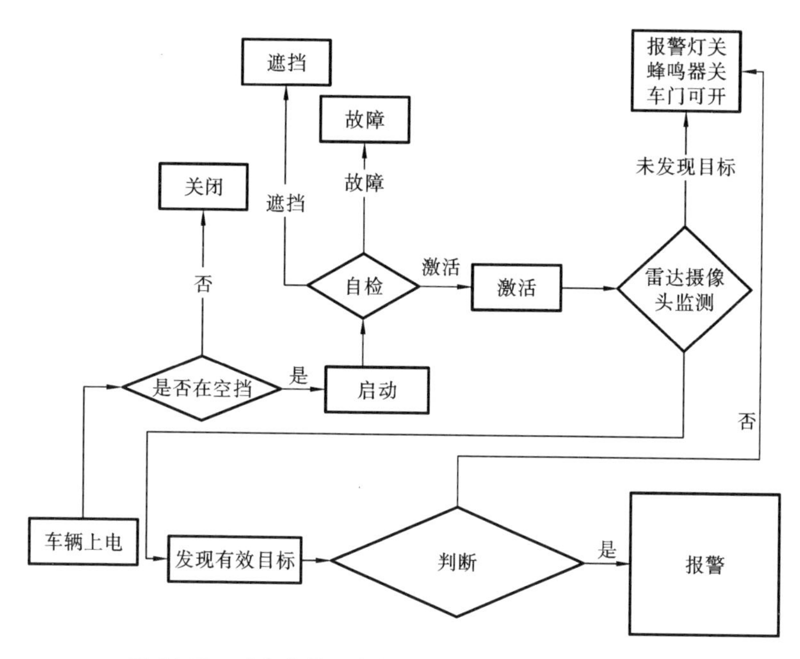

图 11-15　对比文件 3 车辆开门预警辅助系统的示意图

从上面 3 篇对比文件公开的工作原理可知，上述对比文件都公开了本申请的基本构思，即通过车辆上的雷达监测车辆后方，当车辆后有物体接近时，则不允许开锁。通过这篇发明专利申请的检索过程可知，当智慧芽数据库给出的多个技术主题分类都高度相关时，还可以用逻辑算符“AND”将其相与后进行检索，检索结果中命中对比文件的精度非常高。

11.2.3　应用领域分类检索

应用领域分类是基于专利数据，对发明和实用新型专利文本进行解构基础上的语义分析，并配合行业专家模型验证，开拓一套以技术应用领域为导向的分类体系。应用领域分类可以帮助研发快捷地掌握专利涉及的技术点，辅助快速阅读，并且更易于研发理解。

登录智慧芽专利数据库后，依次选择搜索、分类号搜索、应用领域分类，在输入框中输入分类号或者分类号解释，则可以得到相关的应用领域分类。可以根据分类号及其说明，依据应用领域进行选择，勾选需要检索的条目，即可通过应用分类号检索所需的专利。

当我们在智慧芽数据库中浏览某一篇具体的专利文献时，智慧芽数据库会针对该专利文献给出相关的应用领域分类。应用领域分类是由智慧芽自主研发，对发明和实用新型专利文本进行解构基础上的语义分析，并配合行业专家模型验证，开拓以技术应用领域为导向的分类体系。

下面以一个锁具领域的专利申请为例，展示通过智慧芽“应用领域分类检索”功能检索到对比文件的过程。

案例 8

发明名称：一种汽车手套箱双边锁控制装置。

【相关案情】

该案涉及一种汽车手套箱双边锁控制装置，如图 11-16 所示。随着时代的发展，人们对汽车的精致化、舒适化、功能性的要求越来越高，而仪表板作为人们重点关注的区域，对其要求也是越来越高。其中手套箱作为仪表板的重要组成部分，手套箱的开启、关闭时给人们的感受尤为重要，普通手套箱双边锁有的采用齿轮旋转，这种结构的缺点是成本高以及对产品的精度要求非常高。还有一种采用连杆机构旋转，但是这种结构强度偏弱，可靠性差，并且在关闭和开启时，连杆机构动作时容易产生噪音。本专利申请则通过改进手套箱锁的传动结构，在保证开闭锁的可靠性的同时，还降低了开闭锁过程的噪音。

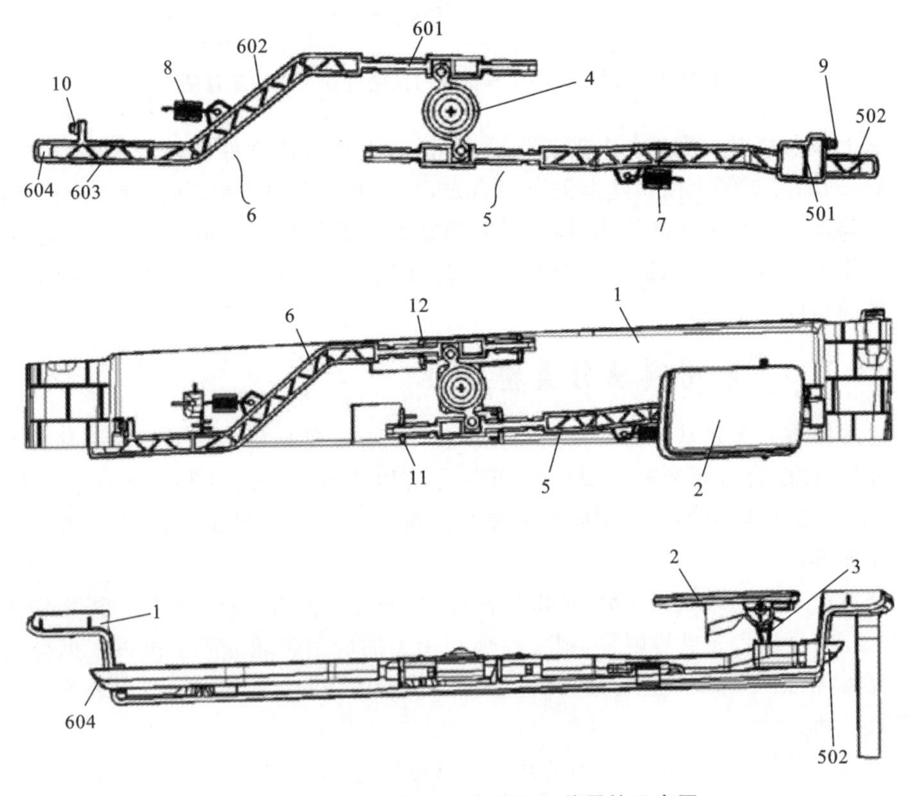

图 11-16　汽车手套箱双边锁控制装置的示意图

权利要求如下。

汽车手套箱双边锁控制装置，其特征包括可移动设置的第一锁杆和第二锁杆、与第一锁杆和第二锁杆连接且使第一锁杆和第二锁杆同步移动的转盘、设置于第一锁杆上的第一缓冲垫和设置于第二锁杆上的第二缓冲垫；还包括与所述第一锁杆连接且用于对第一锁杆施加使其插入第一锁止孔中的作用力的第一弹簧；还包括与所述第二锁杆连接且用于对第二锁杆施加使其插入第二锁止孔中的作用力的第二弹簧。所述第二锁杆包括依次连接的第一杆部、第二杆部和第三杆部，第一杆部和第三杆部的长度方向相平行，所述转盘与第一杆部连接，第三杆部位于所述第一锁杆的长度方向上。

工作原理如下。

在使用时，操作人员用手扣动锁扣 2，带动拨杆 3 转动，拨杆 3 通过与第一锁杆 5 的接触面 501 接触联动，带动第一锁舌 502 与第一锁止孔的伸缩配合，达到锁扣 2 的开启、关闭作用。另一侧通过第一锁杆 5 的运动，带动转盘 4 的旋转，带动第二锁杆 6 运动，从而使第二锁舌 604 与第二锁止孔的伸缩配合，达到锁扣 2 的开启、关闭作用。而且在第一锁杆 5 和第二锁杆 6 的伸缩过程中，分别通过缓冲垫减少噪声，并分别通过复位弹簧使锁扣 2 在松开的情况下，自动进行复位。第一缓冲垫 9 与第一锁杆 5 固定连接，第一缓冲垫 9 为采用软质材料制成，在第一锁舌 502 插入第一锁止孔中后，第一缓冲垫 9 夹在第一锁杆 5 与手套箱内板 1 之间。第二缓冲垫 10 与第二锁杆 6 固定连接，第二缓冲垫 10 为采用软质材料制成，在第二锁舌 604 插入第二锁止孔中后，第二缓冲垫 10 夹在第二锁杆 6 与手套箱内板 1 之间。手套箱内板 1 具有用于对第一锁杆 5 起导向作用的第一导向块 11 和用于对第二锁杆 6 起导向作用的第二导向块 12，第一导向块 11 具有让第一锁杆 5 穿过的第一导向孔，第一导向孔设置多个，第二导向块 12 具有让第二锁杆 6 穿过的第二导向孔，第二导向孔设置多个，所有第一导向孔处于与第一方向相平行的同一直线上，所有第二导向孔也处于与第一方向相平行的同一直线上，第一导向块 11 和第二导向块 12 处于与第二方向相平行的同一直线上，第二方向与第一方向和转盘 4 的旋转中心线均为相垂直，转盘 4 的旋转中心线位于第一导向块 11 和第二导向块 12 之间。第一导向块 11 与第一锁杆 5 为滑动配合，第一锁舌 502 位于第一锁杆 5 的长度方向上的一端，第一锁杆 5 的长度方向上的另一端插入第一导向孔中，第一弹簧 7 是在第一锁杆 5 的两端之间的位置处与第一锁杆 5 连接。第二导向块 12 与第一杆体为滑动配合，第一杆体插入第二导向孔中。

【基本构思分析】

通过对技术方案的分析，该技术方案的基本构思为：通过转盘 4 的转动，带动两侧的第一锁杆、第二锁杆伸缩。

【检索分析】

首先在智慧芽数据库中检索本发明专利申请，并打开该发明专利申请的详情，在

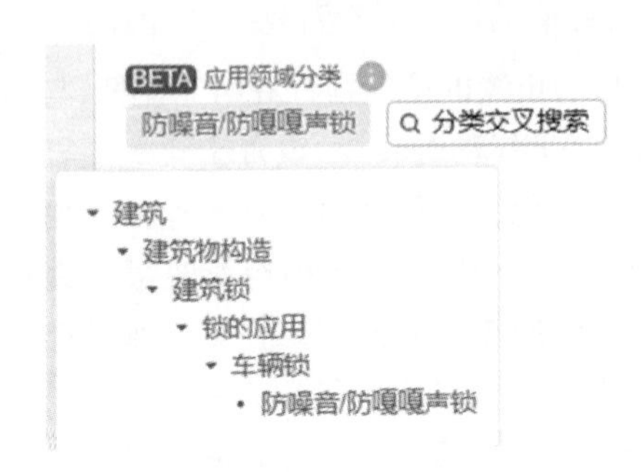

图 11-17　该专利的应用领域分类

摘要页显示了该专利申请的应用领域分类（见图 11-17），可以看到该发明专利申请被分到了车辆锁下的“防噪音/防嘎嘎声锁”的应用领域内，该应用领域分类的定义很好的贴合了该专利申请在其申请文本中所要解决的技术问题。

直接点击相关文献页面的分类标签，则系统以该单一分类进行检索，相当于检索式 ADC:“防噪音/防嘎嘎声锁”。

直接检索应用领域分类“防噪音/防嘎嘎声锁”的结果较多，通过前面对基本构思的分析，我们在检索式中加入“转盘”这一结构的关键词以及该关键词的扩展，即检索式“(ADC:(防噪音/防嘎嘎声锁)) AND (ABST_ALL:(转盘 OR 转动盘 OR 摆轮 OR 摆动轮))”。通过浏览该检索式的结果，很容易发现能够影响该发明专利申请新颖性的对比文件 1。

该对比文件 1 公开了一种乘用车手套箱锁，如图 11-18 所示。可移动设置的左锁杆和右锁杆，与左锁杆和右锁杆连接且使左锁杆和右锁杆同步移动的摆轮，锁杆的一侧设置有弹簧，另一侧设置有缓冲挡板，缓冲挡板上设置有缓冲橡胶垫，锁杆的一侧设置有弹簧，右锁杆包括依次连接的第一杆部、第二杆部和第三杆部，第一杆部和第三杆部的长度方向相平行，摆轮与第一杆部连接，第三杆部位于所述第一锁杆的长度方向上。

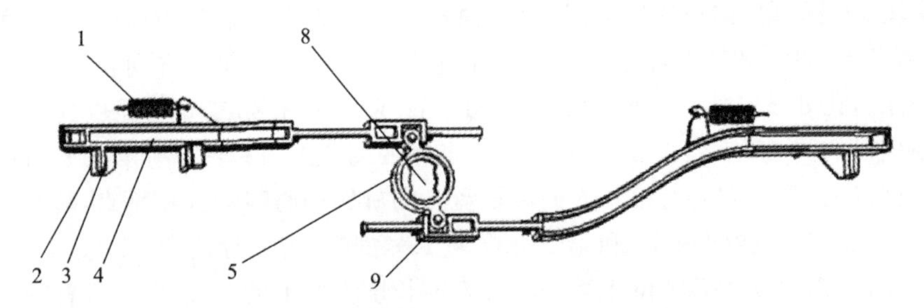

图 11-18　对比文件 1 乘用车手套箱锁的示意图

当我们在智慧芽数据库中检索，寻找能够影响某发明专利申请新颖性或者创造性的对比文件时，我们可以浏览该专利文献，分析智慧芽数据库会针对该专利文献给出相关的应用领域分类是否与该发明专利申请要解决的技术问题高度相关，或者我们在检索的过程当中，如果发现了与该发明专利申请高度相关的中间文献时，也同样可以分析智慧芽数据库会针对该中间文献给出相关的应用领域分类，并根据该应用领域分类结合关键词进行检索。

11.2.4　分类交叉搜索

通过前面介绍我们知道，直接点击相关文献页面的分类标签，则系统以该单一分类进行检索。当单一分类不能够完整描述发明专利申请的基本构思，或者通过单一分类方式检索的结果过多，难以浏览时，我们可以同时使用分类交叉搜索，结合技术主题分类和应用领域分类，更精确地描述发明专利申请的基本构思，同时将检索结果限定在可以浏览的范围之内。

下面以一个锁具领域的专利申请为例，展示通过智慧芽分类交叉搜索功能检索到对比文件的过程。

案例 9

发明名称：一种风门闭锁装置。

【相关案情】

该案涉及一种风门闭锁装置，如图 11-19 所示。煤矿井下开采煤的生产作业中，最重要的就是通风系统的正常运行。首先，正常通风可以保证井下人员的呼吸所需氧气；其次，通风可以排出井下产生的有毒有害气体，保证生产的正常进行。因此，调节井下的气候条件，创造良好的作业条件，是煤矿安全生产的必备条件。风流在井下的运行路径不是一定的，人们会根据计算和实际情况对风流方向、大小进行调整，调整的方式就是通过建筑临时或永久通风设施对风流进行阻断或调节，其中风门最为多见。为了保证风门的运行状态（如常开、常关、一扇开启一扇关闭等），需对其进行闭锁，闭锁的目的是当其中一扇风门打开时另一扇风门不打开，以保证通风系统的稳定。风门分为临时风门和永久风门两种，临时风门虽然作为过渡阶段的通风设施，但是作用是一样的，保证临时风门的运行状态同样重要。目前，矿井下在临时风门上使用的闭锁主要是钢丝绳闭锁，就是用一根一定长度的钢丝绳钉在两扇临时风门上，当

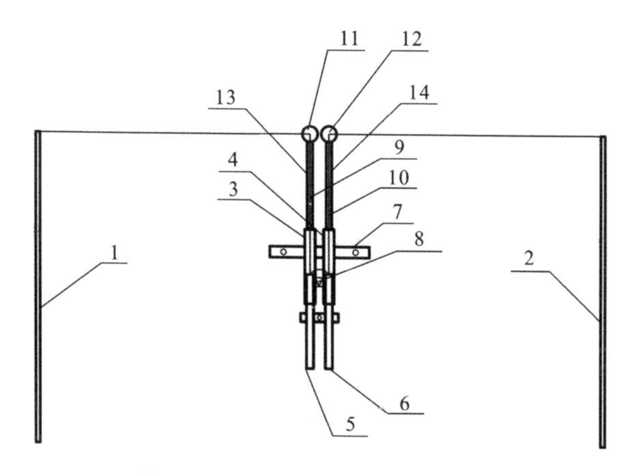

图 11-19　风门闭锁装置的示意图

一扇风门打开时，另一扇风门由于钢丝绳长度不够而不能打开，但是钢丝绳闭锁在矿井下使用时存在以下问题：钢丝绳闭锁故障率较高，当一扇风门不完全打开时，另一扇风门有可能打开，以至于影响局部通风系统甚至整个通风系统，存在着安全生产隐患。本发明专利申请的目的是提供一种风门闭锁装置，保证闭锁效果，从而有效保证了通风系统的稳定。

权利要求如下。

一种风门闭锁装置，所述闭锁装置通过第一钢丝绳与第一风门连接、通过第二钢丝绳与第二风门连接，其特征在于所述闭锁装置包括第一定滑轮、第二定滑轮。上端口封闭的第一外套管、第二外套管、第一内套管、第二内套管、控制弧片、钢板，所述第一外套管和第二外套管垂直并列焊接在钢板上，相对侧设有开口。第一内套管、第二内套管分别活动套接在第一外套管、第二外套管内部，末端伸出第一外套管、第二外套管。控制弧片为扇形，其圆心端铰接在第一外套管、第二外套管的中间位置，圆弧长度大于第一外套管与第二外套管的内间距小于外间距。第一内套管、第二内套管的顶端高度分别设置于控制弧片两条边的中间位置。第一定滑轮、第二定滑轮分别垂直固定于第一外套管、第二外套管上端与第一风门、第二风门顶端平行。第一钢丝绳连接第一内套管的顶端绕过第一定滑轮连接在第一风门上，第二钢丝绳连接第二内套管的顶端绕过第二定滑轮连接在第二风门上。

工作原理如下。

闭锁装置通过第一钢丝绳 9 与第一风门 1 连接，第二钢丝绳 10 与第二风门 2 连接。所述闭锁装置包括第一定滑轮 11、第二定滑轮 12、上端口封闭的第一外套管 3、第二外套管 4、第一内套管 5、第二内套管 6、控制弧片 8、钢板 7。所述第一外套管 3 和第二外套管 4 垂直并列焊接在钢板 7 上，相对侧设有开口。第一内套管 5、第二内套管 6 分别活动套接在第一外套管 3、第二外套管 4 内部，末端伸出第一外套管 3 和第二外套管 4。控制弧片 8 为扇形，其圆心端铰接在第一外套管 3 和第二外套管 4 的中间位置，圆弧长度大于第一外套管 3 与第二外套管 4 的内间距小于外间距。第一内套管 5、第二内套管 6 的顶端高度分别设置于控制弧片 8 两条边的中间位置。第一定滑轮 11、第二定滑轮 12 分别垂直固定于第一外套管 3、第二外套管 4 上端与第一风门 1、第二风门 2 顶端平行。第一钢丝绳 9 连接第一内套管 5 的顶端绕过第一定滑轮 11 连接在第一风门 1 上，第二钢丝绳 10 连接第二内套管 6 的顶端绕过第二定滑轮 12 连接在第二风门 2 上。所述第一外套管 3、第二外套管 4 顶端分别焊接直径小于外套管的第一钢管 13、第二钢管 14，第一钢丝绳 9、第二钢丝绳 10 分别穿过第一钢管 13、第二钢管 14 与第一内套管 5、第二内套管 6 的顶端连接。具体使用时，将风门闭锁装置通过钢板固定在第一风门 1 和第二风门 2 中间的煤帮上，在第一风门 1 固定横梁上固定第一滑轮，通过第一风门 1 的人员拉动风门的把手时，和门相连的第一钢丝绳 9 通过固定在第一风门 1 固定横梁上的第一滑轮和固定在煤帮上与闭锁相连的第一定滑轮 11,第一钢丝绳 9 拉动与其相连的第一内套管 5,第一内套管 5 随之升高,把控制弧片 8 逼至左侧,则控制弧片 8 压住第二内套管 6,使之不能升高,即此时不能打开第二风门 2,从而起到闭锁的效果。当行人或材料通过后,第一风门 1 自动关闭,此时由于第一内套管 5 的重力作用下落并拉动第一钢丝绳 9 随其移动,直到恢复原位。关闭第一风门 1 以后,在第二风门 2 固定横梁上固定第二滑轮同样的原理打开第二风门 2,然后自动关闭。

【基本构思分析】

通过对技术方案的分析,该技术方案的基本构思为:两侧风门通过滑轮、钢丝绳与各自的外套管连接,一侧风门打开时,该风门对应的外套管带动控制弧片转动并压住另一侧风门的外套管,从而阻止另一侧风门开启,起到了互锁的作用。

【检索分析】

在智慧芽数据库中检索本发明专利申请,并打开该发明专利申请的详情,在摘要页显示了该专利申请的技术主题分类和应用领域分类(见图 11-20),可以看到该发明专利申请的应用领域分类给出了“靠机械传动操纵的锁”“矿井/隧道的通风”,技术主题分类给出了“钢板”“空气门”“钢丝绳”“滑轮”“呼吸”。

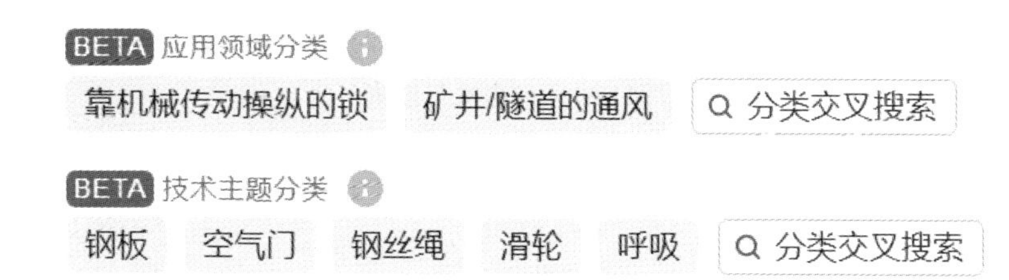

图 11-20　该专利的应用领域分类和技术主题分类

首先,分析上述技术主题分类和应用领域分类给出的分类的相关性。对于应用领域分类,其中“矿井/隧道的通风”体现了本发明专利申请涉及的具体应用领域,即用于矿井通风的风门。对于技术主题分类,其中“空气门”体现了风门的功能,即将门两侧的空气做隔绝,“滑轮”体现了两侧风门实现互锁时,涉及的传动装置。因此“空气门”“滑轮”是与本发明专利申请基本构思最为相关的分类。此外,本发明专利申请基本构思的传动装置虽然包括了钢丝绳,当时考虑到现有技术中可能采用其他绳索作为传动装置,因此暂不作为最为相关的分类。

其次,分析上述不同分类方式中选出的“矿井/隧道的通风”“空气门”“滑轮”混合检索的必要性。对于技术主题分类中的“空气门”,智慧芽数据库给出的定义中,其具体应用领域举例为“超市、百货公司、政府部门或其他公共场所等地方常可看到此装置存在”。因此,如果仅仅采用技术主题分类检索,则无法体现该门用于矿井,需要同时使用技术主题分类和应用领域分类构建检索式。

点击技术主题分类和应用领域分类右侧的“分类交叉搜索”，如图 11-21 所示，在左侧的应用领域分类中选中标签“矿井/隧道的通风”，在右侧的技术主题分类中选中标签“空气门”“滑轮”，然后点击搜索，生成检索式：“ADC:‘矿井/隧道的通风’ AND TTC:(‘空气门’ AND ‘滑轮’)”。

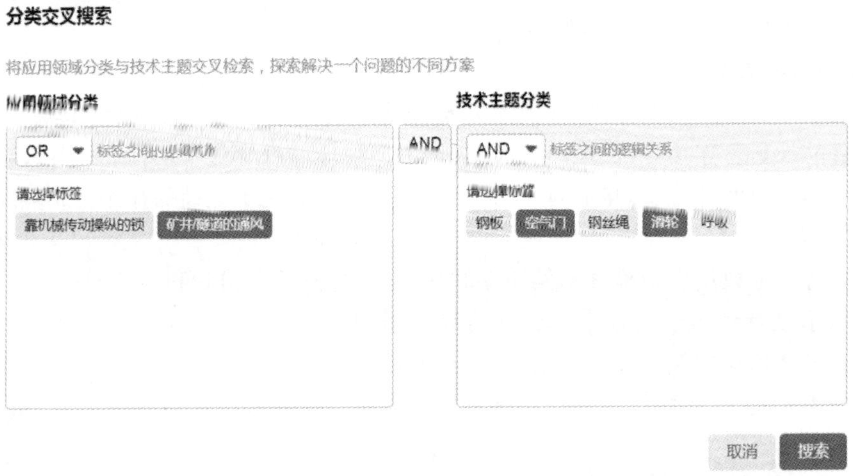

图 11-21　分类交叉搜索

在该检索式结果的第 4 条记录，即能命中使得该发明专利申请的权利要求不具备创造性的对比文件 1。

该对比文件 1 公开了一种矿井风门气动控制闭锁装置，如图 11-22 所示，其包括第一风门 1、第二风门 5、第一气缸 2、第二气缸 4、气动控制箱 3、机械连锁箱 9、消音器 12、第一动滑轮 7 和第二动滑轮 6。气动控制箱 3 分别经阀门与第一气缸 2 和第二气缸 4 连接，第一气缸 2 连接第一风门 1，第二气缸 4 连接第二风门 5。机械连锁箱 9 中的两个滑动体 11 分别经第一动滑轮 7 和第二动滑轮 6 连接到第一风门 1 和第二风门 5 上，为消除排气噪音，在机械连锁箱 9 的排气口处安装一个消音器 12。机械连锁箱 9 包括固定板、滑动体 11、套筒 10 和闭锁块 8，套筒 10 与滑动体 11 均为两个，滑动体 11 分别装入套筒 10 中。用两个槽钢并排焊接成一个整体作为固定板，取两根无缝钢管间距 10 mm 并排焊接，组成两个套筒 10，在两个套筒 10 中心线侧切割宽 10 mm、长 60 mm 的孔 15，用于安装闭锁块 8。闭锁块 8 为一个三角形钢板块，其中一角为圆弧面，闭锁块 8 与销轴同圆心，安装时圆弧形角垂直朝下。销轴穿过闭锁块 8 固定在固定板 13 上。滑动体 11 分别装入套筒 10 中，钢丝绳经过分别经第一动滑轮 7、第二动滑轮 6 与两个滑动体 11 的顶部连接，钢丝绳的另一端分别与第一风门 1 和第二风门 5 相连。在工作状态下，一个风门开启时，滑动体 11 碰撞闭锁块 8，闭锁块 8 转向另一个套筒，防止另一个风门的开启。工作流程为：通过机械连锁箱和气动控制箱共同实现对风门的控制，使两道风门不能同时打开，具有自动互锁的功能。钢丝绳一端连接汽缸，另一端通过动滑轮连接到风门上，风门对面通过另一钢丝绳连接到配重上。通过气动控制箱控制汽缸的开关，进而带动钢丝绳控制风门的开关动作。

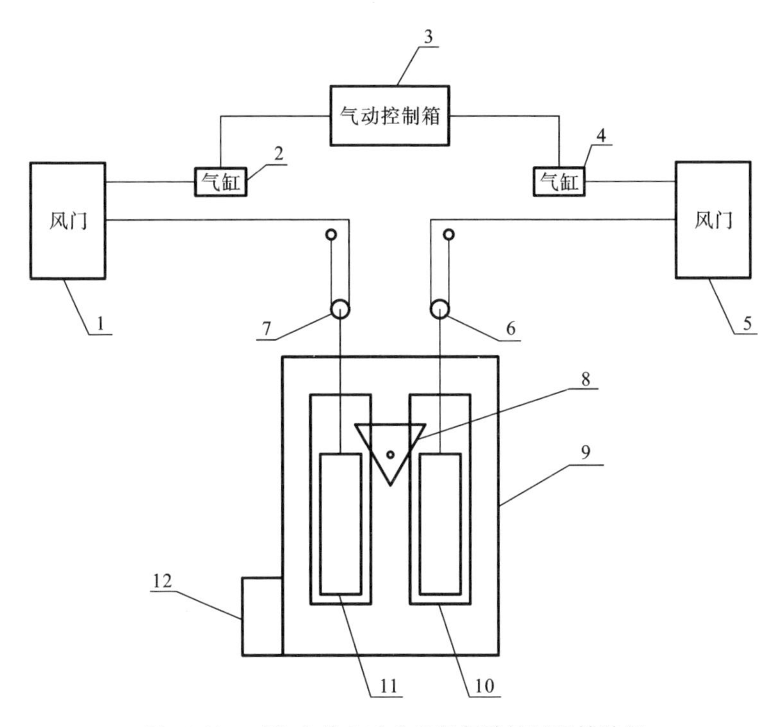

图 11-22　对比文件 1 矿井风门气动控制闭锁装置

可以看到，该对比文件 1 同样是两侧风门通过滑轮、钢丝绳与各自的套管连接，一侧风门打开时，该风门对应的套管带动闭锁块 8(相当于发明专利申请的控制弧片)转动并压住另一侧风门的套管，从而阻止另一侧风门开启，起到了互锁的作用。

当单一分类不能够完整描述发明专利申请的基本构思，或者通过单一分类方式检索的结果过多，难以浏览时，我们可以同时使用分类交叉搜索，分别选出最能够体现该发明专利申请基本构思的技术主题分类和应用领域分类，并结合上述技术主题分类和应用领域分类来构件检索式，更精确地描述发明专利申请的基本构思，将检索结果限定在可以浏览的范围之内。

第12章　创造性审查

《中华人民共和国专利法(2020修正)》(以下简称"专利法")第二章"授予专利权的条件"中第22条指出,授予专利权的发明和实用新型,应当具备新颖性、创造性和实用性。专利法第22条第3款进一步规定,创造性是指与现有技术相比,该发明具有突出的实质性特点和显著的进步,该实用新型具有实质性特点和进步。

《专利审查指南2010(2019修订)》(以下简称"专利审查指南")第二部分"实质审查"第四章"创造性"中对如何判断发明是否具备创造性做了一些概念性的规定如下:①发明有突出的实质性特点,是指对所属技术领域的技术人员来说,发明相对于现有技术是非显而易见的。如果发明是所属技术领域的技术人员在现有技术的基础上仅仅通过合乎逻辑的分析、推理或者有限的试验可以得到的,则该发明是显而易见的,也就不具备突出的实质性特点。②发明有显著的进步,是指发明与现有技术相比能够产生有益的技术效果。例如,发明克服了现有技术中存在的缺点和不足,或者为解决某一技术问题提供了一种不同构思的技术方案,或者代表某种新的技术发展趋势。③发明是否具备创造性,应当基于所属技术领域的技术人员的知识和能力进行评价。所属技术领域的技术人员,也可称为本领域的技术人员,是指一种假设的"人",假定他知晓申请日或者优先权日之前发明所属技术领域所有的普通技术知识,能够获知该领域中所有的现有技术,并且具有应用该日期之前常规实验手段的能力,但他不具有创造能力。如果所要解决的技术问题能够促使本领域的技术人员在其他技术领域寻找技术手段,他也应具有从该其他技术领域中获知该申请日或优先权日之前的相关现有技术、普通技术知识和常规实验手段的能力。

在锁具领域的发明专利的申请和审查实践中,"创造性"是使用频率最高的法条,其既是申请人在专利申请以及审查意见答复过程中关注的重点,同时也是审查员在发明专利实质审查过程中的难点。本章将以案例的形式介绍不同类型的发明,以及创造性评判的内容和要点。

12.1　最接近的现有技术的确定

专利审查指南第二部分第四章第3.2.1.1节规定了判断要求保护的发明相对于现有技术是否显而易见的创造性判断"三步法"。其中,第一步为"确定最接近的现有技术"。最接近的现有技术,是指现有技术中与要求保护的发明最密切相关的一个技术方案,它是判断发明是否具有突出的实质性特点的基础。它可以是,与要求保护的发明技术领域相同，所要解决的技术问题、技术效果或者用途最接近和/或公开了发明的技术特征最多的现有技术，或者虽然与要求保护的发明技术领域不同，但能够实现发明的功能，并且公开发明的技术特征最多的现有技术。

第一步所确定的现有技术对于"三步法"的后续步骤具有重要意义。一方面，第二步中，确定发明相对于现有技术实际解决的技术问题，是以最接近的现有技术与发明进行对比而确定出来的；另一方面，判断是否具有改进动机、结合启示也是从最接近的现有技术这个基础进行考量的。

案例 1

发明名称：一种自行车马蹄锁。

【相关案情】

本案涉及一种自行车马蹄锁。现有技术中自行车锁通常为马蹄锁，马蹄锁多是采用机械锁并使用钥匙对应开锁，目前用户外出时锁车后都需要携带钥匙，随着人们对生活的要求变高，携带钥匙已经变成一种累赘和麻烦，特别是丢失车钥匙后，开锁又成了一件麻烦事。现在市场上也有一些马蹄锁采用密码锁的方式开锁，但是这些密码都是固定的，安全性较差。

本案提供一种自行车马蹄锁，它具有密码随机生成，手机收到密码随时开锁，无需携带钥匙等优点，方便快捷。如图 12-1 所示，本案采用的技术方案如下。它包含外壳底盖 1、电源 3、锁环压板 4、感应器 5、锁环 6、锁环按钮 7、控制板 8、电机压板 10、电动机轮 11、滑块 12、弹簧 13、电动机 14、键盘主板 16、键盘盖板 17、外壳 18。外壳底盖 1 连接在外壳 18 上并用螺丝固定，外壳底盖 1 和外壳 18 下部为圆环形。电源 3 固定在外壳 18 的腔体内，电源 3 上设置有控制板 8。控制板 8 的上方设置有电机压板 10。电机压板 10 上套接有滑块 12 和电机轮 11。电机轮 11 设置在滑块 12 上。弹簧 13 套接在滑块 12 上。电机 14 套接在电机轮 11 上。外壳 18 的前表面设置有方形开口，方形开口内设置有键盘主板 16 和键盘盖板 17。所述的键盘盖板 17 上设置有显示屏和二维码显示框。它也包含防水盒上盖 2 和防水盒下盖 15。防水盒上盖 2 设置在外壳底盖 1 上，套在电源 3 上。防水盒下盖 15 设置在键盘主板 16 的下方。它还包含蜂鸣器 9。蜂鸣器 9 设置在电动机压板 10 上。

本案通过电子程序随机生成密码，使用一次密码后会随机变化。使用者通过手机扫描键盘盖板 17 上的二维码，通过手机上对应的 App 软件计算后生成开锁码，密码通过无线通讯在使用者手机上显示，用户输入开锁码，并将输入的开锁码显示在显示屏上，再按开锁键即可开锁。用完后上锁时，直接手动扳下锁环压板 4，推动锁环按钮 7 使锁环 6 旋转到底，由于弹簧 13 的作用使滑块 12 向左移动，锁定锁环 6 不能移动，即可上锁。本案中密码随机生成，手机收到密码随时开锁，无需携带钥匙方便快捷。

权利要求如下。

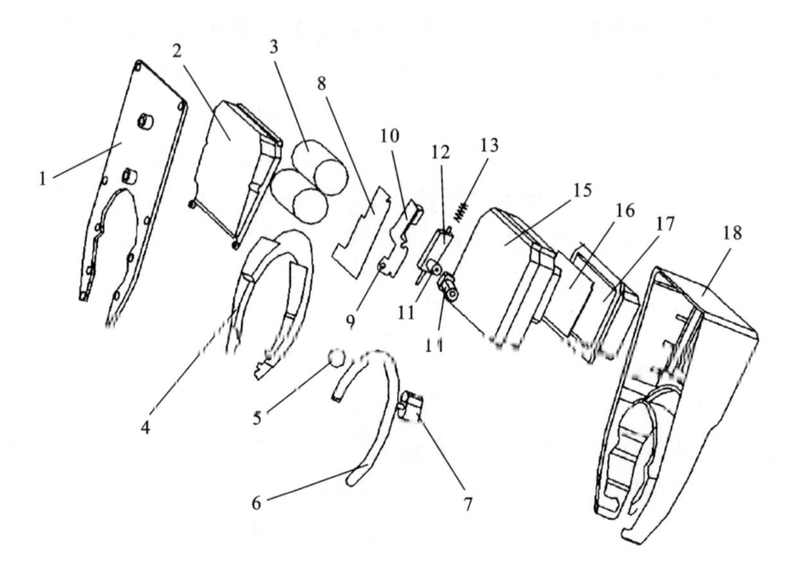

图 12-1　马蹄锁结构示意图

一种自行车马蹄锁，其特征包含外壳底盖 1、电源 3、锁环压板 4、感应器 5、锁环 6、锁环按钮 7、控制板 8、电动机压板 10、电机轮 11、滑块 12、弹簧 13、电动机 14、键盘主板 16、键盘盖板 17 和外壳 18。外壳底盖 1 连接在外壳 18 上并用螺丝固定，外壳底盖 1 和外壳 18 下部为圆环形。电源 3 固定在外壳 18 的腔体内，电源 3 上设置有控制板 8。控制板 8 的上方设置有电动机压板 10。电动机压板 10 上套接有滑块 12 和电动机轮 11。电动机轮 11 设置在滑块 12 上。弹簧 13 套接在滑块 12 上。电动机 14 套接在电动机轮 11 上。外壳 18 的前表面设置有方形开口，方形开口内设置有键盘主板 16 和键盘盖板 17。键盘盖板 17 上设置有显示屏和二维码显示框。

工作原理如下。

对比文件 1 涉及一种自行车智能密码锁和系统及其操作方法。对比文件所要解决的技术问题如下。目前在自行车租赁共享领域使用的密码都是密码不能修改的，存在几个明显的缺陷：①一旦用户知道密码后，下次就不用经过租赁系统而直接解锁；②如果用户还车时没有主动上锁，租赁系统也无法检测用户是否已上锁，还车交易完成后，该用户或其他用户可以继续使用这辆车，这样就绕开了租赁系统从而导致损失。本案提供一种操作简单，密码可变，又能检测用户还车时是否已上锁的自行车智能密码锁和系统及其操作方法。如图 12-2 所示，该自行车智能密码锁包括锁芯 3、相互匹配的锁上盖 1 和锁下盖 2。锁芯 3 位于锁上盖 1 和锁下盖 2 之间，弹簧 4、电池 5、电路板 6、锁销 7、马达 8 和锁止机构 9 均固定在锁下盖 2 内。显示面板 10 和数字键盘 11 设置于锁上盖 1，电路板 6 分别与电池 5、马达 8、显示面板 10 和数字键盘 11 相连。太阳能充电板 12 与电池 5 相连，太阳能充电板 12 位于锁上盖 1 的外部。

电路板6上设置有振动检测机构和蜂鸣器，电路板6内置GPS和无线通信结构，从而实现智能锁的定位。锁下盖2上设置有外接充电口13，便于使用者进行外部充电，满足使用需求。自行车智能密码锁系统通过服务器Ⅰ、手机Ⅱ和智能密码锁Ⅲ配套使用。服务器Ⅰ设置有自行车租赁及密码锁管理平台。手机Ⅱ设置有定位器并与服务器Ⅰ无线连接，手机Ⅱ安装有自行车租赁App。

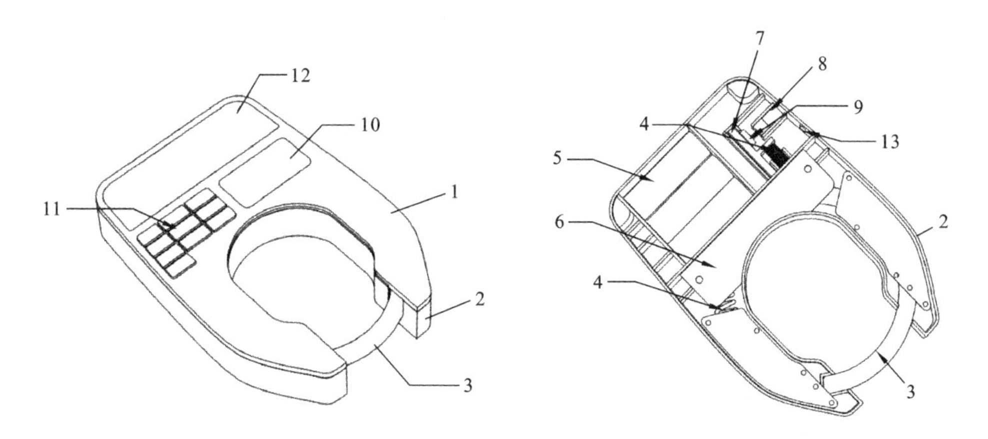

图12-2　对比文件1的智能密码锁的结构示意图一

自行车智能密码锁系统的操作方法如下。手机Ⅱ用户从服务器Ⅰ上下载自行车租赁App，以手机Ⅱ号码等个人识别信息注册，根据App地图定位或直接找到安装有智能密码锁Ⅲ的自行车，打开自行车租赁App扫描锁上的二维码或者输入锁的编码，自行车租赁App根据自行车租赁及密码锁管理平台返回的信息显示车辆押金和价格等信息，用户确认租车并通过银行卡或第三方支付账户支付押金后，管理平台返回租车成功指令并将开锁密码显示在App上，同时平台将该智能密码锁在平台数据库的开锁密码更新为新密码，用户根据App上显示的开锁密码在智能密码锁Ⅲ的数字键盘11输入，智能密码锁核对正确后开锁，用户可以骑走车辆，同时智能密码锁Ⅲ根据预先内置的算法将密码锁上保存的开锁密码更新为新密码并与平台数据库保存的开锁密码保持一致。

对比文件2涉及一种类似C字形的锁口的马蹄形锁。如图12-3所示，它包括：外壳，具有锁本体部，和从所述锁本体部的左右两侧分别延伸而出，形成类似C形的锁口的侧臂部；电仓壳体，配置在所述锁本体部内；设有挡槽的锁销，通过沿所述侧臂部内形成的锁槽移动来开放或关闭所述锁口；锁舌，装配在所述电仓壳体的外侧面，通过进出于所述锁销的所述挡槽，来阻挡或释放所述锁销的移动；第一施力构件，对所述锁销赋予向开放所述锁口的方向移动的力；第二施力构件，对所述锁舌赋予向进入所述锁销的所述挡槽的方向移动的力；PCB板，收容在所述电仓壳体内；电池，收容在所述电仓壳体内，为本马蹄型锁内的各电子部件供电；电机，装配在所述电仓壳体的所述外侧面；电机驱动模块，安装在所述 PCB 电路板上，用于驱动所述电机的输出轴的旋转；锁舌驱动构件，连接于所述电机的输出轴，将所述电机的旋转驱动力转变成使所述锁舌从所述锁销的挡槽中移出的驱动力；位置传感器，装配在所述电仓壳体的所述外侧面，用于检测所述锁舌是否移出所述挡槽，当所述位置传感器检测到所述锁舌移出所述挡槽时，所述电机驱动模块停止所述电机的旋转驱动。

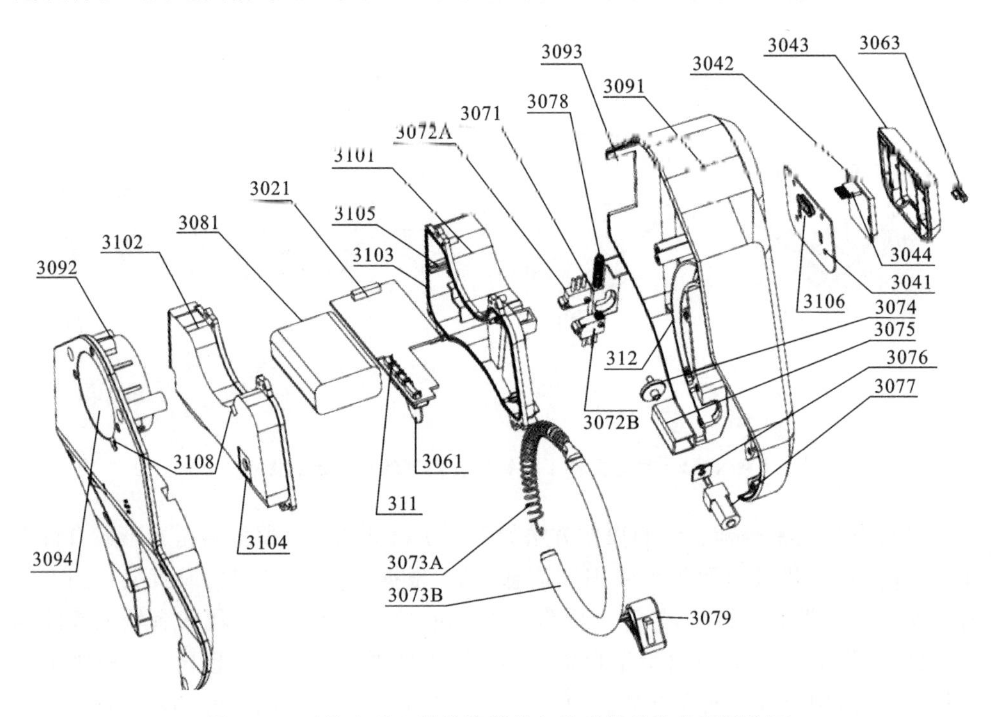

图 12-3　对比文件 2 的防盗锁的各构成部件的分解爆炸图

【争议焦点】

本案权利要求所要求保护的技术方案中，技术特征主要涉及自行车马蹄锁的结构，而本案说明书中的发明构思主要为“马蹄锁具有动态密码开锁功能”。其中，对比文件 1 公开的主要内容为自行车马蹄锁具有动态密码开锁功能，而对比文件 2 公开的内容为自行车马蹄锁的结构特征。本案对如何选取最接近的现有技术进行创造性的评述。

【案例分析】

(1) 专利审查指南第二部分第四章第 3.2.1.1 节中，采用举例说明的方式提供了如何选取“最接近的现有技术”的方法。例如，与要求保护的发明技术领域相同，所要解决的技术问题、技术效果或用途最接近和/或公开了发明的技术特征最多的现有技术，或者虽然与要求保护的发明技术领域不同，但能够实现发明的功能，并且公开发明的技术特征最多的现有技术。应当强调的是，在确定最接近的现有技术时，应首先考虑技术领域相同或相近的现有技术，上述列举的需要考虑的几个原则从重到轻依次为：技术领域、技术问题（或技术效果）、技术特征。但实际情况往往并不是仅考虑其中一个原则，而是以此为基础综合考虑各个原则，总的来说可以“以还原发明过程的难易程度”进行判断。

（2）具体到本案：对比文件1和2的技术领域与本案均为自行车马蹄锁领域，对比文件1公开了发明构思但是权利要求的技术特征公开的较少；对比文件2公开了权利要求的主要技术特征，但没有公开解决本案解决技术问题的核心技术手段。本案中，基于本领域技术人员的一般水平而言，由于权利要求中马蹄锁的结构特征大部分属于现有技术，从还原发明的难易程度来说，在对比文件1已经公开了马蹄锁具有动态密码的基础上，将对比文件1的马蹄锁采用不同的结构变形对于本领域技术人员而言无需克服技术上的困难，因此本案可以采用对比文件1作为最接近的现有技术进行创造性的评述。需要补充说明的是，某些情况下，选取公开技术特征最多的对比文件作为最接近的现有技术，从公开了发明核心技术手段的对比文件中获得技术启示，如果从还原发明的角度来说，逻辑是顺畅且具有说服力的，这种评述方式也是可以的。

【案例启示】

采用多篇对比文件进行创造性评判时，如何选取最接近的现有技术，尤其需要注意技术领域这个关键问题，此外还应当站位本领域技术人员，从还原发明构思的角度出发，对现有技术进行整体的判断和选择，以达到所选取的对比文件的组合方式的评述逻辑是有说服力的。

案例2

发明名称：一种电磁弹射智能锁。

【相关案情】

本案涉及一种电磁弹射智能锁。针对目前智能锁的锁舌大多通过电机带动移动，电机与锁舌之间通过多个齿轮进行传动，电机加齿轮的设置方式使零部件的数量增加，生产成本高，可靠性差。

本案的电磁弹射智能锁包括锁壳8和锁合组件，如图12-4所示，锁合组件包括：用于与固定装置1连接的第一磁吸部3，用于与开合装置2连接的第二磁吸部4以及可移动地设置于第一磁吸部3与第二磁吸部4之间且可选择与第一磁吸部3或第二磁吸部4吸合的锁舌5；锁壳8内设置有控制部6，控制部6通过控制锁舌5与第一磁吸部3或第二磁吸部4吸合以控制锁舌5的移动方向；锁舌5移动至与第一磁吸部3吸合的锁紧位，以使锁合组件处于锁紧状态，锁舌5移动至与第二磁吸部4吸合的开启位，以使锁合组件处于打开状态。

为了便于控制锁舌5的移动，可以使第一磁吸部3和第二磁吸部4均为与控制部6电连接的第一电磁铁，锁舌5为永磁体。控制部6通过分别控制第一磁吸部3

与第二磁吸部 4 中电流的流向，以改变锁舌 5 的运动方向。为了简化控制部 6 的结构，也可以使第一磁吸部 3 和第二磁吸部 4 均为永磁体，锁舌 5 为与控制部 6 电连接的第二电磁铁 51。控制部 6 通过改变第二电磁铁 51 中电流的流向，以改变锁舌 5 的运动方向，其中第一磁吸部 3 与第二磁吸部 4 相对的两端磁性相同。

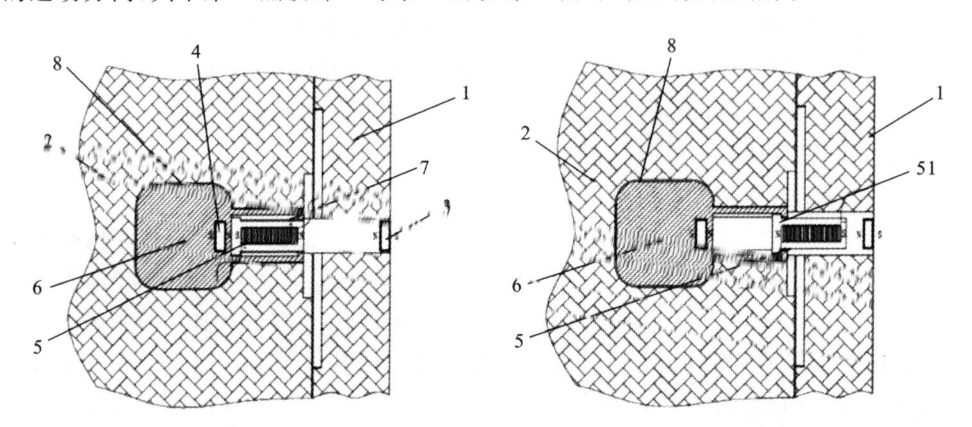

图 12-4　电磁弹射智能锁处于锁紧和打开状态的示意图

权利要求 1 如下。

一种电磁弹射智能锁，包括锁壳 8 和锁合组件，其特征在于，所述锁合组件包括：用于连接固定装置 1 的第一磁吸部 3，用于连接开合装置 2 的第二磁吸部 4 以及可移动的设置于所述第一磁吸部 3 与所述第二磁吸部 4 之间的且可选择的与二者之一吸合的锁舌 5；所述锁壳 8 内设置有用于通过控制所述锁舌 5 与所述第一磁吸部 3 或所述第二磁吸部 4 吸合以控制所述锁舌 5 移动方向的控制部 6。所述锁舌 5 移动至与所述第一磁吸部 3 吸合的锁合位，以使所述锁合组件处于锁紧状态；所述锁舌 5 移动至与所述第二磁吸部 4 吸合的开启位，以使所述锁合组件处于打开状态。

【对比文件 1 的技术方案】

对比文件 1 涉及一种电磁固定器。对比文件 1 所要解决的技术问题是：移动平台、滑动导轨或转台等机械装置的运动部件在运动完成后需要对其进行结构固定，以防由于因自身重力或其他外力作用下使运动部件在未经人为控制下产生滑移。现有的电磁固定器一般需要人力手动操作手柄进行固定与松开，比较费时、费事，同时也存在固定不牢靠的问题。

如图 12-5 所示，对比文件 1 的电磁固定器包括固定座 1 和永磁座 2，其中固定座 1 包括套筒 11、内套于套筒的锁舌 12、固设在锁舌尾端的芯筒 13、导引芯筒 13 轴向滑动的芯杆 14 和连接在套筒上端的盖板。锁舌 12 前端开有盲孔 121，盲孔内嵌有电磁铁 122，芯杆 14 固设在盖板下表面，锁舌 12 的前端设有两个斜面 123，可利于锁舌插入到被固定部件的凹槽内，斜面上开有多个凹槽 124。永磁座 2 上设有与锁舌

12相匹配的卡槽21,卡槽21的内壁上与凹槽相对应位置开有多个通孔22,通孔22内设有横向紧固件23。芯筒13上端安装有支承环132,支承环132上设有用于抱紧芯杆的抱闸机构133。

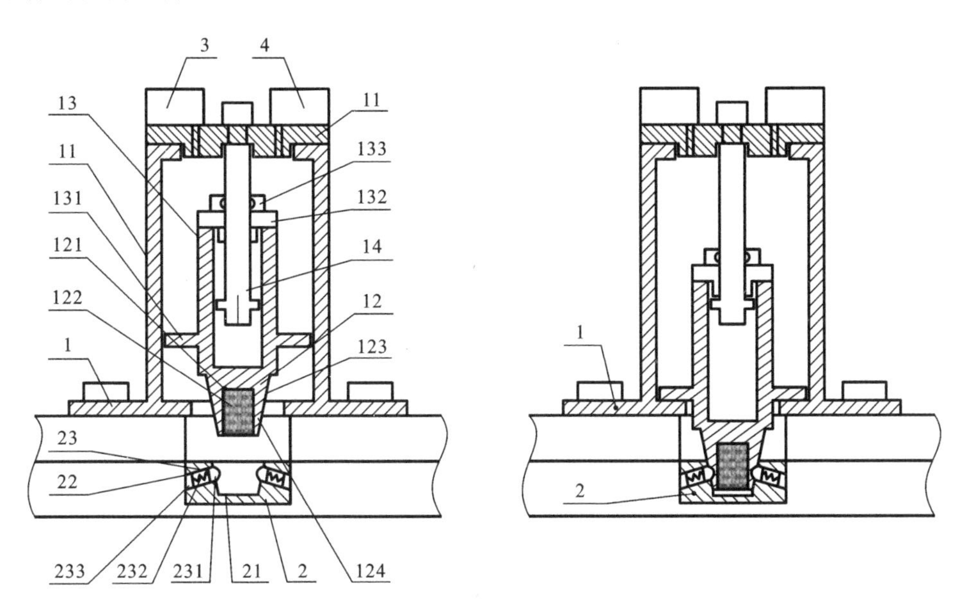

图12-5 对比文件1电磁固定器松开和固定状态的示意图

电磁固定器的工作原理如下。将固定座安装连接在设定的固定部件表面,并在相对的被固定部件表面上开设与永磁座相匹配的凹槽。锁舌前端设有电磁铁,卡槽设在永磁座上,当控制电流使电磁铁与永磁座磁性相吸时,锁舌连带芯筒沿芯杆轴向向下滑动以伸出套筒,使锁舌完全卡入卡槽内实施固定,电磁铁与永磁座之间的磁力使锁舌始终保持被压迫,同时设置的横向紧固件可对锁舌实施有效的横向紧固,在断电的情况下依然可有效防止锁舌向上跳动,使锁舌具有了轴向与横向的双向紧固,固定可靠。当改变电流方向使电磁铁与永磁座磁性相斥时,锁舌连带芯筒沿芯杆轴向向上滑动以收进套筒,使锁舌脱开卡槽完成松开,从而有效实现了电磁固定器的固定与松开的功能。抱闸机构可在断电情况下,使芯筒瞬时抱紧在芯杆上,从而有效防止锁舌向下掉落,可保证运动部件在工作时(即无需固定器固定时),锁舌始终不会向下掉落,避免造成额外事故。

【对比文件2的技术方案】

对比文件2涉及一种无线遥控的封闭式筷笼。对比文件2所要解决的技术问题是阻止宾客在宴席还没开始时就提前开席。对比文件2的无线遥控的封闭式筷笼,如图12-6所示,包括筷笼盖、筷笼筒、控制模块和无线发射器。筷笼盖下面固定连接有一个锁扣12,锁扣12中间开有圆形锁孔9,筷笼盖与筷笼筒通过合页10连接。筷笼筒内侧安装有一块隔板,隔板上方靠近筷笼端口处安装有锁台,锁台沿在平面处挖有与锁扣 12 大小对应的锁槽 8,锁槽 8 左壁开有孔洞,用于安装永磁铁 6 和电磁铁 7,永磁铁 6 右端固定有活动杆 5,左方安装有电磁铁 7。当电磁铁 7 与永磁铁 6 排斥时,永磁铁 6 右移,活动杆 5 穿过锁孔 9,使筷笼被锁定;当电磁铁 7 与永磁铁 6 吸合时,永磁铁 6 左移,活动杆 5 从锁孔 9 中移出,使筷笼解锁。

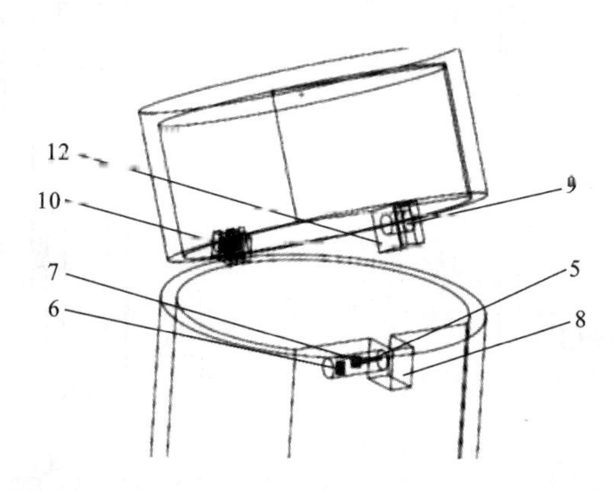

图 12-6　对比文件 2 封闭式筷笼电磁锁部分示意图

【争议焦点】

本案保护的是一种开合装置(例如,门)的电磁弹射智能锁,对比文件 1 公开的是一种用于移动平台或转台的电磁固定器,对比文件 2 公开的是一种放置筷子的封闭式筷笼,三者的技术领域均不同。对比文件 1 结合对比文件 2 能否评述本案的创造性?

【案例分析】

在创造性评判中,无论是在最接近的现有技术的选取还是技术启示的判断,现有技术的技术领域是需要考量的一个重要因素。其原因在于,存在于相同或者相近技术领域的发明创造容易在技术上相互关联,如会面临相同或相似的技术问题需要解决或者在解决技术问题时经常采用相同或相似的技术手段。

具体到本案,首先,本案的技术领域是用于开合装置(例如,门)的锁,所要解决的技术问题是现有智能锁采用电机加齿轮的设置方式使零部件的数量增加,生产成本高,可靠性差。其采用的技术手段是通过控制两个磁吸部的吸合来控制锁舌的移动,以磁吸力作为动力。实现的技术效果是降低了故障发生率和生产成本。对比文件 1 的技术领域是用于移动平台或转台的电磁固定器,所要解决的技术问题是现有电磁固定器需要人力手动操作手柄进行固定与松开,比较费时、费事,且固定不牢靠。采用的技术手段是通过电磁铁与永磁铁的吸合来控制锁舌的移动。实现的技术效果是电磁固定器的自动固定和松开。由此可见,对比文件 1 和本案的技术领域、解决的技术问题、采用的技术手段以及实现的技术效果均存在差异。具体而言,对比文件 1 在锁舌前端设有电磁铁,锁舌尾设有芯筒,当控制电流使电磁铁与永磁座磁性相吸时,锁舌连带芯筒沿芯杆轴向向下滑动以伸出套筒,使锁舌完全卡入卡槽内实施固定。并且,在芯筒上端安装有支承环,支承环上设有用于抱紧芯杆的抱闸机构,抱闸机构可在断电情况下使芯筒瞬时抱紧在芯杆上,防止锁舌向下掉落。对比文件1和本案在结构上存在较大的差异,将对比文件1改造成本案的方案会存在较大的障碍,对比文件1并不适合作为最接近的现有技术。其次,本案具有两个磁吸部,两个磁吸部使得当智能锁处于打开状态,开合装置与固定装置分开距离较远时,锁舌依然可以在第二磁吸部的作用下被吸合固定,避免锁舌处于活动状态。而对比文件2仅采用一个电磁铁,通过改变电磁铁的电流方向,使得电磁铁与永磁铁吸合或排斥,从而实现筷笼盖和筷笼筒的锁定与解锁,即,对比文件2并没有在永磁铁的另侧增设一个电磁铁,来解决当筷笼盖和筷笼筒分开距离较远时,永磁铁依然可以在第二磁吸部的作用下被吸合固定,避免永磁铁处于活动状态的技术问题。对比文件2无法给出解决技术问题的结合启示,对比文件1结合对比文件2不能评述本案的创造性。

【案例启示】

最接近的现有技术是发明改进的起点,在选择最接近的现有技术时,应首先考虑技术领域相同或相近的现有技术,只有相同或相近技术领域,才最可能存在相同的技术问题,进而使得本领域技术人员去寻找解决技术问题的技术手段。同样,在寻找解决技术问题的技术手段时,只有相同或相近技术领域的现有技术,才最可能采用相同的技术手段来解决同样的技术问题。

案例3

发明名称:一种光电控制防盗锁具。

【相关案情】

本案涉及一种光电控制防盗锁具。针对现有技术中各类锁,在外部不需要破坏锁具就可将其打开,安全性不能得到充分的保障。例如,一般家庭安装的机械式的防盗锁,是通过钥匙转动锁芯带动锁扣运动来实现锁死和开启的,偷盗者只要有一定的经验,将较坚硬的物体插入锁芯,在一定的时间内就可将锁具打开;再如密码锁,偷盗者可通过摄像、反光、拓印、指纹等方式获取密码,轻易地将锁打开;又如汽车上采用的遥控锁,偷盗者可拦截所发出的信号,通过解码获取数据,同样可以将锁具打开。

本案在锁芯上钻一小通孔,在门中安装一红外线发光器、红外线接收器、线路板、电磁阀,发光器产生的红外光穿过小孔。当有物体进入锁芯时,红外光被切断,接收器的信号被切断,电路导通,电流经电路板放大后驱动锁止装置锁止锁芯,锁芯无法转动,达到无法开锁的目的。只要进入锁芯的物体不拿出,锁芯就会一直处于锁死状态,锁一直无法打开。本案中,锁芯被锁死前设置有2 s的延迟时间,正常开锁通常可以在2 s内完成,即在锁芯被锁死前已经开锁,而偷盗者在外部是无法在2 s内完成开锁的。本案中,元器件都是安装在门的内部,在外部无法改变或破坏。图12-7所示的是本案锁具剖视结构示意图,图12-8所示的是图12-7的A-A面剖视图,其中

1 为钥匙、2 为锁芯、3 为锁体、5 为红外线发光器、6 为通孔、7 为红外线接收器、8 为控制模块、9 为锁止装置、10 为锁孔、11 为可伸缩的锁止销。

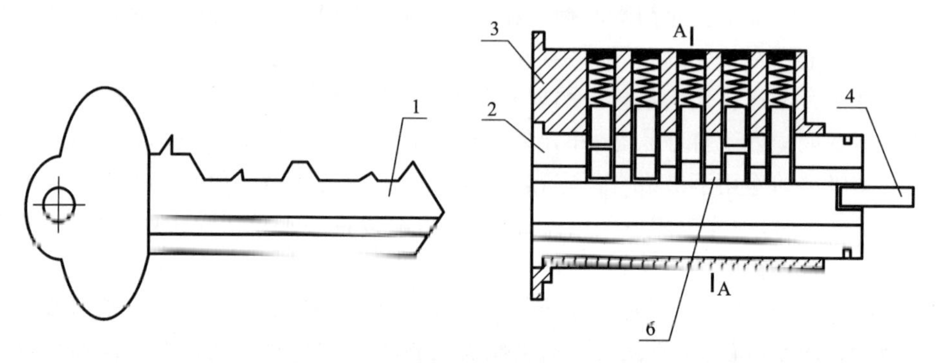

图 12-7 本案锁具剖视结构示意图

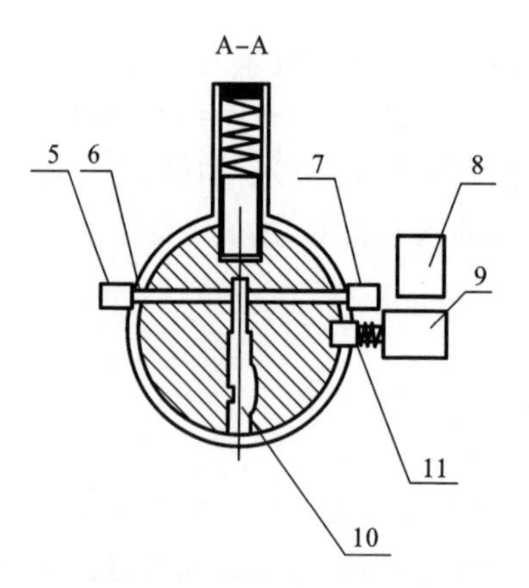

图 12-8 图 12-7 的 A-A 面剖视图

权利要求 1 如下。

一种光电控制防盗锁具，锁体内设有锁芯，锁芯内设有用于钥匙进入的锁孔，其特征如下。锁孔壁上的两侧开设有通孔，两侧的通孔相对设置，一侧通孔上安装有红外发射器，另一侧通孔上安装有红外接收器。锁芯上设有一用于锁住锁芯的锁止装置。所述锁止装置的信号输入端与安装在锁体上的控制模块信号输出端连接。红外接收器信号输出端与控制模块信号输入端连接。所述控制模块的控制电路上设有延时继电器。

【对比文件的技术方案】

对比文件涉及一种带光通道的锁芯及应用带光通道锁芯的光电识别锁。对比文件所要解决的技术问题是：传统的机械锁一般由锁体、锁芯和钥匙组成，其原理为钥匙插入锁芯，弹子达到同一水平位置，可以转动锁芯，将锁打开。这类锁互开率高、防盗性能差，如万能钥匙等工具，大都可以很轻松地开启传统的机械锁，往往给广大消费者带来很多的麻烦。市面上也有光电密码锁具系统，是在锁芯上设置多个光通道，钥匙上也开设多个光通道，利用锁芯上的每个光通道与钥匙上的每个光通道是否吻合产生不同的密码信号，将插入钥匙后生成的密码与锁具内存储的密码进行比较，实现锁具的开启。这种利用多个光通道的"光—电—光"转换系统，光通道多、机械结构复杂，电路和控制程序也较为复杂，程序出错后会导致锁具打不开；更换密码后需要更换钥匙，其操作复杂、成本高。

对比文件提出一种结构简单、使用方便、防盗性能高的带光通道的锁芯，如图

12-9 所示。锁芯 1 内有弹子孔 2 及装在弹子孔 2 内的弹子 3 和弹簧 4，锁芯 1 内有通道孔 5，弹子孔 2 内的弹子 3 上有光通孔或通光环形槽 6。锁芯 1 的通道孔 5 的一端有红外线发射二极管 D_1，另外一端有红外线接收二极管 D_2，二极管 D_1 接电源控制部分，二极管 D_2 接状态输入电路，状态输入电路接开锁识别部分，开锁识别部分接锁舌控制部分和锁舌检测部分，锁舌控制部分接锁舌驱动电路，锁舌驱动电路接锁舌执行机构。当钥匙 7 插入锁芯 1 后，通道孔 5 与光通孔或通光环形槽 6，形成通孔或通槽，这样光线就能够通过锁芯 1 内的通道孔 5 和锁芯 1 内的弹子 3 上的光通孔或通光环形槽 6。D_1 发出的红外线通过光通道 6 和通道孔 5 照射到二极管 D_2 上，二极管 D_2 导通。钥匙 7 没有插入，由于弹簧 3 的弹力作用使得弹子 3 全部落下来，锁芯 1 与弹子 3 之间没有形成通孔或通槽，挡住了红外发光二极管 D_1 发出的红外光线，使红外接收二极管 D_2 接收不到红外光线而处于截止状态。

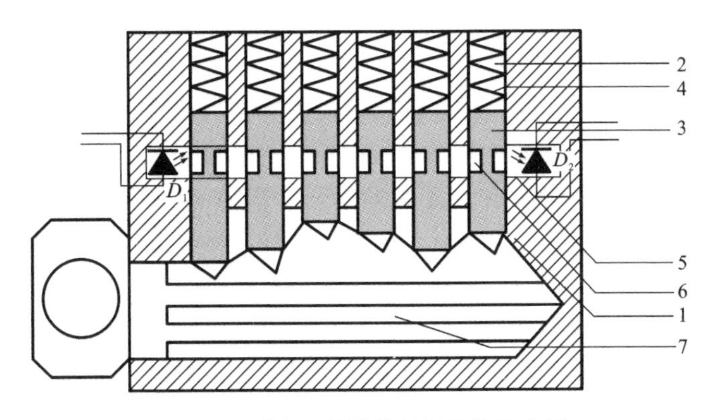

图 12-9　对比文件锁具剖视结构示意图

防尘盖处于闭合状态时，系统电源断开，整个系统处于不工作状态；防尘盖处于打开状态时，接通电源，电源控制部分对锁舌检测部分和红外发射电路供电。锁舌检测部分检测到锁舌被锁时，反馈信号给锁舌控制部分，锁舌控制部分给锁舌驱动电路信号，锁舌执行机构动作，拔出插销。红外发射电路发出红外线，主人开锁，在规定的时间内红外接收电路接收到红外线，通过状态输入电路将信号反馈给开锁识别部分，系统对开锁不加干预。非法开锁或主人没有正确开锁或在开锁中有误动作，在规定的时间内红外接收电路接收不到或不能很好接收红外线，通过状态输入电路将信号反馈给开锁识别部分，开锁识别部分对报警控制部分和锁舌控制部分发出信号，报警控制部分使报警驱动电路工作，报警执行机构对外发出报警信号。同时，锁舌控制部分使锁舌驱动电路工作，锁舌执行机构动作拴住锁舌。

【争议焦点】

(1) 对比文件 1 中"通孔 5 设置在锁芯 1 的前后两端，且两端的通道孔 5 相对设置"能否认为公开了本案权利要求 1 中"锁孔壁上的两侧开设有通孔，两侧的通孔相对设置”。

（2）本案请求保护的技术方案相对于对比文件 1 是否具有创造性？

【案例分析】

（1）专利作为一种知识产权，其权利范围是由权利要求界定的，授权专利通过权利要求向社会公示权利范围，并且以权利要求作为保护范围的依据进行侵权判定。因此，正确认定权利要求保护范围是专利申请授权、专利确权乃至专利保护的基础。在判断专利是否具备授权所要求的“创造性”的过程中，正确地界定和解读权利要求的保护范围是首要的。权利要求是对技术方案的表达，在解读权利要求技术方案中的技术特征时，不能仅仅着眼于技术特征的文字表述本身，还需要从技术方案的整体出发，考虑表达技术特征文字的正确含义，技术上明显不合逻辑或者没有意义的技术方案通常不在权利要求的保护范围内。本案中，在开锁时，钥匙会切断红外线，合法的开锁可在给定的延迟时间内将锁打开，而非法开锁不能在给定的时间内将锁打开，从而锁止锁芯不能开锁。基于该技术方案的整体出发，可以发现，本案权利要求中“锁孔壁上的两侧开设有通孔，两侧的通孔相对设置”的“两侧”指的是与插入钥匙方向垂直的锁芯壁的两侧，而不是如对比文件 1 中所示的锁芯前后的两侧。因此针对上述争议的第 1 点，对比文件 1 没有公开本案权利要求中的“锁孔壁上的两侧开设有通孔，两侧的通孔相对设置”。

（2）评价发明的创造性，不能简单地将区别技术特征认定为公知常识或本领域技术人员的常规技术手段，需从发明构思的对比出发进行考虑。发明构思是指，在发明创造的完成过程中，发明人为解决所面临的技术问题在谋求解决方案的过程中所提出的技术改进思路。具体到本案中，对比文件 1 的技术方案中，当插入合法的钥匙时，由于红外接收二极管 D_2 可以接收二极管 D_1 发出的红外线，系统对开锁不加干预；当插入非法钥匙时，所有弹子 3 的停留位置肯定会参差不齐，即光通道 6 不可能同时处于最大的透光位置，处于断断续续透光甚至不透光状态。此时，红外接收二极管 D_2 接收不到或不能很好接收二极管 D_1 发出的红外线而处于截止状态，将会拴住锁舌使得不能开锁。即在对比文件 1 中，插入非法钥匙和合法钥匙，系统对开锁的干预与否并不同。而本案中，则是无论插入非法钥匙还是合法钥匙，都会切断红外线，系统都对锁具起到相同的干预，即延迟一定时间后锁死锁芯。由于本发明控制模块的控制电路上设有延时继电器，使得锁芯被锁死可以设定一定的延迟时间（如本案实施例中设置为 2 s），设定一定的延迟时间是为了不影响正常开锁，而现在水平最高的偷盗者都无法在 2 s 内完成对弹子进行配对，一旦超过 2 s，锁芯就会被锁死。因此，对比文件 1 也与本案的技术方案、解决的技术问题、产生的技术效果均不相同，因此对比文件 1 未给出本案专利技术方案的技术启示。

【案例启示】

进行创造性评判时，首先要充分理解申请文件的技术方案，准确的界定申请文件权利要求的保护范围，避免片面主观的理解造成简单的文字比对。发明构思决定了发明进行技术改进的途径和最终形成的技术方案的构成，与发明采取的构思迥异，甚至工作原理相反的现有技术通常难以否定发明的创造性。

案例 4

发明名称：异形珠跨孔同心结构锁芯。

【相关案情】

本案涉及一种异形珠跨孔同心结构锁芯。针对现有锁具的锁芯结构多为普通上下珠、叶片、边柱等结构，普通上下珠锁芯的防盗性能较差，易被如口香糖或锡纸工具之类的傻瓜工具轻易开锁，叶片结构和边柱结构的锁芯虽然防盗性能较高一点，但难以进行多级管理和升级，密匙量也不够大。

如图 12-10 所示，本案锁芯的内锁芯 1 的珠孔包括同一直线的七个主孔。在每个主孔的两边各有一个附孔与主孔相通，在任意一个附孔装上异形针珠 2 和弹簧 11，另一附孔装上异形通珠 3 和弹簧 11，异形针珠 2 和异形通珠 3 从附孔中错位跨孔后在主孔会合，异形通珠 3 把异形针珠 2 套在中间。锁芯外套有七个位置与内锁芯主孔相对应的珠孔，珠孔内装一通珠 4 和一针珠 5，针珠 5 较长且有一头较大，针珠 5 穿过通珠 4。在通珠 4 和针珠 5 的大头中间有一弹簧 6，另一弹簧 7 在针珠 5 的大头和外封珠 9 中间。异形通珠 3 与通珠 4 相接，异形针珠 2 与针珠 5 相接。

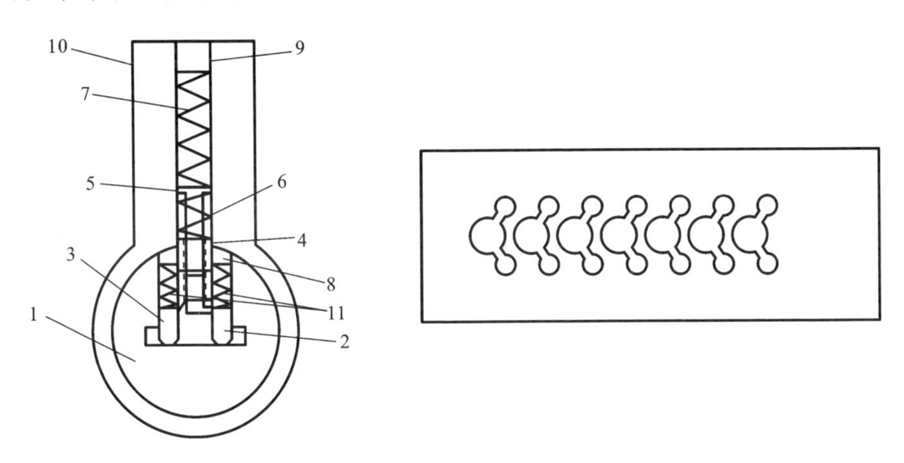

图 12-10　锁芯及内锁芯主孔及附孔的结构示意图

当用牙花正确的锁匙开锁时，所有异形针珠与针珠的接点和异形通珠与通珠的接点都同时处于内锁芯的圆周上，即开锁位置，可顺利开锁。当用工具开锁时，由于异形针珠和针珠被套在异形通珠和通珠中间，异形通珠和通珠的接点只要没在开锁位置上，异形针珠和针珠的接点无论在什么位置都是制栓珠，锁无法开；当异形通珠和通珠的接点在开锁位置时，若异形针珠和针珠的接点已过开锁位置，则变成制栓珠，无法开锁；若异形针珠和针珠的接点尚未到开锁位置，则异形针珠必须运动到接点在开锁位置时才能开锁，而异形针珠和针珠在运动过程中两条弹簧的位置都会发生变化，从而可能引起异形通珠和通珠的位置起变化，即接点不在开锁位置上，锁开不了。在同一套珠里面，异形针珠的质量和异形通珠的质量不同，异形针珠和异形通珠也有长短多种配合，若作用于异形针珠的力和异形通珠的力大小相同，则异形针珠和异形通珠通过开锁位置的时间会不同，即有时间差，使其相互制约成为制栓珠，锁开不了；若作用于异形针珠的力和异形通珠的力大小不同，并能使异形针珠和异形通珠同时到达开锁位置，因同一套珠有多种配合，且有七套珠相同或不同的配合，一次作用力就使七套不同位置且有多种配合的珠所受的力不同，且力的大小刚好使不同珠同时到达开锁位置的可能性极小，是故锁应无法开。

权利要求如下。

一种异形珠跨孔同心结构锁芯，内锁芯的珠孔有主孔和附孔，还有异形针珠、异形通珠和弹簧，锁芯外套有两条弹簧、针珠、通珠。其特征是：两附孔与主孔相通，异形针珠与异形通珠各与弹簧作用后跨孔配合，针珠与异形针珠相接在内，通珠与异形通珠相接在外，针珠、通珠和两条弹簧相互配合作用。

【对比文件的技术方案】

对比文件涉及一种钥匙和锁组件。对比文件所要解决的技术问题是：现有锁的钥匙容易被复制，从而导致未经授权的个人通过锁定的入口。

如图 12-11 和图 12-12 所示，对比文件的钥匙叶片 112 具有第一表面 106 和第二表面 108，钥匙叶片 112 具有小孔 109，小孔 109 具有轴，还包括具有外表面 123 的帽 120，其置于小孔 109 中以在延伸出第一表面 106 的第一界限与凹进于小孔 109 内的第二界限之间连续地轴向行进，以及具有外表面 131 的基底 124，其置于小孔 109 中以在延伸出第二表面 108 的第一界限与凹进于小孔 109 内的第二界限之间连续地轴向行进。其中基底 124 经偏置而远离帽 120，叶片 112 还可包含凹部和形成一个或一个以上向外突出的钥匙齿 116 的突出部。钥匙齿 116 可位于沿着叶片 112 的各个位置处，包含如沿着侧部 110、第一或第二表面 106、108，或者在叶片 112 中的一个或一个以上钥匙导槽 118 中。

锁组合件 200 包括柱 202 和筒形物 204，柱 202 包含至少一个孔 222，孔 222 经配置以用于第一销外壳 224 的滑动移动，孔 222 的外端可经由使用插塞 228 而闭合，弹簧 230 使第一销外壳 224 向内偏置，如使第一销外壳 224 朝圆柱体 208 偏置，第一销 226 可经定位以用于在第一销外壳 224 内的滑动啮合，第一销 226 可通过弹簧 232 从销外壳 224 向内偏置，第一销 226 的远端可与弹簧 232 啮合。圆柱体 208 包含经配置以用于第二销外壳 242 的滑动移动的至少一个圆柱体小孔 240，第二销外壳 242 可经配置以接纳第二销 244 并允许第二销 244 的滑动移动，第二销 244 包含第二销上表面 243 和第二销下表面 246，第二销上表面 243 可经配置以用于与第一

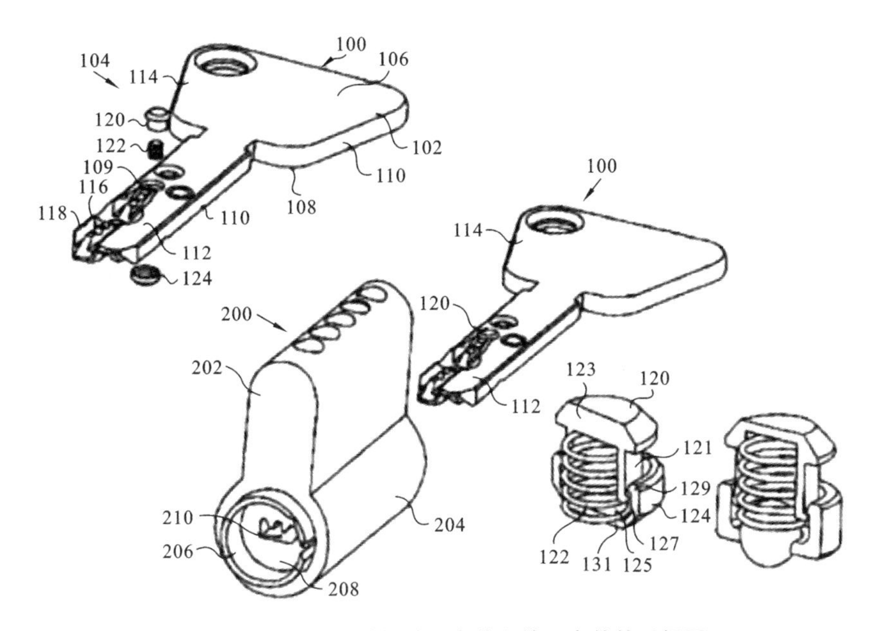

图 12-11　对比文件钥匙组合件和锁组合件的透视图

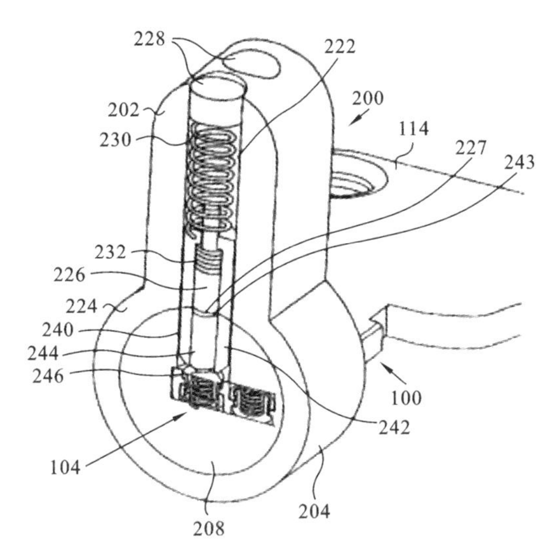

图 12-12　对比文件钥匙组合件与锁组合件啮合的横截面透视图

销 226 的远端 227 啮合。弹簧 230 向下或向内偏置第一销外壳 224 和第一销 226，弹簧 232 还可向下或向内面向或偏置第一销 226。

【争议焦点】

对比文件没有公开本案权利要求中"珠孔有主孔和附孔，两附孔与主孔相通，包括异形针珠和异形通珠，异形针珠与异形通珠跨孔配合”这一技术特征，权利要求的技术方案相对于对比文件是否具有创造性？

【案例分析】

本案中，首先，根据说明书的记载，本案是通过对常规上下珠的制栓结构做出变形来增加锁芯的复杂程度，从而提高锁的防盗性；而对比文件1则明确记载了其是通过增加钥匙的复杂程度降低钥匙未经授权的可复制性，从而提高锁的防盗性。可见，二者在提高锁的防盗性能上分别选取了不同的改进方向，也即采用了不同发明构思。在对比文件的基础上，本领域技术人员没有动机对锁芯内的制栓结构进行改进。其次，虽然对比文件的第二销和第三销外壳与第一销和第一销外壳配合也构成了两套制栓结构，但该结构并不涉及两附孔与主孔相通、异形针珠与异形通珠跨孔配合的方式，并未给出采用前述异形针珠与异形通珠跨孔配合的方式提高锁芯的防盗性能的启示，也没有证据表明前述区别特征属于本领域的常规技术手段。因此，本案权利要求的技术方案相对于对比文件具有创造性。

【案例启示】

发明构思决定了发明进行技术改进的途径和最终形成的技术方案的构成，与发明采取的构思迥异，甚至工作原理相反的现有技术通常难以否定发明的创造性。其原因在于，在判断能够将区别特征应用于这样的现有技术时，应当首先考虑二者在发明构思方面的差异是否带来技术结合的障碍。

案例5

发明名称：智能闭合装置。

【相关案情】

本案涉及一种智能闭合装置，针对在学校、公共运输站、购物商场等各种场所都需要为人们提供确保个人物品安全的地方，而当前的锁柜系统利用钥匙锁、组合码锁或类似的人工锁扣系统为锁柜空间提供安全性，但钥匙会丢失，且组合码会被忘记，从而使得用户不能得到他的所属物。

如图12-13所示，本案的锁柜包括设于锁柜正面的用户界面4、电子装置以及紧固件系统。该紧固件系统包括紧固件6，紧固件6用于将第一壁12紧固到第二壁14或者将第一壁12从第二壁14解开，紧固件6优选包括适于在被激活时收缩的材料，如形状记忆合金线，并且附连有卷曲的引线。如果用户期望访问锁柜2，则他必须遵循用户界面4上的提示，在锁柜必须被解锁以存取包裹的情况下，用户将通过用户界面4操作紧固件系统，并且用户界面将经由来自电子装置8的信号与紧固件通信，紧固件应当解锁，将第一壁12从第二壁14释放，并允许用户存取。当用户需要闭紧锁柜时，通过紧固件将第一壁12接合第二壁14，并且用户界面4经由电子装置接收信号，并作出适当的响应。

权利要求如下。

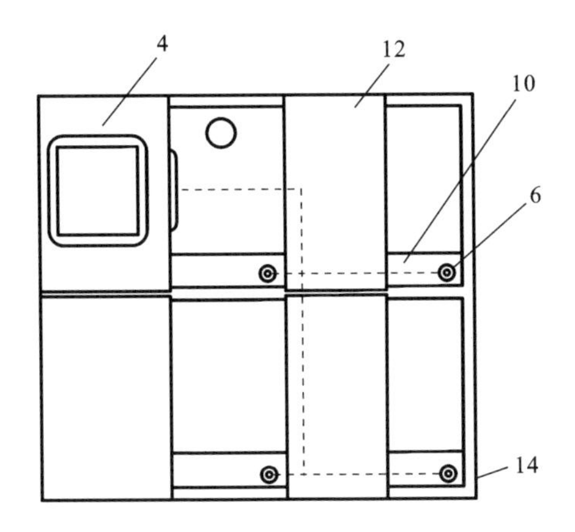

图 12-13　锁柜的示意图

一种用于闭合装置的紧固件系统，所述闭合装置具有一个或多个壁，其中至少一个壁向所述闭合装置提供开口。所述紧固件系统包括：至少一个紧固件，用于在接收到适当的信号时将第一壁紧固到第二壁，并且在接收到另一适当的信号时将第一壁从第二壁释放；至少一组电子装置，用于控制信号通信；以及用户界面。其中，所述紧固件包括附连有卷曲的引线的智能记忆合金线，所述用户界面经由来自所述电子装置中的至少一个电子装置的信号与所述紧固件中的至少一个紧固件通信，从而将所述至少一个紧固件激活来将相应的第一壁从相应的第二壁释放。

【对比文件的技术方案】

对比文件涉及一种安全递送箱。对比文件所要解决的技术问题是：用于火车站、机场、公司、大学等场所的安全递送箱，存在大量箱子在延长的时间段内没有被使用，只有特定的人能够将物体放置在箱子中，从箱子中取出物体的个人是未知的，不知道什么物品被放置在箱子中，什么物品被从箱子中取出，物品何时被放置在箱子中和从箱子中取出以及存放者没有将物品存在接收者最期望的位置。

对比文件提出一种安全递送箱，如图 12-14 所示。安全递送箱包括大小不一的箱子 11-14，还包括控制器 16，控制器 16 可以执行诸如锁定和解锁盒、网络接口活动、记录活动、接收来自各种源的数据输入的功能，还包括用户界面 17，即键盘、触摸屏、显示器、扫描仪、直接输入装置等，其可以通过各种渠道向浏览器应用发送信息。送货员使用用户界面 17 输入他的 ID 或 PIN，并核对接收者的递送优先选择，送货员利用用户界面 17 标明物品的尺寸并输入物品标识，然后要求分配一个箱子，控制器 16 打开分配箱子的箱门，送货员将物品放置于箱子中并关闭箱门。控制器 16 锁门，扫描物体以获得包裹标识码，并捕获送货人的图像，然后送货人利用用户界面 17 确认物品传送，并从控制器 16 获得一个确认数字，这样就获得了一个私人的识别码。控制器 16 记录物品的识别信息、箱子号、使用者 ID、日期和时间，送货人利用邮件、语音邮件、传呼等通知领受人传送的物品、物品的箱号、箱子位置，接收者通过用户界面 17 输入个人识别码，控制器解锁所分配箱子的箱门。

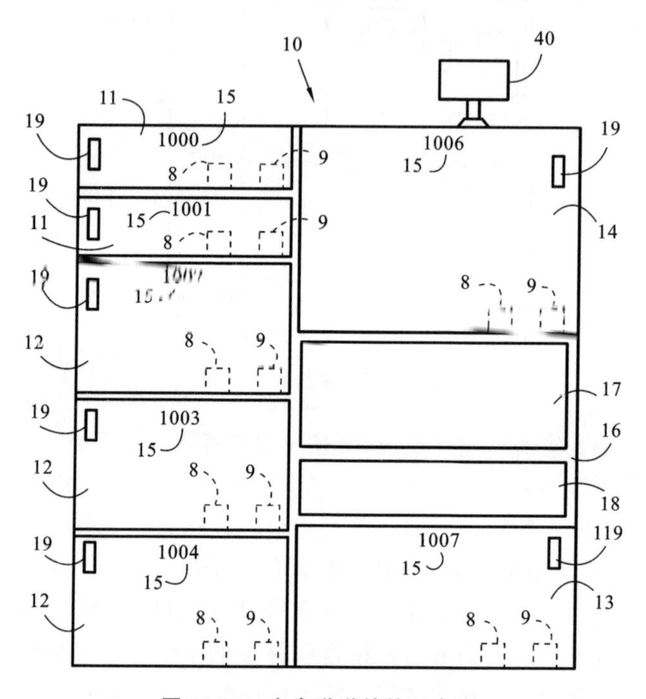

图 12-14 安全递送箱的示意图

【争议焦点】

(1) 对比文件是否公开了权利要求中的技术特征“所述用户界面经由来自所述电子装置中的至少一个电子装置的信号与所述紧固件中的至少一个紧固件通信，以将所述至少一个紧固件激活来将相应的第一壁从相应的第二壁释放”。

(2) 本案请求保护的技术方案相对于对比文件是否具有创造性？

【案例分析】

(1) 在最接近的现有技术的选取过程中，如何准确把握最接近的现有技术的事实认定至关重要。“事实认定”即包括准确地认定发明申请记载的全部技术方案以及权利要求要求保护的技术方案的范围，同时还包括准确地认定现有技术公开的内容。所属技术领域的技术人员在阅读现有技术文献时，除能够获知文字记载浅层的字面含义外，还应当能够基于文字记载理解到现有技术深层传递的技术信息，即对于所属技术领域的技术人员来说，隐含的但可直接的、毫无疑义确定的技术内容。但需要强调的是，在认定“隐含公开”时，不得随意将公开的内容扩大或缩小，应当站位本领域技术人员，根据技术方案的实质内容，客观准确地对公开的事实内容进行认定。

(2) 本案说明书记载了“送货员将物品放置于箱子中并关闭箱门，控制器锁门”

以及“接收者通过用户界面输入个人识别码，控制器解锁所分配箱子的箱门”。由此可见，对比文件公开了控制器在接收到关闭信号时会锁闭箱门，在接收到打开信号时会打开箱门。因此，对比文件自然隐含公开了其具有一个电子装置，该电子装置与紧固件通信，已将箱门打开或关闭。即“所述用户界面经由来自所述电子装置中的至少一个电子装置的信号与所述紧固件中的至少一个紧固件通信，以将所述至少一个紧固件激活来将相应的第一壁从相应的第二壁释放”属于对比文件隐含公开的内容。

(3) 在对比文件隐含公开了“所述用户界面经由来自所述电子装置中的至少一个电子装置的信号与所述紧固件中的至少一个紧固件通信，以将所述至少一个紧固件激活来将相应的第一壁从相应的第二壁释放”的基础上，权利要求与对比文件的区别仅在于：紧固件包括附连有卷曲的引线的智能记忆合金线。然而，智能记忆合金属于现有产品，其是通过热弹性与马氏体相变及其逆变而具有形状记忆效应的有两种以上合金元素构成的材料。智能记忆合金现在已经广泛用于航空航天、临床医学等各个领域，目前也广泛应用于锁具领域，因此本领域技术人员很容易想到采用智能记忆合金线来方便地锁闭与打开箱门。而智能记忆合金线在电路连接时采用何种形式的引线是本领域普通技术人员根据具体情况做出的常规选择。因此，本案请求保护的技术方案相对于对比文件不具有创造性。

【案例启示】

若某一技术特征没有明确记载在对比文件中，但只有包含该技术特征时，才能实现对比文件中的技术方案，并且本领域技术人员知晓，对比文件中的技术方案不能通过除了该特征以外的其他方式实现，则该特征属于对比文件隐含公开的内容，对比文件隐含公开也是公开内容的一部分。

案例6

发明名称：一种具有有源式射频识别的锁具系统及其警报方法。

【相关案情】

本案涉及一种锁具系统及其警报方法。针对现有技术中锁具遭剪断破坏时无警报功能以及无法辨识手持实体钥匙开启锁具的人是否为窃贼。

如图12-15所示，本案的具有有源式射频识别的锁具系统10包括包含一锁具模块20及一钥匙模块30。该钥匙模块30无线电连接至该锁具模块20。该锁具模块20及该钥匙模块30各具备一组认证金钥，通过有源式射频识别技术进行无线通讯。

锁具模块20的锁具端天线单元206电性连接至锁具端有源式射频识别单元204。检测回路218操作性连接至硬件锁检测单元210。硬件锁单元212操作性连接至检测回路218及硬件锁开关状态检测单元220。

钥匙模块30包含一钥匙端微处理器单元302、该钥匙端微处理器单元302电性连接至钥匙端有源式射频识别单元304、钥匙端电池单元308及钥匙端通用串行总线单元310。钥匙端天线单元306电性连接至钥匙端有源式射频识别单元304。

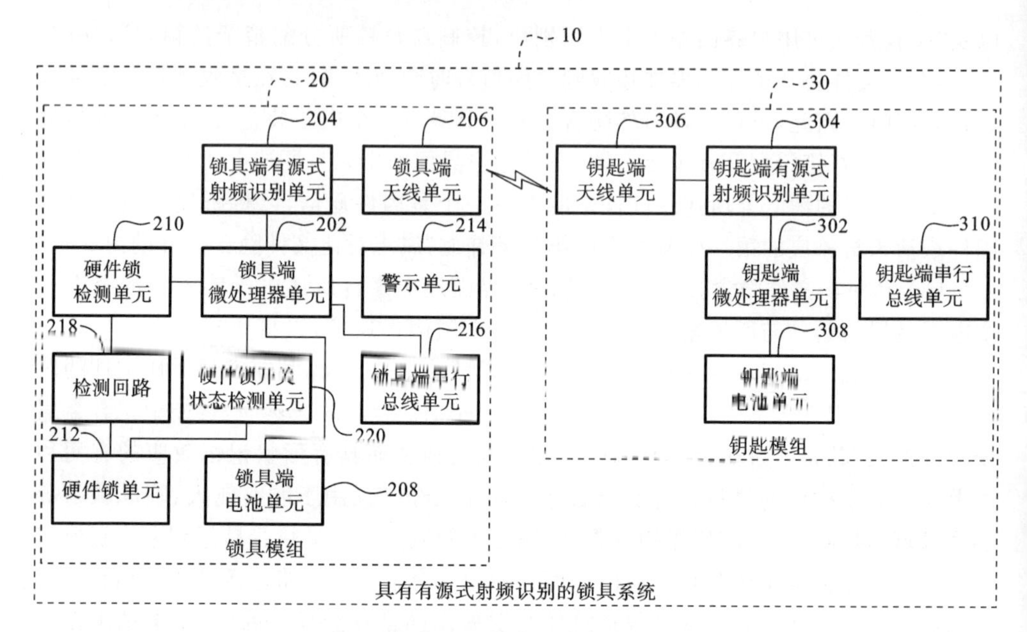

图 12-15　锁具系统方块图

如图 12-16 所示，该具有有源式射频识别的锁具警报方法包含下列流程。

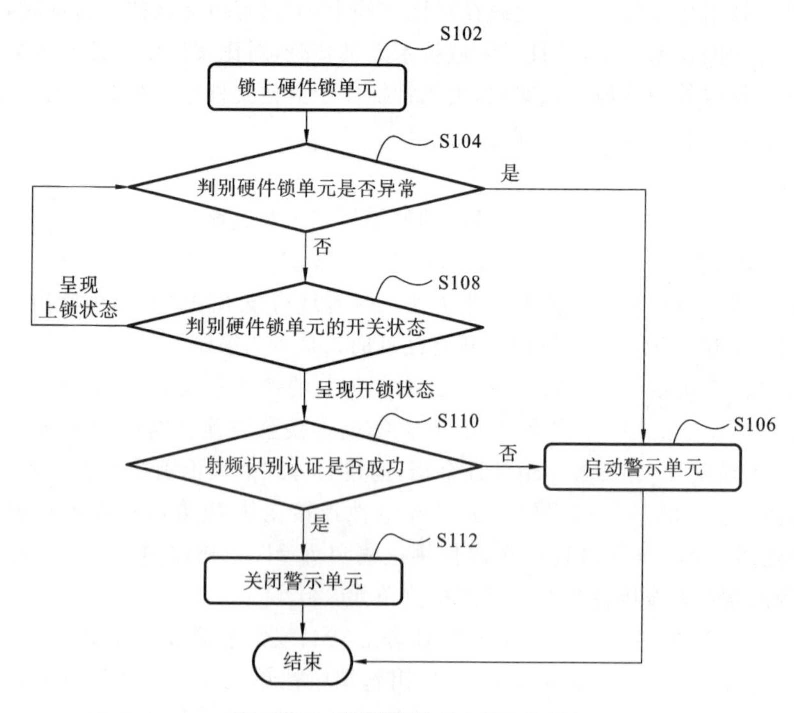

图 12-16　锁具警报方法的流程图

S102:锁上该硬件锁单元212,如将该硬件锁单元212锁在一脚踏车。

S104:该硬件锁检测单元210透过该检测回路218的信号传送状态判别该硬件锁单元212是否异常。

若该硬件锁检测单元210判别该硬件锁单元212异常,则该硬件锁检测单元210发送该第一异常信号至该锁具端微处理器单元202(例如,在该硬件锁单元212内装设一光纤或电线连接到该硬件锁检测单元210等方式检测锁具是否被剪断),该锁具端微处理器单元202接收该第一异常信号后接续进入步骤S106;若该硬件锁检测单元210判别该硬件锁单元212无异常,则进入步骤S108。

S106:该锁具端微处理器单元202发送该警示信号至该警示单元214,借以驱动该警示单元214发出警示讯息,如发出警报声响。

S108:该硬件锁开关状态检测单元220判别该硬件锁单元212的开关状态。若该硬件锁开关状态检测单元220判别该硬件锁单元212呈现上锁状态,则回到步骤S104;若该硬件锁开关状态检测单元220判别该硬件锁单元212呈现开锁状态,则该硬件锁开关状态检测单元220发送一第二异常信号至该锁具端微处理器单元202,借以告知该锁具端微处理器单元202,并进入步骤S110。

S110:判断该锁具模块20与该钥匙模块30之间射频识别认证是否成功。若该锁具模块20与该钥匙模块30之间射频识别认证失败,则进入步骤S106;若该锁具模块20与该钥匙模块30之间射频识别认证成功,则进入步骤S112。

S112:该锁具端微处理器单元202停止发送该警示信号至该警示单元214,借以停止驱动该警示单元214发出警示讯息。

权利要求如下。

一种具有有源式射频识别的锁具警报方法,应用于一锁具模块及一钥匙模块,该锁具模块包含一硬件锁单元及一警示单元,该具有有源式射频识别的锁具警报方法如下。

(1) 锁上该硬件锁单元。

(2) 一个硬件锁检测单元透过一个检测回路的信号传送状态判别该硬件锁单元是否被剪断。

(3) 若该硬件锁检测单元判别该硬件锁单元被剪断,则该硬件锁检测单元发送一个第一异常信号至一个锁具端微处理器单元。

(4) 该锁具端微处理器单元接收该第一异常信号后,该锁具端微处理器单元发送一个警示信号至该警示单元,借以驱动该警示单元发出警示讯息。

(5) 若该硬件锁检测单元判别该硬件锁单元未被剪断,且一个硬件锁开关状态检测单元判别该硬件锁单元呈现开锁状态,则发送一个第二异常信号至该锁具端微处理器单元;若该锁具模块与该钥匙模块之间射频识别认证失败,则该锁具端微处理器单元发送该警示信号至该警示单元,借以驱动该警示单元发出警示讯息。

【对比文件的技术方案】

对比文件1涉及一种生物钥匙及生物锁。生物钥匙内置有生物特征信息且无线发射到生物锁，生物锁内置有与生物钥匙内生物特征信息相比对的生物特征信息且无线接收生物钥匙发射的信息，二者吻合，生物锁打开；二者不吻合，生物锁不开。如图12-17所示，生物钥匙含有生物特征信息的传感器、信息处理器、程序数据存储器、无线收发器、电源及按钮开关等。生物特征信息传感器将采集到的生物信息传至信息处理器，程序数据存储器临时存贮来自信息处理器的信息，生物钥匙将ID的信息传至信息处理器，无线收发器接收信息处理器发来的信息，或接收生物锁发来的信息，按钮开关控制生物钥匙工作，电源为生物钥匙提供能源。生物锁至少含有信息处理器、程序数据存储器、无线收发器、电源、驱动器及栓锁动作执行机构等。无线收发器接收生物钥匙发来的信息，或接受信息处理器发来的信息，程序数据存储器存储锁具工作程序和工作过程中的数据及各种授权使用者的生物特征信息、授权生物钥匙ID信息。信息处理器对生物钥匙传送来的信息包进行解密、解包，在完成对信息合法性判断、生物特征信息识别、生物钥匙ID识别、信息有效性判断后，对驱动器发出开锁指令，驱动器指令后驱动栓锁动作执行机构开锁。生物钥匙设有状态指示器，生物锁设有键盘、通讯接口、外部源接口、内部备份电源及状态指示器。生物钥匙ID记录在卡中，然后再插入生物钥匙的卡座内。生物特征信息的传感器是指纹传感器、眼虹膜传感器、DNA传感器、声音传感器。生物特征信息的传感器、信息处理器、程序数据存储器分别独立为一个器件，或组合集成在同一个集成电路或厚膜电路内。无线接收发器包括无线射频收发器、红外收发器。

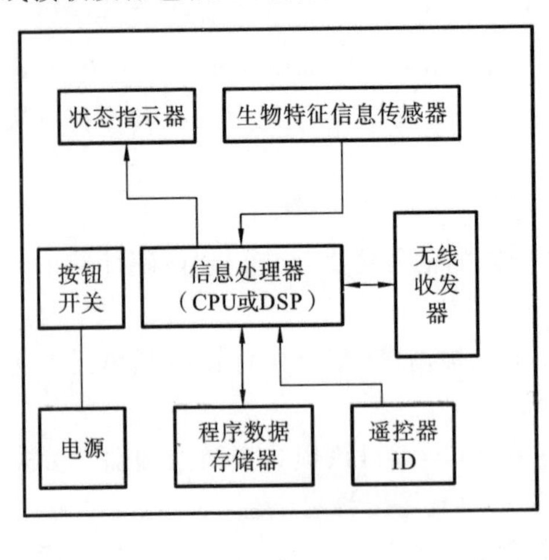

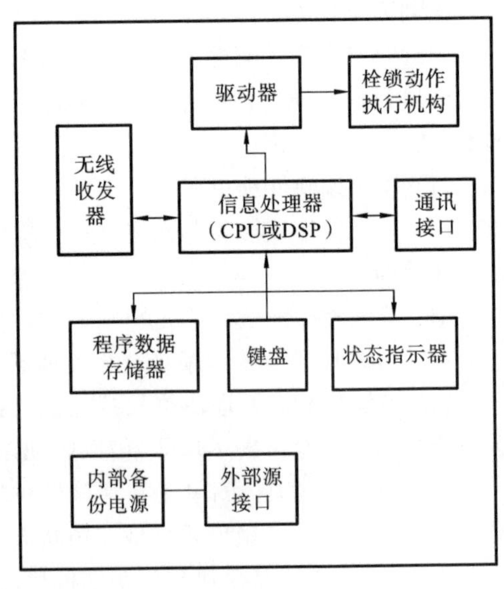

图12-17 对比文件1生物钥匙及锁的方框示意图

对比文件2涉及一种带报警装置的防盗锁。针对现有技术中偷盗者破坏锁盗走物品时,物品的安全保险度不足的问题而提出,采用报警装置针对破坏锁的行为进行判断和报警,以采取行动制止偷盗。如图12-18所示,技术方案为一个机械结构的锁和通过导线连接的(由传感电路、信号放大电路、驱动电路,报警显示器和电源组成的)报警系统。报警系统的主电路装成一整机,其中的传感电路是一个电桥电路,该电桥的一桥臂作为感应器通过一定长度的导线装藏在机械锁的保护壳内。该电路电桥在正常情况下处于平衡状态,当机械锁被破坏或以其他偷盗方式使得装在机械锁中的电桥桥臂与整个电桥断离(或者使桥臂短路),会导致该电桥失去平衡,从而输出信号。该信号通过放大后,使得驱动电路动作,从而驱动报警系统报警。

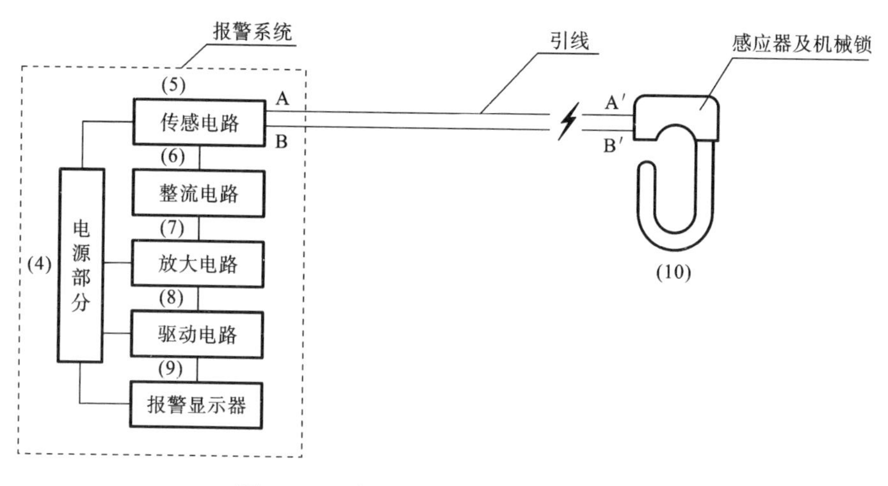

图12-18 对比文件2防盗锁具原理框图

【争议焦点】

对比文件1公开了具有有源式射频识别的锁具模块和钥匙模块。对比文件2公开了通过判断检测回路的信号传送状态来判别硬件锁单元是否被剪断,当被剪断时使警示单元发出警示讯息。对比文件1和2均没有公开锁具的报警控制方法,如何判断本案权利要求的创造性?

【案例分析】

(1)按照性质划分,权利要求有两种基本类型,即产品权利要求和方法权利要求。产品权利要求包括人类技术生产的物,如物品、物质、材料、工具、装置、设备等。方法权利要求包括有时间过程要素的活动,如制造方法、使用方法、通讯方法、处理方法以及将产品用于特定用途的方法等。在类型上区分权利要求的目的是为了确定权利要求的保护范围,通常情况下,在确定权利要求的保护范围时,权利要求中的所有特征均应当予以考虑,而每一个特征的实际限定作用应当最终体现在该权利要求所要求保护的主题上。

(2) 评价方法权利要求技术方案的创造性时,所采用的现有技术,既可以是产品,也可以是方法,判断的核心仍然是对所属技术领域的技术人员来说,发明相对于现有技术是否是显而易见的。如果发明是所属技术领域的技术人员在现有技术的基础上仅仅通过合乎逻辑的分析、推理或者有限的试验可以得到的,则该发明是显而易见的,也就不具备突出的实质性特点。具体到本案,对比文件 1 公开了具有有源式射频识别的锁具模块和钥匙模块。对比文件 2 公开了通过判断检测回路的信号传送状态来判别硬件锁单元是否被剪断,当被剪断时使警示单元发出警示讯息。本领域技术人员在面对提高锁具的安全性的技术问题时,容易从对比文件 1 和对比文件 2 中获得技术启示,本领域技术人员容易想到设置一个操作性连接检测回路的硬件锁检测单元,用来判断检测回路的信号传送状态,并当硬件锁检测单元检测到硬件锁单元被剪断时→发送一个异常信号给微处理器→微处理器得到信号后就发送一个警示信号给警示单元使其发出警示讯息;设置一个硬件锁开关状态检测单元,也是本领域的常用技术手段。

关于权利要求 1 中的控制方法:本领域技术人员最容易想到的是要锁上硬件锁单元。本领域技术人员可以确定此时锁具具有以下几种情况:①硬件锁单元开锁,未被剪断,且钥匙认证失败;②硬件锁单元开锁,未被剪断,且钥匙认证成功;③硬件锁单元上锁,未被剪断。在上述第①种情况下,显然是有人非法开锁,此时就需要发出警示讯息起到防盗的作用,即锁具端微处理器发送警示信号至警示单元,驱动警示单元发出警示讯息。

由此可知,在对比文件 1 的基础上结合对比文件 2 以及本领域的常用技术手段,得到权利要求的技术方案,对本领域技术人员来说是显而易见的。因此,该权利要求所要求保护的技术方案不具有突出的实质性特点,不具备创造性。

【案例启示】

评价方法权利要求技术方案的创造性时,所采用的现有技术,既可以是产品,也可以是方法,判断的核心仍然是对所属技术领域的技术人员来说,发明相对于现有技术是否是显而易见的。

12.2 发明的区别技术特征和发明实际解决的技术问题

创造性判断"三步法"的第二步为"确定发明的区别特征和发明实际解决的技术问题"。审查实践中确定发明实际解决的技术问题应当客观,做到这一点首先需要分析要求保护的发明与最接近的现有技术相比有哪些区别特征,然后根据该区别技术特征在要求保护的发明中所能达到的技术效果确定发明实际解决的技术问题。在审查实践中,基于最接近的现有技术重新确定的该发明实际解决的技术问题,可能不同于说明书中描述的技术问题,这个并不违背上述强调的"客观认定原则",但是需要强调的是,该重新确定的实际解决的技术问题是本领域技术人员从该申请说明书中记载的内容能够得知的技术效果。

第二步所确定的发明实际解决的技术问题在“三步法”的运用中起到承上启下的作用。一方面，发明实际解决的技术问题为第三步中的技术启示的寻找确立了方向；另一方面，在第二步中对前一步骤所确定的最接近的现有技术、对区别技术特征、对技术效果、对发明实际解决的技术问题等法律事实的认定和把握，也是实现客观评判创造性的基础所在。

案例 7

发明名称：一种钥匙。

【相关案情】

本案涉及一种钥匙，针对现有技术的叶片锁的钥匙槽弯曲角度较小，导致技术开启比较容易，防盗性差，与叶片锁的其他零部件配合少，较容易模仿，钥匙重复性强。

如图 12-19 和图 12-20 所示，本案的钥匙包括钥匙本体 1。钥匙本体 1 的上面 11

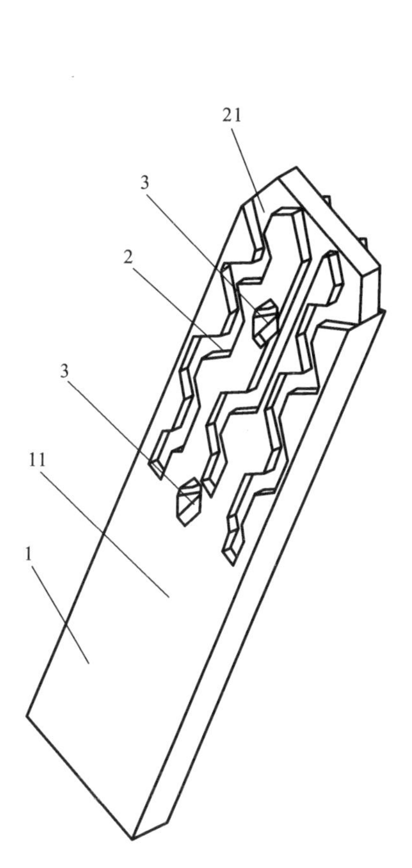

图 12-19　钥匙的立体图

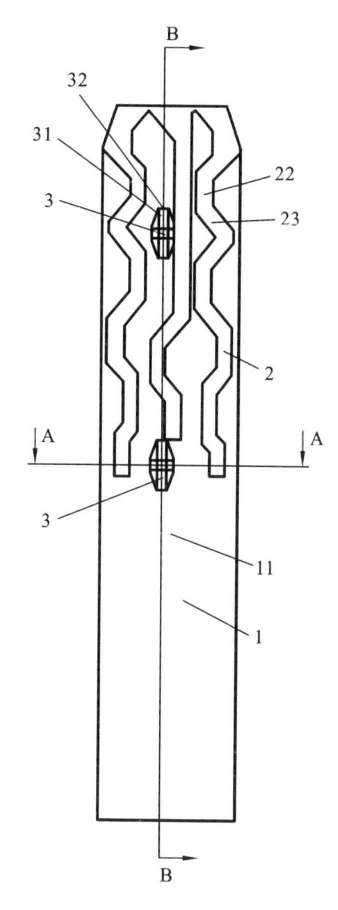

图 12-20　钥匙的正面图

设有凹槽 2,凹槽 2 用来与叶片锁内叶片的叶片卡块配合。钥匙本体 1 的上面 11 还设有凹孔 3,凹孔 3 用来与叶片锁内的保险杆配合。钥匙本体 1 的上面 11 的前端凹槽 2 的入口设有导入槽 21,凹槽 2 包括相连通的直线段 22 和斜线段 23。其中,直线段 22 是与钥匙上面 11 的中心线平行,斜线段 23 是与钥匙上面的中心线相交成一定角度。钥匙本体 1 的上面 11 的凹孔 3 可以是两个,两个凹孔 3 分别设置在钥匙本体 1 的上面 11 的前后两端。钥匙本体 1 的上面 11 的凹槽 2 可以是 2～3 条,所有凹槽 2 的宽度都是相同的。直线段 22 包括第一直线段和第二直线段,第一直线段和第二直线段之间由斜线段 23 相连通,第一直线段的中心线到钥匙边的距离 H1 大于或小于第二直线段的中心线到钥匙边的距离 H_2,其中钥匙边可以是左侧边或者右侧边。第一直线段和第二直线段不在同一位置,第一直线段的中心线到第二直线段的中心线的距离至少为一个单位。钥匙本体上的凹槽的数量越多,槽宽的个单位的距离越大,那么与其配合的叶片锁的叶片上的叶片卡块的数量就越多,叶片卡块越多叶片数量也就越多,叶片越多,防盗性能就越强,钥匙的重复性就越小,技术开启就越难。

权利要求 1 如下。

一种钥匙,包括钥匙本体 1,其特征在于钥匙本体 1 的上面 11 设有凹槽 2。所述的钥匙本体 1 的上面 11 还设有凹孔 3。钥匙本体 1 的上面 11 的凹槽 2 的前端入口设有导入槽 21。所述的凹槽 2 包括相连通的直线段 22 和斜线段 23。所述的直线段 22 与钥匙本体的中心线平行,所述的斜线段 23 与钥匙本体的中心线相交。所述的直线段 22 包括第一直线段和第二直线段。所述的第一直线段和第二直线段之间由斜线段 23 相连通,所述的第一直线段的中心线到钥匙边的距离大于或小于第二直线段的中心线到钥匙边的距离,所述的第一直线段的中心线到第二直线段的中心线的距离至少为一个单位。

【对比文件的技术方案】

对比文件涉及一种圆筒锁—钥匙组合。对比文件所要解决的技术问题是:现有的圆筒锁制造较为昂贵,使用时移动部件磨损程度高,为此,对比文件提出一种制造简单、摩擦程度小的圆筒锁—钥匙组合。如图 12-21、图 12-22 和图 12-23 所示,其包括锁圆筒 2 和钥匙 4。钥匙 4 包括钥匙握柄 4a 和肩部 4d,肩部 4d 形成侧部 4c 的上限定表面,在侧部 4c 中形成凹槽 4f,凹槽 4f 包括多个直线部分 4e 和中间成角度的过渡部分 4g。钥匙 4 的前端有 V 形凹口 4h,钥匙 4 的刀片部设置有两个凹槽 4i。锁圆筒 2 容纳设有键槽 3a 的插塞 3,插塞 3 容纳一排销制栓 5,销制栓 5 的轴线位于与键槽 3a 的平面平行并与所述平面间隔开的平面中,销式制栓 5 可在平面中移动,并且可围绕其轴线扭转或转动。在销制栓 5 的底端处设置有凸缘 5a,凸缘 5a 被接收在钥匙 4 的侧表面 4c 中的凹槽 4f 中。插塞 3 还包括容纳侧杆 6 的孔 3c,侧杆 6 与销式制栓 5 共同作用,并且可在与销式制栓 5 的平面成直角延伸的平面中在孔 3c 中移动。插塞 3 在侧杆 6 的端部区域中设置有孔 3e,用于容纳具有头部 7a 的驱动销

7，头部 7a 接合侧杆 6 的相应端部。面向键槽 3a 的驱动销 7 的端部呈圆锥形变窄，并且当侧杆移动到其释放位置时，驱动销 7 的端部被接收在钥匙 4 的刀片部的端部区域中的凹槽 4i 中。

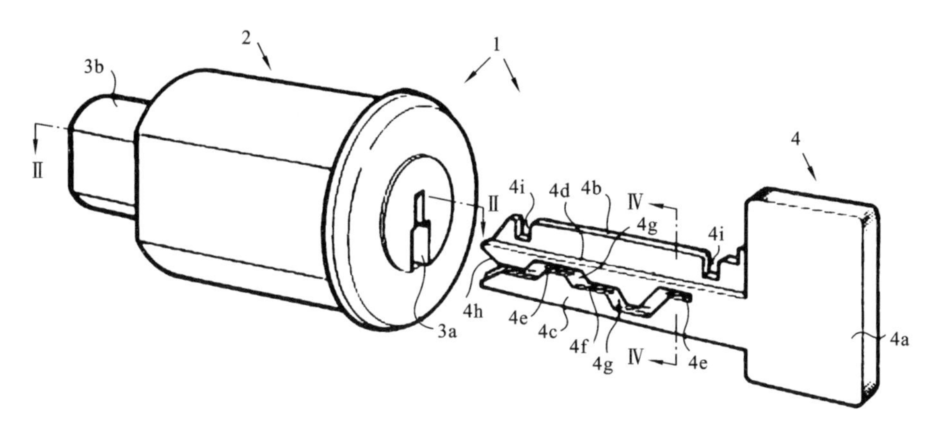

图 12-21　对比文件圆筒锁-钥匙组合的立体图

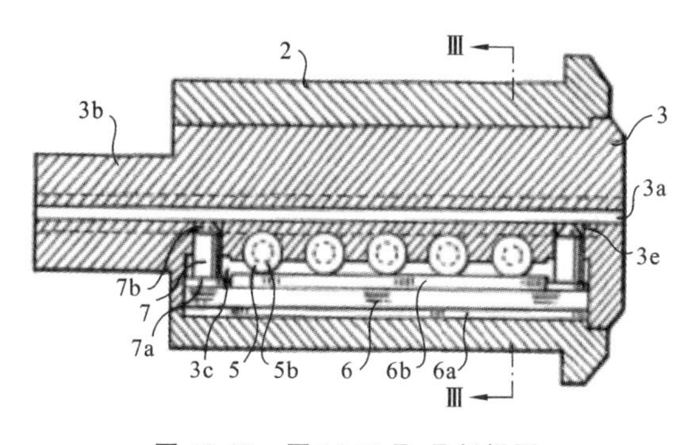

图 12-22　图 12-21Ⅱ-Ⅱ剖视图

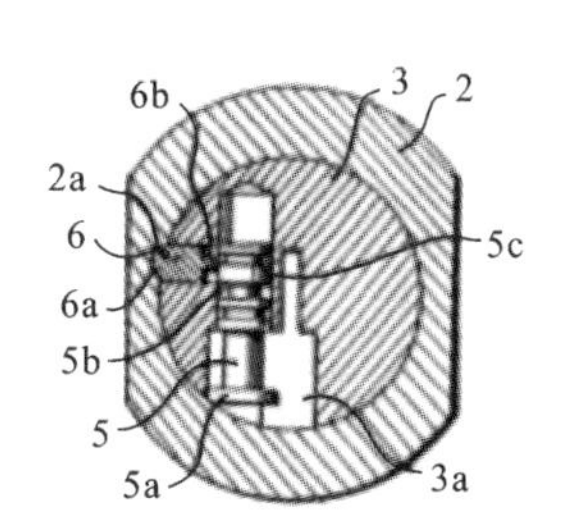

图 12-23　图 12-22Ⅲ-Ⅲ剖视图

【争议焦点】

（1）对比文件中“钥匙 4 的刀片部设置有两个凹槽 4i”能否认为公开了本案权利要求中的“钥匙本体 1 的上面 11 还设有凹孔 3”。

（2）本案请求保护的技术方案相对于对比文件是否具有创造性？

【案例分析】

（1）首先，从功能上来看，本案中凹孔的作用是与保险杆配合来实现开锁和关锁，对比文件中凹槽的作用也是与驱动销（相当于本案的保险杆）配合来实现开锁和关锁，即二者作用相同。其次，从结构上来看，本案的凹孔设置在钥匙本体的上面，虽然对比文件的凹槽设置在钥匙本体的侧面上，但是由于凹槽是贯通钥匙本体的，因而也可以看作是设置在钥匙本体的上面，只不过本案的凹孔没有贯通，而对比文件的凹槽是贯通的。因此,可以认为对比文件的凹槽和本案的凹孔在位置和功能上都相同,但二者在结构上(是否贯通钥匙本体)存在区别。

(2) 发明专利权的保护范围以其权利要求的内容为准,虽然本案的钥匙与保险杆或锁的配合方式和对比文件可能不同,但是本案权利要求仅请求保护一种钥匙,钥匙与保险杆或锁的配合方式并没有记载到权利要求中,且从权利要求 1 的记载也无法体现出其凹孔与对比文件的凹槽有何种不同。根据前述分析,权利要求与对比文件的区别仅在于权利要求中限定的是凹孔,而对比文件公开的是凹槽。然而凹孔和凹槽都是本领域中常见的锁定结构,二者所起的作用也是相同的,都是用于和保险杆配合来实现开锁和关锁。因而,本领域技术人员容易想到将两者进行替换,也即用凹孔替换对比文件的凹槽是本领域的常规技术手段,这并不需要付出创造性的劳动。

【案例启示】

发明或者实用新型专利权的保护范围以权利要求的内容为准,说明书及附图可以用于解释权利要求的内容。如果说明书记载的技术效果是由某技术手段带来的,但该技术手段未被记载在权利要求中,导致该技术手段不属于发明与现有技术之间的区别,则上述说明书记载的技术效果不能作为确定发明实际解决的技术问题的依据。

案例 8

发明名称:一种智能房间门锁。

【相关案情】

本案涉及一种智能房间门锁。目前市场上大多数的智能门锁都是针对家庭大门设计的,如果将其应用在房间的门上则显得智能门锁的体积大小与房间门的大小不匹配,甚至有点大材小用。

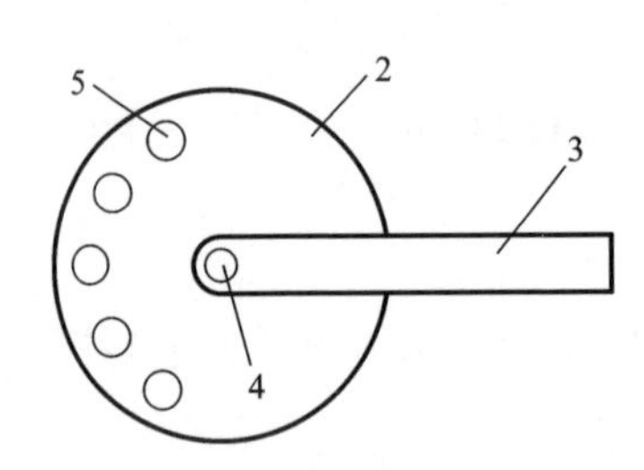

图 12-24 智能房间门锁锁体的结构示意图

如图 12-24 所示,本案的智能锁包括锁体、锁壳 2、把手 3、指纹识别模块、输入模块和控制电路。指纹识别模块用于读取用户的指纹数据,并判断读取到的指纹数据与门锁内的用户的指纹模板是否一致。输入模块用于检测自身被触发的输入操作,并生成相应的输入信号。控制电路用于根据指纹识别模块的判断结果以及输入模块的输入信号对门锁进行控制。指纹识别模块包括指纹传感器 4,指纹传感器 4 设置在把手 3 上。输入模块包括触摸按键 5,触摸按键 5 沿把手 3 的旋转中心均匀设置在锁壳 2 上。通过将指纹识别器设置在把手上,并将触摸按键设置在锁体上,在保证了门锁功能的前提下,缩小了门锁的体积,使其应用在房间门上更加合适,从而达到了适配房间门的目的。

权利要求如下。

一种智能房间门锁，其特征包括锁体、圆形的锁壳和能够绕所述锁壳的中心轴相对于所述锁壳转动的把手；指纹识别模块，其用于读取用户的指纹数据，并判断读取到的指纹数据与所述门锁内的用户的指纹模板是否一致；输入模块，其用于检测自身被触发的输入操作，并生成相应的输入信号；控制电路，其用于根据所述指纹识别模块的判断结果以及所述输入模块的输入信号对所述门锁进行控制。其中，所述指纹识别模块设置在把手上，所述输入模块包括触摸按键，所述触摸按键沿所述把手的旋转中心均匀地设置在所述锁壳上。

【对比文件 1 的技术方案】

对比文件 1 涉及一种单独把手的电子锁，所要解决的技术问题是：目前的电子锁主要是把手固定在面板上，电子控制模块集成在面板上，将电子控制模块集成在把手上的锁也是集成在前把手内，这样的把手电子锁只能在室内门使用，并且无法加上后备机械开启机构。

如图 12-25 所示，对比文件 1 的电子锁依次包括连接为一体的开锁机构 1、前把手 2、锁体 3、方轴套 4、连接轴 5、离合机构 6 和后把手 7。开锁机构 1 固定安装在前把手 2 内，一端与锁头 11 连接，另一端固定连接轴 5 和方轴套 4。前把手 2 包括前手柄 10。开锁机构 1 和锁头 11 固定安装在前把手 2 内，通过方轴套 4 和连接轴 5 来连接锁体 3 和后把手 7。锁体 3 上设有方轴孔 9。方轴套 4 穿过锁体方轴孔 9，两端分别与开锁机构 1 和离合机构 6 连接。连接轴 5 穿过方轴套 4，一端固定于开锁机构 1 中，另一端与离合机构 6 连接。离合机构 6 固定安装在后把手 7 内。后把手 7 包括后手柄 8。离合机构 6 固定安装在后把手 7 内，通过方轴套 4 和连接轴 5 连接锁体 3 和前把手 2。

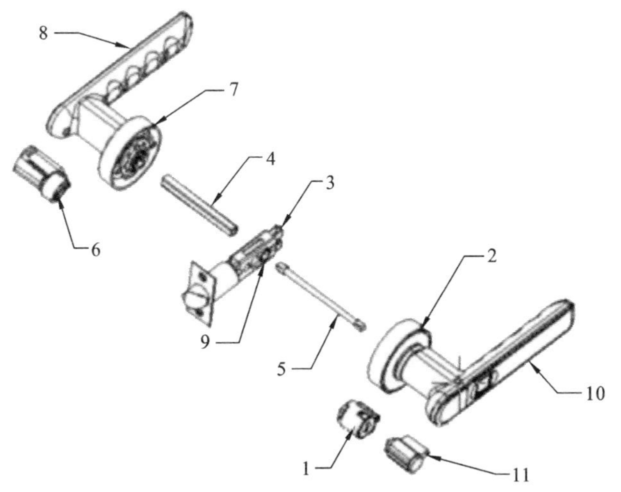

图 12-25　对比文件 1 电子锁的分解结构示意图

需要手动开关门时，插入机械钥匙控制锁头 11 转动，从而带动开锁机构 1 连接上插在锁体 3 的方孔 9 内的方轴套 4。因为开锁机构 1 安装固定在前把手 2 内与把手同步运动，所以转动前把手 2，带动方轴套 4 转动锁体开门，从而实现电子锁具的门外机械钥匙开锁。

需要自动开关门时，在前把手 2 上输入正确的指纹，电路可自动接通离合机构 6，离合机构 6 通过连接轴 5 连接前后把手。当转动前手柄 10，通过连接轴 5 带动后把手 7 转动，一端固定在后把手 7 内，插在锁体 3 的方孔 9 内的方轴套 4 同步转动，从而实现电子锁具的门外电子自动开锁功能。

【对比文件 2 的技术方案】

对比文件 2 涉及一种带报警装置的按钮式密码锁，所要解决的技术问题是现有的密码锁结构复杂庞大、制造困难、生产成本高，会给生产和使用造成很大的限制。

如图 12-26 所示，对比文件 2 的按钮式密码锁的锁体 13 与普通弹子门锁相似，门内执手 14 可在门内自由开启，门外执手 1 带动芯轴 7 转动时，也可压紧锁体 13 内的弹簧 18，推动锁舌 20 使锁开启。芯轴 7 的一端装有门外执手 1 和使其在移动后自动复位的弹簧 2，并通过销 8 与其外的凸缘套 9 同时转动，凸缘套 9 的凸缘嵌在锁芯座 10 的凹槽中。在凸缘与锁芯座 10 上开有若干纵向缺口槽，在槽中插入锁片 6，锁片 6 的两侧都开有缺口，但缺口的位置是不对应的，当锁片 6 在零位，缺口与凸缘对准时，锁片 6 不会阻碍芯轴 7 和凸缘套 9 的自由转动，这种缺口同凸缘对准的锁片称为常开锁片。当锁片的缺口与凸缘错开时，阻止凸缘套 9 和芯轴 7 的自由转动，门

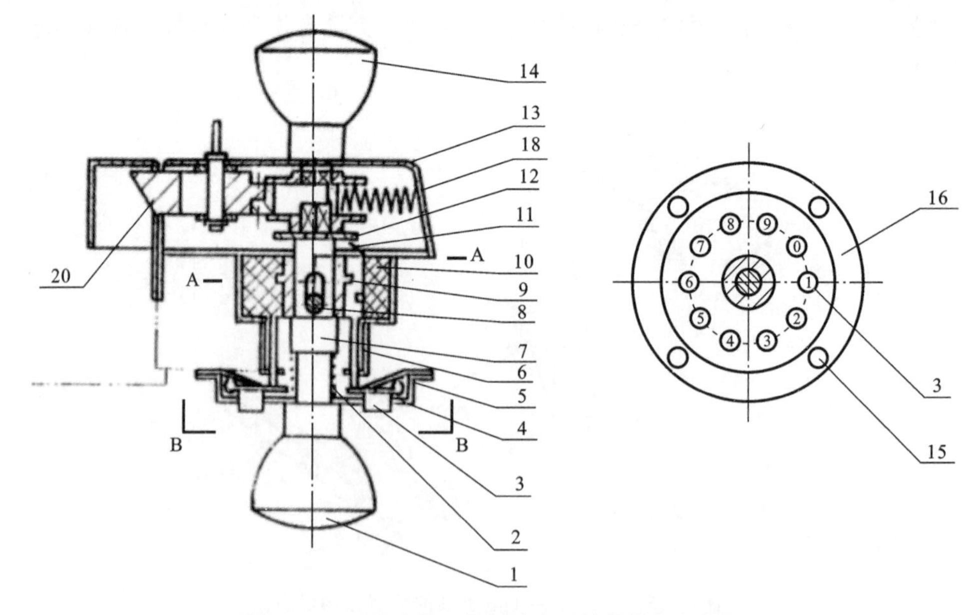

图 12-26　对比文件 2 按钮式密码锁的纵向剖面图

外执手1就无法开锁,此时的锁片称为常闭锁片。在面板16上装有对应于锁片数的按钮3,当锁片6在零位时,按下按钮3,锁片6即向前移动,直至端部接触定位板12,锁片6与凸缘错开,阻止凸缘套9转动。打开锁体13,把常开锁片6翻转180°后插入,该锁片就成为常闭锁片。此时,锁片6在零位时,缺口与凸缘错开,按下按钮3推动锁片6向前移动至定位板12时,缺口对准凸缘。按钮3按下后,弹簧片5通过杠杆4能使按钮3复位,当锁片6复位后,只有按下所有常闭型按钮,而不按任一常开型按钮,门外执手1才能开启锁舌。

【争议焦点】

对比文件1公开了指纹识别模块设置在把手上,对比文件2公开了机械按钮沿把手的旋转中心均匀的设置在锁壳上。对比文件1结合对比文件2能否评述本案的创造性?

【案例分析】

创造性审查过程中,在确定了发明与最接近现有技术之间的区别技术特征后,需要基于该区别技术特征确定发明实际解决的技术问题。发明实际解决的技术问题与发明记载的技术问题可能相同,也可能不同。应当根据区别特征给整个发明带来的技术效果,准确恰当地确定发明实际解决的技术问题。即,发明实际解决的技术问题应当与区别特征达到的技术效果相匹配,以准确体现发明对现有技术做出的贡献。

具体到本案,根据说明书背景技术的记载,本案所要解决的技术问题是现有的家庭大门智能门锁体积过大,应用到房间门上则与房间门的体积不适配。本案通过将指纹识别器设置在把手上,并将触摸按键设置在锁体上,缩小了门锁的体积,使其应用在房间门上更加合适。对比文件1公开了需要自动开关门时,在前把手上输入正确的指纹,可见,对比文件1也是将指纹识别器设置在把手上,且对比文件1明确记载了该电子锁既能适用室内门也能适用室外门,也即,对比文件1已经解决了门锁体积与房间门适配的问题。此时,基于本案权利要求与对比文件1的区别技术特征"触摸按键沿把手的旋转中心均匀设置在锁壳上",重新确定的技术问题就不再是门锁体积与房间门适配的问题,而是如何丰富智能门锁的开锁方式。指纹识别和密码识别均是本领域智能锁的常规开锁方式,在门锁上同时设置指纹识别模块和密码输入模块以丰富智能门锁的开锁方式是本领域常规技术手段。对于采用密码识别时的触摸按键的具体设置方式而言,无论是机械按键还是触摸按键均是按键的常规形式,在对比文件2公开了将按键沿把手的旋转中心均匀设置在锁壳上,本领域技术人员自然容易想到将按键也沿把手的旋转中心均匀设置在锁壳上,并将机械按键改为触摸按键。因此,对比文件1结合对比文件2可以评述本案权利要求的创造性。

【案例启示】

如果说明书中声称要解决的技术问题已经被最接近现有技术解决,则需要重新确定发明实际解决的技术问题，重新确定发明实际解决的技术问题应当以所属领域技术人员的视角，依据区别特征给发明带来的技术效果确定。

案例 9

发明名称：用于车锁装置的保护装置、车锁机构以及骑乘式车辆。

【相关案情】

本案涉及一种车锁装置的保护装置；针对现有技术中车锁装置的保护装置，其构造为通过挡板来开启或关闭钥匙插孔。本案提出一种不易被暴力打开的车锁装置的保护装置，其结构如图 12-27 和图 12-28 所示。保护装置 1 是用于保护例如圆柱销子锁的车锁装置 90 的装置，并且与车锁装置 90 一起构成车锁机构 100，保护装置 1 包括外壳 2、罩 3、挡板 4、保持机构 5、操作件 6 和板件 7。外壳 2 是连接到车锁装置 90 的部分，外壳 2 形成为与锁装置外壳 94 分离的本体，圆柱销子 93 插入外壳 2。挡板 4 被设置为能够在罩 3 上旋转，磁性钥匙插入部分 45 设置在旋转中心 41 的上表面上，磁性钥匙插孔 45 呈圆柱形，并且插在罩 3 的第二开口 34 内。

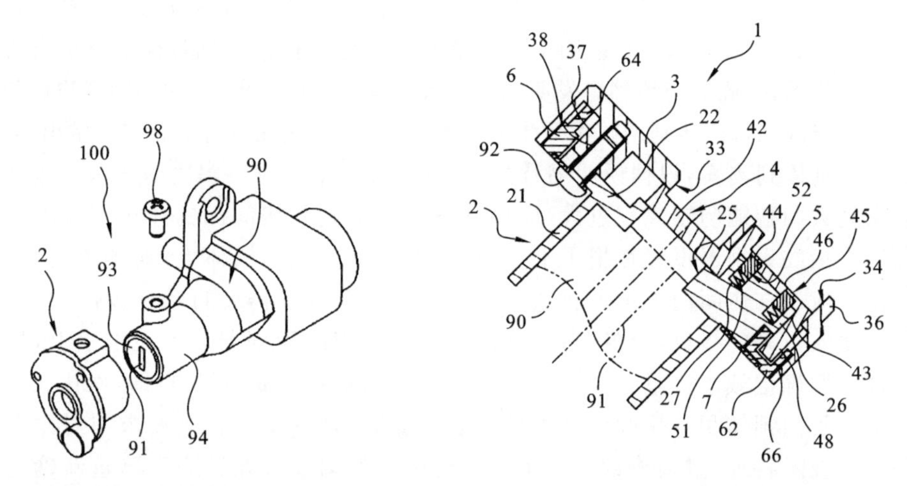

图 12-27　保护装置和车锁装置的车锁机构的立体图　　**图 12-28　保护装置的截面侧视图**

保持机构 5 是用于将挡板 4 保持在闭合位置处的机构，磁性钥匙解除通过保持机构 5 维持的对挡板 4 的保持。保持机构 5 包括多个弹簧 51 和多个锁钉 52，每个弹簧 51 和锁钉 52 插在外壳 2 的挡板支撑部分 26 上的凹孔 27 内。锁钉 52 比外壳 2 上凹孔 27 的深度短，但比挡板 4 上凹孔 44 的深度长。锁钉由磁铁制成，弹簧 51 朝向挡板 4 对锁钉施力，弹簧 51 使锁钉压靠挡板 4。当挡板 4 在闭合位置时，外壳 2 上的凹孔 27 和挡板 4 上的凹孔 44 处于彼此对应的状态，因此使锁钉 52 处于通过弹簧 51 的作用力而被插入挡板 4 上凹孔 44 中的状态，挡板 4 被保持在闭合位置。

为了将挡板4从闭合位置移动到开启位置，用户首先使用磁性钥匙解除保持机构5对挡板4的保持。磁性钥匙插入挡板4的磁性钥匙插入部分45，磁性钥匙具有多个磁铁，其用于产生和锁钉52相排斥的力。因此，当磁性钥匙插在挡板4的磁性钥匙插入部分45内时，磁性钥匙和锁钉52之间产生的排斥力使锁钉52抵抗弹簧51的作用力朝向外壳2移动。锁钉52从挡板4上的凹孔44退出，并且对挡板4的保持被解除。因此，用户可以旋转磁性钥匙将挡板4从闭合位置移动到开启位置。当用户使用磁性钥匙将挡板4从闭合位置移动到开启位置时，操作件6沿与上述方向相反的方向旋转，并且操作部分61从第二操作位置返回到第一操作位置。在将较大的力施加到操作部分的情况下，突起48会断裂，或者操作件6以其他的方式折断，从而阻止操作件6的运动传递给挡板4，使挡板4受力打开变得困难。

权利要求如下。

一种用于车锁装置90的保护装置1，所述车锁装置90包括钥匙可插入其中的钥匙孔91。所述保护装置1包括：外壳2，其在与所述钥匙孔91相对应的部分上包括开口25；罩3，其被构造为覆盖所述外壳2，所述罩3在与所述外壳2的所述开口25相对应的部分上包括开口33；挡板4，其布置在所述外壳2和所述罩3之间的空间中，所述挡板4被构造为在闭合位置和开启位置之间移动，所述挡板4被构造为在所述闭合位置关闭所述罩3的所述开口33，所述挡板4被构造为在所述开启位置打开所述罩3的所述开口33；保持机构5，其被构造将所述挡板4保持在所述闭合位置；以及操作件6，其设置为与所述挡板4分离的本体，所述操作件6被构造为在与所述挡板4接触的同时沿所述罩3的内周面转动，以将所述挡板4从所述开启位置移动到所述闭合位置。所述罩3呈圆柱形。所述保持机构5包括多个弹簧51和多个锁钉52，其中，每个所述弹簧51和所述锁钉52插在所述外壳2的挡板支撑部分26上的凹孔27内，并且当所述挡板4在闭合位置时，所述锁钉52处于通过所述弹簧51的作用力而被插入所述挡板4上凹孔44中的状态。

【对比文件的技术方案】

对比文件1公开了一种机动两轮车的圆柱锁10(属于车锁装置的下位概念)的保护装置，并具体公开了以下技术特征(见图12-29)。机动两轮车的圆柱锁10的圆柱体11安装在转向立柱上，在该圆柱体11的前部安装有覆盖该圆柱体11前部的非磁性材料制的体罩12。圆柱锁10内设有内圆柱13，内圆柱13具有供标准的机械钥匙15插入有底的钥匙孔16，圆柱体11的前部内配置有与该钥匙孔16相连的贯通孔17的护板18。由与体罩12的护板罩部12a一体相连的外壳部30和通过多个螺钉部件且而紧固在该外壳部30上的非磁性材料制的罩31构成壳体29，罩31覆盖外壳部30。转动部件27和闸板28构成闸门机构26，收纳于安装在上述体罩12上的壳体29中。在上述外壳部30的中央部设有与上述护板18的贯通孔17对应的圆形通孔33，在罩部31的平板部31a的中央部设有与上述通孔33同轴的支撑孔34。

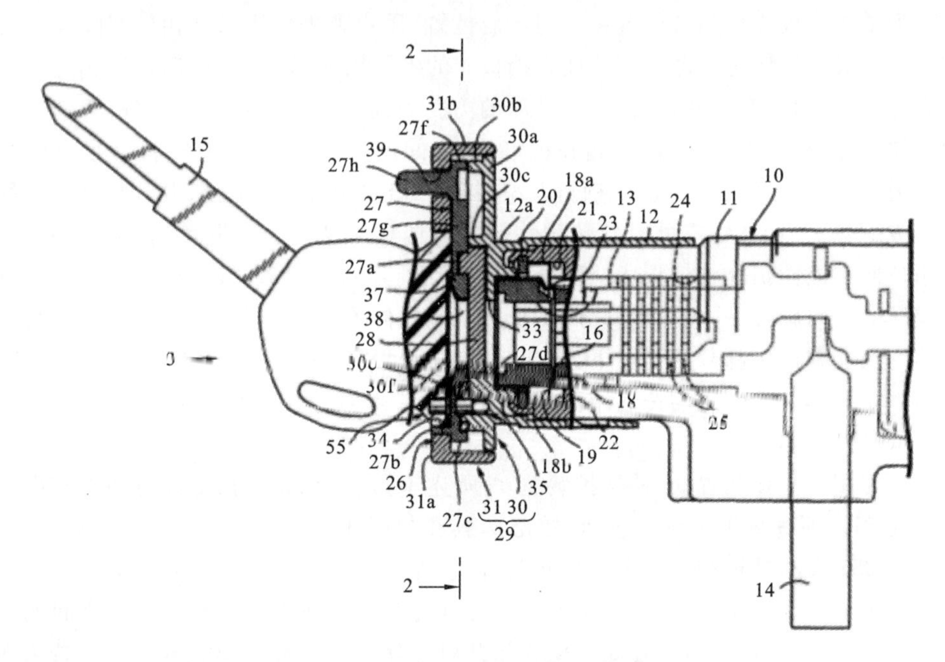

图 12-29 对比文件 1 圆柱锁的纵剖视图

该转动部件 27 具有允许上述机械钥匙 15 插入上述内圆柱 13 的钥匙孔 16 中的穿插孔 38,并且该转动部件 27 随着对磁性锁 35 进行解锁时的转动操作而绕与上述内圆柱 13 的转动轴线相同的轴线进行转动,并且随着转动部件 27 的转动,能够利用闸板 28 封闭转动部件 27 所具有的整个穿插孔 38,所以可以将连通到内圆柱 13 的钥匙孔 16 中的穿插孔 38 完全关闭。该闸板 28 与上述转动部件 27 联动地连接,并且随着该转动部件 27 的转动而在敞开上述穿插孔 38 的位置和封闭整个上述穿插孔 38 的位置之间移动。在闸板 28 上突出设置有向转动部件 27 侧突出的卡合凸部,该卡合凸部与设置在转动部件 27 的连接部 27g 上的圆弧状的导向孔相卡合。转动部件 27 具有操作轴部 27h,该操作轴部 27h 向罩 31 侧突出。在罩 31 中的平板部 31a 上设有供上述转动部件 27 的操作轴部 27h 贯穿的圆弧状的长孔 39,上述长孔 39 形成:在对磁性锁 35 进行解锁时,通过保持操作轴部 27h 并对其进行操作,就可以使上述转动部件 27 在预定范围例如 25 度的范围内转动,以便允许转动部件 27 和操作轴部 27h 在该范围内进行转动。当转动部件 27 转动时,闸板 28 追随该转动部件 27 的转动进行滑动,可以在下述两种状态之间进行滑动:在磁性锁 35 的锁闭状态下在封闭转动部件 27 的整个穿插孔 38 的封闭位置对圆柱锁 10 进行保护的状态,在打开上述转动部件 27 的穿插孔 38 的打开位置允许机械钥匙 15 插入圆柱锁 10 的钥匙孔 16 中的状态。磁性锁 35 是设置在转动部件 27 的转动部件基部 27a 与外壳部 30 的隆起部 30f、30g 之间的部件,在上述隆起部 30f、30g 中以朝向上述转动部件基部 27a

侧开口的方式设有每组三个共两组的有底滑动孔 49，在上述转动部件基部 27a 的与外壳部 30 面对的面上设有每组三个共两组的卡合凹部 50。各组的每两个滑动孔 49 中，分别可滑动地嵌合有杆状的磁铁 51，并使磁极配置适当地组合，在各滑动孔 49 的封闭端和各磁铁 51 之间分别夹设有对各磁铁 51 向从隆起部 30f、30g 突出的一侧弹性加载的弹簧 52。在闸板 28 闭合阻止机械钥匙 15 插入钥匙孔 16 中时，上述磁铁 51 的一部分与转动部件 27 侧的卡合凹部 50 中所对应的卡合凹部 50 卡合，从而在该状态下阻止了转动部件 27 的转动动作。

【争议焦点】

权利要求中区别技术特征“当所述挡板在闭合位置时，所述锁钉处于通过所述弹簧的作用力而被插入所述挡板上凹孔中的状态”，能否认为本领域技术人员在对比文件 1 的基础上，面对要解决简化保持机构和闸板的保护装置结构的技术问题时，有动机将对比文件 1 中的转动部件 27 和闸板 28 简化为一个部件，同属于闸板机构的这两个部件之间的合并，从而得出本案不具备创造性的结论。

【案例分析】

(1) 确定发明实际解决的技术问题的前提是准确把握权利要求技术方案中各个技术特征在技术方案中所起的作用、解决的技术问题、产生的技术效果等内容，在确定区别技术特征给发明带来的技术效果时，不能仅局限于区别技术特征自身固有的性能，而应当将发明作为一个整体看待，考虑区别特征的引入对整个发明技术方案产生的影响。

(2) 具体到本案，区别技术特征“当所述挡板在闭合位置时，所述锁钉处于通过所述弹簧的作用力而被插入所述挡板上凹孔中的状态”在本案中所起的作用为：车锁装置的保护装置在较大的作用力施加到操作件的情况下，操作件要带动挡板转动，挡板受锁钉的阻碍不能转动，使得操作件受剪切力而折断，此时就不能通过施加到操作件上较大的作用力而打开挡板。而在对比文件 1 中磁铁 51 插入转动部件 27 的卡和凹部 50，在较大的作用力施加到转动部件 27 的情况下，磁铁 51 首先承受剪切力，然后磁铁 51 折断后就能打开闸板 28。本案相对于对比文件 1 实际所要解决的技术问题是：在较大的作用力施加到操作件的情况下，使操作件折断，从而使用力打开挡板变得困难，而并非“简化保持机构和闸板的保护装置结构”。而且，对比文件 1 中转动部件 27 和闸板 28 通过相互作用实现对穿插孔 38 的启闭，若设置成一个部件将无法实现该功能，本领域技术人员有动机将转动部件 27 和闸板 28 简化为一个部件的说法缺乏依据。

【案例启示】

在采用“三步法”进行创造性评判时，正确的认定区别技术特征在申请文件中实际解决的技术问题是客观把握创造性的前提，通常而言，把实际解决的技术问题简单化，势必会使得显而易见的判断比较主观且随意。

案例 10

发明名称:一种移动通讯设备的防盗固定系统。

【相关案情】

本案涉及一种移动通讯设备及防盗固定系统。商家在销售移动通讯设备时通常需要展示样机使消费者能够得到良好体验,但由于手机等移动通讯设备的体积往往较小,因此常常成为被盗目标。为了防止样机遗失,商家在展示样机时都会通过安全锁将样机固定。现有技术中,安全锁与移动通讯设备的固定方式单一,主要通过胶带黏合固定,采取这样的固定方式对手机等移动通讯设备的防盗固定效果不佳,且当样机从安全锁上取下时,样机上难免会留下残胶,影响美观。

本案提出的移动通讯设备的防盗固定系统,如图 12-30 所示,包括移动通讯设备的壳体 100,壳体 100 设有挂孔 110,挂孔 110 可以作为外界的安全锁(未标示)的锁孔,使安全锁锁固在挂孔 110 内。挂孔 110 包括内腔 111 和第一连通孔 112,内腔 111 埋设于壳体 100 内。第一连通孔 112 与内腔 111 连接,并使第一连通孔 112 与内腔 111 形成一个通道,从而将内腔 111 与外界连通。安全锁可以插入第一连通孔 112 并到达内腔 111 中,内腔 111 与第一连通孔 112 则可以容置从第一连通孔 112 中插入的安全锁。

挂孔 110 还包括第二连通孔 113,第二连通孔 113 与内腔 111 连接,并使第二连通孔 113 与内腔 111 形成另一个通道,从而将内腔 111 与外界连通。第一连通孔 112 除了作为安全锁的锁孔外,还可以与第二连通孔 113 配合,用于绑系装饰挂件。装饰挂件的挂绳从第一连通孔 112 或第二连通孔 113 穿入,再从第二连通孔 113 或第一连通孔 112 穿出,将挂绳绑系后,装饰挂件就固定在了挂孔 110 上。

安全锁包括锁头 201、支撑腿 202 及活动腿 203。支撑腿 202 固定于锁头 201 上,活动腿 203 活动连接于支撑腿 202,以使活动腿 203 能相对支撑腿 202 转动。支撑腿 202 与活动腿 203 可从第一连通孔 112 中插入,并使得支撑腿 202 容置于第一连通孔 112 中,活动腿 203 整个容置于内腔 111 中。锁头 201 具有钥匙孔(未标示),与安全锁匹配的钥匙插入钥匙孔中,可以控制活动腿 203 相对支撑腿 202 转动,以在开启状态和锁固状态之间切换,锁头 201 可连接绳索 21。

权利要求如下。

一种防盗固定系统,包括安全锁。所述安全锁包括锁头、支撑腿及活动腿。所述支撑腿固定在所述锁头。所述活动腿活动连接所述支撑腿,以使所述活动腿相对于所述支撑腿转动。所述锁头用于与外界相固定。所述防盗固定系统还包括移动通讯设备,所述移动通讯设备包括壳体,所述壳体设有挂孔,所述挂孔包括内腔和第一连通孔。所述第一连通孔与所述内腔连接,用于将所述内腔与外界连通。所述内腔埋设于所述壳体内,用于容置从所述第一连通孔中插入的安全锁。所述内腔为圆柱形。所述第一连通孔与所述内腔的圆形切面垂直连接,所述内腔用于容置从所述第一连通

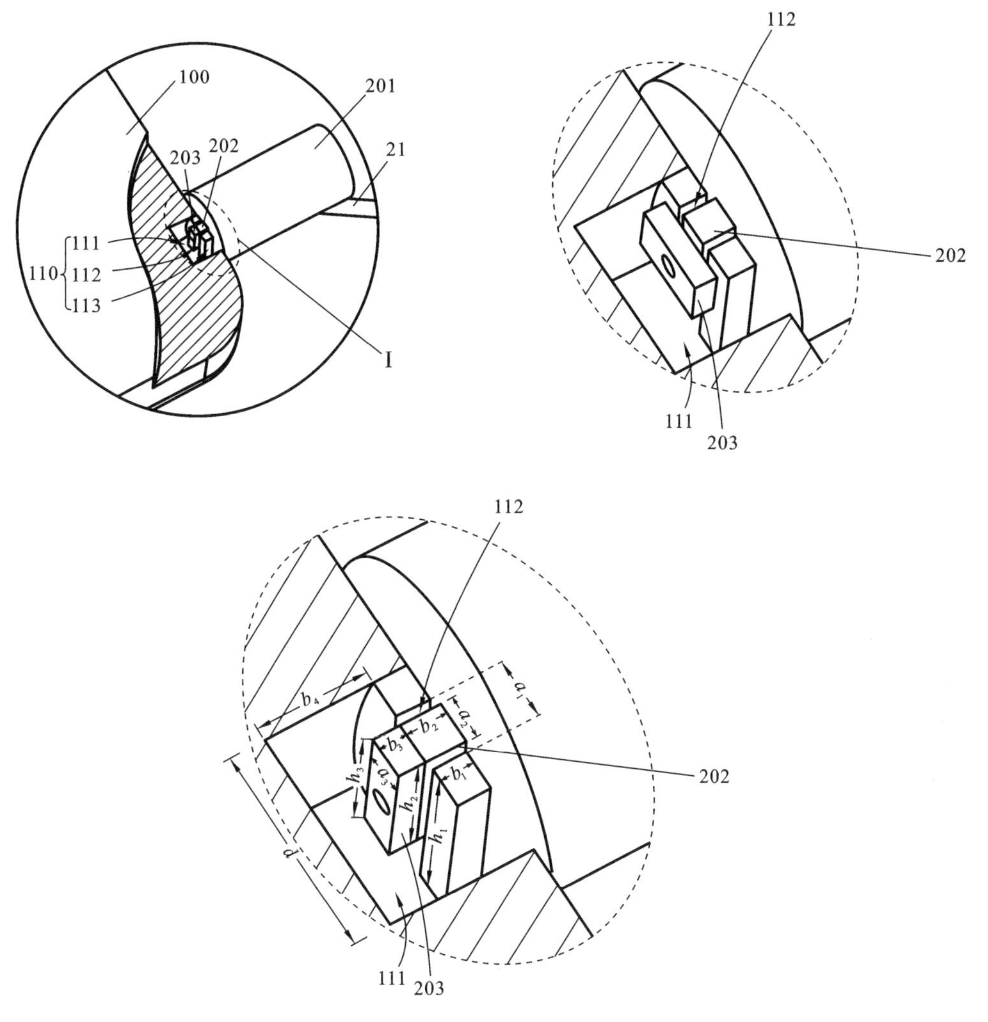

图 12-30　防盗固定系统的结构示意图

通孔中插入的所述活动腿，所述第一连通孔用于容置所述支撑腿。其中，第一连通孔的长度大于支撑腿的长度，且第一连通孔的长度大于活动腿的长度；第一连通孔的深度小于支撑腿的深度；第一连通孔的高度大于支撑腿的高度，且第一连通孔的高度大于活动腿的高度。内腔的直径大于第一连通孔的高度，且第一连通孔的高度大于第一连通孔的长度，内腔的深度大于活动腿的深度。所述挂孔包括第二连通孔，所述第二连通孔与所述第一连通孔间隔平行设置，并与所述内腔连接，用于将所述内腔与外界连通。第一连通孔与第二连通孔配合，还用于绑系装饰挂件。所述支撑腿和所述活动腿对应于所述第一连通孔均为长方体形。所述防盗固定系统具有开启状态和锁固状态。所述支撑腿容置于所述第一连通孔中。所述活动腿相对于所述支撑腿转动至与所述支撑腿平行时，对应所述开启状态。所述活动腿相对于所述支撑腿转动至与所述支撑腿呈一定角度相交时，对应所述锁固状态。活动腿与支撑腿从第一连通孔中拔出，使安全锁解锁。所述锁固状态为所述活动腿与所述支撑腿垂直相交。所述内腔的深度大于所述活动腿的深度。所述活动腿的高度大于所述第一连通孔的长度。在内腔的深度大于活动腿的深度的基础上，设置内腔的深度与第一连通孔的深度两者之和大于支撑腿的深度与活动腿的深度两者之和。所述第一连通孔的中心线对应于圆形切面的径向设置。

【对比文件的技术方案】

对比文件 1 涉及一种手提电脑的防盗装置，如图 12-31 所示，包括安全锁，安全锁包括圆筒体 12（相当于本案的锁头）、浅凸部 26（相当于本案的支撑腿）及 T 形头部 24a（相当于本案的活动腿）。浅凸部 26 固定于圆筒体 12，T 形头部 24a 可相对于浅凸部 26 转动，圆筒体 12 用于与外界相固定。该防窃装置（相当于本案的防盗固定系统）还包括手提设备（相当于本案的移动通讯设备），手提设备包括侧壁 20（相当于本案的壳体的一部分），侧壁 20 上设有挂孔，挂孔包括侧壁内侧的内腔和槽缝 22a（相当于第一连通孔），槽缝 22a 与内腔连接用于将内腔与外界连通，内腔埋设于侧壁 20 内，内腔用于容置从槽缝 22a 中插入的 T 形头部 24a（相当于本案安全锁的一部分），槽缝 22a 用于容置浅凸部 26。由于浅凸部 26 可插入槽缝 22a 中，T 形头部 24a 可插入并穿过槽缝 22a，则槽缝 22a 的长度必然分别大于浅凸部 26 的长度和 T 形头部 24a 的长度，槽缝 22a 的高度也必然分别大于浅凸部 26 的高度和 T 形头部 24a 的高度。槽缝 22a 为腰圆孔形状，可见槽缝 22a 的高度大于槽缝 22a 的长度。由于 T

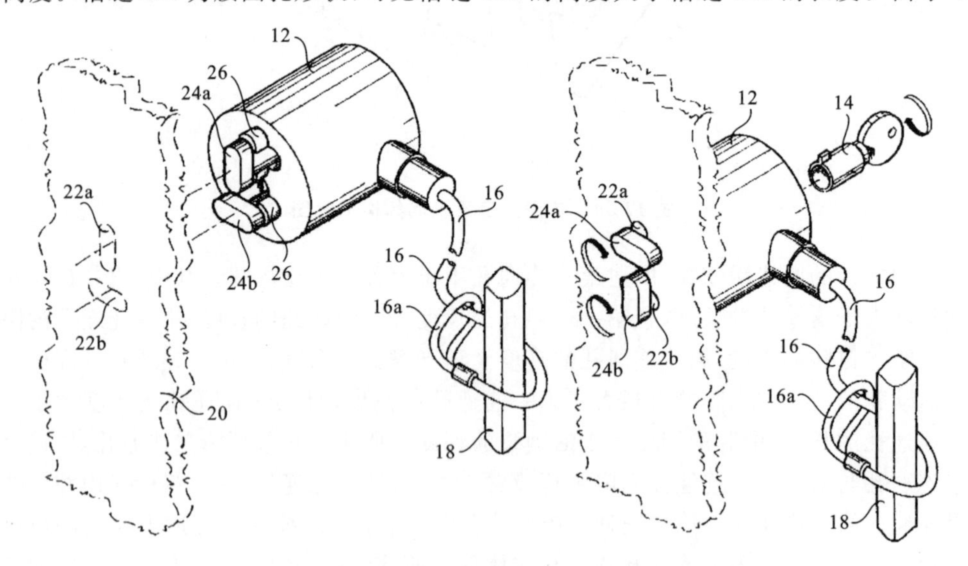

图 12-31　对比文件 1 锁具在上锁和开锁状态示意图

形头部 24a 和浅凸部 26 均需插入槽缝 22a 中，且 T 形头部 24a 可容置于内腔中并能在内腔中转动，则内腔的深度必然应大于 T 形头部 24a 的深度，且内腔的深度与槽缝 22a 的深度两者之和必然大于浅凸部 26 的深度与 T 形头部 24a 的深度两者之和。同时，为防止 T 形头部 24a 在内腔中转动时从槽缝 22a 中脱出，则 T 形头部 24a 的高度必然大于槽缝 22a 的长度。侧壁 20 上设置的挂孔还包括槽缝 22b（相当于本案的第二连通孔），槽缝 22a 和槽缝 22b 可间隔平行设置并与内腔连接，用于将内腔与外界连通。该防窃装置具有开启状态和锁固状态，浅凸部 26 容置于槽缝 22a 中，T 形头部 24a 相对于浅凸部 26 转动至与浅凸部 26 平行时，对应开启状态；T 形头部 24a 相对于浅凸部 26 转动至与浅凸部 26 呈一定角度相交时，对应锁固状态。锁固状态为 T 形头部 24a 与浅凸部 26 垂直相交。

【争议焦点】

本案与对比文件 1 相比，还存在三个主要的区别技术特征：①本案中活动腿活动连接支撑腿，且第一连通孔的深度小于支撑腿的深度，活动腿与支撑腿从第一连通孔中拔出，使安全锁解锁；②本案中内腔为圆柱形，内腔的直径大于第一连通孔的高度，第一连通孔与内腔的圆形切面垂直连接，且第一连通孔的中心线对应于圆形切面的径向设置，支撑腿和活动腿对应于第一连通孔均为长方体形；③本案中的第一连通孔与第二连通孔配合，还用于绑系装饰挂件。本案请求保护的技术方案相对于对比文件 1 是否具有创造性？

【案例分析】

本案中，对于区别技术特征①，将活动腿设置为活动连接于支撑腿，这是本领域技术人员对活动腿与支撑腿连接方式的常规选择手段，只要能实现活动腿可相对于支撑腿转动即可，而当活动腿活动连接于支撑腿时，为使得活动腿能被支撑腿顶出以穿过第一连通孔并平滑地转动于内腔中，则第一连通孔的深度必然应小于支撑腿的深度，同时在活动腿转动至与支撑腿平行时对应安全锁的开启状态，由于活动腿活动连接于支撑腿，此时活动腿与支撑腿均可从第一连通孔中拔出使安全锁解锁，这是本领域的常规技术手段，且其能产生的技术效果可以预期。对于区别技术特征②，将内腔设置为圆柱形，同时将支撑腿和活动腿对应于第一连通孔均设置为长方体形，这都是本领域技术人员对各部件形状的常规选择手段，而第一连通孔开设于内腔中且内腔能够容纳旋转的活动腿，则圆柱形内腔的直径必然大于第一连通孔的高度；而将第一连通孔设置为与内腔的圆形切面垂直连接，以使得第一连通孔的中心线对应于圆形切面的径向设置，这也是本领域技术人员对内腔中连通孔的设置位置的常规选择，无需付出任何创造性劳动。对于区别技术特征③，为增强移动通讯设备的美观性，本领域技术人员容易想到将装饰挂件的挂绳分别从两个连通孔中穿入或穿出即将第一连通孔和第二连通孔相互配合以用于绑系装饰挂件，这也是本领域技术人员对装饰挂件绑系方式的常规选择，无需付出任何创造性劳动。因此认为本案权利要求的技术方案相较于现有技术对比文件 1 而言不具备创造性。

【案例启示】

在重新确定发明实际解决的技术问题时，也存在较为特殊的情形。例如，发明与最接近的现有技术相比存在区别技术特征，但该区别技术特征的引入未给发明带来任何相对于最接近的现有技术而言有所不同的技术效果。对于所属领域技术人员公知的、功能相同的两种现有技术的技术手段而言，如果所属领域的技术人员基于对上述技术手段的了解，依据其所具有的普通技术知识和实践经验，懂得根据实际工作情况在二者间进行选择，或者将其中一种手段替换为另一种手段以满足具体的技术需求，则发明实际解决的技术问题应当是提供了一种解决上述已知问题的替代方案。

案例 11

发明名称：机动车门锁拉紧装置。

【相关案情】

本案涉及一种机动车门锁拉紧装置，针对目前机动车门锁的位置传感器设置在机动车门锁内部存在故障率高、维修难度大以及制造成本高等问题。

如图 12-32 所示，本案的机动车门锁拉紧装置包括机动车门锁 1、连接件 2 和控制装置。机动车门锁 1 和控制装置通过连接件 2 相连。控制装置包括位置传感器 3、执行单元 4 和控制单元 5。执行单元 4 包括电机和传动机构，传动机构包括齿轮组和齿条，齿条与齿轮组相互啮合。位置传感器 3 设置于齿条表面、齿条和控制装置的壳体之间，或者齿条和控制单元 5 之间。

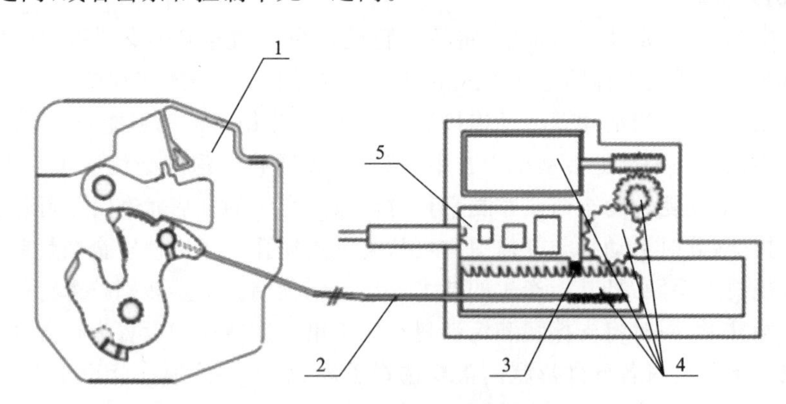

图 12-32　机动车门锁拉紧装置结构示意图

当机动车门锁 1 未锁紧的时候，该信号会被与连接件 2 相连的齿条底部的位置传感器 3 检测到，位置传感器 3 将该信号通过电路板或者数据线迅速传递给控制单元 5，控制单元 5 根据内部设置的程序进行逻辑判断，如果需要执行拉紧动作，则将指令传递给电机，电机旋转驱动齿轮组转动，齿轮组转动后与齿条相互接触，从而带动齿条移动，移动方向与连接件 2 拉紧的方向一致。当齿条拉紧后，齿轮组与齿条相互脱离，从而保证齿轮组和齿条之间磨损达到最小，延长使用寿命。

权利要求如下。

一种机动车门锁拉紧装置，包括机动车门锁1、连接件2和控制装置。控制装置通过连接件2与机动车门锁1相连，其特征包括控制单元5、位置传感器3和执行单元4。所述执行单元4包括电机和传动机构。位置传感器3设置于机动车门锁1外的连接件2或者传动机构上。当机动车门未锁紧时，位置传感器3将信号传递到控制单元5，控制单元5控制执行单元4带动连接件2拉紧机动车门锁1。传动机构包括齿轮组和齿条，齿条与齿轮组相互啮合。位置传感器3设置于齿条表面、齿条和控制装置的壳体之间，或者齿条和控制单元之间。控制单元5控制电机驱动齿轮组转动。齿条通过连接件2与机动车门锁1相连。位置传感器3和控制单元集成于同一电路板上，位置传感器3采用非接触式位置传感器，非接触式位置传感器采用霍尔位置传感器。

【对比文件1的技术方案】

对比文件1涉及一种电动辅助汽车车门关严装置，所要解决的技术问题是：现有的气动式车门锁结构复杂、体积较大、成本较高，而电动式的车门锁则多采用齿轮或扇形齿条传动，体积巨大，只能在安装空间富余的后备箱上使用。

如图12-33所示，对比文件1的电动辅助汽车车门关严装置包括动力单元1、连接拉线2、门锁单元3、电子控制单元4。拉线2连接门锁单元3和动力单元1。动力单元1内设置有电动机1-1、减速机构1-2、动力轴1-3、被动齿1-4、驱动块1-5、自由臂1-6、激活开关1-7、被动齿轴1-8、凸点1-9，自由臂1-6的一端置于被动齿轴1-8上。自由臂1-6可以以被动齿轴1-8为中心做轴向运动，自由臂1-6上的凸点1-9用于触碰位置开关1-7。拉线2的钢芯线2-1的一个连接端2-2与门锁单元3内的转动卡板3-1相连，拉线2的钢芯线2-1另一个连接端2-3与动力单元1内的自由臂1-6相连。

工作原理：车门打开时，门锁处于解锁状态，用力关车门时门锁会从解锁状态到半锁状态再到全锁状态，这时车门完全关闭。如果关门力度过轻，门锁会停在半锁状态，车门没有完全关闭，在这种情况下，系统会自动启动，使门锁到达全锁状态。门锁单元3处于半锁时，转动卡板3-1推动钢芯线2-1使自由臂1-6的凸点1-9正好触碰位置开关1-7，位置开关1-7产生的激活信号传至电子控制单元4进行分析，如果门锁处于半锁状态，即位置开关1-7产生激活信号超过电子控制单元4中的设定时间，电子控制单元4立刻使电动机1-1运转，电动机1-1的输出扭矩通过减速机构1-2增大后传至动力轴1-3，运转的动力轴1-3带动被动齿1-4逆时针旋转，被动齿1-4上的驱动块1-5接触到自由臂1-6，在驱动块1-5作用力的驱使下自由臂1-6以被动齿轴1-8为中心向下做轴向运动，直至自由臂1-6通过钢芯线2-1拉动转动卡板3-1顶到限位块3-5上，这时电子控制单元4感知电动机1-1负荷超过设定值便使电动机1-1

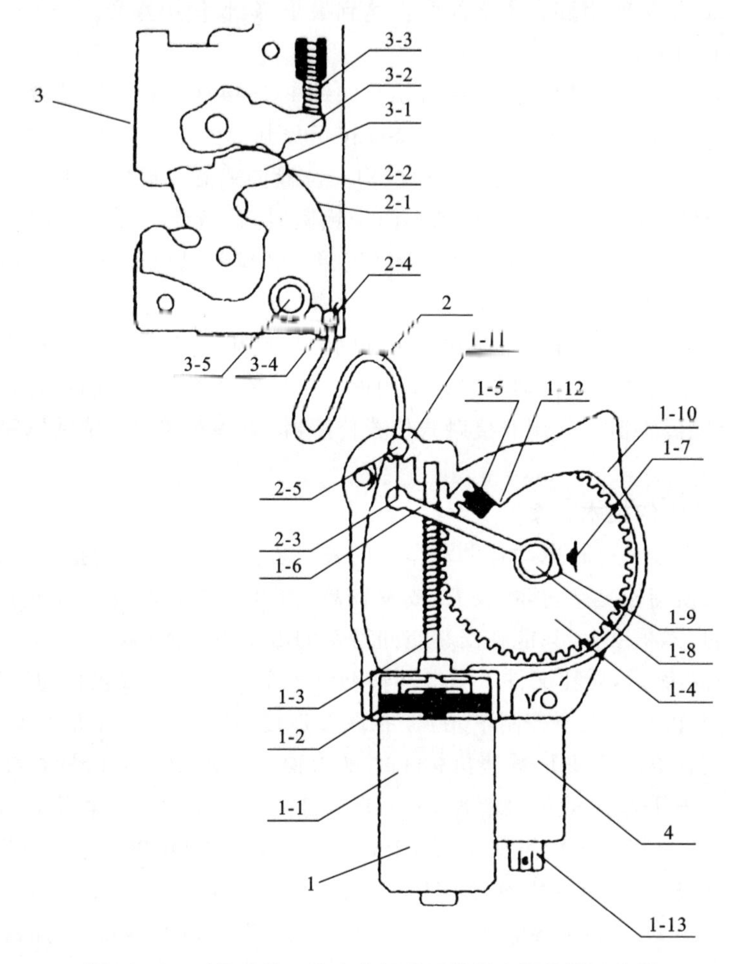

图 12-33　对比文件 1 汽车车门关严装置内部结构示意图

反转，直至回转的驱动块 1-5 顶到壳体限位座 1-12，电子控制单元 4 感知电动机 1-1 负荷超过设定值便使电动机 1-1 停止运转，驱动块回到初始位置，门锁单元 3 也达到了全锁状态，整个系统工作完毕。

【对比文件 2 的技术方案】

对比文件 2 涉及一种汽车电动门锁用锁引擎，所要解决的技术问题是现有的锁引擎没有离合装置，只要车门锁机构动作，锁引擎就得动作，从而加速了锁引擎的磨损。锁引擎所用的减速齿轮组采用的是普通正齿齿轮，经常出现齿轮打滑和卡齿情况，影响了电动门锁的工作可靠性。

如图 12-34 和图 12-35 所示，对比文件 2 的锁引擎的壳体 1 内设置电动机 2，电动机 2 轴端设置有蜗杆 3，蜗杆 3 连接于蜗轮 4，蜗轮 4 所对应的壳体 1 底板 7 上有圆形回位弹簧槽 8,圆形回位弹簧槽 8 内设置有回位弹簧 9。蜗轮 4 底面有拨簧块 10,拨簧块 10 伸入圆形回位弹簧槽 8。蜗轮 4 顶面有圆形凹台,圆形凹台内有挡块 12。与蜗轮 4 同轴设置有一小齿轮 13,小齿轮 13 与驱动杆 5 上的齿条啮合,在小齿轮 13 底部设置有凸块 14,凸块 14 置于蜗轮 4 顶面圆形凹台内。

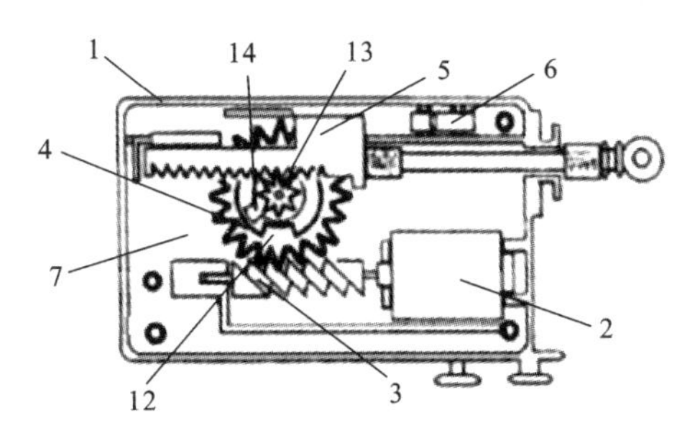

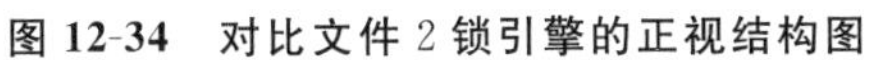
图 12-34　对比文件 2 锁引擎的正视结构图

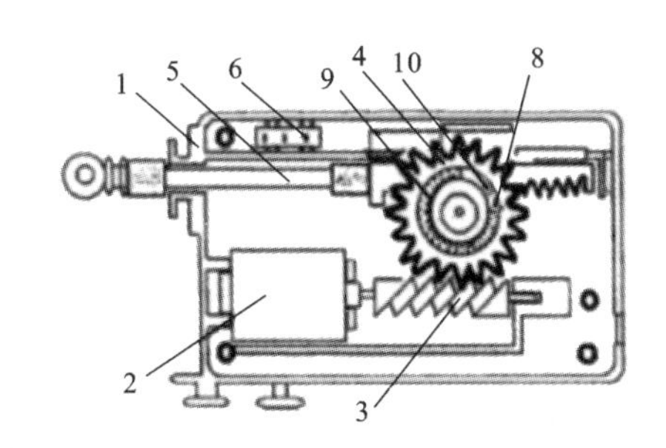

图 12-35　对比文件 2 锁引擎的后视结构图

其工作过程是:在回位弹簧 9 的作用下蜗轮 4 处于初始位置,当电动机 2 得电转动时蜗杆 3 带动蜗轮 4 旋转,蜗轮 4 在转动的同时在外力顶面的拨簧块 10 的作用下回位弹簧 9 被沿回位弹簧槽 8 压缩。当蜗轮 4 上圆形凹台 11 内的挡块 12 接触到小齿轮 13 底部的凸块 14 时,蜗轮 4 带动小齿轮 13 转动,从而带动驱动杆 5 运动,带动车门锁机构动作。当驱动杆 5 运动到位触动状态开关 6 后,电动机 2 失电停止转动,在被压缩的回位弹簧 9 的作用下,蜗轮 4 带动电动机 2 旋转并回到初始位置。此时,即使手动开闭车门锁机构,车门锁机构只带动驱动杆 5 和小齿轮 13 运动。当电动机 2 反向旋转,锁引擎处于相反工作状态时,其工作过程和上述相同。

【争议焦点】

对比文件 1 公开了将接触式位置开关设置于车门锁外,对比文件 2 公开了采用齿轮齿条的传动机构,但对比文件 1 和对比文件 2 均没有公开非接触式传感器及其具体设置位置,对比文件 1 结合对比文件 2 能否评述本案的创造性?

【案例分析】

专利审查指南第二部分第四章第 3.2.1.1 节中规定:“对于功能上彼此相互支持、存在相互作用关系的技术特征,应整体上考虑所述技术特征和它们之间的关系在要求保护的发明中所达到的技术效果”。权利要求技术方案通常由多个技术特征构成,为避免在对比过程中割裂发明所做的贡献,往往需要预先对权利要求涉及的技术特征或技术特征的组合进行分析。在分析过程中,应当将权利要求记载的各个部分内容与其在技术方案中所起的作用、解决的技术问题、产生的技术效果等内容综合起来考虑,而非简单地根据权利要求的文字表达以及标点段落将权利要求机械地切块。

具体到本案,对比文件 1 虽然公开了将位置开关设置于车门锁外,但对比文件 1 的位置开关为接触式,且其传动机构采用的是“齿轮+自由臂”的形式,而本案的位置传感器为非接触式，传动机构采用的是“齿轮＋齿条”的形式。对于本案的位置传感器和传动形式是否存在协同关系而言，本案的“齿轮＋齿条”的传动形式可以采用接触式的位置传感器，如当车门锁处于半锁状态时，齿条与接触式的位置传感器接触，从而判断车门锁目前处于半锁状态。同理，对比文件 1 的“齿轮＋自由臂”的传动形式也可以采用非接触式的位置传感器，如自由臂转动到半锁位置，非接触式位置传感器感应到自由臂转动到相应的位置，则可判断车门锁目前处于半锁状态。综上所述，位置传感器的形式和传动机构的形式均可以根据需要来选择，二者并不存在协同关系。在此基础上，本领域技术人员可以根据需要将对比文件 2 的“齿轮＋齿条”传动机构应用到对比文件 1 中，并根据需要选择非接触式位置传感器来检测车门锁是否锁紧。因此，对比文件 1 结合对比文件 2 可以评述本案权利要求的创造性。

【案例启示】

如果技术方案中的多处内容之间互不依存、彼此独立，通过各自所发挥的不同作用分别解决不同的技术问题、产生不同的技术效果，则应将其划分为不同的技术特征，并且，针对这样不同的技术特征分别确定发明实际解决的技术问题，并分别在现有技术中寻找技术启示。反之，如果这样的内容作为一个不可分割的技术特征，则应当将其作为一个整体到现有技术中寻找技术启示。

12.3 技术启示的判断

创造性判断“三步法”的第三步为“判断要求保护的发明对本领域的技术人员来说是否显而易见”，即要判断现有技术整体上是否存在某种技术启示，是将区别特征应用到最接近的现有技术以解决其存在的技术问题(即发明实际解决的技术问题)的启示。这种启示会使本领域的技术人员在面对所述技术问题时，有改进该最接近的现有技术的动机并获得要求保护的发明。如果现有技术存在这种技术启示，则发明是显而易见的，不具有突出的实质性特点。

第三步既包括对现有技术公开的事实的认定过程，也包括基于认定的事实进行法律适用过程，相比“三步法”的第一步、第二步，该步骤过程中更容易带入主观性的内容，以下通过锁具领域实际的案例来阐述“技术启示的判断”需要注意的各种情形。

案例 12

发明名称：带有可存放插入件的钥匙和相应的伸展模块。

【相关案情】

本案涉及一种汽车钥匙，钥匙头部包括外壳，包括钥匙齿的部分被称作插入件，可被收回到且存放在该外壳内；还包括用于展开或伸展这种钥匙的插入件的模块。具体结构如下(见图 12-36、图 12-37)。

钥匙 1 包括:形成钥匙头部的外壳 3,插入件 5、7。它包括钥匙齿支承部 5 和固定到支承部 5 的钥匙齿 7,以及用于将插入件 5、7 相对于外壳 3 展开以允许插入件 5、7 在下列位置之间移动的机构,即闲置位置。其中,插入件 5、7 被收回且在外壳 3 内被存放在设置于外壳 3 内的凹部 9 中,该凹部 9 和插入件 5、7 的形状大致呈 L 形。其中,插入件 5、7 已被相对于外壳 3 展开,可插入锁中。

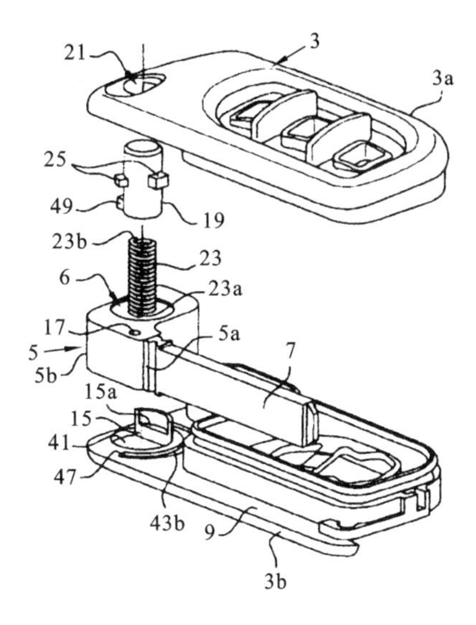

图 12-36　钥匙的分解视图

外壳 3 被制成两部分,具有形成盖的上半壳体 3a 和形成外壳底部的下半壳体 3b 的形式。钥匙 1 可将机械钥匙和电子钥匙结合在一起,印刷电路(未示出)被定位在外壳 3 内。支承部 5 具有两个相对的端部 5a、5b,其中端部 5a 承载钥匙齿 7。按钮 19,被容纳在上半壳体 3a 的相关联凹座 21 内,且穿过支承部 5 的孔 6,该按钮 19 相对于上半壳体 3a 突出,使用户可操作来致动该按钮 19 来展开插入件 5、7,以及弹性回复元件 23,被第一端 23a 固定到插入件 5、7,且被第二端 23b 固定到相对于外壳 3 不能旋转的元件,以促使插入件 5、7 在按钮 19 被致动时向使用位置枢转。该回复元件 23 示例性地是螺旋式扭力弹簧。

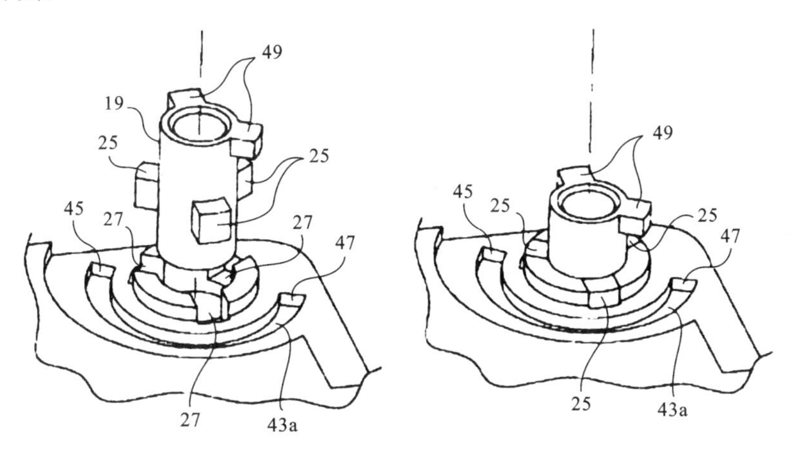

图 12-37　锁具侧视图

当按钮 19 被用户致动时,该按钮 19 被驱动在支承部 5 内沿纵向轴线 A 作轴向平移运动。该按钮 19 包括三个均匀分布的引导凸耳 25,以实现优化的平移引导。每个引导凸耳 25 和设置在上半壳体 3a 上的凹座 21 上相应的凹槽 27 配合,以沿轴

线 A 引导按钮 19 相对于外壳 3 的平移运动，且使按钮 19 相对于外壳 3 不发生旋转。按钮 19 至少包括一个保持突出部 49 用于将插入件 5、7 保持在闲置位置，且支承部 5 包括凸缘。该凸缘是敞开的，以允许保持突出部 49 通过，且该凸缘包括和保持突出部 49 配合的凹口，从而，该保持突出部 49 在闲置位置接合该凹口 53，而在按钮 19 被致动时释放该凹口，以允许支承部 5 枢转。

权利要求如下。

一种钥匙，特别是用于机动车的，包括以下几个部件。外壳 3，具有形成盖的上半壳体 3a 和形成外壳底部的下半壳体 3b。插入件 5、7 被安装成可相对于所述外壳 3 在闲置位置和使用位置之间枢转。在所述闲置位置中，所述插入件 5、7 被收回或存放在所述外壳 3 内；在所述使用位置中，所述插入件 5、7 被展开到所述外壳 3 之外，用于展开插入件 5、7 的机构。被安装在所述外壳 3 中且包括按钮 19，轴向地容纳在上半壳体 3a 的相关联凹座 21 内，且相对于上半壳体 3a 突出，以被用户致动，以及用于回复插入件 5、7 的弹性回复元件 23，其第一端 23a 被连接至插入件 5、7，以在按钮 19 被致动时驱动该插入件 5、7 向所述使用位置枢转。其特征在于，所述按钮 19 包括用于阻止该按钮 19 相对于所述外壳旋转的装置，使得该按钮相对于所述凹座不可旋转，所述阻止装置形成用于按钮 19 的轴向平移的引导器。所述回复元件 23 通过第二端 23b 固定至该按钮 19，所述形成引导器的阻止装置包括至少一个引导凸耳 25，所述引导凸耳引导所述按钮 19 和所述上半壳体 3a 的所述凹座 21 的对应的凹槽 27 配合。

【对比文件的技术方案】

对比文件 1 公开了一种钥匙，特别是用于机动车的，并具体公开了以下技术特征（见图 12-38）。在由上壳和下壳 1 组成的外壳内设置独立的钥匙弹出装置 5，钥匙弹出装置主要包括主体部分 14 和杯状体 15。主体部分 14 的侧边具有容纳钥匙齿的空间 18，在闲置位置，钥匙弹出装置 5 与钥匙齿收纳在外壳内。使用钥匙时，钥匙弹出装置 5 带动钥匙齿转动到外壳之外（钥匙弹出装置 5 与钥匙齿的组合即相当于本案的插入件）。杯状体 15 具有被一个平面切去一块的圆筒的形状，下壳 1 的顶壁 12 上用于通过杯状体 15 的开口 13 具有被一条弦切去一部分的圆的轮廓，从而杯状体 15 与开口 13 相配合，使得杯状体不能转动。回复弹簧一端固定在主体部分 14 底部的盖板上，另一端固定在杯状体 15 顶板的内侧。上壳上具有通孔用于安装按钮，一轴 9 穿过杯状体 15 顶部的通孔 54，通过回复弹簧、盖板上的通孔，进入下壳 1 上的盲孔 8 并固定在该盲孔中，轴 9 的上端进入按钮 61 的孔中，与按钮滑动配合，引导按钮直线运动。显然，在对比文件 1 中，通过杯状体 15 与下壳 1 上的开口的轮廓配合，阻止杯状体相对于外壳旋转。由于回复弹簧一端固定在钥匙弹出装置 5 上，另一端固定在杯状体 15 上，因此在按下按钮释放回复弹簧后，弹簧的一端被不能旋转的杯状体 15 固定，另一端带动钥匙弹出装置 5 旋转，进而带动钥匙齿旋转展开。

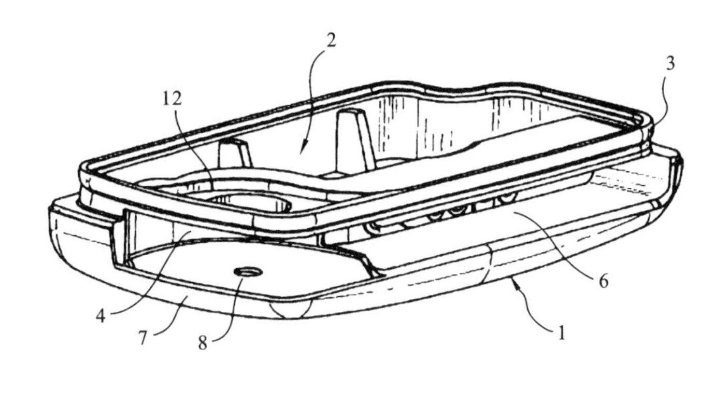

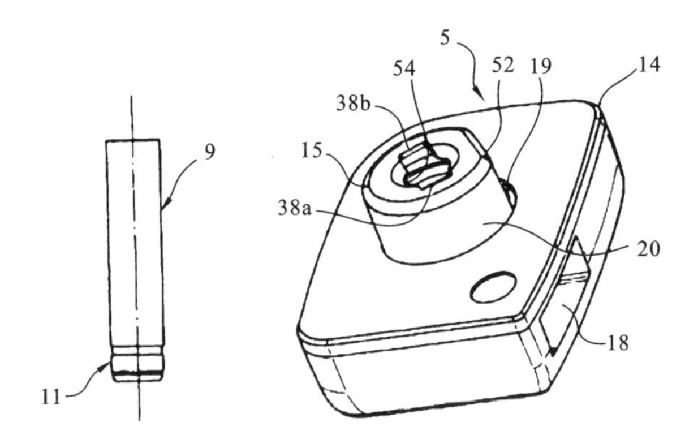

图 12-38　对比文件 1 的按键遥控装置的基座的结构示意图

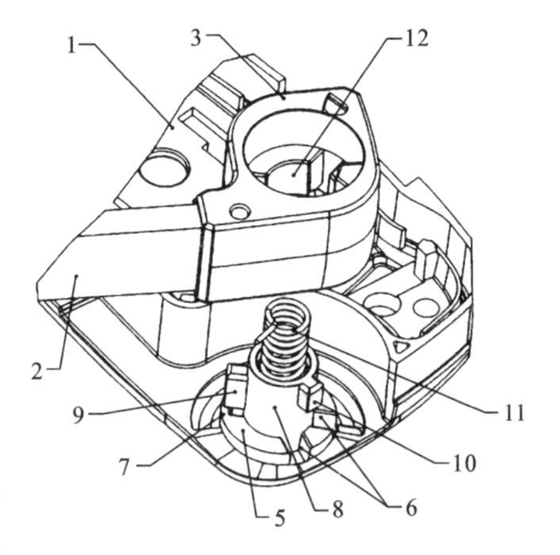

图 12-39　对比文件 2 钥匙的分解视图

对比文件 2 公开了一种用于机动车的钥匙，如图 12-39 所示，具有由底板和上盖 1(即上半壳体)组成的壳体。钥匙部 2 连接到转向架 3(钥匙部 2 和转向架 3 的组合相当于本案的插入件)。上盖 1 的角落具有凹陷的圆形通孔，在通孔的背面具有环状的连接部 5(即凹座)，在该连接部上具有四个槽 6(即凹槽)。按钮 8 呈圆筒状，其外壁上具有两个径向翼 9(即凸耳)，翼 9 的高度大约为槽 6 深度的两倍。一个弹簧 11 的一端固定在按钮 8 内，另一端固定在底板上，按下按钮 8，翼 9 离开槽 6，从而解除连接部 5 的制动，弹簧 11 的回转力带动按钮 8 转动，进而驱使转向架 3 带动钥匙部 2 自动展开到使用位置。在展开过程中，翼 9 沿着连接部 5 的表面滑动，转向架的中间开口 12 内也有相应的槽。

【争议焦点】

权利要求与对比文件 1 相比,区别特征包括所述形成引导器的阻止装置至少包括一个引导凸耳,引导凸耳引导按钮并和上半壳体的凹座的对应的凹槽配合。对比文件 2 公开了形成引导器的阻止装置包括至少一个引导凸耳,所述引导凸耳引导按钮 8 并和钥匙上对应的洞口 12 上的凹槽配合。能否认为对比文件 2 给出了技术启示,从而判断本案不具备创造性?

【案例分析】

(1) 专利审查指南第二部分第四章第 3.2.1.1 节规定了,通常认为现有技术中存在上述技术启示的情况包括:①所述区别特征为公知常识,如本领域中解决该重新确定的技术问题的惯用手段,或教科书或者工具书等中披露的解决该重新确定的技术问题的技术手段;②所述区别特征为与最接近的现有技术相关的技术手段,如同一份对比文件其他部分披露的技术手段,该技术手段在该其他部分所起的作用与该区别特征在要求保护的发明中为解决该重新确定的技术问题所起的作用相同;③所述区别特征为另一份对比文件中披露的相关技术手段,该技术手段在该对比文件中所起的作用与该区别特征在要求保护的发明中为解决该重新确定的技术问题所起的作用相同。

(2) 具体到本案中,判断创造性的关键在于:首先引导凸耳在申请文件中所起的作用如何认定;然后判断其所起的作用与对比文件 2 所公开的作用是否相同。

本案中,关于保持突出部 49,说明书和权利要求书中明确记载了其用于将插入件 5、7 保持在闲置位置,其与支承部 5 内的凸缘 51 下侧上的凹口 53 配合,使得所述保持突出部 49 在所述闲置位置接合所述凹口 53,并且以使得所述保持突出部 49 在所述按钮 19 被致动时释放所述凹口 53,以允许所述支承部 5 枢转。也就是说,保持突出部 49 仅用于限制支承部 5 的转动,并不用于阻止按钮 19 旋转。而如前所述,引导凸耳 25 则在按钮 19 轴向平移的整个过程中都与凹槽 27 配合来阻止按钮旋转。

对比文件 2 中,由于弹簧 11 的另一端固定在底板上不能转动,只能是弹簧与按钮固定的一端转动,因此,对比文件 2 是通过按钮 8 上的翼 9 与转向架 3 的中间开口 12 内的槽配合以实现由按钮带动转向架转动的。在闲置位置时,按钮 8 通过翼 9 同时与上盖 1 背面的槽 6,以及转动架 3 内的槽配合的方式固定转动架 3,如果按下按钮 8,翼 9 离开槽 6 后,按钮 8 即在弹簧的带动下旋转,再通过按钮上的翼与转动架内的槽配合的方式带动转动架转动。由此可见,按钮 8 上的翼 9 的实际作用是固定钥匙以及带动钥匙旋转,其在按钮被按下时脱离上半壳体的槽 6,无法引导按钮在其中轴向平移。

因此,虽然对比文件 2 公开了凸耳和凹槽配合的技术内容,但该凸耳在对比文件 2 中所起作用与本案权利要求中的引导凸耳所起的作用并不相同。此外,对比文件 1 是一种按钮组件相对于壳体不可旋转的钥匙,虽然对比文件 2 中的按钮采用了翼(即凸耳)与上盖上的槽组合的方式使得钥匙部分在未展开状态时按钮不可旋转,但是,对比文件2中的翼(即凸耳)在钥匙部分展开时是作为驱动部件的,对比文件2中的按钮是随钥匙部分旋转的,即使本领域技术人员要寻找其他阻止按钮旋转的结构改进对比文件1中相应的机构,也不会想到采用对比文件2中不能实现该功能而是实现其他功能的结构,不可能想到仅采用对比文件2中的按钮上的翼(即凸起)与上盖上的槽组合的方式改进对比文件1中的杯状体15与壳体上容纳该杯状体的孔的形状配合的方式。

【案例启示】

在采用"三步法"进行创造性评判时,通常需要判断对比文件有没有给出技术启示,即区别技术特征在对比文件中所起的作用与申请是否相同。然而,这个判断的前提是需要先把申请文件中区别技术特征所起的作用这个前提事实认定清楚,不能仅凭现有技术公开的技术手段和发明与最接近的现有技术之间的区别技术特征看上去相同或相似,而把区别技术特征在发明中所起的作用机械地套用到现有技术中的技术手段身上。

案例13

发明名称:一种设有导引螺旋形端部的旋钮。

【相关案情】

本案涉及一种设有导引螺旋形端部的旋钮。现有技术中带有旋钮的锁定机构,这种旋钮包括一个轴,该轴用来与一个形成在锁定机构制动器上的孔相连接。在这种锁具的装配过程中,可能会发现有时很难使旋钮的轴正确对位,这样就不能将其正确插入到锁定机构的制动器的孔内。

本案提供一种当将旋钮的轴插入到锁定机构的孔内时,便于使旋钮的轴与锁定机构的孔自动对准的方法。图12-40所示的是本案的锁具10,该锁具10包括一旋钮12和一锁定机构14。旋钮12包括一头部20和一由头部20延伸出的轴22。使用者可通过旋转该头部20而使锁定机构14动作。轴22包括一细长部分24和一个导引螺旋形端部26。细长部分24具有可被成形为矩形的外周边,锁定机构14包括一壳体30和一安装在该壳体30内的可旋转的制动器32。如图12-41所示,该可旋转的制动器32包括一孔34,该孔34用于容纳轴的接合部分,而轴又包括螺旋形的前端部。孔34具有由侧壁38限定的矩形形状,而该形状又与轴的周边28的形状相对应,但其尺寸被加工成能够以滑动配合方式容纳轴的接合部分,导引螺旋形端部26的形状带有多个导引螺旋形表面40,这些表面由

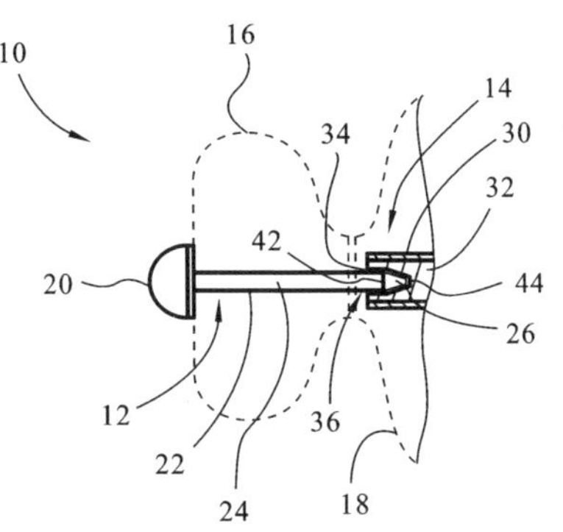

图12-40 锁具结构示意图

轴的过渡线向轴的尖端 44 呈锥形并扭转。此外,这些导引螺旋形表面 40 可以被平滑处理,从而使这些导引螺旋形表面 40 相互间平滑过渡,即在相邻的螺旋形表面之间平滑过渡。当将旋钮 12 的轴的接合部分插入到孔 34 内时,轴的导引螺旋形端部 26 的导引螺旋形表面 40 将与锁定机构 14 的一个或多个侧壁 38 相连接,从而使旋钮 12 按照自动对准的方式转动,直到外周边 28 与由侧壁 38 限定的孔 34 相对应。此时,外周边 28 的接合部分的其余部分将滑动到孔 34 内。一旦接合,旋钮 12 的旋转就会使锁定机构 14 的可旋转制动器 32 产生相应的转动。

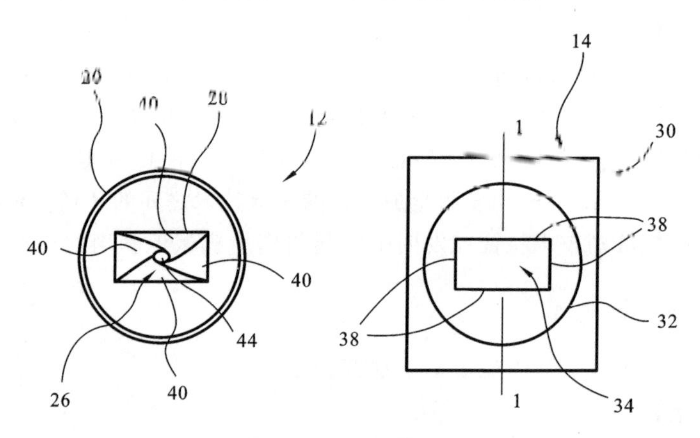

图 12-41　锁具侧视图

权利要求如下。

(1) 一种锁具包括:一个设有一孔的锁定机构,一个操作部件和一个安装到所述操作部件上的旋钮。所述旋钮包括:一个头部和一个由所述头部延伸的轴。所述轴设有一个用于与所述锁定机构的所述孔相连接的导引螺旋形端部。

(2) 根据权利要求(1)的锁具,其中所述导引螺旋形端部设有多个导引螺旋形表面,这些表面从所述轴的过渡线向所述轴的尖端呈锥形并扭转。

(3) 根据权利要求(2)的锁具,其中所述多个导引螺旋形表面在相邻的螺旋形表面之间平滑过渡。

(4) 一种用于锁具的旋钮包括:一个头部和一由所述头部延伸的轴。所述轴设有一导引螺旋形端部。

(5) 根据权利要求(4)的旋钮,其中所述导引螺旋形端部设置有多个导引螺旋形表面,这些表面从所述轴的过渡线向所述轴的尖端呈锥形并扭转。

(6) 根据权利要求(5)的旋钮,其中所述多个导引螺旋形表面在相邻的螺旋形表面之间平滑过渡。

【对比文件的技术方案】

对比文件公开了一种锁具,其解决的技术问题是:现有技术中门通常设有通孔,通孔用于接收锁具的内部部分,另外采用紧固螺钉将锁具的内部部分保持在孔内。当螺钉没有拧紧松开后,锁具就会下滑,导致门孔的一部分暴露在外面,这样既不美观,又容易导致没有开锁权限的人采用开锁工具通过暴露的孔进行非法开锁。

如图 12-42 所示,对比文件的锁具结构包括:旋钮操作部 24,插入件 26。一对螺钉 160 插入在一对内螺纹柱 162 中,螺钉 160 由衬套 30 和盖的孔沿着螺钉的长度方向提供间隔支撑,使得螺钉不下垂并且其尖端保持就位且对准,以便在螺纹柱 162 内准备组装。

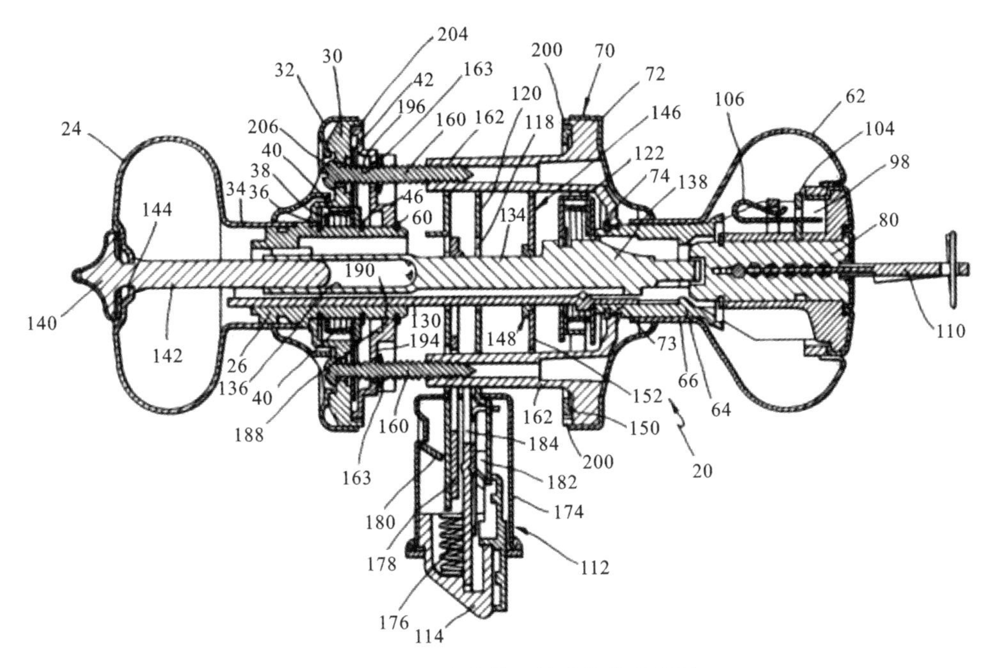

图 12-42　对比文件 1 锁具结构示意图

【争议焦点】

关于本案独立权利要求(1),对比文件 1 公开了一种锁具,并具体公开了其包括设有一个孔的锁定机构 20,一个操作部件 24,一个安装到所述操作部件 24 上的旋钮。所述旋钮包括一个头部 140,一个由所述头部延伸的轴 142。该权利要求所要求保护的技术方案与对比文件 1 所公开的技术内容相比,其区别仅在于:所述轴设有一个用于与所述锁定机构的所述孔相结合的导引螺旋形端部;基于上述区别技术特征可以确定本权利要求相对于对比文件实际所要解决的技术问题是便于使旋钮的轴与锁定机构的孔自动对准。而对比文件 2 中还公开了带有导引螺旋形端部的螺钉 160 结合于孔中。能否认为其给出了在对比文件 1 的轴 142 顶部,设置具有导引螺旋形的结构的技术启示,从而得到本案权利要求 1 技术方案的技术启示?

【案例分析】

本案中,判断创造性的关键在于:对比文件 1 中螺钉 160 所起的作用本案中轴 142 的导引螺旋形端部的作用是否相同。本案需要解决的是很难使锁定机构旋钮的轴正确对位的技术问题,其解决问题的方法主要是通过使旋钮的轴具有与锁定机构的孔结合的导引螺旋形端部,这样当旋钮的轴插入到锁定机构的孔中时,旋钮的轴就与锁定机构的孔能够自动对准。对比文件 1 中没有公开螺钉 160 具有导引螺旋形端部,也没有提及螺钉端部的具体结构,更没有提及螺钉上螺纹的大小。同时,在该对比文件中螺钉 160 由衬里 30 和盖的孔支撑,从而使该螺钉不会下沉,使其端部保持在适当的位置并对齐,为装配到螺纹柱 162 中做好准备。可见,在对比文件 1 中,是借助衬里 30、盖这些部件将螺钉和螺纹柱的孔对准,而不是利用螺钉 160 自身上的螺纹实现对准的。同时,本领域的技术人员也知晓,螺纹主要是起到啮合作用的,通常螺钉上的螺纹很难起到自动对准的作用,即便是螺钉头部设有带有螺纹的锥形端部,在该螺钉与接纳该螺钉的孔对准时,调整螺钉与该孔对准通常也是通过螺钉头部的锥形面实现的。因此,对比文件 2 并未公开螺钉 60 端部具有导引螺旋形端部,其没有给出在轴端设置导引螺旋形端部以解决轴与孔自动对准的技术启示。综上,对比文件 1 没有公开独立权利要求(1)和(4)中的带有“导引螺旋形端部”的轴,由对比文件 1 本领域的技术人员也没有动机想到在对比文件 1 公开的轴 142 上设置导引螺旋形端部,以使轴与锁定机构的孔自动对准。

【案例启示】

在采用“三步法”进行创造性评判时,尤其需要注意的是,不仅要判断区别技术特征本身是否被现有技术所公开,而且还要判断被公开的技术特征在现有技术中所起的作用与申请文件是否相同。在很多情况下,现有技术虽然公开了与区别技术特征相应的技术手段,却未记载该技术手段在现有技术中所起的作用,或者所记载的作用与区别特征在发明中所起的作用不尽相同。此时应站位所属领域的技术人员,理性分析发明以及现有技术中公开的内容,既不应随意“缩小”区别技术特征在发明中的作用,也不应随意“放大”现有技术中相应技术手段的功效。

案例 14

发明名称:一种房门锁及采用该锁的门扇结构。

【相关案情】

本案涉及一种房门锁及采用该锁的门扇结构。目前市面上流行的房门锁通常包括锁体、与锁体配合的锁芯、外面板 1 和内面板 2。当门扇受外力撞击后容易变形,使得外面板与门扇的前门板之间形成间隙,进而采用撬锁工具把外面板 1 撬掉,从而使锁芯暴露在门扇外。由于锁心没有了外面板保护,很容易用工具把锁心扭断,然后轻松打开门,达到入室作案的目的。这样的组装结构存在极大的安全隐患。

本案提供一种房门锁及采用该锁的门扇结构,以使当锁外面板受到破坏时仍然可以保护锁芯,提高锁的安全性。如图12-43所示,夹层门扇分为前门板11和后门板10,锁体8由螺钉12安装在前门板11和后门板10之间,锁芯5安装在夹层门扇上与锁体8配合,并由螺钉9固定在锁体8上。外面板1和内面板2与锁体8配合用螺钉6对应安装在前门板11和后门板10上,锁芯5的头部露出前门板11。在所述锁芯5的钥匙孔端部13设有保护盖4,外面板1上设有孔15,保护盖4从孔15露出外面板1,保护盖4上设有开孔14与锁芯5的钥匙孔16对应,保护盖4的背面设有螺孔17,由四颗螺钉7从所述前门板11的背面拧紧在该螺孔内将保护盖4固定在前门板11上。保护盖4的外侧壁呈锥形。

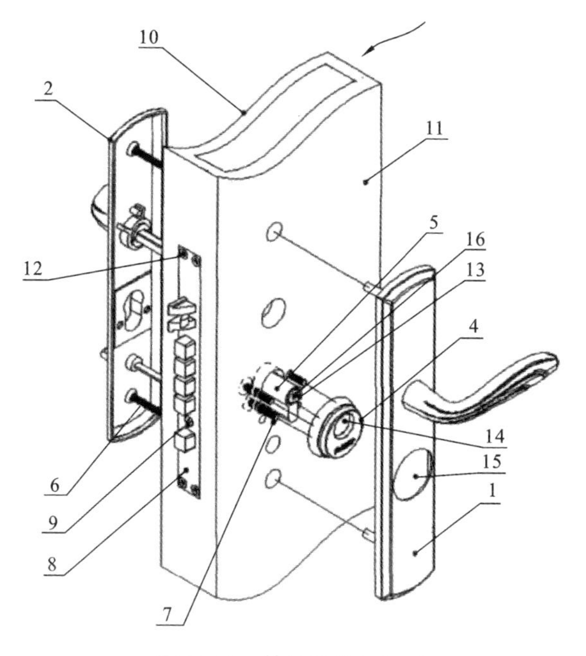

图12-43 锁的结构示意图

权利要求如下。

一种房门锁,包括锁体、与锁体配套的锁芯、外面板和内面板。其特征包括一个与锁芯的钥匙孔端部配套并露出外面板的保护盖,保护盖上设有开孔与锁芯的钥匙孔对应,所述保护盖的背面具有与夹层门扇的前门板相吻合的平面,该背面上设有与夹层门扇的前门板上的安装螺钉配合的螺孔。

【对比文件的技术方案】

对比文件1是申请人声称的背景技术。一种T形锁,其结构包括把手组件、面板组件及锁体10。锁体10两侧对称设置有把手组件和面板组件。从对比文件1的附图(见图12-44)可以看出,该T型锁具有钥匙孔。

对比文件2公开了一种锁组件,如图12-45所示。其中,壳体305和锁芯组件

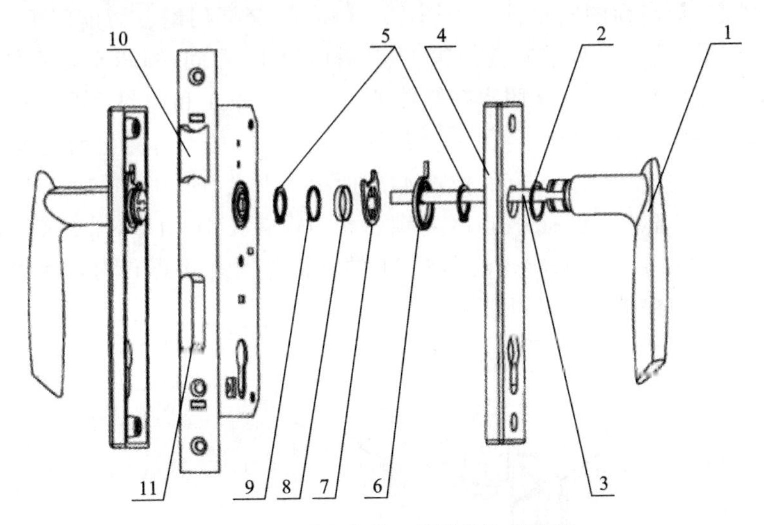

图 12-44　对比文件 1 锁的结构示意图

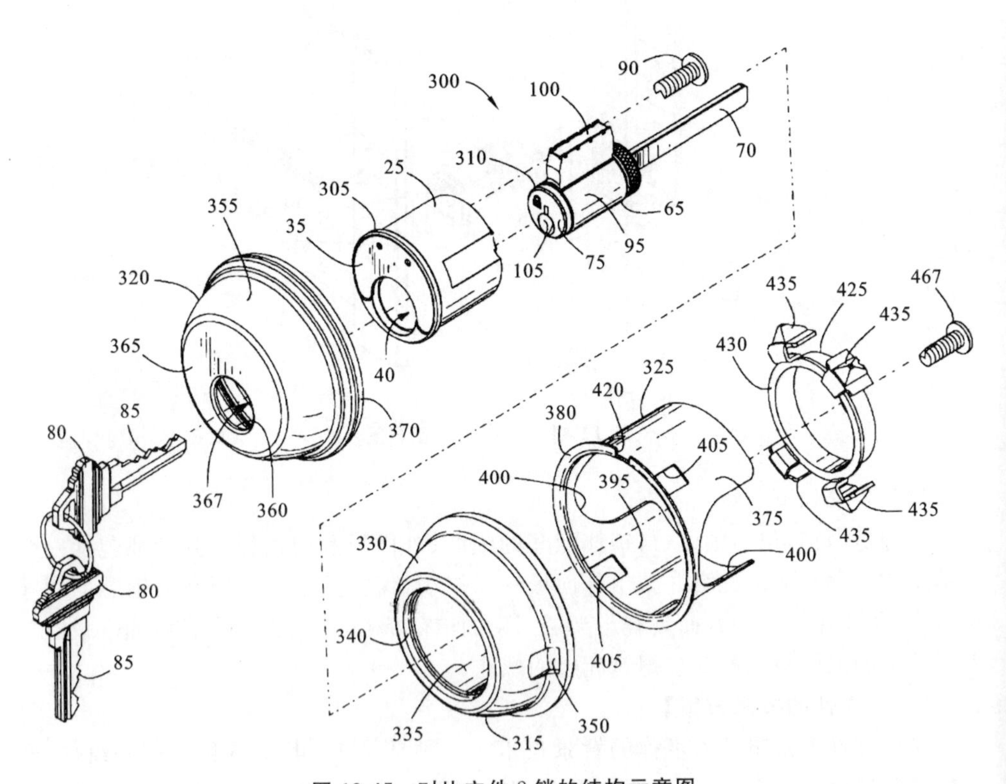

图 12-45　对比文件 2 锁的结构示意图

310插入旋转环315内之后，旋转环315附接在(例如，折弯)在旋转环盖320上，旋转环盖320和旋转环315支承并保护壳体305和锁芯组件310，从而防止壳体305和/或锁芯组件310损坏。并且，对比文件2还公开了作为“保护盖”的“旋转环盖320和旋转环315”通过适配器325以及可动构件435安装在门上，具体为：在锁舌组件附接在壳体305以及锁芯之前，并且在适配器325插入门开口之前，适配器325附接在旋转环315上；可动构件435从适配器壁375向外伸出以便接合门开口的壁，以便不用手将模块化组件附接在门上，门的壁向内略微压缩或者运动可动构件435，以便将模块化组件刚性连接在壁上。以此方式，模块化组件可定位在门开口内，并且留在开口内。

【争议焦点】

对比文件1是本案声称的背景技术，即发明起点。本案的保护盖通过螺钉与夹心门扇结合在一起，不会因前门板变形而与前门板之间形成间隙，很难用工具将保护盖撬掉。而对比文件2作为“保护盖”的“旋转盖环320和旋转环315”在安装时，是将适配器325插入门开口内并通过可动构件435安装在实心门上，其说明书中给出的技术效果是“锁头各部件整体布置，安装方便”。对比文件2能够给出技术启示对对比文件1进行改进么?

【案例分析】

在很多情况下，现有技术虽然公开了与区别技术特征相应的技术手段，却未记载该技术手段在现有技术中所起到的作用，或者所记载的作用与区别特征在发明中所起的作用不尽相同。此时应站位所属领域的技术人员，理性分析现有技术公开的信息，在现有技术客观存在着某种技术问题的情况下，如果所属领域的技术人员基于现有技术公开的信息能够意识到解决该问题的现实需要，且对将区别特征应用于最接近的现有技术进行改进后能使相应的技术问题得以解决形成合理的成功预期，则意味着所属领域的技术人员能够产生改进最接近的现有技术的动机。

本案中对比文件2中没有明确说明“旋转盖环320”的作用就是在锁的外面板被破坏时保护锁芯。从改进动机以及结合启示两个方面来看，首先发现“在锁的外面板被破坏时保护锁芯”的技术问题，对于锁具领域的本领域技术人员而言是显而易见，其次在对比文件2中，由于锁芯还设置了旋转盖环320，当门体外面板被破坏时，作为保护盖的“旋转环盖和旋转环”是通过适配器325以及可动构件435刚性安装在门上的，同样起到了保护锁芯组件的作用。因此，本领域技术人员容易从对比文件2中获得技术启示，把对比文件2公开的设置保护盖的技术方案应用到对比文件1公开的房门锁上，以实现保护锁芯的目的，从而得出本案要求保护的技术方案相较于对比文件1和2不具备创造性。

【案例启示】

在创造性评判过程中，关于技术启示的判断，对现有技术公开的技术手段的作用应当认定准确，否则将对现有技术是否给出将手段应用于最接近现有技术的启示的判断造成影响。既不能仅从对比文件中未文字记载区别特征在发明中所起的作用与现有技术中的技术手段作用相同或相似而肯定发明的创造性，也不能简单地将现有技术的区别技术特征套用到现有技术中而一味否定发明的创造性。

案例 15

发明名称：一种电子锁具结构。

【相关案情】

本案涉及一种微电子控制的锁具机械装置。机械锁具经过上千年的改进完善，结构简单紧凑，构造巧妙合理，但由于是纯机械机构，还存在机械密码被破解，从而被非法开启的缺陷。市面上出现的电子锁，有的抛弃了原机械锁中起到巧妙作用的机械钥匙，而采用由键盘、IC 卡、射频卡或射频遥控器、信息纽扣、指纹识别组成的密码解密来实现解锁，锁栓的开启则由手柄或电机驱动。这种设计方式存在两方面的缺点：①锁体内部需要电源，体积比较大，存在电源失效的威胁；②电控执行机构（电控插销、电控锁栓）在非驱动方向都能受到外力作用，可能会发生机械位移、变形导致电控失效。

本案提出了一种电子锁具结构，不仅保留了传统机械锁具成熟精巧的机构，使用钥匙但更具有软件实时编码解码的电子密码开启锁具，而且采用了机械锁具的锁芯定位可以微功率驱动，避免了现行电子锁中的电控执行机构能受到外力破坏作用的不足，使之更加实用安全可靠。如图 12-46 所示，本案提出的 U 形电子挂锁由锁圈棒、锁体钢管和锁芯组件组成。锁芯组件包括锁头、锁头转芯 A4、转动锁舌 A10、电极芯棒 A2、电极簧片 A6、电极电路板 A5、挡子块 A11、电磁阀 A12 和电控电路板，锁芯组件全部安装固定在抠去一段半圆的圆管支架 A1 上。转动锁舌 A10 固定在锁头转芯 A4 上，当钥匙插入锁头时，钥匙的金属护圈和锁头、锁体连到一起成为电路地，钥匙上弹性电极触头和锁头转芯上的电极芯棒 A2 碰接，电极棒绝缘穿过锁舌 A10 的底板，通过卡压弹电极簧片 A6，压触到电路板 A5 电极上，电路板 A5 不随转芯转动。电路板 A5 电极通过电缆连到电控电路板，锁体内部电控电路上电开始工作，微处理器对钥匙进行识别解码，密码符合的，驱动电磁阀 A12 吸合并生成新的密码储存；密码不符的，驱动假负载模拟电气输出。电磁阀上有一个动铁芯做运动臂，采用簧片侧面斜拉铁芯翘起，当电磁阀线圈通电时，吸合铁芯 A17，运动臂做下拉运动，通过连杆下拉锁舌挡子块 A11，离开阻挡锁舌转动的缺口。挡子块成三角形能起到杠杆作用增大活动空间，支点在三角形的锐角端。由于弹力作用，挡子块 A11 在上锁状态时总是被压入锁舌 A10 的一缺口，阻挡锁舌做开锁转动。由于定位弹簧 A14 作用，锁舌 A10 的转动受阻面没有接触到挡子块，即挡子块的动作是没有其他附加影响力，电控电路就可以微功率驱动电磁阀带动挡子块移动离开锁舌的缺口。转芯 A4 上开有槽口，钥匙的拨齿插入槽口拨转转芯 A4,转动锁舌 A10 离开插入锁眼的锁圈棒上的锁槽,这样就打开了电子锁。转动锁舌 A10 开锁后,由于弹簧作用,锁碰块落下阻挡锁舌回位,所以在上锁时可以不需要钥匙,锁圈棒插入锁眼孔,抬起锁碰块,让过锁舌,锁舌自动回位卡住锁棒上锁槽上锁。

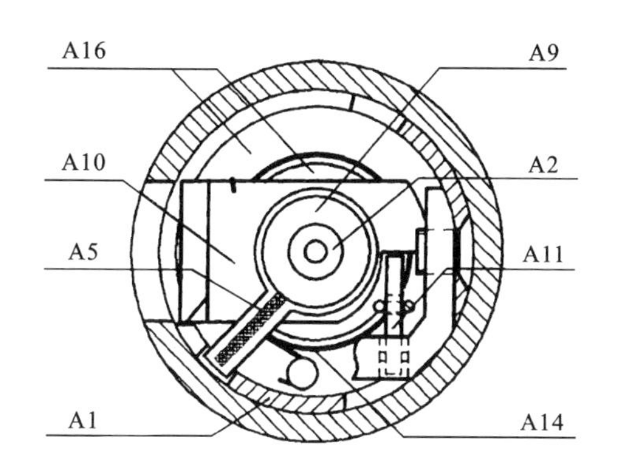

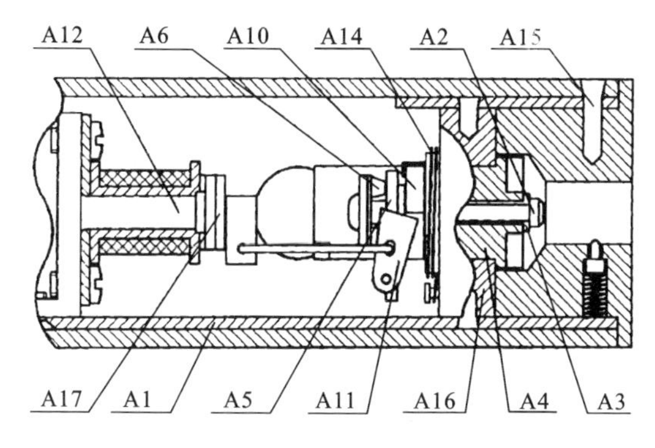

图 12-46 U 形电子挂锁锁芯组件示意图

权利要求如下。

一种电子锁具结构,由钥匙、锁头、锁体和电控电路以及钥匙管理器组成,其特征如下。钥匙内装有电池和电子密码电路,电路通过钥匙上弹性电极触头 29 和设在锁头内的电极芯棒 2 弹性接触,再连接到锁体内电控电路板 13 上,给电控电路工作供电。由于定位弹簧或转芯弹子销的定位作用,锁舌 10 或拨动圈 8 的开锁运动受阻面没有接触到挡子块 11,电控电路可以微功率驱动电磁阀 12 拉动挡子块。转动钥匙,通过钥匙上拨齿或拨槽 32 可带动锁体内锁舌移动。

【对比文件的技术方案】

对比文件 1 涉及一种数码电子锁套件,数码电子锁套件由电子钥匙、电子锁芯、电子锁芯电路及电子锁配器 3 组成。如图 12-47 所示的结构示意图,电子锁芯 1 所处的位置即为数码电子锁套件的锁头,整个部件构成锁体部分。电子钥匙内装有电源 PWI 和电子钥匙电路，当钥匙插入锁芯，电子钥匙电路通过钥匙插头 21 上的金属导电触点 21a 和锁芯钥匙插孔 12 内的金属导电触点 13 连通，再连接到电子锁芯电路板 11 上，同时实现电源 PWI 给电子锁芯电路板工作供电。电子锁芯电路的单片机 ICI 检验密码是否正确，如果正确，则由电磁铁驱动弹子或销子 14，达到开锁的目的。

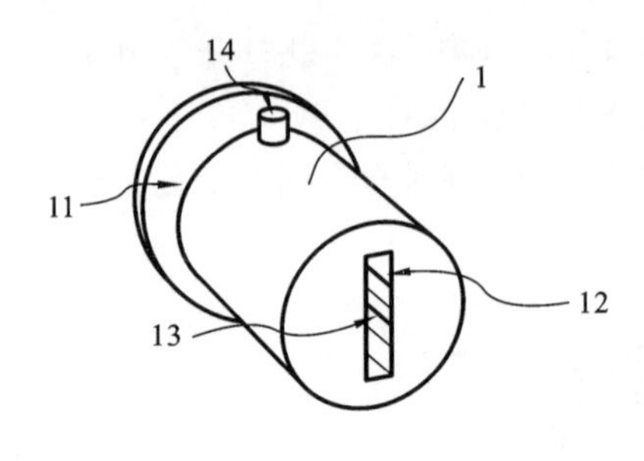

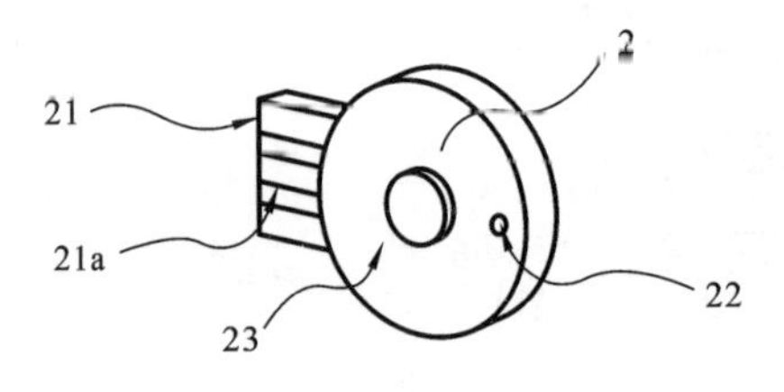

图 12-47　对比文件 1 数码电子锁套件结构示意图

对比文件 2 涉及一种电控防盗锁及其钥匙，如图 12-48 所示，其中锁芯可在锁体内转动，与锁芯联动的有拨动轮 15，插入钥匙转动锁芯，可通过拨动轮的拨叉打开锁体外配件的锁栓，此结构与普通锁体结构相同。锁体与锁芯之间设置有插销 17，锁体中央处理器 4 检验密码符合时，驱动电磁铁抽开插销，通过转动钥匙带动锁栓完成开锁。

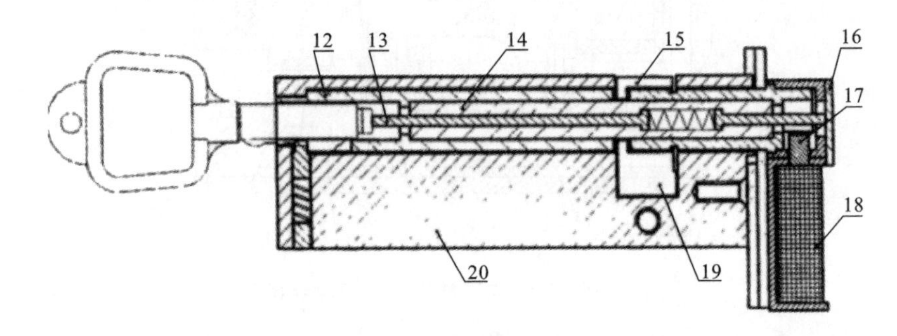

图 12-48　对比文件 2 电控防盗锁结构示意图

对比文件 3 涉及一种电动密码钥匙及锁，如图 12-49 所示，钥匙的前转盘 4 制有铜芯 19、弹簧 16 及触头 17，与电动密码钥匙相对应的锁由锁头及铜芯构成。其右端有凸台的锁头，其内部在非等径的圆周上置有与前转盘 4 铜芯数量相等的铜芯，铜芯均布在直径不相等的三个圆周上。凸台进入盲孔内，起到定位作用。前转盘 4 上的触头 17 在弹簧 16 的作用下，紧紧压靠在锁头 21 右端铜芯上，并紧紧接触，电能经过前转盘 4 上的触头 17 供送到锁头，再经过锁头的左端导线传送给电动磁力锁，锁即开启。

【争议焦点】

本案请求保护的技术方案相对于对比文件 1～3 是否具有创造性？

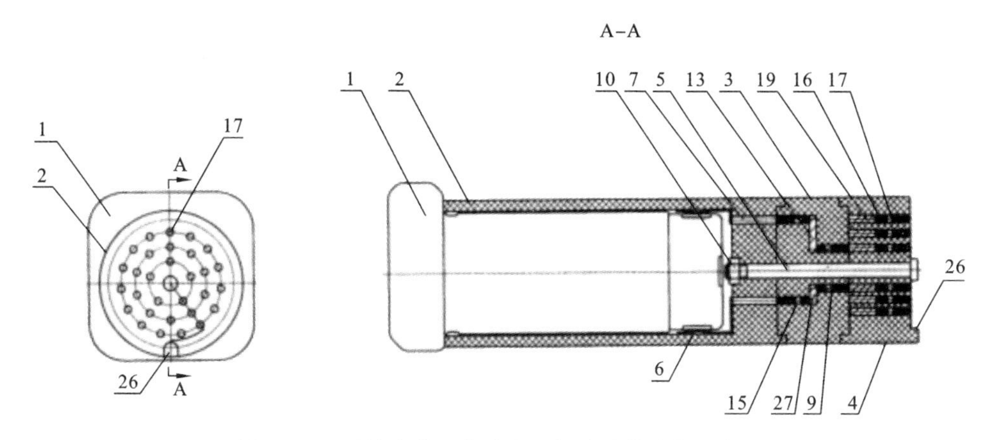

图 12-49 对比文件3电动密码钥匙及锁结构示意图

【案例分析】

本案权利要求中限定了“由于定位弹簧或转芯弹子销的定位作用,锁舌10或拨动圈8的开锁运动受阻面没有接触到挡子块11”,构成了权利要求的技术方案与最接近的现有技术对比文件1之间的区别技术特征。该区别技术特征在本案权利要求中所起的作用为:由于定位弹簧或转芯弹子销和挡子块的作用,使得电控执行部件电磁阀与挡子块无负载的工作,实现了微功率化,提高了产品的质量与可靠性;同时使得电磁阀微小型化,可普及应用到各种锁具机构之中;本案实现了通用化安装的目的。

判断所属领域的技术人员是否有动机将两篇或多篇现有技术结合从而得到发明的技术方案,应当充分分析所属领域的技术人员对于引入区别特征达到解决技术问题的目的是否存在合理的成功预期。如果无法预见两者结合后将产生的结果,则通常不具有将两者进行有目的的结合动机。本案中,权利要求的技术方案与最接近的现有技术对比文件1之间的区别技术特征,即没有被对比文件2和3所公开,也没有给出相应的启示,且该区别技术特征给本发明带来了有益的技术效果,即实现了电磁阀驱动的微功率化,提高了产品的质量与可靠性。因此,基于上述所列的现有技术对比文件1～3,并不能否认本案权利要求的技术方案的创造性。

【案例启示】

关于多篇现有技术是否有结合启示的判断并不是简单地以对比文件的数量多少来进行衡量,应当充分分析所属领域的技术人员对于引入区别技术特征达到解决技术问题的目的是否存在合理的预期,在这个预期的引导下,可以从多篇现有技术中寻找解决和优化技术问题。

案例16

发明名称:一种智能锁及其减速组件。

【相关案情】

本案涉及一种智能锁及其减速组件，针对目前智能锁的减速组件通过齿轮组驱动转轴转动，当转轴转到位被限位块限制不动时，电路板检测电路增大，从而判断与齿轮单元连接的转轴已经转动到位，电路板控制电机停止运转。但齿轮组内部卡死也会导致电流上升，从而发生假上锁的情况。此时停止电机运转，转轴无法转到位，导致智能锁没有上锁，但用户以为上锁，因此对屋内的财物安全存在隐患。

如图 12-50 所示，本案的智能锁包括减速组件。减速组件包括电动机 1、蜗杆 2、涡轮 3、壳体 4、驱动齿轮 5、转轴 8 和齿轮单元 10。电动机 1 上设有蜗杆 2，蜗杆 2 和涡轮 3 啮合，涡轮 3 与齿轮单元 10 啮合。齿轮单元 10 与驱动齿轮 5 啮合，驱动齿轮 5 上设有转轴 8。涡轮 3 上设有四个第一磁性零件 33。驱动齿轮 5 上设有第二磁性零件 51。第一磁性零件 33 和第二磁性零件 51 为磁感应开关。壳体 4 上设有电路板，电路板用于感应第一磁性零件 33 和第二磁性零件 51 的电脉冲信号。

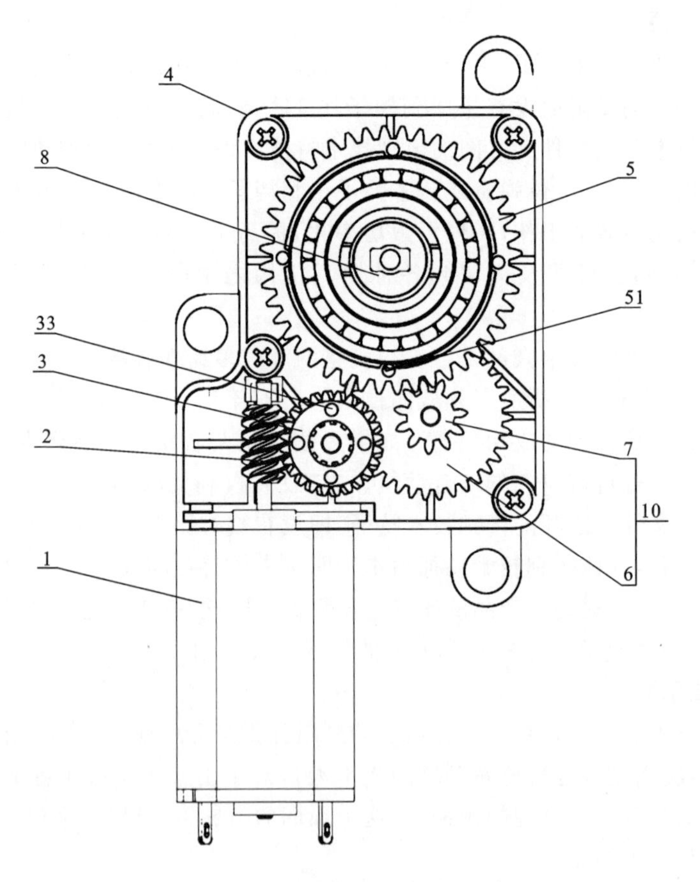

图 12-50　智能锁的内部结构示意图

工作原理如下。电动机1启动,电动机1通过蜗杆2带动涡轮3转动,涡轮3通过齿轮单元10带动驱动齿轮5转动,驱动齿轮5带动转轴8转动,从而通过转轴8实现开锁的功能。电路板检测第一磁性零件33的电脉冲信号,通过电脉冲信号能判断出涡轮3转动的圈数。同时,电路板检测第二磁性零件51的电脉冲信号,通过电脉冲信号能判断出驱动齿轮5转动的角度,如电路板判断涡轮3的圈数达到指定值,驱动齿轮5转动的角度达到指定值,即转轴8已经转动到指定角度实现开锁,从而电路板发送指令控制电动机1停止运转。

权利要求如下。

一种减速组件,包括壳体4、电动机1和蜗杆2。电动机1上设有蜗杆2,其特征还包括涡轮3、齿轮单元10、驱动齿轮5和转轴8。蜗杆2和涡轮3啮合,涡轮3与齿轮单元10啮合,齿轮单元10与驱动齿轮5啮合,驱动齿轮5上设有转轴8,涡轮3上设有至少一个第一磁性零件33。驱动齿轮5上设有第二磁性零件51,第一磁性零件33为磁感应开关,第二磁性零件51为磁感应开关。壳体4上设有电路板,电路板用于感应第一磁性零件33和第二磁性零件51的电脉冲信号。

【对比文件1的技术方案】

对比文件1涉及一种带应急开锁全自动防盗门锁装置,所要解决的技术问题是:现有的很多智能锁并没有设置紧急开锁功能,在发生火灾时,所有电子控制系统都会失效,无法进行有效开门,严重影响生命和财产安全。如图12-51所示,对比文件1的带应急开锁全自动防盗门锁装置包括旋钮1、齿轮箱底壳2、第一齿轮3和离合轴4。齿轮箱底壳2的底端通过螺钉垂直固定设有减速电动机12,减速电动机12通过锥齿轮10啮合连接设有传动小齿轮9,传动小齿轮9啮合第一齿轮3,减速电动机12

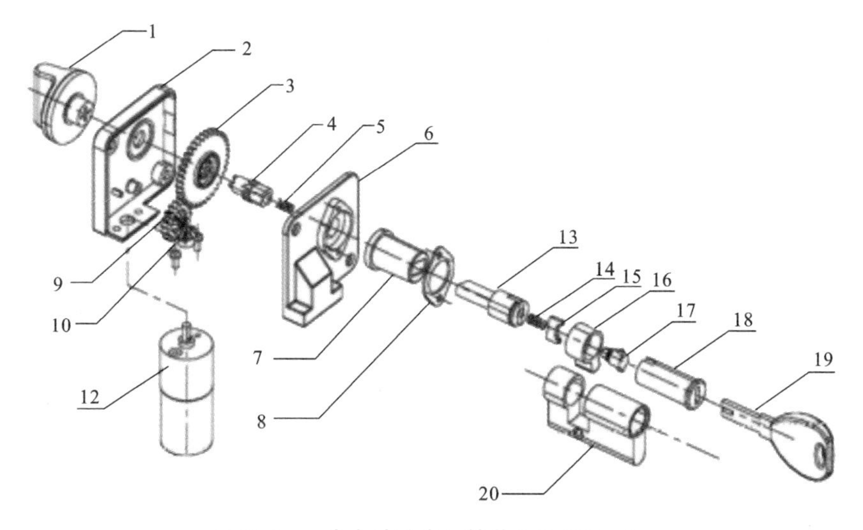

图12-51 全自动防盗门锁装置结构爆炸图

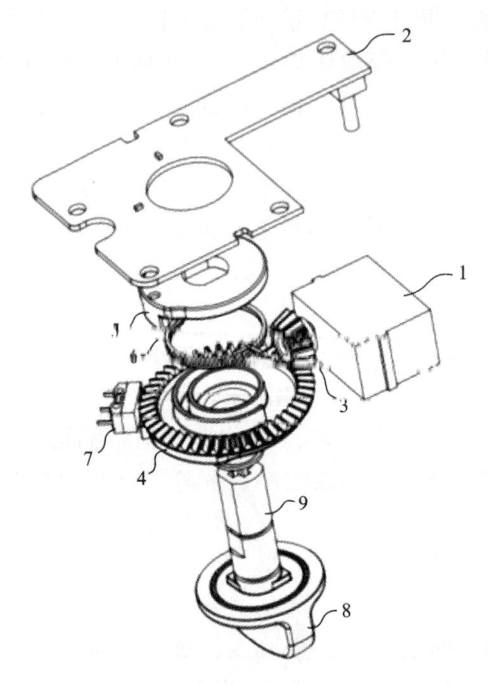

图 12-52　智能锁的结构示意图

通过锥齿轮 10 带动传动小齿轮 9 转动，传动小齿轮 9 带动第一齿轮 3 转动，第一齿轮 3 带动离合轴 4 转动，进而实现全自动开、关锁。

【对比文件 2 的技术方案】

对比文件 2 涉及一种智能锁，所要解决的技术问题是现有的智能锁机械可靠性欠佳、使用寿命短、出错率高，还有一些对于信号的灵敏度欠佳，无法及时反馈机械状态，导致智能锁的安全性和实用性大打折扣。如图 12-52 所示，对比文件 2 的智能锁包括壳体、旋钮、传动机构以及控制线路板 2。传动机构与电动机 1 通过一对锥齿轮结构相连接，锥齿轮包括驱动锥齿轮 3 和从动锥齿轮 4，驱动锥齿轮 3 与电机 1 连接，从动锥齿轮 4 套设在旋钮上。传动机构还包括异型凸轮 5，异型凸轮 5 位于从动锥齿轮 4 上方并套设在旋钮上，异型凸轮 5 上设有一个用于触发霍尔开关的磁铁。在控制线路板 2 上设有用于控制电动机 1 正转或反转的霍尔开关，霍尔开关数量有两个，两个霍尔开关以安装旋钮的通孔为轴心，两者呈 90°夹角设置。输入开门或关门信号时，判断相应的霍尔开关执行检测磁铁 51 是否位于对应位置，若不在对应位置，则启动电动机 1 正转或反转，电动机 1 转动带动从动锥齿轮 4，从动锥齿轮 4 背面的路径导向凸台用于判断是否转动到位。采用两个霍尔开关作为感应电子元件，霍尔开关体积小，安装位置更加灵活，与磁铁相感应来检测旋钮转动角度，相比于微动开关的机械结构，其可靠性更高。

【争议焦点】

对比文件 1 结合对比文件 2 能否评述本案的创造性？

【案例分析】

本案中，根据说明书背景技术的记载，本案所要解决的技术问题是现有的智能锁通过电路板检测电路增大来判断与齿轮单元连接的转轴已经转动到位，但齿轮组内部卡死也会导致电流上升，而此时转轴并没有转到位，从而存在假上锁的问题。本案通过在涡轮和驱动齿轮上分别设置第一磁性零件、第一磁性零件，根据涡轮转动的圈数和驱动齿轮转动的角度来判断是否开锁，从而解决了采用电流判断可能出现的假上锁问题。对比文件 2 在控制线路板上设置霍尔开关，在异型凸轮上设置用于触发霍尔开关的磁铁,通过霍尔开关与磁铁相感应来检测旋钮转动角度。可见,对比文件 2 背景技术并不涉及齿轮组卡死导致的假上锁问题,也没有记载在涡轮和驱动齿轮设置磁性零件的技术手段,其设置霍尔开关和磁铁的作用是为了检测旋钮转动角度。因此,对比文件 2 采用的技术手段和解决的技术问题均和本案不同,对比文件无法给出应用到对比文件 1 以解决齿轮组卡死导致的假上锁的技术问题。因此,对比文件 1 结合对比文件 2 不能评述本案的创造性。

【案例启示】

在判断要求保护的发明对本领域技术人员来说是否显而易见时,应当一并考虑现有技术存在的技术问题和解决该技术问题的技术手段,只有当现有技术采用了相同的技术手段,且解决了相同的技术问题,才能认为现有技术给出了将区别特征应用到最接近的现有技术以解决其存在的技术问题的启示。

案例 17

发明名称:锁具、智能门锁及其防盗方法。

【相关案情】

本案涉及一种锁具,针对目前市场上的防盗产品通常是由一个红外发射器和红外接收器组成,一旦开启警戒,无论用户是否正常开关门都会响起警报,这将导致用户使用的效果非常不理想。

如图 12-53 所示,本案的锁具 100 包括锁体 110、收容于锁体 110 内的锁芯 120 和设置于锁芯 120 中容纳弹性件 121 的容纳腔内的感应器 130。锁芯 120 为弹子锁式锁芯,包括弹性件 121、锁栓 122、弹槽 123 和弹子组 124,其中锁栓 122 包括钥匙孔 1221 和连通钥匙孔 1221 与弹槽 123 的通孔 1222。弹子组 124 设置在弹槽 123 和通孔 1222 内并通过弹性件 121 与弹槽 123 的底面连接,此时容纳弹性件 121 的容纳腔为弹槽 123、通孔 1222 和钥匙孔 1221 共同组成,其中弹子组 124 包括靠近弹槽 123 槽底的第一弹子和伸入钥匙孔 1221 内的第二弹子,第一弹子与第二弹子相互抵接设置且第一弹子远离第二弹子的一端通过弹性件 121 与弹槽 123 的底面连接。

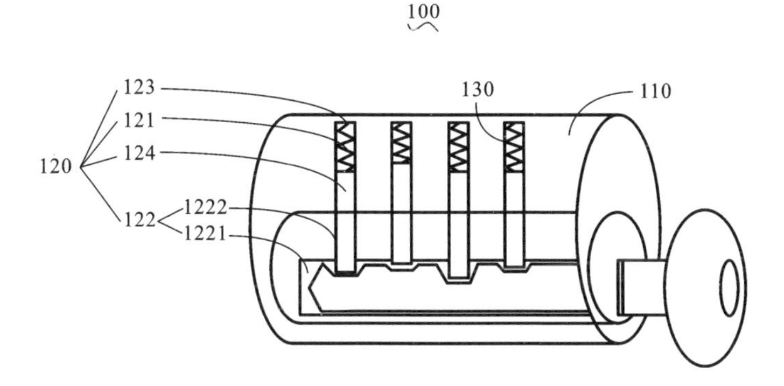

图 12-53　锁具结构示意图

钥匙或撬锁工具插入钥匙孔 1221,令弹子组 124 上下移动的过程中会使弹性件 121 产生弹性形变。因为钥匙齿纹是固定的,所以插入钥匙孔 1221 后造成弹性件 121 的弹性形变数据与预设弹性形变数据一致,而撬锁工具插入造成的弹性形变数据将会与预设弹性形变数据不一致。因此通过设置于弹槽 123 内的感应器 130 侦测弹性件 121 得到弹性件 121 的形变响应数据可以区分出开锁方式。

具体来说,感应器 130 可以为红外感应器,通过红外探头获取反射回的红外线变化,侦测出弹性件 121 在不受力状态下和受力状态下的弹性形变量;感应器 130 还可以是压电材料,通过与弹性件 121 连接,根据弹性件 121 形变后施加在压电材料上的回复力值侦测出弹性件 121 的弹性形变量。在弹性件 121 的数量唯一时,预设弹性形变数据是钥匙插入锁芯 120 的钥匙孔内时,弹性件 121 产生的弹性形变量,在弹性件 121 的数量为多个时,预设弹性形变数据除了各个弹性件 121 产生的弹性形变量外,还包括多个弹性件 121 产生弹性形变的次序。

权利要求 1 如下。

一种锁具,包括锁体和收容于所述锁体内的锁芯。所述锁芯包括在钥匙的驱动下发生预设弹性形变的弹性件,其特征在于,所述锁具还包括设置于所述锁芯中容纳所述弹性件的容纳腔内的感应器,所述感应器用于侦测弹性件的形变响应数据,所述形变响应数据包括弹性件在不受力状态下和受力状态下的弹性形变量以及所述弹性件发生弹性形变的次序。其中,所述感应器用于在所述弹性件的形变响应数据与预设的形变响应数据一致时,发出解除警戒信号。

【对比文件 1 的技术方案】

对比文件 1 涉及一种智能防盗锁,所要解决的技术问题是:现有的防盗锁多为机械防盗锁,不具备智能防盗功能,不能根据开锁的情况识别正常开锁还是异常开锁,不能发出警报信号,以及不能向业主及物业发送异常信号。

如图 12-54 所示,对比文件 1 的智能防盗锁包括锁体、锁芯 1、接触式传感器 2、重力传感器 6、信号发射器 7、控制芯片 8。其中,锁芯 1 设在锁体中,锁芯 1 中设有一组弹子 4 和对应一组弹子的一组弹簧 5,并且锁芯 1 外端设有钥匙插孔,弹簧 5 的一端与弹子 4 相连,弹簧 5 的另一端与重力传感器 6 相接触,弹子 4 和弹簧 5 为一组,锁芯 1 中对应每个弹簧 5 均设置一个重力传感器 6,重力传感器 6 用于检测弹簧压力值,将检测的压力值数据输送给控制芯片 8。锁芯 1 内设有信号发射器 7,信号发射器 7 与控制芯片 8 相连,可向业主和物业发送入侵信号。

与该防盗锁相匹配的钥匙插入钥匙插孔内时,产生的压力值输入控制芯片中设定;与该防盗锁不相匹配的钥匙插入时,重力传感器检测出压力值与控制芯片中设定的压力值不同,以此来判断是否正常开启锁具。如果开启异常,控制芯片发出锁死指令,锁芯自动锁死、和/或控制报警器发出报警声、和/或向业主发送入侵信号、和/或向物业发送入侵信号。

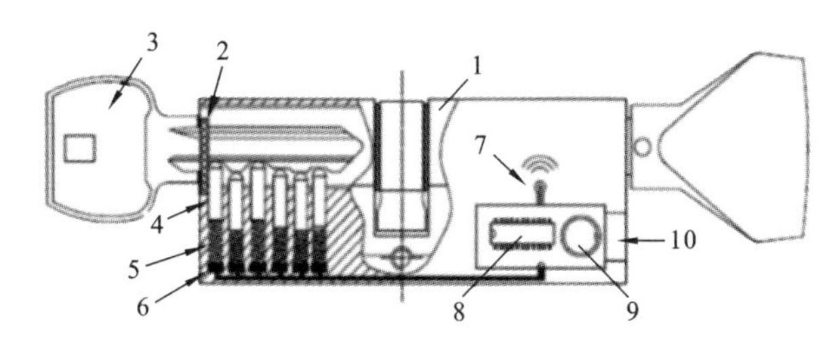

图 12-54 防盗锁结构示意图

【对比文件 2 的技术方案】

对比文件 2 涉及一种安防监控系统智慧撤防布防方法，所要解决的技术问题是：目前安防监控系统的撤防布防均需要由人主动进行，无法实现自动布防、撤防。

如图 12-55 所示，对比文件 2 的安防监控系统包括室外指纹识别模块 10、室内指纹识别模块 20、关门信号产生模块 30、自动撤布防防盗监控主控制器模块 400、传感探测模块 500，还包括用于开锁、反锁房门的门锁电机驱动模块 40。室外指纹识别模块 10 与自动撤布防防盗监控主控制器模块 400 的输入输出接口 I01 连接，室内指纹识别模块 20 与自动撤布防防盗监控主控制器模块 400 的输入输出接口 I02 连接，用于相关信息的相互传递。传感探测模块 500 至少包括 1 个防盗探测传感器，自动撤布防防盗监控主控制器模块 400 通过输入输出接口 I05 控制传感探测模块 500 的撤防、布防，并接收传感探测模块 500 中的防盗探测传感器的各种信息。输入输出接口 I05 传递的信息 J5 中包括从防盗探测传感器输入防盗探测信息，还可能包括对传感探测模块 500 进行撤防、布防的控制信息。

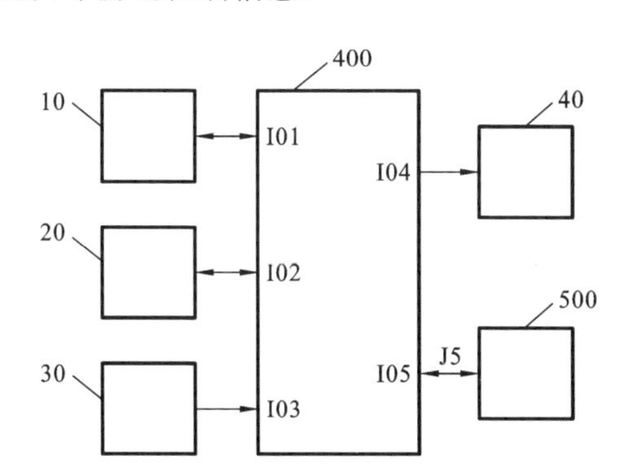

图 12-55 安防监控系统结构框图

安防监控系统智慧撤防布防方法包括：等待房门的关门动作，直到房门有关门动作，则进入房门关门未反锁状态；当接收到正确的指纹比对信号时，判断当前是否处于房门关门未反锁状态，若进入房门关门未反锁状态，则进行撤防操作。

【争议焦点】

对比文件 1 和对比文件 2 均没有公开弹性件的形变响应数据包括弹性形变量以及弹性件发生弹性形变的次序。对比文件 1 结合对比文件 2 能否评述本案的创造性?

【案例分析】

专利审查指南第二部分第四章第 2.2 节规定了“如果发明是所属领域技术人员在现有技术的基础上仅仅通过合乎逻辑的分析、推理或者有限的实验可以得到的,则该发明是显而易见的”。可见,在显而易见的判断环节中,除了考虑现有技术为基础外,还应考虑所属领域的技术人员所具有的合乎逻辑的分析、推理能力以及应用常规实验手段的能力,这种能力是所属技术领域的技术人员在存在确定的逻辑规律指引情况下,有预期地对现有技术中公开的技术方案进行组合或改造的能力。

具体到本案,首先,本案说明书记载了:在弹性件的数量是唯一时,预设弹性形变数据是弹性形变量;在弹性件的数量为多个时,预设弹性形变数据除了弹性形变量外,还包括多个弹性件产生弹性形变的次序。根据胡克定律,弹簧的弹力大小 F 和弹簧的变形长度 x 成正比,公式表示为:$F=kx$。其中,k 是弹簧的劲度系数,即在弹簧不变时,弹簧压力与其形变量之间正比值一定,无论是检测弹簧的压力值还是形变量都能获得弹簧因运动而产生的变化数据。因此,在对比文件 1 给出了根据弹簧压力值来判断是否正常开启锁具的情况下,本领域技术人员容易想到采用弹簧的形变响应数据(如形变量)来判断是否正常开启锁具。其次,对本领域技术人员而言,当使用正确钥匙开锁时,弹性件的形变次序是一定的,即与距离钥匙孔表面的远近次序是一致的,与钥匙孔表面距离最近的弹子最先形变,与钥匙孔表面距离最远的弹子最后形变,与钥匙孔表面距离最近的弹子对应的弹性件容纳腔传感器最先感受到弹性件的变化,与钥匙孔表面距离最远的弹子对应的弹性件容纳腔传感器最后感受到弹性件的变化;当使用非正确钥匙开锁或撬锁时,弹性件的形变次序则不是一定的,有可能距离钥匙孔表面稍远的弹子对应的弹性件容纳腔传感器最先感受到弹性件的变化,与钥匙孔表面距离最近的弹子对应的弹性件容纳腔传感器后感应到弹性件的变化。因此,基于弹性件发生弹性形变的次序来判断是否正确钥匙,进而控制警戒信号的解除对本领域技术人员而言是比较容易的。

【案例启示】

合乎逻辑的分析推理能力是所属领域技术人员所其备的能力之一,这种能力直接地反映在对发明是否显而易见的判断过程中,为了避免出现主观性判断,必须基于所属技术领域的技术人员的知识和能力来评价。在实际审查过程中,需要准确把握发明构思,对现有技术公开的事实做出客观的认定,对本领域技术人员运用分析推理做出改进的动机、难易程度进行考量,以保证审查的客观、公正、准确。

12.4 创造性判断的其他情形

发明的创造性,是指与现有技术相比,该发明具有突出的实质性特点和显著的进步。发明有突出的实质性特点,是指对所属技术领域的技术人员来说,发明相对于现有技术不是显而易见的。

专利审查指南第二部分第四章第 3.2.2 节规定了“显著的进步的判断方法”:即在评价发明是否具有显著的进步时,主要应当考虑发明是否具有有益的技术效果。以下情况,通常应当认为发明具有有益的技术效果,具有显著的进步:①发明与现有技术相比具有更好的技术效果,如质量改善、产量提高、节约能源、防治环境污染等;②发明提供了一种技术构思不同的技术方案,其技术效果基本上能够达到现有技术的水平;③发明代表某种新技术发展趋势;④尽管发明在某些方面有负面效果,但在其他方面具有明显积极的技术效果。通过以上规定可以发现,在审查实践中“显著的进步”认定的标准是通常容易满足的。

判断发明是否具有突出的实质性特点,即对所属领域的技术人员,发明相对于现有技术是否显而易见,判断方法主要是本章前述内容所介绍的“三步法”。“三步法”是通常情况下判断发明是否具有突出的实质性特点的最常用方法,此外专利审查指南第二部分第四章第 5 节还强调了判断发明创造性时需考虑的其他因素。例如,如果发明解决了人们一直渴望解决但始终未能获得成功的技术难题,这种发明具有突出的实质性特点和显著的进步,具备创造性;如果发明克服了技术偏见,采用了人们由于技术偏见而舍弃的技术手段,从而解决了技术问题,则这种发明具备创造性;如果发明同现有技术相比,其技术效果产生“质”的变化,具有新的性能,或者产生“量”的变化,超出人们预期的想象,则这种发明具备创造性。另外,专利审查指南第二部分第四章第 4 节举例说明了,根据发明与最接近的现有技术的区别特征的特点划分为开拓性发明、组合发明、选择发明、转用发明、已知产品的新用途发明、要素变更的发明(包括要素关系的改变、要素替代、要素省略)等情形。对于上述不同的情形,创造性判断的方法也有所不同,需要在专利审查意见撰写以及审查意见答复实务过程中对具体情况具体分析。

第 13 章　申请文件的审查

《中华人民共和国专利法(2020 修正)》(以下简称“专利法”)第二章“授予专利权的条件”中第 26 条第 1 款指出,申请发明或者实用新型专利的,应当提交请求书、说明书及其摘要和权利要求书等文件。这些文件统称为专利申请文件。专利申请文件既是专利审查的基础和依据,也是专利局向社会公布技术信息和法律信息的依据。

本章所述对申请文件的审查,主要是指依据专利法第 26 条第 3 款、第 4 款和专利法第 33 条以及《中华人民共和国专利法实施细则(2010 修订)》(以下简称“专利法实施细则”)第 20 条第 2 款的规定对说明书和权利要求书的审查。

13.1　说明书是否充分公开的审查

专利法第二章“授予专利权的条件”中第 26 条第 3 款指出,说明书应当对发明或者实用新型作出清楚、完整的说明,以所属技术领域的技术人员能够实现为准。其中,在说明书中清楚、完整地记载要求保护的技术方案,是所属技术领域的技术人员能够实现该技术方案的前提。所属技术领域的技术人员能够实现,是指所属技术领域的技术人员按照说明书记载的内容,就能够实现该发明或者实用新型的技术方案,解决其技术问题,并且产生预期的技术效果。

《专利审查指南 2010(2019 修订)》(以下简称“专利审查指南”)第二部分“实质审查”第二章“说明书和权利要求书”中给出了五种由于缺乏解决技术问题的技术手段而被认为无法实现的情况。

(1) 说明书中只给出任务和/或设想,或者只表明一种愿望和/或结果,而未给出任何使所属技术领域的技术人员能够实施的技术手段。

(2) 说明书中给出了技术手段,但对所属技术领域的技术人员来说,该手段是含糊不清的,根据说明书记载的内容无法具体实施。

(3) 说明书中给出了技术手段,但所属技术领域的技术人员采用该手段并不能解决发明或者实用新型所要解决的技术问题。

(4) 申请的主题为由多个技术手段构成的技术方案,对于其中一个技术手段,所属技术领域的技术人员按照说明书记载的内容并不能实现。

(5) 说明书中给出了具体的技术方案,但未给出实验证据,而该方案又必须依赖实验结果加以证实才能成立。例如,对于已知化合物的新用途发明,通常情况下,需要在说明书中给出实验证据来证实其所述的用途以及效果,否则将无法达到能够实现的要求。

案例 1

发明名称:一种工具安全锁。

【相关案情】

本案涉及一种工具安全锁。在某些特定的应用场合,用过的剪刀或老虎钳等工具,如果没有锁好,可能会被人轻易拿到,从而威胁他人或自身的人身安全。本案针对剪刀或老虎钳的锁,来解决这一问题。

如图 13-1 所示,本案的工具安全锁包括壳盖、锁本体、锁住机构 3。锁住机构 3 包括底板 31、锁钩 32、滑动板 33、拉簧 34 和发条弹簧 35。所述滑动板 33 与所述底板 31 滑动连接。所述锁钩 32 与所述底板 31 转动连接。锁本体上设有锁舌,所述锁本体固定在所述壳盖上。锁处于开锁状态时,锁舌由固定矩形柱挡在锁本体内;锁处于关闭时,锁舌才伸出。底板 31 上设有固定圆孔 311、勾圆孔(未图示)和固定柱 312。所述勾圆孔位于所述锁钩 32 的下方。所述固定柱 312 的下端设有凹槽(未图示),所述固定柱 312 的上端设有拉簧孔,且所述底板 31 两侧均设有支撑矩形柱 313,所述支撑矩形柱 313 上设有支撑圆孔。所述固定圆孔 311 用来固定工具安全锁。所述固定柱 312 用来固定所述拉簧 34,并起导向作用。锁钩 32 为丁形勾,所述丁形勾包含横杆部。所述横杆部与所述支撑圆孔间隙配合,所述横杆部上连接有一竖杆,所述横杆的一端设有发条圆孔。所述发条弹簧 35 的一端固定在所述发条圆孔上,另一端固定在同侧的所述支撑矩形柱 313 上。所述锁钩 32 用来钩住剪刀等工具,使工具不被拔出。所述发条弹簧 35 主要在锁打开后让所述锁钩 32 复位。滑动板 33 为凹字形,两侧设有槽孔 331。所述槽孔 331 内侧设有短 L 形推板 332 和长 L

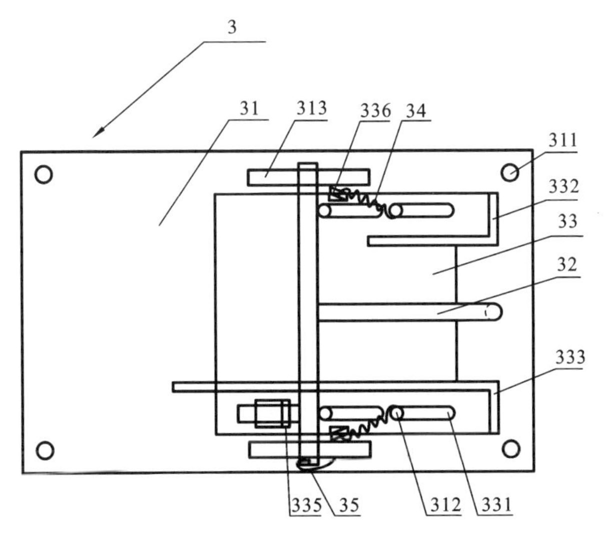

图 13-1　锁定机构结构示意图

形推板 333。所述长 L 形推板 333 末端设有挡板，所述长 L 形推板外侧设有冲孔立柱 335。所述冲孔立柱 335 与所述滑动板 33 呈直角。所述槽孔 331 外侧设有外翻矩形条 336。槽孔 331 与所述固定柱 312 间隙配合。拉簧 34 的一端固定在所述外翻矩形条 336 上，另一端固定在所述拉簧孔上。所述拉簧主要起到让所述滑动板 33 复位的作用。发明的工作过程如下。锁处于开锁状态时，挡板将锁舌挡在锁本体内。使用时，剪刀和老虎钳等工具插入插孔，带动滑动板移动，冲孔立柱顶起锁钩，使锁钩旋转勾住剪刀等和老虎钳等工具，并且滑动板移动带动挡板一起移动。锁舌伸出，挡在挡板前面，使滑动板无法移动，则工具安全锁上锁。打开时，锁舌缩进锁体，滑动板在拉簧的拉动下，恢复到原来位置，挡板又挡住锁舌，锁钩在发条弹簧的作用下旋转翘起，恢复到原来位置，剪刀等工具就可以拿出。

权利要求如下。

工具安全锁包括壳盖、锁本体、锁住机构。其特征在于，所述锁住机构包括底板、锁钩、滑动板、拉簧和发条弹簧，所述滑动板与所述底板滑动连接，所述锁钩与所述底板转动连接。

【争议焦点】

本案权利要求请求保护一种工具安全锁。要解决的技术问题是将剪刀和老虎钳等工具锁住。说明书中只提及到“使用时，剪刀和老虎钳等工具插入插孔，带动滑动板移动，冲孔立柱顶起锁钩，使锁钩旋转勾住剪刀等和老虎钳等工具”从而达到将剪刀和老虎钳等工具锁住的技术效果。但是，首先说明中除此处外没有任何地方记载了“插孔”，没有说明插孔是在工具安全锁中的哪个地方，也没有说明剪刀和老虎钳等工具是相对于图 13-1 所示的哪个方向插入安全锁中，同时也没有说明剪刀和老虎钳等工具是如何带动滑动板移动的，是工具中的哪个部位作用在了滑动板的哪个部分从而使滑动板移动的。其次，说明书中也没有说明锁钩与底板之间是在哪一处转动连接，也没有说明锁钩是如何转动、如何旋转的。最后，说明书中也没有说明冲孔立柱是如何顶起锁钩的，没有说明锁钩与冲孔立柱之间是如何连接、如何相互作用的。

综合以上考虑，本案说明书记载的技术方案对于所属技术领域的技术人员而言能否实现？

【案例分析】

(1) 判断说明书是否符合专利法第 26 条第 3 款的规定，核心在于准确把握“以所属领域技术人员能够实现为准”这一标准。说明书中对发明或者实用新型的说明是否足够清楚和完整，最终应归结于说明书中记载的内容是否达到了使所属领域技术人员能够实现该发明或实用新型的程度。在具体的判断过程中，主要从以下两个维度进行考虑：一是要准确站位所属技术领域，从所属领域技术人员的角度，判断说明书对于发明或实用新型技术方案的说明是否清楚，对于实现该技术方案的必要信息记载是否完整；二是要根据说明书记载的内容、相关现有技术以及所属技术领域的公知常识，合理认定发明或实用新型所要解决的技术问题或预期的技术效果，客观判断发明或实用新型技术方案能够解决所述技术问题，能否达到预期的技术效果。

（2）本案中，首先要解决的技术问题是将剪刀和老虎钳等工具锁住，剪刀和老虎钳等工具是从相对于图 13-1 所示的左边向右边滑动插入到安全锁中。当将剪刀和老虎钳等工具滑动插入到工具锁内时，剪刀和老虎钳的部分结构会抵靠到滑动板的短 L 形推板和长 L 形推板的挡板上。由于短 L 形推板和长 L 形推板设置在滑动板上，所以，通过对短 L 形推板和长 L 形推板的推动进而带动滑动板相对于如图 13-1 所示的从左边向右边移动。

其次，锁钩与底板是通过锁钩上的横杆部围绕支撑矩形柱上的支撑圆孔转动连接的，锁钩包括横杆部和竖杆部，横杆部的两端设置于支撑矩形柱上的支撑圆孔内，支撑矩形柱设置在底板两侧。

再次，对冲立柱如何顶起锁钩，锁钩是如何转动、如何旋转的，其工作原理如下。剪刀和老虎钳等工具在插入的过程中会推动与滑动板垂直设置的冲孔立柱向相对于图 13-1 所示的右边方向转动，由于冲孔立柱位于锁钩的竖杆部，冲孔立柱的转动进而带动锁钩的横杆围绕支撑柱上的支撑圆孔旋转，横杆部进而带动锁钩上向如图 13-1 所示的上方顶起，进而完成顶起锁钩的动作。

综合以上理解，对于所属技术领域的技术人员而言，本案的说明书已对技术方案做出了清楚完整的说明，符合专利法第 26 条第 3 款规定。

【案例启示】

在说明书中完整描述要求保护的技术方案，并不意味着说明书对于所述技术方案的文字描述要面面俱到。对于所属领域技术人员基于其常识能够知晓的内容，如果未在说明书中作详细说明，也不影响所属领域技术人员对技术方案的理解和实施，则其缺失不足以导致所述技术方案不满足专利法第 26 条第 3 款的规定。

案例 2

发明名称：一种带有新型锁定结构的电表箱。

【相关案情】

本案涉及一种带有新型锁定结构的电表箱。现有技术中的电表箱，为了防止用户私自打开，修改或者破坏电表箱内的电表的结构，形成偷电等违法事件，通常会在电表箱上设有铅封结构，从而防止有人进行违法操作。但是，现有的铅封结构复杂，而且铅封结构容易被人拆除，严重影响到实际的使用效果。

如图 13-2、图 13-3 所示，本案的电表箱包括底座 1、上盖 2。底座 1 与上盖 2 配合形成容纳空腔，容纳空腔内设置电表。锁定机构用于底座 1 与上盖 2 配合，形成底座 1 与上盖 2 的固定效果。其具体结构为，底座 1 上设有第一固定柱 13，上盖 2 上设有与第一固定柱 13 配合的第二固定柱 21，第二固定柱 21 位于第一固定柱 13 的轴向方向上。第一固定柱 13 上设有第一固定槽 131，第二固定柱 21 上设有第二固定槽 211。锁定机构包括锁定件 3、固定座 4、带线圈的铁芯 5、控制件、至少三个滚珠 6 以及磁体 7。固定座 4 的下端上设有带线圈的铁芯 5 以及控制件，线圈缠绕在铁芯上，通过控制件控制带线圈的铁芯 5 形成不同方向的磁场。

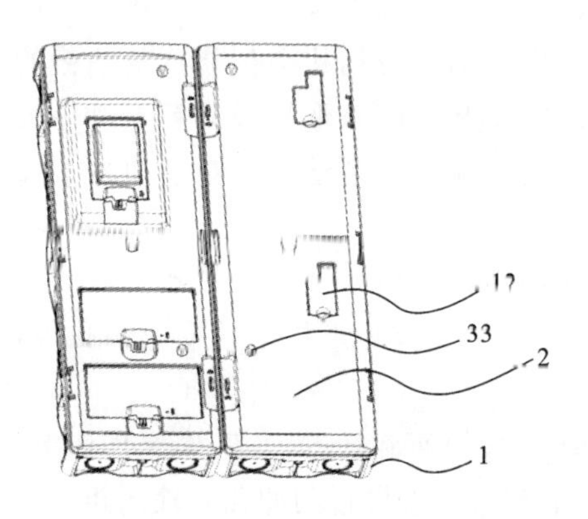

图 13-2 电表箱结构示意图

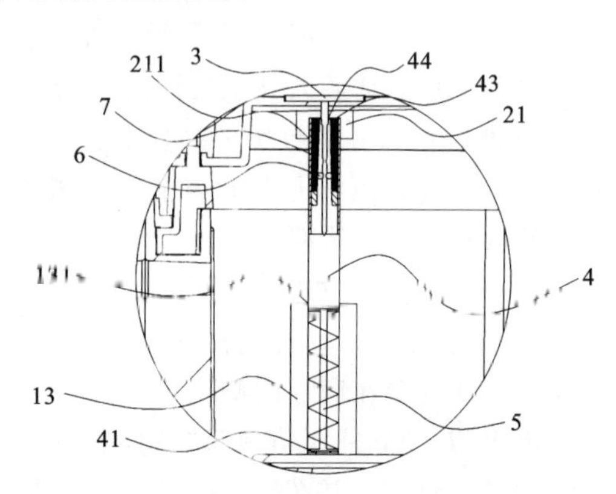

图 13-3 锁定结构放大示意图

初始状态下，通过控制件控制，使得带线圈的铁芯 5 朝向磁体 7 一面与磁体 7 朝向带线圈的铁芯 5 一面设置为同性，由于磁场的同性相斥，使得磁体 7 上移，磁体 7 上移的同时带动了滚珠 6 运动，形成了一个限位效果。此时，锁定件 3 穿过上盖 2 伸入至磁体 7 内，锁定环与滚珠 6 相抵，从而实现了锁定件 3 轴向上的锁定效果。锁定件 3 可能进行径向转动，无法进行轴向运动，而且磁体 7 为锥台中空型，即朝向锁定件 3 伸入一端的尺寸小于其余尺寸，即此时锁定件 3 如果向上拨出，由于滚珠 6 与磁体 7 内壁相抵，使得夹持效果更强烈，锁定件 3 无法进行拆除，从而实现了锁定效果，可以防止他人进行违规拆卸操作。

当需要进行拆卸时，仅需要通过控制件改变带线圈的铁芯 5 的磁场方向，即通过控制件控制，使得两者的相对面为异性时，由于磁场的异性相吸，带动磁体 7 向下运动。此时，带动滚珠 6 下移，解除了滚珠 6 与锁定环之间的锁定效果，从而实现解锁效果，只有在此种状态下，才可以进行锁定件 3 的拆卸效果。

权利要求如下。

一种带有新型锁定结构的电表箱，其特征包括底座、上盖以及锁定机构。底座与上盖配合形成容纳空腔。锁定机构包括锁定件、固定座、带线圈的铁芯、控制件、至少三个滚珠以及磁体。固定座与底座连接配合，带线圈的铁芯以及控制件均位于固定座的下端上，控制件控制带线圈的铁芯的磁场方向。磁体位于固定座的上端上，且磁体为锥台中空型，滚珠呈圆周阵列分布在磁体内。锁定件上设有锁定环，锁定件穿过上盖伸入至磁体内且与滚珠锁定。在初始状态下，带线圈的铁芯与磁体相对面为互斥设置，滚珠与锁定环锁定相抵；在动作状态下，带线圈的铁芯与磁体相对面为相吸设置，滚珠与锁定环接触锁定。

【争议焦点】

本案说明书记载的技术方案对于所属技术领域的技术人员而言能否实现？

【案例分析】

（1）根据专利法第26条第3款的规定，说明书及附图主要用于清楚、完整地描述发明或者实用新型，使所属技术领域的技术人员能够理解和实施该发明或者实用新型。这里，“使所属技术领域的技术人员能够理解和实施”是指所属技术领域的技术人员按照说明书记载的内容，就能够实现该发明或者实用新型的技术方案，解决其技术问题，并且产生预期的技术效果。说明书“公开充分”的要求是专利制度中以“公开换保护”而获得专利权的制度基础，权利人为了获得专利权，其义务在申请文件中将所要保护的技术方案描述清楚，使得所属技术领域的技术人员能够依据专利文件中的技术方案的描述，解决其声称的技术问题，产生预期的技术效果，通过自己的技术创新贡献来获得技术的独占权。

（2）本案中，说明书中记载其锁定结构的具体工作原理如下。初始状态下，通过控制件控制，使得带线圈的铁芯5朝向磁体7一面与磁体7朝向带线圈的铁芯5一面为同性设置。由于磁场的同性相斥，使得磁体7上移，磁体7上移的同时带动了滚珠6运动，形成了一个限位效果。此时，锁定件3穿过上盖2伸入至磁体7内，锁定环与滚珠6相抵，从而实现了锁定件3轴向上的锁定效果，锁定件3可能进行径向转动，无法进行轴向运动。而且磁体7为锥台中空型，即朝向锁定件3伸入一端的尺寸小于其余尺寸，即此时锁定件3如果向上拨出，由于滚珠6与磁体7内壁相抵，使得夹持效果更强烈，锁定件3无法进行拆除，从而实现了锁定效果，防止他人进行违规拆卸操作。当需要进行拆卸时，仅需要通过控制件改变带线圈的铁芯5的磁场方向，即通过控制件控制，使得两者的相对面为异性时，由于磁场的异性相吸，带动磁体7向下运动。此时，带动滚珠6下移，解除了滚珠6与锁定环之间的锁定效果，从而实现解锁效果，只有在此种状态下，才可以进行锁定件3的拆卸效果。

其中，工作原理明确了，在锁定状态下，锁定件3无法轴向上移动，是由于滚珠6抵在了锁定件3和磁体7之间形成了锁定，因此锁定件3无法相对磁体7向上运动。然后在解锁过程中，又通过铁芯5带动磁体7向下运动，而此过程的初始状态是锁定状态，而锁定状态下由于锁定件3和磁体7之间形成了锁定，当锁定件3位置不动的时候，磁体7的向下运动是相对锁定件3向下运动，以磁体7为参照物的话该运动还是锁定件3相对磁体7的向上运动，同样是被锁定的状态，无法实现，那么所属技术领域的技术人员不清楚该解锁过程是如何实现在锁定状态下通过铁芯5的吸力带动磁体7向下运动。因此，本案说明书所记载的方案导致所属技术领域的技术人员无法理解其是如何实现的，从而不符合专利法第26条第3款的规定。

【案例启示】

判断是否能够实现应当针对权利要求书中要求保护的技术方案。如果说明书中给出了技术手段,但对于所属领域技术人员来说,根据说明书记载的内容,该技术手段无法使权利要求的技术方案被具体实施,则说明书的公开不符合专利法第 26 条第 3 款的规定。

案例 3

发明名称:儿童游戏围栏安全锁装置。

【相关案情】

本案涉及一种儿童游戏围栏安全锁装置。针对现有的儿童围栏都是用没有门和锁的几块围栏直接连接,儿童进出不方便,也不安全。

如图 13-4、图 13-5 所示,本案的儿童游戏围栏安全锁装置包括安全锁机构、围栏 3、门栏 4 和套接机构 5。套接机构 5 与围栏 3 可转动连接。安全锁机构包括锁头 1 和锁尾 2 两部分。锁头 1 安装在门栏 4 上,锁尾 2 固定在套接机构 5 上。锁头 1 的锁盖上设置有二道锁开关 7 和扳手 6,锁头 1 内部与扳手 6 相连有凸轮 13,凸轮 13 通过固定螺丝 12 固定在锁盖上,凸轮 13 下面设置有 L 形活动模条 14。L 形活动模条 14 一端通过拉簧与锁盖相连接,另一端穿过锁盖设置有活动锁销 15。锁头 1 内部与二道锁开关 7 相连有横销 8,横销 8 一端通过固定螺丝 12 固定在锁盖上,同时上端通过弹簧 11 顶在锁盖上面,另一端穿过锁盖侧面,且中间穿在锁盖上设置的柱子 9。横销 8 中间上下处均设置有凹槽,分别与锁盖上设置的弹头 10 和凸轮 13 相匹配,通过安全锁机构将围栏的两头锁定,防止儿童玩耍时离开围栏范围发生危险。

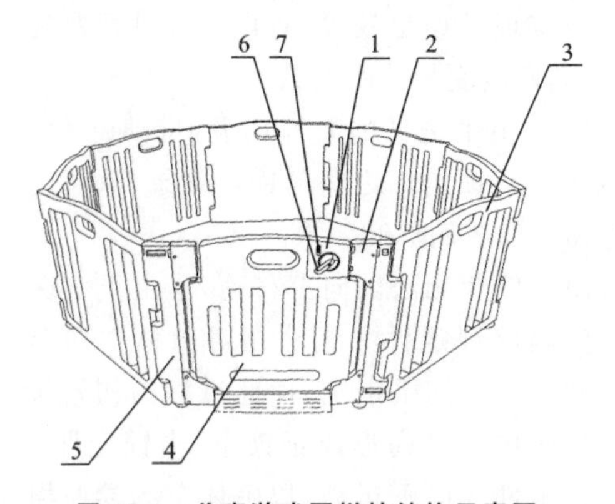

图 13-4 儿童游戏围栏的结构示意图

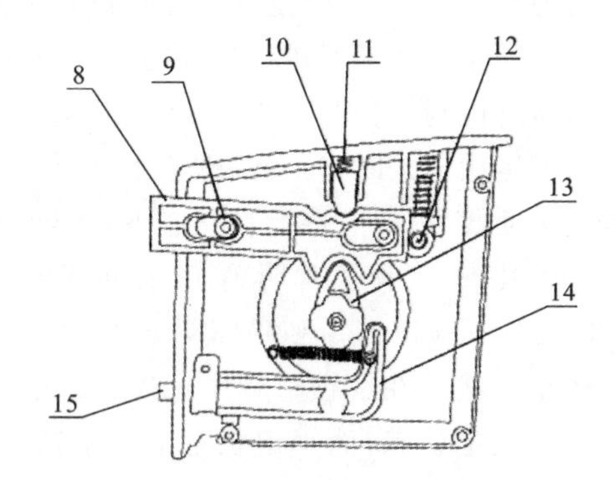

图 13-5 锁头结构示意图

权利要求如下。

一种儿童游戏围栏安全锁装置,主要包括安全锁机构、套接机构、门栏和围栏。其特征在于:套接机构与围栏可转动连接,安全锁机构包括锁头和锁尾两部分,锁头安装在门栏上,锁尾固定在套接机构上;锁头的锁盖上设置有二道锁开关和扳手,锁头内部与扳手相连有凸轮，且凸轮通过固定螺丝固定在锁盖上，凸轮下面设置有 L 形活动模条，L 形活动模条一端通过拉簧与锁盖相连接，另一端穿过锁盖设置有活动锁销；锁头内部与二道锁开关相连有横销，横销一端通过固定螺丝固定在锁盖上，同时上端通过弹簧顶在锁盖上面，另一端穿过锁盖侧面，且中间穿在锁盖上设置的柱子，横销中间上下处均设置有凹槽，分别与锁盖上设置的弹头和凸轮相匹配。

【争议焦点】

本案说明书未对 L 形活动模条与活动锁销之间的连接关系进行说明，也没有公开横销一端通过固定螺丝固定在锁盖后如何解决横销活动的技术问题，还没有对安全锁装置的使用方式进行说明，是否可以认为说明书公开不充分，不符合专利法第 26 条第 3 款的规定。

【案例分析】

对于安全锁装置的使用方式而言，虽然本案说明书没有对安全锁装置的使用方式进行说明，但是根据所属技术领域的技术人员对锁具的认知，并结合说明书文字以及附图的记载可知，安全锁装置的工作方式如下。开锁时，扳动二道锁开关上移，旋转扳手带动凸轮转动，使得横销缩回锁盖内，凸轮继续转动，推动 L 形活动模条，使得活动锁销克服弹簧弹力缩回锁盖内，完成开锁过程。上锁时，反向旋转扳手带动凸轮转动，活动锁销在弹回复力的带动下伸出锁盖外，凸轮继续转动，横销在凸轮的推动下伸出锁盖外，扳动二道锁开关下移，完成上锁过程。对于 L 形活动模条与活动锁销之间的连接关系而言，虽然说明书仅仅记载了"L 形活动模条……，另一端穿过锁盖设置有活动锁销"，但结合上述开锁和上锁过程可知，只要 L 形活动模条能够带动活动锁销进行往复运动，即使没有记载 L 形活动模条与活动锁销之间的连接关系，所属技术领域的技术人员也可以理解和实现安全锁装置的开锁和上锁过程。对于横销一端通过固定螺丝固定在锁盖后横销如何活动而言，同样结合上述开锁和上锁过程可知，安全锁装置需要通过横向缩回和伸出来完成开锁和上锁，因此横销的一端必然不可能固定在锁盖上不能移动。再结合本案说明书图 13-5 可知，横销的一端抵靠在固定螺丝旁，固定螺丝只是对横销的横向移动起到一个限位的作用，并不会使得横销无法移动。因此，在说明书文字记载的基础上结合说明书附图和所属技术领域的技术人员对于现有技术的基本认知，本案说明书是公开充分的，符合专利法第 26 条第 3 款的规定。

【案例启示】

对说明书所记载技术方案的理解，应站在所属技术领域的技术人员的角度，充分考虑发明目的，在说明书文字记载的基础上结合说明书附图和所属技术领域的技术人员对于现有技术的基本认知，来判断说明书对其技术方案的记载是否达到公开充分的要求。

13.2 权利要求的审查

在专利申请的审批及专利权的保护等法律程序中,权利要求书是最重要的法律文件之一,其主要有以下两种作用。

(1) 以说明书为依据,限定要求专利保护的范围。

(2) 作为授权后确定专利权保护范围的法律依据。

由于权利要求是申请人要求保护的技术方案内容的具体体现,因此它是审查的重点。本章所述对权利要求的审查,仅限于根据专利法第26条第4款和专利法实施细则第20条第2款的审查。

13.2.1 权利要求是否得到说明书支持的审查

专利法第二章“授予专利权的条件”中第26条第4款指出,权利要求书应当以说明书为依据,清楚、简要地限定要求专利保护的范围。其中,权利要求书应当以说明书为依据,是指权利要求书应当得到说明书的支持。权利要求书中的每一项权利要求请求保护的技术方案应当是所属技术领域的技术人员能够从说明书充分公开的内容中得到或概括得出的技术方案,并且不得超出说明书公开的范围。

判断权利要求能否得到说明书的支持,是将权利要求请求保护的技术方案和说明书公开的技术内容进行比较,判断权利要求的概括是否超出了说明书公开的范围。所述“概括”是指,如果所属技术领域的技术人员可以合理预测说明书给出的实施方式的所有等同替代方式或明显变型方式都具备相同的性能或用途,则应当允许申请人将权利要求的保护范围概括至覆盖其所有的等同替代或明显变型方式。所述“说明书公开的范围”是指所属技术领域的技术人员基于说明书的技术内容及其所提供的教导,结合所属领域的整体技术水平能够合理概括得到的解决发明技术问题的内容,不能解决发明技术问题的技术方案不属于发明人对社会做出的贡献,不应当得到保护。

案例4

发明名称:一种锁芯及锁具。

【相关案情】

本案涉及一种锁芯及锁具。针对现有通过锁梁配合锁定的锁具中,容易出现锁梁抵触锁舌的前端的情况,导致锁止顶件不能上升并抵持在锁舌的后端,此时若快速拉动锁梁,锁舌容易被锁梁缺口的斜面顶回,存在能够拉出锁梁的安全隐患。

如图13-6至图13-10所示,本案的锁具包括锁体10、锁梁20和锁芯30。锁体10包括外壳11和上盖12。锁芯30容纳在外壳11内,由上盖12封闭。锁芯30包括内壳、第一盖体32和第二盖体33,第一盖体32盖合在内壳的上方,第二盖体33盖合在内壳的正面。锁体10还设置有贯穿上盖12和外壳11的锁孔13,锁孔13位于锁芯 30 的两侧，锁梁 20 用于插入锁孔 13。锁芯 30 的内部工作机构包括锁舌 300，锁舌 300 能够向侧面伸出至锁孔 13，以使锁舌 300 与锁梁 20 的缺口配合锁定。锁芯 30 的内部工作机构还包括储能二阶闭锁机构 40。储能二阶闭锁机构 40 包括锁止顶件 200、电动机 100 和弹性储能件 400，电动机 100 与锁止顶件 200 通过弹性储能件 400 连接，电动机 100 转动时通过弹性储能件 400 驱动锁止顶件 200 上下运动。锁止顶件 200 的运动路径上依次包括第一位置、第二位置和第三位置，图 13-8 所示的是第三位置，锁止顶件 200 向上移动依次到达第二位置、第一位置。锁止顶件 200 上形成有限位部 210，限位部 210 具有第一限位面 211 和第二限位面 212，第一限位面 211 在第二限位面 212 的下方。

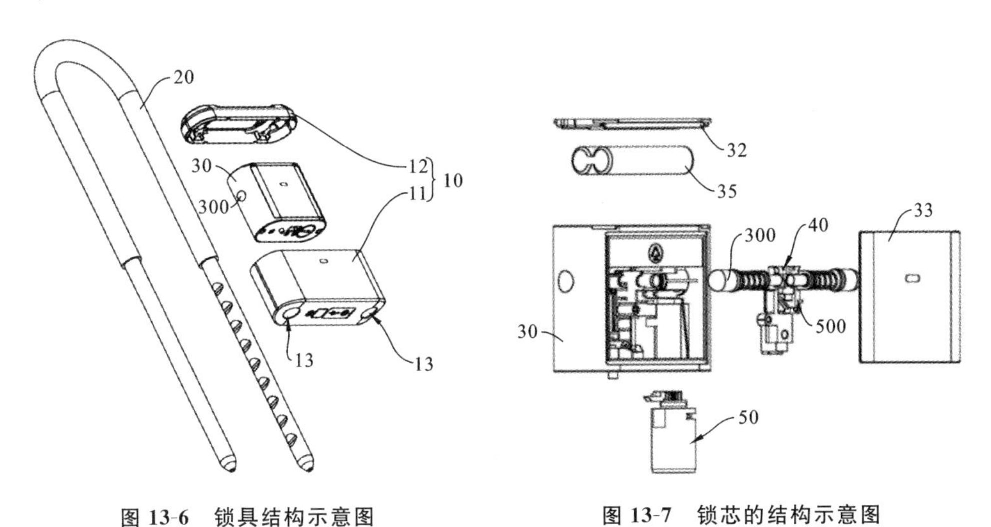

图 13-6　锁具结构示意图

图 13-7　锁芯的结构示意图

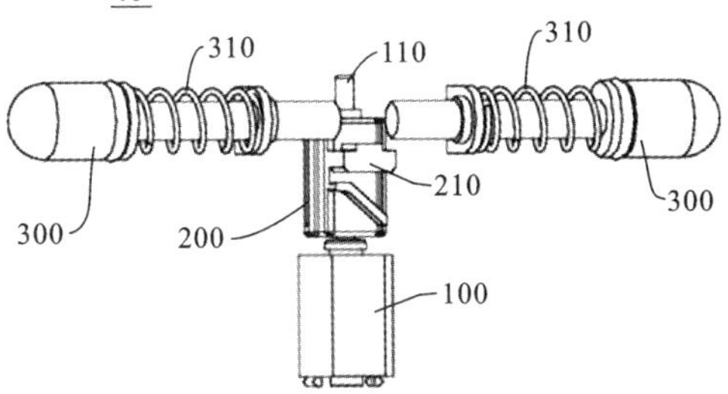

图 13-8　储能二阶闭锁机构的结构示意图

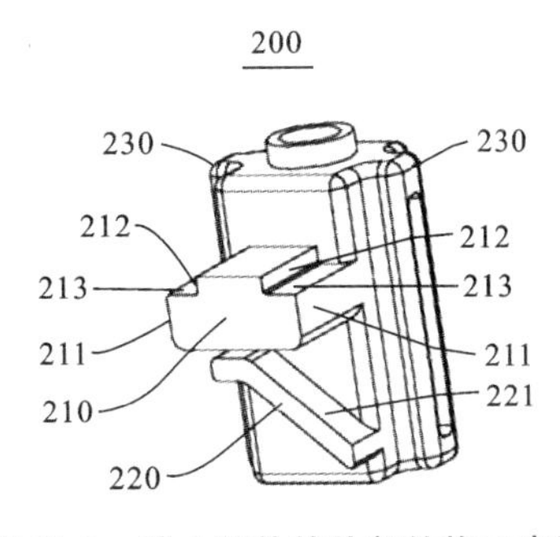

图 13-9　锁止顶件的外部结构示意图

在锁止顶件 200 由第三位置向第一位置移动的过程中，当锁止顶件 200 位于第三位置时，第一限位面 211 和第二限位面 212 均远离锁舌 300，如图 13-9 所示的情形，第一限位面 211 和第二限位面 212 在锁舌 300 所在高度之下，锁止顶件 200 不能阻挡锁舌 300 回退。当锁止顶件 200 移动至第二位置时，第二限位面 212 位于锁舌 300 的后端，故能够限制处于半伸出状态的锁舌 300 后退，即能够使锁舌 300 至少保持半伸出。当锁止顶件 200 移动至第三位置时，第二限位面 212 通过锁舌 300 的后端，第一限位面 211 位于锁舌 300 的后端，限制处于伸出状态的锁舌 300 后退。

通过设置具有两种限位面的锁止顶件 200，限位部 210 的第二限位面 212 相对于第一限位面 211 退台，锁具能够在锁舌 300 伸出瞬间实现第一阶段闭锁，并能在锁舌 300 全部伸出时实现第二阶段闭锁。当锁舌 300 被锁梁 20 的缺口斜面挡住或在其他外力作用下处于半伸出状态时，至少限位部 210 的第二限位面 212 能够到达锁舌 300 的后端，使锁舌 300 不能继续后退，解决了闭锁不到位时能够拉出锁梁 20 的技术问题。

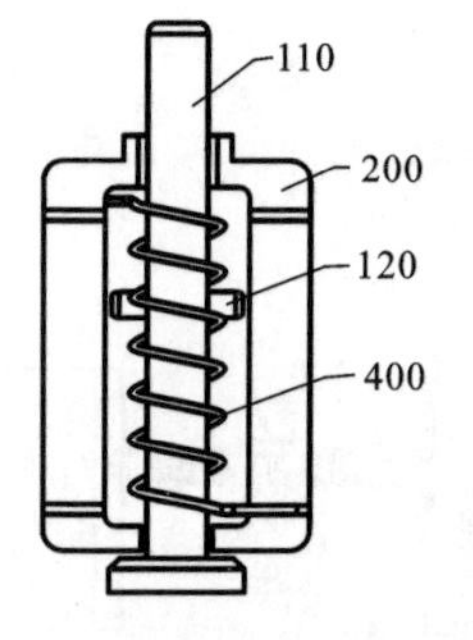

图 13-10　锁止顶件、弹性储能件的结构示意图

电动机 100、弹性储能件 400 和锁止顶件 200 的连接方式有多种，本实施例中采用如图 13-10 所示的方式，弹性储能件 400 被配置为导向弹簧，电动机 100 的输出轴 110 上形成径向压杆 120，导向弹簧套设于输出轴 110，使径向压杆 120 穿设于导向弹簧的螺圈的盘绕间隙中。导向弹簧的一端与锁止顶件 200 相对固定，导向弹簧的下端固定于锁止顶件 200，导向弹簧的另一端可选地固定于输出轴 110，或者在输出轴 110 的端部设置防脱部并使导向弹簧的另一端抵触在防脱部上。

锁止顶件 200 与电动机 100 还可以通过其他方式连接。例如，电动机 100 的输出端设置升降模块，升降模块与锁止顶件 200 通过弹性储能件 400 连接，升降模块可以为连接在电动机 100 输出端的丝杠螺母组件，弹性储能件 400 为连接在螺母和锁止顶件 200 之间的弹簧、弹片等弹性元件。电动机 100 和升降模块还可以替换为直线模组、电动推杆等。

权利要求如下。

一种锁芯，其特征包括锁舌、锁止顶件、电机和弹性储能件。所述电机用于通过所述弹性储能件驱动所述锁止顶件运动使所述锁止顶件具有第一位置、第二位置和第三位置。所述第二位置在所述第一位置和所述第三位置之间。所述锁止顶件上形成有第一限位面和第二限位面。当所述锁止顶件处于所述第一位置时，所述第一限位面限制处于伸出状态的所述锁舌后退；当所述锁止顶件处于所述第二位置时，所述第二限位面限制处于半伸出状态的所述锁舌后退；当所述锁止顶件处于所述第三位置时，所述锁止顶件让出空间以允许所述锁舌后退。

【争议焦点】

权利要求记载了“所述电机用于通过所述弹性储能件驱动所述锁止顶件运动使

所述锁止顶件具有第一位置、第二位置和第三位置”,上述记载仅通过功能性描述限定了电机、弹性储能件能够使得锁止顶件具有第一位置、第二位置和第三位置,而并没有详细记载实现该功能的电机、弹性储能件以及锁止顶件之间的具体结构,该功能性限定是否概括了一个较大的保护范围,导致权利要求得不到说明书的支持,不符合专利法第 26 条第 4 款的规定。

【案例分析】

判断权利要求能否得到说明书的支持,是将权利要求请求保护的技术方案与说明书公开的技术内容进行比较,判断权利要求的概括是否超出说明书公开的范围。这一过程需要综合考虑多种因素,其中就包括申请文件记载的信息以及所属领域技术人员的知识和能力等。

具体来说,本案说明书记载了“电动机 100、弹性储能件 400 和锁止顶件 200 的连接方式有多种,本实施例中采用……”,此外,“锁止顶件 200 与电动机 100 还可以通过其他方式连接。例如,……”。从本案说明书的记载可见,实现电机驱动锁止顶件运动的弹性储能件有多种,说明书中也列举了多种结构方式,且对于所属技术领域的技术人员而言,这些等同替代方式并非难以预见的。因此,权利要求的技术方案能够得到说明书的支持。

【案例启示】

如果所属领域技术人员在说明书记载内容的基础上,结合其普通技术知识能够确定发明可以采用除实施例之外的其他等同或替代实施方式来完成,且所述这些其他实施方式能解决相同的技术问题,则应允许权利要求概括为涵盖所述其他实施方式。

案例 5

发明名称:防误电子挂锁。

【相关案情】

本案涉及一种防误电子挂锁。针对传统的闭锁锁具技术落后以及精度局限问题,使得同时具备机电闭锁功能的闭锁锁具需求增大。现有电子挂锁虽然满足了机电闭锁的功能,但现有电子挂锁存在结构复杂、可靠性低的问题。

如图 13-11 至图 13-13 所示,本案的防误电子挂锁包括锁体 1、锁钩 6、电子闭锁机构以及内部电路 8。锁钩 6 活动安装在锁体 1 上,且锁钩 6 可在解锁位置与闭锁位置之间来回移动。锁钩 6 包括长钩臂 61 和短钩臂 62,长钩臂 61 和短钩臂 62 均设置有 V 形限位槽 6a。电子闭锁机构包括两个闭锁块 2、电子驱动元件 3 和第一弹性部件 4。两个闭锁块 2 沿同一直线并排布置,闭锁块 2 可在卡合位置与非卡合位置之间来回移动,两个闭锁块 2 相远离的一端具有与限位槽 6a 配合的 V 形限位头 2a。第一弹性部件 4 设置于两个闭锁块 2 相靠近的尾部 2b 之间。电子驱动元件 3 具有可伸缩的限位销 31,当限位销 31 伸出时,位于两个闭锁块 2 相靠近的尾部 2b 之间,限制两个闭锁块 2 移动；当限位销 31 缩回时，释放对闭锁块 2 的限位。

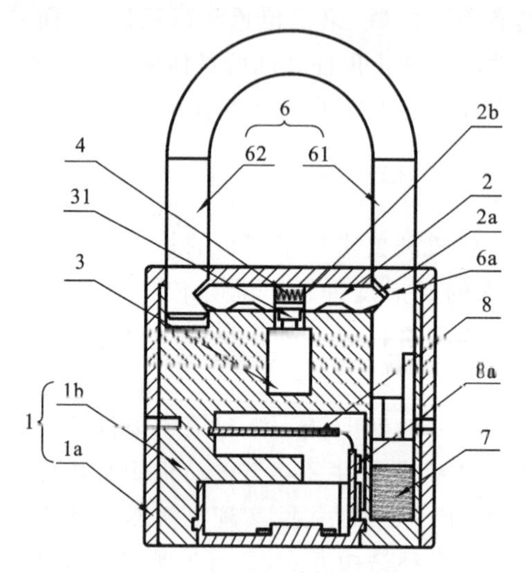

图 13-11　防误电子挂锁闭锁状态的示意图

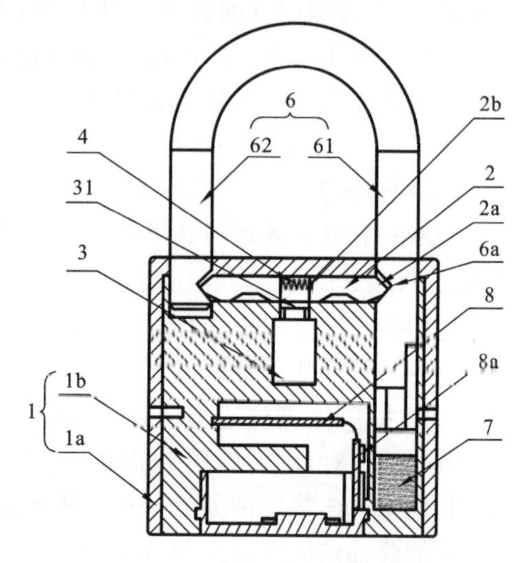

图 13-12　防误电子挂锁电子锁闭机构动作后的示意图

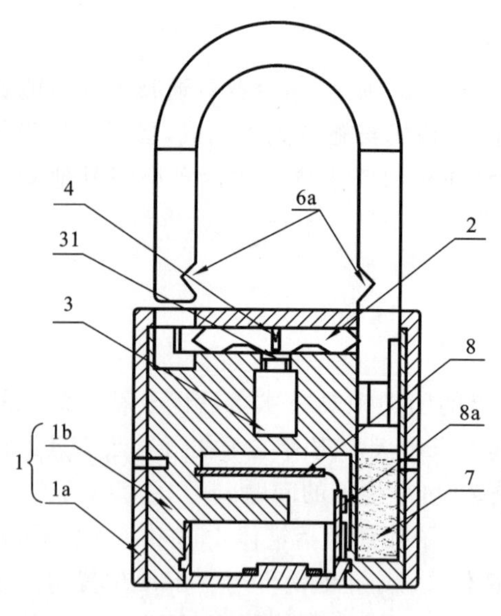

图 13-13　防误电子挂锁解锁状态的示意图

防误电子挂锁的工作原理如下。解锁时，解锁器通过无线方式将能量和指令传给锁具，锁具接收到能量后开始工作，并根据指令执行相应的解锁动作，电子驱动元件 3 工作，限位销 31 产生预紧力，卡在两个闭锁块 2 之间，直接按压锁钩 6，限位槽 6a 与闭锁块 2 之间产生间隙，闭锁块 2 在第一弹性部件 4 作用下向限位槽 6a 移动，释放限位销 31，松开锁钩 6 后，锁钩 6 在第二弹性部件 7 的作用推开闭锁块 2 自动弹出，实现开锁；电子挂锁闭锁状态时，按下锁钩 6，闭锁块 2 在第一弹性部件 4 的作用下进入限位槽 6a，让开了闭锁块 2 之间的间隙，限位销 31 复位进入闭锁块 2 之间，挡住了闭锁块 2 活动空间，闭锁块 2 不能移动，卡住锁钩，实现锁具闭锁。

权利要求如下。

一种防误电子挂锁，包括：锁体 1；锁钩 6，所述锁钩 6 活动地装在所述锁体 1 上，且所述锁钩 6 可在解锁位置与闭锁位置之间来回移动，所述锁钩 6 上设置有限位槽

6a;电子闭锁机构,所述电子闭锁机构设置于所述锁体 1 内,用于锁定或松开所述锁钩 6,所述电子闭锁机构包括闭锁块 2,所述闭锁块 2 可在卡合位置与非卡合位置之间来回移动,所述闭锁块 2 的一端设置有与所述限位槽 6a 配合的限位头 2a,所述限位槽 6a 为 V 形,所述限位头 2a 也为 V 形;内部电路 8,所述内部电路 8 设置于所述锁体 1 内,且与所述电子闭锁机构连接,用于控制所述电子闭锁机构动作;第一弹性部件 4,所述第一弹性部件 4 设置于所述闭锁块 2 上,当所述锁钩 6 在闭锁位置时,所述第一弹性部件 4 使所述闭锁块 2 移动至卡合位置而使所述限位头 2a 卡入所述限位槽 6a 内;电子驱动元件 3,所述电子驱动元件 3 与所述内部电路 8 的驱动信号输出端连接,所述电子驱动元件 3 具有可伸缩的限位销 31,当所述限位销 31 伸出时,限制所述闭锁块 2 的运动,当所述限位销 31 缩回时,释放对所闭锁块 2 的限位;第二弹性部件 7,所述第二弹性部件 7 用于使所述锁钩 6 复位至所述解锁位置。

【争议焦点】

根据本案说明书的记载,只有满足"第二弹性部件的弹力大于第一弹性部件的弹力"才能实现锁具开锁和闭锁功能,而权利要求保护的技术方案使用了"第二弹性部件用于使锁钩复位至解锁位置"这一功能性限定,说明书中对这一特征也没有相应描述,能否认为权利要求 1 没有以说明书为依据,不符合专利法第 26 条第 4 款的规定。

【案例分析】

根据说明书的记载,限位销在电子驱动元件的驱动下,实现的是伸出和缩回的往复运动,结合本案说明书图 13-11 的锁闭状态的示意图以及图 11-12 的电子闭锁机构动作后的示意图可以看出,解锁时限位销实现的是缩回的动作。因此,预紧力其实是指电子驱动元件驱动限位销缩回的力。虽然电子驱动元件提供了缩回的预紧力,但是由于左右两个锁闭块下面的凸起的阻挡,限位销无法向下移动缩回,此时,直接按压锁钩,继续结合图 13-11 以及图 13-12 可知,在第一弹性部件的作用下,锁闭块向两侧移动,将锁闭块限位头与锁钩 V 形限位槽上部的间隙填充。此时,两个锁闭块之间的距离变大,限位销不再受锁闭块凸起的阻挡而缩回,从而实现了开锁。此外,说明书记载了"锁钩在第二弹性部件的作用下推开闭锁块自动弹出,实现开锁",由此可知,第二弹性部件的弹力自然是大于第一弹性部件的弹力,锁钩才能推开闭锁块自动弹出。同理,权利要求记载了"所述第二弹性部件用于使所述锁钩复位至所述解锁位置",该功能性限定就已经能够保证第二弹性部件的弹力大于第一弹性部件。因此,即使说明书和权利要求书没有明确记载上述内容,但是所属技术领域的技术人员根据说明书的相关文字及附图的记载,就能够确认该内容,故权利要求不存在得不到说明书支持的问题。

【案例启示】

功能性限定并不一定意味着权利要求得不到说明书支持,如果根据说明书的记载,该功能性限定是适当的,则应当认为权利要求得到了说明书的支持。

13.2.2 权利要求是否清楚的审查

专利法第二章“授予专利权的条件”中第 26 条第 4 款指出，权利要求书应当以说明书为依据，清楚、简要地限定要求专利保护的范围。其中，权利要求书应当清楚，一是指每一项权利要求应当清楚；二是指构成权利要求书的所有权利要求作为一个整体也应当清楚。

权利要求是否清楚，对于确定发明或者实用新型要求保护的范围是极为重要的。一方面，如果因为权利要求不清楚导致无法确定权利范围的边界，社会公众将由于不清楚相应边界而无法得知其实施何种行为会侵犯他人的专利权；另一方面，权利要求不清楚会导致无法判断技术方案是否满足新颖性和创造性的要求。

案例 6

发明名称：一种用于家具的关闭装置。

【相关案情】

现有技术中的家具铰链装有一个弹簧机构，该机构能使门从预定的关闭角度上自动关门。在这种状态下，门由把手上的拉力打开，一直打开到克服该关闭角并在没有被再次推向自动关闭机构作用方向之前保持打开。它们包括两个主要构件，一个安装在固定部分（如侧部或水平构件）上，另一个安装在移动部分（如门或抽屉的前部）上。两个构件中的一个没有移动部分，具有一个或多个位于底切区上的钩挂表面，在门处于关闭状态时，该底切区垂直于门的内表面。通常最好是将第一个构件固定到移动部分上，这是因为它的整个尺寸较小。将固定到家具的另一个构件上的第二构件包含一个钩挂机构，通过朝关闭突出部分连续地推门，此时钩挂机构交替地啮合在第一构件的底切口中，使门保持住，或使门释放开，从而能打开门。这些装置，无论它们的机械特征如何，在它们操作原理方面均具有固有的、不同的缺点。该两个构件包含在关闭时必须互相合作的元件，以及必须相互滑动以锁住和释放开门的元件，因此为了固定这些元件，要求它有非常高的精度，因为“推—拉”机构通常固定到门的自由端上，所以该精度很难达到。除了门和侧边的尺寸误差外，还必须考虑可能出现的铰链安装错误，由于磨损引起的铰链本身的变形、门相对于家具的调节等，所有这些因素都会使门对家具侧部的理论贴靠位置出现很大的移动，产生使门不能锁到关闭位置的严重缺点。由于钩挂系统是刚性的，在严重条件下，必须破坏该机构才能打开门。

本案提出一种用于家具的关闭装置，该装置包括一个磁性保持系统和一个机械打开的“推—拉”系统结合体。本案的关闭装置具有“推—拉”操作，但在固定和移动部分之间不需要特殊精度地对准，并在需要时，仅通过推动动作就可释放开。关闭装置 110，它设计成固定到一个家具的台肩 111（或限定一个可关闭的小室的其他构件）上，该装置作用在该家具的打开部分 112 上。如图 13-14 所示，该装置设有一个圆筒形罩 119,该罩插入形成在家具上的合适的孔中,从而该装置的一端呈现在家具上,并面向构件 112 的铁磁材料的板 118。在装置端部上看到的是推力构件 115 和吸力磁铁 113,推力构件和吸力磁铁同轴安置,磁铁有力地包围着推力构件,在磁铁和推力构件向后时,"推—拉"机构 114 接纳在罩 119 中。该"推—拉"机构 114 是已知类型的机构,它的靠模 116 具有用以逐步转动的前齿,这种类型的机构常常用作圆珠笔的开/关机构,如图 13-15 所示。该机构 114 包括多个导向棱 130,该导向棱与推力构件 115 后部上的相应的齿 131 啮合。该推力构件设有作用在另一构件上的前靠模表面,从而在构件 115 上受到每次向后的压力时使齿 131 逐步地转动。这将使齿 131 与棱 130 的后端一起产生交替的钩挂和释放动作,可使推力构件在沿其轴行程时具有两个稳定位置,一个位置是前进的脱开位置(见图 13-14),另一个位置是缩回的静止位置(见图 13-16)。

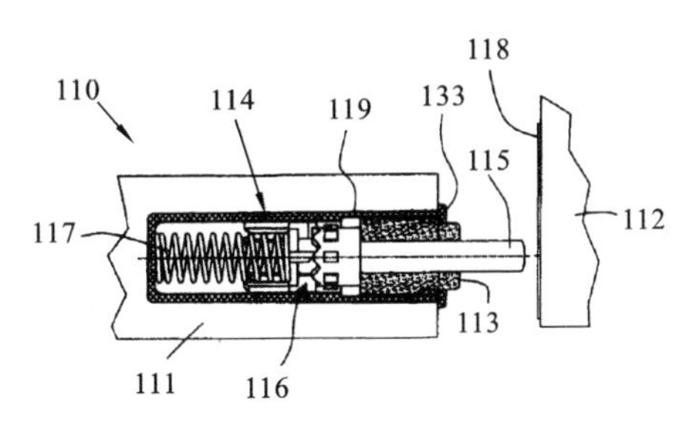

图 13-14　关闭装置在打开位置的示意图

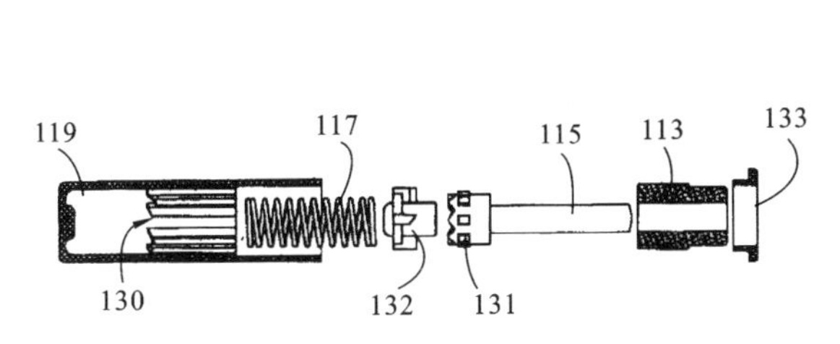

图 13-15　分解和剖视图

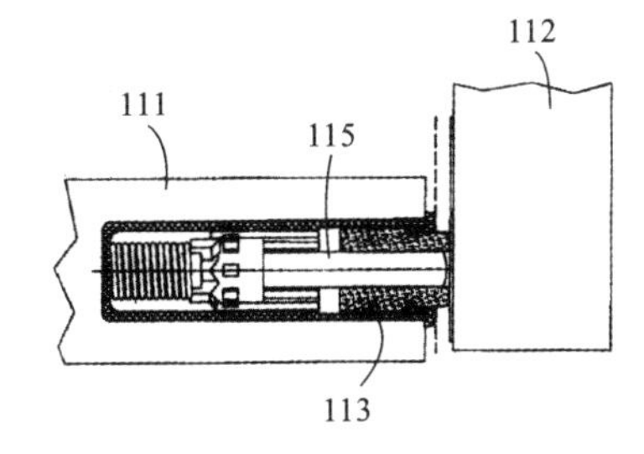

图 13-16　关闭装置在关闭位置的示意图

权利要求如下。

一种用于家具的打开部分 112 的关闭装置,包括一个磁性的锁销 113。该锁销用于使所述打开部分 112 保持在关闭位置,该锁销与一个推力"推—拉"机构 114,115 结合。该推力"推—拉"机构用于按要求使该打开部分 112 与磁性锁销 113 脱开,从而使所述打开部分打开。该"推—拉"机构包括一个推力构件 115,该推力构件设计成在所述家具的所述打开部分上施加推力,使所述打开部分与磁性锁销 113 脱开。所述推力构件 115 可在一个缩回的静止位置和一个前进的脱开位置之间滑动,一个靠模装置 116 通过沿关闭方向和超出缩回静止位置克服弹簧 117 的作用向所述推力构件 115 施加手动推力,使得能够交替而稳定地在两个位置之间移动。该磁性锁销包括一个用于吸引铁磁材料的构件 118 的磁铁 113。所述磁铁 113 具有与铁磁材料的构件 118 接触的前接触表面。当该推力构件处于前进的脱开位置时,磁铁的前接触表面突出的量小于推力构件 115 向前突出的量,所述引力磁铁 113 与推力构件 115 同轴设置，其特征在于：推力构件 115 沿轴向穿过所述引力磁铁 113。

【争议焦点】

(1) 权利要求中记载了“靠模装置”这一技术特征，“靠模装置”所属技术领域中具有基本的含义：利用刀具按照预先做出的模型(也称为母型)的形状进行仿形加工，以最终获得与模型相似的复杂形状的工件的装置。权利要求要保护的是一种用于家具的打开部分的关闭装置，在一个关闭装置中出现一个“用于按照模型的形状进行仿形加工而且最终会获得与模型相似的复杂形状工件的靠模装置”，对于本领域的技术人员而言，是否造成了权利要求的保护范围不清楚？例如，对这样一个用于复杂工件加工领域以获得工件的靠模装置是如何与本案的关闭装置的其他部分配合来构成一个“推—拉”机构并完成一系列运动，并不清楚。

(2) 本案中“靠模”能否理解为与在铸造领域中的原有术语的涵义完全不同的意思，如本案中能否将靠模理解为“凸轮”的涵义，从而认为权利要求的保护范围是清楚的。

【案例分析】

专利审查指南第二部分第二章第 3.2.2 节规定：“权利要求的保护范围应当根据其所用词语的含义来理解。一般情况下，权利要求中的用词应当理解为相关技术领域通常具有的含义。在特定情况下，如果说明书中指明了某词具有特定的含义，并且使用了该词的权利要求的保护范围由于说明书中对该词的说明而被限定得足够清楚，这种情况也是允许的。但此时也应要求申请人尽可能修改权利要求，使得根据权利要求的表述即可明确其含义”。也即是说，当权利要求的用语属于所属领域普遍认同的惯用技术术语时，应当按照其含义理解权利要求，特别是在专利授权程序中。本案中，“靠模装置”所属技术领域中具有基本的含义：利用刀具按照预先做出的模型(也称为母型)的形状进行仿形加工，以最终获得与模型相似的复杂形状的工件的装置。

如果权利要求中使用的技术术语是申请人的自造词，或者是申请人在说明书中给出的不同于其通常含义而是自定义的，则一般应当要求申请人将说明书中对该术语的定义表述在权利要求中或者修改权利要求，以使所属技术领域的技术人员仅根据权利要求的表述即可清楚确定请求保护的范围。本案中，说明书全文并没有对靠模装置进行解释和说明，且无论是在铸造领域或是车床或铣床机加工等领域中，“靠模装置”都是一种利用工具按照已制造出的模型的形状来仿形加工出与模型相似的复杂形状工件的装置，靠模装置之所以称之为靠模装置，是因为最终会由这个装置制造出与模型相似的复杂形状的工件。只是沿着槽按曲线进行运动的机构是不能称为靠模装置的，这与其在所属领域的基本含义是不同的，所属技术领域的技术人员也无法引申出这样的涵义。因此本案中权利要求的保护范围是不清楚的。

【案例启示】

权利要求保护范围清楚是划定专利权人合法权利范围的前提与基础，这要求在专利申请文件的撰写过程中，注意权利要求中使用的技术术语、计量单位、标点符号等的正确性，确保权利要求的保护范围是清楚。

案例7

发明名称：一种指纹密码防盗锁前把手结构。

【相关案情】

本案涉及一种指纹密码防盗锁前把手结构。本案提出一种结构原理简单，能够保证在没注册的指纹状态下或非法用户，前把手处于空转，无法带动锁芯拨托，门不能开启，同时能够保证在大扭矩作用下，前把手不变形，增强了防盗性能的技术方案。前把手连接组件1如图13-17所示，所述前把手连接组件1包括结构印制板2、高绝缘PC塑胶连接器座3。所述结构印制板2的一侧上端设有连接插座4，另一侧固定设置所述高绝缘PC塑胶连接器座3。所述连接插座4引出前把手连接线5。所述前把手连接组件1还包括镀金高可靠探针6。所述镀金高可靠探针6装入所述高绝缘PC塑胶连接器座3内，其后端与所述结构印制板2焊接，后端与前端之间设有压缩弹簧7。所述结构印制板2上设有安装孔，安装孔与前把手插件体连接。所述前把手连接组件1还包括内转子芯8、传动珠9、钢顶套10、钢顶套芯棒11、微电机12、导成柱13(见图13-18)。所述内转子芯8后端固定设置所述钢顶套10。所述钢顶套10中心设置钢顶套芯棒11。所述钢顶套芯棒11与所述内转子芯8之间设有所述传动珠9。所述内转子芯8前端设有销钉14。所述钢顶套芯棒11外侧设置给力弹簧15，其上端设有所述微电机12。所述微电机12连接所述导成柱13。所述导成柱13与所述钢顶套芯棒11通过给力弹簧15连接。所述内转子芯8下端设有后插件16，后插件16与锁芯拨托连接。在后插件16处镶嵌一个加硬钢套17，所述加硬钢套17为淬火的合金工具钢。本发明在后插件的工作部位镶嵌一个淬火的合金工具钢，同时钢顶套也做淬火处理，以保证大扭矩作用下，前把手不变形，不会使机构失效，从而增强防盗性能。

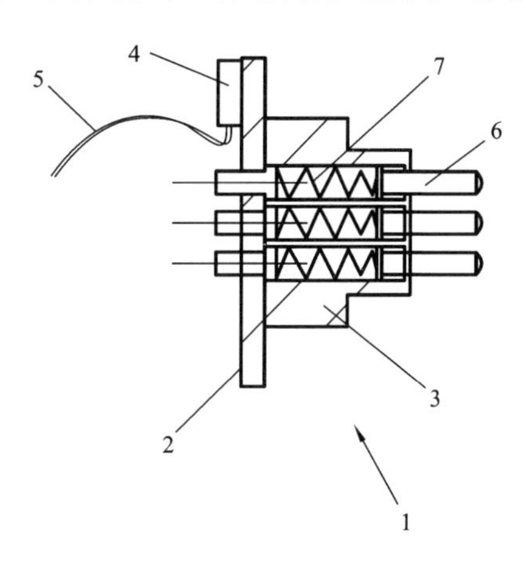

图13-17 前把手连接组件结构图

本案中，前把手实现空转主要包括以下步骤。

(1) 未注册指纹的用户或非法用户通过指纹识别传感器感应指纹，指纹识别传感器判断为错误信息，通过内置控制芯片向微电机12发出控制指令。

(2) 微电机12接收指令后逆时针转动时导成柱13带动给力弹簧15向右移动。

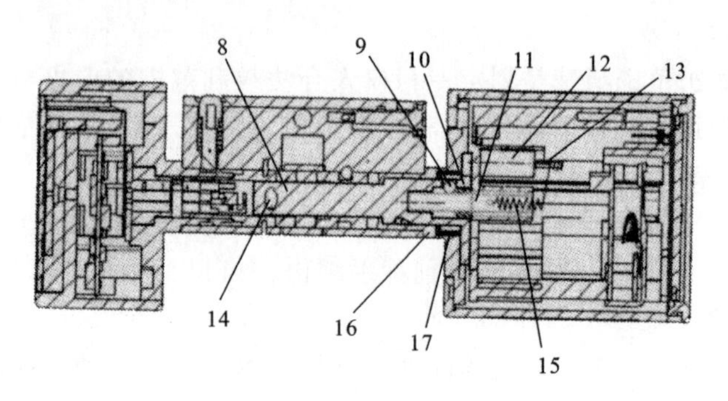

图 13.18　空转机构原理图

(3) 给力弹簧 15 带动钢顶套芯棒 11 向右移动。

(4) 传动珠 9 自动回落到钢顶套芯棒 11,此时内转子芯 8 与后插件 16 脱开,实现空转。

本案中,前把手实现转动开门主要包括以下步骤。

(1) 注册指纹的用户通过指纹识别传感器感应指纹,指纹识别传感器判断为正确信息,通过内置控制芯片向微电机 12 发出控制指令。

(2) 微电机 12 接收指令后顺时针转动时,带动给力弹簧 15 向左移动。

(3) 给力弹簧 15 带动钢顶套芯棒 11 向左移动,其上的钢顶套 10 也向左运动,将传动珠 9 顶到内转子芯 8 与后插件加硬钢套 17 的腔体内,将内转子芯 8 与后插件 16 结合在一起。

(4) 此时,前把手转动时通过销钉 14 带动内转子芯 8,由于有传动珠 9 在后插件的加硬腔体内,从而被带着一起转动锁芯拨托,实现开门动作。

权利要求如下。

一种指纹密码防盗锁前把手结构,其特征包括前把手连接组件。所述前把手连接组件包括结构印制板、高绝缘 PC 塑胶连接器座。所述结构印制板的一侧上端设有连接插座,另一侧固定设置所述高绝缘 PC 塑胶连接器座。所述连接插座引出前把手连接线。它还包括镀金高可靠探针。所述镀金高可靠探针装入所述高绝缘 PC 塑胶连接器座内,其后端与所述结构印制板焊接,后端与前端之间设有压缩弹簧。所述结构印制板上设有安装孔,安装孔与前把手插件体连接。

【争议焦点】

权利要求的技术方案是否清楚?

【案例分析】

判断权利要求是否清楚,应当站在所属领域技术人员的角度,不仅关注各技术特征本身,还应考虑它们之间的关系,将权利要求作为一个整体考察其保护范围是否清楚。本案核心的技术手段是通过指纹识别判断,控制微电机 12 的正反转,从而实现内转子芯8与后插件16的结合和脱开。其解决的技术问题为：解决在非法开门情况，由大扭矩导致的锁前把手变形。本案权利要求中的主要特征部分为“前把手连接组件”，“前把手连接组件1”包括结构印制板2、高绝缘PC塑胶连接器座3、连接插座4、前把手连接线5、镀金高可靠探针6、压缩弹簧7。然而对于所属技术领域的技术人员而言，权利要求中前把手连接组件1的安装位置以及连接的部件不清楚，前把手连接部件1实现的功能也不清楚，因此导致权利要求的保护范围不清楚，不符合专利法第26条第4款的规定。

【案例启示】

在锁具权利要求的撰写以及进行权利要求是否清楚的评判时，需要站在所属技术领域的技术人员的角度，注重发明构思，突出与发明构思有关的技术特征，以及特征之间的相关关系，以确保权利要求的保护范围清楚。

案例8

发明名称：一种箱柜电子锁。

【相关案情】

本案涉及一种箱柜电子锁。针对现有的一种箱柜电子锁，其卡钩杠杆的第二止动面与卡钩槽分别位于相对于支点的两侧，转动时形成两个对角的扇形活动区域，需要占用较大的空间，使得锁壳的尺寸增大，使用的材料增多，进而增加了成本。并且，锁钩和卡钩杠杆需要传动机构的传动才能完成锁合和开启操作，使得箱柜电子锁的结构较复杂，且传动机构同样占用了较大的锁壳空间。

如图13-19、图13-20所示，本案的箱柜电子锁包括锁壳16、止动杠杆17、卡钩杠杆12、电磁铁14、塔簧15、弹性复位件和锁钩11。箱柜电子锁的工作过程如下。当箱柜电子锁处于开锁状态时，若要锁合箱柜电子锁，需向右推动锁钩11，锁钩11从插槽1601进入锁壳16中，锁钩11的锁扣端1101开始接触卡钩杠杆12的杆臂1203，并推动卡钩杠杆12绕第二转轴13顺时针转动，第二止动面1201所在的一端将止动杠杆17上第一止动面1701所在的一端顶起，塔簧15被压缩，弹性复位件同样积聚势能。当卡钩杠杆12转到锁止位置时，塔簧15复位，止动杠杆17上第一止动面1701所在的一端下移，第一止动面1701与第二止动面1201实现咬合，即第一止动面1701阻挡了第二止动面1201反向逆时针转动。与此同时，卡钩槽1202将锁钩11的锁扣端1101牢牢卡住，锁钩11不能向左移动，此时箱柜电子锁处于锁合状态，从而实现了箱柜电子锁的锁合操作。当箱柜电子锁处于锁合状态时，若要开启箱柜电子锁，需将电磁铁14通电，电磁铁14得电产生较大的磁性，电磁铁14的吸引端将止动杠杆17上与第一止动面1701相对的一端（即止动杠杆17的右端）吸引下来，第一止动面1701所在的一端上翘的同时，塔簧15被压缩。此时，第一止动面1701与第二止动面1201脱离咬合，弹性复位件释放弹性势能，卡钩杠杆12在弹性复位件的复位作用下，瞬间逆时针转动，卡钩槽1202随之转动并且释放锁钩11的锁扣端

1101。与此同时，在卡钩杠杆 12 的瞬间推动下，锁钩 11 被弹出锁壳 16，从而实现了箱柜电子锁的开启操作。

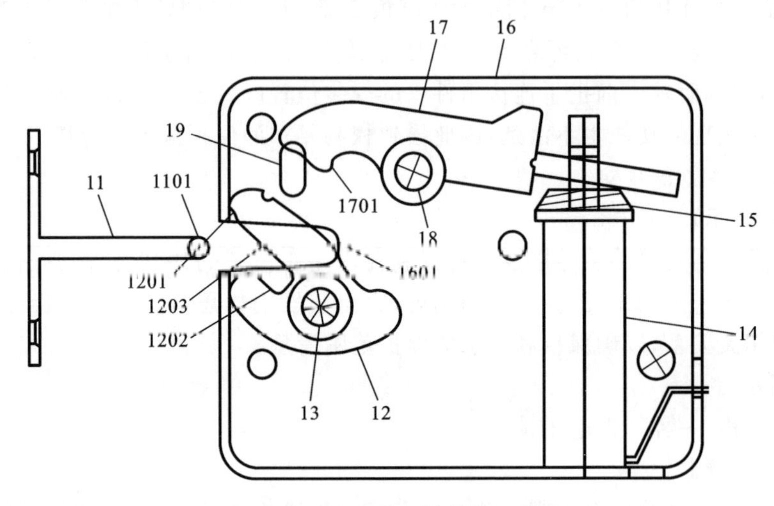

图 13-19　电子锁开锁状态示意图

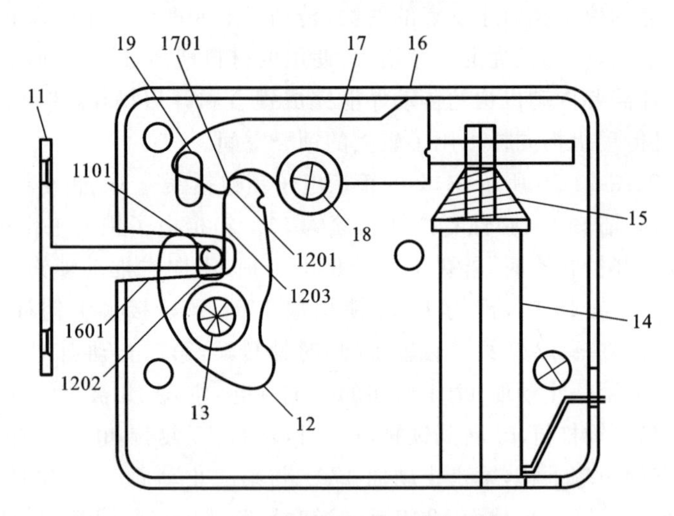

图 13-20　电子锁锁合状态示意图

权利要求如下。

一种箱柜电子锁，包括锁壳 16、卡钩杠杆 12 和锁钩 11。所述卡钩杠杆 12 上设置有卡钩槽 1202 和第二止动面 1201。所述卡钩槽 1202 与所述第二止动面 1201 均位于所述卡钩杠杆 12 的杆臂 1203 所在的一侧上，且所述卡钩槽 1202 的开口朝向所述第二止动面 1201 所在的一端。它还包括用于复位所述卡钩杠杆 12 位置的弹性复位件。所述锁钩 11 的锁扣端 1101 与所述杆臂 1203 之间可推动接触。

【争议焦点】

本案权利要求仅记载了“卡钩槽与所述第二止动面均位于卡钩杠杆的杆臂所在的一侧上，且卡钩槽的开口朝向第二止动面所在的一端”，而卡钩杠杆为一具有不规则形状的物体，其具有多个侧面或端部，但权利要求并未对此进行具体区分或标识。因此，能否认为权利要求 1 未清楚记载杆臂的形状、范围或边际，所属技术领域的技术人员无法合理确定卡钩槽及第二止动面相对于卡钩杠杆的位置关系，由于权利要求的保护范围不清楚，不符合专利法第 26 条第 4 款的规定。

【案例分析】

专利法第 26 条第 4 款规定，权利要求书应当以说明书为依据，清楚、简要地限定要求专利保护的范围。专利法第 59 条第 1 款规定，发明或者实用新型专利权的保护范围以其权利要求的内容为准，说明书及附图可以用于解释权利要求的内容。根据说明书的记载，本案所要解决的技术问题是“现有箱柜电子锁卡钩杠杆的第二止动面与卡钩槽分别位于相对于支点的两侧，转动时形成两个对角的扇形活动区域，需要占用较大的空间”。本案说明书还记载了“卡钩槽和第二止动面均位于卡钩杠杆的杆臂所在的一侧卡钩杠杆上，即第二转轴枢接于卡钩杠杆的一端，卡钩杠杆只有一个旋转杆臂”，从而“箱柜电子锁中的卡钩杠杆的活动区域由现有技术中的两个对角的扇形区域减少到只有一个不足半圆的扇形区域，显而易见地减小了空间的占用”。由此可见，本案权利要求中的“卡钩槽与第二止动面均位于卡钩杠杆的杆臂所在的一侧上”指的是卡扣槽和第二止动面均位于卡钩杆杠上相对于第二转轴的同一侧位置，即杆臂相对于第二转轴所在的一侧。而“卡钩槽的开口朝向第二止动面所在的一端”中的“一端”自然是指第二止动面所在的杆臂的一端。因此，所属技术领域的技术人员可以理解权利要求的上述技术特征所表达的位置关系，权利要求保护范围是清楚的。

【案例启示】

一般而言，对于授权的权利要求应该清楚限定出权利要求保护的范围。如果根据权利要求的记载无法清晰确定权利要求的保护范围时，可以借助说明书及附图来进行解释。

案例 9

发明名称：开锁方法、智能锁、共享车辆、服务器、系统。

【相关案情】

本案涉及一种开锁方法。针对现有的共享车辆开锁时，服务器下发开锁指令或者开锁密码后，除非客户申报开锁失败，否则服务器会默认用户开锁成功。由此带来以下几个技术问题：①用户体验不佳；②如果用户开锁失败且未申报故障，将导致错误的计费；③如果开锁成功，但用户申报开锁失败，则无法判定用户是否报假案。

如图 13-21 所示，本案的车锁包括锁销 3071、锁销槽 3072、锁舌 3040、锁销 3071 的驱动件 3073。锁销 3071 通过移入/移出锁销槽 3072 以将共享车辆锁住/释放。

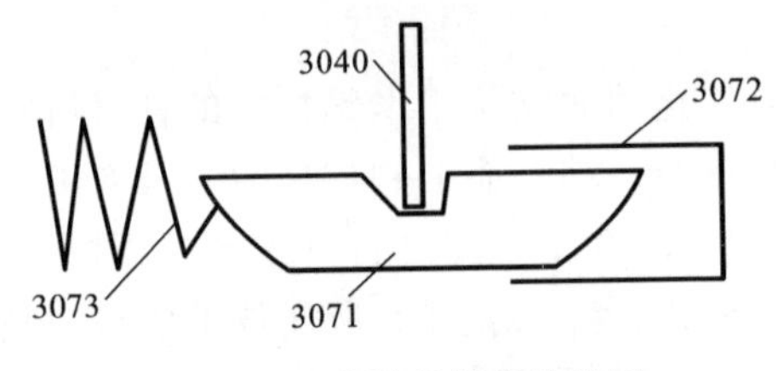

图 13-21　车锁的基本结构图

锁舌 3040 通过进出于锁销 3071 的凹槽，来阻挡或释放锁销 3071 的移动。在锁销 3071 移出锁销槽 3072 的状态下，锁舌 3040 移动的方向与锁销 3071 的非凹槽部分相对。共享车辆的开锁方法包括以下步骤。

步骤 101：执行开锁动作。开锁动作包括驱动锁舌移出锁销的凹槽，以及驱动锁销移动以使锁销移出锁销槽。

步骤 102：驱动锁舌向移出锁销的凹槽的方向的相反方向移动，在最大移动距离等于设定的阈值的情况下判定开锁成功，否则判定开锁失败。

正常情况下，共享车辆的锁执行开锁动作之后，锁销成功移出锁销槽，此时驱动锁舌移入锁销的凹槽（即沿着移出锁销的凹槽的方向的相反方向移动），锁舌会抵住锁销的非凹槽部位，也即是最大移动距离等于设定的阈值。如果能检测到这一状态，则可以判定开锁成功。

权利要求如下。

一种共享车辆的开锁方法，其特征在于，所述共享车辆的车锁包括锁舌、设有凹槽的锁销，以及锁销槽。所述锁销通过移入/移出锁销槽以将所述共享车辆锁住/释放。所述锁舌通过在所述锁销的凹槽中进出，来阻挡或释放所述锁销的移动。在所述锁销移出锁销槽的状态下，锁舌移动的方向与锁销的非凹槽部分相对。所述方法包括以下步骤：执行开锁动作，所述开锁动作包括驱动锁舌移出锁销的凹槽，以及驱动锁销移动以使锁销移出锁销槽；驱动锁舌向所述移出锁销的凹槽的方向的相反方向移动，在最大移动距离等于设定的阈值的情况下判定开锁成功，否则判定开锁失败。

【争议焦点】

本案权利要求记载了“驱动锁舌向所述移出锁销的凹槽的方向的相反方向移动，在最大移动距离等于设定的阈值的情况下判定开锁成功，否则判定开锁失败”，能否认为“设定的阈值”“最大移动距离”限定不清楚，且其中开锁成功或失败的判断逻辑也不清楚，不符合专利法第 26 条第 4 款的规定。

【案例分析】

根据说明书的记载，在正常情况下，共享车辆的锁执行开锁动作之后，锁销成功移出锁销槽，此时驱动锁舌移入锁销的凹槽（即沿着移出锁销的凹槽的方向的相反方向移动），锁舌会抵住锁销的非凹槽部位。如果出现开锁故障，如锁销被脏污卡在锁销的锁销槽内，弹簧没能将锁销从锁销槽中拉出，或者锁销正好和车辆轮胎上的辐条紧贴在一起，这些情况都可能造成锁销的驱动件无法将锁销从锁销槽中拉出，锁销并未移动，或移动距离不足以开锁，在这种情况下，锁舌会重新插入锁销的凹槽。由此可见，在正常开锁和出现开锁故障的两种状态下，锁舌的行程长度是不同的。因此，通过检测锁舌的行程长度即可判断是否真正开锁。而根据所属技术领域的技术人员通常的理解，“阈值”即为一个临界值，“最大移动距离”也是其字面的意思，这两个技术特征的含义本身是清楚的。具体到本案，由于不同的方案，锁舌沿上述相反方向移动至锁舌抵住锁销的非凹槽部位的移动距离临界值不同，因此需要根据情况设定临界值，即为“设定的阈值”。而“最大移动距离”是指锁舌沿上述相反方向回落时能够移动的最大距离，在正常开锁和出现开锁故障的两种状态下，上述最大距离是不同的。当锁舌沿相反方向回落时移动的距离等于所设定的锁舌抵住锁销非凹槽部位的移动距离这一临界值时，表明锁舌抵接到锁销的非凹槽部位，判断开锁成功；否则，判断开锁失败。因此，权利要求中对上述技术特征的限定是清楚的，其中的判断逻辑也是清晰的。至于阈值的具体数值、最大移动距离的具体起算点在什么位置以及判断顺序，并不是权利要求中限定的内容，未限定的内容不会导致权利要求不清楚。

【案例启示】

在撰写权利要求时，并非一定要求权利要求中必须对技术术语进行详细的解释，甚至具体到数值是多少，才能认为权利要求足够清楚。如果所属技术领域的技术人员通过阅读说明书能够对技术方案作出整体理解，那么该技术术语就是清楚的。

案例10

发明名称：一种防卡死地钩锁。

【相关案情】

本案涉及一种防卡死地钩锁。针对用于公共场所的卷闸门对地钩锁的使用寿命、安全性要求较高，在使用过程中，地钩锁要能够应对各种外部状况，如不同程度的撞击、挤压或是零件结构被卡住的情况，此时要能够保证地钩锁顺利开合而不会出现被卡死、钥匙无法旋转的状况。

如图13-22、图13-23所示，本案的地钩锁包括外壳1、侧板2以及面板3，外壳1、侧板2以及面板3围成锁腔4。锁腔4包括中部的电器室41以及位于电器室41一侧的传力室42，传力室42内设有横拉板421。外壳1侧面设有限制侧板2和面板3沿垂直于横拉板421方向的限位体7，用来限制面板3和侧板2的位移，加强结构强度以应对可能的外部载荷。限位体7为朝向锁腔4内的凸起71，在电器室41和传力室42相交处附近设有至少一个限位体7，保证了面板3宽度变化区域的结构强度。

本案的权利要求(1)以及引用权利要求(1)的从属权利要求(5)分别如下。

“(1) 一种防卡死地钩锁，包括外壳1、侧板2以及面板3。所述侧板2位于所述外壳1两端。所述面板3位于两个所述侧板2之间。所述外壳1、所述侧板2以及所述面板3围成锁腔4，所述锁腔4包括中部的电器室41以及位于所述电器室41一侧的传力室42。所述传力室42内设有横拉板421，其特征在于：所述侧板2包括主体

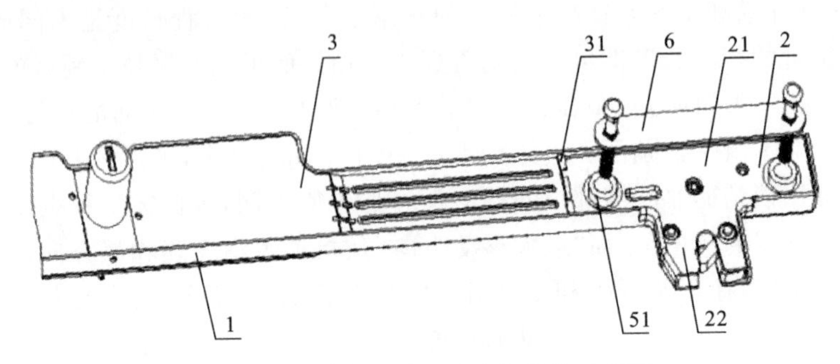

图 13-22 防卡死地钩锁外部结构示意图

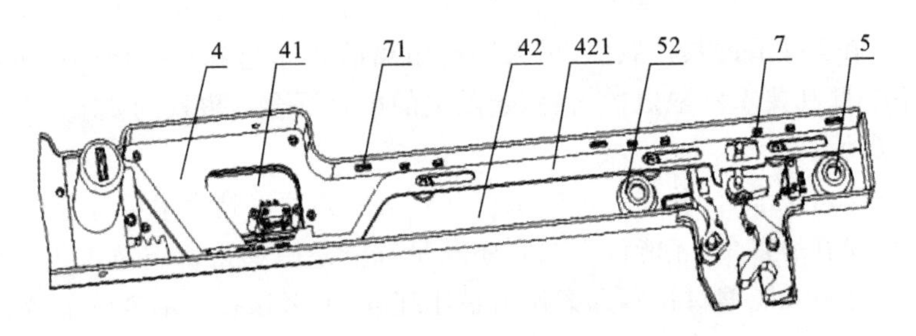

图 13-23 防卡死地钩锁内部结构示意图

部 21 以及卡合部 22,所述电器室 41 内所述面板 3 表面到所述外壳 1 的距离大于所述传力室 42 内所述面板 3 表面到所述外壳 1 的距离,所述面板 3 靠近所述侧板 2 一端设有与所述侧板 2 卡接的卡接部 31。"

"(5) 根据权利要求(1)所述的一种防卡死地钩锁,其特征在于:所述外壳 1 侧面设有限制所述侧板 2 和所述面板 3 沿垂直于所述横拉板 421 方向的限位体 7,在所述电器室 41 和所述传力室 42 相交处附近设有至少一个限位体 7。"

【争议焦点】

本案权利要求(5)记载了"在所述电器室和所述传力室相交处附近设有至少一个限位体",能否认为由于权利要求(5)没有对"相交处附近"进行说明,所属技术领域的技术人员无法确定其具体含义,导致权利要求(5)的保护范围不清楚,不符合专利法第 26 条第 4 款的规定。

【案例分析】

本案说明书记载了"外壳侧面设有限制侧板和面板沿垂直于横拉板方向的限位体,用来限制面板和侧板的位移,加强结构强度以应对可能的外部载荷"以及"在电器室和传力室相交处附近设有至少一个限位体,保证了面板宽度变化区域的结构强度"。由上述记载可知,设置限位体的目的是为了加强结构强度。因此,对于所属技术领域的技术人员来说,"电器室和传力室相交处附近"指的就是电器室和传力室相交处附近的某个位置，只要在该位置处设置的限位体能够起到保证面板宽度变化区域的结构强度的作用即可。因此，权利要求(5)中的“电器室和传力室相交处附近”的具体含义对于所属技术领域的技术人员而言是清楚的。

【案例启示】

对于所属技术领域的技术人员而言，如果结合说明书的记载能够理解权利要求中记载的技术特征的含义，则该权利要求是清楚的。

案例11

发明名称：一种电子锁的机械钥匙开锁结构。

【相关案情】

本案涉及一种电子锁的机械钥匙开锁结构。针对现有电子锁件的锁头部分都是外露的，内部设有电子部分，他人容易触摸到电子部分，雨水或其他杂物容易进入到锁头内，更容易造成锁头内电子部分的损坏。此外，电子锁只需电子钥匙来开锁或锁住，当把钥匙给他人使用时，容易被他人盗用，其安全性不高。另外，当电子钥匙失灵后，不能方便开锁。

如图13-24、图13-25所示，本案的电子锁的机械钥匙开锁结构由锁头片、滑动块、拨动支架5以及开锁块9组成，其中的锁头片包括锁头片Ⅰ1、锁头片Ⅱ2。滑动块包括滑动块Ⅰ3、滑动块Ⅱ4。滑动块Ⅰ3两侧分别安装锁头片Ⅰ1、锁头片Ⅱ2，该滑动块Ⅰ3外边缘垂直连接滑动块Ⅱ4，此滑动块Ⅱ4上边缘带有一个卡口并且锁头片Ⅰ1外端卡在卡口内部。滑动块Ⅰ3底部的一个角落处安装开锁块9，并且该开锁块9与小锁栓12相接。开锁块9顶部设置齿轮Ⅱ7，齿轮Ⅱ7上方增设拨动支架5，该拨动支架5外围开设一个插孔，该插孔外部与带有弹簧8的小锁栓12相对，该小

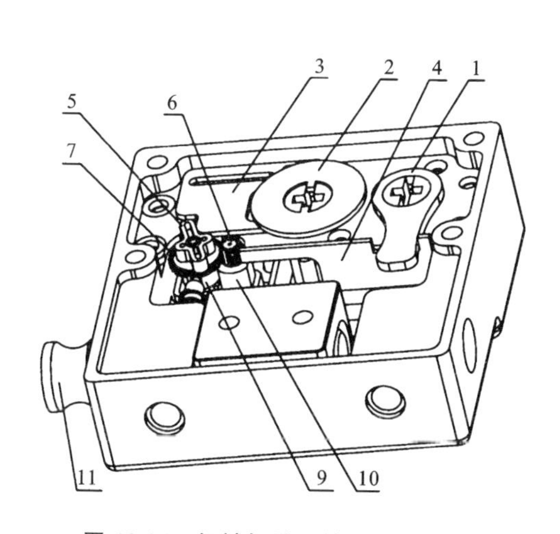

图13-24 机械钥匙开锁结构示意图

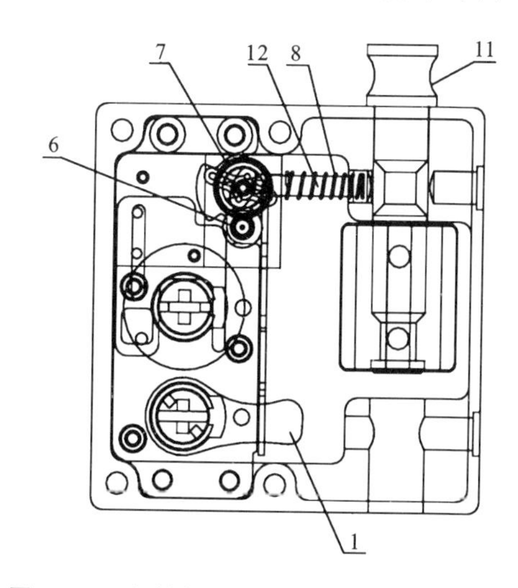

图13-25 机械钥匙开锁结构内部结构示意图

锁栓 12 外端与大锁栓 11 相接。滑动块Ⅰ3 下方安装马达组件 10 并且该马达组件 10 顶部驱动轴设置齿轮Ⅰ6，该齿轮Ⅰ6 与齿轮Ⅱ7 相啮合，其中的齿轮Ⅰ6 与滑动块Ⅱ4 外端相接触。滑动块Ⅰ3 外部锁体依次增设电子锁孔、机械锁孔、备用锁孔。

在使用中，当电子钥匙失灵或没有供电时，可使用机械钥匙开锁。首先，用一把机械钥匙插入到机械锁孔中，扭动机械钥匙，移动滑动块Ⅱ4，电子锁孔和备用锁孔呈开启状态，备用钥匙插入到备用锁孔中，扭动钥匙，锁头片Ⅱ2 转动，带动滑动块Ⅰ3 使拨动支架 5 滑动，滑动块Ⅰ3 带动拨动支架 5，使开锁块 9 转动，转动到让小锁拴 12 的顶端插入到开锁块 9 中，取出大锁拴 11，完成开锁的目的。本案电子锁的机械钥匙开锁结构在电子锁内设有电子部分，当锁件在锁住状态时，锁头部分封闭，防止他人接触或雨水或灰尘进入到电子部分，达到保护锁头的目的。同时，该电子锁可增设回位功能，开锁和锁住需要电子钥匙和机械钥匙的配合，缺一不可，其安全性能高。另外，当电子钥匙失灵后，可以使用备用钥匙来开锁，使用方便。

本案的权利要求(1)以及引用权利要求(1)的从属权利要求(3)分别如下。

“(1) 一种电子锁的机械钥匙开锁结构，其特征在于，由锁头片、滑动块、拨动支架 5 以及开锁块 9 组成，其中的锁头片包括锁头片Ⅰ1、锁头片Ⅱ2。滑动块包括滑动块Ⅰ3、滑动块Ⅱ4，所述滑动块Ⅰ3 两侧分别安装锁头片Ⅰ1、锁头片Ⅱ2，该滑动块Ⅰ3外边缘垂直连接滑动块Ⅱ4，此滑动块Ⅱ4 上边缘带有一个卡口并且锁头片Ⅰ1 外端卡在卡口内部。所述滑动块Ⅰ3 底部的一个角落处安装开锁块 9。所述开锁块 9 顶部设置齿轮Ⅱ7，齿轮Ⅱ7 上方增设拨动支架 5，该拨动支架 5 外围开设一个插孔，该插孔外部与带有弹簧 8 的小锁栓 12 相对，该小锁栓 12 外端与大锁栓 11 相接。所述滑动块Ⅰ3 下方安装马达组件 10 并且该马达组件 10 顶部驱动轴设置齿轮Ⅰ6，该齿轮Ⅰ6 与齿轮Ⅱ7 相啮合，其中的齿轮Ⅰ6 与滑动块Ⅱ4 外端相接触。”

“(3) 根据权利要求 1 所述的电子锁的机械钥匙开锁结构，其特征在于：若锁头片Ⅱ2 转动，带动锁头片Ⅰ1 使拨动支架 5 端部滑动，滑动块Ⅰ3 拨动拨动支架 5，使开锁块 9 转动，转动到让小锁拴 12 的顶端插入到开锁块 9 中，取出大锁拴 11，完成开锁。”

【争议焦点】

权利要求(1)记载了“该拨动支架 5 外围开设一个插孔，该插孔外部与带有弹簧 8 的小锁栓 12 相对，该小锁栓 12 外端与大锁栓 11 相接”。权利要求(3)则记载了“滑动块Ⅰ3 拨动拨动支架 5，使开锁块 9 转动，转动到让小锁拴 12 的顶端插入到开锁块 9 中，取出大锁拴 11，完成开锁”，权利要求(1)、(3)的上述记载是否存在矛盾之处，导致权利要求(3)的保护范围不清楚，不符合专利法第 26 条第 4 款的规定。

【案例分析】

根据说明书的记载，本案要实现的是当锁件在锁住状态时，锁头部分封闭，能够防止他人接触或雨水或灰尘进入到电子部分，达到保护锁头的目的；同时，电子钥匙失灵后，可使用备用钥匙来开锁；此外，开锁和锁住需要电子钥匙和机械钥匙的配合，缺一不可。为此，本案说明书记载了电子锁在使用时，如果电子钥匙失灵或没有供电，可使用机械钥匙开锁。首先，用一把机械钥匙插入到机械锁孔中，扭动机械钥匙，移动滑动块Ⅱ，电子锁孔和备用锁孔呈开启状态，备用钥匙插入到备用锁孔中，扭动钥匙，锁头片Ⅱ转动，带动滑动块Ⅰ使拨动支架滑动，滑动块Ⅰ带动拨动支架，使开锁块转动，转动到让小锁拴的顶端插入到开锁块中，取出大锁拴，完成开锁的目的。此外，通过在滑动块Ⅰ下方安装马达组件，马达组件顶部驱动轴设置齿轮Ⅰ，开锁块顶部设置齿轮Ⅱ，齿轮Ⅰ与齿轮Ⅱ相啮合，从而采用电子钥匙开锁，通过马达组件带动齿轮Ⅰ转动，齿轮Ⅰ带动齿轮Ⅱ转动，使开锁块转动，转动到让小锁拴的顶端插入到开锁块中，取出大锁拴，同样可以完成开锁的目的。由此可见，本案是通过备用钥匙或电子钥匙结合两套传动结构，使得开锁块转动某一位置，该位置能够让小锁拴的顶端插入到开锁块的插孔中，进而取出大锁拴，完成开锁的目的。同时，从图 13-25 中也可以看出，小锁拴的一端是与开锁块相对的，而并非与拨动支架相对。因此，说明书文字部分记载的“该拨动支架 5 外围开设一个插孔，该插孔外部与带有弹簧 8 的小锁栓 12 相对”应该是错误的，实际上应该是“该开锁块 9 外围开设一个插孔，该插孔外部与带有弹簧 8 的小锁栓 12 相对”。由此可知，权利要求(3)记载的“滑动块Ⅰ 3 拨动拨动支架 5，使开锁块 9 转动，转动到让小锁拴 12 的顶端插入到开锁块 9 中，取出大锁拴 11，完成开锁”与权利要求(1)记载的“该拨动支架 5 外围开设一个插孔，该插孔外部与带有弹簧 8 的小锁栓 12 相对，该小锁栓 12 外端与大锁栓 11 相接”，存在矛盾之处，导致权利要求存在不清楚的问题。

【案例启示】

如果权利要求记载的技术特征之间存在矛盾之处，会导致权利要求存在不清楚的问题。此时，需要从所属技术领域的技术人员角度充分理解说明书的技术方案，捋清矛盾产生的原因，找到解决矛盾的正确方式。

13.2.3　权利要求是否缺少必要技术特征的审查

专利法实施细则第二章“专利的申请”中第二十条第二款指出，独立权利要求书应当从整体上反映发明或者实用新型的技术方案，记载解决技术问题的必要技术特征。其中，“必要技术特征”是指，发明或者实用新型为解决其技术问题所不可缺少的技术特征，其总和足以构成发明或者实用新型的技术方案，使之区别于背景技术中所述的其他技术方案。判断某一技术特征是否为必要技术特征，应当从所要解决的技术问题出发，并考虑说明书描述的整体内容，而不应简单地将实施例中的技术特征直接认定为必要技术特征。所述“技术问题”是指专利说明书中记载的发明或者实用新型所要解决的技术问题，是专利申请人基于其对说明书中记载的背景技术的主观认识在说明书中声称要解决的技术问题。如果说明书声称发明创造解决了多个彼此相互独立的技术问题，即使独立权利要求的技术方案未能解决上述全部技术问题，在通常情况下，并不认为所述独立权利要求必然缺少必要技术特征。

案例 12

发明名称：一种汽车门拉手骨架。

【相关案情】

本案涉及一种汽车门拉手骨架。在现有技术中，汽车外把手与门锁之间连接方式采用硬式的拉杆或者软式的拉丝进行门的开启，因此根据门锁使用的拉杆或者拉丝不同的连接方式，骨架需要做成不同的形式，从而需要制作生产不同骨架的模具，造成资金的重复投入及生产管理成本的增加。

本案提供一种汽车门拉手骨架，其具有安装方便，结构简单，不需要因为门锁使用的拉杆或者拉线的连接方式而制作不同的模具，可根据门锁与把手连接方式的不同选择用硬式的拉杆或者软式的拉丝连接，产品的通用性好的特点，以解决现有汽车门拉手骨架存在的问题。图 13-26 所示的是本案汽车门拉手骨架的结构示意图，包括骨架 1 以及安装于骨架 1 之上的外把手柄 2，骨架 1 上于外把手柄 2 的一侧开设有换向支架容置槽 3，换向支架容置槽 3 用于铰接换向支架 4，换向支架 4 上套有卡簧 5，且换向支架 4 连接有硬式拉杆 8，换向支架 4 的一端设置于外把手柄 2 的下方，扳动外把手柄 2，外把手柄 2 带动换向支架 4 转动，从而带动硬式拉杆 8 实现开锁。骨架 1 上配合外把手柄 2 还开设有配重容置槽 6，配重容置槽 6 用于铰接配重块 7，配重块 7 连接有拉线 10，且骨架 1 的一侧还延伸有拉线安装板 9，拉线安装板 9 上安装拉线 10，配重块 7 的一端设置于外把手柄 2 的下方，扳动外把手柄 2，外把手柄 2 带动配重块 7 转动，从而带动拉线 10 实现开锁。

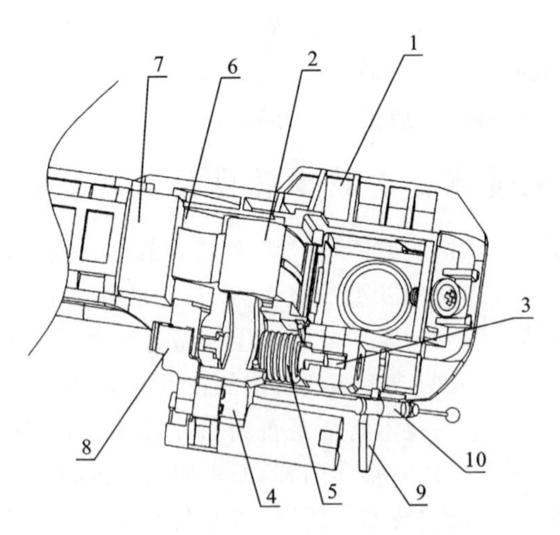

图 13-26　汽车门拉手骨架的结构示意图

权利要求如下。

一种汽车门拉手骨架，其包括骨架以及安装于骨架之上的外把手柄，其特征在于：所述骨架上的外把手柄的一侧开设有换向支架容置槽，所述换向支架容置槽内铰接有换向支架，所述换向支架上套有卡簧，且所述换向支架连接有硬式拉杆，所述骨架还开设有配重容置槽，所述配重容置槽内铰接有配重块，所述配重块连接拉线。

【争议焦点】

权利要求中包括了"换向支架""配重块连接拉线"等技术特征，权利要求的技术方案能否解决本案中提出的：根据门锁使用的拉杆或者拉丝不同的连接方式，而无需要制作生产不同骨架的模具的技术问题。

【案例分析】

判断某一技术特征是否为必要技术特征，应当从所要解决的技术问题出发并考虑说明书描述的整体内容，不应简单地将实施例中的技术特征直接认定为必要技术特征。上述"所要解决的技术问题"既包括说明书中明确提出的该发明或实用新型欲加以解决或克服的现有技术问题，也包括说明书中虽未明确记载，但通过其背景技术、作用效果等内容的介绍等间接方式使得所属技术领域的技术人员能够明了其技术方案所要解决的技术问题。但是，它并不包括专利文件内容之外的、与最接近的现有技术相比所确定的技术问题。

具体到本案中，根据说明书背景技术以及发明内容部分有关有益效果的描述可知，根据门锁使用的拉杆或者拉丝不同的连接方式，骨架需要做成不同的形式，从而需要制作生产不同骨架的模具，造成资金的重复投入及生产管理成本的增加。本案要解决的技术问题是如何提供一种不需要因为门锁使用的拉杆或者拉线的连接方式而制作不同的模具的汽车门拉手骨架。根据说明书的描述：本案的汽车门拉手骨架存在扳动外把手柄，外把手柄带动换向支架转动，从而带动硬式拉杆实现开锁；以及扳动外把手柄，外把手柄带动配重块转动，从而带动拉线实现开锁。这两种开锁方式提供了一种不需要因为门锁使用的拉杆或者拉线的连接方式而制作不同的模具的汽车门拉手骨架。因此，同时存在上述两种开锁方式是解决该技术问题所必不可少的技术特征。目前的独立权利要求中没有记载体现该必要技术特征的内容，因此，独立权利要求缺少解决本案技术问题的必要技术特征。

【案例启示】

在发明专利申请文件的撰写中，需要确保权利要求的技术特征满足最基本的要求，即记载解决技术问题的必要技术特征。同时需要注意的是，必要技术特征的判断需要结合说明书背景技术、有益效果等客观判断，不应简单地将实施例中的技术特征直接认定为必要技术特征。如果说明书声称发明创造解决多个彼此相互独立的技术问题，即使独立权利要求的技术方案未能解决上述全部技术问题，在通常情况下，并不认为所述独立权利要求必然缺少必要技术特征。

案例 13

发明名称:具有双重认证机制的智能锁。

【相关案情】

本案涉及一种具有双重认证机制的智能锁。针对现有技术中各类智能锁,在身份识别模块识别到合法的身份之后便直接允许门锁被自动或手动地从户外打开,并且对从室内开锁也没有任何限制,在某些场合下,这可能使得门锁被意外打开并从而导致风险。例如,在家用门锁的场景下,小孩可能会在大人不注意的情况下转动把手而开门并溜出去。再如,在门锁开启密码或门卡被盗或丢失的情况下,未经授权的第三方可以凭相关密码或门卡直接开门。

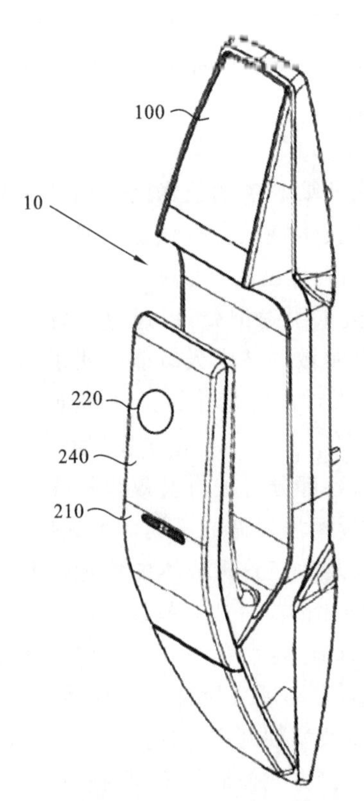

图 13-27 智能锁立体示意图

本案的智能锁 10 设置于门上,如图 13-27 所示,其包括锁体、主控制模块、电源和身份识别模块,该身份识别模块与主控制模块信号连接。身份识别模块具体可以为指纹识别模块 220。智能锁 10 还包括一个或多个确认模块,该确认模块能与身份识别模块独立地工作并与主控制模块信号连接。在室外开锁时,仅当身份识别模块和确认模块分别向主控制模块发出身份合法的信号和确认信号之后才允许门锁被自动或手动地打开。在室内开锁时,只有对开锁按钮进行操作并同时通过确认模块确认开锁意图才能开锁。也就是说,只有通过双重认证之后才能开锁,从而进一步提高了门锁的安全性。

权利要求如下。

一种光具有双重认证机制的智能锁,该智能锁 10 包括锁体、主控制模块、电源和身份识别模块,该身份识别模块与主控制模块信号连接。其特征在于,所述智能锁 10 还包括设置在门内侧和/或门外侧的至少一个确认模块。所述至少一个确认模块能与身份识别模块独立地工作并与主控制模块信号连接。所述至少一个确认模块包括用于检测用户的操作或动作的动作检测装置,该动作检测装置是触敏元件、按钮、压敏元件或红外感应元件。

【争议焦点】

说明书中记载的“仅当身份识别模块和确认模块分别向主控制模块发出身份合法的信号和确认信号之后才允许门锁被自动或手动地打开”以及“确认模块和身份识

别模块处于门的同一侧”是否是解决本案技术问题的必要技术特征?

【案例分析】

一方面,根据本案说明书背景技术[0005]段的记载,其要解决的技术问题是现有技术的智能锁通常是在身份识别模块识别到合法地身份之后便直接允许门锁被自动或手动地从户外打开,并且对从室内开锁也没有任何限制,使得门锁被意外打开从而导致风险。本案通过在智能锁上增设确认模块来实现双重认证机制以解决上述技术问题。独立权利要求已经记载了“双重认证机制”“身份识别模块”“设置在门内侧和/或门外侧的至少一个确认模块”以及“确认模块能与身份识别模块独立地工作并与主控制模块信号连接”,且说明书[0006]~[0007]段也明确记载了:“双重认证指的是两重或两重以上的认证,例如可以是三重认证或四重认证等”以及“独立地工作是指确认模块可以与身份识别模块无关地工作,也就是说既可以与身份识别模块并行地工作(例如在室外开锁时就是这种情形),也可以单独运行(例如在室内开门时无需身份识别的情形)”。由此可见,独立权利要求已经记载了身份识别模块和确认模块,通过身份识别模块和确认模块独立地工作并与主控制模块信号连接,从而实现了双重认证的功能,进而解决了单一身份识别带来的安全问题。而“仅当身份识别模块和确认模块分别向主控制模块发出身份合法的信号和确认信号之后才允许门锁被自动或手动地打开”,这一技术特征属于对智能锁工作方式的具体限定,并非解决技术问题的必要技术特征。另一方面,独立权利要求限定了本案的智能锁具有双重认证机制,说明书[0025]段记载了确认模块为用于检测用户的操作或动作的动作检测装置。由此可知,只有当确认模块和身份识别模块处于门的同一侧时,智能锁才能实现双重认证的功能,确认模块和身份识别模块处于门两侧的技术方案无法实现双重认证,属于明显排除的方案,其并不在权利要求的保护范围内。

【案例启示】

要求独立权利要求应当包含必要技术特征,是为了保证其所限定的技术方案能够解决发明声称的技术问题,而非要求其必须包含那些为达到更优技术效果而设置的技术特征。

案例14

发明名称:一种外卖箱机械防盗锁。

【相关案情】

本案涉及一种外卖箱机械防盗锁。针对现有外卖箱的箱锁系统不够方便快捷,虽然保证了安全,但忽略了外卖员的实际需求。在日常外卖配送服务中,外卖员为了节省时间,并不会锁上外卖箱而仅仅是将箱盖合上,所以会存在外卖被偷盗的风险。

如图13-28、图13-29所示,本案的外卖箱机械防盗锁包括箱盖1、箱体2、钥匙手环7。箱盖1右侧底部固定连接有箱锁3,箱锁3内部设置有空腔,空腔内壁顶部与右侧均设有磁力较弱的永磁块,空腔底部设有磁力较强的永磁块,使次锁块4平时处于空腔底部限制主锁块5移动。箱体2靠近顶部右侧设有凹槽,凹槽内活动连接有主锁块5和保险块6。空腔左侧设有与箱体2开设的凹槽相适配的空槽,空槽与箱锁3的空腔相连通,箱锁3内部的空腔活动连接有次锁块4,凹槽底部设有磁力较强的永磁块,永磁块吸附保险块6和主锁块5,使主锁块5处于箱锁3与箱体2之间,达到锁住箱盖1和箱体2的效果。次锁块4底部左侧表面粗糙化,主锁块5顶部右侧表面粗糙化,当开锁时,主锁块5进入箱锁3空腔内与次锁块4接触,因为次锁块4受空腔底部永磁块引力和自身重力,所以次锁块4粗糙面与主锁块5粗糙面接触,通过摩擦力形成锁死;当箱盖1因自重带动箱锁3下落时,次锁块4受到合力大于摩擦力,将主锁块5推回凹槽,保险块6防止盗外卖者拿磁铁开锁,磁力过大会将保险块6同主锁块5一起吸引,达到防盗作用。钥匙手环7包括次钥匙701、主钥匙702、环带703,钥匙手环7左侧底部固定连接有次钥匙701,钥匙手环7轴心靠近底部固定连接有主钥匙702,主钥匙702靠近箱锁3右侧外部时磁力只能将主锁块5吸引入空腔,钥匙手环7右侧活动连接有环带703,环带703穿过钥匙手环7右侧空槽。

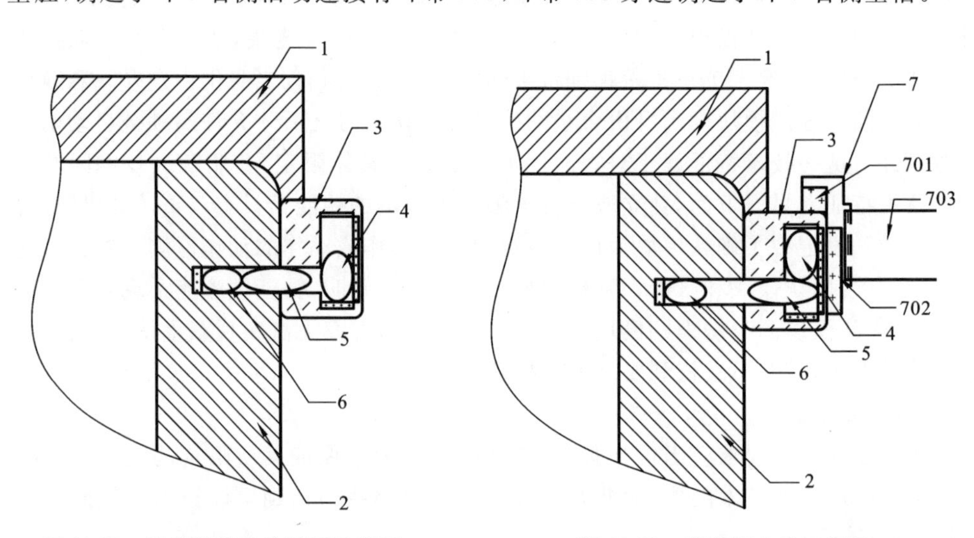

图 13-28　防盗锁锁芯的装配示意图　　图 13-29　锁芯胆立体示意图

本案的外卖箱机械防盗锁的工作过程和原理为:外卖员将钥匙手环7扣于箱锁3上,次钥匙701将次锁块4吸引至空腔顶部,主钥匙702将主锁块5吸引至空腔内,外卖员便可以打开箱盖1,达到快速开锁的目的,节省了外卖员送餐的时间。外卖员拿出外卖后,只需给箱盖1一个向下的推力,使次锁块4受到合力大于摩擦力,将主锁块5推回凹槽,就能实现外卖箱利用自重自锁,节省了外卖员送餐的时间。

权利要求如下。

一种外卖箱机械防盗锁,包括箱盖1、箱体2、钥匙手环7。其特征在于:所述箱盖1右侧底部固定连接有箱锁3,所述箱锁3内部活动连接有次锁块4,所述箱体2

靠近顶部右侧设有凹槽，凹槽内活动连接有主锁块5和保险块6；所述钥匙手环7包括次钥匙701、主钥匙702、环带703，所述钥匙手环7左侧底部固定连接有次钥匙701，所述钥匙手环7轴心靠近底部固定连接有主钥匙702，所述钥匙手环7右侧活动连接有环带703。

【争议焦点】

权利要求中记载了"所述箱锁3内部活动连接有次锁块4，所述箱体2靠近顶部右侧设有凹槽，凹槽内活动连接有主锁块5和保险块6"，是否可以认为仅上述记载缺少必要技术特征，无法解决本案"自动锁箱、快速开锁"的技术问题，不符合专利法实施细则第20条第2款的规定。

【案例分析】

根据说明书的记载，本案要解决的技术问题是"自动锁箱、快速开箱"。本案通过在箱锁内部设置空腔，空腔内壁顶部与右侧均设有磁力较弱的永磁块，空腔底部设有磁力较强的永磁块，使次锁块平时处于空腔底部限制主锁块移动。同时，在箱体右侧设有凹槽，凹槽内活动连接有主锁块和保险块。此外，在空腔左侧设有与箱体凹槽相适配的空槽，空槽与箱锁的空腔相连通。当外卖员将钥匙手环扣于箱锁上，次钥匙将次锁块吸引至空腔顶部，主钥匙将主锁块吸引至空腔内，外卖员便可以打开箱盖。当外卖员拿出外卖后，只需给箱盖一个向下的推力，使次锁块受到合力大于摩擦力将主锁块推回凹槽，就能实现外卖箱利用自重自锁。由此可见，箱锁内部开设有空腔、空腔上的永磁块的设置情况、连通空腔和凹槽的空槽等都是解决"自动锁箱、快速开箱"这一技术问题的必要技术特征，权利要求并没有完整记载上述技术特征，无法解决上述技术问题。

【案例启示】

当某些技术特征与发明要解决的技术问题之间存在紧密联系，以致所属领域技术人员能够确信，缺少所述技术特征将导致相应技术方案无法解决发明的技术问题时，则这些技术特征属于必要技术特征。

案例15

发明名称：门锁。

【相关案情】

本案涉及一种门锁。针对现有的门锁结构复杂，在开关锁过程中，伴有齿轮组件相互转动，这样导致结构件使用寿命短，也导致门锁使用不灵敏。

如图13-30、图13-31所示，本案的门锁包括一个后面板，设于后面板内的一个变速控制系统以及一个反锁轴2，在后面板外并与反锁轴2连接的反锁钮4，盖于后面板上并盖住变速控制系统及反锁轴2的电机压盖5。变速控制系统设有一个变速电动机、一个电动机齿轮、一个行程摆臂13及一个行程齿轮14，变速电动机与电动机齿轮相互连接，电动机齿轮与行程齿轮14相互配合设置，行程摆臂13与行程齿轮

14 连接。行程摆臂 13 设有一个主体 131 以及一个翼部，主体中间设有一个穿孔以及主体上设有一个卡孔。反锁轴 2 设有一个底部以及垂直于底部的一个枢轴 22，底部上设有一个行程轨道，使得在关锁或开锁的时候不会带动行程齿轮 14 跟变速电动机一起工作，且行程轨道与卡孔配合设置。枢轴 22 为空心状的，且枢轴 22 穿设于行程摆臂 13 的穿孔中，并卡设于行程齿轮 14 上。在使用的过程中，关门状态下，反锁钮 4 在水平位置，反锁轴 2 与行程摆臂 13 同步在后面板的 C 点。用机械钥匙或者反锁钮 4 开锁或者关锁时，由于在反锁轴 2 上预留了机械部分的开锁与关锁的行程轨道，所以不会带动行程齿轮 14 跟变速电动机一起工作。当门锁开启时，电机组件带动反锁轴 2 以及行程摆臂 13 到 A 点，随即门锁开门，与此同时，行程摆臂 13 从 A 点回到 C 点，停止开门动作。当门锁关闭时，电机组件带动反锁轴 2 从 A 点到 C 点停止，与此同时，行程摆臂 13 从 C 点到 B 点，然后从 B 点返回到 C 点停止，完成关门动作。

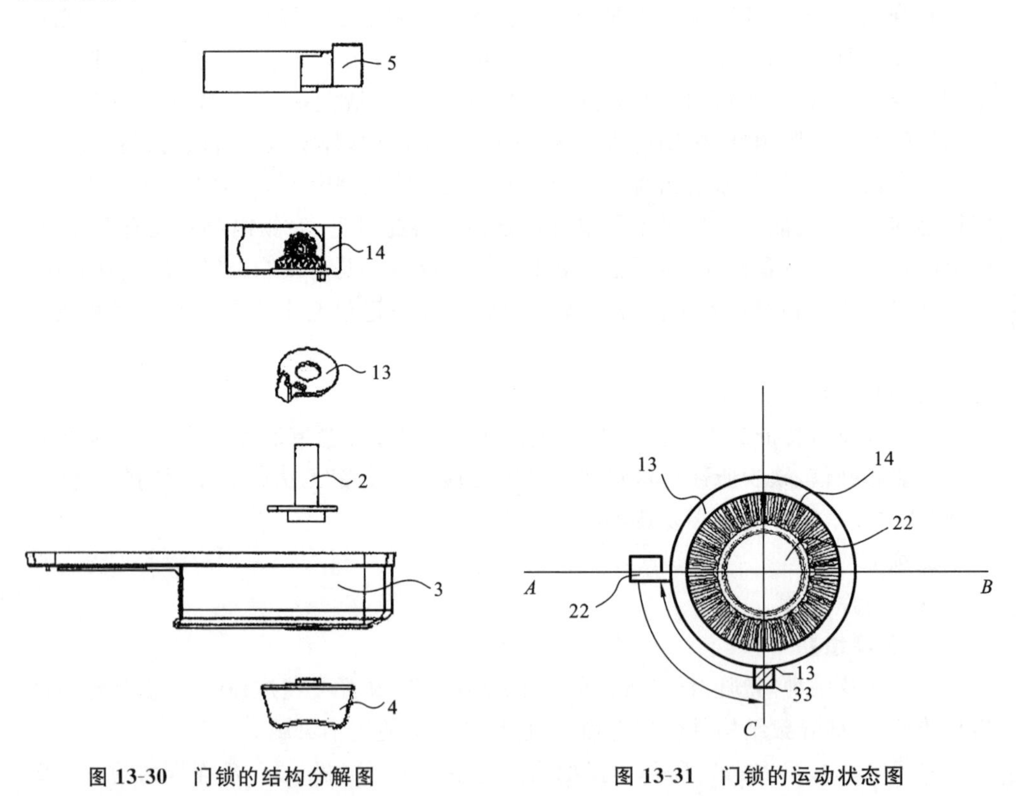

图 13-30　门锁的结构分解图

图 13-31　门锁的运动状态图

权利要求如下。

一种门锁，其特征包括：一个变速控制系统，设有一个变速电机、一个电机齿轮、一个行程摆臂及一个行程齿轮。所述变速电机与所述电机齿轮相互连接，所述电动机齿轮与所述行程齿轮相互配合设置，所述行程摆臂与所述行程齿轮连接。它还包括一个反锁轴，穿设于所述行程摆臂上，所述反锁轴设有一个行程轨道。

【争议焦点】

权利要求没有记载行程齿轮、行程摆臂以及反锁轴上行程轨道之间的具体结构与配合关系，能否认为权利要求缺少必要技术特征，不符合专利法实施细则第20条第2款的规定。

【案例分析】

本案所要解决的技术问题是“现有门锁结构复杂，在开关锁过程中伴有齿轮组件相互转动，导致结构件使用寿命短，也导致门锁使用不灵敏”。其中，说明书记载了“反锁轴设有一个底部以及垂直于底部的一个枢轴，底部上设有一个行程轨道，使得在关锁或开锁的时候不会带动行程齿轮跟变速电机一起工作，减少了零件之间的磨损，延长锁具的寿命”，也即，本案是通过在反锁轴上设置行程轨道使其转动时不会带动行程齿轮转动，以此来解决零件之间的磨损问题。因此，所属技术领域的技术人员可以理解反锁轴上的行程轨道是为了在反锁轴转动时给行程齿轮上相应配合部件提供避让空间而不带动行程齿轮转动。虽然，本案文字没有明确记载行程齿轮与反锁轴上的行程轨道之间的具体配合关系，但从图13-30中可以看出，行程齿轮下方设置凸起，该凸起是作为配合部件与反锁轴上的行程轨道相配合，从而在反锁过程中，反锁钮带动反锁轴转动。由于反锁轴上的行程轨道给行程齿轮上的凸起提供了避让空间，因此反锁轴的转动不会带动行程齿轮以及与行程齿轮连接的变速电机运动。对于行程摆臂而言，说明书记载了“行程摆臂与行程齿轮连接”以及“行程摆臂的主体上设有卡孔”，此外，结合图13-30可以看出，行程摆臂位于反锁轴和行程齿轮之间，因而所属技术领域的技术人员可以确定行程齿轮下方的凸起是通过行程摆臂上的卡孔与行程轨道相配合的。当反锁轴转动时，由于行程轨道的存在，行程摆臂和行程齿轮一样也不会随着反锁轴运动，所以行程摆臂在转动过程中与行程齿轮凸块的连接和配合关系也是清楚的。根据上述分析可知，为解决本案的技术问题，行程齿轮上必须要有能够与反锁轴的行程轨道配合的凸块或类似部件，否则无法实现反锁轴上行程轨道与行程齿轮的上述配合关系，也无法解决本专利所要解决的技术问题。但本案权利要求中只记载了反锁轴上设有行程轨道，并没有记载与之配合工作的行程齿轮上的相关必要结构，缺少上述必要技术特征，因而权利要求不符合专利法实施细则第20条第2款的规定。

【案例启示】

在进行必要技术特征的判断时，如果说明书文字内容没有全面记载并充分公开为解决其技术问题所采取的技术方案时，需要所属技术领域的技术人员依据其所掌握的现有技术，结合说明书文字信息和附图内容，从整体上考虑说明书描述的整体内容，才能做出正确判断。

13.3 修改是否超范围的判断

专利法第三章“专利的申请”中第33条指出，申请人可以对其专利申请文件进行修改，但是，对发明和实用新型专利申请文件的修改不得超出原说明书和权利要求书记载的范围。在实质审查程序中，为了使申请符合专利法及其实施细则的规定，对申请文件的修改可能会进行多次。但无论申请人对申请文件的修改属于主动修改还是针对通知书指出的缺陷进行修改，都不得超出原说明书和权利要求书记载的范围。原说明书和权利要求书记载的范围包括原说明书和权利要求书中文字记载的内容和根据原说明书和权利要求书中文字记载的内容以及说明书附图能直接地、毫无疑义地确定的内容。

案例16

发明名称：一种用于转舌锁的电动装置。

【相关案情】

本案涉及一种用于转舌锁的电动装置。在现有技术中，用于控制保险箱门的密码锁锁体，通常采用直进直出的方形锁舌或楔形锁舌。在锁定状态下锁舌的收回被限定，而该锁舌又对门执手或门闩形成阻碍，解除对锁舌收回的限定是通过在保险箱密码输入装置上输入正确的密码且被预先设定的程序确认后使一个电动装置动作而得以实现的，锁舌复位至锁定状态是由一个复位弹簧作用所致。上述技术方案存在以下缺点：①当遇到非法强力开锁情况时，很大的外力通过门执手或门闩直接传递到锁舌，而锁舌又将该外力直接传递给电磁铁（螺线管）的动作部件（铁芯棒）的头部，由于锁舌和该动作部件的头部是线接触，应力很集中，容易造成动作部件以及电磁铁（螺线管）或锁体局部的损坏；②在用于控制保险箱门的密码锁的已有技术中，所采用的电动装置采用单向（靠弹簧复位）的电磁铁电量消耗大，这一点对使用干电池供电的保险箱密码锁来说是很大的缺点，如果采用双向电磁铁，除了结构复杂外，还需要一个更大的安装空间。采用马达和将旋转运动转换成直线运动的机构以及丝杆丝扣结构，由于锁体内部空间限制，通常使用小体积的高速马达，并且所使用的丝杆丝扣结构体积也很小，在高速旋转的情况下丝杆和丝扣很难一次对准上扣，只要不对准就会发生丝杆丝扣卡死造成马达堵转现象，进而损坏丝杆和丝扣或损坏马达。

本案提供一种在受到非法强力开锁情况时防止锁体内电动装置直接被破坏的、可将该非法强力合理分解至锁体多个部位的转舌锁，以及提供一种容易使丝杆丝扣上扣且避免马达堵转的电动装置。如图13-32所示，扇形锁舌20通过其上的轴孔装入锁盒内的轴110上，可以在90°左右范围内绕轴旋转。挡块30的环形柱体的高度和第一滑槽的高度与锁舌20的平面厚度基本接近，其运动也是在同一个平面内进行的。

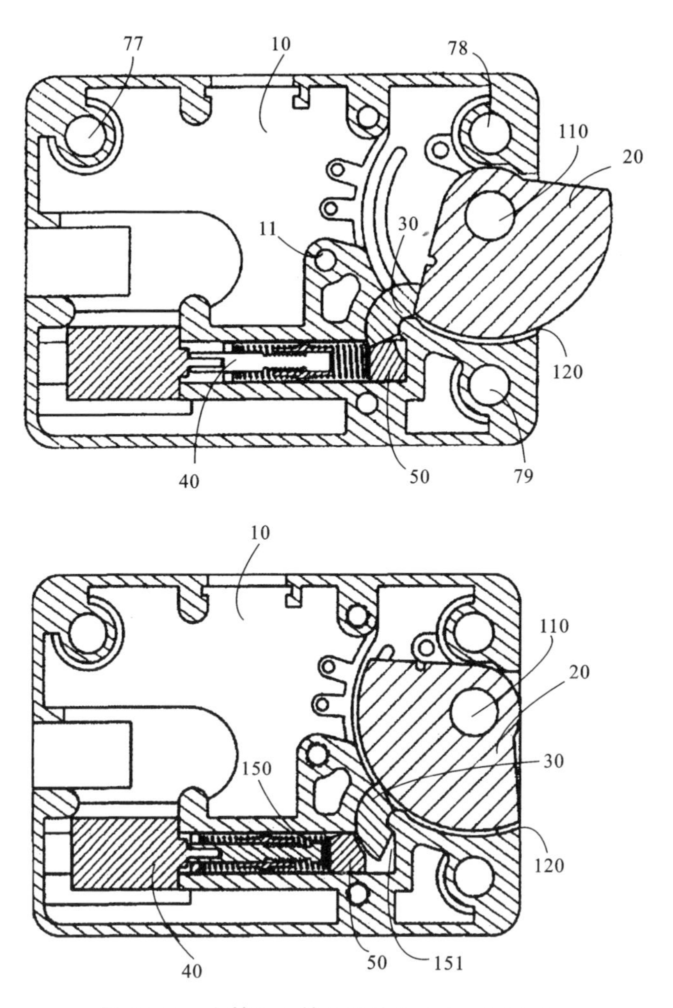

图 13-32　上锁和开锁位置的结构剖面示意图

在装配时先将锁舌 20 装入，然后将挡块 30 的环形柱体 31 装入锁盒内的第一滑槽，该滑槽由设在锁盒内的一个半圆柱面和设在其对面的一个内圆柱壁面 132 组成，二者之间的距离正好是挡块 30 的环形柱体 31 的圆环宽度，但需要保证它们之间的滑动配合关系。挡块 30 装入后其上的圆柱体 38 盖在锁舌 20 之上，在锁定位置时，锁舌 20 上的复位圆柱 23 应该位于挡块 30 的三角形凹槽 35 内。在锁舌 20 处于锁定位置，也就是电动装置的随动件 50 处于伸出位置时，随动件的头部位于第二滑槽 150 的顶端，限制挡块 30 的环形柱体 31 沿图 13-33 中逆时针方向旋转，由于挡块 30 第一立面 32 顶住了锁舌的第一立面 21，因此锁舌 20 被锁定。在锁舌 20 被锁定的状态下，如果发生非法强力开锁的情况，也就是说，一个很大的外力施加到保险箱门的执手或拉挡机构，该外力首先传至锁舌 20 的第二立面 22，再经锁舌的第一立面 21

传至挡块 30 的环形柱体 31，再传至随动件的头部 59，最后通过锁盒 10 的第二滑槽 150 传到锁体。值得注意的是，上述外力的传递均是通过平面接触的方式进行的，并且该外力经过随动件的头部 59 后被分解为分别与头部第二立面 52 所垂直的以及和头部第三立面 53 所垂直的两个分力，由此减小了应力集中。此外，随动件 50 与电动装置 40 之间的驱动连接是弹性的，且只有随动件的头部 59 承受上述外力，丝杆 42 不承受或承受很少的外力，从而避免了外力直接作用于电动装置而造成的损坏，如此使整个锁体的抗击非法强力开锁的能力得以加强。图 13-33 所示的是复位弹簧 70 的结构、该弹簧装入锁盒 10 以及与锁舌 20 的装配关系。该复位弹簧是一个偏压弹簧，其大圈簧 71 套装于轴 110 上，小圈簧 72 套装于锁盒内的柱上，自由端 73 卡在锁舌 20 上的凹槽 25 内，装配好后该偏压弹簧向锁舌 20 保持施加使其具有倾向于向图 13-32 中逆时针方向旋转的力。

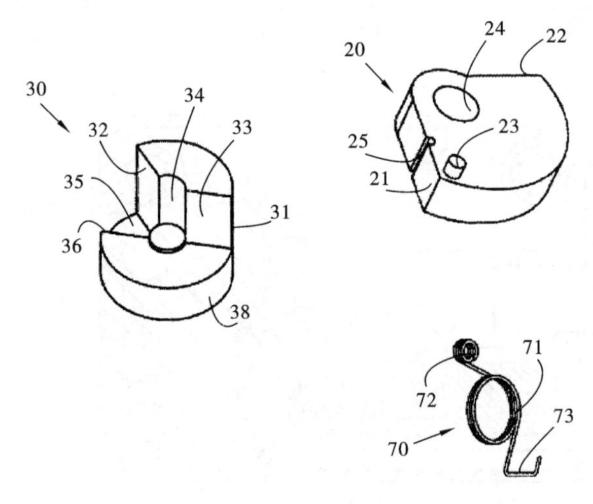

图 13-33 挡块、锁舌、偏压弹簧示意图

当保险箱的输入装置，如键盘、磁卡或者指纹扫描仪等接收到正确的开锁指令后控制电动装置 40 动作使随动件 50 移动，解除对锁舌 20 的锁定。在本实施例中，收到开启指令后给马达 41 通正向电流，使其正转并带动随动件 50 沿缩进方向移动，导致第二滑槽 150 空出，可使柱体 31 部分进入的空间 151。此时若用外力转动保险箱门执手或拉挡机构，在该外力作用下锁舌 20 克服偏压弹簧 70 的阻力，向图 13-33 所示的顺时针方向转动，此时锁 20 的第一立面 21 施力于柱体 31 的第一立面 32，推着柱体 31 沿图 13-33 所示的顺时针方向转过一个角度并使柱体 31 的一部分进入已空出的第二滑槽空间 151，进而锁舌 20 可转动 90°左右至开启位置；上述过程开始时，锁舌上的凸柱 23 位于挡块上的凹槽 35 中，在锁舌 20 转至开启位置同时柱体 31 转过一个角度，锁舌 20 上的凸柱 23 脱离凹槽 35。而在锁舌 20 到达开启位置，凹槽 35 的扇形开口边正好对准锁舌 20 复位时其上的凸柱 23 必经的运动轨迹上。

当施于执手或拉挡机构的外力撤销后，偏压弹簧 70 的弹力时使锁舌 20 从开启位置向锁定位置复位，锁舌向图 13-33 所示的逆时针方向转动，此时锁舌 20 上的凸柱 23 从挡块 30 上的凹槽 35 的扇形开口边进入凹槽 35，并施力于凹槽 35 的另一立面 36，从而带动挡块 30 转回开启时所转过的角度并空出开启时其柱体 31 占据的第二滑槽 150 的空间 151。锁舌 20 及挡块 30 复位后，控制电路给马达 41 通反向电流使其反转并带动随动件 50 沿伸出方向移动，直到随动件的实心头部完全进入第二滑槽 150 的空间 151，挡块 30 再次被限定，锁舌也再次被锁定。

图 13-34 所示的是一种用于转舌锁或其他保险箱所用电动装置。其中，马达 41 是市售的直流电动机，该马达可固定在锁盒 10 上设置的腔体内，马达轴装入丝杆 42 上的孔 45，由于所传递的力矩很小，可以采用简便的过盈配合装配。匣体 60 除外轮廓与第二滑槽 150 滑动配合外，其内框两侧的壁面也要与套管 56 外侧面滑动配合，当套管 56 直线移动时，通过施力于套于其上的两个弹簧 67、68 推动匣体 60 作直线

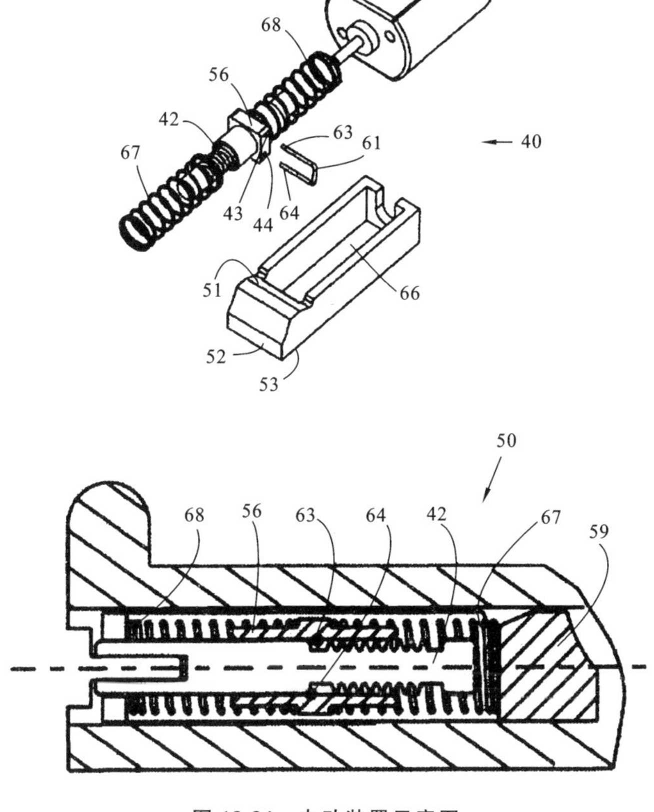

图 13-34　电动装置示意图

运动。设置如此的结构，其中一个作用就是当发生冲击性外力时，锁体震动剧烈，有可能使套管 56 从匣体 60 中脱出，从而引起故障；而采用上述两个弹簧 67、68 则可以起到缓冲震动的作用，同时使套管 56 和匣体 60 之间的保持一定压力，防止受震动后脱位。设置该两个弹簧的另一个作用是对卡扣 61 从极限位置（也就是伸出到位和缩进到位）过渡到与丝杆 42 的螺纹咬扣的位置起导向作用。

如图 13-35 所示，在丝杆 42 上设有两个导向槽 47 和 48，当卡扣 61 的两条腿 63、64 在位于导向槽 47 和 48 中时正好随动件 50 处于上述的极限位置，无论从锁舌 20 从锁定位置转到开启为止，还是锁舌 20 从开启位置复位到锁定位置，卡扣 61 的两条腿 63、64 都要从丝杆 42 上的导向槽 47 或 48 过渡到与丝杆螺纹咬扣的位置，而过渡到该位置的必要条件之一就是需要给卡扣 61 的两条腿 63、64 一个轴向推力。而设置这两个弹簧 67、68 就满足了这一条件。如图 13-35 所示，该两个弹簧 67、68 分别套在套管 56 的两个圆柱形肩 57、58 上并由其中部凸起的矩形体二个端面定位，而弹簧 67、68 的另一端分别由匣体 60 腔体的两个端面 62 和 69 限定，这样无论在何位置，两个弹簧 67、68 都对套管 56 或者说卡扣 61 的两条腿 63、64 保持着一定的轴向推力。从另一方面讲，将传统的丝杆丝扣配合改为由上述的用一个卡扣 61 的两条腿 63、64 与丝杆 42 的螺纹形成配合，一个突出的技术效果就是可以避免因丝杆螺纹和丝扣的咬死而导致马达 41 被堵转而损坏。上述发生堵转的情况有两种可能：其一，

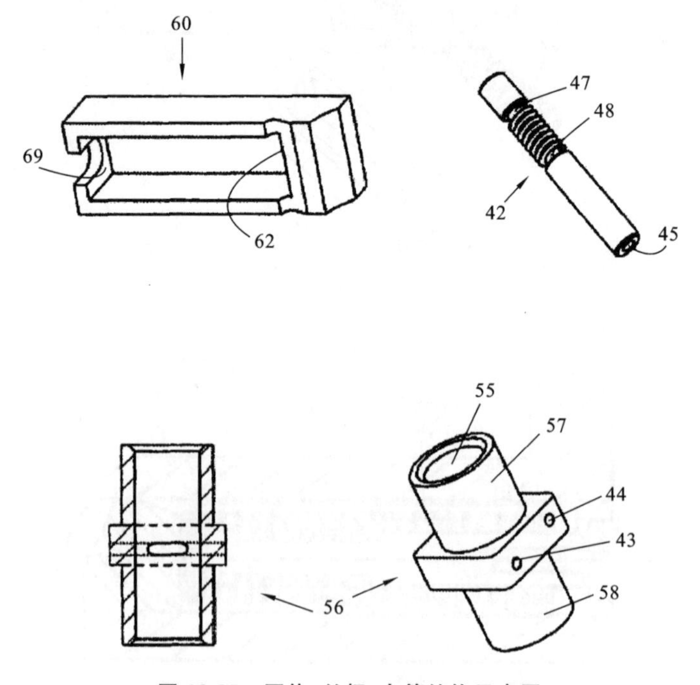

图 13-35　匣体、丝杆、套管结构示意图

上扣位置不准或角度偏差发生丝扣咬死；其二，发生其他机械故障，挡块30的柱体31未能复位，致使随动件50向伸出方向移动时遇到障碍。在本案中，卡扣61的两条腿63、64与对应的孔43、44之间以及与丝杆30螺纹之间存在一定的间隙，腿63、64还具有一定的弹性，它们与丝杆42螺纹的配合是柔性的，即使发生上述二种情况，卡扣61的两条腿63、64与丝杆42螺纹只会产生打滑现象，即丝杆42在正常转动，而卡扣61和套管56不会发生直线移动，因而也不会发生堵转现象，从而避免了马达41因为堵转而发生被损坏的现象。

设置该两个弹簧还有一个作用是当锁舌20处于锁定位置，在外力作用下通过挡块30将随动件50阻挡住，而此时控制电路给马达41通正向电流使其转动时，套管56压缩弹簧68，从而保证不发生堵转现象，外力移除后，在弹簧68的作用下随动件50将滑动到开启位置，仍保证了锁的开启。当锁舌20处于开启位置，有外力阻挡不能通过复位弹簧70将锁舌20恢复到锁定位置，挡块30占据了随动件50头部的空间，而此时控制电路给马达41通反向电流使其转动时，丝杠42将压缩弹簧67，从而保证不发生堵转现象，外力移除后，在弹簧67的作用下随动件50将滑动到锁闭位置，保证了锁的关闭。

新修改后的权利要求如下。

一种用于转舌锁的电动装置，其中，转舌锁包括一个可从缺口120转出至锁定位置和转进至开启位置的锁舌20，一个可控制的阻挡锁舌20从锁定位置向开启位置缩进的锁定装置。所述锁定装置包括一个挡块30和一个电动装置40。所述挡块具有一个柱体31，该柱体装入设在所述锁盒内对应位置的第一滑槽130内并与之形成滑动配合，在锁舌20处于锁定位置时，柱体31的第一立面32与锁舌20的第一立面21平面相对。所述电动装置包括：马达41、与该马达同轴连接的丝杆42以及与该丝杆相连接且随马达转动而直线移动的随动件50。所述随动件具有一个实心的多面体头部59，该头部可放入设在所述转舌锁的锁盒10内的第二滑槽150内并与之滑动配合。所述头部的第一立面51在所述随动件50伸出位置时与所述柱体31的第二立面33平面相对，而头部的第二立面52和第三立面53分别与所述第二滑槽150内对应立面平面相对。

【争议焦点】

修改后的权利要求相对于原权利要求删除了特征："在电动装置40获得允许开锁授权后，其上的随动件50向缩进方向移动使第二滑槽150空出可使柱体31部分进入的空间151，在外力作用下锁舌20向所述开启位置转进，同时施力于柱体31第一立面32使柱体31部分进入已空出的第二滑槽空间151，进而锁舌20可转进至开启位置"。这些特征限定了转舌锁的结构和动作与电动装置的协同关系，删除后是否会产生原说明书和权利要求书中没有记载的各技术特征之间新的组合，而导致权利要求的修改超出了原说明书和权利要求书记载的范围？

【案例分析】

专利法第 33 条规定,“申请人对专利申请文件的修改不得超出原说明书和权利要求书记载的范围”,是指不得以增添、删减或者替换等方式修改,导致修改后的申请文件中增加了原说明书和权利要求书没有记载并且又不能从中直接确定的内容。在全面理解原始申请文件的基础上,所属领域技术人员运用其领域的普通技术常识,能够认定所解读出的信息与修改后的信息一致,则修改符合专利法第 33 条的规定。

在本案中,电动装置属于转舌锁的锁定装置的部件之一,其作用是与锁定装置的另一部件——挡块一起控制阻挡锁舌从锁定位置向开启位置缩进。为此,电动装置设置有马达,与马达同轴连接的丝杆,以及与丝杆连接且随马达转动而直线移动的随动件。随动件具有一个实心多面体头部,头部可放入锁盒的第二滑槽内并与之滑动配合。头部的第一立面在随动件的伸出位置时与挡块柱体的第一立面平面相对。显然,随动件的伸出位置是与缩进位置相对应的。根据说明书可知,当随动件处于缩进位置时,锁舌处于开启位置,那么,当随动件处于伸出位置,锁舌处于锁定位置。由于挡块所起的作用是对锁舌进行阻挡,那么,当随动件处于伸出位置时,头部的第一立面是与挡块柱体的第一立面平面相对的,相当于头部挡住了挡块柱体,这时,锁舌处于锁定位置。当锁舌由锁定位置转向开启位置时,随动件必然开始缩进,向缩进方向移动。这时,头部的第一立面必然会逐渐移离柱体的第一立面,并沿着第二滑槽滑动,最终使第二滑槽空出,使柱体部分进入第二滑槽的空间。此时,就像日常开锁时的动作一样,锁舌可在外力作用下向开启方向转进。由于锁舌与柱体互相接触,锁舌此时必然会施力于柱体并使得柱体进入已空出的第二滑槽空间,最终使锁舌转进开启位置。由于权利要求已经限定了随动件头部与柱体之间的位置关系,正是二者之间的这种位置关系加上随动件可在第二滑槽中滑动,才使得转舌锁得以完成开启与锁定动作。由此可见,“在电动装置获得允许开锁授权后,其上的随动件向缩进方向移动使第二滑槽空出可使柱体部分进入的空间,在外力作用下锁舌向所述开启位置转进,同时施力于柱体第一立面使柱体部分进入已空出的第二滑槽空间,进而锁舌可转进至开启位置”这些特征只是描述了转舌锁从锁定位置向开启位置转进的必然动作,删除这些未对电动装置本身产生任何影响。

【案例启示】

申请人可以对其专利申请文件进行修改,这是法律赋予专利申请人的一项权利。专利申请人在申请专利之后,被授予专利权之前,可能因为多种原因,需要对其专利申请文件进行修改。无论申请人是主动还是应国务院专利行政部门的要求对其专利申请进行修改,都必须遵循的原则是:对发明和实用新型专利申请文件的修改不得超出原说明书和权利要求书记载的范围;原说明书和权利要求书记载的范围包括原说明书和权利要求书文字记载的内容和根据原说明书和权利要求书文字记载的内容以及说明书附图能直接地、毫无疑义地确定的内容。

案例 17

发明名称:一种锁紧机构。

【相关案情】

本案涉及一种用于飞机结构中的锁紧机构。针对现有技术中用于飞机设计的锁紧机构多数是应用于从外部打开被其锁紧的口盖,而且其尺寸、重量太大,不适用于对锁紧机构结构尺寸和重量要求很小的地方,也不适用于从内部锁紧和打开的口盖。

本案提出一种用于飞机结构设计的从内部将口盖类结构锁紧和打开的机构,其结构简单、重量轻、尺寸小。其结构如图 13-36 至图 13-38 所示,包括锁紧机构,由锁本体和锁钩 7 组成。锁本体由锁支座 1、锁柄 2、锁舌 3、转轴 4、弹簧销 5 和弹簧 6 构成。锁支座 1 是一个槽形结构,锁支座 1 有两个侧壁和一个底面,锁支座 1 的两个侧壁上的一端相对应的位置有一对销子孔,另一端相对应的位置有一对铆钉孔,锁支座 1 的两个侧壁在销子孔和铆钉孔之间的相对应的位置有凹槽 11,锁支座 1 的底面在靠近销子孔的一端有两个安装孔 12。锁柄 2 是一个槽形结构,锁柄 2 有两个侧壁和一个底面,锁柄 2 的两个侧壁上的一端相对应的位置有一对销子孔,另一端相对应的位置有一对铆钉孔,即铆钉孔和铆钉孔,锁柄 2 的两个侧壁在销子孔和铆钉孔中间的相对应的位置有一对转轴孔,即转轴孔和转轴孔,锁柄 2 上的销子孔与铆钉孔的轴线间的距离 L2 和锁支座 1 上的销子孔与铆钉孔轴线之间的距离 L1 相等,锁柄 2 的底面上的上靠近铆钉孔的一端有开口 18。锁舌 3 是一个槽形结构,锁舌 3 有两个侧壁和一个底面,锁舌 3 的两个侧壁一端的相应位置上有一对转轴孔,即转轴孔和转轴孔,另一端连有一个圆柱 21,锁舌 3 的底面靠近圆柱的部分有开孔 22。转轴 4 由三段同轴圆柱形结构组成,两端的圆柱直径比中间的圆柱直径大,两端短粗,中间细长。弹簧销 5 由螺旋和螺旋两端的延伸部分,即延伸部分和延伸部分组成,延伸部分是直线型,延伸部分由直线部分和折弯部分组成,折弯部分的端部呈半圆形,弹簧销 5 有两个状态,即松弛状态和锁紧状态。弹簧 6 由螺旋和两端的延伸部分组成,延伸部分

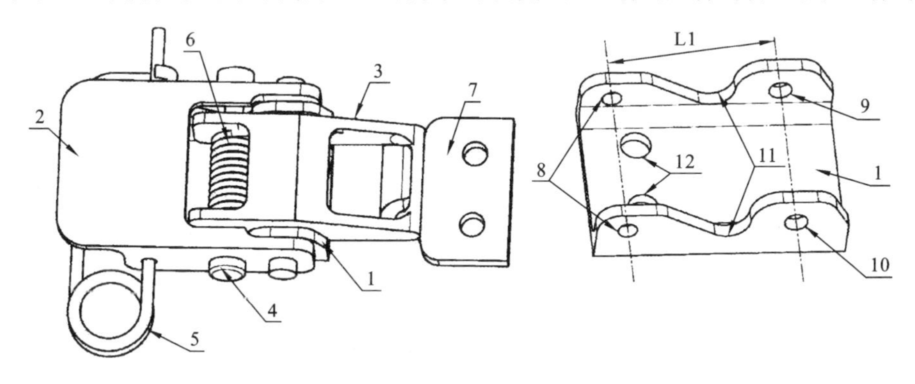

图 13-36　锁紧机构及锁支座结构示意图

端部折弯。锁钩 7 由安装部分和钩子组成,安装部分是平板形,其上有两个安装孔,钩子是半圆柱形,安装部分和钩子是整体结构,钩子的中性面与安装部分的中性面相切。

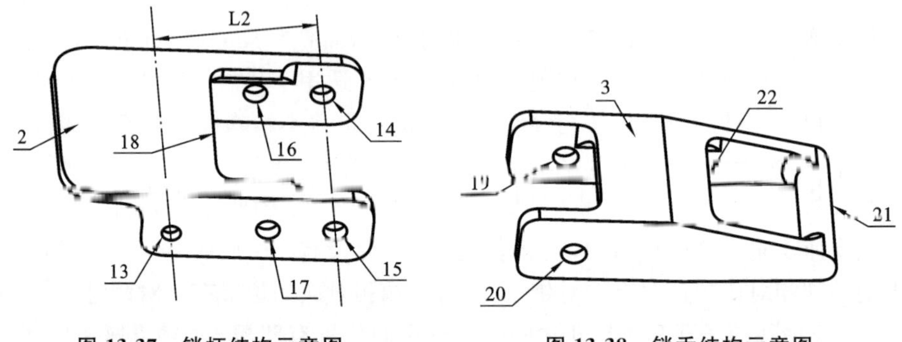

图 13-37 锁柄结构示意图　　图 13-38 锁舌结构示意图

锁本体的装配关系如下。锁支座 1 位于锁柄 2 的槽内。铆钉孔和铆钉孔 14 通过一个铆钉连接在一起,铆钉孔 10 和铆钉孔 15 通过一个铆钉连接在一起,铆钉孔 9 和铆钉孔 10 与铆钉是干涉配合,铆钉孔 14 和铆钉孔 15 与铆钉是间隙配合。锁柄 2 可以以两个铆钉为轴相对于锁支座 1 进行转动。弹簧 6 置于锁舌 3 的槽内,锁舌 3 置于锁支座 1 的槽内,转轴 4 依次穿过转轴孔 16、转轴孔 19、螺旋、转轴孔 20 和转轴孔 17,并将锁柄 2、锁舌 3 和弹簧 6 连接在一起,弹簧 6 上螺旋两端的延伸部分分别顶在锁舌 3 的底面上和锁支座 1 靠近铆钉孔一端的底面上。转轴 4 与所有转轴孔之间是间隙配合,锁舌 3 可以绕转轴 4 相对于锁柄 2 进行转动。锁支座 1 上的凹槽 11 用于避让转轴 4 的运动轨迹,锁柄 2 上的开口 18 保证了锁紧机构使用过程中,锁柄 2 不与锁支座 1 的结构干涉。

权利要求如下。

一种锁紧机构,包括锁本体和锁钩 7,锁本体由锁支座 1、锁柄 2、锁舌 3、转轴 4,弹簧销 5 和弹簧 6 构成。

锁支座 1 是一个槽形结构,有两个侧壁和一个底面,两个侧壁上一端相对应的位置有一对销子孔 8,另一端相对应的位置有一对铆钉孔,即铆钉孔 9 和铆钉孔 10,两个侧壁在销子孔和铆钉孔之间的相对应的位置有凹槽 11,底面在靠近销子孔 8 的一端有两个安装孔 12。锁柄 2 是一个槽形结构,有两个侧壁和一个底面,两个侧壁上的一端相对应的位置有一对销子孔 13,另一端相对应的位置有一对铆钉孔,即铆钉孔 14 和铆钉孔 15,两个侧壁在销子孔和铆钉孔中间的相对应的位置有一对转轴孔,即转轴孔 16 和转轴孔 17,锁柄 2 上的销子孔和铆钉孔的轴线间的距离 L2 和锁支座 1 上的销子孔和铆钉孔轴线之间的距离 L1 相等,锁柄 2 的底面上靠近铆钉孔的一端有开口 18。锁舌 3 是一个槽形结构,有两个侧壁和一个底面,两个侧壁一端的相应位置上有一对转轴孔，即转轴孔 19 和转轴孔 20，另一端连有一个圆柱 21，底面靠近圆柱的部分有开孔 22。转轴 4 由三段同轴圆柱形结构组成，两端的圆柱直径比中间的圆柱直径大，两端短粗，中间细长。弹簧销 5 由螺旋和螺旋两端的延伸部分，延伸部分一个是直线型，另一个由直线部分和折弯部分组成，折弯部分的端部呈半圆形，弹簧销 5 有两个状态，即松弛状态和锁紧状态。弹簧 6 由螺旋和螺旋两端的延伸部分组成，延伸部分端部折弯。锁钩 7 由安装部分和钩子组成，安装部分是平板形，其上有两个安装孔，钩子是半圆柱形，安装部分和钩子是整体结构，钩子的中性面与安装部分的中性面相切。

锁本体的装配关系如下。锁支座 1 位于锁柄 2 的槽内，铆钉孔 9 和铆钉孔 14 通过一个铆钉连接在一起，铆钉孔 10 和铆钉孔 15 通过一个铆钉连接在一起，铆钉孔 9 和铆钉孔 10 与铆钉是干涉配合，铆钉孔 14 和铆钉孔 15 与铆钉是间隙配合，锁柄 2 可以以两个铆钉为轴相对于锁支座 1 进行转动。弹簧 6 置于锁舌 3 的槽内，锁舌 3 置于锁支座 1 的槽内，转轴 4 依次穿过转轴孔 16、转轴孔 19、螺旋、转轴孔 20 和转轴孔 17 并将锁柄 2、锁舌 3 和弹簧 6 连接在一起，弹簧 6 上螺旋两端的延伸部分分别顶在锁舌 3 的底面上和锁支座 1 靠近铆钉孔一端的底面上。转轴 4 与转轴孔之间是间隙配合，锁舌 3 可以绕转轴 4 相对于锁柄 2 进行转动。锁支座 1 上的凹槽 11 用于避让转轴 4 的运动轨迹，锁柄 2 上的开口 18 保证了锁紧机构使用过程中，锁柄 2 不与锁支座 1 的结构干涉。

【争议焦点】

在发明专利的实质审查过程中，申请人在答复审查意见通知书时主动删除了权利要求中“靠近铆钉孔”“螺旋”“靠近铆钉孔一端”“转轴 4 与转轴孔之间是间隙配合”的技术特征，是否超出原申请文件的记载。

【案例分析】

(1) 在发明专利的实质审查过程中，申请人答复审查意见通知书时，对申请文件进行修改，应当针对通知书指出的缺陷进行修改，如果修改的方式不符合专利法实施细则第 51 条第 3 款的规定，则这样的修改文本一般不予接受。但是，如果这种修改满足专利法第 33 条要求，且有利于节约审查程序，则可以接受。专利法实施细则第 51 条第 3 款主要是针对答复时的修改方式的要求。

(2) 无论什么方式的修改，都必须满足专利法第 33 条的规定，即“申请人可以对其专利申请文件进行修改，但是，对发明和实用新型专利申请文件的修改不得超出原说明书和权利要求书记载的范围”。这样的规定与我国专利制度中的“先申请制原则”相配套的。专利法第 33 条的立法本意是基于申请人与社会公众的权益关系的产生始于申请日，需要且必须通过申请日提交的申请文件表达、规定申请人在申请日完成的发明创造，从而确定划分申请人与社会公众之间权益界限的基础。简而言之，允许申请人基于其在申请日的真实意思表示对专利申请文件进行修改，但不得通过修改使得申请人不当获利，损害依赖于原始申请文件的社会公众的法律安全性。

专利审查指南第二部分第八章第 5.2.3.3 列举了(非穷举)三种不允许的删除式的修改，其中包括“从说明书中删除某些内容而导致修改后的说明书超出了原说明书和权利要求书记载的范围”是不允许的。

具体到本案中，权利要求及说明书第 5 段删除了“锁柄的底面上靠近铆钉孔的一端有开口”中的“靠近铆钉孔”；权利要求及说明书第 6 段删除了“弹簧 6 上螺旋 26 两端的延伸部分分别顶在锁舌 3 的底面上和锁支座 1 靠近铆钉孔一端的底面上”中的“靠近铆钉孔一端”，删除了“转轴与转轴孔之间是间隙配合”。而原权利要求书和说明书中并未记载有锁柄底面除靠近铆钉孔一端以外的地方开设开口的技术方案，也未记载弹簧其中一端顶在锁支座底面除靠近铆钉孔一端外的地方的技术方案，还未记载转轴与转轴空除间隙配合以外的配合方式。同时，所属技术领域的技术人员不能从原权利要求书和说明书毫无疑义地得出上述未记载的技术方案，因此权利要求和说明书的上述修改超出了原权利要求书和说明书记载的范围，不符合专利法第 33 条的规定。

【案例启示】

进行修改超范围的评判时，其核心要义是判断修改后的技术方案是否超出了原权利要求书和说明书记载的范围。需要注意的是，原说明书和权利要求书记载的范围包括原说明书和权利要求书文字记载的内容和根据原说明书和权利要求书文字记载的内容以及说明书附图能直接地、毫无疑义地确定的内容。

案例 18

发明名称：一种横锁竖销插动式的防火、防盗安全门。

【相关案情】

本案涉及一种横锁竖销插动式的防火、防盗安全门。针对现有技术的防火、防盗门的机锁不能与门体和框体一体化设计，只有在门体和框体制作后，才能进行锁定机构的装配。这样不仅工艺繁琐复杂，而且也费工费时，容易造成机锁的后期装配与门体结合的盲从，从而导致防火、防盗门在锁力效果上埋下安全隐患。

如图 13-39 所示，本案的防火、防盗安全门包括门框 1、门扇 2。门框 1 上安装有凸式锁耳 6，门扇 2 上安装有凹槽式锁基装置 3。门扇 2 与门框 1 闭合后，门框 1 上的凸式锁耳 6 插进门扇 2 的凹槽式锁基 3 的凹槽内，凸式锁耳 6 的锁孔 6-1 在凹槽式锁基 3 的凹槽中与锁销通孔 3-2 对中，形成闭锁前的准备状态。只要用钥匙插进手控锁芯驱动装置 9 的锁芯孔中令其转动，手控锁芯驱动装置 9 上的驱动齿轮就会带动主动齿轮一同旋转。与此同时，主动齿轮的承力拨动销会在受力限位孔 15-1 中推动应力轴片 15 上升或下降来回运行。当主动齿轮被带动旋转一定角度时，承力拨动销正好将应力轴片 15 推到最佳位置，此刻受应力轴片 15 连动的内置传动连接杆 8 则将推力传给传动导片 5 运动，而传动导片 5 上的连接臂 5-1 通过轨槽 3-3 与锁销通孔 3-2 中的插动锁销 4 的通孔 4-1 连接，并沿轨槽 3-3 逐对插动锁销 4 实施提动或垂降，以实现插动锁销 4 在凹槽来回解锁或闭锁穿行。

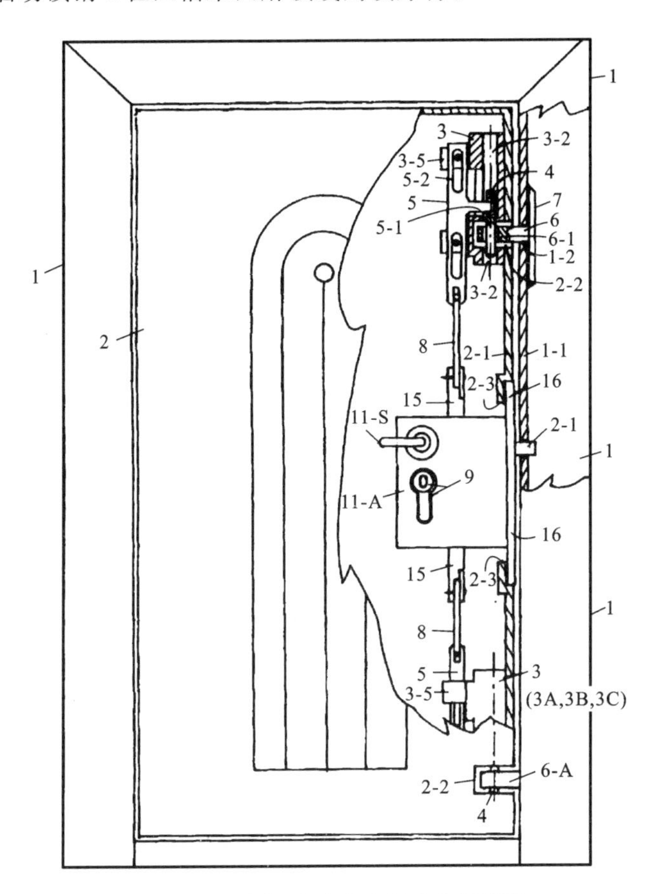

图 13-39　防火、防盗安全门结构示意图

原权利要求如下。

一种横锁竖销插动式的防火、防盗安全门所涉及的门扇与凹槽式锁基装置结合设计，包括：门扇即门体、凹槽式锁基装置亦称凹槽式锁基与其锁定机构。其特征在于，所述门扇的开启侧或/和其他任意侧，具有适合凹槽式锁基的凹槽对应的露槽开孔亦称露槽冲孔设计，透过露槽开孔的背面即内侧具有凹槽式锁基装配，所述凹槽式锁基的凹槽与露槽开孔相互吻合形成如同复合凹槽状。所述凹槽式锁基装置由锁基、插动锁销、传动导片或者传动导杆组成，所述凹槽式锁基即适于露槽开孔结合的一侧或多侧，具有与露槽开孔相互吻合的凹槽开设。而且，在凹槽中和凹槽与凹槽之间，具有锁销通孔从凹槽式锁基的一头开到另一头，或者从凹槽式锁基的一侧开到另一侧，其中具有插动锁销在内设置。所述凹槽中任意侧的锁销通孔和凹槽与凹槽之

间的锁销通孔，在其孔身的要求一侧或多侧具有供传动导片连接臂穿过并适合其来回移动的轨槽或缺口设计。而在开有轨槽或缺口一侧的适合部位，亦即背向凹槽的锁基任意要求部位，具有带夹槽或轴孔的尾体托架设计，为了防止传动导片或传动导杆在夹槽或轴孔中的脱落限制，所述尾体托架上还具有穿过夹槽或轴孔的防脱落孔设计。但是，根据设计需要，所述尾体托架上也可无夹槽或轴孔开设，而是将尾体托架一侧与轨槽对齐或与缺口对中，并在适合设置传动导片或传动导杆一侧尾体托架上的要求部位，具有定位丝孔或丝柱或定销设计。所述插动锁销在锁销通孔中设置，其一头具有适合传动导片或传动导杆的连接臂穿进连接的通孔设计，而另一头即适于插进凹式锁耳锁孔的一头，具有倾角或任意式的形状。所述插动锁销根据设计要求具有任意相应的设计类型。所述传动导片在夹槽中设置，或者所述传动导杆在轴孔中设置，或者所述传动导片或传动导杆在尾体托架一侧上设置。所述传动导片或传动导杆的一侧或两侧，具有向外伸出的连接臂设计，所述连接臂穿过轨槽或缺口与锁销通孔中的插动锁销通孔连接。所述传动导片或传动导杆在尾体托架开有的夹槽或轴孔中设置时，或者在尾体托架一侧设置时，与防脱落孔对应的移动部位即在对应防脱落孔的移动部位，或者与尾体托架一侧定位丝孔或丝柱或定销对应的移动部位即在对应定位丝孔或丝柱或定销的移动部位，具有适于螺栓或丝柱或定销穿过的定位长槽孔开设，以此用来限制传动导片或传动导杆行程的设计。此外，所述传动导片或传动导杆上按设计要求，在其需要的部位还具有连接孔的开设。总之，所述门扇将凹槽式锁基装配后，在其边口即开启侧或/和其他任意侧形成一种复合凹槽式的构造类型，而所述复合凹槽中的锁销通孔则具有插动锁销来回移出移进设计。

修改后的权利要求如下。

一种横锁竖销插动式的防火、防盗安全门，其特征是门体，即门扇适于门框开启的边口开有露槽开孔，在其开孔背后设有凹槽式锁基贴靠装配，以使锁基开设的凹槽和门体的露槽开孔相互吻合，形成带有锁基结合的凹槽式门体构造类型。至于设在门体边口内侧的凹槽式锁基与门框的露槽冲孔对应则开有凹槽，穿过凹槽从锁基开过的锁销通孔中设有插动锁销，所述插动锁销的一头故被设在锁基上的传动导片或传动导杆驱动连接，另一头则在凹槽间来回解锁或闭锁穿行。

【争议焦点】

修改后的权利要求在原权利要求的基础上进行了大幅度的修改，包括对原权利要求中技术特征的删除、增加以及改变。例如，其删除了原权利要求中所记载的关于"门扇""锁基装置""尾体托架"等具体结构的构造特征。修改后的权利要求是否超出范围，是否符合专利法第 33 条的规定。

【案例分析】

专利法第 33 条规定申请人可以对其专利申请文件进行修改，因为专利申请文件在撰写时常常会出现用词不严谨、表达不准确、权利要求的撰写不恰当等缺陷，为了保障申请人的合法权益，允许申请人进行合理的修改以克服上述缺陷。同时，专利法也明确了对专利申请文件的修改不得超出原说明书和权利要求书记载的范围，防止申请人将原申请文件中没有记载的技术信息纳入到专利保护中，从而避免社会公众利益受损。

一方面，判断修改是否超范围，需要判断修改后的技术方案是否在原申请文件有记载。原申请文件记载的范围包括原说明书和权利要求书文字记载的内容和根据原说明书和权利要求书文字记载的内容以及说明书附图能直接地、毫无疑义地确定的内容。相对于申请日提交的原权利要求而言，本案驳回针对的权利要求在内容上进行了大幅度的修改，删除改变了原权利要求中大部分的技术特征，但修改后的权利要求所记载的技术特征在原申请文件中均有相应的描述。不过由于修改了一些重复词句、不通顺词语等，导致表述方式也稍微有所改变，但上述修改没有对技术方案进行上位或归纳概括，即修改后的技术方案可以根据原申请文件记载直接地、毫无疑义地得出，因而这种修改并未超出原申请文件记载的范围。

另一方面，判断修改是否超范围，不能简单地认为原申请文件未直接、明确记载的技术方案，就必然超范围；而需要从发明整体出发，站位所属技术领域的技术人员，判断修改后的技术方案是否可以从原申请文件中毫无疑义确定，并能够预见其产生的技术效果。本案在说明书中具体实施方式部分对门框、门体以及锁控装置及其相关结构进行了详细的记载，原权利要求记载的技术方案相对比较冗长繁琐，保护范围也很狭窄，申请人为了保护层次的分明以及保护范围的合理，将原权利要求的技术方案进行了修改。虽然在内容上面改动较大，但修改后的权利要求的技术方案均为完整的技术方案，所属技术领域的技术人员能够确定原申请文件中存在修改后的权利要求的技术方案中各技术特征的组合关系，并且根据原申请的记载也能够预见到其产生的技术效果。因而，这种修改没有超出原申请文件记载的范围。

【案例启示】

在进行修改超范围判断时，修改是否超范围与修改内容的篇幅大小并没有直接关系，也不能简单地认为原申请文件未直接、明确记载的技术方案，就必然超范围，如果修改后的技术方案能够从原申请文件文字记载的内容和根据原申请文件文字记载的内容以及说明书附图能直接地、毫无疑义地确定，那么这样的修改就是允许的，不超范围。

案例19

发明名称：防盗锁锁芯。

【相关案情】

本案涉及一种防盗锁锁芯。针对现有的防盗锁锁芯存在安全隐患，可以通过如下方式进行技术性开锁：将软性材料如纸屑、棉花、黏土等填塞进钥匙孔中，此时有开锁经验的人使用万能钥匙或者其他工具凭手感可以将防盗锁开启。

如图 13-40、图 13-41 所示，本案的防盗锁的锁芯具有一个锁芯胆套筒 22。锁芯胆 21 为圆柱体状，在锁芯胆圆柱体表面与锁芯轴线垂直的方向上开设有若干个平行排列的页片槽 5，页片放置在页片槽 5 中，页片为带有缺口的圆弧状。当防盗锁处于闭锁状态时，页片上的缺口交互排列，开锁离合栓将锁壳和锁芯相连，锁芯不能转动。当本锁钥匙插入后，钥匙齿挤压页片使页片发生位移，页片的复位弹簧被压缩，页片上的缺口排列成一条直线，开锁离合栓脱离锁壳并落入页片的缺口中，此时锁芯与锁壳分离，转动钥匙即可将所开启防盗锁；当拔出钥匙后，复位弹簧恢复原状使得页片复位，页片的缺口不再排列成一条直线，开锁离合栓被推出页片缺口，使得该离合栓将锁芯和锁壳连接在一起，此时防盗锁被锁闭。钥匙孔通道设置在锁芯胆 21 的圆周面上且与锁芯轴线平行，为使钥匙 1 顺利插入钥匙孔，钥匙孔通道上设有引导槽 31，在引导槽 31 的两侧设置对称地设置两条辅助沟槽 4，该辅助沟槽 4 与页片槽 5 相连通，辅助沟槽 4 在锁芯轴线的方向上贯通整个锁芯，辅助沟槽 4 靠近钥匙孔通道入口端面的一端位于锁芯内。辅助沟槽 4 可以设置为一条，也可以设置为对称或者不对称的两条或多条，当辅助沟槽为两条或多条时，技术性开锁导致填塞物进入页片槽或者弹子孔的概率更大，锁芯的防盗性能更好。

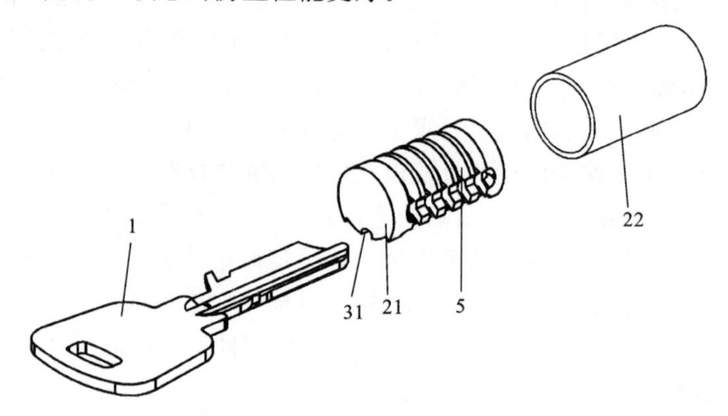

图 13-40　防盗锁锁芯的装配示意图

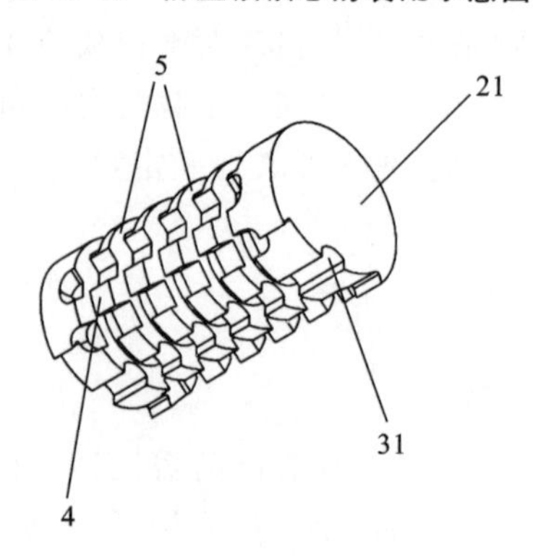

图 13-41　锁芯胆立体示意图

原权利要求如下。

一种防盗锁锁芯，其钥匙孔通道位于锁芯轴线上或者与锁芯轴线平行，钥匙孔通道上设置有引导钥匙进出的引导槽 31 或者引导突块 32。其特征在于：在钥匙孔通道上沿锁芯轴向增设辅助沟槽 4，所述的辅助沟槽 4 与页片槽 5 或弹子孔连通。

修改后的权利要求如下。

一种防盗锁锁芯，其钥匙孔通道位于锁芯轴线上或者与锁芯轴线平行，钥匙孔通道上设置有引导钥匙进出的引导槽 31 或者引导突块。其特征在于：在钥匙孔通道之外引导槽 31 旁侧沿锁芯轴向增设辅助沟槽 4，所述的辅助沟槽 4 与页片槽 5 或弹子孔连通。

【争议焦点】

将原权利要求中的"在钥匙孔通道上沿锁芯轴向增设辅助沟槽"修改为"在钥匙孔通道之外引导槽旁侧沿锁芯轴向增设辅助沟槽"，上述修改是否超范围，是否符合专利法第 33 条的规定。

【案例分析】

专利法第 33 条规定申请人对专利申请文件的修改不得超出原说明书和权利要求书记载的范围。其中，原说明书和权利要求书记载的范围包括原始申请说明书和权利要求书文字记载的内容、根据原始说明书和权利要求书文字记载的内容以及说明书附图能直接、毫无疑义地确定的内容。

本案说明书文字以及附图均没有辅助沟槽位于钥匙孔通道之外的记载，而"在钥匙孔通道之外增设辅助沟槽"囊括了本案实施例以及说明书附图所限定的辅助沟槽位置之外的其他情况，如辅助沟槽远离钥匙孔通道而不是在钥匙孔通道上设置。因此，修改后的内容不能从原申请文件中直接毫无疑义地得出，超出了原申请文件记载的范围。

【案例启示】

如果修改后的内容囊括了原说明书和权利要求书文字和附图记载之外的内容，且上述内容也不能从原申请文件中直接毫无疑义地得出，则修改超出了原申请文件记载的范围。

参 考 文 献

[1] 田力普. 发明专利审查基础教程——审查分册[M]. 3 版. 北京：知识产权出版社，2012.

[2] 国家知识产权局专利复审委员会. 以案说法—专利复审、无效典型案例指引[M]. 北京：知识产权出版社，2018.

[3] 尹新天. 中国专利法详解[M]. 北京：知识产权出版社，2012.

[4] 秦声. 专利检索策略及实战技巧[M]. 北京：知识产权出版社，2019.

[5] 中华人民共和国国家知识产权局. 专利审查指南[M]. 北京：知识产权出版社，2010.